WINE

WINE AN INTRODUCTION

와인

김준철 지음

백산출판사
BAEKSAN Publishing

머리말

와인은 알아야 마시는 술이며, 자주 마시다 보면 알게 되는 술이기도 합니다. 즉 와인은 그냥 마시는 술이라기보다는 알면서 마시는 술이라고 할 수 있습니다. 그래서 와인을 좋아하는 사람들의 와인에 대한 지적 욕구 또한 높을 수밖에 없습니다. 우리나라에 와인이 수입된 지 이십 년이 지났고, 단순하게 잔을 잡는 에티켓 정도로 머물던 와인지식을 벗어나 이제는 한 차원 더 높은 와인지식을 전달할 때가 왔다고 생각합니다.

그래서 수년간의 강의자료를 재편집하여, 와인 애호가 여러분의 지적 요구에 부응하고자 방대한 양의 자료를 정리하여 이 책을 내놓게 되었습니다. 그동안 우리나라에 와인에 관련된 책자가 상당히 나왔습니다만, 컬러사진 위주의 화려함을 자랑할 뿐, 체계적으로 접근하여 정확하고 자세한 내용을 알기 쉽게 설명한 책자는 찾아보기 힘든 것이 현실입니다.

본 책자는 지난 94년에 발간된 '국제화시대의 양주상식(노문사)'에 실린 와인편과 외국의 참고도서 및 강의내용 등 새로운 정보를 추가하여 편집한 것으로, 양과 질 모든 면에서 국내 최고일 것이라 생각합니다. 와인에서 가장 중요한 원산지를 위주로 프랑스 AOC, 이탈리아의 DOC, 스페인의 DO, 포르투갈의 DOC, 독일의 Einzellagen, 미국의 AVA 등을 총망라하여 그 특징을 설명하였으며, 수백 개의 상표와 자세한 지도를 곁들여 알기 쉽게 풀이하였기에 가히 와인백과사전이라고 할 수 있습니다. 아울러 아직까지 우리나라에 이렇다 할 정보가 없는 토양이나 기후, 그리고 와인에 필수적인 치즈에 대해서도 자세하게 기술하였습니다.

와인은 프랑스뿐만 아니라 세계 여러 나라에서 다양한 와인이 생산되기 때문에, 와인을 생산하는 여러 나라의 명칭은 전문가의 조언을 바탕으로 한글로 음을 달아서 해당 국가의 언어를 모르더라도 쉽게 읽을 수 있도록 하였습니다. 이 책은 찾아보기를 이용하면 어떤 와인이라도 원산지와 품종을 쉽게 알 수 있게 만들었습니다. 초보자부터 전문가에 이르기까지 평소 와인을 즐기시는 분이나 와인관련 업종에 종사하시는 분, 그리고 와인에 관심이 많으신 분들에게 가장 확실한 안내서가 될 수 있으리라 생각합니다. 또 외국 소믈리에 시험이나 대회에 참가하고자 하는 분이나, 외국에 나가서 와인공부를 더 하실 분께는 이 책이 가장 좋은 자료가 될 것입니다.

4 와인_*Wine*

그러나 정해진 시간에 세계 각국의 와인에 대한 방대한 자료를 일목요연하게 정리한다는 것이 능력에 벗어난 일일 수도 있습니다. 여러 언어로 된 정보를 수집하여 집약하느라 다소 오류도 있을 것으로 생각합니다. 읽어보시고 예리하게 질책해 주신다면 더욱 감사하겠습니다. 여러분의 많은 지도와 편달을 바랍니다.

끝으로 이 책이 나올 때까지 정보 제공과 외국어 표기 및 교정을 위해 애써주신 김영주님, 작은 프랑스의 민혜련님, 이화여대 독어독문학과의 유수연님, 이탈리아 무역관의 김미선님, 스페인 대사관의 조인자님, '와인과 나무'의 한경희님, 포르투갈 대사관의 유세호님, 헝가리 대사관의 황은미님, LATIS의 김달용님, 남아프리카 대사관의 진광수님, 그리고 미국육류수출협회 브래드 박을 비롯한 여러분들의 협조에 감사드립니다.

저자 씀

개정5판을 내면서

이 책이 처음 출판된 것은 2003년으로, 그동안 많은 성원에 힘입어 판수를 거듭하면서 새로운 정보를 추가하였으나, 지면에 한계가 있어서 2009년 전면 개정하여 내용을 더욱 충실히 하였습니다. 그러나 EU의 와인 규정이 바뀌면서 프랑스 등 여러 나라의 등급체계가 변경되어 이번에 참신한 정보와 잘 알려지지 않은 수많은 정보 등을 추가하여 국내 최고의 콘텐츠를 자랑하게 되었습니다. 앞으로도 많은 수정과 보완이 필요한 만큼 독자 여러분께서 잘못된 점을 지적해 주시고 조언해 주시면 감사하겠습니다.

저자 씀

차례

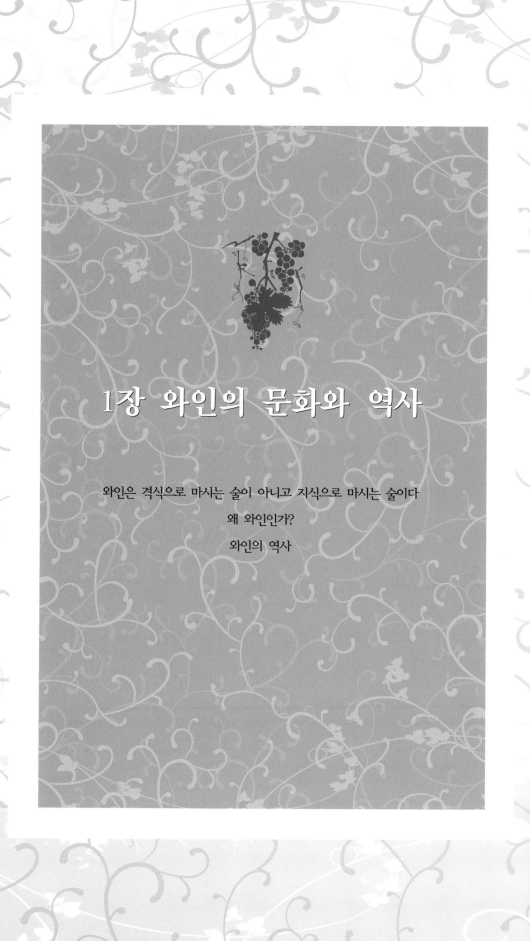

1장 와인의 문화와 역사

와인은 격식으로 마시는 술이 아니고 지식으로 마시는 술이다

왜 와인인가?

와인의 역사

와인은 격식으로 마시는 술이 아니고 지식으로 마시는 술이다

와인 마시는 법은 없다

맥주, 위스키, 칵테일과 같은 서양 술이 우리나라에 들어와서 자리 잡은 지는 꽤 되었지만, 서양 술의 원조라고 할 수 있는 와인은 아직도 우리와 친한 술은 아니다. 요즈음 젊은 층을 중심으로 와인과 친해지려고 애쓰는 사람이 많지만, 이들도 와인을 맛으로 즐기기보다는 멋을 중요시하는 분위기파가 대부분이다. 그리고 와인이란 이렇게 마셔야 된다는 격식을 강조하면서 와인 마시는 것을 고급스런 취향으로 생각하는 사람이 많지만, 와인이란 그렇게 까다로운 술이 아니다. 이는 와인이 어떤 술인지 알기도 전에 어떻게 향과 맛을 감정할 것인지를 먼저 생각하기 때문이다.

와인 마시는 법

와인은 식사 함께 하면서 식사를 돕는 술이다. 적절한 테이블 매너를 갖고 마신다면 별 문제될 것이 없다. 처음으로 양식을 먹을 때 오른손에 나이프, 왼손에 포크, 스프는 이렇게 떠먹는다는 등 어쩌고저쩌고 하지만, 몇 번 먹다보면 상대방에게 실례가 안 되는 범위에서 융통성을 발휘하듯이, 와인도 식사 중에 나오는 요리 중 일부라고 생각하고 적절한 매너를 갖추면 된다. 즐거운 식사시간이 와인 마시는 법 때문에 부담스러운 시간이 되어서는 안 된다. 그리고 레스토랑에서 일하는 사람도 손님이 즐겁게 식사할 수 있도록 도와주기 위해서 있다고 생각하고, 모를 때는 이들의 도움을 받으면 즐거운 분위기를 유지할 수 있다.

몇 년 전 프랑스의 시라크 대통령이 왔을 때, 우리 대통령과 잔을 마주치는 사진이 신문에 실린 적이 있는데, 우리 대통령은 와인 잔의 아랫부분을 잡고 시라크 대통령은 윗부분을 잡고 있다. 프랑스 사람, 그것도 의전이 까다로운 정상회담 자리다. 우리가 알고 있는 상식으로는 와인 잔을 잡을 때는 반드시 아래 가지부분을 잡아야 하는데, 왜 외국사람 그것도 와인의 나라 프랑스 대통령은 윗부분을 잡을까? 이는 와인 마시는데 어떤 정해진 규칙이 없다는 말이

[그림 1-1] 김대중 대통령과 시라크 대통령

다. 커피 마시는 법이 따로 없듯이 와인 마시는데도 까다로운 규칙이 없다. 마음대로 마셔도 된다.

와인 마시는 것과 감정하는 것을 혼동해서는 안 된다

그러면 왜 와인에 대해서 아는 척하는 사람들이 색깔을 보고 향을 맡고 혀를 굴리면서 맛을 보라고 까다롭게 구는 것일까? 이는 사람들이 와인 마시는 것과 와인을 감정, 즉 평가하는 일을 혼동하기 때문이다. 와인을 마시는 태도와 감정하는 방법은 상당한 차이가 있다. 와인을 마실 때는 자신의 즐거움을 위해서이고, 와인을 감정한다는 것은 와인을 객관적인 입장에서 엄밀하게 평가하는 것이다. 그래서 와인을 감정할 때는 규격에 맞는 잔을 선택하고 체온이 전달되지 않도록 잔의 아랫부분을 잡고 색깔, 향, 맛 등을 조심스럽게 살펴야 한다. 그렇지만 식사 때나 모임에서 와인을 마실 때는 즐겁고 편하게 마시면 된다. 오히려 따라 준 와인을 밝은 곳에 대고 색깔을 살펴보고 코를 깊숙이 집어넣어 냄새를 맡는다면, 좋은 것인지 아닌지 따지는 셈이 되어 상대에게 실례가 될 것이다.

먼저 식탁으로 가져온 와인이 어떤 것인지 상대가 어떤 태도를 취하는지 살펴야 한다. 구하기 힘든 고급 와인이라면 상대방도 귀하게 취급하면서 와인을 감정하듯이 맛이나 향을 음미하고 이에 대한 의견을 나눌 수도 있겠지만, 보통 와인이라면 평범하게 마실 것이다. 그리고 자신이 상대를 와인으로 접대할 때는 와인과 요리의 선택은 상대의 의견을 참조하거나 소믈리에 도움을 받으면 된다.

[표 1-1] 마시는 것과 감정하는 것(Drinking & Tasting)

	Drinking	Tasting
목 적	즐겁게 와인 마시기	와인을 면밀하게 평가하는 일
장 소	레스토랑, 바, 가정 등 어느 곳이나	일정한 시설을 갖춘 테이스팅 룸
방 법	아무런 격식이 없지만, 상대방을 배려하고, 실례가 안 되는 태도로 마신다.	잔을 눕혀서 색깔을 보고, 맛과 향을 음미한 다음에, 뱉어내고 양식에 의거하여 점수를 산출한다.
분 위 기	좋은 사람, 좋은 음식, 좋은 음악 등이 있으면 와인 맛이 좋아진다.	분위기 영향을 받지 않도록 세심하게 배려한다.
와인 잔	아무 것이나 상관없지만, 비싼 잔이라고 알려지면 맛이 더 좋아진다.	ISO, INAO 규격 잔을 사용한다.
와인 제공	비싼 와인이라고 알고 마시면 더 좋아진다.	철저하게 상표를 가리고 따라주어야 편견을 없앨 수 있다.
기 타	돈을 내고 마신다.	수고비를 받는다.

와인 매너

와인 잔을 잡을 때, 위쪽이나 아래쪽 어느 쪽을 잡아도 문제되지 않는다. 위쪽 볼 부분을 잡으면 체온이 전달되어 와인의 온도가 변한다지만 그 짧은 시간에 체온으로 온도가 변하지 않으니까 너무 엄살 부릴 일도 아니다. 그리고 레스토랑에서는 와인이 나올 때 이미 화이트와인은 차게 레드와인은 그 온도에 맞게 맞춰 나오기 때문에 와인의 온도에 신경 쓸 필요가 없다.

다음으로 생선 요리에는 화이트와인, 육류에는 레드와인이라는 공식이 있지만, 이와 같은 공식은 어디까지나 오랜 세월 동안 많은 사람의 입맛에 의해서 결정된 것이므로 특수한 사람에게 해당이 안 될 수도 있다. 와인을 즐겨 마시다 보면 와인과 요리를 자신의 입맛에 맞게 자신이 선택하게 되며, 남이 어떻게 이야기하든 자신이 좋다고 생각하는 것이 최고가 될 수밖에 없다. 하지만 이 정도 수준에 이르려면 와인을 많이 마셔보고 또 그것을 좋아하지 않으면 안 된다. 우리가 김치나 된장 맛을 이야기할 때는 그만큼 잘 알기 때문에 맛이 있다 없다 그리고 잘 익었느니 안 익었느니 따지는 것이다. 잘 모를 때는 그 맛이나 상태에 대해서 감히 이야기를 못하고 다른 사람 눈치를 살피게 되어 있다.

예의란 언제, 어디서든지 상대방을 기분 좋게 배려해 주는 것이다. 아무리 엄한 예법이라 하더라도 상대가 기분이 나쁘다면 그것은 실례가 된다. 그리고 몸에 밴 바르고 깔끔한 매너도 좋지만, 더 중요한 것은 좋은 와인이나 음식이 나왔을 때는 그 맛과 향을 감상하고 서로 이야기할 수 있어야 하며, 그에 얽힌 이야기를 하면서 대화를 이끌어 갈 수 있는 해박한 지식을 갖추는 것이다. 이정도면 국제화시대 최고의 사교수단으로서 와인을 마음껏 활용할 수 있는 경지에 이르렀다고 볼 수 있다. 진정한 매너를 갖추기 위해서는 매너보다는 와인의 속성을 먼저 알아야 한다. 어설픈 지식에 세련된 매너로 와인을 마시다가 옆 사람이 와인을 잘 아는 사람으로 착각을 하고 그 와인에 대해서 묻는다면 어떻게 할 것인가?

와인은 클래식 음악과 같다

와인은 클래식 음악과 같다. 클래식 음악은 한 번으로 친해지지 않는다. 이 음악을 이해하는 데는 몇 번씩 들어보고 작곡가의 사상과 배경 등을 알아두면 도움이 되듯이, 와인도 고급일수록 그 탄생지와 품종, 수확년도 등을 알아두면 많은 도움이 된다. 음악을 사랑하는 사람은 음악 자체를 사랑하지, 듣는 태도를 강조하지 않는다. 마찬가지로 와인도 그 맛과 향을 즐겨야지, 어떻게 마신다는 격식을 중요시할 필요는 없는 것이다. 간혹 세계적인 음악가의 연주가 있다면 정장을 하고 정숙한 분위기에서 음악을 감상할 때도 있듯이, 와인도 아주 귀한 고급품을 만났을 때는 그 오묘한 맛과 향을 감상하기 위하여 격식을 갖추는 태도가 필요할 때도 있다.

왜 와인인가?

와인의 문화적 특성

명주의 조건

세계적으로 이름 난 술은 저마다 독특한 형태의 제법과 특유의 풍미를 가지고 있지만, 오랜 세월 동안 그 명성을 지니게 된 배경에는 몇 가지 공통점이 있다. 우선 그 술맛이 거부감을 주지 않고, 많은 사람들로부터 긍정적인 평가를 받는다는 점이다. 또 하나는 지리적인 한계성을 들 수 있다. 명주는 한정된 지역에서만 나온다. 술은 풍토의 영향, 즉 원료 재배지의 토질과 기후, 물 그리고 고유의 전통까지 전반적인 환경의 영향을 받기 때문이다. 그리고 무엇보다도 중요한 점은 술이 탄생한 곳의 문화적 배경이다. 문화수준이 상대적으로 주변의 다른 곳보다 우위에 있을 때 비로소 그 술도 우위성을 확보할 수 있으며, 그 문화와 함께 다른 지역으로 흘러 들어가 그 맛과 멋을 자랑할 수 있다. 문화는 수준이 높은 곳에서 낮은 곳으로 흘러가듯이 문화수준이 높은 나라의 술이 세계적인 명주가 된다.

와인의 특성

와인은 서구 상류사회의 고급지식이며, 품위 있는 사교 모임에 꼭 등장하는 필수품이기 때문에, 와인지식은 동서양을 막론하고 국제사회에서 가장 좋은 사교수단이 될 수 있다. 국민소득이 올라가고, 여가생활로서 동호회 등 취미생활이나 사교적인 모임이 많아지면서 사교의 술로 서서히 고개를 내미는 것이 와인이다. 이 와인은 서양 술의 원조 격이지만 뒤늦게 우리에게 다가온 이유는 와인은 그 무대가 갖춰져야 자리를 잡기 때문이다.

- **와인은 아름답고 맛있는 술**: 아름다움을 지닌 술로서 누구나 마실 수 있고 좋아한다.
- **와인은 서양문화를 대변**: 서양문화사와 함께 시작한 와인은 서양 문화를 이해할 수 있는 최고의 수단이다.
- **와인은 문화 수준의 가늠할 수 있는 척도**: 음주문화가 성숙하고 건전하게 발달된 나라일수록 와인 소비량이 많다.
- **와인은 생명의 술**: 포도, 발효, 숙성 등을 거치면서 생명체와 같은 변화와 다양성을 가지고 있다.
- **와인은 식사를 위한 술**: 와인은 식사를 돕는 술이다. 물, 커피, 맥주, 우유, 주스류와는 달리 요리의 맛을 돋우고 조화를 이룬다.

- **와인은 건강의 술**: 와인은 비타민, 무기질, 폴리페놀 등 건강에 유익한 성분 함유하고 있으며, 최근에는 그 효능이 과학적으로 증명되고 있다.

- **와인은 절제와 대화의 술**: 와인은 과음을 피할 수 있는 유일한 술이며, 천천히 취하기 때문에, 상대와 즐거운 대화를 나눌 수 있다.

▒ 와인 지식

- **상류사회의 고급 지식**: 와인은 최고의 사교수단으로 서양인을 상대하는데 필수적인 지식이다.

- **상표를 보고 판단할 수 있는 지식**: 와인은 싼 것부터 비싼 것까지 값이 다양하기 때문에, 먼저 상표를 보고 어느 정도 비싼 것인지 판단을 할 수 있어야 하고 그에 따라서 매너가 달라진다.

- **무궁무진한 상식**: 와인을 알기 위해서는 원예, 지구과학, 생물, 화학 등 학문은 물론, 매너, 세계의 역사와 지리, 문화를 익히게 된다.

- **격식보다는 지식**: 와인을 마실 때는 딱딱한 매너보다는 그 와인에 얽힌 다양한 이야기를 할 수 있는 풍부한 상식과 분별력이 더 중요하다.

좋은 와인이란?

와인 한 병을 손에 들었을 때, 그 와인이 어떤 종류이며, 어떤 배경을 지니고 있는지 짐작과 판단을 할 수 있는 능력을 갖추려면, 와인의 맛을 좌우하는 기본요소를 알아야 한다. 와인의 질을 결정하는 기본요소에는 크게 나눠 다음 네 가지로 요약할 수 있다. 첫째가 원료포도의 종류 및 상태, 둘째는 포도의 생산지, 셋째는 생산년도, 넷째가 그 와인을 만드는 기술이다. 이 중 하나만 잘못 되어도 좋은 품질의 와인은 나오지 않는다.

▒ 포도의 종류

와인의 품질은 포도의 품질 및 상태에 따라 직접 영향을 받으므로, 좋은 포도의 선택은, 바로 와인의 품질을 결정한다. 포도나무를 학술적으로 분류할 수 있겠지만, 여기서는 와인과 관련시켜 편의상 세 가지로 나누어 보기로 하자. 즉 '유럽 종(*Vitis vinifera* 1종)', '미국 종(*Vitis labrusca* 등 29종)', 그리고 '잡종(Hybrid)'으로 나눌 수 있는데, 유럽 종은 카스피 해 연안이 원산지이며, 수천 년에 걸쳐 유럽지역에서 재배되어 오면서, 와인을 만들었을 때 맛과 향에 있어서 가장 우수하다. 양질의 와인은 모두 이 유럽 종을 사용하여 만들어지고 있다. 앞으로 다룰 와인용 품종은 다음과 같다.

레드와인용으로는 카베르네 소비뇽(Cabernet Sauvignon), 피노 누아(Pinot Noir), 시라(Syrah), 메를로

(Merlot) 등이 있으며, 화이트와인용으로는 샤르도네(Chardonnay), 소비뇽 블랑(Sauvignon Blanc = Fumé Blanc), 리슬링(Riesling), 게뷔르츠트라미너(Gewürztraminer) 등이 있다.

포도의 생산지

같은 종류의 포도인데도 기후와 토양이 다르면 그 맛과 질은 달라진다. 좋은 예가 '피노 누아' 인데, 프랑스 부르고뉴 지방의 주품종으로, 이 지방에서는 세계 최고급 와인을 생산하지만, 캘리 포니아에 건너와서는 수준 이하의 와인이 나오게 되었다. 이것은 와인을 만드는 기술보다는 포도 의 질이 기후와 토양에 의해 영향을 받는다는 예를 단적으로 증명한 셈이다.

유럽, 특히 프랑스는 예전부터 전통적으로 포도밭에 등급을 두고, 이 순위를 항상 고정시켜 놓 음으로써, 수확되는 포도의 질과 상관없이 품질을 결정해 버린다. 즉 포도 싹이 트기도 전에 와인 의 등급이 결정된다. 다분히 모순을 안고 있는 제도로 생각될지 모르지만, 그 만큼 포도의 생산지 는 중요한 요소이다.

포도 수확년도(Vintage)

해마다 기후가 같지 않다는 것은 누구나 다 알고 있는 사실이다. 포도는 기온과 강우량 그리고 일조시간에 민감하게 영향을 받기 때문에, 그 해의 모든 일기조건이 결정적으로 포도품질을 좌우 한다. 아무리 좋은 포도를 재배해도, 그 해 기후조건이 좋지 않으면 좋은 와인이 생산되지 않는다. 기후의 변덕이 심한 지역일수록 이 문제는 더 심각하다. '빈티지(Vintage)'라는 말은 포도의 수확을 의미하기도 하고, 또 포도의 수확년도를 뜻하기도 한다. 포도는 일조량이 풍부하고, 강우량이 비 교적 적어야 풍년(Great vintage)이라고 하는데, 이 해는 포도의 당도가 높고, 신맛이 적으며, 색깔이 짙어진다. 대신 수확량은 적어진다. 그래서 미식가들은 와인을 선택할 때 "보르도 2000년 산" 하 는 식으로 유명 와인 산지의 풍년이 든 해를 기억하고, 그 해 그 지역의 와인만을 찾는다.

와인 양조기술

최종적으로 좋은 포도가 생산됐으나, 만드는 사람의 기술과 성의가 부족하면 좋은 와인은 생산 되지 않는다. 와인을 만드는데 좋은 기구를 사용하고 최신기술을 적용하면 별 문제가 없는 듯하지 만, 와인을 만드는 과정은 복잡하고, 경험이 요구되기 때문에 좋은 기구와 기술만으로 좋은 와인 의 생산이 보장되지 않는다.

와인을 만드는데도 인위적인 힘보다, 자연적인 힘을 이용함으로 와인을 만드는 사람을 '제조업 자(Manufacturer)'라고 하지 않고 '재배자(Grower)'라고 부르기까지 한다. 대체로 대규모 생산설비와 자동화를 갖춘 회사의 와인은 값이 싸고, 전통적인 방법으로 소규모 생산되는 와인이 비싼 이유도 이런 면을 고려하면 이해할 수 있다.

와인을 배우는 자세

욕심을 버릴 것

와인의 종류는 하늘의 별만큼 그 숫자가 많다. 세계 각 국의 모든 와인을 다 배우려고 했다가는 시간만 낭비한다. 와인이란 것이 어떤 것인지 그 기본 지식을 알아두고, 병을 보고 고급인지 아닌지 구분할 정도가 되면 충분하다. 기본 원리를 알고 중요한 산지의 특징만 알면 그 다음에 혼자서도 자세한 공부를 할 수 있다. 또 와인의 맛을 구별해야 된다는 생각도 버려야 한다. 어떤 감정가는 와인의 맛을 한 번 보고 어디의 무슨 와인 몇 연도 산이라고 알아맞힌다지만, 불가능한 일이다.

기본원리를 알려고 해야 한다

호기심이 없으면 지식은 쌓이지 않는다. 반드시 그 원리를 캐물어 알아야 한다. 현재 우리나라에 잘못된 와인 상식이 많이 퍼져 있는 이유도 그 원리를 따져 묻지 않기 때문이다. 초보일 때는 질문을 많이 해야 한다.

남의 눈치 보지 않고 소신껏 행동 한다

이름난 전문가가 아무리 맛이 좋다고 추천해도 나에게는 맞지 않다고 과감하게 이야기할 수 있어야 한다. 그리고 나에게 맞는 와인을 찾아내야 한다.

많이 마셔본다

다른 수입주류에 비해서 값이 싸다. 한 병에 만원이 안 되는 와인부터 구입해서 식탁에 갖다 놓는다. 이런 와인을 기준 와인으로 정해 놓고 그것과 비교해가면서 평가하는 것이 맛을 아는 지름길이 된다.

와인의 역사

와인은 신이 준 최고의 선물

　와인을 신의 선물이라고 표현하는 것이 조금 지나치다고 생각되겠지만, 고대 인류에게는 와인만큼 신비스럽고 영험 있는 음료수는 없었다. 우선 와인은 성경에서, 그리고 바쿠스 신화에서부터 등장되기 때문에, 그 기원부터 성스럽게 생각되었고 알코올음료로서 그 매력은 당시 사람들에게 큰 즐거움을 안겨주는 좋은 선물이었기 때문이다. 그들은 비위생적인 환경에서 물을 비롯한 모든 음식물이 쉽게 상하고, 이러한 음식물을 섭취함으로써 발생되는 질병으로 인하여 많은 고통을 겪었을 것이다.

　우연히 발견된 오래된 포도즙 즉 와인은, 이러한 문제를 완벽하게 해결해주는 신비한 힘을 지니고 있었다. 왜냐하면, 와인은 발효과정을 거치는 동안, 포도껍질에 묻어있는 이스트(Yeast) 이외의 미생물이 자랄 수 없기 때문에, 병원균의 침투가 있을 수 없었고, 또 발효 후에는 생성된 알코올로 인하여, 거의 무균 상태에 가까운 위생적인 음료였다. 그 외 비타민, 무기질 등 영양소와 칼로리를 공급하는 식품으로서, 그리고 의약품으로서 활용가치를 충분히 지닌 건강음료였다.

　고대 인류의 생활은 부자나 가난한 자나, 별다른 즐거움이 없었고, 더군다나 긴 겨울을 지내는 일은 무척이나 어려웠다. 이 때문에 와인은 사람들의 무료함과 괴로움을 없애주고, 생활의 즐거움을 불어넣어 주는 활력소로 작용하였으며, 그 당시 대중음료이던 맥주에 비하여 고농도의 알코올을 함유하고 있어, 그 효과는 더했을 것이다. 일찍이, 플라톤은 신이 인간에게 내려준 선물 중 와인만큼 위대한 가치를 지닌 것은 없다고 했으며, 그를 비롯한 수많은 철학자, 시인, 음악가들이 와인을 이야기하고 노래했었다.

　오랜 세월동안 와인은 교회에서는 성스러운 의식을 위하여, 그리고 흥취를 일으키는 축제에서, 일반대중의 생활의 동반자로서 희로애락을 같이 해왔다. 현대인에게도 와인은 식욕을 돋우고, 소화 작용을 돕는 알칼리성 술로서 건강을 위한 음료일 뿐 아니라, 아름다운 색깔과 조화된 맛과 향기를 지닌 예술품으로서 미적 가치와 함께 격조 높은 술로서 사랑을 받고 있다.

서양 문화의 두 뿌리 - 노아의 방주 그리고 바쿠스

　포도나무의 원산지는 이란 북쪽 카스피 해와 흑해 사이 소아시아 지방으로 알려져 있다. 이곳은 성경에 나오는 노아가 홍수가 끝난 뒤 정착했다는 아라라트 산 근처로, 우연인지 필연인지 성경구절과 일치하고 있다. 성경에는 노아가 포도나무를 심고 포도주를 마셨다(창세기 9 : 20, 21)는 구절부터 시작하여 모세, 이사야, 예수 그리고 제자들의 선교활동에 이르기까지 포도나무와 와인에 대하여 수백 번 언급되어 있다.

소아시아 문화가 그리스, 로마에 흡수되어 발달하면서, 찬란한 문화의 꽃을 피우던 헬레니즘 시대에는 신화와 더불어 와인이 전성기를 맞게 된다. 바쿠스는 그리스 신화에서는 디오니소스라고 부르는 술의 신으로, 최초로 인류에게 와인 담그는 법을 가르쳤다. 이들은 풍요로운 생활을 바탕으로 시와 음악, 그리고 미술 등 예술의 발달과 공연, 집회, 축제 등 문화적인 환경으로 인하여, 많은 사람들이 와인과 함께 시와 음악 그리고 철학을 이야기하게 된다. 좌담회를 의미하는 '심포지엄(Symposium)'은 그리스어로 '심포시온(Symposion)'에서 나온 것으로 '함께 마신다.'는 말이다.

역사 속의 와인

와인에 대한 확실한 근거는 메소포타미아 수메르인의 기록이 최초로서, 진흙 판에 와인의 재고, 거래 규약, 부정행위 방지법 등을 기록해 두었다. 또 고대 이집트 등 유적을 보면, 이들은 레드와인과 화이트와인을 구분하였고, 와인에 세금을 부과할 정도로 산업형태를 이루고 있었다. 초기에는 왕족사이에서 고급음료와 의약품으로 사용되다가 점점 일반인에게 퍼지게 되었다. 고대 바빌로니아 함무라비 법전에는 와인에 물을 섞는 사건에 대해 언급할 정도로 중동 지방에서는 와인산업이 발달했으며, 그 제법 또한 많이 발전하여 공기접촉을 방지하기 위해 아스팔트를 사용하고, 항상 시원하고 온도가 일정한 곳에 와인을 보관했다.

로마인들은 포도품종의 분류, 재배방법, 양조 방법에 이르기까지 획기적인 발전을 이룩하여 와인의 질을 향상시키고, 나무통과 유리병을 사용하여 와인을 보관, 운반하기 시작했다. 이때부터 와인은 로마의 중요한 무역상품으로 유럽전역에 퍼지기 시작했고 당시 식민지이던 프랑스, 스페인, 독일남부까지 포도재배가 시작되었다.

수도승의 역할과 파스퇴르의 발견

로마제국의 멸망으로 이슬람 세력이 지중해 연안의 북아프리카, 스페인, 포르투갈, 프랑스 남서부 지방까지 세력을 확장하면서, 와인산업도 사양길로 접어들게 되었다. 포도밭이 황폐되고 와인 거래도 감소되어, 그야말로 중세 암흑시대로 들어간 것이다. 다만 교회의식에 필요한 와인만이 명맥을 유지하고 있었다. 이런 긴 동면에서 십자군 원정과 수도원의 활발한 움직임으로 와인산업이 다시 빛을 보게 되었다. 십자군은 중동지방에서 포도나무를 들여와 오늘날 유럽포도의 주종을 이루게 하였고, 수도승들은 풍부한 노동력과 안정된 조직력을 바탕으로 포도를 재배하고, 와인을 만들기 시작했다.

당시 유럽에는 황무지가 많았고, 수도원은 세금이 면제되었기 때문에, 이들이 만든 와인은 교회의식에 필요한 수요를 충당하고, 판매수입원으로도 상당한 비중을 차지하게 되었다. 그리고 합리적이고 과학적인 관리방법을 도입하여 근대 와인양조의 기초를 확립하였다. 특히 프랑스의 베네

딕트 수도승 '동 페리뇽(Dom Pérignon)'은 샴페인 양조법을 발견하고, 최초로 코르크마개를 사용한 사람으로 유명하다.

중세이후 봉건사회가 붕괴되고 시민계급이 형성되면서 와인의 수요가 증가하고, 거래가 활발해져 와인은 중요한 무역상품으로 자리 잡게 되었다. 그러나 이때는 와인의 품질이 불안정하여 장기간 보관이나 운반이 어려워서 테이블와인보다는 알코올이나 설탕을 섞은 '강화와인(Fortified wine)'이 더 인기가 좋았다. 이때까지만 해도 아무도 와인의 발효원리와 오염의 원인을 알지 못했기 때문이다.

19세기에 이르러 사람들은 어렴풋이 당분이 변하여 알코올과 탄산가스가 된다는 사실을 알았고, 1860년에 이르러 유명한 파스퇴르가 "미생물에 의해서 발효와 부패가 일어난다."는 당시로서는 획기적인 이론을 주장하여, 와인양조에 새로운 장을 열게 되었다. 이러한 과학적인 발견으로 순수 이스트의 배양, 살균, 그리고 숙성에 이르는 양조방법을 개선하게 되었고, 산업혁명이후 발달된 기계공업을 도입하여, 비교적 싼값으로 와인을 대량생산하게 되어, 와인은 일반대중의 생활 깊숙이 침투하게 되었다. 오늘날 와인은 이러한 오랜 전통과 자연과학이 빚어낸 걸작으로, 그 가치를 더욱 빛내고 있다고 할 수 있다.

오늘날의 와인

포도는 온대지방에서 잘 자라지만, 특히 여름이 덥고 건조하고 겨울이 춥지 않은 지중해성 기후에서 좋은 와인용 포도가 생산된다. 레드와인의 원료가 되는 적포도는 강렬한 햇볕이 내리쬐는 지중해 연안에서 풍부한 당과 진한 색깔을 낼 수 있고, 화이트와인의 원료인 청포도는 약간 서늘한 곳에서 자란, 신맛이 적절히 배합된 포도가 좋다. 그래서 독일이나 동부 유럽에서는 화이트와인을 주로 만들고, 이탈리아, 스페인 등 남부 유럽에서는 레드와인의 질이 좋을 수밖에 없다.

이러한 조건을 고루 갖춘 곳은 프랑스로서 북쪽 지방의 청포도와 남쪽 지방의 적포도는 와인용으로 완벽하기 때문에 와인의 질과 양에서 세계 제일을 자랑하고 있다. 한 때 로마황제(Domitianus)는 당시 프랑스 포도가 로마의 와인을 위협한다고 모두 없애라는 명령을 내린 적도 있지만, 프랑스 사람의 와인에 대한 사랑과 정렬이 오늘날 프랑스 와인을 세계적인 수준으로 끌어 올렸다고 할 수 있다. 그리고 프랑스는 일찍이 통일된 국가를 이루고 왕족, 귀족 등 와인 소비층이 까다로워지면서, 그들의 비위를 맞추기 위해 예술의 경지에 이른 고급 와인으로 발전하기 시작하였다.

로마시대부터 와인의 종주국임을 자처하는 이탈리아는 와인의 생산량, 소비량, 수출량에 이르기까지 프랑스와 앞뒤를 다투고 있으나, 아직도 프랑스의 그늘에 가려 보이지 않는 장벽을 넘지 못하고 있다. 이는 근세까지 도시국가로 나뉘어 지내온 이탈리아의 정치적 배경에도 그 이유가 있겠지만, 프랑스보다 뒤늦게 품질관리 체계를 정하고 수출에 뒤늦게 눈을 떴기 때문이다. 그리고 프랑스 사람들은 와인을 하나의 예술품의 경지에 올려놓고 온갖 포장을 다하여, 세계 사람들이 프랑스 와인을 우러러보도록 만든 반면, 이탈리아 사람들은 와인을 마시지 않고 "먹는다."라는 표현을 쓸 만큼 와인을 식탁에 있는 하나의 음식으로 생각하고 지내온 것이 오늘날 이탈리아 와인의 문제라고 할 수 있다.

세계에서 가장 넓은 포도밭을 가지고 있는 스페인은 좋은 레드와인으로도 유명하지만, 별 볼일 없는 화이트와인을 다시 발효시켜 만든 '셰리(Sherry)'는 세계인의 입맛을 돋우는 식전주(Apéritif)로서 유명하다. 나라는 적지만 와인 강국인 포르투갈은 '포트(Port)'라는 달콤한 레드와인을 만들어 식사 뒤에 디저트와 함께 마시는 디저트와인으로 유명하다. 그리고 독일은 포도재배의 북방 한계점이라는 약점을 극복하고, 풍토에 맞는 품종을 개발하여 고급 화이트와인을 생산하고 있으며, 그 밖에 러시아의 남부, 그리스, 헝가리 등 동유럽에서도 지역적인 특성을 살려 와인을 생산하여 각각 독특한 맛을 자랑하고 있다.

한편, 신대륙에서는 캘리포니아, 오스트레일리아, 남미, 남아프리카 등이 완벽한 자연조건을 바탕으로 우수한 기술과 풍부한 자본으로 와인을 생산하여 유럽와인의 질을 능가하고 있다. 그래서 요즈음은 값이 싸고 맛이 좋은 와인은 칠레, 호주 등 신세계 와인이라고 정평이 나있을 정도이다. 다만 유럽 와인의 맛이 복합적이고 깊이가 있다면, 신세계 와인은 산뜻하고 맛이 짧기 때문에 고급 와인은 유럽 것에 비하여 덜 하지만, 중저가 와인은 유럽의 시장을 잠식하고 있다.

▨ 와인 통계(2015년 기준)

- **세계 와인 생산량**: 연간 약 350억병
- **와인생산량 순위**: 1위 이탈리아, 2위 프랑스, 3위 스페인, 4위 미국, 5위 아르헨티나
- **와인소비량 순위**: 1위 미국, 2위 프랑스, 3위 이탈리아, 4위 독일, 5위 중국
- **와인수출액 순위**: 1위 프랑스, 2위 이탈리아, 3위 스페인, 4위 칠레, 5위 오스트레일리아
- **와인수입액 순위**: 1위 영국, 2위 미국, 3위 독일, 4위 중국, 5위 캐나다

와인 테이스팅은 미술관을 배회하는 것에 비유할 수 있다. 이 방 저 방 구경하다가 선호 여부를 떠나서 첫인상을 좌우하는 것이 있다. 그리고 한번 결정하면 여기에 대해서 더 알고 싶어진다. 작가가 누구인지? 이 작품의 배경은? 어떻게 그렸는지?

와인도 마찬가지다. 한번 좋아하는 새로운 와인을 만나면, 이 와인에 대한 모든 것을 알고 싶어 한다. 와인 메이커, 포도, 재배지역, 블렌딩 비율, 그리고 환경까지. 좋은 와인이란 당신이 좋아하는 와인이다. 그리고 다른 사람에게 당신의 맛을 강요하지 말아야 한다.

- Kevin Zraly -

2장 와인과 음료의 개요

알코올음료

비 알코올음료

기타

알코올음료

용어

- **알코올**: 음료로 사용하는 알코올은 에틸알코올이며, 이 에틸알코올은 반드시 발효과정을 거쳐서 얻어지는 것만을 술로서 사용할 수 있다. 화학적 합성으로 얻어진 알코올은 아무리 순수하더라도 식용으로 사용해서는 안 된다.

- **알코올 농도**: 술 100㎖에 들어있는 알코올의 ㎖ 수를 알코올 농도로 표시한다. 15℃에서 에틸알코올의 부피를 %로 나타낸 것이다. 주세법에서는 '도(度)'라고 하는데 이는 부피 %와 같은 뜻이다. '주정도(酒精度)'라고도 한다. 즉 10도=10%이다.

- **프루프(Proof)**: 미국의 버본 위스키에서 이런 단위를 많이 보게 되는데, 이 단위는 우리가 사용하는 % 농도에 두 배를 하여 나타낸 수치이다. 즉 80Proof는 40%(40도)가 된다. 옛날 영국에서는 술을 증류하여 고농도의 알코올을 얻었을 때, 이를 정확히 측정하는 기술이 발달되지 않아, 그 농도를 측정하는 방법으로 증류한 알코올에 화약을 섞은 다음, 여기에 불을 붙여 불꽃이 일어나면 "Proof(증명)"라고 외쳤다. 즉, 원하는 농도가 되었다는 표시다. 나중에 물리학적인 측정방법이 발전하자, 이 Proof 때의 농도가 50%를 약간 초과한다는 사실을 알게 되었다. 현재 영국에서는 100Proof를 57.1%로 정하고 미국은 100Proof를 50%로 정해서 사용하고 있다. 영국의 스카치위스키는 % 농도를 주로 사용하고 있다. "80도짜리 술을 마셨다."라는 이야기를 자랑스럽게 하는 사람은 이 프루프 농도를 잘못 알고 있는 사람이다.

- **주류**: 주정(酒精)과 알코올 1도 이상의 음료를 말한다. 용해하여 음료로 사용할 수 있는 분말상태의 것을 포함하되, 약사법 규정에 의한 의약품으로서 알코올 6도 미만의 것은 제외한다.

- **주정**: 전분이나 당분이 함유된 원료를 발효시켜 알코올 85도 이상으로 증류한 것으로 희석하여 음료로 사용할 수 있는 것을 말하며, 불순물이 함유되어 직접 음료로 할 수는 없으나 정제하면 음료로 할 수 있는 조주정(粗酒精)도 포함한다.

술의 분류

▦ 발효주(양조주)

알코올 발효가 끝난 술을 직접 또는 여과하여 마시는 것으로, 원료 자체에서 우러나오는 성분을 많이 가지고 있다. 포도과즙을 용기에 넣고 발효가 일어나면, 과즙의 당분은 알코올과 탄산가스로 변한다. 탄산가스는 공기 중으로 날아가고 알코올만 액 중에 남아있게 된다. 이것이 와인이다. 맥주의 경우는 보리를 발아시켜 맥아(Malt)를 만들고, 이 맥아 중에 형성된 당화효소의 작용으로 곡류를 당화시킨 다음 알코올 발효를 시킨다. 이 맥주와 와인이 대표적인 양조주이다. 우리나라 막걸리, 청주도 여기에 속한다.

● **단발효주**: 원료의 주성분이 당분으로서 효모의 작용만으로 만들어진 술을 말하며, 과실주, 미드 (Mead, 꿀로 만든 술) 등이 있다.

　① 천연 와인(Natural wine): 보통 테이블 와인으로 레드, 화이트, 로제 등으로 분류한다.
　② 스파클링와인(Sparkling wine): 탄산가스를 남겨 거품이 이는 와인을 말하며 이 와인의 상대적인 표현인 스틸 와인(Still wine)은 일반 와인을 말한다. 샴페인이 대표적인 것이다.
　③ 강화 와인(Fortified wine): 알코올(브랜디 등)을 가해 알코올 농도를 높인 와인으로 포트(Port), 셰리(Sherry) 등을 들 수 있다.
　④ 가향 와인(Flavored wine): 허브 계통을 넣어 특유의 향을 가진 와인으로 베르뭇(Vermouth)이 대표적이다.

● **복발효주**: 원료의 주성분이 녹말이기 때문에, 녹말을 당분으로 분해시키는 당화과정이 필요하여 두 번 발효시키기 때문에 복발효주라고 한다.

　① 단행복발효주: 당화와 발효의 공정이 분명히 구분되는 것으로 맥주가 대표적이다.
　② 병행복발효주: 당화와 발효의 공정이 분명히 구별되지 않고 두 가지 작용이 병행해서 이루어지는 것으로 청주, 탁주 등을 예를 들 수 있다.

사이다_Cider

사과로 만든 술로서 우리나라와 일본에서는 탄산음료로 잘못 전달되었다. 소프트 사이다(Soft cider)는 사과주스를 말하며, 하드 사이다(Hard cider)는 사과주를 말한다. 한편, 애플 와인(Apple wine)은 사과주스에 가당하여 발효시킨 것으로 알코올 농도 12% 정도 되는 것을 가리킨다.

▦ 증류주

양조주 또는 그 찌꺼기를 증류한 것, 또는 처음부터 증류를 목적으로 만든 술덧을 증류한 것으로 고형분이 적고 주정도가 높다. 양조주를 증류하면 증류주가 된다. 와인을 증류하면 브랜디를 만들 수 있고, 보리로 만든 술을 증류하면 위스키, 보드카 등을 만들 수 있다. 우리나라의 전통소주, 중국의 고량주는 모두 여기에 속한다. 양조주는 미생물 특성상 알코올 농도 20% 이상의 술이 나오지 않는다. 그러나 증류주는 원하는 만큼 알코올 농도를 조절할 수 있어서, 증류법의 발견은 양조기술의 획기적인 사건이었다.

증류는 알코올과 물의 끓는점의 차이를 이용하여 고농도 알코올을 얻어내는 과정으로, 양조주를 서서히 가열하면 끓는점이 낮은 알코올이 먼저 증발하는데, 이 증발하는 기체를 모아서 적당한 방법으로 냉각시켜 다시 고농도의 알코올 액체를 얻어내는 과정이다.

- **곡류로 만든 양조주를 증류한 것**
  - ① 위스키(Whisky): 보리로 만든 술을 증류하여 오크통에서 숙성시킨 것으로 스카치위스키(Scotch whisky), 버본위스키(Bourbon whiskey)가 유명하다.
  - ② 보드카(Vodka): 곡류나 감자 등으로 증류주를 만든 다음, 숯으로 여과하여 만든 무색, 무취의 술이다.
  - ③ 진(Gin): 노간주나무 열매(Juniper berry)를 알코올에 넣어 추출한 술이다.
  - ④ 소주(燒酒): 막걸리를 증류한 것이다.
  - ⑤ 고량주(高粱酒): 수수로 만든 술을 증류한 것이다.

- **과실로 만든 양조주를 증류한 것**
  - ① 브랜디(Brandy): 과실주를 증류하여 오크통에서 숙성시킨 것으로, 포도가 원료인 것으로는 코냑, 아르마냑이 유명하며, 사과가 원료인 브랜디로 칼바도스, 애플잭이 유명하다.

- **기타**
  - ① 럼(Rum): 제당공업의 부산물인 당밀로 만든 양조주를 증류한 것이다.
  - ② 테킬라(Tequila): 용설란의 일종인 '아가베(Agave)'란 식물의 밑둥치를 가열하여 나오는 당액으로 만든 양조주를 증류한 것이다.

▒▒ 혼성주

양조주 또는 증류주에 다른 종류의 술을 혼합하거나 식물의 뿌리, 열매, 과즙, 색소 등을 첨가하여 만든 새로운 술. 예를 들면 합성과실주, 인삼주, 칵테일 등이 이런 범주에 속한다.

- **압생트(Absinthe)**: 웜우드(Wormwood) 등 여러 가지 약초를 배합하여 만든 술로서 알코올 농도가 너무 높아 판매 금지된 나라가 많다. 트렌트(TRENT) 60%, 합스부르크(HAPSBURG) 72.5%, 데도(DEDO) 75%, 합스부르크 슈퍼 딜럭스 엑스트라(HAPSBURG SUPER De-Luxe Extra) 85%.

- **베네딕틴(Benedictine)**: 베네딕트 수도원에서 발명하여 1500년대 치료제로 사용하던 약용주를 상품으로 만든 것이다.

- **샤르트뢰즈(Chartreuse)**: 카르투지오 교단에서 발명한 약용주를 제품으로 만든 것이다.

- **크렘(Crème)류**: 유제품 뜻이 아니고 본질, 알맹이, 가장 좋은 것이란 뜻으로 브랜디에 과일, 약초 등을 넣고 감미한 리큐르이다.

참고로, '리큐르(Liqueur)'는 혼성주이며, '리쿼(Liquor)'는 독한 술을 말한다.

비 알코올음료

탄산성 청량음료

청량감을 주는 탄산가스가 함유된 음료로서 미생물 발육 저지 효과가 있다.

콜라(Cola)

아프리카 산 콜라 열매의 에센스를 넣어서 만든 것에서 출발하여, 콜라나무 잎, 열매 추출액에 계피유, 레몬유, 오렌지 유, 바닐라 등 향신료와 정유를 가한 다양한 향미를 베이스로 한 탄산음료에 캐러멜로 착색한 것이다. 세계에서 가장 많이 팔리는 음료이다.

소다수(Soda water)

천연광천 가운데 이산화탄소를 함유한 것을 마시면 혀에 닿는 특유한 자극이 청량감을 주는 데서 인공적으로 이산화탄소를 함유하는 물을 고안해낸 것이 시초이다. 이때 이산화탄소를 만드는 데 소다를 쓰기 때문에 소다수라고 한다. 여기에 다시 제2차 가공을 가하여 설탕, 향료, 산(酸), 색소 등을 첨가한 것이 '레모네이드', '사이다', '시트론' 등이다. 소다수의 성분은 수분과 이산화탄소만으로 이루어졌으므로 영양가는 없으나, 이산화탄소의 자극이 청량감을 주고, 동시에 위장을 자극하여 식욕을 돋우는 효과가 있다. 8-10℃ 정도로 냉각하는 것이 이산화탄소도 잘 용해되고 입에 맞는다. 그대로 마시기도 하고, 시럽이나 과즙 또는 양주 등을 타서 마신다.

진저에일(Ginger ale)

생강으로 맛을 낸 발포성 음료로 식욕증진, 소화 작용에 효과가 있다.

토닉 워터(Tonic water)

레몬, 라임, 오렌지, 키니네 등을 넣어 만든 음료. 열대지방 사람의 식욕증진과 원기회복 등으로 쓰이다가 칵테일 원료로 사용된 것이다.

비탄산성 청량음료

▒▒ 광천수(Mineral water)

땅 속에서 솟아나는 샘물로서 가스 형태 또는 고형물질을 대량으로 함유하고 있다. 천원(泉源)에서 25℃ 이상을 온천, 이하를 냉천(冷泉)이라 하는데, 광천수는 보통 후자를 가리킨다. 천연광천을 이용한 것과 상수도물에서 염소를 제거하여 적당한 염류를 첨가해 만든 것이 있는데, 식수·탄산수 등으로 애용된다. 천연광천수는 정장제(整腸劑)로 음용되기도 한다. 프랑스 비시의 광천수(Vichy water), 프랑스와 스위스 레만 호 부근 에비앙의 광천수(Evian water), 독일 위스바덴 지방의 젤처 광천수(Seltzer water) 등이 유명하다.

영양 음료

▒▒ 주스류

레몬, 오렌지, 포도, 사과, 파인애플, 그레이프프루트(자몽) 등 과일과, 토마토 당근 등 채소 등이 원료인 것으로 대체적으로 섬유질을 제거한 것이다.

▒▒ 우유

우유는 단백질, 지방, 탄수화물, 기타 무기물, 비타민 등을 포함한 완벽한 식품이다. 그래서 우유는 가공 중 낮은 온도를 유지하더라도 오염되기 쉽고, 특히 병원성 미생물의 침투가 쉽기 때문에 살균은 필수적이다.

- **살균방법**
  - ① 저온살균(Pasteurization): 62-65℃에서 30분, 병원성 미생물을 비롯한 미생물을 90% 이상 살균한다. 즉시 냉각이 필수적이며, 비효율적이다.
  - ② 고온 단시간 살균(High Temperature Short Time process, HTST): 72℃에서 15분 처리 후 냉각하므로 신속하게 제품을 생산할 수 있다.
  - ③ 초고온 살균법(Ultra high temperature process): 130℃에서 2-3초 살균하여 냉각시킨 것으로 대부분의 시유는 이 방법을 사용한다.

균질화_*Homogenization*

우유는 지방성분 즉 크림 층이 생기므로 이를 방지하기 위해 큰 지방입자를 잘게 부셔주는 것으로, 균질우유는 부드러워지고 소화도 잘된다. '무균질 우유'는 균질하지 않은 우유를 말한다.

- **전지분유(Whole milk powder)**: 우유를 스프레이 드라이어(Spray dryer)로 수분을 증발시킨 것으로 저장성이 좋다

- **연유(Condensed milk)**: 우유를 감압 농축시킨 것이다.

- **탈지분유(Skim milk powder)**: 크림을 제거한 탈지우유를 분유로 만든 것이다.

- **크림(Cream)**: 지방이 18% 이상인 것으로, 약간의 물리적 충격(Churning)으로 우유에서 분리된다. 이 크림을 중화 살균하여 냉각 후 12-24시간 보관하여 숙성하고, 이를 다시 기계적인 충격을 가해 버터를 만든다.

- **커드(Curd)**: 치즈의 원료가 되며, 신선한 우유를 그대로 사용하거나 살균하여 만든다. 우유에 젖산균을 접종하여 산이 형성되면, 송아지 네 번째 위에서 추출한 레닛(Rennet, Rennin이 주성분)을 첨가하여 응고시킨다. 이렇게 응고된 것을 커드라고 한다. 요즈음은 미생물이 만든 레닛을 이용하기도 한다. 커드에 소금 등을 가미하여 압착하여 성형하면 치즈가 된다.

- **발효유**: 젖산균 접종하여 30-40℃에서 16-18시간 두면 발효유가 된다. 젖산균은 장내 유해미생물 증식을 억제하고, 칼슘의 용해도를 높여 칼슘흡수를 돕는다. 콜레스테롤을 이용하므로 콜레스테롤 축적 방지효과가 있다.

기호음료

커피(Coffee)

- **유래**: 약 7세기 경 에티오피아 양치기가 발견한 것으로, 양들이 이 열매를 먹고 잠을 자지 않기 때문에 '춤추는 양떼'라는 말이 생긴 것이다. 이렇게 발견된 커피의 원산지는 에티오피아이지만, 이것을 볶아서 음료로 만든 사람은 아랍인이다. 아랍의 의사였던 아비센(유럽에서도 유명한 의사)은 11세기에 이미 커피에 대해서 기술하였고, 15세기 중반에는 아라비아 반도, 이집트, 시리아, 콘스탄티노플로 전파되어, 1554년 콘스탄티노플에 최초의 커피점이 문을 열었다.
  터키는 점령지 주민들에게 와인을 금지시키고 커피를 마시도록 장려했다. 처음 기독교인들은 커피를 이교도의 음료로서 '악마의 음료'라고 교황에게 음용을 금지할 것을 주장했으나, 교황 클레멘스 8세(1592-1605)는 커피의 맛에 반하여 "이 악마의 음료는 아주 훌륭하므로 악마에게만 독점시키기는 너무 아깝다. 세례를 주어 악마를 조롱하도록 하라."라고 명하여, 기독교도의 음료로서 공인되었다. 16세기 말에는 유럽에서 커피가 사람들의 입에 오르내리면서, 레오나르 라우볼프 박사는 "잉크처럼 진한 이 까만 음료는 여러 가지 병에 잘 듣는다. 특히 위장질환에 좋다."라고 했다.

1652년 영국 옥스퍼드에 터키 태생 유태인 야곱이 유럽 최초의 커피점을 열었고, 그 후 커피점은 엘리트 회원만의 음료가 되었으나, 1670년 파리에 카페가 생기면서 커피는 일반 대중의 음료가 되었다. 초기 유럽에서는 귀족들만 마시면서 금지령도 내렸지만, 1720년 파리에 문을 연 커피점이 380여 개가 되었으며, 이때부터 커피숍은 사교장이 되고, 정보교환, 문학 활동, 정치비판, 등의 기능을 수행, 혁명의 씨앗이 움트기 시작하였다.

우리나라에서는 고종 19년(1882)부터 문호를 개방한 후, 아관파천(俄館播遷, 1895) 때 러시아 공사관에서 고종이 커피 맛을 처음 보고, 이듬해 덕수궁으로 돌아온 다음에도 커피를 즐겨 마셨다고 전한다. 당시 커피는 각당(角糖) 속에 커피가 들어간 형태였다. 순종은 커피 애호가였지만, 친일파가 넣은 커피의 독약(아편)으로 고생했다. 이후 러시아 공사 위베르를 따라 우리나라에 온 손탁이 민비의 신임을 받아 손탁호텔을 짓고 커피를 판매한 것이 최초의 현대식 다방이며, 일본인이 세운 청목당(靑木堂)은 두 번째 커피점이다.

● **커피나무**: 커피는 꼭두서니 과 상록수로서 열대지방의 고원지대(15-20℃, 강우량 1,200㎜)에서 재배된다. 파종해서 7개월-1년에 이식하고, 3년 후 꽃이 피고 열매를 맺는다. 파종 5-6년부터 수확하여 14-18년간 계속 열매를 맺는다. 아라비카(arabica), 로부스타(robusta) 두 종류가 주를 이루는데, 로부스타는 인스턴트커피 제조에 주로 사용된다. 커피열매는 처음에는 흑록색이지만 익어가면서 황록색으로 변하고 6-7개월이면 짙은 붉은 색이 된다. 이 붉은 열매의 겉껍질을 벗기면 연한 과육이 들어있는데, 이 과육 속에는 흰콩을 반으로 쪼개 놓은 것과 같은 모형의 커피 씨가 맞붙어 있다. 이것을 커피 원두라고 한다.

커피는 지역에 따라 쓴맛, 신맛, 단맛, 떫은맛 네 가지 맛이 다르다. 커피의 가장 바람직한 맛은 이 네 가지 맛이 조화를 이루어야 하기 때문에 서로 배합하여 추출하기도 한다. 커피열매는 볶아야 특유의 향이나 제 맛이 나는데, 볶는 작업을 배전(焙煎, Roasting)이라고 한다. 커피의 카페인은 생두나 배전두에 1.5% 가량 있는데, 볶으면 1% 이하로 떨어진다.

● **카페인**: 카페인은 알코올과 달리 지능을 고무시키고, 강심, 이뇨작용을 한다. 즉 권태와 졸음을 쫓아 활기를 소생시켜준다. 스웨덴 구스타프 3세는 사형수를 상대로 커피와 홍차 그룹으로 나누어 인체 실험을 했는데, 커피가 더 우수한 것으로 밝혀졌다고 전하며, 히틀러도 군인을 대상으로 커피와 홍차를 비교 실험하였는데, 커피를 마신 그룹이 체력이 더 강하게 나타났다고 전한다. 즉 커피의 카페인은 두뇌의 활동력을 높여 정확도, 판단력, 반응속도를 향상시키고, 또 체력증진, 근육 피로 감소 등으로 운동선수에 효과가 있지만 여자에게는 역효과가 난다. 커피에는 칼륨이 많은데(한잔에 225㎎), 저칼륨증이 생기면 활동력이 없어진다.

커피의 카페인은 남성의 정자 활동성을 높여주므로 남성 원인의 불임에 효과가 있지만,

여성에게는 임신 가능성을 감소시킨다고 하며, 여성의 경우 하루에 카페인 300mg을 섭취(세 잔) 하면 임신 가능성이 27% 감소된다고 한다. 커피 한잔에는 100mg의 카페인이 있어서 정신적 자극을 주지만, 과음하면 위가 약해진다거나 불면증이 걸린다. 커피는 공복에 위산분비를 촉진하므로 빈속에 마시는 것은 좋지 않으므로 단백질과 같이 먹는 것이 좋다. 카페인은 위액분비를 왕성하게 하므로 과량인 경우 위궤양이나 십이지장궤양에는 좋지 않고, 불면증으로 무기력하게 되고 신경적으로도 되므로 하루 세 잔 정도가 적당하다. 커피 70잔을 한꺼번에 먹으면 카페인 치사량에 도달한다.

▦ 차(Tea)

옛 중국의 진나라 사람들이 촉나라 사람들이 차를 마시는 것을 발견하고, 기원전 4-3세기경에 중국에 차가 널리 보급되었다. 특히 정신수양을 하는 불교계에서 유행했다. 우리나라는 삼국시대 신라 선덕여왕(632-647) 때 전래되어 화랑들이 마셨다고 하며, 신화로 보면 수로왕비 허씨가 차를 가져왔다고 전한다. 기록상으로는 흥덕왕 3년(828) 김대렴이 중국에서 차 종자를 가져와 지리산에 심었다고 전한다. 고려 때는 불교와 더불어 우리나라 차의 황금기로서 사원에 차를 공급하는 부락인 다촌(茶村), 궁중에는 차를 공급하는 관청인 다방(茶房)이 있었다. 특권층의 선물로 유행하였고, 일부에서 다도(茶道)를 형성하였다. 그러나 조선시대에는 궁중에서 외국손님 접대용으로만 사용하였고, 대부분 자취를 감추었다.

중국이나 일본은 차 잎을 쪄서 건조했지만, 우리나라는 솥에 넣어 덖는다. 이렇게 만든 것이 엽차(葉茶)이다. 차 잎을 쪄서 찧고 굳힌 것을 단차(團茶)라고 하며, 이것을 불에 쬐어 깎고 가루 내어 열탕에 넣어 마신다. 고려말기 단차 중심에서 엽차 중심으로 바뀌게 된다.

- **녹차(Green tea)**: 발효시키지 않은 찻잎을 사용해서 만든 차로서 녹차를 처음으로 생산하여 사용하기 시작한 곳은 중국과 인도이다. 그 후 일본·실론·자바 등 아시아 각 지역으로 전파되었으며, 오늘날에는 중국에 이어 일본이 녹차 생산국으로 자리 잡고 있다. 새로 돋은 가지에서 딴 어린잎을 차 제조용으로 사용하며, 대개 5월, 7월, 8월 세 차례에 걸쳐 잎을 따는데, 5월에 딴 것이 가장 좋은 차가 된다. 차나무는 상록수로 비교적 따뜻하고 강우량이 많은 지역에서 잘 자란다. 녹차를 제조하기 위해서는 딴 잎을 즉시 가열하여 산화효소를 파괴시켜 녹색을 그대로 유지하는 동시에, 수분을 증발시켜 잎을 흐늘흐늘하게 말기 좋은 상태로 말린다. 예전에는 사람이 가마솥에서 직접 잎을 손으로 비벼 말렸다. 그 후 가열을 계속하여 대부분의 수분을 제거하여 어느 정도 바삭바삭하게 만든다. 근래에 와서는 기계를 사용하여 차를 제조한다.

- **홍차(Black tea)**: 발효차의 대표적인 것으로, 홍차 어원은 19세기 중엽부터 홍차를 생산해 수출하려 했던 일본인이 자국 내의 녹차를 일본차로 부르고 유럽 사람이 마시는 차를 차의 빛깔이

붉다고 하여 홍차라고 부르던 것을 그대로 받아들여 사용하기 시작했다. 유럽식 홍차의 기원은 16세기 중엽 중국에서 시작된다. 우롱차(Oolong tea)는 홍차보다 덜 발효된 것으로 원래 중국에서 만들어져 유럽에서 수입하기 시작했다. 그 중에서도 강 발효된 우롱차가 유럽에서 환영을 받으면서 보다 강하게 발효된 차로 자리를 잡게 된다. 녹차와 우롱차의 차이를 설명하는 통역 과정을 거치면서 영어 'Black Tea'의 어원이 되었다는 것이 현재 가장 유력한 가설이다.

- **우롱차(Oolong tea, 烏龍茶)**: 녹차와 홍차의 중간적인 성질을 가진 반 발효차로서 원래는 중국에서 만들어졌으나, 1890년경부터는 타이완에서 생산하게 되었다. 제품의 빛깔이 까마귀같이 검으며, 모양이 용(龍)같이 구부러진 데서 연유하여 이런 이름이 붙었다. 6-8월 사이에 난 새싹을 사용하는데, 처음에 햇볕을 쬐어서 시들게 한 후 실내로 옮겨서 때때로 휘저어 섞어서 수분을 제거하며, 그 사이에 약간 발효하게 한 후 솥에다 볶아서 효소작용을 멈추게 한다. 이것을 잘 비벼서 건조시킨 후 제품을 만드는데, 이것을 달인 물은 진한 등홍색의 빛깔을 띠며 향기가 매우 좋다. 중국 특유의 달이는 법이 따로 있으나, 보통은 홍차와 같은 방법으로 달여서 단맛을 가미해서 마신다.

- **작설차(雀舌茶)**: 어린 싹이 참새 혀 바닥처럼 생겼다 해서 붙인 이름으로 갓 나온 잎을 사용한 차이다.

카카오(Cacao, Cocoa)

카카오의 씨(카카오 콩)를 볶아서 가루로 만들어 지방을 제거한 것을 코코아라고 한다. 코코아는 이 카카오가 와전된 것이다. 카카오는 아스텍(멕시코)의 '카카와토르'가 어원이다. 이 코코아는 신대륙 발견 이전부터 멕시코 주민 사이에 음용된 음료로서, 원주민들은 카카와토르 열매를 볶아 외피를 제거하고 옥수수와 함께 으깬 다음, 고춧가루를 쳐서 되직하게 끓여 먹거나 벌꿀이나 우유를 섞어 마시면서 이것을 '초콜라톨(Xocolatl)'이라고 했다. 유럽인이 정착한 후 이곳의 수녀원에서 초콜라톨에 바닐라를 넣어 먹다가 이것이 유럽에 전파되었고, 1651년 스페인 앤 공주가 루이 13세와 결혼하면서 바닐라와 설탕을 타서 마시기 시작했다. 1650년 전문 공장이 리스본, 제노바, 마르세유에 생기고, 1828년 네덜란드의 반 호텐이 카카오 콩에 들어있는 지방의 2/3를 추출하는 특허를 취득하여, 물에 잘 녹는 탈지 카카오 가루를 발명하여 '코코아'란 이름으로 발매한 것이 현재 음용되는 코코아의 시초가 된다. 밀크 초콜릿은 1876년 스위스 다니엘 피터가 만든 것이다.

나무에서 따낸 카카오 과실은 껍데기 속에 씨가 파묻혀 있으므로 그것을 꺼내어 씨 주위에 붙어있는 과육을 발효, 건조시켜 제거한다. 이 건조된 씨가 카카오 콩이며, 코코아를 만들려면 이 콩을 갈색이 될 때까지 볶는데, 이 과정이 향미에 가장 영향력이 크다. 다음은 분해하여 껍데기 부분을 제거하고 남는 부분만 갈아서 죽으로 만든다. 이것이 초콜릿 액이며, 굳힌 것을 버터초콜릿,

또는 베이킹 초콜릿이라고 한다. 코코아는 초콜릿 액에 압력을 가하여 버터 분을 제거하고 제분기로 곱게 분쇄하여 냉각 건조시킨 것이다. 카카오는 지방이 20% 이상, 단백질 19%, 당질 40%로 영양분이 우수한 고 칼로리 식품이다.

코코넛(Coconut)

열매는 타원형이며, 덜 익은 것은 내용물 즉 배유는 수액(코코넛 밀크)으로 가득 차있고, 익으면 내용물이 하얀 과육으로 변한다. 이것을 식용하거나 비누 등 제조에 이용한다. 성숙한 열매의 배유를 꺼내어 천연 또는 인공 건조한 것을 코프라(Copra)라고 하는데, 여기서 야자유를 짜내고 그 찌꺼기를 비료나 사료로 사용한다. 야자유는 요리에도 사용하고 마가린, 비누, 양초 등 제조에 사용된다. 과육을 잘게 끈 모양으로 썰어서 말린 것이 코코넛(말린 야자)이며, 카레요리, 술안주, 과자 재료로 쓰인다. 미숙과 속의 코코넛 밀크는 약간 신맛이 돌고 달아서 건조지역에서 중요한 청량음료가 된다.

팜유(Oil Palm)

라면 튀김용으로 가장 많이 사용되는 기름으로 우리나라 유지 수입량의 1/3을 차지한다. 대량생산으로 값이 싸다.

기타

바닐라(Vanilla)

난초과 덩굴성 풀로 다육질의 과실이 열린다. 이것을 발효시키면 강한 향기를 내므로 향료, 약재로서 사용한다. 멕시코가 원산지이며, 멕시코 벌이 수정하기 때문에 다른 곳에서는 재배가 어렵다. 요즈음은 인공수정으로 재배한다.

후추/호초(胡椒, Black pepper)

한무제 때 서역의 호(胡)나라에 사신으로 갔던 장건(張騫)이 가져온 것으로 '호(胡)'자를 따서 '호초(胡椒)'라고 불렸다. 그러나 호초의 원산지는 서역이 아니고 인도이다. 우리나라는 고려 중엽 이인로(李仁老)가 지은 『파한집(破閑集)』에 호초 이야기가 나오며 『고려사』에 1389년 오키나와에서 호초 삼백 근을 가져왔다는 기록이 있다.

인도의 말라바르 해안이 원산지로서 후추과의 기면서 자라는 다년생 덩굴식물이다. 후추는 그 열매로 만든 톡 쏘는 듯한 매운 향신료를 말한다. 옛날부터 알려졌으며 세계에서 가장 널리 쓰이는 향신료 중 하나이다. 구풍제나 위산분비 촉진제로 약품에도 쓰인다. 역사시대 초기에는 동남아시아의 열대지방에서 널리 재배되었는데, 이곳에서는 후추가 양념으로 중요하게 취급되었다. 이 후추는 인도 원산으로 유럽에서는 한 때 금값보다 비싼 적도 있다. 그래서 "후추처럼 비싸다."란 표현을 사용했고, 금이나 약재용 저울로 칭량하여 거래했다.

설탕(Sugar, Sucrose)

설탕은 나쁜 것이 아니다. 천연감미료이며, 자연식품이며, 과일이나 채소에도 설탕이 많이 들어 있다(사과, 포도, 복숭아, 귤, 양파, 당근 등). 옛날 알렉산더 대왕이 인도에서 사탕수수를 발견했을 때, '꿀벌 없이 꿀을 얻을 수 있는 갈대'라고 했다. 이후 아프리카, 아시아, 유럽으로 퍼지면서 6-7세기 경 설탕을 제조했다. 특히 스페인에서 많이 생산했으며, 아메리카 대륙 발견 후에는 중남미에서 사탕수수를 대대적으로 재배하면서, 16세기부터 제당공업이 카리브 해를 중심으로 시작되었다. 마침 홍차, 커피, 초콜릿 음료가 유행하면서 설탕 수요가 급증하던 시절에 영국이 스페인 무적함대를 격파하고 카리브 해를 장악한 이후, 총, 화약, 술을 가득 실은 영국선박이 리버풀을 출발하여서 아프리카로 가서 노예를 싣고, 서인도제도로 가, 거기서 설탕을 싣고 돌아오는 것을 '흑백무역'이라고 했다. 영국은 이때 설탕으로 강대국의 기초를 확립한다고 한다. 설탕생산은 수확기 3-4개월만 노동력이 대량 필요하기 때문에 신대륙 노예제도의 출발점이 되었다.

사탕단풍(Maple syrup)

신대륙에 백인들이 이주하기 전부터 원주민들이 사용한 것으로 17-18세기까지 당분 공급원이었다. 수령 40년 이상 된 단풍나무에서 100년 동안 채취를 할 수 있는데, 3월에서 4월에 걸쳐 4-6주간 채취하여 채취하자마자 바로 우유와 같이 저온 살균하여 오염을 방지한다. 농축하여 당도 66-67%로 만들어 걸러서 제품으로 만든다. 나무 하나에서 연간 약 1ℓ의 시럽을 채취한다.

담배(Tobacco)

1559년 리스본 주재 프랑스 대사 장 니코가 프랑스와 2세와 모후 카트린에게 의약용으로 선물하여, 카트린은 이를 가루담배로 만들어 두통약으로 애용하였다. 처음에 왕비의 약초로 불리다가 장 니코를 기념하는 뜻에서 니코티아느(니코틴)로 부르게 되었고 이것이 담배의 학명이 되었다. 우리나라에는 1600년 경 임진왜란 이후 소개되었다. 한국은 일본에서 들어왔다고 하고, 일본은 한국에서 들어왔다고 한다. 처음에는 향초, 약초로 사용되어 『지봉유설』에는 "담배연기를 마시면 담과 허습을 제거하고 술을 깨도록 해준다."라고 기술하고 있다.

니코틴이 뇌까지 도달하는 시간은 7-19초이다. 니코틴이 뇌를 자극하여 초기에는 아세틸콜린이라는 신경전달 물질을 분비하여 신경계는 긴장, 집중력을 강화하지만, 지속기간이 30분밖에 안 된다. 계속 니코틴 농도가 높아지면 '베타 엔돌핀'이라는 천연 마취제가 방출되어 긴장을 풀어주고 기분을 즐겁게 해주고 진정시키는 정신 자극 호르몬 역할을 한다. 담배 한대 당 비타민 C가 25㎎ 소모된다.

3장 포도재배 및 품종

와인용 포도 재배

포도 품종

와인용 포도 재배

세계 주요 와인 생산국의 재배지역은 북위 30-50도, 남위 20-40도의 와인 벨트에 있으며, 기후는 연평균기온 10-20℃(10-16℃가 적당), 일조시간(성장기간 중) 1,250-1,500시간, 연간 강우량 500-800㎜ 정도가 적당하며, 토양은 배수가 잘되는 거친 토양이 좋다. 와인의 맛은 절대적으로 포도가 좌우하며, 와인의 품질은 향이 지배적이므로, 와인용 포도는 향이 좋아야 한다. 그리고 향이 좋은 포도는 야생에 가깝게 재배해야 하므로 식용 포도 재배방법과는 다른 점이 많다.

테루아르(Terroir)

단위 포도밭의 특성을 결정짓는 제반 자연환경, 즉 토양, 지형, 기후 등의 제반 요소의 상호 작용을 말한다. 이런 이유로 각 포도밭은 다른 스타일의 와인을 만들 수 있고, 특히 프랑스에서는 테루아르를 중심으로 포도밭의 등급을 매긴다. 토양은 이를 구성하는 암석과 입자, 환경, 기후, 시간의 복합적인 작용으로 이루어진 것이다. 와인의 품질은 일조량, 강우량, 풍속 및 풍향, 서리 등 기후인자의 영향을 받지만 여기에 토양과 지형, 위치 등이 좌우한다.

테루아르를 구성하는 기본 요소

- **기후**: 일조량, 온도 및 강수량 등
- **지형**: 고도, 경사, 방향 등
- **토양**: 토양의 물리적, 화학적 성질 등
- **관개**: 배수 및 인공 관수 등

기후 용어

기후의 분류

- **대기후(Macro-climate)**: 지구상의 넓은 지역 또는 거대한 공간에 대하여 파악한 대기의 평균적 상태로서 열대, 온대, 한대, 건조기후 등으로 분류한다.

- **중기후(Meso-climate)**: 대기후와 소기후 중간 스케일의 기후로 1㎢부터 200-300㎢에 속한 기후 대를 말한다. 해당 포도밭이 속한 지방의 기후라고 할 수 있다.

- **소기후(Local-climate)**: 수평적 범위에서 약 10㎢, 수직적으로 약 1㎞ 범위 내에 나타나는 기후 현상을 말한다.

- **미기후(Micro-climate)**: 지구 표면의 아주 가까운 범위 내에 있는 기후로 식물기후라고도 한다. 보통 지면에서 1.5m 정도까지를 대상으로 한다. 지형이나 식물, 토양 등의 영향을 강하게 받으며, 농작물의 생육과 밀접한 관계가 있다. 해당 포도밭 혹은 포도나무의 기후라고 할 수 있다.

기온(Air temperature)

포도는 영하 20℃에서 영상 40℃까지의 온도에서 생육할 수 있지만, 연평균기온 10-20℃(10-16℃ 최적)가 적합하다. 미국 종 포도는 유럽 종보다 내한성이 강하여 재배 한계가 넓으며, 여름철 다우에도 비교적 잘 견딘다. 포도나무는 수확 후 자발휴면(Rest)에 들어갔다가, 평균 기온이 10℃ 이하로 떨어지면 타발휴면(Quiescence)상태가 되며, 봄철 기온이 10℃로 올라가면 다시 생장이 시작된다. 성장은 20-25℃가 가장 왕성하며, 너무 온도가 높으면 당분 함량, 유기산 함량, 착색도가 낮아지는 등 불균형을 초래한다.

- **적산온도(Degree days)**: 4월부터 10월까지 일 평균 50°F(10℃)를 초과하는 온도를 합한 수치를 말하는 것으로 적산온도 2,500-3,000이 와인용 포도재배에 적당하다.
  ① Ⅰ지역: 2,500(섭씨 1,389) 이하. 추운 지역으로 청포도나 적포도인 피노 누아 정도 재배. 북부 유럽 수준.
  ② Ⅱ 지역: 2,501-3,000(섭씨 1,390-1,667). 프랑스 보르도 수준. 고급 레드 및 화이트와인 생산.
  ③ Ⅲ 지역: 3,001-3,500(섭씨 1,668-1,944). 프랑스 론 지방 수준. 묵직한 레드와인과 빈약한 화이트와인 생산.
  ④ Ⅳ 지역: 3,501-4,000(섭씨 1,945-2,222). 디저트와인 즉, 강화와인에 적합.
  ⑤ Ⅴ지역: 4,001(섭씨 2,223) 이상. 사실상 와인용은 재배불가, 건포도, 식용 포도 생산.

일조(Sunshine)

햇볕은 광합성에 직접 영향을 끼치기 때문에 포도밭은 햇볕이 잘 드는 남동향이 좋다. 광선이 많을수록 착색이 잘 되고 착색이 잘된 쪽이 당분도 많다. 잎은 기공에서 흡수한 탄산가스와 뿌리에서 흡수한 물을 태양 에너지를 이용하여 합성하여 당을 만드는데 이 과정을 광합성이라고 한다. 그러므로 태양열이 많을수록 잎에서 광합성이 더 잘 되고 당분 생성량이 많아진다. 그러나 태양열에 비례하여 광합성이 무한대로 증가하지는 않는다. 한 여름 맑은 날은 태양 강도의 1/3-1/2 정도면 충분한 광합성이 일어난다. 즉 처음에는 햇볕의 강도에 따라 광합성이 증가하지만 나중에는 전체 강도의 1/3-1/2에 도달하면 더 이상 증가하지 않는다.

포도 잎이 한 층으로 되어 있다면 태양 빛을 100% 사용하지 못하고 1/2-2/3가 남게 되므로 잎 층을 더 두껍게 만들어 햇빛의 강도를 2/3 수준으로 감소시키는 정도가 광합성이 극대화되는 시점이다. 그러나 잎이 4-5층 이상으로 되어 있으면 즉 포도 잎의 밀도가 아주 높을 경우는 포도나무에 치명적인 결함을 일으킨다. 첫째, 위쪽의 잎은 햇볕을 충분히 받을 수 있지만, 아래쪽의 잎은 그것을 이용하는데 한계가 있다. 둘째는 햇볕을 충분히 받지 못하는 잎은 자신에게 필요한 광합성마저 하지 못한다는 점이다. 바람이 불어서 순간적으로 안쪽에 햇볕이 비치는 경우도 있겠지만 잎은 이 빛을 이용하지 못한다. 여분의 잎이 매달려 있으면 자체 에너지와 자원을 소모하며, 안쪽 깊숙이 있는 잎은 다른 잎에서 광합성으로 만든 당으로 기생하는 결과를 빚는다. 이런 당은 포도 생산을 위해서 사용되어야 한다. 그리고 그늘에 가려있는 싹은 다음 해 수확량을 떨어뜨리는 결과를 가져온다. 결국 잎 층의 두께와 와인의 품질은 반비례하며, 그늘에 있는 잎과 과일은 와인의 질을 떨어뜨린다는 것을 알 수 있다.

햇볕이 부족하면 당분형성이 감소되며, 주석산보다는 사과산의 함량이 많아진다. 특히 색깔과 떫은맛에 영향을 주는 폴리페놀 성분, 즉 타닌이나 안토시아닌이 감소되며, 와인에 향을 부여하는 성분도 감소되어 풋내가 증가한다. 그러므로 포도재배에서 그늘은 품질을 저하시키는 가장 큰 원인이 된다. 그러나 너무 과다한 햇볕은 포도의 호흡을 증가시켜 당과 산을 소모시키며, 수확 직전의 포도에는 화상을 줄 우려가 있다.

강수량(Amount of precipitation)

강수량은 비, 눈, 우박, 이슬, 안개 따위가 일정한 기간 동안 일정한 곳에 내린 물의 양(높이)으로 단위는 ㎜로 표시한다. 성장기 때 강우량이 너무 많으면 열매는 커지지만 포도의 당도가 떨어지며, 일조량 부족으로 광합성을 감소시켜 품질이 저하되며, 토양습도가 높을수록 포도의 산도가 높아진다. 특히 수확기에는 비가 없어야 한다. 강수량은 500-800㎜가 적당하므로 그렇지 않은 곳에서는 환경에 따라 인위적으로 조절해야 한다.

바람(Wind)

바람이란 기압의 변화로 일어나는 공기의 움직임으로, 포도는 비교적 바람에 강하며, 적당한 바람은 병충해 예방에 효과가 크다.

구름(Cloud)

구름은 수증기를 포함한 공기가 상승하면서 온도가 낮아져 습도가 상승 즉 포화상태가 되어 수증기가 응결 혹은 얼어있는 상태를 말한다.

안개(Fog)

안개는 공기 속의 수증기가 엉겨서 작은 물방울이 되어 지표 가까이 연기처럼 끼는 자연현상으로 구름과 비슷하지만, 고도가 낮기 때문에 안개라고 하며, 관측지점에서 시정 1㎞ 이하의 것을 말한다.

서리(Frost)

대기 중 수증기가 얼어붙은 것으로 결정형과 비결정형이 있다. 수증기가 영하 10℃로 냉각되어 승화하고, 즉시 찬 물체 표면에 붙은 것이 결정형 서리이며, 기온이 0℃ 이하가 되면 처음에는 이슬이 맺히지만 점차 온도가 내려가면 이슬이 얼게 되며 그 위에 부분적으로 수증기가 승화하여 붙는 것이 비결정형 서리다. 봄철에 밤중에 갑자기 기온이 내려가 서리가 맺힐 때 이것을 늦서리라고 하며, 포도재배 지역에 5월에 내리는 서리는 포도재배에 치명적이다.

서리의 피해예방 방법으로 ① 찬 공기의 유입을 막는 방법, 즉 방상림을 심거나 낮은 울타리를 만들어 준다. ② 복사열이 날아가지 않도록 비닐이나 건초로 덮어 주거나 연기를 피운다. ③ 공기를 뒤섞어 지표면 부근의 찬 공기를 제거하기 위하여 송풍기를 사용하면 효과적이다. ④ 지표면 부근의 기온이 냉각되지 않도록 살수하거나 물을 대주는 것도 좋다. ⑤ 지표면 부근의 기온을 높이기 위해 소형 난로를 군데군데 설치하여 불을 피워두는 방법도 있다.

토양(Soil)

토질, 관개, 배수를 묶어서 판단한다. 고급 포도밭은 토양이 그다지 비옥하지 않고 배수가 잘 되는 토양이다. 토양의 성질은 토양 모재(무슨 암석으로 되었는지?), 토양의 입도(점토, 모래, 자갈 중 어느 것인가?), 지층 구조(배수가 잘 되고 뿌리가 깊이 뻗을 수 있는가?) 등으로 판단한다.

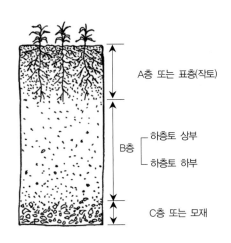

[그림 3-1] 대표적인 토양 단면도

토양단면(Soil profile)

- **표층토(Surface soil, 작토)/A층(A-horizon)**: 수천 년 간 그 지역 기후에 의한 풍화작용으로 나타난 상층부 작토를 말한다. 토양 광물과 유기물이 섞여서 이루어진 곳으로 동식물의 영향도 직접 받는 곳이다.

- **하층토(Sub soil)/B층(B-horizon)**: 수백만 년 다양한 기후 요소가 변화시킨 토양으로 올터레이션 (Alteration)이라고도 한다. 토양수가 지나가면서 변화를 받은 곳으로 비교적 입자가 가는 편이다.

- **C층(C-horizon)**: 바스러진 암석 조각이 뒤섞여 있거나 또는 암괴인데, 화학적으로는 다소 풍화가 되어 있지만, 물리적 풍화가 낮은 부분이다.

- **기층(Substratum)/기암(Bed rock)/D층(D-horizon)**: 모암(Mother rock)과 연결되어 있는 부분이다.

토양의 영향력(Soil influences)

포도나 와인에 영향을 주는 요소 중에서 토양의 화학적 영향은 그리 크지 않다. 토양의 영향력은 물리적인 영향 즉 토양의 열 유지력, 보수력, 영양성분 보유력 등이 중요하다. 예를 들면, 토양의 색깔과 구조는 열 흡수력에 영향을 끼쳐 포도의 성숙과 서리 방지에 중요하다. 토양이 포도의 생장에 미치는 영향은 토양의 물리, 화학적 성질 즉 토성, 입단의 구조, 유효 영양성분, 유기물 함량, 유효 깊이, pH, 배수, 유효 수분 등 다양한 속성을 알아야 한다.

토양 모재(Parent material)

토양 모재는 포도의 품질에 거의 영향력이 없다. 좋은 와인은 세 가지 모재로 된 토양 즉 화성암(화강암, 현무암), 퇴적암(혈암, 사암, 석회암), 변성암(점판암, 편마암, 편암) 어느 것이든 상관없이 나올 수 있다. 주로 한 가지 암석으로 된 유명한 와인지방으로 샹파뉴, 샤블리(백악질 토양), 헤레스(석회암), 포트, 모젤(편암) 등이 있는가 하면, 똑같이 유명한 지방으로 여러 가지 암석의 혼합물로 이루어진 곳으로 라인가우, 보르도, 보졸레 등도 들 수 있다. 물론 특정한 품종이 특정한 암석으로 이루어진 토양에서 더 잘 자란다는 주장도 있지만, 중요한 것은 환경이다. 이러한 주장은 설득력이 약하다.

토성(Soil texture)

토성은 토양입자의 크기와 성분의 비율을 말한다. 국제적으로 토양을 입자의 크기에 따라 나누는데, 흙은 조사(2.0-0.2㎜), 세사(0.2-0.02㎜), 미사(0.02-0.002㎜), 점토(0.002㎜ 이하)로 나누고, 자갈은 그래벌(Gravel, 2-4㎜), 페블(Pebble, 4-64㎜), 코블(Cobble, 64-256㎜)로 분류한다. 대부분의 경작토는 모래와 미사 점토의 함량에 따라 분류하며, 무거운 토양이라는 것은 점토함량이 많은 것이고, 가벼운 토양은 모래 함량이 많은 것이다.

점토나 미사보다 큰 토양입자는 모암의 성질을 그대로 유지하고 있지만, 점토 입자는 화학적으로나 구조적으로 모암의 성질을 거의 가지고 있지 않다. 점토는 부피에 대한 표면적이 크고 판상 구조이며 음전하를 띠고 있으며, 토양의 물리적 화학적 성질에 가장 영향을 많이 끼친다. 또 점토 입자는 너무 미세하여 건조하면 딱딱해지고 응집성을 갖게 되고, 습기가 많아지면 스펀지와 같이 팽창한다. 점토는 표면적이 크기 때문에 많은 양의 물을 흡수할 수 있지만 물 분자를 강하게 흡착하고 있기 때문에 대부분의 물은 식물에 이용되지 못한다.

토성은 물과 영양분의 유효도, 토양 공기 등 중요한 요소를 결정짓기 때문에 토성이 포도의 성장과 성숙에 미치는 영향은 대단히 크다. 토성에서 가장 중요한 것은 열 유지력이다. 입자가 미세한 토양은 흡수된 많은 열이 물로 이동하여 이를 증발시키면서 그 에너지가 소실되지만, 토양 입자가 크면 수분함량이 적기 때문에 흡수한 열을 대부분 그대로 유지하고 있다가 밤에 그 열을 방출한다. 이러한 열은 서리 해를 방지하고 가을에 포도가 익는데 큰 역할을 한다. 토양 열은 포도 나무의 온도를 조절하고 서리 해를 감소시킬 수 있다.

- **모래땅**: 포도알은 작아지며 밀착되는데, 열매는 잘 열리나 수량이 떨어진다. 생식용은 좋지만, 와인용은 품질이 떨어진다.

- **질흙**: 보수, 보비성이 커서 숙기가 늦으며, 병해의 발생이 쉽고 과실의 품질이 좋지 않다. 그러나 석회를 많이 함유하는 모래질 질흙(사질식토)에서는 품질 좋은 와인이 생산된다.

- **참흙**: 포도나무가 잘 생육하나, 자칫하면 웃자라는 경향을 보이는데, 수량은 떨어지지 않으나 향기가 나빠지고 열매 껍질이 두꺼워진다.

- **자갈땅**: 배수가 양호하고, 열의 복사작용이 커서 포도나무 재배에 이상적이다.

점토함량에 따른 토양의 분류

- **사토**: 점토 12.5% 이하
- **사양토**: 점토 12.5-25%
- **양토**: 25-37.5%
- **식양토**: 37.5-50.0%
- **식토**: 50% 이상

배수와 토양의 깊이(Drainage & Soil depth)

보르도의 그랑 크뤼 포도밭은 개천이나 배수로가 있는 조그만 언덕에 거친 토성의 토양으로 되어 있어서 배수가 빠르고 뿌리가 깊게 뻗어 나갈 수 있게 만든다. 자유수는 24시간 이내에 20m 깊이까지 침투할 수 있다. 포도의 뿌리가 깊이 뻗어 가면 안정된 지하수 공급을 받을 수 있으므로 뿌리 깊은 포도나무는 홍수나 가뭄의 피해를 적게 받는다. 포도는 토양 수분이 너무 많으면 포도알이 터지거나 썩게 되지만, 품종에 따라 습한 토양에 잘 견디는 것도 있다. 예외로, 토양층이 얇더라도 가뭄이나 홍수에 잘 견딜 수 있는 경우도 있는데, 프랑스 생테밀리옹 같이 조밀한 석회암이 얇은 토양에 깔려 있으면 아래쪽 물이 위로 올라올 수 있다.

양분(Nutrient content)

토양의 양분 유효성은 여러 가지 요인 즉 모재, 입자의 크기, 부식 함량, pH, 수분함량, 온도, 뿌리의 표면적, 근균의 발달 등의 상호 작용의 영향을 받는다. 무기질은 모암의 영향을 그대로 받으며, 유명한 포도밭이란 곳도 토양의 양분으로 설명할 수 있다. 포도알의 질소 축적의 정도가 와

[표 3-1] 프랑스 와인산지의 토성, 지형 및 강수량

지역 (주요 도시)	지 방	토 성	지 형	연간 강수량 (mm)
Alsace(Colmar)	Alsace	자갈 섞인 참흙	경사 완만	650
Champagne(Reims)	Champagne	암석이 많은 심토, 석회질 표토	평지 및 완경사지	700
Bourgogne(Dijon)	Chablis	회백색 심토, 표토 얇은 참흙층, 석회분 풍부	평지 및 완경사지	700
	Côted'Or	점질 참흙, 심토는 자갈 섞인 찰흙	평지 및 완경사지	630
	Chalonnais	자갈 섞인 참흙		680
	Mâconnais	점질 참흙	완경사지	680
	Beaujolais	점질 참흙	평지 및 완경사지	700
Rhône(Lyon)	Hermitage	돌이 많은 자갈땅	급경사지 및 분지	530
	Châteauneuf -du-Pape	자갈이 많은 메마른 토양	평지와 완경사지	530
	Tavel	자갈 섞인 참흙	평지	530
Loire(Tours)	Muscadets Anjou Touraine	화산토(북), 모래참흙(중), 점질 및 충적 자갈 섞인 참흙(남)	경사지	620~700
Bordeaux(Bordeaux)	Médoc	충적 점질 참흙	평지 및 완경사지	750
	Graves	자갈땅(북)과 미사질 참흙 및 점질 참흙(남)	평지 및 완경사지	720
	Sauternes	석회질이 풍부한 자갈석인 참흙(북), 이회토(泥灰土, 남)	평지	650
	St. Émilion	자갈 많은 토양(중앙), 모래땅(기타)	평지 및 완경사지	700

인의 질을 좌우하며, 또 칼륨의 유효도와 축적도 와인의 질에 영향을 미친다. 보르도의 유명한 포도밭은 다른 곳보다 부식 함량과 유효한 양분이 더 많은 것으로 알려져 있다. 이 데이터를 등급 체계에 이용하기도 했지만, 이 포도밭의 양분 상태는 등급을 설명할 때 거의 같거나 더 나을 수도 있으며, 경작과 시비로 개선될 수도 있다. 와인의 질은 토양의 무기질 영향을 받는다는 설도 있지만 학자에 따라 그 견해가 다르다.

지형의 영향(Topographic influences)

- **방향**: 남향이 이상적이다(남반구에서는 북향).
- **고지대와 저지대**: 고지대의 포도는 산도가 강하고 거칠고, 저지대는 가볍고 빈약하므로 위도에 따라 잘 조절해야 한다.
- **경사지와 평지**: 경사지는 빛의 각도가 커지므로 햇볕을 더 많이 받는다. 배수가 잘 된다.
- **호수나 강변**: 물에 빛이 반사되어 일조량 효과가 더 커지며, 급격한 온도변화를 방지한다.

인위적 조절(Vineyard practice)

유동적인 요소로 배수, 관수, 가지치기, 잎 솎기, 송이솎기, 경작, 시비, 농약 살포 등을 포함한다.

포도의 생육 사이클(Vine cycle) 및 작업

- **1, 2월**: 휴면기. 가지치기를 시작하는데, 전통적으로 성 빈센트 데이(1월 22일) 이후에 한다. 가지치기는 가장 전문적인 일로 기계화는 불가능하다.
- **3월**: 양수기(물오름). 가지치기를 완료하고, 질소비료를 시비한다. 기온 10℃ 이상이면 가지를 유인하고, 어린 포도나무의 접목을 한다.
- **4월**: 발아기. 지난해 북돋은 뿌리 근처의 흙을 제거하고, 새로 나온 가지의 유인을 시작한다. 전년도 접목을 했던 어린 묘목을 재식한다. 제초 겸 경운을 하거나 제초제를 살포하고, 서리 방지 대책을 세운다.
- **5월**: 전엽기. 살충제와 살균제를 살포하고, 통로를 확보하고 새로운 가지에 햇볕이 들도록 흩어진 가지를 철사 줄 안쪽으로 묶는다. 잎, 가지 솎기, 관수, 병충해 방지, 서리 방지, 제초작업을 한다. 새로 접목할 묘목을 온상에 심는다.
- **6월**: 개화기 및 결실기. 성장이 빠른 가지를 계속 정리한다. 가장 예민한 단계로서 꽃이 피고 열매가 맺기 시작한다. 보통 꽃이 피고 100-130일 후에 수확한다. 잎, 가지 솎기, 관수, 병충해

방지 작업을 한다.

- **7월**: 성숙기. 가지 정리를 계속하고, 위로 올라온 순을 제거하여 영양분 손실을 막는다. 과도한 송이를 제거(Green harvest)하고, 관수, 병충해 방지 작업을 한다.
- **8월**: 변색기(Véraison). 포도 알이 커지고 부드러워지면서 익어간다. 조기 수확이 가능하며, 포도밭과 와이너리는 수확 준비에 만전을 기한다.
- **9월**: 수확기. 와이너리를 양조에 이상이 없도록 장비와 기구를 점검한다. 정기적으로 샘플을 채취하여 당, 산, 타닌, 향 등을 체크한다. 최고의 성숙도에 달했을 때 수확한다.
- **10월**: 수확기. 수확 후 새로 어린 나무를 심을 포도밭을 정리하고, 상태가 나쁜 포도나무를 뽑아내고 새로 심을 준비를 한다. 잎은 색깔이 변하고 서리를 맞으면서 낙엽이 된다.
- **11, 12월**: 낙엽기. 휴면기. 밭을 한번 갈아주고, 올해 나온 가지와 상태가 좋지 않은 가지를 제거한다. 추운 곳에서는 뿌리 근처 접목한 부분을 서리 피해를 방지하기 위해 흙으로 덮는다. 경사진 곳에서는 유실된 토양을 회수하여 보충한다. 늦게 수확 가능.

포도 알의 생육단계(Berry growth & development)

녹과기(Green stage) → 연화(Softening) → 변색기(Véraison)

포도가 익을 무렵에는 산이 점차 감소하고 당분이 축적되면서, 청포도는 노란색으로 투명한 색깔이 되고, 적포도는 붉게 착색되면서 서서히 아로마가 증가하기 시작한다. 밤 온도가 높으면 착색이 나빠진다. 낮은 15-25℃, 밤은 10-20℃가 이상적이다. 착색은 서늘한 기후에서 일교차가 클 때 잘 된다.

수확(Harvest)

고급 와이너리에서는 손으로 수확하지만, 보통은 기계로 수확한다. 기계 수확의 단점은 포도를 선별하지 못하고 익은 것 안 익은 것 모두 수확하여 와인에서 풋내나 쓴맛을 낼 수 있다. 그러나 기계 수확은 24시간 가동할 수 있으며, 적절한 수확기 때 수확기를 놓치지 않고 짧은 기간에 모두 수확한다는 점이 장점이다.

포도의 번식(Vine propagation)

- **접목(Grafting)**: 풍토에 강한 대목(Rootstock)과 형질이 좋은 접순(Scion)을 붙이는 방법으로 필록

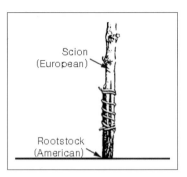

[그림 3-2] 포도나무 접목

세라 해결에서 출발한 것으로 병충해에 뿌리가 강한 대목의 선택이 중요하다.

- **삽목(Cutting)**: 꺾꽂이. 보편적으로 사용되는 방법이다.
- **눈접(Bud grafting)**: 풍토에 강한 대목에 양호한 품종의 눈을 접붙인다.
- **조직배양(Tissue culture)**: 바이러스 없는(Virus free) 묘목 생산할 수 있는 방법으로 생장점을 시험관에 배양하여 하나의 개체로 성장시킨다.

▨ 수형(Trellis system)

- **평덕(Overhead = Pergola)**: 다습한 지역에서 사용하는 수형으로 한국, 일본 등에서 등나무 식으로 재배하는 방법이다.
- **귀요(Guyot)**: 와인용 포도의 일반적인 방법으로 유럽, 캘리포니아의 경사지나 평지에서 사용한다.
- **모젤(Mosel)**: 급경사지인 곳에서 사용하는 방법으로 독일의 모젤 지방에서 사용한다.
- **고블렛(Goblet/Gobelet) 혹은 부시(Bush)**: 성장을 억제할 필요가 없는 품종에 적용하는 것으로 보졸레, 코트 뒤 론 및 지중해 연안에서 사용한다.

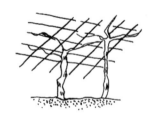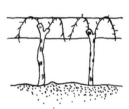

[그림 3-3] 포도나무의 수형

▨ 프랑스 포도재배 용어

- Accolage(아콜라주): = Palissage
- Bouture(부튀르, Cutting): 삽목(꺾꽂이)
- Buttage(뷔타주, Earthing up): 서리 방지를 위해 겨울에 포도나무 아래쪽을 흙으로 북돋아 주는 일
- Debuttage(드뷔타주): 뷔타주 했던 흙을 걷어 내는 작업

- Greffage(그레파주, Grafting): 접목(접붙이기)
- Marcottage(마르코타주, Layering plantation): 휘묻이
- Palissage(팔리사주, Tying-up): 유인
- Rognage(로냐주, Topping & Trimming): 적심(순지르기)
- Taille(타이, Pruning): 전정(가지치기)
- Vendange en vert(방당주 엉 베르, Green harvest): 적방

포도나무 생장 특성

- **지주 설치**: 포도나무는 덩굴성으로 독자적으로 수형 유지가 안 되므로 반드시 지주를 설치한다.

- **양조용 포도 수확**: 2-3년째부터 결실이 가능하지만 이때는 품종을 확인하는 정도로 한두 송이만 수확하고, 대개 와인양조는 5년째부터 시작한다.

- **해갈이**: 꽃눈 형성이 잘 되므로 해갈이 없이 매년 균일한 생산 가능하다.

- **가지치기**: 자연 상태로 방임하면 새 가지는 지난해 1년생 가지(열매어미가지)의 끝 부분에서 발육이 빠르고 세력도 좋아 결과 부위가 매년 전진하게 되므로 열매어미가지는 잘라주거나 갱신시킨다.

- **생장력**: 포도나무는 흡비력이 강하여 메마른 땅에서도 생육이 비교적 양호하고 빠르다.

포도의 구성성분(Composition of the berry)

포도는 75%의 주스를 포함한 과육, 20%의 껍질, 5%의 씨(2, 4개)로 구성되어 있다. 과육은 부드럽고 주스가 들어있으며, 이것이 와인이 된다. 주스는 대부분이 수분이며 그 다음으로 당분이 많이 들어 있으며, 소량의 산, 무기질, 펙틴 그리고 미량 성분으로 비타민 등이 들어 있다. 과육에 있는 당분이 가장 중요한 성분으로 이것이 변하여 알코올이 된다. 껍질은 가장 아름다운 부분으로 와인의 아로마와 향미에 기여하며, 색깔과 타닌(씨에도 있음)이 들어있다.

포도나무 병충해(Disease & Pest damages)

필록세라(*Phylloxera vastatrix*)

진딧물의 일종으로 농황색에 몸길이가 1㎜ 내외의 난형으로 날개를 가진 것도 있다. 1년에 6-9회 발생하며 알 또는 유충 상태로 땅 속이나 뿌리에 기생하여 월동한다. 유충과 성충이 뿌리와 잎에 붙어 수액을 흡수한다. 땅이 갈라진 틈으로 이동하므로 모래땅에서는 피해가 적다. 묘목에 붙어서 도입되므로 묘목구입 시 묘목의 흙을 제거하고 소독한다.

필록세라는 미국 동부지역 포도에 기생하는 해충으로, 1850년대 말 미국에서 보르도 지방으로 보낸 연구용 묘목에 붙어서 유럽에 전파되었다. 순식간에 저항력이 없는 유럽 종 포도에 번식하여 유럽 전역의 포도밭을 황폐화시켰다.

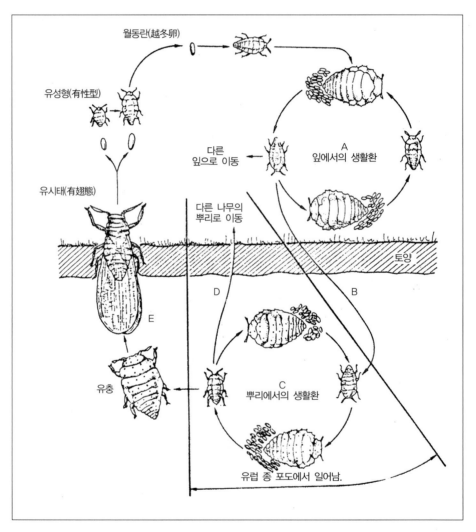

[그림 3-4] 필록세라의 생활환

흰가루병(Powdery mildew/Oidium)

그늘진 곳에서, 생육이 왕성하고 주로 연한 조직 즉 꽃송이, 잎의 뒷면, 과실에 발생한다. 처음에는 지름 6㎜ 정도의 담황색 곰팡이가 생겨 회백색 포자 덩이로 퍼져 나가며, 시간이 지나면서 피해 부위가 홍갈색이나 검은색으로 된다. 어린잎은 뒤틀리거나 위축되고, 황백색으로 변하면서 낙엽이 되고, 꽃송이는 착립이 되지 않고 어린 포도 알이 떨어진다. 줄기는 약해져 부러지기 쉽고, 포도 알에는 단단한 검은 무늬가 생겨 돌 포도가 되거나 갈라진다.

노균병(Downy mildew)

주로 잎에서 발생하나 새순과 과실에도 피해가 크다. 잎에 담황록색으로 크게 나타나며 그 뒷면에는 흰색 곰팡이가 생긴다. 이 증상이 심해지면 잎 전체가 말라 낙엽이 된다. 어린 포도송이에 감염되면 시들고 갈색으로 변하여 떨어지게 된다.

잿빛 곰팡이 병/회색 곰팡이 병(Gray mold)

보통 잿빛 곰팡이 균(*Botrytis cinerea*)에 의해, 습한 지역에서 자라는 식물에 생기는 병으로 상처가 있거나 오래 되거나 죽은 식물체가 먼저 감염된다. 이 병에 걸리면 황갈색에서 갈색에 이르는 점이나 얼룩이 생기고, 이 부위는 날씨가 습하면 칙칙한 곰팡이로 덮인다. 어린나무·새싹·잎은 말라 부서지고, 눈은 썩으며, 꽃에 얼룩과 반점이 생기고, 오래된 꽃과 열매는 갈색으로 변해서 썩는다.

포도 품종

동식물의 분류

종(Species)

같은 형태적 특성과 생활형을 가지며, 이들 간에 생식이 가능하고, 다른 것 사이에 생식적 격리가 일어나는 개체군의 집단을 말한다. 말과 당나귀 사이에 노새가 생기지만, 노새는 생식능력이 없으므로 말과 당나귀는 별개의 종으로 본다.

> 호랑이: 동물계 〉 척추동물 문 〉 포유 강〉 식육 목 〉 고양이 과 〉 고양이 속 〉 호랑이

- **아종(Subspecies)**: 종 밑에 두며 형태나 지리적 분포가 다른 집단을 말한다. 한국호랑이는 호랑이의 아종(동물분류)이 된다.
- **변종(Variety)**: 돌연변이 등으로 생긴 종으로 피망은 고추의 변종(식물 분류)이다.

- **품종(Form):** 인류가 유익한 방향으로 개량한 집단으로 통일벼 등을 예로 들 수 있다.
- **클론(Clone):** 동일한 유전적 특성을 가진 집단으로 같은 품종에서 여러 가지 클론으로 나뉠 수 있다. 피노 누아는 150여 개의 클론이 있다.

학명

속명 + 종명 + 명명자 이름, 이태리체로 쓴다.

$$Homo\ sapiens\ Linne$$

라틴어, 속명은 대문자, 종명은 소문자, 종명 다음에 명명자 이름을 붙인다.

포도 속(葡萄 屬, *Vitis*)의 분류 및 잡종

포도의 분류

> 식물계 〉 속씨식물문 〉 쌍떡잎식물강 〉 갈매나무목 〉 포도과(*Vitaceae*) 〉 포도속(*Vitis*)

포도과에는 포도 속, 개머루 속, 담쟁이 속, 거지덩굴 속 등 4가지가 있다.

- **유럽 종 포도:** *Vitis vinifera* 1종. 양조용, 식용, 건포도. 카스피 해 및 흑해의 남부와 소아시아가 원산지다.
- **미국 종 포도:** 29종. 야생종 포도의 보고. *Vitis labrusca*, *Vitis riparia*, *Vitis rupestris*, *Vitis berlandieri* 등. 대목용, 생식용으로 쓰인다.
- **카리브 종 포도:** *Vitis indica*. 카리브 해 연안이 원산지다.
- **아시아 종 포도:** 12종. 중국, 한국, 일본. 우리나라의 것은 *Vitis amurensis*(왕머루), *Vitis flexuosa*(새머루), *Vitis coignetiae*(머루), *Vitis thunbergii*(까마귀머루) 등 4 종이 있다.

잡종

- **크로싱(Crossing):** 동일한 종끼리의 잡종을 말한다.
- **하이브리드(Hybrid):** 다른 종끼리의 잡종으로 두 가지로 나눈다. 미국계 잡종(American hybrid)은 수많은 미국 종이 주로 야생에서 우연히 생긴 것이 많으며, 프랑스계 잡종(French hybrid)은 19세

기 후반부터 비니페라 포도와 미국 종을 교잡시킨 것이다.

화이트와인용 품종

샤르도네(Chardonnay)

세계 최고의 화이트와인용 품종으로 "만약 샤르도네가 없었더라면 인간은 이것을 만들었을 것이다."라고 표현할 정도로 화이트와인의 대표적인 품종이다. 특유의 맛과 풍부한 향을 가지고 있으며 고급은 오크통에서 숙성시킨다. 거의 달지 않은 드라이 타입으로 다른 품종으로 만든 와인보다 숙성기간이 길며 좋은 것은 병 속에서 10년 가까이 보관하면서 숙성된 맛을 즐길 수 있다. 다른 품종에 비해 중성의 향과 맛을 가지고 있어서 만드는 방법에 따라 여러 가지 타입이 나올 수 있다.

프랑스 샤블리를 비롯한 부르고뉴 지방 화이트와인의 대표적인 품종이며, 샴페인 중 'Blanc de Blancs(블랑 드 블랑)'이라고 표시된 것도 샤르도네로 만든 것이다. 캘리포니아를 비롯한 신세계의 화이트와인도 샤르도네로 만든 것이 많으며, 이탈리아, 스페인 등 남부 유럽에서도 전통 품종보다는 샤르도네를 선호하여 이것으로 대체하고 있다. 굴, 새우, 연어 등 해산물과 잘 어울린다.

샤르도네는 환경을 가리지 않고 잘 자라지만, 테루아르에 따라 다양한 품질의 와인을 만든다. 프랑스 샤블리(Chablis)는 비교적 춥고 습한 곳으로 겨울 추위가 심하고 봄 서리 피해가 있기 때문에 포도가 늦게 익고 산도가 강하여 영 와인 때는 맛이 날카롭지만 숙성되면서 부드러워진다. 최고급 화이트와인이 나오는 코트 도르(Côte d'Or)에서는 황금빛의 알코올 농도가 높은 와인을 만든다. 프랑스 쥐라에서는 '믈롱 다르부아(Melon d'Arbois)', 샤블리에서는 '보누아(Beaunois)'라고 한다.

소비뇽 블랑(Sauvignon Blanc)

가장 개성이 뚜렷한 품종으로 산뜻한 향미가 특색이다. 일명 '퓌메 블랑(Fumé Blanc)'이라고도 하며, 프랑스 보르도의 그라브와 소테른, 그리고 루아르 지방에서 많이 사용되는 품종이다. 루아르의 상세르(Sancerre) 푸이 퓌메(Pouilly-Fumé)가 유명하며, 요즈음은 뉴질랜드의 것이 세계적으로 인정받고 있다. 보르도에서는 세미용과 블렌딩하여 묵직한 화이트와인을 만든다. 영 와인 때 마시면 신선하고 강한 맛을 즐길 수 있으며, 샤르도네에 비하여 색깔이 옅은 편이다. 비교적 추운 지방에서도 잘 자라면서 고유의 향을 발휘한다. 그러나 그늘에서 재배하면 채소류 냄새가 지배적이고, 일조량이 많은 곳에서는 무화과, 멜론 등 과일 향이 많이 나온다. 샤르도네 와인이 이상적인 맛이라면 소비뇽 블랑은 독특한 향으로 인상적이다. 구운 생선, 칠면조 요리 등과 어울린다. 루아르에서는 '블랑 퓌메(Blanc Fumé)', 캘리포니아에서는 '퓌메 블랑(Fumé Blanc)'이라고 한다. 칠레에서 소비뇽 블랑으로 표기했던 것은 '소비뇽 베르(Sauvignon Vert)'로 밝혀졌다.

리슬링(Riesling)

독일을 대표하는 품종으로 라인과 모젤 지방 그리고 프랑스의 알자스 등 비교적 시원한 지방에서 생산되는 화이트와인의 대표적인 품종이다. 드라이에서 스위트까지 여러 가지 타입으로 독특한 맛을 낸다. 이 리슬링 와인은 신선하고 향이 독특하며, 잘 익은 복숭아, 멜론, 가끔은 광물성 향이 날 때도 있다. 달고 가벼운 리슬링 와인은 초보자가 마시기에 가장 적합한 와인이라고 할 수 있으며 닭고기, 야채 등과 잘 어울린다. 캘리포니아에서는 '요하니스베르크 리슬링(Johannisberg Riesling)', '화이트 리슬링(White Riesling)', 이탈리아의 알토아디제(Alto Adige)에서는 '라인리슬링(Rheinriesling)', 오스트레일리아에서는 '라인 리슬링(Rhine Riesling)'이라고 한다.

캘리포니아의 와인 중에서 단순히 'Riesling'이라고 되어 있으면 이는 실바네르(Sylvaner) 혹은 프랑켄 리슬링(Franken Riesling), 그레이 리슬링(Grey Riesling) 혹은 에머랄드 리슬링(Emerald Riesling)이다. 중부 유럽에서 벨슈리슬링(Welschriesling)이라고 하는 것도 진짜 리슬링과 관계가 없는 것이다. 오스트레일리아의 헌터 리버 리슬링(Hunter River Riesling)은 실은 세미용이며, 클레어 리슬링(Clare Riesling) 역시 다른 것이다.

세미용(Semillon)

프랑스 보르도와 남서부 지방에서 주로 재배되며 다른 품종 특히 소비뇽 블랑과 블렌딩하는 데 많이 사용된다. 그리고 세계 최고의 스위트 와인으로 소테른의 보트리티스 곰팡이 영향을 받은 와인을 만드는 데 사용되는 중요한 품종이 된다. 오스트레일리아에서도 소비뇽 블랑과 함께 블렌딩한다. 숙성된 세미용 와인은 풍부하고 꿀 냄새로 발전되지만 대부분은 영 와인 때 소비된다.

게뷔르츠트라미너(Gewürztraminer)

독일과 프랑스 알자스 지방을 비롯한 독일, 오스트리아에서 리슬링과 함께 재배되고 있는 품종으로 여러 가지 특성이 리슬링과 비슷하지만 리슬링보다는 건조하고 자극적이다. 리치, 그레이프 프루트, 스모크, 부싯돌, 인동 등 냄새가 난다. 독일의 팔츠(Pfalz)가 원산지이며 남아프리카와 캘리포니아에서 재배가 성공하자, 1871년 이후 알자스에 도입되었다. 초보자도 이 품종은 금방 알아볼 수 있을 정도로 개성이 강하다. 알자스에서는 이 품종을 정책적으로 육성하여 알자스를 대표하는 품종으로 만들고 있다.

슈냉 블랑(Chenin Blanc)

프랑스 루아르 지방에서 가장 많이 재배되는 품종으로 신선하고 매력적인 부드러움이 그 특징이다. 껍질이 얇고 산도가 좋고 당분이 높다. 드라이부터 세미 스위트 타입까지 다양한 타입이 있으며, 식전주(Apéritif)로 많이 이용되며 과일 향이 짙다. 루아르의 부브레(Vouvray), 샤브니에르(Savennières)의 것은 복합적인 향을 가진 장기간 보관할 수 있는 와인을 만들고 있다. 스위트 와인을 만들기도 하며, 훌륭한 스파클링와인도 된다. 캘리포니아에서는 샤르도네가 유행되기 전에 많이 재배했으며, 부드럽고 과일 향이 풍부한 와인을 만들고 있다. 멜론, 살구, 사과, 복숭아 향이 지배적이다. 루아르에서는 '피노 들 라 루아르(Pineau de la Loire)'라고도 하며, 남아프리카에서는 '스틴(Steen)'이라고 한다.

피노 블랑(Pinot Blanc)

샤르도네와 비슷하나 향이 좀 덜하다. 알자스, 독일, 오스트리아 등지에서 재배하며, 부드럽고 부담이 없다. 피노 누아에서 변이된 것으로 캘리포니아, 오리건에서도 재배한다. 오스트리아에서는 '바이스부르군더(Weissburgunder)', 이탈리아 북부에서는 '피노 비안코(Pinot Bianco)'라고 한다. 기타 '클레브네르(Klevner, Clevner)'라고도 한다.

피노 그리(Pinot Gris)

피노 누아에서 변이된 것으로 알자스에서는 '토카이 달자스(Tokay d'Alsace)'라고 했으며, 고급 품종으로 풍부하고 다양한 향을 지닌 와인을 만들며, 이탈리아에서는 '피노 그리조(Pinot Grigio)'라고 하며, 약간 스파이시하다. 1990년대부터 미국 오리건 주에서 널리 재배하기 시작했으며, 고급 와인을 만든다. 독일에서는 '룰랜더(Ruländer)'라고 한다.

비오니에(Viognier)

프랑스 론 지방이 원산지로서 세계적으로 재배면적이 넓지는 않다. 론 지방에서 단독으로 화이트와인을 만들지만, 시라 등과 함께 수확하여 레드와인을 만드는 경우가 많다. 프랑스 랑그도크루시용, 캘리포니아에서도 요즈음 재배하기 시작한 품종이다. 맑고 섬세한 분위기로서 복숭아, 살구향이 지배적이다.

머스캣, 뮈스카(Muscat)

특정 품종이 아니고 식용, 건포도, 와인용 등 다양하게 쓰이는 여러 가지 품종을 하나로 묶어서 표현한 말이다. 색깔도 다양하고 만드는 와인도 여러 가지다. 모두 특이한 냄새를 가지고 있는데 이 향은 사향(Musk)과 비슷하면서 포도와 와인에서 모두 풍긴다. 가장 좋은 것은 '뮈스카 드 프롱티냥(Muscat de Frontignan)' 혹은 '뮈스카 블랑 아 프티 그랑(Muscat Blanc à Petits Grains)'이며, 론 지방 남부의 '뮈스카 드 봄 드 베니스(Muscat de Beaumes de Venise)', 이탈리아 피에몬테의 '아스티 스푸만테(Asti Spumante)'와 '모스카토 다스티(Moscato d'Asti)' 혹은 '모스카토 디 카넬리(Moscato di

Canelli)’, 오스트레일리아의 색깔 진한 리큐르 ‘머스캣 오브 오스트레일리아(Muscat of Australia)’ 혹은 ‘브라운 머스캣(Brown Muscat)’, 캘리포니아의 스위트 와인 ‘머스캣 블랑(Muscat Blanc)’ 혹은 ‘머스캣 카넬리(Muscat Canelli)’ 등도 모두 이 포도로 만든 것이다.

‘머스캣 오브 알렉산드리아(Muscat of Alexandria)’ 포도는 프랑스의 ‘뮈스카 드 리브잘트(Musact de Rivesaltes)’, 이탈리아의 판텔레리아(Pantelleria)’, 포르투갈의 ‘세투발(Setúbal)’ 등을 만들며, 오스트레일리아에서는 ‘골도 블랑코(Gordo Blanco)’라고 하며 ‘렉시아(Lexia)’라는 라벨이 붙은 섬세한 맛의 와인을 만든다. 캘리포니아에서는 이 포도가 건포도용으로 분류되어 있다. 알자스에서는 ‘뮈스카 오토넬(Muscat Ottonel)’로 가벼운 드라이 와인을 만들고 있으며, ‘머스캣 오렌지(Muscat Orange)’는 캘리포니아에서 스위트한 강화와인이나 디저트 와인을 만든다.

▓ 실바네르(Sylvaner)/질바너(Silvaner)

오스트리아가 원산지로서 중부 유럽에서 많이 재배한다. 수확량이 많고 일찍 수확할 수 있다. 프랑켄(Franken)과 알자스에서는 드라이 와인을 만들며, 오스트리아 ‘치어판들러(Zierfandler)’도 이것으로 알려져 있다. 실바네르는 시고 흙냄새가 나며 별 특색 없는 향을 가지고 있으며, 와인 병에

[표 3-2] 화이트와인 품종의 별명

품 종	별 명
Albariño	Albarinho(포르투갈)
Baco Blanc	Baco 22A
Chardonnay	Melon d’ Arbois(프랑스 쥐라), Beaunois(프랑스 샤블리)
Chasselas	Gutedel(독일), Fendant(스위스)
Chenin Blanc	Pineau de la Loire(프랑스 루아르), Steen(남아공)
Clairette	Clairette Blanche(남아공), Blanquette(오스트레일리아)
French Colombard	Colombar(남아공)
Macabeo/Maccabéo/Maccabeu	Viura(스페인 북부)
Pinot Blanc	Weissburgunder(독일), Pinot Bianco(이탈리아), Klevner/Clevner(동부 유럽)
Pinot Gris	Tokay d’ Alsace(프랑스 알자스), Grauburgunder(독일), Pinot Grigio(이탈리아), Ruländer(독일)
Riesling	Johannisberg Riesling/White Riesling(캘리포니아), Rheinriesling(이탈리아 알토아디제), Rhine Riesling(오스트레일리아)
Sauvignon Blanc	Fumé Blanc(캘리포니아), Blanc Fumé(프랑스 루아르)
Sauvignon Vert	Sauvignonasse
Sylvaner	Silvaner(독일), Zierfandler(오스트리아), Osterreicher(독일 라인가우), Franken Riesling(독일 프랑켄), Johannisberg(스위스 일부), Monterey Riesling/Sonoma Riesling(캘리포니아)
Ugni Blanc	Saint-Émilion(프랑스 코냑), Trebbiano(이탈리아)
Vidal	Vidal Blanc

서는 토마토 냄새가 난다. 독일에서는 '질바너(Silvaner)'로 표기하며, 라인가우에서는 '외스테라이허(Österreicher)'라고 한다. 프랑켄에서는 프랑켄 리슬링(Franken Riesling), 스위스 등 일부에서는 '요하니스베르크(Johannisberg)'라고도 한다. 캘리포니아에서는 '몬테레이 리슬링(Monterey Riesling)', '소노마 리슬링(Sonoma Riesling)' 등으로 시장에 나오기도 한다.

레드와인용 품종

▦ 카베르네 소비뇽(Cabernet Sauvignon)

레드와인의 교과서라고 할 만큼 프랑스를 비롯한 와인 명산지에서 많이 재배되는 품종이다. 보르도 지방의 대표적인 품종으로, 요즈음은 이탈리아, 스페인 등에서도 전통적인 고유의 품종에서 카베르네 소비뇽으로 대체하고 있으며, 캘리포니아에서도 최고의 레드와인을 만들고 있다. 배수가 잘 되는 자갈 토양에서 잘 자란다.

블랙베리, 블랙커런트, 삼나무, 가죽, 자두 냄새 등이 많고, 오크 숙성과 병 숙성으로 더 복합적인 향을 갖게 되지만, 잘못된 것은 익힌 채소류 냄새가 많이 난다. 그래서 동일한 카베르네 소비뇽이라도 그 질의 차이가 심하다. 대부분 드라이 타입으로 만드는 사람에 따라 산뜻한 타입에서 묵직한 타입까지 여러 가지가 있다. 타닌이 많아서 영 와인 때는 떫은맛이 강하지만 숙성이 될수록 부드러워지면서 고유의 맛을 풍긴다. 좋은 것은 병 속에서 10년 이상 보관하면서 숙성된 맛을 즐길 수 있다. 멧돼지 고기 등 야생동물 요리 그리고 스테이크와는 아주 잘 어울리는 와인이다.

▦ 메를로(Merlot)

메를로는 색깔이 좋고 부드럽고 원만한 맛을 내기 때문에 유럽에서는 옛날부터 카베르네 소비뇽에 블렌딩하는 품종으로 사용되었는데, 요즈음에 단일품종으로 많이 사용되면서 급격하게 재배면적이 증가하고 있다. 보르도 지방에서는 카베르네 소비뇽, 카베르네 프랑과 함께 중요한 품종이다. 포므롤의 최고급 와인인 페트뤼스의 주요 품종이다. 맛이 부드럽기 때문에 긴 숙성기간이 필요하지 않다. 카베르네 소비뇽과 비슷한 향미를 가지고 있으며 블랙베리, 카시스, 블랙체리 자두, 초콜릿, 가끔은 가죽냄새도 난다.

▦ 피노 누아(Pinot Noir)

프랑스 부르고뉴 지방에서 재배되는 품종으로 최고의 레드와인을 만든다. 부드러운 맛에 복합적인 향이 깃든 고급와인으로 옛날부터 프랑스 명사들이 극찬했던 품종이다. 좋은 피노 누아는 체리, 래스베리, 자두 등 냄새가 나며, 숙성될수록 버섯, 삼나무, 담배, 초콜릿, 낙엽, 가죽 냄새 등이 난다. 샴페인에 '블랑 드 누아(Blanc de Noirs)'라고 된 것도 바로 이 포도로 만든 것이다. 피노 누아

는 비교적 서늘한 곳에서 잘 자라지만, 재배조건이 까다롭기 때문에 언제 어디서나 좋은 와인을 만들지는 않는다. 그래서 가장 골치 아픈 품종이라고 일컫는다. 때로는 부르고뉴에서도 빈약한 타입이 나올 수 있으며, 부르고뉴 이외의 지역에서 나오는 피노 누아는 그렇게 품질이 좋지 못하다. 카베르네 소비뇽보다 타닌 함량이 적고 빨리 숙성된다. 부드러운 육류와 잘 어울린다. 독일에서는 '슈페트부르군더(Spätburgunder)', 이탈리아에서는 '피노 네로(Pinot Nero)'라고 한다.

시라(Syrah)

프랑스 론의 북부 지방에서 주로 재배하는 품종으로 색깔이 진하고 타닌이 많아서 숙성이 늦고 오래 보관할 수 있는 묵직한 남성적인 와인을 만든다. 유명한 '에르미타주(Hermitage)', '코트 로티(Côte Rôtie)' 등 와인이 바로 시라로 만든 것이다. 17세기 프랑스 위그노파 수도승들이 남아프리카로 전파하여 이름을 '쉬라즈(Shiraz)'라고 했으며, 이것이 다시 오스트레일리아로 전파되어 오스트레일리아 최고의 레드와인을 만들고 있다. 캘리포니아에서도 많이 재배되고 있다. 간혹 '에르미타주(Hermitage)'라고도 한다. 프랑스의 시라는 가죽, 축축한 흙, 블랙베리, 스모크, 후추 냄새가 나며, 향이 폭발적이다. 오스트레일리아, 캘리포니아의 것은 부드럽고 두텁고, 스파이시하다.

바르베라(Barbera)

1980년대부터 새롭게 부각되는 품종으로 이탈리아 피에몬테에서 가장 많이 재배되는 품종이다. 적합한 토양에서 수율을 줄이고 숙성을 잘 시키면 묵직한 고급 와인으로 블랙베리, 블랙체리 등 향이 나며, 산도가 높아서 생동감 있는 와인이 된다. 캘리포니아에서도 많이 재배한다.

가메(Gamay)

프랑스 보졸레 지방의 주 품종으로 블랙체리 향이 지배적이며, 타닌이 약하여 신선하고 가벼우며 약간의 신맛을 내는 라이트 레드와인이 된다. 거의 화이트와인의 성질을 가지고 있기 때문에 마실 때는 차게 서비스하는 것이 좋다. 미국에 '나파 게메이(Napa Gamay)'라는 품종이 있지만 이것과는 다른 것이다.

네비올로(Nebbiolo)

네비올로는 'Nebbia' 즉 '안개'라는 뜻에서 나온 이름으로. 바롤로(Barolo)의 포도로서 가티나라(Gattinara), 바르바레스코(Barbaresco)와 같은 이탈리아 피에몬테 최고의 와인을 만든다. 알코올 농도가 높고 타닌도 많으며 산도 또한 보르도나 부르고뉴에 비해서 강하다. 영 와인 때는 타닌 맛이 아주 강하지만 숙성시킬수록 조화를 이루어 부드럽고 힘 있는 와인이 된다. 성질은 카베르네 소비뇽과 비슷하지만, 재배조건이 피노 누아와 같이 까다로워 피에몬테 지방을 떠나서는 명품이 나오지 않는다. 가티나라에서는 '스파나(Spanna)'라고 한다.

산조베제(Sangiovese)

이탈리아 토스카나에서 가장 많이 재배되는 품종으로 이 지방을 대표하는 품종이다. 키안티, 비노 노빌레 몬테풀치아노, 브루넬로 디 몬탈치노의 주품종이며 다양한 특성의 레드와인을 만든다. 클론이 많아서, 지역에 따라 가벼운 것부터 묵직한 것까지 다양한 성질을 가진 와인을 만들 수 있다. 몬탈치노에서는 '브루넬로(Brunello)', 몬테풀치아노에서는 '프루뇰로(Prugnolo)'라고 한다.

그르나슈(Grenache)

프랑스 남부 지방 특히 론 지방 남부 샤토뇌프 뒤 파프 등에서 주로 재배하는 품종으로 바디가 강하고 비교적 숙성이 빨리 되는 편이다. 스페인에서 건너간 품종으로 스페인에서는 '가르나차(Garnacha)'라고 한다.

카베르네 프랑(Cabernet Franc)

보르도 지방의 주 품종으로 카베르네 소비뇽이 잘 안 자라는 생테밀리용과 포므롤에서는 '부셰(Bouchet)'라는 이름으로 카베르네 소비뇽 대체품으로 많이 재배한다. 카베르네 소비뇽과 구분이 쉽지 않지만 이 품종은 보다 가볍고 흙냄새가 진하고 전반적인 느낌은 소비뇽보다 못하다. 그러나 생테밀리용의 샤토 슈발 블랑에서는 최고의 명품을 만들고 있다. 루아르에서는 '브르통(Breton)'이라고 한다.

템프라니요(Tempranillo)

스페인 리오하, 페네데스, 발데페냐스의 주품종으로 색깔이 짙고 균형 잡힌 와인을 만든다. 영와인 때는 체리향이 강하고 오크통에서 숙성되면 바닐라향이 난다. 페네데스에서는 '울 데 예브레(Ull de Llebre)', 발데페냐스에서는 '센시벨(Cencibel)'이라고 하며, 리베라 델 두에로에서는 '틴토 피노(Tinto Fino)', 포르투갈에서는 '틴타 호리스(Tinta Roriz)', 아르헨티나에서는 '템프라니야(Tempranilla)'라고 한다.

진펀델(Zinfandel)

캘리포니아에서만 재배되는 특이한 품종으로 화이트와인부터 로제, 레드와인, 스위트 와인까지 다양한 와인이 될 수 있으며, 특히 화이트 진펀델은 로제로서 붐을 일으킨 적도 있다. 그 동안 족보를 밝히려는 노력 끝에, 이탈리아의 프리미티보(Primitivo)와 동일한 것으로 알려졌다가, 최근에야 크로아티아가 원산지인 것으로 밝혀졌다. 한 때 대중적인 와인으로 생산되었으나 요즈음은 묵직한 레드와인으로 고급품이 많이 나온다.

[표 3-3] 레드와인 품종의 별명

품 종	별 명
Cabernet Franc	Bouchet(프랑스 생테밀리용, 포므롤), Breton(프랑스 루아르)
Cabernet Sauvignon	Bouchet(프랑스 지롱드)
Carignan	Mazuelo(스페인 리오하), Cariñena(스페인 프리오라토), Carignano(이탈리아 사르데냐)
Graciano	Morrastel(프랑스 남부)
Grenache	Garnacha(스페인)
Lemberger	Blaufränkisch(오스트리아)
Malbec	Auxerrois(프랑스 카오르), Cot(프랑스 보르도)
Monastrell	Mourvèdre(프랑스)
Nebbiolo	Spanna(이탈리아 가티나라)
Nero d'Avola	Calabrese(이탈리아 칼라브리아)
Pinot Meunier	Müllerrebe(독일)
Pinot Noir	Spätburgunder(독일), Pinot Nero(이탈리아), Blauburgunder(오스트리아)
Sangiovese	Brunello(이탈리아 몬탈치노), Prugnolo(이탈리아 몬테풀치아노)
Syrah	Shiraz(오스트레일리아), Hermitage
Tempranillo	Ull de Llebre(스페인 페네데스), Cencibel(스페인 발데페냐스), Tinto Fino(스페인 리베라 델 두에로), Tinta Roriz(포르투갈), Tempranilla(아르헨티나)

4장 와인 양조

기초 과학

와인의 양조

기초 과학

영양물질

- **탄수화물(Carbohydrate)**: 녹말(전분, Starch)과 당(Sugar) 등을 탄수화물이라고 하며, 녹말은 분해되어 포도당이 된다. 당은 포도당(Glucose), 과당(Fructose) 등이 있으며, 에너지원이 된다.

- **단백질(Protein)**: 20여 종의 아미노산(Amino acid)으로 분해되어 에너지원, 생체의 중요한 구성성분이 된다.

- **지방(Lipid)**: 수십 종의 지방산(Fatty acid), 글리세롤(Glycerol)로 분해되어 고 에너지원, 생체 구성성분이 된다.

- **무기질(Mineral)**: 철분, 칼슘, 인 등, 뼈와 치아를 구성하며 생체반응에도 참여한다.

- **비타민(Vitamin)**: 생체 촉매작용으로 직접적인 영양분은 아니지만 3대 영양소가 그 기능을 하는데 보조 작용을 한다. 수용성비타민은 B, C, 지용성 비타민은 A, D, E 등이다.

- **섬유질(Cellulose)**: 일부 생물은 에너지원으로 이용하지만 사람에게는 영양가가 없지만 장 운동을 촉진하는 중요한 물질이다.

미생물(Microorganism)

종류

- **곰팡이(Mold)**: 황색, 녹색, 청색, 갈색, 흑색 등

- **세균(Bacteria)**: 젖산균 및 병원성 세균 등

- **효모(Yeast)**: 알코올 발효에 가장 많이 이용. 야생효모, 배양효모

효소_Enzyme
무생물로서 동물이나 식물체에서 생성되는 물질이다.

■■■■ 생육조건

● **영양물질(Nutrition)**: 각 미생물에 따라 다르지만, 영양물질이 부족하면 미생물은 생장이 정지되 거나 사멸한다.

● **온도(Temperature)**: 미생물 종류에 따라 적당한 온도가 있다. 적정온도보다 낮으면 활동이 정지 되고, 너무 높으면 사멸한다.

● **pH**: 산성, 알칼리성을 나타내는 지표로서 pH 7이면 중성, 7보다 숫자가 커지면 알칼리성, 7보다 숫자가 작아지면 산성이다. 대체로 미생물은 pH 3-7 사이에서 자란다.

● **삼투압(Osmotic pressure)**: 농도 차이에 따라 생기는 압력으로 당분이나 염분의 농도가 너무 강하면 미생물은 그 압력 차이에 의한 탈수로 자라지 못한다. 그래서 너무 당도가 높은(30-50%) 포도는 발효가 느리고 완전히 당을 알코올로 변화시키지 못한다.

단위

● **온도**: 섭씨온도는 물의 어는점을 0도, 끓는점을 100도로 한 것이고(100등분), 화씨온도는 물의 어는점을 32도, 끓는점을 212도로 한 것(180등분)이다.

$$℃×9/5+32=℉, \ (℉-32)×5/9=℃$$
$$예) \ 50℉는 \ (50-32)×5/9=10℃$$

● **길이**: m의 1,000배는 km, 1/1,000은 mm

● **무게**: g의 1,000배는 kg, 1/1,000은 mg, kg의 1,000배는 ton,

● **부피**: ℓ의 1,000배는 kℓ, 1/1,000은 mℓ, 그 외 cl(ℓ의 1/100), hl(ℓ의 100배). 물 1mℓ는 1cm³이며 이때 무게는 1g이 된다. 물 1ℓ는 1,000cm³이며 이때 무게는 1kg이 된다. 1mℓ와 1cc는 같다.

● **넓이**: 1ha는 사방 100m × 100m의 넓이로 10,000m²이며, 약 3,000평이 된다. 1에이커(Acre)는 약 1,224평이다.

● **농도**: %(Percent)는 1/100이며, ppm(Part per million)은 1/1,000,000이다.

당분의 농도

- **브릭스(Brix)**: 우리나라, 일본, 미국 등에서 사용하는 단위로 10°Brix는 설탕물 10%와 동일한 농도를 말한다. 이하 브릭스는 %로 표기함.

- **보메(Baumé)**: 원래는 소금물의 농도를 표시하는 단위이지만, 프랑스, 호주에서 사용하는 당분 농도 단위로서 발효 후에 생성되는 알코올 도수와 거의 비슷하다.

- **웩슬레(Öechsle)**: 당액의 비중에서 끝 숫자만 따온 것으로 독일 등에서 사용하는 당분농도의 단위이다. 과즙 1,000㎖의 무게가 1,090g일 경우, 90이라고 표시한다.

[표 4-1] 당도 환산표

브릭스(Brix)	보메(Baumé)	웩슬레(Oechsle)	생성될 알코올농도
15.8	8.8	65	8.1
17.0	9.4	70	8.8
18.1	10.1	75	9.4
19.3	10.7	80	10.0
20.4	11.3	85	10.6
21.5	11.9	90	11.3
22.5	12.5	95	11.9
23.7	13.1	100	12.5
24.8	13.7	105	13.1
25.8	14.3	110	13.8
26.9	14.9	115	14.4
28.0	15.5	120	15.0

와인의 성분(The composition of wine)

알코올(Alcohol)

포도의 당분이 이스트 작용으로 변한 것으로 와인에서 가장 중요한 성분이다. 그래서 당분 함량이 높을수록 알코올 함량이 높아진다. 이 알코올은 와인의 바디와 골격을 구성하므로 알코올 함량이 낮은 와인은 가벼운 느낌이 든다. 이 알코올은 와인에 화끈한 기운과 단맛을 주기도 하며, 알코올의 풍미는 신맛과 조화를 이루어야 최상의 향미를 낼 수 있다. 즉 알코올 함량이 높으면 신맛 즉 산도도 높아야 균형을 이룬다. 알코올 함량은 많고 산도가 약하면 맥 빠진 느낌을 준다. 알코올 함량이 높은 와인이란 원료인 포도가 잘 익어서 당분 함량이 높고, 아울러 부드럽고, 타닌, 아로마 등 성분도 많다는 뜻이 된다.

산(Acid)

소량이지만 중요한 성분으로 와인에 생동감을 준다. 주석산(Tartaric acid)과 사과산(Malic acid)이 대부분이며, 포도가 익어 가면 당도가 높아지면서 산도가 낮아지기 때문에, 적절한 수확기를 선택하는데 당도와 산도의 균형이 지표가 된다. 산도가 낮으면 와인이 무덤덤하고 심심하게 느껴지며, 오염 가능성도 높아지기 때문에 장기간 보존이 불가능하다. 그렇다고 너무 신맛이 강해도 맛이 거칠어지고 거부감을 주기 때문에 안 된다. 또 와인과 공기가 만나면 초산과 같은 휘발산(Volatile acidity) 함량이 증가하는데, 이 휘발산은 포도에 있는 것이 아니고, 초산균 오염 등으로 초산 발효가 일어나기 때문에 나오는 것이다. 이런 휘발산은 아주 적은 양이라도 와인의 맛에 치명적인 결점을 남기기 때문에 조심해야 한다.

타닌(Tannin)

페놀 화합물의 일종으로 포도의 껍질과 씨에 많이 들어있다. 이 성분 역시 다른 성분과 조화를 이루면서 레드와인의 맛을 강하고 견고하게 만든다. 커피나 홍차에 우유(혹은 크림)를 넣는 것은 우유의 단백질이나 지방이 홍차나 커피의 타닌과 결합하여 그 맛을 순하게 만들면서 맛의 조화를 이루기 때문이다. 그래서 전통적으로 우유로 만든 치즈와 와인이 어울리는 것이다. 또 타닌은 천연 방부제로서 작용하기 때문에 타닌 함량이 많은 와인은 숙성기간이 길어진다. 이렇게 타닌은 와인의 개성을 결정하는 중요한 성분이다. 와인은 숙성이 되면서 타닌의 양이 감소하는 것이 아니고 결합하여 폴리머를 형성하므로 그 맛이 순해진다.

아로마(Aroma)와 부케(Bouquet)

아로마는 포도에서 유래되므로 영 와인에는 그대로 전달되지만 숙성이 될수록 복합적인 부케로 변한다.

당분(Sugar)

드라이 와인이라도 발효가 덜 되어 남아있는 당분(잔당, Residual sugar)은 단맛으로 느끼지는 못하지만 신맛이나 쓴맛, 떫은맛과 조화를 이루어 와인에 온화함을 준다.

와인의 양조(Vinification)

성숙도의 결정(Determining Ripeness)

포도의 성숙도는 와인의 질과 타입을 결정하는 요소이다. 완전히 익은 포도가 좋다는 것은 일부 지방에 해당되는 것으로 너무 익으면 신선도가 떨어진다. 특히 화이트는 이 점에 주의해야 한다. 그래서 "와인 양조자는 포도의 성숙도를 조절할 줄 알아야 한다."는 말이 있다. 포도가 익어가는 과정을 요약하면 다음과 같다.

포도 알의 발달 ➡ 당의 축적 ➡ 산의 감소 ➡ 타닌 형성, 색깔 변화 ➡ 아로마 형성

- **포도 알의 발달**: 수분이 많을수록 커진다. 그러나 수확기에 비가 많이 오면 당도가 떨어지고 포도 알이 터질 수 있다.

- **당의 축적**: 광합성으로 당분을 만들고, 수확기가 다가오면 덜 익은 포도의 사과산이 당으로 변하면서 신맛이 감소되고 단맛이 증가한다. 그리고 나무에 저장된 전분이 당으로 변하면서 이동하기 때문에 오래된 나무는 당을 많이 저장하고 있다고 볼 수 있다. 포도 알의 당도는 포도 줄기에 가까운 부분이 달고, 껍질 쪽이 달기 때문에 처음 짠 주스가 더 달다.

- **산의 감소**: 호흡에 의해서 산이 소모되며, 산이 당분으로 변화하므로 익어갈수록 신맛은 감소하고 단맛이 증가한다. 축축한 토양에서는 포도의 성숙이 늦어지고 산이 많아지며, 건조한 토양에서는 포도가 빨리 익고 산이 적어진다.

- **타닌 형성, 색깔의 변화**: 포도의 색소인 안토시아닌(Anthocyanin) 생성에는 태양열 에너지가 필요하다. 타닌(Tannin)은 씨에 많은데 그 외, 줄기, 껍질에 분포하며 더운 여름일수록 그 양이 많아진다. 그래서 더운 지방에서 적포도가 잘된다.

- **아로마 형성**: 아로마는 껍질 내부 세포에 많다. 수확기의 일조량이 많아야 아로마 형성에 도움이 된다. 그러나 시기에 따라 변화가 심하다.

수확은 와인의 타입과 기후에 따라 다르기 때문에 어려운 결정(날씨가 좋아야 한다)이다. 대표성을 지닌 샘플을 채취하여 당도 등을 검사하여 수확시기를 결정한다. 유럽에서는 지중해 연안을 제외하면 여름 날씨에 따라 와인의 질이 좌우된다. 좋은 해(Great vintage)란 8. 9월이 건조하고 더워야

한다. 그렇지만 너무 더우면 향기성분(Aroma)이 적어지고 타닌 함량이 부족하게 된다.

> **가장 위험한 것은 수확량을 늘리려고 질을 떨어뜨리는 것이다.**

과즙의 조정(Adjustment of Must)

포도의 성숙은 토질과 기후 등 여러 가지 변수에 의해서 영향을 받으므로, 양질의 와인을 생산하기 위한 조건을 완벽하게 갖추기는 힘들다. 그래서 수확한 포도품질의 안정화를 도모하기 위하여 제한된 범위 내에서 과즙을 조정할 수 있다. 그러나 인위적인 조작이 성숙에 의한 원래 포도의 성분을 따라갈 수는 없기 때문에 토질이나 기후조건이 양호한 곳에서 양질의 와인이 나올 수밖에 없다. 그래서 많은 나라에서 첨가제 사용을 제한하고 있다.

우리나라는 겨울이 춥고, 여름이 더운 대신 습기가 많아, 고급와인용 포도 생산지로서 적합한 곳을 찾아보기 힘들다. 대부분 남부지방에서 와인용 포도를 많이 재배하지만, 수확된 포도의 당분 함량이 낮고 산도가 높아서, 설탕이나 중화제를 사용하는 등 인위적인 조작을 거쳐야 한다. 이렇게 기후조건이 좋지 못한 곳에서는 과즙조절은 매우 중요한 일이다.

> **머스트_Must, *Moût***
>
> 포도를 으깨서 와인이 완성되기 전까지의 상태를 말하는 것으로 우리나라의 '술덫'이라는 말과 같은 뜻이다. 즉 포도 혹은 주스 상태도 아닌 어정쩡한 상태를 통틀어 머스트(Must)라 한다.

- **가당(Chaptalization)**: 샤프탈(J. A. Chaptal, 나폴레옹때 장관)이 제안한 것으로 당도가 낮은 포도 주스에 꿀 등 당분을 보충하여 알코올 농도를 높이는 방법을 말한다. 요즈음은 포도의 풍미를 살리고자 농축포도주스를 넣기도 한다. 다음과 같은 식을 이용하면 보충할 설탕의 양을 계산할 수 있다.

  $S = W(b-a)/100-b$

  W(kg): 과즙의 무게(포도 무게의 약 70%)

  a: 과즙의 당도

  b: 원하는 당도

  S(kg): 첨가해야 할 설탕의 양.

- **제산(Deacidification)**: 산도가 강한 과즙은 탄산칼슘, 탄산칼륨 등을 첨가하여 과즙의 산도를

감소시킨다.

- **가산(Acidification)**: 더운 지방에서 자란 포도는 산도가 약하므로 유기산(주석산)을 첨가하여 산도를 높인다.

- **타닌 첨가(Adding tannin)**: 경우에 따라, 떫은맛을 강조하고 와인의 보존성을 향상시키기 위해 타닌을 첨가한다.

알코올 발효와 이스트(Fermentation & Yeast)

와인의 발효와 저장은 미생물에 의해서 좌우된다. 인류는 발효의 원리가 밝혀지기 전부터 미생물을 이용하였지만 현대는 과학적 지식을 활용함으로써 실패 확률을 감소시킬 수 있게 되었다. 알코올 발효란 이스트가 포도당을 에틸알코올과 탄산가스로 변화시키는 과정이기 때문에 발효가 진행될수록 포도당은 줄어들어 발효가 끝나면, 단맛 즉 포도당은 없어진다. 이론적으로 100g의 포도당이 발효되면 에틸알코올이 51.1g 탄산가스가 48.9g이 나온다. 대략 당분 농도의 약 0.57배가 알코올 농도가 된다. 바꿔 이야기하면, 알코올 농도를 1% 올리는데 포도당이 1.8g 필요하다.

$$C_6H_{12}O_6 \rightarrow 2C_2H_5OH + 2CO_2$$

$$포도당 \Rightarrow 알코올 + 탄산가스$$

$$100g \Rightarrow 51.1g + 48.9g$$

이스트 생육조건(Condition for development of yeast)

- **영양소(Nutrition)**: 포도에는 이스트가 생육하는 데 필요한 영양소가 풍부하다. 그러나 곰팡이 낀 포도나 특수한 와인에서는 영양물질을 첨가하기도 한다.

- **적정 온도(Temperature)**: 알코올 발효를 일으키는 이스트는 15-30℃의 온도가 적당하지만, 와인의 종류에 따라 다르다. 발효온도는 30℃ 이하를 유지해야 한다. 30-35℃가 되면 이스트가 사멸하기 때문이다. 그러나 온도가 높으면 당이 변화되는 속도가 빠르다. 즉, 온도 10℃ 차이에 반응속도는 두 배 빨라진다. 보통 레드와인의 발효온도는 25-30℃, 화이트와인은 20℃ 이하가 적당하다. 작은 오크통의 발효는 외기 온도에 따라 영향을 받지만, 큰 오크통의 온도조절은 현실적으로 불가능하다. 대량일 경우는 온도조절이 용이한 스테인리스스틸 탱크가 좋다.

- **pH**: 포도 자체의 pH는 이스트가 자라는 데 적절하지만, pH는 3.6 이상 되지 않는 것이 색깔, 안정성, 향미 등이 좋다.

- **공기**(Aeration): 어느 정도의 공기는 필요하다. 너무 많으면 알코올 발효보다 이스트 자체의 증식이 잘 일어나며, 잡균 오염의 우려가 있다. 그리고 공기가 너무 부족하면 이스트 증식이 일어나지 않아 발효가 중단될 수 있다.
- **삼투압**(Osmotic pressure): 당분의 농도가 너무 높으면 이스트 생육을 방해하므로 발효가 중단될 수 있다.

레드와인 양조(Vinifying red wine)

와인을 담는 과정은 예술과 과학의 조화이다. 와인 메이커는 자신의 방법과 환경의 영향을 고려하여 방법을 정해야 한다. 더운 해와 추운 해, 덜 익은 포도와 잘 익은 포도를 같은 방법으로 담을 수는 없다.

제경(Destemming, *Égrappage*)

포도송이에서 알맹이만 분리하는 일로서, 공간이 절약되고, 풍미와 색깔이 개선되지만 상당히 번거로운 일이다. 지방에 따라 포도송이 통째로 담거나 일부러 가지를 약간 첨가하는 수도 있다. 그러나 고급와인을 만들려면 제경을 해야 한다. 특수 품종이나 곰팡이가 낀 것은 제경하지 않는다.

파쇄(Crushing, *Foulage*)

포도를 으깨는 일로서 기계선택에 주의해야 한다. 전통적인 방법인 맨발로 밟는 것이 좋은 이유는 씨나 껍질에 손상을 주지 않기 때문인데, 씨나 껍질이 갈라지면 쓴맛과 풋내가 나므로 조심해야 한다. 포도를 으깨야 주스를 고형물에서 분리하고, 펌프로 이동하는 일이 가능하고, 껍질에서 여러 가지 성분이 쉽게 우러나온다. 그러나 곰팡이가 낀 것은 산화될 우려가 있고, 더운 지방에서는 발효가 너무 강렬하여, 너무 많이 추출될 수 있으므로 지나친 파쇄는 피하는 것이 좋다.

아황산(SO_2) 첨가(Addition of sulfite, *Sulfitage*)

아황산은 산화방지, 잡균 오염 방지 등 '와인의 해결사'로서 정해진 양을 적절하게 사용하여야 한다. 이 아황산은 항산화제로서 산화방지, 살균작용, 갈변방지 등의 작용 때문에 옛날부터 널리 사용된 물질이며, 요즈음은 와인뿐 아니라 일반 식품, 음료, 약품 등의 보존제로도 널리 사용되고 있다. 고대 이집트인들이 와인 용기를 살균할 때 황을 태워서 나오는 연기인 아황산가스(이산화황, SO_2)를 최초로 사용한 것으로 보고 있다. 그 후 그리스, 로마시대에도 사용했으리라는 추측도 가능하지만, 확실한 문헌상 근거는 없고, 문헌상 나타난 것은 중세기로서 1487년에 공식적으로 사용허가를 받았다는 기록이 최초이다.

17세기 네덜란드에서도 빈 오크통을 황을 태워서 나오는 가스로 소독했고, 이어서 보르도에서도 네덜란드 식으로 오크통을 소독했으며, 이 가스가 오크통이나 와인의 오염을 방지한다는 사실을 발견한 것이다. 이후, 미국의 FDA는 아황산의 건강에 미치는 영향에 대해 연구하기 시작하였고, 프랑스의 파스퇴르 연구소에서는 1959년 아황산보다 단점이 더 적으면서 아황산을 대신할 수 있는 물질을 발견하는 사람에게 10,000프랑의 현상금을 주겠다고 발표까지 하였다.

이제는 세계 어느 나라든 아황산을 사용하지 않고 품질 좋은 와인을 만드는 일은 거의 불가능에 가까운 일이 되어 버렸다. 포도를 수확해서 으깬 다음부터 아황산을 첨가하는데 이는 이스트가 발효작용을 쉽게 할 수 있도록 잡균을 먼저 제거하기 위해서이며, 술이 완성된 다음에는 보관 중 오염을 방지하기 위해서 조금씩 사용한다. 그리고 보존 중이나 병에 들어있는 상태에서는 산패와 미생물에 의한 오염 방지 목적으로 사용된다. 와인은 알코올 농도가 낮아서 그 자체로서 보존력이 없기 때문에 그대로 두면 맛이 변할 수밖에 없다. 예외가 있지만, 대부분의 와인은 이러한 보존료 없이 양조, 운반, 저장이 불가능하다. 그러므로 아황산은 와인에 있어서 최고, 혹은 최악이라고 할 수 있다.

위험과 혜택의 수지_Risk & Benefit Balance

모든 식품첨가제는 위험과 혜택의 수지를 따져서 위험보다는 혜택이 더 크기 때문에 사용되는 것이므로, 첨가제가 있느냐 없느냐가 중요한 것이 아니고, 꼭 필요한 곳에 허용량 이내에서 사용하는 것이 중요하다.

▨ 아황산의 특성(Properties of sulfite)

와인에서 아황산은 항산화제와 살균제로써 작용함으로서 산화를 유도하는 효소의 작용을 방해하고, 산소나 과산화물과 같은 산소 유도체와 직접 반응하여 산화를 방지한다. 그리고는 항산화반응이 끝난 아황산은 와인의 맛에 아무런 영향이 없고, 인체에도 아무런 영향이 없는 구조로 변해 버린다. 아황산은 아주 오래된 보존료로서 와인에 사용되었지만 적정량을 사용한 것은 최근 일이다. 이것을 사용하기 좋은 형태의 분말로 만든 것을 아황산염이라고 한다. 아황산의 투입은 수학적으로 해야 한다. 너무 많으면 맛에 나쁜 영향을 주고, 적으면 재발효나 오염될 우려가 있다. 다른 첨가제를 사용할 수도 있으나 아황산은 옛날부터 사용되었다는 점이 장점이다. 요즈음은 양조 기술이 발달함에 따라 사용량이 점차 감소하고 있다.

- **항 이스트 작용(Antiyeast)**: 고농도일 경우는 이스트 작용을 방해한다.

- **항 박테리아 작용(Antibacteria)**: 박테리아는 SO_2에 가장 약하다.

- **항산화작용(Antioxidant)**: 강력한 환원력으로 갈변 방지.

- **향미의 개선(Taste improvement)**: 아세트알데히드와 반응하여 안정된 황 화합물로 만들어 와

인 맛을 개선하고 신선도, 아로마를 유지시킨다. 즉 생동감을 준다.

■ 이스트 투입(Inoculation, *Levurage*)

- **와인용 이스트**: 맥주 이스트, 빵 이스트와 동일한, '사카로미세스 세레비시에(*Sacchromycess cerevisiae*)'로서 출아법으로 번식한다. 투입 초기에는 탱크에 있는 공기를 이용하여 번식하면서 전체적으로 골고루 퍼지고, 공기가 소비되면 알코올 발효를 시작한다.

- **드라이 이스트(Dry yeast)**: 포도 껍질에 묻어 있는 야생 이스트는 포도즙을 와인으로 변화시키는 능력을 가지고 있지만, 그 능력이 일정하지 않아 발효가 멈추거나 와인이 완성되더라도 그 품질이 일정하지 않다. 그래서 발효 능력이 뛰어난 이스트를 선별하여 인공적으로 순수 배양하여 사용하는 곳이 많으며, 또 상업적으로 순수 배양한 이스트를 건조시켜 분말로 만들어 판매하는 곳도 많다. 이와 같이 순수 배양한 이스트를 건조 포장한 것을 드라이 이스트라고 하며 대부분의 와인양조업자는 이런 형태의 와인 이스트를 구입하여 사용하고 있다.

- **배양 이스트(Selected yeast)**: 고급 와이너리에서는 순수 배양한 독특한 이스트를 가지고 있으며, 지속적으로 배양하면서 고유의 품질을 유지시킨다.

■ 발효탱크(Fermentation tank)

- **재질(Tank materials)**: 오크, 시멘트, 코팅된 철제, 스테인리스스틸 탱크 등 여러 가지가 있을 수 있으나, 스테인리스스틸 탱크가 관리하기 쉬워 보편적으로 사용된다. 어떤 재질이든 발효탱크는 독성이 없어야 하며, 화학적으로 안정되고, 방수는 물론 충격에 견디는 견고성이 있어야 한다. 그리고 표면이 매끄러워야 주석(Tartrate)이 붙지 않는다. 그 외 세제로 세척할 수 있어야 하며 수리 보수가 쉬어야 한다.

- **개방형 탱크(Open tank)와 밀폐형 탱크(Closed tank)**: 개방형은 더운 날씨나 고온 발효 시에 사용되는데, 발효가 쉽고 빠르게 진행되며, 자연적으로 발효온도가 낮아지기 때문에 온도조절하기 쉽지만, 대형 탱크에는 불가능하고 소규모에 적합하다. 점차 밀폐형 탱크가 증가하고 있는데, 개방형은 알코올이 손실되고, 산화될 수 있는 위험이 있기 때문이다. 밀폐형은 초산발효 위험이 적고, 적정 온도 유지를 할 수 있어서 대규모 발효에 적합하고, 젖산발효가 쉽다. 아울러 프레스 와인(Press wine)의 품질이 좋아진다. 단, 냉각장치는 필수적이다.

■ 온도조절(Temperature control)

발효기간 중 적절한 온도를 유지시키는 일은 대단히 중요하다. 온도가 너무 높거나 낮으면 이스트가 활동하지 못해 발효가 정지되기 때문이다. 이스트가 생육하는 범위의 내에서 높은 온도를 유지하면 발효 속도가 빨라지지만 와인의 질은 좋지 않다. 그러므로 적정한 선을 유지하여 서서히 발효시키는 것이 좋은 방법이다. 온도를 낮추는 방법은 발효실 문을 개방하여 외부에서 시원한 바람을 들어오게 만들 수 있지만, 한계가 있으므로 시원한 물로 탱크 겉면을 냉각시키거나, 열교환기 설치, 탱크에 재킷을 부착하는 방법 등을 사용하여 25-30℃를 유지시키는 것이 좋다.

껍질 관리(Cap management)

레드와인 발효가 시작되면 껍질이 위로 떠서 색소 추출이 어렵고, 장기간 둘 때는 흰 곰팡이가 끼는 수가 있으므로 떠오르는 껍질을 가라앉혀야 한다. 옛날에는 탱크 위에서 기구를 이용하여 껍질을 가라앉혔지만, 요즈음은 아래쪽의 와인을 펌프를 이용하여 위에서 뿌려주거나(Pumping over, *Remontage*), 적당한 기구를 이용하여 펀칭해 준다. 이렇게 하면 탱크 내용물의 균질화를 이룰 수 있어 이스트가 골고루 퍼지게 되고, 색소 등 추출 효과가 커지고, 곰팡이 오염도 방지할 수 있다. 이렇게 껍질과 접촉하

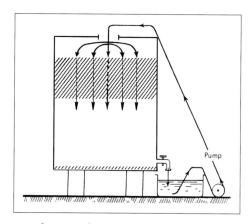

[그림 4-1] 펌핑 오버(Pumping Over)

는 기간을 영어로 'Skin Contact Time(SCT)'이라고 하며, 레드와인의 가장 핵심적인 작업이라고 할 수 있다. 이 기간을 추출(Extraction) 혹은 침지(Maceration, *Cuvaison*)라고도 하는데 만드는 사람에 따라 색깔이나 맛을 보면서 그 기간을 결정한다.

압착(Pressing, *Pressurage*)

원하는 색깔이나 타닌이 나오면, 고형물(껍질, 씨 등)을 분리시키는 작업을 한다. 이 작업은 알코올발효가 끝나기 전에 할 수도 있고, 알코올발효가 끝난 후에도 수일 두었다가 할 수도 있다. 먼저 중간층의 액을 뽑아내는데, 힘을 가하지 않고 자연적으로 유출되는 와인을 '프리 런 와인(Free run wine)'이라 하며, 고급와인용으로 쓰인다. 그리고 남아있는 고형물을 압착시켜 나오는 액을 '프레스 와인(Press wine)'이라고 하는데, 이 프레스 와인은 타닌함량이 많으므로, 분리하여 따로 와인을 만들어, 프리 런 와인에 조금 혼합하거나, 저급와인을 만든다.

잔당발효(Fermentation of residual sugar)

씨와 껍질 등 고형물을 일찍 제거한 경우에는 와인에 아직도 발효가 완료되지 않은 당분이 남아있기 때문에 남아 있는 당분을 전부 알코올로 변화시켜야 한다.

찌꺼기 분리(Racking, *Soutirage*)

알코올발효가 갓 끝난 와인에는 효모 찌꺼기, 포도 파편 등 이물질이 많으므로 온도를 낮추고, 일주일 이상 방치시키면 찌꺼기가 가라앉는다. 이때 맑은 상층부분만을 채취해서 따로 분리시키는 작업을 한다. 이런 방법을 두세 번하면 맑은 와인을 얻을 수 있다. 요즈음은 청징이나 기계적인 방법으로 간편하게 처리할 수 있다.

● **로제(Rosé) - 핑크와인**: 로제는 레드와 화이트의 중간상태로 매혹적인 색깔이 매력의 포인트이다. 신선한 맛과 분위기 있는 색깔로 식사 중 어느 때나 마실 수 있다지만 보통 피크닉이나 특별한 날에 마신다. 만드는 방법은 보통 레드와인과 화이트와인을 섞거나, 적포도를 으깨어 화이트와인 만드는 방법으로 만들거나, 적포도를 담으면서 색소추출을 조금만 하여 바로 꺼내는 방법(Saignée, 세니에) 등을 사용한다. 이때 사용하는 원료포도의 색깔은 옅어도 된다.

2차 발효 즉 말로락트발효(MLF, Malolactic fermentation)

알코올발효를 끝내고 찌꺼기를 분리시킨 것으로 와인이 완성된 것이 아니다. 당분이 알코올로 변하고, 그 다음 단계로 와인의 품질에 중요한 영향을 주는 느린 발효가 일어난다. 이 발효는 알코올 발효가 끝난 다음 바로 일어나기도 하고, 따라내기 과정에서 일어나기도 하며, 심하면 다음해 봄에도 일어난다. 이 발효는 알코올 발효가 끝난 직후 하는 것이 와인의 안정성에 좋기 때문에, 요즈음은 자연발생적으로 이 발효를 유도하기도 하고, 인위적으로 균주를 첨가하여 이 발효를 일으키기도 한다.

산도가 약해지기 때문에 감산발효라고도 하는데, 이 발효가 제대로 이루어져야 최상의 품질과 생물학적 안정성을 얻게 된다. 이 발효는 포도에 있는 사과산(Malic acid)이 박테리아에 의해서 젖산(Lactic acid)으로 변하면서, 와인의 맛이 부드러워지고 향기도 변하여 훨씬 세련되므로, 숙성의 첫 단계라고 할 수도 있다. 고급 레드와인에는 이 발효가 필수적이지만, 값싼 레드와인이나 화이트와인, 로제 등은 신선한 맛 때문에 이 발효를 생략하기도 한다.

사과산(1g) ➡ 젖산(0.67g) + 탄산가스(0.33g)

	발효 전	발효 후
총산도(Total acidity)	100	78
사과산(Malic acid)	48	8
젖산(Lactic acid)	1.4	20

화이트와인의 양조(Vinifying white wine)

화이트와인의 특성

화이트와인은 청포도의 주스만을 발효시킨 것으로 레드와인과는 달리 껍질이나 씨에서 색소나 타닌을 추출하는 과정이 없다. 화이트와인에 대한 소비자의 요구 또한 신선하고, 너무 떫거나 쓰지 않는 것으로, 가볍고 산뜻한 와인을 좋아한다. 그래서 포도수확도 약간 덜 익었을 것 같다고 판단되는 때가 적절한 향과 산도를 유지하고 있으며, 무엇보다도 건강한 포도를 사용해야 한다. 그렇지 않으면 색깔이 황금색이 아닌 갈색으로 변하고, 발효 후 액과 고형물의 분리가 어렵게 된다.

포도의 수확

"아로마가 없는 화이트와인은 아무 것도 아니다."라는 말이 있다. 화이트와인은 부케보다는 아로마를 가지고 있어야 한다. 즉 품종의 특성이 잘 나타나야 한다. 청포도의 아로마는 껍질에 있는데 포도가 완전히 익기 전에 나오므로 약간 일찍 수확하는 것이 좋지만, 너무 일찍 수확하면 향은 강하지만 풋내가 나고, 너무 오래 두면 신선도가 떨어진다. 좋은 화이트와인은 알코올 11-12%가 적당한데, 알코올이 너무 낮으면 아로마가 풍부하지 않는 한, 약하고 빈약한 느낌을 주고, 알코올 농도가 높으면 너무 무거운 느낌을 갖게 된다.

가장 좋은 화이트와인은 건강한 포도로 만들어야 한다. 곰팡이가 조금이라도 있거나 운반 도중에 손상되면 향미가 변하고 오염될 가능성이 높아진다. 화이트와인은 처리과정이 짧아야 한다. 즉 포도에서 머스트(Must)까지 시간을 단축하여 산화를 방지해야 한다. 그래서 "포도를 잘 다루고 머스트(Must)를 잘 처리하면 화이트와인은 손댈 필요가 없다."라는 말이 있는 것이다.

파쇄 및 압착

껍질과 씨가 깨져서는 안 된다. 가능한 한 가벼운 충격으로 껍질이나 씨에서 유출되는 성분을 최소화한다. 으깨서 몇 시간 정치시킨 다음 압착하면 향미가 우러나오고 착즙 효율도 좋아지기 때문에 요즈음에는 이 방법을 많이 사용한다. 어떻든 될 수 있으면 프리 런 주스(Free run juice)를 받아서 고급 와인을 만드는 것이 좋다. 프레스 주스(Press juice)는 따로 발효시켜 저급 와인을 만들거나 나중에 프리런 와인에 혼합시킨다. 너무 과도한 압력으로 압착하면 쓰고 떫은맛이 강해지므로 마지막에 나온 주스는 다른 용도로 사용하는 것이 좋다.

찌꺼기 처리

막 짜낸 주스에는 찌꺼기(토양 미립자, 줄기 파편, 섬유, 점성물질 등)가 많이 들어 있으므로 먼저 제거하는 것이 좋다. 찌꺼기를 제거하면 와인이 더 신선하고 깨끗한 맛이 나며 아로마가 더 안정된다.

또 산화효소가 파괴되고, 혼탁의 원인이 되는 금속 등을 제거할 수 있다. 그러나 너무 많이 제거하면 영양분까지 제거되어 이스트 생육에 좋지 않다. 반나절 정도 그대로 둔 다음에 윗부분만 따라내기를 하는 것이 좋다.

아황산 첨가

빠를수록 좋지만 파쇄된 포도에 넣으면 고형분과 결합하여 보호 작용이 약해지고, 추출작용이 잘 일어나 색깔이 진해지며, 껍질에서 안 좋은 성분이 우러나올 수 있다. 그러나 색깔이 옅은 경우에는 파쇄된 포도에 첨가할 수도 있다. 어쨌든 주스를 짜내면서 바로 아황산을 첨가해야 초기 산화를 방지할 수 있다.

산화방지 및 발효관리

"공기는 와인의 적이다."라는 말이 있지만, 완성된 와인보다 머스트(Must)가 산소에 더 민감하다. 머스트는 1분당 2mg/ℓ의 산소를 소모하는데, 와인은 같은 양을 24시간에 소모한다. 공기 접촉을 줄이려면 신속하게 처리하고, 아황산을 첨가하여 머스트를 산소로부터 보호해야 한다.

화이트와인은 온도관리가 중요하다. 20℃가 넘지 않아야 최상의 화이트와인이 된다. 온도가 높으면 잡균에 오염되어 좋지 않은 향이 나오거나 포도의 향이 손실된다. 요즈음은 대형 탱크에 온도조절장치를 사용하여 15℃ 정도로 발효시키는 경우가 많다.

마무리 작업

비중을 측정(보다 좋은 방법은 환원당 측정, 2g/ℓ 이하)하여 발효 완결 여부를 판정한다. 발효가 끝난 와인은 효모의 찌꺼기가 가라앉아 있으므로, 여기에서 좋지 않은 냄새가 나올 수 있다. 일주일 정도 두면 자연적으로 찌꺼기가 가라앉으므로 이때 찌꺼기를 제거하면 좋다. 요즈음은 고급 화이트와인의 경우, 작은 나무통에서 발효시키고, 그 찌꺼기 위에서 숙성(Sur lie)시키는 방법으로 고급 향미를 유도시키기도 한다. 말로락트발효(MLF)는 하거나 하지 않는다.

스위트 와인(Sweet wine)

아직 당분이 남아 있는 상태에서 발효를 중단시키면 알코올 농도는 낮지만, 스위트 와인이 된다. 보통 스위트 와인을 만들 때는 포도를 건조시키거나 늦게 수확하여, 당도가 아주 높은 포도주스를 얻은 다음에, 이를 반 정도만 발효시켜 달게 만든다. 발효를 중단시키는 방법은 아황산 첨가, 저온 처리, 살균, 원심분리 등의 처리로 이루어진다.

숙성 및 주병(Aging and bottling)

▨ 블렌딩(Blending, *Assemblage*)

와인은 복합성 강조, 관능적인 균형, 단점 보완 등 맛을 개선하기 위해 서로 다른 품종, 프리런과 프레스, 동일한 품종이라도 포도밭이 다른 것, 심지어는 빈티지가 다른 것 등 여러 가지 와인을 혼합하여 최상의 맛을 내기 위한 블렌딩을 한다. 이 블렌딩은 와인양조공정 중 여러 단계에서 이루어지는데, 포도밭에서 시작하는 경우는 몇 가지 품종을 사이사이 심어서 같이 수확하여 파쇄하거나, 따로 수확하여 파쇄하고 압착한 다음에 머스트를 블렌딩하여 한꺼번에 발효시키기도 한다. 보통은 청징, 안정화, 숙성까지 한 완성된 와인을 병에 넣기 전에 블렌딩하는 경우가 많다. 이 과정은 까다로운 것으로 상당한 경험과 기술이 필요하다.

생산업자는 품종을 섞을 때 향미와 구조적인 적합성을 바탕으로 정한 규율을 따른다. 예를 들면, 부르고뉴에서는 가끔 샤르도네와 피노 블랑을 혼합하며, 보르도와 캘리포니아의 화이트와인은 소비뇽 블랑과 세미용을 혼합하는 것이 모델로 되어 있다. 세미용은 소비뇽의 야성적인 성질을 순화시키고 복합성을 더해준다. 프렌치 콜롬바드나 톰슨 시들레스와 같이 특별한 향이 없는 품종은 제너릭 와인이나 품종별 와인에 다양하게 사용된다.

와이너리에서는 발효, 숙성을 따로 한 2-3개의 배치(Batch)의 것을 혼합하는데, 이는 각 배치마다 다른 잔당 함량, 오크 향, MLF 효과, 등 특성이 병에서 조화를 이루도록 배려한 것이다. 이 과정에서 와인 메이커는 최종제품이 가져야 할 특성을 확실히 하고, 그 결과를 얻기 위해 여러 가지 경우수를 블렌딩하여 면밀한 테이스팅을 해야 한다. 블렌딩은 주병하기 전에 완료를 해야, 서로 다른 와인이 혼합되면서 그 향미가 섞어지고, 예기치 못한 문제점을 수정할 수 있는 시간을 벌 수 있다.

또 동일한 와인을 만들었다 하더라도 서로 차이가 있을 수 있는데, 발효탱크나 저장탱크에 따라 달라질 수 있기 때문에 블렌딩으로 이를 개선해야 한다. 휘발산, 나쁜 냄새나 향미, 쓴맛 등 문제도 블렌딩으로 개선될 수 있다.

▨ 숙성(Aging, *Élevage*)

발효가 갓 끝난 와인은 효모의 냄새나 탄산가스 등이 섞여 있어 향이나 맛이 거칠기 때문에 바로 마실 수 없다. 와인의 종류에 따라 몇 개월에서 몇 년까지 맛과 향의 조화를 위해 숙성기간을 두고 있는데, 이 점이 와인의 가장 큰 특성이라고 할 수 있다. 숙성기간 중 레드와인의 색깔은 진보라에서 짙은 벽돌 색으로, 화이트와인은 황금빛이 진해지면서 갈색으로 변하면서, 거칠고 쓴맛이 부드럽게 변한다. 또 향기도 원료 포도에서 우러나오는 아로마가 점점 약해지고 원숙한 부케가 새로 형성된다. 그러나 일반 화이트와인은 너무 오래 두면 갈색으로 변하면서 신선도를 잃게 되므

로, 아로마가 좋은 화이트와인은 2-3년 정도 되면 맛이 풍부해지지만 그 이상 되면 향이 없어진다.

숙성은 포도의 성분이 발효에 의해 새로운 성분으로 바뀌어 기존 성분과 섞이면서 조화를 이루어 가는 과정이라고 할 수 있다. 대표적인 것으로 포도에 있는 물 분자와 새로 생긴 알코올 분자가 섞이는 것으로 볼 수 있다. 물 분자는 단독으로 존재하는 것이 아니라 수소결합에 의해서 분자가 서로 연결되어 있으므로, 이 사이를 새로 생긴 알코올분자가 끼어들려면 많은 시간이 필요하게 된다. 이런 식으로 기존 성분과 새로운 성분이 섞이면서 생기는 맛이나 향의 조화를 숙성이라고 할 수 있다. 그러나 이 기간은 와인의 종류와 타입에 따라 다양할 수밖에 없다.

세계에서 생산되는 와인의 90%는 1년 정도 되었을 때가 가장 맛있다. 이런 와인은 오래되면 맛이 개선되는 것이 아니라 부패된다. 대부분의 화이트와인과 로제는 수확한지 몇 개월 안에 병에 넣는데, 영 와인 때 소모를 해야 신선한 맛을 즐길 수 있기 때문이다. 가벼운 레드와인 역시 수확한 지 6-8개월이면 병에 넣게 되므로 이런 와인도 1-2년 안에 소비하는 것이 좋다. 그러나 고급 보르도의 레드와인, 캘리포니아의 카베르네 소비뇽, 이탈리아의 바롤로, 브루넬로 디 몬탈치노, 빈티지 포트, 그리고 고급 스위트 화이트와인은 맛의 개선을 위해 5년 이상 필요할 수도 있다.

아로마_Aroma와 부케_Bouquet

두 가지 모두 와인의 향을 묘사하는 용어지만, 아로마는 원료 포도에서 우러나오는 향을 말하고, 부케는 발효, 숙성 중에 형성되는 향을 말한다. 와인의 향을 맡아보고 "품종이 무엇이다"라고 말하는 것은 아로마로써 알 수 있고, "숙성이 잘 되었다"라고 말하는 것은 부케로서 아는 것이다.

숙성은 가벼운 공기접촉이나 오크통 성분이 용출되는 데서 이루어지는데, 그 과정은 아직도 완벽하게 밝혀진 것은 아니다. 숙성은 탱크나 오크통 숙성과 병 숙성으로 나눌 수 있다. 탱크나 오크통 숙성은 공기 접촉이 어느 정도 불가피하지만 병 숙성은 공기 침투가 불가능하다. 숙성은 와인의 스타일, 원산지, 품종, 수확시기 등 영향을 고려해서 결정한다. 나무통에서 숙성시킨 것이 맛이 더 좋고 숙성도 빠르고, 스테인리스스틸 탱크에서는 숙성이라기보다는 보관으로서 앙금도 더 늦게 가라앉는다.

대부분의 일반 와인은 오크통에서 숙성시키지 않지만, 고급 와인은 오크통 숙성을 거치게 된다. 오크통에서 나오는 물질은 와인의 맛을 좋게 만들고 숙성된 와인의 부케를 형성한다. 바닐라 향과 델리케이트한 나무냄새, 타닌도 우러나오는데, 새 오크통에서 1년에 200mg/ℓ의 성분이 나온다. 오크통의 바깥부분은 공기와 접촉을 하고 있어서 바깥쪽에서 증발이 일어나기 때문에 100ℓ의 와인이 2년이 지나면 90ℓ까지 줄어든다.

병 숙성_Bottle aging

"코르크는 숨 쉰다." 는 이야기가 있지만, 코르크가 숨 쉬면 공기가 들어가서 와인이 부패하게 된다. 사실 코르크 마개를 한 병을 눕혀서 보관하면 코르크가 와인을 흡수하여 팽창하게 되므로 공기유통은 거의 불가능하다. 들어가는 공기의 양은 너무 적어서 무시해도 된다. 1년에 0.02-0.03㎤ 정도의 산소가 통과하기 때문에 이 양으로는 병 숙성에 관여하지 못한다. 대신 코르크가 똑바로 들어가야 한다. 그러므로 디캔팅하기 전에 뚜껑을 열어 놓는다는 것도 이론적 근거가 없는 말이다. 병 숙성은 산화가 아니고 환원과 질식작용으로 와인은 식품으로서 밀봉된 상태에서도 미세한 변화가 생길 수 있다. 병 안에서도 와인의 맛이 그대로 유지되는 기간이 있고 약간 원숙한 맛으로 개선될 수도 있다.

청징제(Fining agent) 사용

와인은 항상 맑고 깨끗해야 한다. 와인이 맑지 못하면 병들은 와인으로 간주한다. 그리고 거기엔 무언가 약점이 있으며, 떠돌아다니는 입자가 많으면 맛에 영향을 준다. 청징상태는 곧 품질이라고 할 수 있다. 와인에 혼탁을 일으키는 물질은 전하를 띠고 있는 활성상태의 물질이다. 즉 타닌, 색소, 이스트, 박테리아, 벤토나이트, 규조토, 탄소 등은 음전하를 띠고, 여과 시 사용하는 섬유, 단백질 등은 양전하를 띠고 있다. 이러한 전기적 성질이 같으면 서로 반발하지만 전기적 성질이 없어지거나 반대 전하를 띤 물질을 첨가하면 엉겨 붙어서 커지면서 가라앉기 시작한다.

발효가 끝난 와인은 이스트, 박테리아, 포도조직의 파편, 무결정형 입자, 콜로이드 등 입자로 되어 있지만 가만히 두면 맑아진다. 즉 중력에 의해서 맑아진다. 탱크가 작고 깊이가 얕을수록 잘 되는데, 깊고 큰 탱크에서는 대류현상으로 방해를 받기 때문이다. 이렇게 자연 침전으로 와인을 맑게 만들려면 엄청난 시간이 필요하고 완벽하게 되지도 않는다. 그래서 인위적으로 청징제를 첨가하여 와인을 맑게 만드는 청징작업이 필요하다.

와인에 응집력을 가진 물질을 투입하여 혼탁입자를 가라앉히는데 옛날부터 경험적으로 우유, 계란 흰자, 소 피 등을 사용했지만, 요즈음은 젤라틴, 알부민, 카세인, 진흙, 벤토나이트 등을 사용한다. 온도가 낮을수록 효과가 크기 때문에 겨울에 하는 것이 좋다. 그리고 첨가량은 실험을 통해서 결정해야 하며, 너무 많이 넣으면 청징제 자체가 혼탁을 일으킬 수 있다.

여과(Filtration)

여과기의 능력은 막힐 때까지 나오는 액의 양으로 규정된다. 여과에는 반드시 여과 보조제인 규조토나 펄라이트를 사용해야 한다. 규조토는 규조류의 화석이 퇴적하여 형성된 규산질 암석으로 이것을 분말로 만든 것으로 비중이 작고 80%가 공극으로 되어 있어서 여과에 도움을 준다. 그러나 이상한 맛이나 냄새가 나서는 안 된다. 규조토층은 거름작용과 흡착작용을 동시에 하여 여과효율을 높여준다. 펄라이트는 화산암에서 얻은 여과보조제로서 규조토보다 비중이 작고 미세한 구조를 가지고 있다.

주석(酒石, Tartrate) 제거

주석은 포도의 주석산(Tartaric acid)이 칼륨이나 칼슘과 결합하여 탱크 바닥이나 병에 가라앉는 것을 말한다. 인체에 해는 없으나 상품성이 없어지므로 제거하는 것이 좋다. 원래 포도에는 이 주석이 과포화 상태로 있다가, 발효가 진행되면서 알코올 농도가 높아지면 용해도가 더 낮아지므로 침전을 형성한다. 그러나 이물질이 많이 있을수록 침전형성이 늦어지므로 주석 제거는 완전한 청징 상태의 와인으로 해야 한다.

주석 제거는 냉동으로 하는데, 이는 온도가 낮을수록 주석이 잘 형성되기 때문이다. 이를 '냉동 안정법(Cold stabilization)'이라고 하는데, 얼지 않을 정도의 낮은 온도 즉 테이블와인은 영하 5.5℃ 에서 5일, 영하 3.9℃에서 2주, 디저트와인은 영하 7.2℃에서 영하 9.4℃ 정도 두면 주석이 많이 형성되어 제거할 수 있다. 그리고 와인 온도가 올라가기 전에 여과해야 한다. 저장 온도는 알코올 농도에 따라서 달라지는데, 다음 식으로 계산하면 된다.

$$온도(-℃) = (알코올\ 농도 \div 2) - 1$$

즉, 12%의 알코올인 와인은 영하 5℃에 두면 된다.

주병(Bottling)

완성된 와인이라 할지라도 혼탁을 일으키는 물질이나, 재발효가 일어날 수 있는 미생물 등은 완전히 제거하여 병에 넣어야 한다. 예전에는 가열하여 단백질을 응고시켜 제거하고 미생물을 살 균하였으나, 요즈음에는 미세한 여과장치(Microfilter)가 개발되어, 가열에 의한 아로마나 부케의 손 실을 줄일 수 있게 되었다. 그리고 병뚜껑은 고급와인일수록 코르크마개를 이용하는데, 이는 과학 이 발달된 지금도 코르크와 같은 적합한 재질을 만들어내지 못하기 때문이다.

오크통(Oak barrel)

오크통은 2000년 전 로마시대부터 사용되었는데, 당시로써는 와인의 저장, 운반에 가장 적합한 용기였다. 돌이나 흙으로 만든 용기는 무겁고 깨지기 쉬웠고, 금속용기는 값이 비싸고, 와인이 금 방 변질되므로 사용할 수 없었다. 그로부터 수천 년 동안 나무로 만든 통에서 와인을 발효, 저장, 운반하였기 때문에 서양 사람에게 와인의 맛은, 오크통의 냄새를 빼버리면 와인으로서 인정받기 힘들 정도가 되었다. 동양 사람들이 레드와인을 처음 마셨을 때, 낯선 느낌을 받는 것도 바로 오 크통에서 우러나오는 향기 때문이다. 공기는 와인의 적이지만 오크통에서는 서서히 진행되는 공 기접촉으로 와인을 아주 천천히 산화시키고, 와인의 알코올에 의해 나무의 성분이 추출되어 섞이므로 여러 가지 향과 맛이 나오게 된다. 그러나 가벼운 화이트와인이나 로제 등은 오크통 숙성을 하지 않고 바로 출하하기도 한다.

이 나무통은 여러 가지 재질을 사용할 수 있으나, 세계적으로 가장 많이 사용되는 것이 화이트 오크나무(*Quercus robur* 혹은 *Quercus sessilis*)이다. 밤나무나 물푸레나무는 너무 통기성이 좋고, 소나무나 전나무는 송진 냄새가 나고, 아카시아는 노란 색소가 추출될 수 있다. 화이트 오크는 나무결이 치밀하고 적당한 타닌을 함유하고 있으며, 냄새가 좋아서 고급와인용으로 많이 쓰인다. 전문가에 의하면 와인 양조업자가 포도를 선택하는 것이 중요한 만큼, 오크통 제조업자의 나무선택 또한 매우 중요하다고 한다. 가장 유명한 것이 프랑스의 리무쟁(Limousin) 오크나무 숲으로 1600년경에 인위적으로 보호, 조성한 것이다. 이 리무쟁은 나이테의 간격이 넓어서 추출이 잘 되므로 와인보다는 브랜디에 사용하고, 고급 와인에는 느베르(Nevers), 트롱세(Tronçais) 등의 것이 많이 사용된다.

오크통의 제작은 전부 손으로 해야 한다. 배부른 오크통을 만들려면 우선 정교하게 자르고 가다듬어, 불을 이용하여 구부린다. 이때 와인용은 가볍게 그을리고 위스키나 럼 등 증류주용은 강하게 그을린다. 오크통은 재질의 특성 때문에 스테인리스스틸 탱크와는 달리 미생물의 침투가 용이하므로, 사용에 상당한 주의를 요한다. 사용 전에 깨끗이 씻고 멸균을 하고, 빈 통으로 보관하지 말고 항상 물을 채워서 건조를 방지해야 한다. 요즈음은 편의상 탱크에 와인을 넣고, 오크나무의 작은 조각(Oak chip)을 넣어서 숙성(2006년 EU 인정)시키기도 한다.

[그림 4-2] 오크통 제작

코르크(Cork)

고대 그리스, 로마시대부터 와인을 밀봉시키는 데 사용되었다는 기록이 있지만, 보편적으로 17세기 포르투갈 포트에서 최초로 사용했다는 주장과 샴페인을 개발한 동 페리뇽이 처음 사용했다는 두 가지 설이 있다. 코르크나무(*Quercus suber*)는 우리나라 굴피나무와 같이, 껍질을 벗겨내면 얼마 후 다시 껍질이 형성되는 참나무 계통의 나무이다. 주로 지중해 연안을 중심으로 포르투갈과 스페인에 많이 분포되어 있는데, 포르투갈은 세계 코르크(Cork)의 약 50%를 공급하고, 코르크마개는 세계시장의 90% 이상을 차지하고 있다.

코르크는 수령 40년 이상이 된 나무의 껍질을 벗겨서 수확하는데, 처음 수확한 코르크는 질이 좋지 않아서 병마개로는 사용하지 않는다. 대개 9-10년 간격으로 수확하는데, 보통 6-9월 사이에 이 작업을 한다. 이렇게 벗겨낸 껍질을 바크(Bark)라고 하고, 옥외에서 6개월이나 1년 동안 방치한다. 이 기간 중 코르크의 성분이 균일화된다. 다음에 두께에 따라 구분하여 삶는데, 이때 해로운 미생물이 죽고 코르크의 탄력성도 좋아진다. 그리고 삶는 과정에서 광물성 염류가 제거된다.

[그림 4-3] 코르크의 수확

다시 시원한 곳에서 건조시킨 후, 일정한 크기로 자르고, 구멍을 뚫는 식으로 펀칭하여 코르크마개를 만든다. 펀칭 작업 후 잘 씻고, 소독하고 수산(Oxalic acid) 용액을 넣은 다음 건조시킨다. 소비자의 요구에 따라 표백하거나, 파라핀을 입히기도 한다. 100kg의 바크를 가공하여 평균 30kg의 코르크마개를 만든다.

코르크에도 나이테가 있는데, 코르크마개를 살펴볼 때 나이테가 많을수록 좋은 것이다. 그만큼 조직이 치밀하다는 이야기가 된다. 즉 똑같은 나이인데도, 두꺼운 바크로 만든 코르크마개는 나이테가 적을 것이고, 얇은 바크로 만든 코르크마개는 나이테가 많게 된다. 그래서 얇은 바크는 샴페인이나 고급와인에 쓰이고, 두꺼운 바크는 값싸고 회전이 빠른 와인에 쓰인다.

코르크는 속이 비어있는 벌집과 같은 육방형의 방이 1㎤ 공간에 수천만 개가 들어있다. 그러므로 코르크 전체부피의 85%가 공기이다. 이러한 공간 때문에 특유의 물리적 성질을 갖게 된다. 즉 아주 연하고 탄력성이 좋아 일정압력을 가해도 금방 원상복구가 된다. 그러나 코르크는 나무결이 일정치

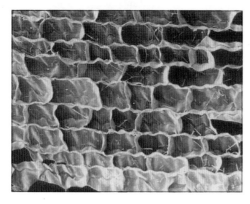

[그림 4-4] 코르크의 구조

않고 표면에 작은 구멍이 많아서, 가끔 곰팡이와 같은 미생물이 침투할 수 있다. 그래서 상업적인 코르크의 품질은 이 구멍의 크기와 많고 적음에 따라서 좌우된다.

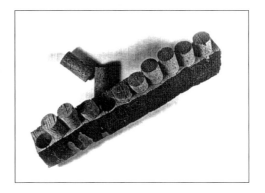

[그림 4-5] 코르크마개의 제조

- **플라스틱 코르크(Plastic cork)**: 1년 이내 마시는 값싼 와인에는 훨씬 효과적이다. 20세기 말부터 사용되면서 점차 질이 개선되고 있어서 누수, 산화방지에 효과가 크다. 코르크 곰팡이 문제가 일어났을 때 영국의 슈퍼마켓 업자들이 처음으로 사용을 주장하여 현재는 값싼 와인에 많이 사용되고 있다.

- **스크루 캡(Screw cap)**: 1910년대에 개발되었으나, 밀봉력이 약하여, 값싼 와인이나 다른 음료에 사용하였다가, 1990년대부터 단점을 보완하여 신세계를 중심으로 유행하고 있다. 기존 스크루 캡을 개선하여 밀봉력을 높여서 장기간 보관해도 변질을 방지할 수 있고, 따기 간편하여 앞으로 상당히 유행할 것으로 보고 있다. 오스트레일리아, 뉴질랜드 와인의 80% 이상이 스크루 캡으로 대체되었다.

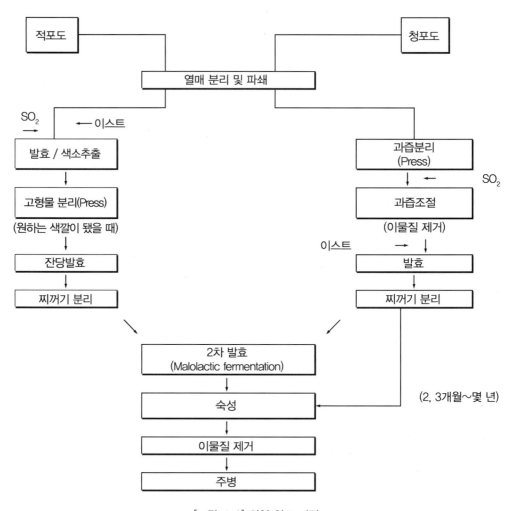

[그림 4-6] 와인 양조 과정

5장 프랑스 와인

프랑스 와인의 개요
프랑스 와인의 원산지 표시제도

프랑스 와인의 개요

공식명칭: 프랑스 공화국(French Republic)
프랑스 명칭: République Française
인구: 6,600만 명
면적: 67만(55만) ㎢
수도: 파리
와인생산량: 46억 *l*
포도재배면적: 83만 ha

프랑스는 라인 강, 알프스 산맥, 피레네 산맥, 대서양, 지중해 등이 자연적인 국경을 형성하고 있으며, 국토의 57%가 경작지로서 유럽에서 가장 좋은 농경지를 가장 많이 가지고 있으며, 농산물 중에서 와인이 차지하는 비율이 10%이다. 프랑스는 국토 대부분에서 포도재배가 가능하지만, 낭트에서 파리를 지나는 선이 포도재배의 북방한계선이 된다.

프랑스 역사

구석기 시대(크로마뇽인)부터 시작하여 기원전 9세기 도나우 강 유역에서 건너온 켈트족이 정착하면서 독특한 문화를 형성한다. 이들을 갈리이(골)라고 부르고 곧 프랑스를 갈리아라고 부르게 된다. 기원전 2세기부터 로마의 지배에 들어가 로마의 영향을 많이 받았다. 로마제국 멸망(476년) 후 게르만의 일족인 프랑크족의 클로비스(481-511년)가 북 프랑스에서 라인 강에 이르는 메로빙거 왕조 즉 프랑크 왕국을 건설하여(481년), 루아르 강 이북은 게르만족이 지배하고, 이남은 로마의 영향이 잔존한 상태에서 496년 기독교로 개종한 후 기독교 문화가 형성된다.

프랑크 왕국의 재상 집안인 피핀가의 샤를 마르텔이 이슬람 세력을 격파하고 왕위를 탈취하여 카롤링거 왕조를 건설하고(751년), 그의 아들 샤를마뉴(768-814년)는 북 이탈리아에서 북유럽에 이르는 광대한 영토를 확보하였으나, 843년 베르덩 조약으로 동 프랑크, 서 프랑크, 남 프랑크로 분열되어, 서 프랑크가 프랑스가 되었는데, 로베르 가의 위그 카페가 왕조(987-1328년)를 수립하면서 프랑크 왕국이 소멸된다. 이때부터 봉건사회가 성립되고, 911년 노르만인이 노르망디에 정착하고, 십자군 원정이 시작된다. 1328년 카페왕조가 단절되고 발루아 왕조가 나오고 영국의 간섭이 시작

되면서 백년전쟁(1337-1453년)이 일어난다.

백년전쟁 이후, 절대왕정이 성립되면서 프랑스는 1477년 부르고뉴 공국 합방, 1480년 앙주, 1481년 프로방스, 1482년 피카르디, 1532년 브르타뉴 공국 등을 합방하여 유럽 최고의 국가를 이루면서 르네상스 시대를 맞는다. 이때부터 신흥계급이 형성되면서 영주가 몰락하고, 신교도 위그노의 귀족 지도자 부르봉가에서 발루아 왕조를 뒤엎고 앙리 4세가 즉위하여 부르봉 왕조시대를 연다. 루이 13세는 1648년 알자스를 차지하고, 루이 14세 때인 1672년에는 프랑슈 콩테를 차지하면서 절대왕조의 전성시대를 구가한다.

루이 15세부터 절대왕조가 흔들리면서 루이 16세는 미국의 독립전쟁에 개입하여 재정 위기를 초래하여 프랑스 혁명이 일어난다. 혁명독재정부(로베스피에르)가 나타나 농민 해방 등으로 농민의 지지를 받으면서 공포정치로 반혁명 세력을 눌렀으나, 부르주아 계급이 주도권을 잡는다. 그러나 내우외환에 시달리다가 나폴레옹이 이집트에서 귀국하면서 독재체제를 구축하고 유럽 대륙을 정복하지만, 나폴레옹 몰락 후 다시 왕정으로 돌아간다.

몇 차례 혁명을 거친 뒤, 1848년 루이 나폴레옹이 대통령에 당선되지만, 1852년 친위 쿠데타로 나폴레옹 3세가 황제가 된다. 나폴레옹 3세는 산업혁명 완성, 수에즈 운하 건설, 크림전쟁, 이탈리아 전쟁 등 강력한 정책을 시행하였으나, 1870년 프로이센에 패배하여, 1875년 공화제(제3공화정)가 되고, 2차 대전 후 임시정부에 이어 제4공화국이 발족하였으나 알제리 전쟁 등 정국이 불안한 가운데, 1958년 알제리 반란을 계기로 드골이 제5공화정 헌법을 제정하여 오늘에 이르고 있다.

프랑스 와인의 특징

프랑스 와인을 이해하려면, 이름 있는 포도원의 명칭과 그 지리적 위치를 먼저 알아야 한다. 프랑스는 전통적으로 이름 있는 포도원의 역사적 배경과 기후, 토질 등을 바탕으로 등급을 정해 버린 곳이 많고, 또 각 지역별로 사용하는 포도의 품종, 담는 방법이 정해져 있어서 상표에도 품종을 표시하지 않고, 생산지명과 등급을 표시하는 경우가 많다. 그렇기 때문에 각 생산지역의 특징을 파악하지 않으면, 그 곳에서 생산되는 와인이 어떤 것인지 알 수 없게 된다.

지형과 기후

대서양 연안은 해양성 기후로 멕시코 만 난류가 유입되어 겨울이 아주 춥지 않고, 기온 차가 적으며, 비가 규칙적으로 내린다. 남부 지중해 연안은 일조량이 많고 건조한 기후로 덥고 긴 여름이 지속된다. 샹파뉴, 부르고뉴 등 내륙 지방은 대륙성 기후로 건조하고 짧은 여름에 매섭게 추운 겨울이 된다. 그래서 북서부 지방은 습기에 민감하지 않고 추위에 견디는 소비뇽 블랑, 슈냉 블랑, 가메, 카베르네 프랑 등을 재배하며, 남서부 지방 역시 습기에 민감하지 않은 세미용, 소비뇽 블랑, 메를로, 카베르네 소비뇽 등을 재배한다. 북동부 지방은 건조하고 서늘한 기후에 적응된 샤르도네, 리슬링, 피노 누아, 가메 등을 재배하며, 남동부 지방은 덥고 건조한 기후에 적응된 시라, 그르나슈, 무르베드르 등을 재배한다.

생산 지역

프랑스의 와인 생산지역 중 이름 있는 곳은 알자스, 루아르, 보르도, 부르고뉴, 론, 샹파뉴 등 여섯 개의 지방이며, 각 지방에서 생산되는 와인의 종류는 다음과 같다.

- **알자스(Alsace)**: 대부분 화이트와인으로 독일 스타일과 비슷하다.
- **루아르(Loire)**: 대부분 화이트와인이지만 레드, 화이트, 로제, 스파클링와인 등 다양한 와인을 생산한다.
- **보르도(Bordeaux)**: 좋은 와인을 많이 만드는 곳으로 레드와인과 화이트와인 모두 우수하지만, 레드와인이 유명하다.
- **부르고뉴(Bourgogne)**: 영어식으로 버건디(Burgundy)라고 하며, 좋은 와인을 적게 만드는 곳이다. 세계에서 가장 비싼 와인으로 유명하다.
- **론(Rhône)**: 대부분 레드와인을 생산하며, 묵직하고 진한 와인으로 유명하다.
- **샹파뉴(Champagne)**: 영어식으로 샴페인(Champagne)이라고 하며, 세계 최고의 스파클링와인이 나오는 곳이다.
- **랑그도크루시용(Languedoc-Russillon)/남프랑스(Sud de France)**: 프랑스 최대 와인산지로 주로 레드와인이 많다.
- **프로방스(Provence) 및 코르스(Corse, 코르시카)**: 가장 오래된 곳으로 다양한 와인을 생산한다.
- **쥐라, 사부아(Jura, Savoie)**: 독특한 와인 생산을 생산한다.
- **남서부 지방(Sud-Ouest)**: 주로 강렬한 레드와인을 생산한다.

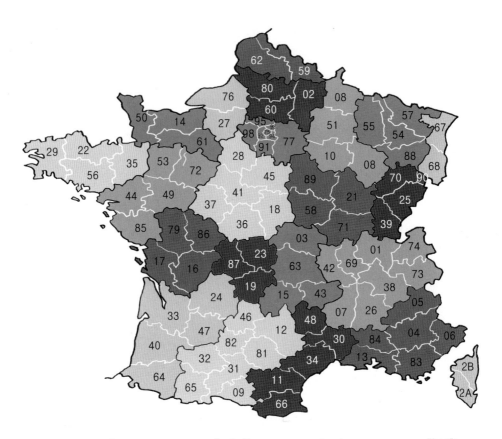

Alsace
Bas–Rhin (67),
Haut–Rhin (68)

Aquitaine
Dordogne (24),
Gironde (33) Landes (40),
Lot–et–Garonne (47),
Pyrénées–Atlantiques (64)

Auvergne
Allier (03), Cantal (15),
Haute–Loire (43),
Puy–de–Dôme (63)

Bourgogne
Côte d'Or (21),
Nièvre (58),
Saône–et–Loire (71),
Yonne (89)

Bretagne
Côtes–d'Armor (22),
Finistère (29),
Ille–et–Vilaine (35),
Morbihan (56)

Centre
Cher(18), Eure–et–Loire
(28), Indre (36),
Indre–et–Loire (37),
Loir–et–Cher (41),
Loiret(45)

Champagne–Ardenne
Ardennes(08), Aube (10),
Marne(51),
Haute–Marne(52)

Corse
Corse–du–Sud (2A),
Haute–Corse (2B)

Franche–Comté
Doubs (25), Jura (39),
Haute–Saône (70),
Territoire de Belfort (90)

Loire (Pays de La)
Loire–Atlantique (44),
Maine–et–Loire (49),
Mayenne (53), Sarthe (72),
Vendée (85)

Ile–de–France
Paris (Ville de) (75),
Seine–et–Marne (77),
Yvelines (78),
Essonne (91),
Hauts–de–Seine (92),
Seine–Saint–Denis (93),
Val–de–Marne (94),
Val–d'Oise (95)

Languedoc–Roussillon
Aude (11), Gard (30),
Hérault (34), Lozère (48),
Pyrénées–Orientales (66)

Limousin
Corrèze (19), Creuse (23),
Haute–Vienne (87)

Lorraine
Meurthe–et–Moselle (54),
Meusc (55), Moselle (57),
Vosges (88)

Midi–Pyrénées
Ariège (09), Aveyron (12),
Haute–Garonnc(31),
Gers (32), Lot (46),
Hautes–Pyrénées (65),
Tarn (81),
Tarn–et–Garonne (82)

Nord–Pas–de–Calais
Nord (59),
Pas–de–Calais (62)

Normandie (Haute–)
Eure (27),
Seine–Maritime (76)

Normandie (Basse–)
Calvados (14),
Manche (50), Orne (61)

Picardie
Aisne (02), Oise (60),
Somme (80)

Poitou–Charentes
Charente (16),
Charente–Maritime (17),
Deux–Sèvres (79),
Vienne (86)

Provence–Alpes–Côte–d'Azur
Alpes–de–Haute–Provence
(04), Hautes–Alpes (05),
Alpes–Maritimes (06),
Bouches–du–Rhône (13),
Var(83),Vaucluse(84)

Rhône–Alpes
Ain(01), Ardèche(07),
Drôme (26), Isère (38),
Loire (42), Rhône (69),
Savoie (73),
Haute–Savoie (74)

[그림 5–1] 프랑스 행정구역. 22개 지방(Région)에 각 도(Département)가 소속되어 있다.

프랑스 와인용어

- Blanc(**블랑**): 화이트.
- Bouteille(**부테이유**): (와인) 병.
- Cave(**카브**): 와인을 양조, 저장하는 곳, 보통 지하에 설치되어 있음.
- Cépage(**세파주**): 포도품종.
- Clos(**클로**): 부르고뉴 지방의 '담으로 둘러싸인 포도밭'에서 나온 말로 요즈음은 고급 포도원을 뜻함.
- Demi, Demie(**드미**): 절반의(Half).
- Doux(**두**): 스위트.
- Millésime(**밀레짐**): 수확년도.
- Rouge(**루주**): 붉은.
- Sec(**세크**): 단맛이 없고 건조한. 드라이.
- Vendange(**방당주**): 포도수확. 수확년도의 뜻은 아님.
- Vignoble(**비뇨블**): 포도밭.
- Vin(**뱅**): 와인.

프랑스 와인의 원산지 표시제도

AOC(Appellation d'Origine Contrôlée, 아펠라시옹 도리진 콩트롤레)/AOP(Appellation d'Origine Protégée)

AOC 유래

프랑스 와인이 세계적으로 유명한 이유는 일찍부터 품질관리체제를 확립하여 와인을 생산했기 때문이다. 프랑스의 와인양조는 지방행정부의 법률에 의해서 규제를 받는데, 이것이 유명한 AOC(Appellation d'Origine Contrôlée) 제도로, 1900년 초부터 시작하여 1935년에 확립되어, 현재 프랑스 고급와인은 거의 AOC의 규제를 받고 있다. AOC는 말 그대로 '원산지 명칭의 통제'라고 해석할 수 있는데, 와인의 원료인 포도의 재배장소의 위치와 명칭을 지방별로 관리하는 제도이다. 이

제도를 이탈리아의 키안티는 1716년, 스페인의 리오하는 1560년에 도입한 적이 있다.

19세기 후반 필록세라 때 모든 포도밭이 황폐되어 원산지를 속이는 가짜 와인이 나돌자, 프랑스 와인의 명성과 가격을 회복하고자 1905년 원산지 사칭을 방지하는 법률을 제정하고, 여기서 원산지 제도를 확립하고자 30년 간 검토하여 1935년 와인에 AOC 제도를 시행했다. AOC는 생산 지역의 범위 뿐 아니라 포도의 종류, 단위면적당 수확량, 최저 알코올농도, 포도재배 및 양조방법 등 품질 요건 전반에 대한 규정을 법률로 정하고 있다. 이어서 1949년에는 AOC보다 약간 완화된 원산지 지정 VDQS, 1979년부터 일상적으로 마시는 와인 중에서 고급을 선정하여 뱅 드 페이(Vins de Pays) 제도를 만들었다. 즉 AOC, VDQS, 뱅 드 페이(Vins de Pays), 뱅 드 타블(Vins de Table) 4단계의 품질로 분류되었다. 그러나 2008년부터는 EU의 원산지 표시 결정에 따라 2009년부터 도입된 신규 분류 체계는 다음과 같다.

지리적 표시가 있는 와인

- AOP(Appellation d'Origine Protégée, 원산지명칭 보호 와인)/AOC
- IGP(Indication Géographique Protégée, 지리적 표시 보호 와인)/뱅 드 페이(Vins de Pays)

지리적 표시가 없는 와인

- 뱅(Vin)

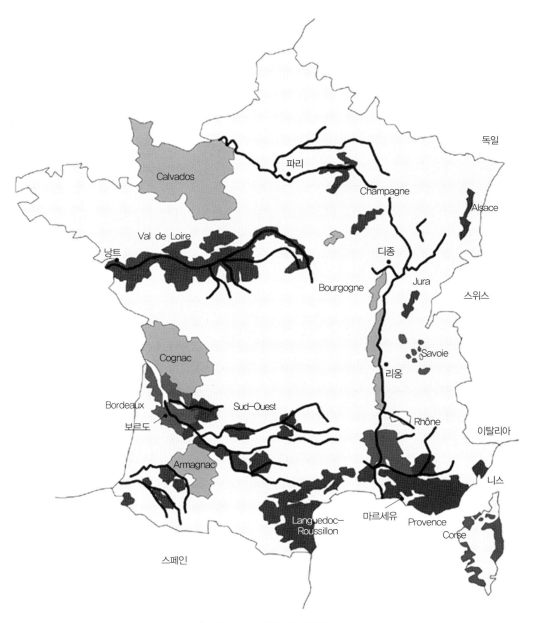

[그림 5-2] 프랑스의 와인산지

AOP/AOC 규정

AOC는 2008년 EU의 와인법에 의거하여 AOP로 등록되었다. 각 원산지명칭보호단체는 먼저 해당 와인에 대한 규정을 작성하여, 프랑스나 EU의 허가를 받아야 하며, 업자는 이를 준수해야 한다. 그리고 독립된 검사기관이 규정의 준수여부를 감시한다. 현재 AOC는 INAO(Institut National de l'Origine et de la Qualité, 국립원산지 및 품질위원회)가 관할하고 있다. 참고로, AOC와 유사한

VDQS(Vin Délimité de Qualité Supérieure, 뱅 델리미테 드 퀄리테 쉬페리외르)는 대개 AOC가 되기 위한 준비단계로서 존재하는 수가 많았지만, 2012년부터 AOP나 IGP로 합류되었다.

AOC 제도에는 토질과 기후를 바탕으로 각 포도재배 지역의 지리적 경계와 그 명칭을 정하고, 거기서 사용하는 포도 품종, 재배방법, 수확 및 단위면적당 수확량 규제, 최소 알코올 농도, 와인양조 방법 등에 대해서 규정하고, 공식적인 분석과 관능검사를 거치도록 규정하고 있다. 이 규격에 적합한 AOC 와인은 포도재배 지역의 명칭을 삽입하여 Applelation(아펠라시옹) ○ ○ ○ Contrôlée(콩트롤레)라고 상표에 표기한다. 예를 들어 보르도(Bordeaux)라면 Appellation Bordeaux Contrôlée라고 상표에 인쇄되어 있다.

포도재배 지역의 명칭도 보르도(Bordeaux)와 같은 광범위한 지방명칭을 원산지명칭(AO)에 표기하기도 하고, 더 작은 지역 단위의 명칭이나, 포도원 명칭을 원산지명칭(AO)에 표기하기도 한다. 보르도 지방의 예를 들면,

- **Appellation Bordeaux Contrôlée**: 보르도 지방에서 생산되는 포도만 사용한 것.
- **Appellation Médoc Contrôlée**: 보르도 지방 내에 있는 메도크에서 생산된 포도만 사용한 것.
- **Appellation Haut-Médoc Contrôlée**: 메도크 내에 있는 오메도크에서 생산된 포도만 사용한 것.
- **Appellation Margaux Contrôlée**: 오메도크에 있는 마르고에서 생산된 포도만 사용한 것.
- **생산지의 면적크기**: Bordeaux > Médoc > Haut-Médoc > Margaux
- **품질의 순위**: Margaux ← Haut-Médoc ← Médoc ← Bordeaux

이와 같이 지명이 세분화된 더 작은 지역단위일수록, 원료 생산지의 범위가 좁아지므로 일반적으로 작은 지역단위의 AOC 와인이 더 특색 있고 고급으로 인정되고 있다. 그리고 표기하는 지명은 법률에 의해서 전국적으로 행정구역과 관계없이 그 지리적 경계와 명칭이 정해져 있어서, 반드시 법률로 지정한 명칭만을 사용해야 한다. 그리고 원산지명칭(AO)은 지명만 표기하는 것이 아니고, 와인의 종류(예: Bordeaux Rosé 등), 등급(예: Bordeaux Supérieur) 등도 표시될 수 있다.

이해를 돕기 위해, 우리나라 막걸리에 프랑스 AOC와 같은 원산지 명칭 통제를 적용시킨다면, 다음과 같은 상황이 일어날 것이다. 경기도에서 생산되는 막걸리 중에서 이 법의 규격에 적합하면 '경기도 원산지'라고 상표에 표기할 수 있다. 그러면 이 막걸리는 경기도에서 생산되는 원료만을 사용해야 되고, 경기도 막걸리 규격에 적합해야 한다. 그런데 지역이 더 세분화되어 '포천 원산지'라고 표기하면 이 막걸리는 경기도 포천 막걸리 규격을 만족시켜야 한다. 더 나아가 '이동 막걸리'라고 표기하면, 원산지의 지리적 범위는 더 좁아지면서 규격은 더 강화해야 한다.

이렇게 되면 소비자는 경기도 막걸리보다는 포천 막걸리를 더 고급이라고 생각할 것이고, 포천 막걸리보다는 이동 막걸리를 더 고급이라고 생각하게 된다. 이런 식으로 하면, 경기도 내의 다른 지역이나 전국 각 지방에서도 이와 같은 기준을 정하여, 지역 고유의 특성을 살리면서 품질의 고

급화에 힘쓸 것이며, 세월이 지남에 따라 각 지방별로 특색 있는 질 좋은 막걸리의 명산지가 자리를 잡게 될 것이다.

이와 같이 프랑스의 AOC는 원산지 통제와 품질관리를 통하여, 각 지방별로 고유의 전통과 명성을 가진 와인을 생산할 수 있는 바탕을 마련하여, 프랑스 와인 품질과 명예를 유지하는 데 큰 역할을 하고 있다. AOC 제도는 전통적으로 유명한 고급와인의 명성을 보호하고, 그 품질을 보존하기 위해서 제정된 것으로, 유명한 포도원의 포도를 사용하지 않으면서 그 지명을 도용하는 행위나, 반대로 유명한 포도원이 다른 곳에서 포도를 구입하여 와인을 양조하는 행위 등을 법으로 통제하여, 정직한 업자를 보호하고 소비자에게 올바른 와인을 선택할 수 있도록 안내하는 역할을 하고 있다.

이렇게 프랑스는 원산지를 중심으로 각 포도재배지역을 구분하기 때문에 프랑스 행정구역 지도와 포도지도는 전혀 다른 모습을 하고 있다. 행정구역 지도를 보면 '보르도'라는 도시는 있지만, '보르도'라는 지방은 찾을 수가 없다.

▧ AOP/AOC의 예

생산지역의 명칭	샤블리(Chablis)	포마(Pommard)
포 도 품 종	샤르도네 100%	피노 누아 100%
최소 알코올 농도	10%	10.5%
수 확 량	6,000ℓ/ha 이하	4,000ℓ/ha 이하

• ℓ은 포도를 수확하여 최종적으로 만든 와인의 부피임.

가장 엄격한 규정은 생산량으로, 단위 면적 당 와인의 양으로 규제되는데, 초과할 경우 AOC는 조건을 고려하여 허락하는 수가 있다. 이때는 생산자가 신청하면 20% 범위 내에서 와인을 더 만드는 수가 있는데 관능검사에 합격해야 한다. 그렇지 못하면 가장 낮은 등급인 '뱅 드 타블(Vin de table)'도 안 되고 증류해야 한다. 샴페인의 경우는 더 규제가 심하여 압착하는 방법, 숙성까지도 규제한다. 현재 프랑스에는 300개 이상의 원산지명칭(AO)이 있으며, AOC 와인은 프랑스 와인 생산량의 50% 이상을 차지하고 435,000ha에서 2억여만 상자를 생산하고 있다.

IGP(Indication Géographique Protégée)/뱅 드 페이(Vins de Pays, Country wine)

▧ 유래

1930년부터 생산하는 주(Canton)의 명칭을 표시하는 정도로 시작하여, 'Vins de Pays de Canton X'라고 표시한다. 1973년 공식적으로 제정하여 1976년까지 75개, 다시 153개로 되었다가 간소화

조치로 현재 75개가 되었으며, 프랑스 와인의 약 30%를 차지하고 있다. 뱅 드 페이는 FranceAgriMer에서 관리하다가, 2009년 8월 INAO로 이관되었다. 모든 IGP는 상표에 원산지를 표시해야 하지만, 품종은 그 선택 폭이 크고, 수율이 높아도 된다. 좋은 것은 AOC 수준보다 나은 것도 있다. 150,000ha에서 1억 3천만 상자를 생산하고 있다.

규정

① 상표에 표기한 생산지역에서 생산된 것이라야 한다.

② 검사기준에 적합해야 한다.

③ 각 도(Départements)에서 정한 권장 품종으로 양조한다(단일품종일 경우 100%).

④ 관능검사에 통과해야 한다.

상표에 빈티지, 포도 품종 등 두 가지 이상을 표시하며, 단일품종일 경우 100%(EU 규정은 85%) 그 품종으로 한다. 알코올 농도는 북부지방 9% 이상, 지중해 연안은 10% 이상으로 고정시켰다. 지역에 따라 포도의 종류, 가끔은 다른 고급 품종을 섞는 비율까지 규정하고, 수율은 8,500 (레드)-9,000(화이트) ℓ/ha(고급 AOC의 두 배), 알코올 함량, 휘발산, 아황산 함량까지 규제하며, 관능검사를 거친 후에 등록한다. 그러나 상표에 '샤토(Château)', '클로(Clos)' 등의 용어는 사용하지 못하고, '도멘(Domaine)'은 사용할 수 있다.

IGP 리스트

- **알자스 에스트(Alsace-Est):** Côtes de Meuse

- **보르도 아키텐(Bordeaux-Aquitaine):** Atlantique, Périgord

- **부르고뉴 보졸레 쥐라 사부아(Bourgogne-Beaujolais-Jura-Savoie):** Coteaux de Coiffy, Coteaux de l'Auxois, Franche-Comté, Haute-Marne, Sainte-Marie-la-Blanche, Saône-et-Loire, Yonne

- **샤랑트 코냑(Charentes-Cognac):** Charentais

- **코르스(Corse):** Ile de Beaute

- **랑그도크 루시용(Languedoc-Russillon):** Aude, Cathare, Cévennes, Cite de Carcassonne, Côte Vermeille, Coteaux d'Ensérune, Coteaux de Narbonne, Coteaux de Peyriac, Coteaux du Libron, Coteaux du Pont du Gard, Côtes Catalanes, Côtes de Thau, Côtes de Thongue, Duché d'Uzès, Gard, Haute Vallée de l'Aude, Haute Vallée de l'Orb, Pays d'Herault, Pays d'Oc, Sables du Golfe du Lion, Saint-Guilhem-le-Désert, Torgan, Vallée du Paradis, Vicomté d'Aumelas

- **쉬 뒈스트(Sud-Ouest)**: Agenais, Ariège, Aveyron, Comté Tolosan, Corrèze, Coteaux de Glanes, Côtes de Gascogne, Côtes du Tarn, Gers, Haute-Vienne, Landes, Lavilledieu, Lot, Thézac-Perricard

- **발 드 루아르 셍트르(Val de Loire-Centre)**: Calvados, Coteaux de Tannay, Coteaux du Cher et de L'Arnon, Côtes de la Charité, Puy-de-Dôme, Val de Loire

- **발레 뒤 론 프로방스(Vallée du Rhône-Provence)**: Ain, Allobrogie, Alpes-de-Haute-Provence, Alpes-Maritimes, Alpilles, Ardèche, Bouches-du-Rhône, Collines Rhodaniennes, Comtés Rhodaniens, Coteaux des Baronnies, Drôme, Hautes-Alpes, Isère, Maures, Méditerranée, Mont Caume, Urfé, Var, Vaucluse

뱅 드 프랑스(Vin de France)/뱅 드 타블(Vins de Table)

170,000ha의 분류되지 않은 포도밭에서 1억 5천만 상자의 와인이 생산되는데 이것이 Vins de Table이다. FranceAgriMer 통제에 들어가지만 특별한 규제는 없기 때문에 품종, 빈티지를 표시할 의무가 없다. 프랑스 와인의 12% 이상을 차지한다.

EU 와인 생산국의 양조규칙

유럽의 와인 생산 국가는 1962년부터 공동으로 시장을 관리하고 있으며, EU 가맹 국가는 공동규칙에 의거하여 와인을 생산, 판매하고 있다. EU 규칙에 와인은 "와인이란 으깨거나 으깨지 않은 포도 혹은 포도 머스트의 전부 혹은 일부를 알코올 발효를 거쳐서 얻어진 산물만을 말한다."라고 정의하고 있다. EU 가맹국은 각 국의 와인법규 위에 EU 규정이 정해져 있다. 이 법률은 국내법보다 우선 적용되며, EU산 와인은 이 법규에 의해서 관리된다.

재배지역의 구분

EU에서는 재배지역의 특성에 따라 산지를 구분하여 최저 알코올농도, 보당, 보산, 제산 등의 방법에 대한 규정을 정하고 있다. 포도의 성숙은 기상조건의 영향을 받기 때문에 품질관리 규정은 각 와인생산지역에 따라 다르게 정해져 있다.

- **A 지역**: 바덴을 제외한 독일, 룩셈부르크, 벨기에, 네덜란드, 영국, 체코 일부.
- **B 지역**: 독일의 바덴, 오스트리아, 프랑스의 알자스, 샹파뉴, 쥐라 및 사부아, 루아르, 체코 일부,

슬로바키아, 슬로베니아, 루마니아.

- **C Ⅰ 지역**: 프랑스의 보르도, 부르고뉴, 프로방스, 론, 남서부 지방, 이탈리아 북부 지방, 스페인 북부 지방, 포르투갈 대부분, 헝가리, 슬로바키아 일부, 루마니아 일부, 이탈리아의 발레다오스타 및 북동부 지방.

- **C Ⅱ 지역**: 프랑스의 랑그도크 루시용, 이탈리아 중북부 지방, 스페인 북부 지방, 슬로베니아 일부, 불가리아 일부, 루마니아 일부.

- **C Ⅲa 지역**: 그리스, 사이프러스, 불가리아.

- **C Ⅲb 지역**: 지중해에 접한 프랑스 일부 지방, 코르스, 이탈리아 남부 지방, 포르투갈 남부 지방, 그리스 대부분 지방, 사이프러스 일부, 말타.

▨ 품질에 관한 규정

EU의 와인은 지리적 표시가 있는 와인과 그렇지 않은 와인으로 구분되며, 지리적 표시가 있는 와인은 원산지명칭 보호 와인 AOP(Appellation d'Origine Protégée)와 지리적 표시 보호 와인 IGP(Indication Géographique Protégée)로 세분된다.

- **AOP 와인**: 와인의 품질과 특성이 특정지역의 환경에서 나타나는 것으로, 지정지역 내에서 재배된 포도만 사용하고, 생산도 지정지역 내에서 하며, 원료 포도는 유럽 종 포도(*Vitis vinifera*)로 한한다.

- **IGP 와인**: 지정지역 내에서 재배된 포도를 85% 이상 사용하고, 생산은 지정지역 내에서 하며, 원료 포도는 유럽 종 포도(*Vitis vinifera*)와 유럽 종 포도와 다른 종을 교배한 것에 한한다.

[표 5-1] EU의 와인생산지역의 양조규칙

와인 생산 지역	포도과즙의 엑기스분(알코올 환산)관련규정					알코올 보강규정	가산, 제산규정
	테이블 와인			지역지정 와인		농축포도머스트, 정제농축머스트 첨가시 상한값	허가되어 있는 조작
	최저값%	보강 허가폭	상한값	최저값 %	보강 허가폭		
A	5%	3.5% (4.5%, 안 좋은 해)	11.5% (12%, 적)	6.5% (9.0%, 일부)	3.5% (4.5%, 안 좋은 해)	11% (안 좋은 해는 15%)	부분적인 제산
B	6%	2.5% (3.5%, 안 좋은 해)	12% (12.5%, 적)	7.5%	2.5% (3.5%, 안 좋은 해)	8% (안 좋은 해는 11%)	기상조건이 예외적인 해는 C I 에는 가산이 허가됨
C I (a)	7%	2%	12.5%	8.5%	2%		
C I (b)	8%	2%	12.5%	9%	2%		
C II	8.5%		13%	9.5%		6.5%	가산 및 제산
C III (a)	9%		13.5%	10%			가산
C III (b)							

1) 지정지역 우수와인에는 보강 후 상한값은 정해져 있지 않다.
2) 지정지역 우수와인의 엑기스분(알코올 환산)은 9% 이상으로 정해져 있다.

보강은
① 설탕의 첨가
② 농축포도머스트의 첨가
③ 부분 농축이 허가되어 있다.

① 가산의 상한치 (주석산 환산) 머스트 1.5g/L 와인 2.5g/L
② 제산의 상한치 와인 1g/L

[표 5-2] EU의 지리적 표시 와인의 분류

프랑스	독일	이탈리아	스페인	포르투갈
IGP/Vins de Pays	Landwein	IGP/IGT	Vino de la Tierra	IGP/Vinhos Regional
AOP/AOC	Qualitätswein/QbA	DOC	VCIG	IPR
			DO	
	Prädikatswein	DOCG	DOCa	DOP/DOC
			VP(VPCa)	

토스트 이야기

엘리자베스 여왕 시절에는 질 낮은 와인이 많았기 때문에 와인의 향을 개선하기 위해 와인 잔에 토스트를 띄워서 마시는 습관이 있었다.

어느 날 이름난 미녀가 목욕을 하고 있었는데, 한 사람의 추종자가 그 욕조의 물을 잔에 넣은 후 미녀의 건강을 위해 건배를 했다. 그러자 옆에 있던 사람은 잔을 든 후 자신은 토스트를 원한다면서 건배를 했다. 즉 토스트란 욕조 안에 있는 미녀를 말한 것이다.

이때부터 토스트는 미녀를 상징하게 되었고, 식사 때 미녀의 건강을 위해서 "토스트"라고 외치게 된 것이다.

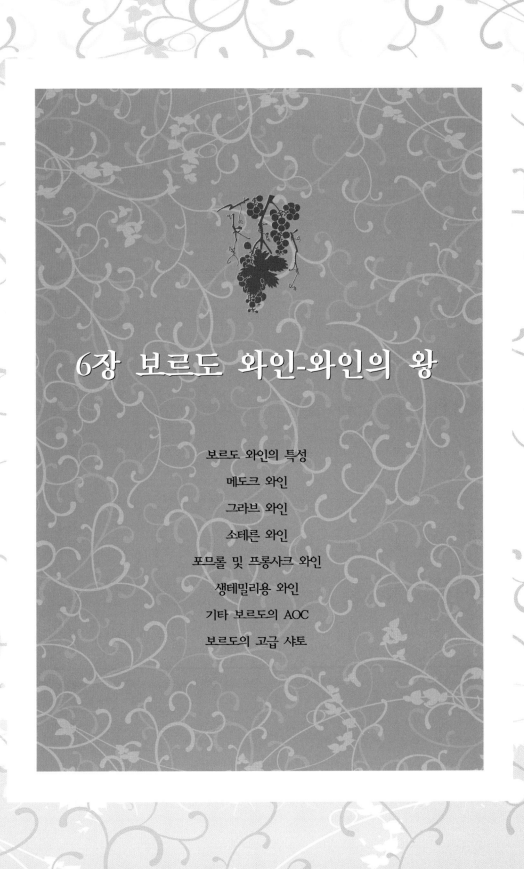

6장 보르도 와인-와인의 왕

보르도 와인의 특성

보르도는 로마시대에 해군기지였으며, 원래 'Au Bord de l'eau(물가)'라는 뜻에서 유래된 명칭이다. 보르도는 기후와 토양조건이 포도재배에 완벽하고, 항구를 끼고 있어서 와인의 양조와 판매에 좋은 조건을 가지고 있다. 남북으로 약 90㎞, 동서로 약 65㎞에 걸쳐서 곳곳에 포도밭이 형성된 보르도 지방은 117,500ha의 포도밭에서 연간 약 5억ℓ의 질 좋은 와인을 생산하고 있으며, AOC 와인의 25%를 차지하고 있다. 즉 좋은 와인을 많이 생산하는 곳이라고 할 수 있다. 89% 이상이 레드와인이며 뛰어난 테루아르와 축적된 노하우 덕분에 최고의 레드와인을 만들고 있다. 또 보르도는 값싼 와인부터 비싼 것까지 품질이 다양하여 선택의 폭이 넓은 것도 장점이다.

해양성 기후로서 온화하며, 도르도뉴(Dordogne) 강과 가론(Garonne) 강 두 개의 강이 합쳐져 지롱드 강을 형성하는 곳으로 적절한 습도와 온도를 유지하고 있어서 늦서리나 냉해가 별로 없지만 가끔은 혹독한 찬바람과 서리, 여름 폭풍이 있을 수 있다. 지롱드 강과 가론 강을 중심으로 서쪽은 자갈이 많은 척박한 토양으로 배수가 잘 되며, 소나무 숲이 방풍 역할을 하고, 평평한 구릉지를 이루고 있다. 동쪽은 점토와 석회질이 혼합된 토양으로 무겁고 차다. 메도크를 비롯한 대부분의 포도밭은 비교적 평탄한 곳에 자리를 잡고 있으며, 토성과 배수방법에 따라 개성 있는 와인이 나오고 있다.

역사

1000년 경, 프랑스의 아키텐(Aquitaine), 노르망디, 부르고뉴 등은 공작 령이었고, 샹파뉴, 브르타뉴, 앙주 등은 백작 령으로 왕의 권한이 미치지 못한 곳이 많았다. 이때 루이 7세는 그 아버지 루이 6세의 왕권에 힘입어 아키텐(지금의 보르도 지방을 포함한 남서부 지역)의 공주인 알리에노르(Eleanor, Alienor, 1122-1204)와 결혼을 할 수 있었다. 알리에노르는 피레네 산맥에 이르는 남서부 지방을 가지고 있었지만, 아키텐 공작 령은 왕실 직영에 포함시키지 않는다는 조건으로 결혼을 했다.

루이 7세는 용감하고 경건하며 소박하여 모든 사람의 호감을 사는 성격이었으나, 왕비는 그렇지 못하여 이들 결혼생활은 원만하지 못했다. 알리에노르는 "나는 국왕이 아니라 신부하고 결혼했다."고 떠들었으며, 숙부와 스캔들, 노예와 스캔들 등 행동이 거침이 없었다. 그러다가 딸만 둘 낳은 상태에서 제 2차 십자군 원정 때 왕과 동행을 했는데, 알리에노르는 그 곳에서 헨리(앙리) 플랜태저넷(Plantagenet, 앙주의 백작)과 눈이 맞았다. 그래서 1152년 루이 7세는 결혼을 무효화시켰다. 알리에노르는 기다렸다는 듯이 두 달 후에 헨리 플랜태저넷과 결혼하였고, 2년 후인 1154년 헨리는 영국 왕 헨리 2세(재위 1154-1189)가 되었다. 헨리 2세는 덕분에 잉글랜드는 물론 부모 소유의 노르망디, 브르타뉴(1158년 합병), 앙주, 그리고 알리에노르 소유령까지 프랑스 왕국의 절반을 차지하게 된다. 이때부터 보르도 와인은 영국을 통하여 유럽전역으로 퍼지게 되면서 와인의 명산지로서 그 명성을 굳히게 된다.

영국 덕분에 와인 거래가 활발해지면서 보르도 사람들은 프랑스보다는 영국에 가까워졌고, 급기야 백년전쟁(1337-1453) 때 영국 편을 들게 된다. 백년전쟁 후 영국의 입김이 없어지면서 한 때 주춤했지만, 1461년 루이 11세가 즉위하면서 와인산업이 더 발전하게 되었다. 루이 14세, 15세 때 전성기를 맞이하면서 1720년대는 제병공업 발달과 더불어 세계로 퍼지게 되었고, 이때 경제적인 여유를 찾게 된 보르도의 샤토는 호화스런 건축물을 지으면서 전성기를 구가하게 된다. 나폴레옹은 부르고뉴 와인을 선호했기 때문에 이때 주춤했으나, 나폴레옹 3세는 보르도 와인을 세계적인 와인으로 홍보하여 오늘날 보르도 와인을 완성시켰다고 볼 수 있다.

보르도의 유명한 생산지역

레프트 뱅크(Left bank)

- **메도크(Médoc)**: 세계 최고의 레드와인을 생산하는 곳으로 카베르네 소비뇽으로 남성적인 풍미를 자랑한다.
- **그라브(Graves)**: 고급 레드와인과 화이트와인을 생산하며, 메도크에 비해 부드러운 것이 특징이다.
- **소테른(Sauternes)**: 곰팡이 낀 포도로 세계 최고의 스위트 화이트와인을 생산한다.

라이트 뱅크(Right bank)

- **포므롤(Pomerol)**: 소량 고품질의 레드와인을 생산한다.
- **생테밀리용(Saint-Émilion)**: 다양한 품질의 레드와인을 생산한다.

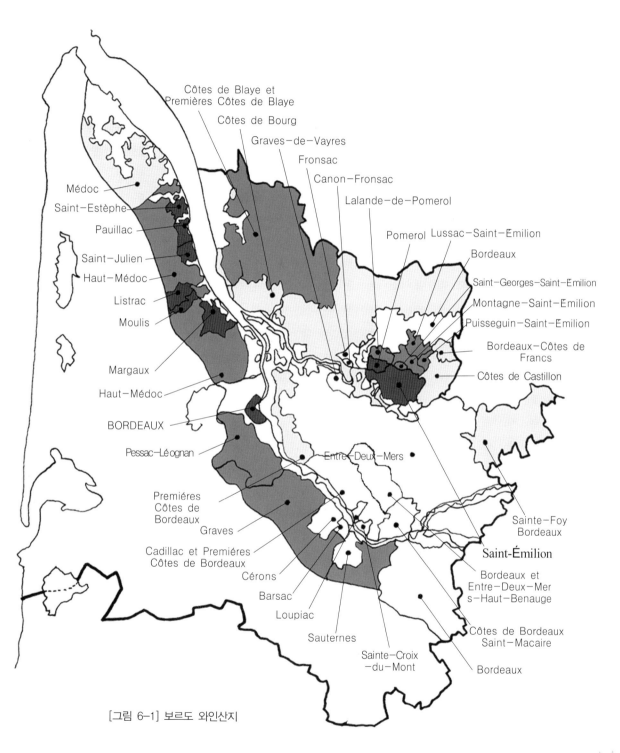

Côtes de Blaye et
Premières Côtes de Blaye
Côtes de Bourg
Graves-de-Vayres
Fronsac
Canon-Fronsac
Lalande-de-Pomerol
Pomerol Lussac-Saint-Emilion
Bordeaux
Saint-Georges-Saint-Emilion
Montagne-Saint-Emilion
Puisseguin-Saint-Emilion
Bordeaux-Côtes de Francs
Côtes de Castillon
Médoc
Saint-Estèphe
Pauillac
Saint-Julien
Haut-Médoc
Listrac
Moulis
Margaux
Haut-Médoc
BORDEAUX
Pessac-Léognan
Premiéres Côtes de Bordeaux
Graves
Cadillac et Premiéres Côtes de Bordeaux
Cérons
Barsac
Loupiac
Sauternes
Sainte-Croix-du-Mont
Entre-Deux-Mers
Sainte-Foy Bordeaux
Saint-Émilion
Bordeaux et Entre-Deux-Mers-Haut-Benauge
Côtes de Bordeaux Saint-Macaire
Bordeaux

[그림 6-1] 보르도 와인산지

보르도 와인의 분류

보르도 AOC 와인은 상표에 원산지를 표시하지만, 이와는 별도로 상표에 지명을 표시하는 와인과 소유자를 표시하는 와인, 그리고 샤토 명칭을 표시하는 와인의 세 가지 종류로 나눌 수 있다.

● **상호 표시 와인**: 소유자나 생산자 이름 혹은 이들이 지은 이름을 상표에 표시하는 와인으로 맛이 좋고 값도 비싸지 않다. 예를 들면 '무통카데(Mouton-Cadet)', '그랑 마르크(Grand Marque)' 등이다.

● **지명 표시 와인**: 와인의 원산지명을 표시하는 와인으로, 일반적으로 특별한 동네나 포도밭보다는 더 넓은 지역을 나타낸다. 예를 들면 '메도크(Médoc)', '생테밀리용(Saint-Emillion)' 등으로 표시된다.

● **샤토 와인**: 특정 포도원에서 생산되는 와인으로 상표에 표기한 포도원(샤토)에서 포도재배, 와인 양조 그리고 포장까지 이루어진다. 보르도에서 가장 고급와인이다. 샤토에서 주병까지 한 것은 '미 장 부테이유 오 샤토(Mis en Bouteille au Château)'라는 문장이 상표에 기입되어 있다.

샤토_Château

프랑스 와인 특히 보르도 와인을 설명하는데 꼭 등장하는 단어이다. 사전에서는 성곽이나 대저택을 뜻하지만, 와인에 관련해서는 특정한 포도원과 같은 뜻이다. 역사와 전통을 자랑하는 샤토는 아름다운 포도밭에 고풍스러운 성곽이 있는 그림 같은 풍경으로 관광지로서 역할도 한다. 법률에 의하면 샤토는 일정 면적 이상의 포도밭이 있는 곳으로, 와인을 양조하고 저장할 수 있는 시설을 갖춘 곳이라야 한다. 보르도에는 약 12,000여 개의 샤토가 있다. 참고로 샤토 안에서 와인을 양조하는 곳을 '퀴비에(Cuvier)'라고 하며, 와인을 숙성하고 저장하는 곳을 '셰(Chai)'라고 한다.

[그림 6-2] 보르도 와인의 상표 종류

▦ 네고시앙(Négociant)

네고시앙은 전통적으로 발효가 끝난 와인을 구입하여 자신의 창고에서 숙성시켜 자신의 이름으로 판매하였지만, 요즈음은 포도를 구입하여 와인을 양조하거나, 발효만 끝낸 중간 상태의 와인을 구입하여 숙성시켜 제품을 만드는 등, 반제품 상태의 와인을 완성품으로 만들어 자신의 상호로 판매하는 업자를 말한다. 또 샤토 와인을 유통하기도 하는데, 이 경우는 상표에 샤토 명칭과 네고시앙 명칭 둘 다 표시된다. 요즈음은 포도밭이나 샤토를 가지고 있는 경우도 많다. 상표에 '네고시앙 엘르베르(Négociant-éleveur)'라고 표시된 곳은 포도를 재배하고 와인을 생산 하는 곳이다.

▦ 중개상(Courtier, 쿠르티에)

오크통에 있는 와인을 팔고자 하는 소규모 업자와 네고시앙을 중개하는 업자로 출발하여 현재는 샤토와 네고시앙의 연결, 보르도 와인의 판매, 수출까지 중개하고 있다. 이들은 단순히 중개만 하는 것이 아니고, 와인을 시음하고 생산과정을 검사하는 등 전문가 위치에서 수요자와 공급자를 만족시키는 거래를 성사시킨다.

▦ 협동조합(Coopérative, 코페라티브)

양조시설이 없는 농가의 포도를 조합에서 양조하여 네고시앙에게 판매하거나 협동조합 명의로 와인을 만들기도 한다. 예를 들면, '생테밀리용 생산자 연합(Union de Producteurs de Saint-Émilion)' 등이 있다.

보르도의 포도품종

보르도 지방에서는 레드와인을 만들 때 단일품종으로 사용하지 않고, 두 개 이상의 품종을 혼합하며, 보르도 와인의 맛은 이 블렌딩 기술로 결정될 만큼 가장 중요하다. 혼합비율은 각 샤토나 지역에 따라 다르다.

▦ 레드와인용

- **카베르네 소비뇽(Cabernet Sauvignon)**: 타닌이 많고 강한 맛을 풍기며 향이 오래 남기 때문에 보르도 와인의 골격을 형성한다. 최고의 와인으로서 오랜 숙성기간이 필요하다. 메도크와 그라브에서 주로 재배하며, 보르도 레드와인용 포도의 25-30%를 차지한다.

- **메를로(Merlot)**: 부드럽고 온화한 맛으로 풍부한 느낌을 준다. 카베르네 소비뇽이 골격이라면

메를로는 근육이 된다. 생테밀리용, 포므롤 지방에서 많이 재배되는 품종으로 최근에 인가가 급
상승하고 있는 품종이다. 보르도 레드와인용 포도의 약 55-60%를 차지할 정도로 가장 많이 재배
되고 있다.

- **카베르네 프랑(Cabernet Franc)**: 카베르네 소비뇽과 비슷하지만, 춥고 습한 곳이라도 가리지
  않고 잘 자라고, 바이올렛 향이 지배적이며 지역에 따라 자극적인 향과 약간 풋내를 풍길 수
  있다. 생테밀리용, 포므롤, 그라브에서 잘 된다. 보르도 레드와인용 포도의 10-15%를 차지한다.
- **프티 베르도(Petit Verdot)**: 적은 양만 혼합되는 만생종으로 수확이 늦고 산도가 강하다.
- **말벡(Malbec)**: 적은 양만 혼합되는 품종으로 껍질이 두껍고 색깔이 진하며 부드러운 맛을 준다.

▨ 화이트와인용

- **소비뇽 블랑(Sauvignon Blanc)**: 생동감 있고 섬세한 맛으로 마시기 좋은 와인을 만들며, 산도와
  구조가 강하여, 루아르의 것과는 다른 맛이 난다. 감귤, 열대과일 향이 지배적이다. 보르도 화이
  트와인용 포도의 30-35% 정도 차지한다.
- **세미용(Semillon)**: 향이 강하고 알코올 농도가 높지만, 산도가 낮아서 드라이 와인에는 부적합하
  다. 살구나 복숭아 향이 많으며, 오크통에서 숙성시키면 꿀 향으로 변하여 부드러운 고급 와인이
  될 수 있다. 껍질이 얇아서 습한 곳에서는 곰팡이가 낄 수 있다. 보르도 화이트와인용 포도의
  50-60%를 차지한다.
- **뮈스카델(Muscadelle)**: 가볍고 꽃 향이 있는 블렌딩용으로 쓰인다.
- **위니 블랑(Ugni Blanc)**: 중성의 것으로 다른 품종과 섞거나 값싼 와인을 만든다.

양조방법

   20세기부터 보르도 와인 양조는 큰 변화를 겪었다 특히 화이트와인은 최상의 수확시기를 정확
하게 파악하고, 착즙 전에 껍질과 접촉하는 시간의 결정, 발효는 물론 숙성 중 온도조절 등으로
보다 신선하고 풍부하며 맛이 깊은 와인으로 발전하게 되었다.
   레드와인 역시 과학적인 방법을 적용하여 보다 거칠지 않고, 맛이 풍부한 와인으로 변하고 있
다. 예전에는 수확시기의 결정을 당도를 기준으로 했지만, 요즈음은 타닌의 성숙도를 판단하여 결
정한다. 타닌의 성숙이 충분하지 않으면 숙성을 시키더라도 거칠고 풋내가 나기 때문이다. 또 와
인의 풍미와 바디를 풍부하게 만들기 위해서 역삼투압 방식으로 농축을 하기도 한다. 아직도 오크
통에서 발효시키는 곳이 있지만, 대부분 스테인리스스틸 탱크로 교체하여 발효온도를 조절하고

있다. 일정량의 프레스 와인(Press wine, *Vin de presse*)을 넣어 맛을 강하게 만들며, 고급 레드와인은 225ℓ 오크통(Barrique)에서 18-24개월 이상 숙성시킨다.

메도크(Médoc) 와인

메도크는 보르도 시 북서쪽에 남북으로 길게 80㎞에 걸쳐서 조성된, 세계 최고의 레드와인 산지다. 메도크(Médoc)는 라틴어 'Medio aquae(물과 물 사이)'에서 유래된 말로 즉 지롱드 강과 대서양 사이에 위치하고 있는 곳이다. 약 10,000ha의 포도밭에서 연평균 400-700만 상자의 와인을 생산한다.

상층토는 규산질 모래와 다양한 크기의 자갈로 이루어져 있고, 하층토는 자갈과 모래, 부식 그리고 석회석과 점토로 이루어진 깊은 토양이다. 비교적 수확량이 많지 않으며, 또 다른 곳에 비하여 수확시기도 늦다. 토양의 성질과 재배하는 포도품종의 조화가 가장 잘 된 곳으로 알려져 있다. 대서양과 지롱드 강에서 부는 바람이 온도조절을 하기 때문에 포도재배에 이상적인 조건을 갖춘 곳으로, 여름이 덥지 않고 겨울이 춥지 않으며 가을에 햇볕이 길다. 원래는 좋은 와인이 나올 수 없는 평평한 소택지에 강물이 범람하는 곳이었으나, 17세기 네덜란드 기술자를 초청하여 배수시설을 갖추는 공사를 한 덕분에 최고의 와인 산지가 된 것이다. 이때부터 돈 많은 사람들이 부지를 구입하고 화려한 건물을 지으면서 오늘날의 샤토가 완성된다.

포도 품종은 카베르네 소비뇽(Cabernet Sauvignon), 카베르네 프랑(Cabernet Franc), 메를로(Merlot), 프티 베르도(Petit Verdot), 말벡(Malbec) 등으로, 특히 카베르네 소비뇽은 메도크에서 가장 많이 재배되는 품종으로, 이것으로 만든 와인은 영 와인(Young wine)때는 타닌 함량이 많고, 보르도 내의 어느 와인보다 장기간 숙성된다. 그래서 수많은 와인 감정가들은 메도크의 레드와인을 완벽한 작품이라고 칭찬을 아끼지 않는다. 명실 공히 세계최고의 와인이 된다.

기계수확이 일반적이며 스테인리스스틸 탱크에서 발효시키고, 보통 2-3주 동안 추출하지만, 그 이상 하는 곳도 많다. 메도크에서는 화이트와인이 조금밖에 생산되지 않고 그 질이 높지 않으므로 메도크의 화이트와인은 원산지명칭(AO)에 메도크의 명칭을 사용하지 못하고, 보르도(Bordeaux)나 보르도 쉬페리외르(Bordeaux Supérieur) 명칭이 붙는다.

원산지명칭(AO)에 단순히 메도크(Médoc)라고 되어 있으면, 메도크의 북부 바메도크(Bas-Médoc)에서 생산된 것이다. 바메도크는 점질 토양으로 메도크 전체와인의 1/3을 생산하는데, 균형 잡힌 양질의 와인을 생산하고 있다. 나머지 지역을 오메도크(Haut-Médoc)라고 하는데, 이곳의 원산지명칭(AO)은 오메도크(Haut-Médoc)가 붙지만, 보다 더 고급와인은 오메도크 안에 분포되어 있는 6개 원

산지명칭(AO) 즉, 생테스테프(Saint-Estèphe), 포이야크(Pauillac), 생쥘리앙(Saint-Julien), 리스트라크 메도크(Listrac-Médoc), 물리스 엉 메도크(Moulis-en-Médoc), 마르고(Margaux)의 명칭이 붙는다.

메도크 와인의 등급 - 그랑 크뤼 클라세(Grands Crus Classés. 1855)/Vins Rouges Classés du Département de la Gironde(58개)

▦ 유래

메도크에는 전통적으로 고급와인을 생산하는 샤토의 등급이 1등급에서 5등급까지 정해져 있는데, 이를 '그랑 크뤼 클라세(Grands Crus Classés, 1855)'라고 한다. 이 등급은 17세기부터 어느 정도 형성이 되어 있었고, 1750년의 기록에도 비공식적으로 유명한 샤토의 명성과 가격에 상당한 차별이 있었다고 한다. 그러다가 1855년 파리 박람회 개최 때 나폴레옹 3세가 세계 여러 나라에 보르도 와인을 소개하고자, 샤토 주인들에게 지시하여 출품할 와인을 선택하는 과정에서, 보르도 상공회의소와 함께 공식적으로 분류하였다. 이 일은 오랜 기간 동안 비공식적으로 떠돌던 자료와 브로커 사무실의 구매 서류를 바탕으로 수 세기에 걸쳐 존재하던 와인의 평판과 품질을 반영한 것이다.

이때는 AOC 제도가 제정(1935년)되기 전으로, 행정구역으로 지롱드 지방의 와인등급을 결정하였는데, 당시 58개 샤토 중에서 현재의 메도크 지역의 와인이 57개를 차지하고, 다른 지역은 그라브(Graves)에 있는 샤토 오브리옹(Ch. Haut-Brion)만 포함 되었다.

▦ 1등급(Premiers Crus, 5개)

샤 토	AOC
Ch. Haut-Brion(오브리옹)	Pessac-Léognan(Graves)
Ch. Lafite-Rothschild(라피트 로트칠드)	Pauillac
Ch. Latour(라투르)	Pauillac
Ch. Margaux(마르고)	Margaux
Ch. Mouton-Rothschild(무통 로트칠드)	Pauillac

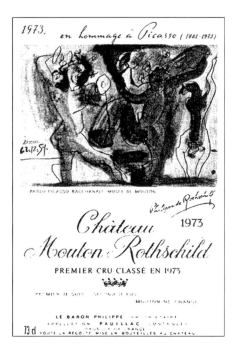

[그림 6-3] 1등급 와인 상표

2등급(Deuxièmes Crus, 14개)

샤 토	AOC
Ch. Brane-Cantenac(브란 캉트나크)	Margaux(Cantenac)
Ch. Cos d'Estournel(코스 데스투르넬)	Saint-Estéphe
Ch. Ducru-Beaucaillou(뒤크뤼 보카유)	Saint-Julien
Ch. Durfort-Vivens(뒤르포르 비방)	Margaux
Ch. Gruaud-Larose(그뤼오 라로즈)	Saint-Julien
Ch. Lascombes(라스콩브)	Margaux
Ch. Léoville-Barton(레오빌 바르통)	Saint-Julien
Ch. Léoville-Las Cases(레오빌 라카즈)	Saint-Julien
Ch. Léoville-Poyferre(레오빌 푸아페레)	Saint-Julien
Ch. Montrose(몽로즈)	Saint-Estéphe
Ch. Pichon-Longueville-Baron(피숑 롱그빌 바롱)	Pauillac
Ch. Pichon-Longueville-Comtesse de Lalande (피숑 롱그빌 콩테스 드 랄랑드)	Pauillac
Ch. Rauzan-Gassies(로장 가시)	Margaux
Ch. Rauzan-Ségla(로장 세글라)	Margaux

[그림 6-4] 2등급 와인 상표

1872년 베트남으로 항해하다가 싱가포르와 중국 사이에서 침몰한 배에서 1992년에 샤토 그뤼오 라로즈가 발견되어 더욱 유명해졌다.

3등급(Troisièmes Crus, 14개)

샤 토	AOC
Ch. Boyd-Cantenac(보이드 캉트나크)	Margaux(Cantenac)
Ch. Calon-Ségur(칼롱 세귀르)	Saint-Estéphe
Ch. Cantenac-Brown(캉트나크 브라운)	Margux(Cantenac)
Ch. Desmirail(데미라유)	Margaux
Ch. d'Issan(디쌍)	Margaux(Cantenac)
Ch. Ferrière(페리에르)	Margaux
Ch. Giscours(지스쿠르)	Margaux(Labarde)
Ch. Kirwan(키르완)	Margaux(Cantenac)
Ch. Lagrange(라그랑주)	Saint-Julien
Ch. La Lagune(라 라귄)	Haut-Médoc(Ludon)
Ch. Langoa-Barton(랑고아 바르통)	Saint-Julien
Ch. Malescot-Saint-Exupéry(말레스코 셍텍쥐페리)	Margaux
Ch. Marquis d'Alesme Becker(마르키 달렘 베케르)	Margaux
Ch. Palmer(팔메)	Margaux(Cantenac)

[그림 6–5] 3등급 와인 상표

▒ 4등급(Quatrièmes Crus, 10개)

샤 토	AOC
Ch. Beychevelle(베슈벨)	Saint-Julien
Ch. Branaire-Ducru(브라네르 뒤크뤼)	Saint-Julien
Ch. Duhart-Milon-Rothschild(뒤아르 밀롱 로트칠드)	Pauillac
Ch. Lafon-Rochet(라퐁 로셰)	Saint-Estèphe
Ch. La Tour Carnet(라 투르 카르네)	Haut-Médoc(Saint-Laurent)
Ch. Marquis de Terme(마르키 드 테름)	Margaux
Ch. Pouget(푸제)	Margaux(Cantenac)
Ch. Prieuré-Lichine(프리외레 리신)	Margaux(Cantenac)
Ch. Saint-Pierre(생피에르)	Saint-Julien
Ch. Talbot(탈보)	Saint-Julien

[그림 6-6] 4등급 와인의 상표

5등급(Cinquièmes Crus, 18개)

샤토	AOC
Ch. Batailley(바타예)	Pauillac
Ch. Belgrave(벨그라브)	Haut-Médoc(Saint-Laurent)
Ch. Camensac(카망사크)	Haut-Médoc(Saint-Laurent)
Ch. Cantemerle(캉트메를)	Haut-Medoc(Macau)
Ch. Clerc-Milon(클레르 밀롱)	Pauillac
Ch. Cos Labory(코스 라보리)	Saint-Estéphe
Ch. Croizet Bages(크루아제 바주)	Pauillac
Ch. d'Armailhac(다르마이야크)	Pauillac
Ch. Dauzac(도자크)	Margaux(Labarde)
Ch. du Tertre(뒤 테르트르)	Margaux(Arsac)
Ch. Grand-Puy-Ducasse(그랑 퓌이 뒤카스)	Pauillac
Ch. Grand-Puy-Lacoste(그랑 퓌이 라코스트)	Pauillac
Ch. Haut-Bages LibéraL(오 바주 리베랄)	Pauillac
Ch. Haut-Batailley(오 바타예)	Pauillac
Ch. Lynch-Bages(린치 바주)	Pauillac
Ch. Lynch-Moussas(린치 무사스)	Pauillac
Ch. Pédesclaux(페데클로)	Pauillac
Ch. Pontet-Canet(퐁테 카네)	Pauillac

• Cos : 자갈로 이루어진 언덕

[그림 6-7] 5등급 와인의 상표

1855년에 결정된 그랑 크뤼 클라세의 신뢰성

와인을 잘 아는 사람은 1855년 그랑 크뤼 클라세를 잘 기억하고 있다. 그러나 150년이 넘는 세월 동안 샤토의 분할, 합병 등 상당한 변동이 있었지만, 등급만은 변동 없이 오늘날까지 적용되고 있다. 1973년 단 한 번의 등급 변동이 있었는데, 샤토 무통 로트칠드(Ch. Mouton-Rothschild)가 2등급에서 1등급으로 되었다. 이는 무려 50년 동안 투쟁하여 얻은 결과다. 현재 전문가들은 1등급을 제외하고는 전부 수정해야 한다는 의견이 지배적이지만, 등급을 전반적으로 수정을 할 경우 엄청난 혼란이 예상되기 때문에 그대로 유지하고 있다.

1등급인 샤토 마르고(Ch. Margaux)는 얼마동안 투자를 하지 못해 질이 떨어졌는데, 1977년 그리스 사람이 1,600만 달러에 구입하여 활발한 투자를 하면서 그 명성을 회복하였고, 샤토 글로리아(Ch. Gloria)는 그 당시 존재하지 않았는데, 생쥘리앙(Saint-Juilen)의 시장이 2등급 포도밭을 조금씩 구입하여, 현재는 특급 포도원 이상의 수준으로 이름이 널리 알려져 있으나 그랑 크뤼 클라세에 속하지 못한다. 이와 같이, 우수한 와인을 만들면서도 그랑 크뤼 클라세에 속하지 못한 샤토가 있는가 하면, 그랑 크뤼 클라세에 속하더라도 와인의 품질이 떨어지는 샤토도 있다. 와인을 만들기도 전에 등급이 결정되는 다소 불합리한 점이 있지만, 그랑 크뤼 클라세에 속한 샤토는 그들의 명성에 하나의 오점이라도 남기지 않도록 예술적인 가치를 지닌 높은 수준의 와인을 생산하고 있다.

크뤼 부르주아(Cru Bourgeois)

'부르주아'라는 명칭은 12세기 보르도가 영국의 지배를 받을 때부터 사용된 명칭이지만, 와인과 관련해서는 프랑스의 귀족들이 메도크의 고급 포도밭을 구입하여 이를 '크뤼 부르주아'라고 부른 데서 나온 것이다. 공식적으로는 1932년에 보르도 상공회의소에서 샤토를 분류하여 그 명칭을 리스트에 올린 것이다. 1855년에 그랑 크뤼 클라세에 속하지 못한 샤토를 이 명칭으로 분류하는 작업을 시도하였으나, 워낙 숫자가 많고 이견이 많아서 당시 분류를 보류하였다. 1932년에 400여 개의 샤토를 분류하였지만, 1930년대 경제공황으로 150여 개의 샤토가 사라져버렸다. 그래서 1966년 부르주아 조합(Syndicat des Crus Bourgeois)을 결성하여 다시 분류를 시도하였고, 1978년 다시 개정하기에 이르렀다.

2000년 11월부터 프랑스 농무부에서 공식적으로 관여하여 보르도 상공회의소의 책임으로 관리하면서 세 단계로 분류하였고, 2003년 6월 공식적으로 다시 수정되었다. 보르도 상공회의소는 490개의 등록된 샤토 중에서 247개를 다음과 같이 세 가지로 분류하였으나, 2003년 부르주아 샤토를 선정할 때, 심사위원 중에 '크뤼 부르주아'로 승격된 샤토의 소유자가 여러 명 포함되어 있어서, 하향 조정된 샤토들이 심사위원의 공정성에 의문을 제기하여 2007년 보르도행정재판소에서 2003

년에 결정된 '크뤼 부르주아'와 그것을 승인한 법령을 무효화하는 판정을 내렸다. 그리고 공정거래위원회는 지롱드와인생산자연맹에 대해서 새로운 등급이 제정될 때까지 병에 '크뤼 부르주아'라는 문구를 기재하지 못하도록 했다.

이에 크뤼 부르주아 연합은 2011년 새로운 등급체계를 발표하였다. 총 243개 샤토가 세부 등급 없이 리스트에 올라가고 2008년 빈티지부터 적용하기로 하였고, 수확 후 2년이 지난 다음에 심사하여 매년 9월에 발표하기로 정했다. 그러나 샤스 스플린(Ch. Chasse Spleen), 레 조름 드 페즈(Ch. Les Ormes de Pez), 드 페즈(Ch. de Pez), 포탕사크(Ch. Potensac), 푸조(Ch. Poujeaux), 시랑(Ch. Siran) 등 6개의 샤토는 기존 크뤼 부르주아 엑셉시오넬에서 독립하여 '레 엑셉시오넬(Les Exceptionnels)'이란 그룹을 만들었다.

1932년 등록된 샤토로서 부르주아 조합(Syndicat des Crus Bourgeois)에 합류하지 않은 샤토지만 계속 크뤼 부르주아로 인정된 것이 있는가 하면, 1978년 이후에 들어온 60개의 샤토는 상표에 크뤼 부르주아(Cru Bourgeois)라고 표시 못하는 경우도 있다. 다음은 2003년에 결정된 등급이다.

▨ 크뤼 부르주아 엑셉시오넬(Cru Bourgeois Exceptionnels, 9개)

- **Ch. Chasse-Spleen(샤스 스플린)**: Moulis-en-Médoc
- **Ch. Haut-Marbuzet(오마르뷔제)**: Saint-Estèphe
- **Ch. Labegorce Zédé(라브고르스 제데)**: Margaux
- **Ch. Les Ormes de Pez(레 조름 드 페즈)**: Saint-Estèphe
- **Ch. de Pez(드 페즈)**: Saint-Estèphe
- **Ch. Phélan Ségur(펠랑 세귀르)**: Saint-Estèphe
- **Ch. Potensac(포탕사크)**: Médoc
- **Ch. Poujeaux(푸조)**: Moulis-en-Médoc
- **Ch. Siran(시랑)**: Margaux

▨ 크뤼 부르주아 쉬페리외르(Cru Bourgeois Supèrieurs, 87개)

▨ 크뤼 부르주아(Cru Bourgeois, 151개)

크뤼 아르티상_Cru Artisans

대규모 업자에 대응하여 포도밭이 5ha 미만의 소규모 뛰어난 업자들을 지칭하는 개념으로 150년 전부터 이 용어가 사용되었으며, 2002년부터 세부 규정을 정하여 44개 업자가 인정되어 있다.

[그림 6-8] 부르주아급 와인 상표

보르도 와인 용어

엉 프리뫼르(En Primeur)

주병하기 전 상태의 와인으로 아직 오크통에서 숙성되고 있는 와인을 말하는데, 샤토에서는 이 중 일부를 판매하고 있다. 대개 수확 한 다음 해 봄에 테이스팅을 하면서 거래가 이루어지는데, 아직 주병까지는 3-4년이 걸리기 때문에 장래 이 와인의 질과 가격은 미지수다.

세컨드 와인(Second Wine, Second Vin)

세컨드 와인에 공식적인 규정이 있는 것은 아니지만, 대체로 어린 포도나무에서 수확한 포도로 만든 와인이나, 유명한 포도밭을 소유한 사람이 이웃에 있는 포도밭을 구입하여 포도밭은 다르더라도 소유자가 같은 곳에서 나온 와인, 그리고 와인을 똑같이 만들었어도 약간 질이 떨어진다고 판단되는 탱크의 것으로 세컨드 와인을 만든다. 옛날에는 와인을 통 채로 팔아버렸기 때문에 별 문제가 없었지만, 2차 대전 후부터 샤토에서 주병하다 보니까 아무래도 와인의 질이 차이가 나서 차별을 하기 시작한 것이다.

그래서 세컨드 와인은 질이 천차만별이고 아무래도 원래 와인보다 소비자의 인식이 덜 할 수밖에 없다. 예외적으로, 샤토 라투르(Ch. Latour)의 세컨드 와인 레 포르 드 라투르(Les Forts de Latour)는 거의 그랑 크뤼 수준이라고 평가되고 있다. 그리고 써드 와인(Third wine)은 그보다 더 못한 것으로 대체로 와인 명칭도 지명을 사용하거나 원래 이름도 작게 표시하고, 대부분 네고시앙이 통채로 사가서 블렌딩하는데 많이 사용한다.

[그림 6-9] 대표적인 세컨드 와인

슈퍼 세컨드(Super second)

슈퍼 세컨드는 2등급이나 3등급 샤토의 와인이 한 때 1등급 수준을 능가하거나 거의 육박한 적이 있는 샤토의 와인을 말한다. 80년대 이후에는 변함없이 1등급 와인은 높은 수준을 유지하고 있지만, 60, 70년대에는 2등급이나 3등급 와인이 1등급보다 더 비싸게 팔린 적이 많다. 예를 들면, 2등급에서 피숑 롱그빌 바롱(Ch. Pichon-Longueville-Baron), 피숑 롱그빌 콩테스 드 랄랑드(Ch. Pichon-Longueville-Comtesse de Lalande), 뒤크루 보카이유(Ch. Ducru-Beaucaillou), 코스 데스투르넬(Ch. Cos d'Estournel), 레오빌 라스 카스(Ch. Léoville-Las Cases), 3등급의 팔메(Ch. Palmer) 등을 들 수 있다.

메도크의 원산지명칭(AO)

- Saint-Estéphe(생테스테프) AOC: 레드. 면적: 1,370ha. 수율: 4,500ℓ/ha. 생산량: 688만 ℓ. 품종: 카베르네 소비뇽, 카베르네 프랑, 메를로, 말벡, 카르메네르, 프티 베르도. 부르주아급 와인이 많은 곳으로 배수가 잘 되고 원만한 경사를 이룬 곳. 상층토는 자갈로 되어 있지만 가장 기름진 곳이며, 하층토는 부분적으로 점토층이며, 철이 풍부한 반층 위에 석회석으로 구성. 요즈음은 메를로 재배(50%) 증가. 추출은 약 3주 정도하며, 오크통 숙성은 15-24개월 정도. 산도가 높고 타닌이 강한 투박한 와인으로 천천히 숙성되는 와인. 1등급: 0개, 2등급: 2개, 3등급: 1개, 4등급: 1개, 5등급: 1개, 계: 5개

- Pauillac(포이야크) AOC: 레드. 면적: 1,212ha. 수율: 4,500ℓ/ha. 생산량: 636만 ℓ. 품종: 카베르네 소비뇽, 카베르네 프랑, 메를로, 말벡, 카르메네르, 프티 베르도. 보르도 최고의 레드와인이 나오는 곳.

배수가 잘 되고 경사가 원만한 곳으로, 토양은 자갈층으로 메도크에서 가장 깊은 곳. 프레스 와인을 첨가하여 깊은 맛을 만들고, 추출은 3-4주 정도하며, 오크통에서 18-24개월 숙성. 메독의 1등급 샤토의 3/4, 5등급의 2/3가 나오며, 부르주아급도 많음. 카베르네 소비뇽이 최고의 가치를 자랑하는 지역으로 장기간 숙성해야 참 맛이 나며, 가장 힘이 강렬한 풀 바디 와인으로 오래 숙성시켜 마시는 와인. 1등급: 3개, 2등급: 2개, 3등급: 0, 4등급: 1개, 5등급: 12개, 계: 18개

- Saint-Julien(생쥘리앙) AOC: 레드. 면적: 920ha. 수율: 4,500ℓ/ha. 생산량: 494만 ℓ. 품종: 카베르네 소비뇽, 카베르네 프랑, 메를로, 말벡, 카르메네르, 프티 베르도. 작은 자갈로 이루어진 토양으로 안쪽은 모래와 풍적 황토(Loess)로 구성. 하층토는 철분이 풍부한 반층, 이회토, 자갈. 포이야크보다 더 부드러운 미디움이나 풀 바디의 와인. 프레스 와인을 사용하여 깊은 맛을 내고, 추출은 2-3주 정도, 숙성은 오크통에서 18-22개월 정도. 우아하고 부드러우면서도 꽉 찬 느낌을 주는 와인. 1등급: 0개. 2등급: 5개, 3등급: 2개, 4등급: 4개, 5등급: 0개, 계 11개

- Margaux(마르고) AOC: 레드. 면적: 1,489ha. 수율: 4,500ℓ/ha. 생산량: 742만 ℓ. 품종: 카베르네 소비뇽, 카베르네 프랑, 메를로, 말벡, 카르메네르, 프티 베르도. 석회석이 섞인 자갈층 위에 규산질 자갈로 된 토양. 5-10% 정도의 프레스 와인을 첨가하여 깊이를 더하고, 추출은 15-25일 정도며, 숙성은 오크통에서 18-24개월 정도. 부드럽고 우아하면서도 강한 맛으로 오래 둘수록 맛이 개선되는 고급와인. 마르고 내에 있는 캉트나크(Cantenac), 수상(Soussans), 아르사크(Arsac), 라르다르드(Lardarde)까지 포함하여 상표에 표시. 1등급: 1개, 2등급: 5개, 3등급: 10개, 4등급: 3개, 5등급: 2개, 계 21개

- Listrac-Médoc(리스트락 메도크) AOC: 레드. 면적: 597ha. 수율: 4,500ℓ/ha. 생산량: 378만 ℓ. 품종: 카베르네 소비뇽, 카베르네 프랑, 메를로, 말벡, 카르메네르, 프티 베르도. 무거운 점질 토양에서 주로 메를로를 재배하며 물리스보다 풀 바디 와인.

- Moulis-en-Medoc(물리스 엉 메도크)/Moulis(물리스) AOC: 레드. 면적: 603ha. 수율: 4,500ℓ/ha. 생산량: 316만 ℓ. 품종: 카베르네 소비뇽, 카베르네 프랑, 메를로, 말벡, 카르메네르, 프티 베르도. 강한 와인으로서 주로 부르주아 급.

- Médoc(메도크) AOC: 레드. 면적: 5,652ha. 수율: 5,000ℓ/ha. 생산량: 2,913만 ℓ. 품종: 메를로, 카베르네 소비뇽, 카베르네 프랑, 말벡, 프티 베르도, 카르메네르. 지리적으로는 메도크 전체를 뜻하지만, 원산지명칭(AO)으로는 북쪽의 '바 메도크'.

- Haut-Médoc(오메도크) AOC: 레드. 면적: 4,596ha. 수율: 4,800ℓ/ha. 생산량: 2,463만 ℓ. 품종: 메를로, 카베르네 소비뇽, 카베르네 프랑, 말벡, 프티 베르도, 카르메네르. 오메도크에서 6개 지역을 제외한 나머지 지역. 그랑 크뤼 및 부르주아 급이 많음. 3등급: 1개, 4등급: 1개, 5등급: 3개, 계 5개

그라브(Graves) 와인

특성

보르도 가론 강 서쪽 둑을 따라서 형성된 포도밭으로, 그라브란 영어의 '그래벌(Gravel)' 즉, 자갈을 뜻하는 것으로 빙하시대에 형성된 자갈로 이루어져 있다. 12세기부터 영국으로 수출되어 16세기에 유명한 샤토들이 나오기 시작했으며, 유명한 샤토 오브리옹은 이미 17세기부터 영국에서 극찬을 받은 와인이다. 남북으로 약 60㎞, 동서로 약 10㎞에 걸쳐서 조성된 4,000ha의 포도밭에서 연간 250만 상자의 레드와인과 화이트와인(40%)을 생산한다. 1960년대에는 화이트와인 생산량이 레드와인의 두 배 이상이었지만, 1970년대 중반부터 레드와인을 더 많이 생산하고 있다.

1987년부터는 고급 샤토가 많이 있는 북부 그라브 지역만, 따로 원산지명칭(AO)을 획득하여 페사크 레오냥(Pessac-Léognan)으로 표기하고 있다. 이 새로운 지역은 그라브 전체 포도밭의 1/4을 차지하며, 고급 레드와인과 화이트와인을 생산하고 있다. 원산지명칭(AO)으로 그라브(Graves)는 대부분 레드와인을 생산하며, 화이트와인도 최근에 그 품질이 향상되고 있다. 그라브 쉬페리외르(Graves Supérieures)는 세미 스위트 화이트와인만 생산한다.

레드와인은 카베르네 소비뇽, 카베르네 프랑, 메를로 등의 품종을 사용하므로 메도크와 비슷하나, 메도크 와인보다 더 부드럽고 숙성된 맛을 풍기며, 부케 또한 풍부하다. 화이트와인은 깊고 풍부한 맛을 내는 세미용과 신선하고 산미가 강한 소비뇽 블랑(25% 이상) 그리고 뮈스카델이 주로 사용되는데, 영 와인 때는 매끄럽고 생동감이 있으며, 숙성시킬수록 꿀과 같은 향이 난다.

기후는 메도크와 비슷하나 좀 더 덥고 강우량도 좀 많다. 토양은 다양하지만 공통적으로 자갈이 많은 것이 특징이다. 상층토는 자갈이 모래와 섞여 있고 풍화된 석회석과 점토로 되어 있다. 하층토는 철분 있는 반층에 석회석, 점토 등으로 다양하다. 샤토에 따라서 프레스와인을 섞고, 15-20일 정도 추출시킨다. 그리고 15-18개월 오크통에서 숙성시킨다.

AOC

- **Graves(그라브) OC**: 레드, 화이트. 면적: 3,000ha. 수율: 5,000ℓ/ha. 생산량: 1,689만 ℓ(레드 78%). 레드 품종: 카베르네 소비뇽, 카베르네 프랑, 메를로, 말벡, 프티 베르도, 카르메네르. 화이트 품종: 세미용, 소비뇽 블랑, 소비뇽 그리, 뮈스카델.

- **Graves Supérieures(그라브 쉬페리외르) AOC**: 세미 스위트 화이트. 면적: 580ha. 수율: 5,000ℓ/ha.

생산량: 242만 ℓ. 품종: 세미용, 소비뇽 블랑, 소비뇽 그리, 뮈스카델. 보트리티스 포도 혹은 과숙된 포도 사용, 잔당 34g/ℓ 이상.

- **Pessac–Léognan(페사크 레오냥) AOC:** 레드, 화이트. 면적: 1,360ha. 수율: 레드 4,500ℓ/ha. 화이트 4,800ℓ/ha. 생산량: 687만 ℓ. 레드 품종: 카베르네 소비뇽, 메를로, 카베르네 프랑, 프티 베르도, 카르메네르. 화이트 품종: 세미용, 소비뇽 블랑, 소비뇽 그리, 뮈스카델.

그라브 와인의 등급

그라브의 샤토 등급은 1953년에 정해지고, 다시 1959년에 수정되었다. 메도크나 생테밀리옹과는 달리, 등급 분류 없이 레드와인 6곳, 화이트와인 3곳, 레드, 화이트와인을 동시에 얻은 6곳의 샤토로 분류하여 '크뤼 클라세 드 그라브(Crus Classés de Graves)'라고 명명하였다. 가장 유명한 샤토 오브리옹(Ch. Haut-Brion)은 이미 1855년 메도크의 그랑 크뤼 클라세에서 1등급으로 매겨진 바 있다.

샤토	AOC
Ch. Bouscaut(부스코)	Pessac-Léognan(Cadaujac) 레드, 화이트
Ch. Carbonnieux(카르보니외)	Pessac-Léognan(Léognan) 레드, 화이트
Ch. de Fieuzal(피외잘)	Pessac-Léognan(Léognan) 레드
Ch. Haut-Bailly(오 바이)	Pessac-Léognan(Léognan) 레드
Ch. Haut-Brion(오브리옹)	Pessac-Léognan(Pessac) 레드
Ch. La Mission Haut-Brion(라 미시옹 오브리옹)	Pessac-Léognan(Talence) 레드
Ch. La Tour Haut-Brion(라 투르 오브리옹)	Pessac-Léognan(Talence) 레드
Ch. La Tour-Martillac(라 투르 마르티야크)	Pessac-Léognan(Martillac) 레드, 화이트
Ch. Malartic-Lagravière(말라르티크 라그라비에르)	Pessac-Léognan(Léognan) 레드, 화이트
Ch. Olivier(올리비에)	Pessac-Léognan(Léognan) 레드, 화이트
Ch. Pape Clement(파프 클레망)	Pessac-Léognan(Pessac) 레드
Ch. Smith Haut Lafite(스미트 오 라피트)	Pessac-Léognan(Martillac) 레드
Domaine de Chevalier(도멘 드 슈발리에)	Pessac-Léognan(Léognan) 레드, 화이트
Ch. Couhins(쿠앵)	Pessac-Léognan(Villenave-d'Ornon) 화이트
Ch. Couhins-Lurton(쿠앵 뤼르통)	Pessac-Léognan(Villenave-d'Ornon) 화이트
Ch. Laville Haut-Brion(라빌 오브리옹)	Pessac-Léognan(Talence) 화이트

※ '샤토 라 투르 오브리옹(Ch. La Tour Haut-Brion)'은 2005년 빈티지를 마지막으로 생산이 중단되고, 포도밭은 '샤토 라미시옹 오브리옹(Ch. La Mission Haut-Brion)'에 합병되어, 이의 세컨드 와인인 '라 샤펠 들 라 미시옹 오브리옹(La Chapelle de la Mission Haut-Brion)에 혼합된다.

※ '샤토 라빌 오브리옹(Ch. Laville Haut-Brion)'은 2009년 빈티지부터 '샤토 라 미시옹 오브리옹 블랑(Ch. La Mission Haut-Brion Blanc)'으로 명칭이 변경되었다.

[그림 6-10] 그라브 와인의 상표

소테른(Sauternes) 와인

세계적으로 뛰어난 스위트 화이트와인을 생산하는 지역으로, 약 2,000ha 포도밭에서 연간 40-50만 상자의 와인을 생산한다. 이 지역에서 생산되는 스위트 화이트와인의 1/3은 원산지명칭 (AO)에 '바르사크(Barsac)'라는 명칭이 붙는데, 바르사크, 소테른 모두 같은 품종, 같은 방법으로 와인을 만드는데, 바르사크는 소테른보다 북쪽에 있을 뿐이다. 사용되는 품종은 세미용이 80%를 차지하고, 나머지는 소비뇽 블랑이다. 이 스위트 화이트와인의 가장 중요한 특징은, 포도를 늦게까지 수확하지 않고 과숙시킨 후, 곰팡이가 낀 다음에 수확하여 와인을 만드는 일반적인 상식을 벗어난 특이한 방법을 사용한다는 점이다.

18세기 네덜란드 상인들이 이 지역의 화이트와인을 사가면서 북유럽인의 입맛에 맞게 시럽이나 설탕을 넣어 팔다가, 19세기 초 '보트리티스(Botrytis)'라는 곰팡이를 발견한 것이다. 포도를 나무에 오래 매달아 놓고, 포도껍질에 곰팡이가 끼면 포도열매의 수분이 증발하여, 껍질이 수축되므로 건

포도와 같이 당분이 농축된다. 이렇게 포도껍질에 낀 곰팡이를 '보트리티스 시네리아(*Botrytis ciinerea*)'라고 하고, 이 현상을 영어로는 '노블 롯(Noble rot)', 프랑스어로는 '푸리튀르 노블(Pourriture noble)', 독일어는 '에델포일레(Edelfäule)', 일본에서는 '귀부(貴腐)'라고 부른다.

이렇게 곰팡이에 의해서 스위트 와인을 만드는 방법은 옛날부터 있었는데, 무엇보다도 기후조건이 곰팡이가 침투할 수 있는 환경을 조성하는 곳에서만 가능하다. 즉, 수확기의 날씨가 밤에는 기온이 내려가면서 이슬이 많이 내리고, 아침에는 안개, 그리고 낮에는 강한 햇볕으로 습기를 모두 증발시키는, 습한 시간과 건조시간이 반복되는 조건을 갖춰야 한다. 그러므로 습기가 많고 햇볕이 잘 드는 강가의 포도밭에서 이런 곰팡이가 생긴다. 서로 다른 수온을 가진 시롱(Ciron) 강과 가론 강이 합쳐지는 곳이라서, 안개가 많고 온화하고 다습하여 이런 와인의 명산지가 된 것이다.

이 곰팡이의 침투를 받은 포도는 균사가 포도를 뚫고 들어가서 수분을 증발시키므로 당분함량도 높아지지만, 글리세린과 같은 끈적끈적한 물질이 생성되고, 여기에 여러 가지 성분이 변하여, 포도 고유의 단맛은 없어지고 꿀과 같이 복잡하고 미묘한 단맛을 갖게 된다. 그러므로 이 포도주스는 알코올 발효가 느리고 또 완벽하게 진행되지도 않는다. 소테른 포도는 가지를 제거하지 않고 주스를 짜며, 발효는 2-8주 정도로 오래 걸린다. 발효가 정지되면, 알코올 농도는 13-15% 정도, 그리고 당분이 8-12% 정도 남게 된다. 대개 오크통에서 1년 반-3년 반 정도 숙성시킨다.

프랑스의 소테른 외에 독일의 '베렌아우스레제(Beerenauslese)'나 '트로켄베렌아우스레제(Trockenbeerenauslese)', 그리고 헝가리 '토카이(Tokay)'도 모두 같은 타입의 와인이다. 이 스위트 와인을 만드는 데는 기후조건이 절대적이므로, 매년 포도수확을 늦추면서 곰팡이가 포도껍질에 번식하기를 기다려야 한다. 그러므로 매번 부분적으로 여러 번 수확하기도 하고, 어떤 해는 스위트 와인을 만들기를 포기하고, 보통 드라이 와인을 만들기도 한다. 그렇기 때문에 생산량이 불규칙하고 값도 또한 비싸다. 수확량은 보통 와인의 1/3 수준이며, 1,000kg의 포도에서 주스는 270-350ℓ밖에 안 나온다.

AOC

소테른(Sauternes) 지역

- **Sauternes(소테른) AOC:** 스위트 화이트. 면적: 1,767ha, 수율: 2,500ℓ/ha, 생산량: 332만 ℓ. 품종: 세미용, 소비뇽 블랑, 뮈스카델, 소비뇽 그리. 보트리티스 포도 사용. 잔당 45g/ℓ 이상. 세부 지명은 Sauternes(소테른), Bommes(봄), Preignac(프레냐크), Fargues(파르그).
- **Barsac(바르사크) AOC:** 스위트 화이트. 면적: 465ha. 수율: 2,500ℓ/ha. 생산량: 128만 ℓ. 품종: Sauternes과 동일. 보트리티스 포도 사용. 잔당 45g/ℓ 이상.

▦ **소테른(Sauternes) 주변 지역**

- **Céron(세롱) AOC:** 스위트 화이트. 면적: 38ha. 수율: 4,000ℓ/ha. 생산량: 21만 ℓ. 품종: Sauternes과 동일. 보트리티스 포도 또는 과숙시킨 포도 사용. 잔당 45g/ℓ 이상. 그라브와 소테른 사이에 위치.

- **Sainte-Croix-du-Mont(생트 크루아 뒤 몽) AOC:** 스위트 화이트. 면적: 381ha. 수율: 4,000ℓ/ha. 생산량: 166만 ℓ. 품종: Sauternes과 동일. 보트리티스 포도 또는 과숙시킨 포도 사용. 잔당 45g/ℓ 이상.

- **Loupiac(루피야크) AOC:** 스위트 화이트. 면적: 344ha. 수율: 4,000ℓ/ha. 생산량: 152만 ℓ. 품종: Sauternes과 동일. 보트리티스 포도 또는 과숙시킨 포도 사용. 잔당 45g/ℓ 이상.

- **Cadillac(카디야크) AOC:** 스위트 화이트. 면적: 185ha. 수율: 4,000ℓ/ha. 생산량: 65만 ℓ. 품종: Sauternes과 동일. 보트리티스 포도 또는 과숙시킨 포도 사용. 잔당 45g/ℓ 이상.

소테른 와인의 선택

말할 것도 없이 먼저 빈티지를 살펴야 한다. 그리고 소비뇽 블랑보다는 세미용으로 만든 와인을 구입하는 것이 좋다. 단순히 지명인 소테른(Sauternes)이나 바르사크(Barsac)로 표기된 와인보다는 샤토 와인이 더 좋다. 가장 유명한 곳은 샤토 뒤켐(Ch. d'Yquem)으로, 이곳은 세계에서 가장 비싼 화이트와인을 만드는 곳이라고 할 수 있다. 이 지방에서 생산되는 드라이 와인은 소테른(Sauternes)이나 바르사크(Barsac)라는 원산지명칭(AO)이 되지 못하고 '보르도'나 '보르도 쉬페리외르'라는 원산지명칭(AO)이 붙는다.

소테른 와인의 등급(Grands Crus Classès, 1855)/Vins Blancs Classés de la Gironde(21개)

▦ **특등급(Premier Cru Supérieur)**

샤 토	AOC
Ch. d'Yquem(뒤켐)	Sauternes(Sauternes)

1등급(Premièrs Crus급)

샤 토	AOC
Ch. Climens(클리멍)	Barsac(Barsac)
Ch. Clos Haut-Peyraguey(클로 오 페라궤이)	Sauternes(Bommes)
Ch. Coutet(쿠테)	Barsac(Barsac)
Ch. Guiraud(기로)	Sauternes(Sauternes)
Ch. Lafaurie-Peyraguey(라포리 페라궤이)	Sauternes(Bommes)
Ch. La Tour Blanche(라 투르 블랑슈)	Sauternes(Bommes)
Ch. Rabaud-Promis(라보 프로미)	Sauternes(Bommes)
Ch. de Rayne-Vigneau(드 렌 비뇨)	Sauternes(Bommes)
Ch. Rieussec(리외세크)	Sauternes(Fargues)
Ch. Sigalas Rabaud(시갈라 라보)	Sauternes(Bommes)
Ch. Suduiraut(쉬뒤이로)	Sauternes(Preignac)

2등급(Deuxièmes Crus)

샤 토	AOC
Ch. D'Arche(다르슈)	Sauternes(Sauternes)
Ch. Broustet(브루스테이)	Barsac(Barsac)
Ch. Caillou(카이유)	Barsac(Barsac)
Ch. Doisy Daëne(두아지 다엔)	Barsac(Barsac)
Ch. Doisy Dubroca(두아지 뒤브로카)	Barsac(Barsac)
Ch. Doisy-Védrines(두아지 베드린)	Barsac(Barsac)
Ch. Filhot(피요)	Sauternes(Saternes)
Ch. Lamothe-Despujols(라모트 데스퓌욜)	Sauternes(Sauternes)
Ch. Lamothe-Guignard(라모트 귀냐르)	Sauternes(Sauternes)
Ch. de Malle(드 말르)	Sauternes(Preignac)
Ch. de Myrat(미라)	Barsac
Ch. Nairac(네락)	Barsac(Barsac)
Ch. Romer du Hayot(로메르 뒤 애요)	Sauternes(Fargues)
Ch. Suau(쉬오)	Baesac(Barsac)

[그림 6-11] 소테른 와인의 상표

포므롤(Pomerol) 및 프롱사크(Fronsac) 와인

포므롤은 보르도 시에서 동쪽으로 약 40㎞ 떨어진 곳에 형성된 800ha의 조그만 지역으로, 연간 25-40만 상자의 값비싼 레드와인을 생산하고 있다. 이곳의 토양은 자갈이 많은 점질토양이기 때문에, 카베르네 소비뇽은 잘 자라지 못하므로, 토양의 성질에 적합한 메를로와 카베르네 프랑을 재

배하여 성공하였다. 그래서 와인의 맛도 부드럽고 온화하며 자두, 코코아, 바이올렛 향이 신선하고 풍부하다.

이곳의 와인 역사는 오래 되었지만 최근까지 샤토 명칭을 표시하지 않고 지명만 표시하였고, 오랫동안 수도원의 와인으로 알려져 있었기 때문에 다른 곳에 비해 이름이 알려지지 않았다. 18세기 말부터 일부 애호가들이 찾기 시작하였고, 19세기 후반에 조합이 형성되었으나 워낙 면적이 좁고, 소규모여서 분류대상이 되는데 어려움이 있었다. 19세기까지만 해도 일부 애호가들에게만 알려진 와인이었지만, 1차 대전이 끝나고 페트뤼스(Pétrus)를 선두로 그 명성이 알려지기 시작하였다. 특히, 네고시앙 장 피에르 무엑스(J. P. Moueix)가 포므롤의 좋은 샤토를 독점하면서 판촉을 활발하게 진행시켰고, 1964년 페트뤼스의 지분을 50% 사들이면서 포므롤의 와인은 더욱 유명해졌다.

이곳은 대륙성 기후에 가까워 하루 중 기온변화가 심하다. 봄에도 비가 약간 내리며 여름과 겨울에는 적게 내린다. 주로 모래 및 점질 토양이며 좋은 곳은 자갈이 섞여 있다. 하층토는 철분이 많은 반층이다. 프레스 와인을 사용하며 추출은 15-21일 정도로, 짧게 하는 곳은 10일, 길게 하는 곳은 4주까지 한다. 숙성은 오크통에서 18-20개월 정도 한다.

프롱사크는 포므롤과 생테밀리용 서쪽에 있는 지역으로 고급 레드와인을 만드는데, 와인의 성격은 포므롤, 생테밀리용과 비슷하지만, 좀 더 색깔이 진하고 거친 맛이 난다.

AOC

- **Pomerol(포므롤) AOC:** 레드. 면적: 804ha. 수율: 4,200ℓ/ha. 생산량: 399만 ℓ. 품종: 메를로, 카베르네 프랑, 카베르네 소비뇽, 말벡, 프티 베르도.

- **Lalande-de-Pomerol(라랑드 드 포므롤) AOC:** 레드. 면적: 1,130ha. 수율: 4,200ℓ/ha. 생산량: 593만 ℓ. 품종: 카베르네 프랑, 카베르네 소비뇽, 말벡, 메를로, 보조품종(10% 이하)은 카르메네르, 프티 베르도.

- **Canon Fronsac(카농 프롱삭) AOC:** 레드. 면적: 260ha. 수율: 4,700ℓ/ha. 생산량: 166만 ℓ. 주품종(80% 이상): 카베르네 프랑, 카베르네 소비뇽, 메를로. 보조품종: 카르메네르, 말벡, 프티 베르도.

- **Fronsac(프롱삭) AOC:** 레드. 면적: 819ha. 수율: 4,700ℓ/ha. 생산량: 466만 ℓ. 품종: Canon Fronsac과 동일.

포므롤의 샤토

포므롤은 샤토의 규모가 매우 작고 생산량이 적기 때문에, 희소가치로서도 이름이 나 있다. 유명한 샤토의 와인은 찾아보기가 매우 힘들 정도이며, 특히 페트뤼스의 와인은 보르도 지방에서 가장 값이 비싼 것으로 유명하다. 포므롤은 다른 보르도 지역과는 달리 공식적인 샤토의 등급이 없지만, 전문가들에게 잘 알려진 샤토는 다음과 같다.

샤토	샤토
Ch. Beauregard(보르가르)	Ch. Latour á Pomerol(라투르 아 포므롤)
Ch. Certan-De May de Certan (세르탕 드 메이 드 세르탕)	Ch. L'Église-Clinet(레글리제 클리네)
Ch. Certan-Giraud(세르탕 지로)	Ch. L'Evangile(레방질)
Ch. Clinet(클리네)	Ch. Nénin(네냉)
Ch. de Sales(드 살르)	Ch. Petit-Village(프티 빌라주)
Ch. Gazin(가쟁)	Ch. Trotanoy(트로타누아)
Ch. La Conseillante(라 콩세양트)	Clos-René(클로 르네)
Ch. La Croix-De-Gay(라 크루아 드 가이)	Le Pin(르 팽): 게라쥐 와인으로 유명
Ch. Lafleur-Gazin(라플뢰르 가쟁)	Pétrus(페트뤼스)
Ch. La Fleur-Pétrus(라 플뢰르 페트뤼스)	Vieu Ch.-Certan(비유 샤토 세르탕)

게라쥐 와인_Garage wine

이상적인 조건을 갖춘 소규모 포도밭에서 단위면적당 수확량을 낮추어 수확하여, 양조과정에서 엄격한 품질관리를 거쳐서 나온 소량의 고급 와인으로 비싸게 팔리는 와인을 말한다. 예를 들면, 포므롤의 '르 팽(Le Pin)', 생테밀리용의 '발랑드로(Ch. Valandraud)' 등을 들 수 있다.

[그림 6-12] 포므롤 와인의 상표

생테밀리용(Saint-Émilion) 와인

아름답고 고풍스러운 풍경이 유명한 곳으로, 유네스코에서 지정한 세계문화유산 리스트에 문화경관으로 포함되어 있다. 생테밀리용이라는 명칭은 브르타뉴 지방의 수도사 출신으로 지금의 생테밀리용에 정착한 '성 에밀리용'의 이름에서 유래된 것으로, 이곳의 와인은 4세기경부터 알려지기 시작하였다.

약 5,000ha의 포도밭에서 연간 300만 상자의 레드와인을 생산하고 있으며, 포도품종도 이웃한 포므롤과 같이 메를로, 카베르네 프랑을 위주로 하여 와인의 맛 또한 온화하고 부드러운 것이 특징이다. 품종은 메를로(60%), 카베르네 프랑(이 지역에서는 Bouchet라고 함), 그리고 카베르네 소비뇽 순서이다. 약간 대륙성 기후로 하루 중 기온변화가 심하며, 봄에도 비가 약간 내리고 여름과 겨울에는 적다. 생테밀리용 토양은 아주 다양하기 때문에 각 샤토에 따라 토양의 성질을 다르게 표현할 정도다. 프레스 와인을 사용하여 맛을 진하게 만들며, 추출은 보통 15-21일, 길게는 4주까지 한다. 숙성은 오크통에서 15-22개월 정도 한다.

AOC

생테밀리용

- Saint-Émilion(생테밀리용) AOC: 레드. 면적: 1,449ha. 수율: 4,500ℓ/ha. 생산량: 1,185만 ℓ. 품종: 메를로, 카베르네 프랑, 카베르네 소비뇽, 카르메네르, 말벡, 프티 베르도(10% 이하).
- Saint-Émilion Grand Cru(생테밀리용 그랑 크뤼) AOC: 레드. 4,030ha. 수율: 4,000ℓ/ha. 생산량: 1,565만 ℓ. 품종: 카베르네 프랑, 카베르네 소비뇽, 카르메네르, 말벡, 메를로, 프티 베르도(10% 이하).

생테밀리용 주변지역 AOC

- Lussac-Saint-Émilion(뤼사크 생테밀리용) AOC: 레드. 면적: 1,440ha. 수율: 4,500ℓ/ha. 생산량: 840만 ℓ. 품종: 메를로, 카베르네 프랑, 카베르네 소비뇽, 말벡, 카르메네르, 프티 베르도.
- Montagne-Saint-Émilion(몽타뉴 생테밀리용) AOC: 레드. 면적: 1600ha. 수율: 4,500ℓ/ha. 생산량: 916만 ℓ. 품종: 메를로, 카베르네 프랑, 카베르네 소비뇽, 말벡, 카르메네르, 프티 베르도.
- Saint-George-Saint-Émilion(생조르주 생테밀리용) AOC: 레드. 면적: 198ha. 수율: 4,500ℓ/ha. 생산량: 96만 ℓ. 품종: 메를로, 카베르네 프랑, 카베르네 소비뇽, 카르메네르, 말벡, 프티 베르도.
- Puisseguin-Saint-Émilion(퓌이스갱 생테밀리용) AOC: 레드. 면적: 753ha. 수율: 4,500ℓ/ha. 생산량: 434만 ℓ. 품종: 메를로, 카베르네 프랑, 카베르네 소비뇽, 말벡, 카르메네르, 프티 베르도.

생테밀리용 와인의 등급

생테밀리용의 샤토는 1955년에 등급이 정해지고, 다시 1969년, 1985년, 1996년, 2006년 각각 다시 수정되었으며, 십 년에 한 번씩 수정된다. 1855년 정해진 메도크의 샤토 등급인 그랑 크뤼 클라세와는 상당히 다르다. 상위 18개 샤토를 '프르미에 그랑 크뤼 클라세(Premiers Grand Crus Classés)' 즉, 1등급이라고 정하였고, 이를 A급, B급으로 분류한다. A급은 메도크의 그랑 크뤼 클라세 1등급과 같은 수준이다. 나머지 B급 샤토는 메도크의 그랑 크뤼 클라세 2등급에서 5등급 정도의 수준이다.

그 다음 등급은 '그랑 크뤼 클라세(Grand Cru Classés)'로서, 여기에는 64개의 샤토가 속해있다. 이 중에서 몇 개는 메도크의 그랑 크뤼 클라세 수준이지만, 대부분은 메도크의 크뤼 부르주아(Cru Bourgeois)보다 못하다. 나머지 샤토는 '그랑 크뤼(Grands Crus)'라는 표시를 하는데, 이는 공식적인 등급은 아니지만, 해마다 샘플을 검사하여 합격된 샤토만 붙일 수 있다. 한때는 좋은 빈티지를 만나 200개의 샤토가 그랑 크뤼라는 표시를 한 적도 있다. 2006년 9월에 수정한 생테밀리용 샤토의 등급에서 13개의 샤토가 그랑 크뤼 클라세(Grands Crus Classè)에서 제외되었는데, 이에 불만을 가지고 4개의 샤토가 소송을 제기하여, 1996년 등급의 효력을 2011년까지 연장하는 한편, 2006년 등급에 오른 샤토의 등급도 유효한 것'으로 타협이 되었다. 다음은 2012년 9월에 변경된 등급이다.

▨ 프르미에 그랑 크뤼 클라세(Premiers Grands Crus Classés, 18개)

A급	B급
Ch. Angélus(앙젤뤼스): 2012년 승급	Ch. Beauséjour(보세주르)/Beauséjour-Duffau-Lagarrosse(보세주르 뒤포 라갸로스)
Ch. Ausone(오존)	Ch. Beau-Séjour-Bécot(보 세주르 베코)
Ch. Cheval Blanc(슈발 블랑)	Ch. Bélair-Monange(벨레르 모낭주) ← Ch. Magdelaine(마그들랜) & Ch. Belair(벨레르)
Ch. Pavie(파비): 2012년 승급	Ch. Canon(카농)
	Ch. Canon la Gaffelière(카농 라 가플리에르): 2012년 승급
	Ch. Figeac(피자크)
	Clos Fourtet(클로 푸르테)
	Ch. la Gaffelière(라 가플리에르)
	Ch. Larcis Ducasse(라르시스 뒤카스): 2012년 승급
	La Mondotte(라 몽도트): 2012년 승급
	Ch. Pavie Macquin(파비 마캥)
	Ch. Troplong Mondot(트롤롱 몽도)
	Ch. Trottevieille(트롯트비에유)
	Ch. Valandraud(발랑드로): 2012년 승급(게라쥐 와인으로 유명)

▒ 그랑 크뤼 클라세(Grands Crus Classés, 64개)

▒ 그랑 크뤼(Grands Crus)

일반 생테밀리용(Saint-Emilon)보다 기준 알코올 농도가 0.5% 높고, 수확량이 적을 뿐 특별한 차이는 없다.

▒ 기타 잘 알려진 생테밀리용 와인

① Ch. Dassault(다소)
② Clos des Jacobins(자코뱅)
③ Ch. Monbousquet(몽부스케)
④ Ch. Moulin-Saint-Georges(물랭 생 조르주)
⑤ Ch. Simard(시마르)
⑥ Ch. Tertre-Rôteboeuf(테르트르 로트뵈프)
⑦ Ch. La Tour Figeac(라 투르 피자크)
⑧ Ch. Trimoulet(트리물레)

유통의 중요성

포므롤과 생테밀리용 와인은 1800년대 중반 도르도뉴 강과 가론 강에 처음으로 다리가 건설되면서 일반에게 알려지기 시작하였다. 게다가 포도밭 규모가 작고, 샤토 또한 없던 때라 브로커들이 내륙 깊이 들어가서 와인을 운반하는 데 어려움이 많았기 때문이다. 이에 비해 메도크의 대규모 샤토는 강을 이용한 편리한 교통수단으로 접근이 쉬워서 포므롤과 생테밀리용보다 잘 알려지게 된 것이다.

[그림 6-13] 생테밀리옹 와인의 상표

기타 보르도의 AOC

보르도 전역

- Bordeaux(보르도) AOC: 레드, 로제, 화이트. 면적: 49,255ha. 레드 수율: 5,500ℓ/ha, 화이트 수율: 수율: 6,500ℓ/ha. 생산량: 2억5천만 ℓ(레드 78%, 로제 10%, 화이트 12%). 레드 및 로제 품종: 카베르네 소비뇽, 카베르네 프랑, 메를로, 말벡, 프티 베르도, 카르메네르. 화이트 품종: 주품종은 세미용, 소비뇽 블랑, 뮈스카델, 소비뇽 그리, 보조품종(30% 이하)은 메를로 블랑, 콜롱바르, 위니 블랑.

- Bordeaux Clairet(보르도 클레레) AOC: 로제. 면적: 700ha. 수율: 5,500ℓ/ha. 생산량: 520만 ℓ. 품종: Bordeaux 레드와 동일. 24-48시간 SCT.

- Bordeaux Supérieur(보르도 쉬페리외르) AOC: 레드, 화이트. 면적: 11,789ha. 수율: 5,000ℓ/ha. 생산량: 5,300만 ℓ(화이트 0.5%). 품종: Bordeaux와 동일.

- Crémant de Bordeaux(크레망 드 보르도) AOC: 스파클링(화이트, 로제). 면적: 240ha. 생산량: 90만 ℓ (로제 2%). 로제 품종: 카베르네 소비뇽, 카베르네 프랑, 카르메네르, 메를로, 말벡, 프티 베르도. 화이트 품종: 카베른메 프랑, 카베르네 소비뇽, 카르메네레, 말벡, 메를로, 프티 베르도, 세미용, 소비뇽 블랑, 소비뇽 그리, 뮈스카델, 기타(30% 이하) 위니블랑, 콜롱바르, 메를로 블랑. 병내 2차 발효.

클레릿_Claret

영국에서 프랑스 보르도 지방의 레드와인을 지칭하는 말로 사용되어, 현재는 여러 나라에서 가벼운 레드와인에 이 용어를 사용하고 있다. 스페인과 칠레에서는 클라레테(Clarete)라고 하며, 프랑스에서 색깔이 옅은 레드와인에 붙이는 명칭인 클레레(Clairet)에서 유래된 말이다.

코트(Côtes) 지역

- Côtes de Bordeaux(코트 드 보르도) AOC: 레드. 면적: 12,600ha. 생산량 500만 ℓ. 품종: 주품종(50% 이상)은 카베르네 소비뇽, 카베르네 프랑, 메를로, 보조품종은 카르메네르(10% 이하), 말벡(50% 이하), 프티 베르도.

- Cadillac Côtes de Bordeaux(카디야크 코트 드 보르도) AOC: 레드. 면적: 1,015ha. 생산량: 1,150만 ℓ. 품종: Côtes de Bordeaux와 동일.

- Castillon Côtes de Bordeaux(카스티용 코트 드 보르도) AOC: 레드. 면적: 2,270ha. 생산량: 1,200만 ℓ. 품종: Côtes de Bordeaux와 동일.

- Blaye Côtes de Bordeau(블레예 코트 드 보르도) AOC: 레드, 화이트. 면적: 6,350ha. 생산량: 2,500만 ℓ(레드 95%). 레드와인 품종: Côtes de Bordeaux와 동일. 화이트 품종: 주품종은 소비뇽 블랑, 소비뇽 그리, 뮈스카델, 세미용, 보조품종(15% 이하)은 콜롱바르, 위니 블랑.

- Francs Côtes de Bordeaux(프랑 코트 드 보르도) AOC: 레드, 화이트. 면적: 403ha. 생산량: 250만 ℓ(레드 98%). 레드 품종: Côtes de Bordeaux와 동일. 화이트 품종: 주품종은 소비뇽 블랑, 소비뇽 그리,

뮈스카델, 세미용, 보조품종(15% 이하)은 콜롱바르, 위니 블랑.

- Côtes de Blaye(코트 드 블레예) AOC: 화이트. 면적: 4ha. 수율: 6,000ℓ/ha. 품종: 주품종(60-90%)은 콜롱바르, 위니 블랑, 보조품종은 뮈스카델, 소비뇽 블랑, 소비뇽 그리, 세미용.

- Blaye(블레예) AOC: 레드. 면적: 1,985ha. 수율: 6,500ℓ/ha. 품종: 주품종(50% 이상)은 카베르네 프랑, 카베르네 소비뇽, 메를로, 보조품종은 카르메네르(10% 이하), 말벡, 프티 베르도.

- Côtes de Bourg(코트 드 부르그)/Bourg(부르그)/Bourgeais(부르제) AOC: 레드, 화이트. 면적: 3,851ha. 수율: 레드 5,000ℓ/ha, 화이트 6,000ℓ/ha. 생산량: 2,295만 ℓ(레드 99%). 레드 품종: 메를로, 카베르네 소비뇽, 카베르네 프랑, 말벡. 화이트 품종: 소비뇽 블랑, 소비뇽 그리, 세미용, 콜롱바르, 뮈스카델.

- Premières Côtes de Bordeaux(프르미에 코트 드 보르도) AOC: 세미 스위트 화이트. 면적: 195ha. 품종: 뮈스카델, 소비뇽 블랑, 소비뇽 그리, 세미용. 잔당 34g/ℓ 이상.

- Côtes de Bordeaux-Saint-Macaire(코트 드 보르도 생마케르) AOC: 화이트(세미 스위트, 드라이). 면적: 96ha. 수율: 5,000ℓ/ha. 품종: 소비뇽 블랑, 세미용, 뮈스카델, 소비뇽 그리. 스위트와인은 보트리티스 포도 사용, 잔당 45g/ℓ 이상. 세미 스위트와인은 과숙한 포도 사용, 잔당 34-45g/ℓ.

앙트르 되 메르(Entre-Deux-Mers) 지역

- Entre-Deux-Mers(앙트르 되 메르) AOC: 화이트. 면적: 1,325ha. 수율: 6,000ℓ/ha. 생산량: 1,023만 ℓ. 품종: 주품종(70% 이상)은 세미용, 소비뇽 블랑, 소비뇽 그리, 보조품종은 메를로 블랑(30% 이하), 콜롱바르, 모자크, 위니 블랑. 도르도뉴 강과 가론 강 사이에 있는 삼림지역. 여기서 나오는 레드와인은 원산지명칭(AO)을 '보르도(Bordeaux)'나 '보르도 쉬페리외르(Bordeaux Supérieur)'로 표시.

- Entre-Deux-Mers-Haut-Benauge(앙트르 되 메르 오 브노주) AOC: 화이트. 면적: 98ha. 품종: Entre-Deux-Mers와 동일.

- Bordeaux-Haut-Benauge(보르도 오 브노주) AOC: 스위트 화이트. 면적: 26ha. 품종: 소비뇽 블랑, 세미용, 뮈스카델, 소비뇽 그리.

- Graves de Vayres(그라브 드 베이르) AOC: 레드, 화이트(드라이, 스위트). 면적: 493ha. 수율: 레드 5,000ℓ/ha. 화이트 6,000ℓ/ha. 생산량: 369만 ℓ(레드 81%). 레드 품종: 카베르네 소비뇽, 카베르네 프랑, 메를로, 말벡, 프티 베르도, 카르메네르. 화이트 품종: 주품종은 세미용, 소비뇽 그리, 뮈스카델. 보조품종(30% 이하)은 메를로 블랑.

- Sainte-foy-Bordeaux(생트 푸아 보르도) AOC: 레드, 화이트(드라이, 스위트). 면적: 400ha. 수율: 레드 5,000ℓ/ha, 화이트 5,500ℓ/ha. 생산량: 234만 ℓ(레드 80%). 레드 품종: 주품종(85% 이상)은 카베르네 소비뇽, 카베르네 프랑, 메를로, 말벡, 보조품종은 카르메네르, 프티 베르도. 화이트 품종: 주품종(85% 이상)은 세미용, 소비뇽 블랑, 소비뇽 그리, 뮈스카델, 보조품종은 콜롱바르, 위니 블랑.

보르도 와인의 선택기준

샤토를 선택할 때는 별로 이름이 알려지지 않은 곳을 선택하는 것이 경제적이다. 메도크의 1등급은 엄청나게 비싸지만, 5등급이나 포이야크(Pauillac)에 속하지만 잘 알려지지 않는 곳의 샤토 와인은 값도 비싸지 않고, 맛도 등급에 있는 것과 별로 차이가 나지 않는다.

- **포도 재배지역**: AOC나 각 지역별 등급 참조한다.
- **포도나무의 수령**: 늙을수록 좋은 와인을 만들 수 있지만 수확량이 감소하므로 30-40년산을 선호한다.
- **수확량**: 단위면적 당 수확량이 적고, 최종적으로 만든 와인의 양이 수확량에 비하여 많지 않아야 한다.
- **만드는 기술**: 전통 숙성기술 등을 참조하여 샤토를 선택한다.
- **빈티지**: 최고 빈티지는 1945, 1947, 1961, 1970, 1975, 1982, 1985, 1988, 1989, 1990, 1995, 1996, 1998, 2000, 2005, 2009. 요즈음은 과학적인 재배방법과 양조방법으로 절대적인 날씨의 영향을 극복하여 좋은 와인을 만들고 있다.

보르도의 고급 샤토

클럽 데 위트(Club des Huit)

보르도에서 고급와인을 만드는 8개의 샤토, 즉, 메도크의 1855년 그랑 크뤼 클라세 1등급 5개와 생테밀리옹의 샤토 슈발 블랑(Ch. Cheval Blanc), 샤토 오존(Ch. Ausone), 포므롤의 페트뤼스(Petrus)를 합쳐서 '클럽 데 위트(Club des Huit)'라고 하는데, 비공식적인 단체이다.

샤토 라피트 로트칠드(Ch. Lafite-Rothschild, Pauillac)

1670년부터 시작하여, 18세기 세귀르(Ségur) 가문이 소유하면서 유명해지기 시작했다. 이 가문은 한 때 샤토 칼롱(Ch. Calon), 라투르(Ch. Latour)도 소유했는데, 1868년 바롱 제임스 드 로트칠드(Baron James de Rothschild)한테 이 샤토를 매각했다. 포도밭 26만 평 중 카베르네 소비뇽이 2/3를 차지하고 있으며, 그 외 카베르네 프랑, 메를로, 프티 베르도 등이 있다.

1797년산부터 보유하고 있으며, 1858, 1864, 1865, 1870, 1875년산은 전설의 와인으로 평가되고 있다. 1960년대부터 1970년대 초까지는 좋지 않았고, 1975년 빈티지부터 다시 명성을 회복하여 현재에 이르고 있다. 손으로 수확하여, 스테인리스스틸 탱크와 나무통에서 온도를 조절해가며 18-25일 발효시키며, 새 오크통에서 20개월 숙성시킨다. 3개월에 한번 따라내기를 하며, 계란흰자로 정제한다. 레드와인은 카베르네 소비뇽 70%, 메를로 20%, 카베르네 프랑 10% 비율이며, 25-50년 정도 병 숙성을 해야 제 맛을 낸다고 알려져 있다. 세컨드 와인으로 '카루아드 드 라피트(Carruades de Lafite)'가 있다.

에릭 드 로트칠드_Eric de Rothschild, 1940~

샤토 라피트 로트칠드 5세대로서 1974년부터 이곳에서 일하기 시작하면서 포도재배 방법개선, 시설확장, 최신 기술 도입 등으로 와인의 질을 향상시켰다. 또 포이야크의 샤토 뒤아르 밀롱 로트칠드(Ch. Duhart-Milon Rothschild), 포므롤의 샤토 레방질(Ch. L'Evangile)를 가지고 있으며, 기타 칠레, 포르투갈, 캘리포니아까지 사업 확대하고 있다. 이 가문은 파리를 중심으로 금융업, 미술품 수집 등 사업을 하는 것으로 유명하다.

[그림 6-14] 샤토 라피트 로트칠드 및 올드 빈티지 와인

샤토 라투르(Ch. Latour, Pauillac)

17세기 초 세운 탑에서 그 이름이 유래됐다. 14세기부터 포도를 심었으며, 17세기 말 세귀르(Ségur) 가문에서 구입하면서 유명해졌다. 1964년 스테인리스스틸 탱크를 도입하였고. 손으로 수확하여 3주 동안 발효시킨디. 3개월마다 따라내기를 하며, 겨울에 계란흰자로 정제하며. 새 오크통에서 20-24개월 숙성시킨다.

18만 평의 포도밭에 80%는 카베르네 소비뇽이며, 기타 메를로, 카베르네 프랑, 프티 베르도 등을 재배한다. 레드와인은 카베르네 소비뇽이 75%, 메를로 20%, 기타, 카베르네 프랑, 프티 베르도

순이며, 30-60년 동안 병 숙성을 할 수 있는 와인이다. 세컨드 와인으로 '레 포르 드 라투르(Les Forts de Latour)'가 있으며, 그 다음으로 '포이야크(Pauillac)'이란 상표도 있다.

[그림 6-15] 샤토 라투르 및 올드 빈티지 와인   [그림 6-16] 샤토 칼롱 세귀르

마르키 드 세귀르_Marquis de Ségur

한 때 샤토 라피트, 라투르, 칼롱 세귀르를 가지고 있었다. 그러나 그는 "나는 라피트와 라투르를 만들지만, 나의 마음은 칼롱에 있다"라고 말한 적이 있다.

샤토 마르고(Ch. Margaux, Margaux)

1788년 토머스 제퍼슨이 최고의 와인으로 평가한 곳으로, 80만 평 대지에 23만 평 포도밭이 조성되어 있으며, 이 중 카베르네 소비뇽이 75%이며, 기타 메를로, 카베르네 프랑, 프티 베르도 등을 재배하고 있다. 18세기 퓌멜(Fumel) 가문이 소유하다가, 1802년 콜로냐(Colonilla) 가문 때 지금의 성 모습을 갖춘다. 한 때 지네스테(Ginestet) 가문에서 소유하다가 1977년 그리스 출신 앙드레 몽젤로폴로스(André Mentzelopoulos)가 소유하여. 현재 미망인과 딸(Corinne)이 운영하고 있다. 1960, 1970년대는 좋지 않았다가 1978, 1979년부터 명성을 회복하여 보르도 최고의 와인으로 평가받고 있다.

레드와인은 손으로 수확하여 온도조절장치가 된 오크통에서 3주 동안 발효시키며, 계란 흰자로 정제하고, 3개월마다 따라내기를 하며, 주병할 때 여과를 하지 않는다. 와인은 카베르네 소비뇽이 75%, 메를로 20%, 카베르네 프랑, 프티 베르도 각각 5% 비율이며, 15-50년 동안 병 숙성할 수 있는 와인이다. 세컨드 와인으로 '파비용 루즈 뒤 샤토 마르고(Pavillon Rouge du Château Margaux)', 화이트와인은 보르도 원산지명칭(AO)으로서 '파비용 블랑 뒤 샤토 마르고(Pavillon Blanc du Château Margaux)'가 있다.

[그림 6-17] 샤토 마르고

샤토 무통 로트칠드(Ch. Mouton-Rothschild, Pauillac)

1853년 바롱 나다니엘 드 로트칠드(Baron Nathaniel de Rothschild)가 구입하여 1855년 2등급으로 되었다. 그러나 이에 불만을 갖고 1922년부터 바롱 필리프 드 로트칠드(Baron Philippe de Rothschild, 1988년 사망)가 장기간 고급와인을 생산하면서 1등급보다 더 높은 가격으로 판매함으로써 1973년 농림부장관 명으로 1등급으로 상승되었다. 1962년 와인박물관을 설립하였으며, 1946년부터 장 콕도, 달리, 샤갈, 피카소 등 유명한 예술가가 상표를 디자인하여 유명해졌다.

21만 평의 포도밭에 77%가 카베르네 소비뇽이며, 기타 카베르네 프랑, 메를로 등이 있다. 레드 와인은 손으로 수확하여, 오크통에서 발효시키며, 숙성은 새 오크통에서 22-24개월 동안 한다. 와인은 카베르네 소비뇽 85%, 카베르네 프랑 10%, 메를로 5% 비율이며. 20-60년 병 숙성을 할 수 있는 와인이다. 세컨드 와인은 '르 프티 무통 드 무통 로트칠드(Le Petit Mouton de Mouton Rothschild)'이며, '무통 다르마이야크(Ch. Mouton d'Armailhac)'로 알려졌던 메도크의 5등급 '다르마이야크(Ch. d'Armailhac)'와 또 다른 5등급 '클레르 밀롱(Ch. Clerc-Milon)'도 가지고 있으며, 대중적인 '무통 카데(Mouton-Cadet)' 등도 만들고 있다.

바롱 필리프 드 로트칠드_Baron Philippe de Rothchild, 1903~1988

샤토의 경영은 물론, 극장 흥행주, 카 레이서, 시 번역가로서 활약하였으며, 그가 죽은 후 딸 필리핀 드 로트칠드
(Philippine de Rothschild)가 운영하였다. 그는 무통에서 생산되는 와인은 전부 샤토에서 주병을 해야 한다는 점을 확
실히 함으로써 현대 보르도 와인을 완성했다. 또 유명화가의 그림을 라벨에 넣고, 와인관련 미술 박물관을 설립하였으
며, 1979년 로버트 몬다비와 '오퍼스 원(Opus One)'을 설립하였다. 무엇보다도 무통을 2등급에서 1등급으로 올린 공로
가 가장 크다. 그의 딸 바론 필리핀 드 로트칠드(Baronne Philippine de Rothschild, 1933-2014)는 1930년대에 개발된
세컨드 라벨 '무통 카데'를 프랑스에서 가장 큰 와인 브랜드로 성장시켰으며, 칠레의 콘차 이 토로(Concha y Toro)와 '알
마비바(Almaviva, 남미 최고의 와인)' 생산에도 합작으로 관여하였다.

[그림 6-18] 샤토 무통 로트칠드와 바롱 필리프 로트칠드

샤토 오브리옹(Ch. Haut-Brion, Pessac-Grave)

16세기 퐁타크(Pontac) 가문에서 소유하면서 유명해진 샤토로서, 1935년 미국의 사업가 클레렌
스 딜론(Clarence Dillon)이 구입하여, 1975년부터 그의 손녀 조안 딜론(Joan Dillon)이 운영하면서 예
전의 명성을 회복하여 발전하기 시작하였다(조안 딜론은 룩셈부르크 찰스 왕자와 사별 후, 1978년 무시
(Mouchy) 공작과 재혼). 또 샤토 매니저 및 와인

[그림 6-19] 샤토 오브리옹

메이커인 조르주 델마(George Delmas)의 대를
이어서, 그의 아들 장 델마(Jean Delmas)가 현재
보르도 최고의 와인 메이커로서 명성을 자랑하
고 있다. 1983년에는 '샤토 라 미시옹 오브리
옹(Ch. La Mission Haut-Brion)'도 구입하였다. 13
만 평 포도밭의 75%가 카베르네 소비뇽이며,
나머지는 메를로 등이며, 세미용과 소비뇽 블
랑 두 가지로 화이트와인도 만든다. 컴퓨터 자

동장치가 된 스테인리스스틸 탱크에서 발효하며, 새 오크통에서 22개월 숙성시킨다. 레드와인은 카베르네 소비뇽 45%, 메를로 40%, 카베르네 프랑 15% 비율이며, 병 숙성을 10-40년 할 수 있는 와인이다. 화이트와인은 소비뇽 블랑과 세미용을 반씩 섞어서 만들며, 새 오크통에서 숙성시킨다. 화이트와인도 병 숙성을 5-20년 할 수 있는 고급와인이다. 세컨드 와인으로 레드와인은 2007년 빈티지부터 '르 클라렝스 드 오브리옹(Le Clarence de Haut-Brion)', 화이트와인은 2009년 빈티지부터 '라 클라르테 드 오브리옹(La Clarté de Haut-Brion)'이 되었다.

페트뤼스(Pétrus, Pomerol)

보르도에서 가장 비싼 와인으로 이름이 나 있기 때문에 비공식적으로 메독의 1등급 와인 위에 있다고 할 수 있다. 1차 대전이 끝나고 나서 가장 비싼 와인으로 유명해진 곳이다. 34,000평(1969년 샤토 가쟁에서 14,700평 추가 구입 포함) 포도밭에서 4,000여 상자를 생산한다. 양이 적기 때문에 보르도에서 가장 구하기 힘든 비싼 와인으로 소문이 나있다. 포도밭은 95% 메를로, 5% 카베르네 프랑이지만, 대부분의 경

[그림 6-20] 페트뤼스

우 카베르네 프랑은 섞지 않고 메를로만으로 와인을 만든다. 자동온도 조절장치가 된 탱크에서 20-24일 발효시키며, 20개월 동안 새 오크통에서 숙성시킨다, 3개월 단위로 따라내기를 하며, 계란흰자로 정제하고. 주병 전에 여과하지 않는다. 10-25년 병 숙성을 할 수 있는 와인이다. 1950년대 보르도 네고시앙 장 피에르 무엑스(Jean-Pierre Moueix, 1/2 소유) 때부터 더욱 이름이 알려지기 시작한 와인이다.

샤토 오존(Ch. Ausone, Saint-Émilion)

2만 평의 포도밭에 메를로와 카베르네 프랑이 같은 비율로 있으며, 보르도 1등급 와인 중 가장 작은 포도밭이다. 1960-1970년대 어려움을 겪었지만, 1970년대 중반에 명성을 회복하여 현재에 이르고 있다. 샤토 이름은 4세기 시인이자 와인 애호가인 오조니우스(Ausonius)에서 나온 것이다. 와인은 메를로 50%, 카베르네 프랑 50% 비율이며, 오크통에서 19-23개월 숙성시킨다. 세컨드와인으로 샤펠 도존(Chapelle d'Ausone)이 있다. 15-50년 숙성시킬 수 있는 와인으로 연간 2만 병 정도 생산하기 때문에 찾아보기 힘들다.

샤토 슈발 블랑(Ch. Cheval Blanc, Saint-Émilion)

1832년 페트뤼스에 인접한 샤토 피자크(Ch. Figeac)의 포도밭의 일부를 구입한 로사크 푸르코(Laussac-Fourcaud)가 운영을 하면서 유명해지다가, 1998년 LVMH 그룹에서 인수하였다. 11만 평 포도밭의 2/3는 카베르네 프랑, 1/3은 메를로이다. 포므롤 인접지역에 있는 자갈밭에 있다. 와인은 카베르네 프랑 60%, 메를로 34%, 말벡 5%, 카베르네 소비뇽 1% 비율이며, 새 오크통에서 20개월 숙성시킨다. 12-40년 병 숙성을 할 수 있는 와인이다. 세컨드와인으로 프티 슈발(Petit Cheval)이 있다.

[그림 6-21] 샤토 슈발 블랑

[그림 6-22] 샤토 오존

샤토 뒤켐(Ch. d'Yquem, Sauternes)

사실상 1855년 등급을 정할 때 메도크의 유명 와인보다 더 높은 등급을 받았다. 샤토 라피트 등은 단순히 프르미에 크뤼(Premiers Crus)였지만, 뒤켐은 프르미에 크뤼 쉬페리외르(Premier Cru Supérieur)였다. 이 와인의 유일한 라이벌은 부르고뉴의 '몽라셰(Montrachet)'라고 할 수 있다. 15세기 부터 유명하였고, 19세기 중반 러시아의 그랜드 뒤크 콘스탄틴(Grand Duke Constantine)이 1847년 산 4개의 배럴을 2만 프랑에 사면서 뒤켐은 비싼 와인으로 유명해지기 시작하였다. 1785년부터 뤼르 살루스(Lur-Saluces) 가문에서 전통을 이어오고 있다가, 최근에 LVMH 그룹에서 인수하였다.

30만평의 포도밭 중에서 80%만 와인을 만들고 나머지는 어린 묘목을 항상 준비하고 있다. 세미용이 80%를 차지하며 나머지가 소비뇽 블랑이다. 곰팡이 낀 포도를 선별 수확한다. 와인은 해마다 약간 씩 다르기는 하지만, 보통 새 오크통에서 3년 반 숙성시키며 14% 알코올과 10% 당분을 함유하고 있다. 병 숙성을 20-60년 할 수 있는 와인이다. 보통 디저트 와인이라고 하지만, 식사 어느 때나 마실 수 있는 와인이다. 푸아그라, 로크포르 치즈와 잘 어울린다. 생산량은 해마다 크게 달라진다. 예를 들면, 1967, 1975년에는 10,000 상자, 1977년 2,000 상자, 1978년 1,000 상자,

1979년 4,000 상자, 그리고 1951, 1952, 1964, 1972, 1974, 1992, 2012년에는 스위트와인을 전혀 생산하지 못했다. 보통의 화이트와인을 만들 때는 원산지명칭(AO)에 보르도(Bordeaux)가 붙으며 상 표에는 'Y d'Yquem(이그렉 뒤켐)'이라고 표시한다.

[그림 6-23] 샤토 뒤켐

와인의 맛은 영화감상에 비유할 수 있다. 친구가 재미있다고 추천해도 나에게는 별 감흥을 주지 못하는 영화도 많다. 그리고 시간이 남아서 우연히 본 영화가 의외로 좋을 때도 있다.

그러나 명화는 따로 있으며, 영원히 남는다.

와인도 마찬가지다. 개인별로 입맛에 맞거나 맞지 않는 와인이 있을 수 있지만, 명품 와인은 따로 있기 마련이다.

– 김준철 –

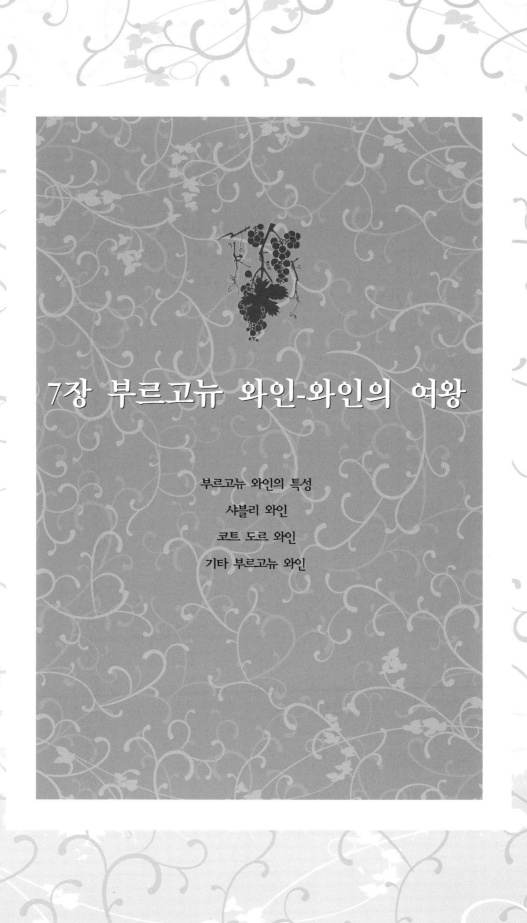

7장 부르고뉴 와인-와인의 여왕

부르고뉴 와인의 특성

역사

부르고뉴라는 이름은 5세기 중엽에 이 지방을 중심으로 론 강과 손 강의 유역에 정착한 게르만족의 부르군트 인(Burgundians)에 유래된 것이다. 7-9세기까지 부르군트 왕국은 론 강 및 손 강 유역에서 프로방스에 이르는 넓은 판도를 가지고 있었다. 9세기 분열에 즈음하여 북쪽 고지 부르군트 서부가 부르고뉴 공작 령이 되어(동부는 백작령, 후에 프랑슈 콩테), 이것이 오늘날 부르고뉴가 되었다. 10세기부터 프랑스 왕국을 견제할 만큼 막강한 세력을 형성하면서 네덜란드, 벨기에 즉 플랑드르까지 진출하여 강대한 나라가 되었다. 백년전쟁 때는 영국 편을 들어 프랑스 구국의 소녀 잔다르크를 생포하여 영국군에게 넘기기까지 했다. 이곳은 정치, 경제력에서뿐만 아니라 문화면에서도 서유럽 문명의 한 중심이 되었고, 14-15세기에는 유럽 최초의 통일왕국을 이루었으나, 샤를이 전사한 후 1477년 프랑스 왕국에 합병되었다.

그래서 부르고뉴 지방을 영어로는 '버건디(Burgundy)'라고 한다. 지리적 명칭이라기보다는 역사적 명칭이다. 북쪽은 샹파뉴, 동쪽은 프랑슈 콩테, 남쪽은 중앙산지, 서쪽은 루아르와 접하고 있으며, 남동부의 손 강 유역은 비옥한 평야이고, 서부의 구릉지에는 포도밭이 많아서, 여기서 만드는 와인을 우리는 부르고뉴 와인이라고 한다.

부르고뉴의 와인

▦ 역사

이곳은 로마시대부터 와인을 생산했으며, 312년의 기록이 최초이다. 로마시대 이후에는 수도원이 중심이 되어 기술력을 향상시키면서 우수한 와인을 만들기 시작했다. 이 부르고뉴 와인이 세상에 알려지게 된 것은 910년 경 이 지역의 베네딕트 수도회가 우수한 와인 양조기술을 확립한 이후이다. 6세기부터 시작된 베네딕트 수도회는 11세기까지 막강한 세력을 형성하면서 각 지역의 토지 소유자가 수도원에 토지를 기부하기 시작하였고, 수도승들은 열정과 사명감으로 포도밭 하나하나 테루아르를 반영한 우수한 와인을 만들었다. 이어서 11세기 말부터 등장한 시토회 역시 석회석이 깔린 코트 도르 언덕에서 포도를 재배하면서 부르고뉴 와인을 최고 수준으로 만들어 이

지역의 주요 와인생산자가 되었다. 유명한 클로 드 부조(Clos de Vougeot)의 포도밭도 시토파 (Cisterien, Cistercian, 1098년 프랑스 Citeaux에서 창설) 수도승의 손으로 개척한 것이다.

1416년에는 부르고뉴 와인의 명성을 보호하고자 샤를 6세가 부르고뉴 와인의 생산지 범위를 지정하는 칙령을 발표하였다. 이렇게 부르고뉴에서는 우수한 와인을 만들었지만 보르도와 같이 잘 알려지지는 못했다. 와인산지가 내륙 깊숙이 떨어져 있고 수로가 발달되지 못하여 운반이 쉽지 않았으며, 겨우 14세기 교황청이 아비뇽에 있을 때 알려지기 시작하였고, 루이 14세의 주치의가 오래된 부르고뉴 와인이 샹파뉴의 것보다 건강에 좋다고 처방하면서 그 명성을 굳히기 시작하였다.

1789년 프랑스 혁명 이후 막강한 군주와 교회 세력이 없어지면서, 수도원이 해체되어 교회 소유의 포도밭은 쪼개져 민간인에게 불하되었고, 다시 나폴레옹 시대에는 균등한 상속법이 제정되어 대를 거듭하면서 개인 소유의 포도밭이 작아지기 시작하였다. 이 때문에 부르고뉴의 포도밭은 같은 이름의 작은 포도밭을 여러 명이 공동으로 소유하는 곳이 많다. 그래서 중간상인 네고시앙 (혹은 도멘)의 역할이 크며, 이들은 포도밭을 소유하거나 포도를 구입해서 와인을 만든다. 1861년에는 코트 도르에 와인의 등급이 정해지면서 장차 AOC의 기본 작업이 이루어졌으며, 1936년 모레 생드니(Morey-Saint-Denis)가 부르고뉴 최초의 AOC가 되었고, 2003년에는 생브리(Saint-Bris)가 100번째 AOC가 되었다.

현재. 4,000여 재배양조업자가 전체 생산의 10%, 20여 개의 협동조합이 25%, 120여 네고시앙이 65%를 점유하고 있다. 전통적으로 네고시앙은 소규모 업자들한테 와인을 구입하여 블렌딩, 주병하여 자기 이름을 붙여서 팔았으나, 요즈음은 포도밭을 구입하여 와인을 만들어 자기 이름을 붙이기도 하며, 1960, 1970년대부터는 소규모 업자들도 자체에서 주병하여 자기 이름으로 판매하고 있다. 그래서 요즈음은 네고시앙이나 도멘 등 구분이 애매해졌다고 볼 수 있다.

▒ 주병관련 문구해석

- Mis en Bouteille par le Propriétaire: 포도원 소유자 혹은 재배자가 주병한(자기 포도밭일 수도 있고, 아닐 수도 있음).
- Mise à la Propriété: 해당 포도원에서 재배자나 전문가가 주병한(자기 포도밭).
- Mise en Bouteille au Domaine or Mis au Domaine: 포도원에서 주병한(자기 포도밭).
- Mise en Bouteille dans Nos Caves(Chais): 자기 셀라에서 주병한.

▒ 테루아르(Terroir)

부르고뉴는 레드와인 생산지역 중 가장 북쪽으로 가장 추운 곳에 속한다. 그래서 일조량 부족, 잦은 비 등으로 포도가 완전히 익지 않을 수도 있기 때문에 지역이나 빈티지에 따라 품질의 차이가 심하다. 한 메이커가 동일한 품종으로 동일한 방법으로 만들었다 하더라도 맛의 차이가 나는 것도 테루아르 때문이다. 특히 피노 누아는 부르고뉴를 떠나서는 명품이 나오지 않는 것으로 유명하며, 부르고뉴에서도 실망스런 품질을 가진 것도 많다. 수도승들이 면밀히 조사하여 노력하여 개척하고 분류한 부르고뉴의 와인은 테루아르를 가장 잘 반영한 것이며, 샤르도네와 피노 누아는 부르고뉴 테루아르에 가장 적합한 품종이라고 할 수 있다.

부르고뉴 기후와 토양은 서늘한 기후와 석회암으로 묘사할 수 있다. 가장 북쪽에서 세계 최고의 레드와인을 생산하는데, 여름이 보르도보다 서늘하다. 그래서 향미가 풍부하거나 진하지 않으며 라이트에서 미디엄 바디로 섬세하고 우아하다. 피노 누아는 이렇게 시원한 곳에서 섬세하고 엷고 복합적인 향미를 가질 수 있다. 서늘한 곳에서는 포도의 성숙이 늦기 때문에 익는데 시간이 많이 걸리지만, 더운 곳에서는 빨리 익어 깊이가 없으며 단순한 맛으로 무덤덤해진다.

샤르도네는 더운 지방에서도 많이 재배되지만 서늘한 곳에서 자란 샤르도네가 훨씬 정교하고 우아하다. 그러나 부르고뉴는 햇볕이 충분하지 않아 9월에 비가 오면 뭔가 빠진 듯한 싱거운 맛을 풍기게 된다. 그래서 좋은 포도밭은 이런 점을 고려하여 햇볕이 잘 비추는 곳에 자리를 잡고, 최상의 수확시기를 선택하여 우수한 와인을 만들고 있다.

보졸레의 화강암 토양을 제외한 부르고뉴 토양은 중생대 쥐라기 때 얕은 바다였기 때문에 패류가 집적되어 이루어진 석회암으로 이루어진 토양이다. 샤블리를 비롯하여 코트 도르를 거쳐 마코네까지 석회암 토양과 이회토로 이루어져 더욱 포도의 성숙을 늦추고 산도를 높게 만들고 있다.

▦ 양조

부르고뉴는 가장 북쪽으로 날씨가 춥기 때문에 포도가 잘 익기 힘들고, 초가을에 비가 오는 수가 많기 때문에 수확기의 결정이 가장 큰 변수가 된다. 일찍 수확하면 포도는 건강하지만 당도가 떨어지고, 늦게 수확하면 수확량이 감소되고, 만약 비가 오면 포도가 부패될 수도 있다. 그래서 고급을 제외한 웬만한 메이커들은 일찍 수확하여 모자라는 당분을 설탕으로 보충하여 발효를 시키는 경우가 많다. 그래서 일찍 수확할 것인가 아닌가, 가당을 할 것인가 아닌가, 새 오크통을 사용할 것인가 아닌가, 정제를 할 것인가 아닌가의 문제 등은 와인 메이커에 따라, 빈티지에 따라, 와인의 특성에 따라 각양각색이기 때문에 보르도와 같이 통일된 방법이 아니고 와인 메이커에 따라 양조방법이 각각 다르다고 할 수 있다.

요즈음은 양조학을 공부한 신세대 와인 메이커들이 등장하여 과학적인 방법으로 첨단기술을 사용하여 와인을 만들지만, 구세대는 여전히 전통 방법을 고수하여 오래 숙성시키는 고전적인 와인을 만들고 있다.

부르고뉴 와인 생산지역

부르고뉴에는 프랑스 최고의 포도밭으로 알려진 코트 도르(Côte d'Or)를 중심으로 북서쪽에 따로 떨어진 샤블리(Chablis)를 포함하여, 남쪽으로 코트 샬로네즈(Côte Châlonnaise)와 마코네(Mâconnais) 그리고 보졸레(Beaujolais)에 이르기까지 남북으로 길게 뻗어 있다. 부르고뉴(보졸레 제외)는 29,300ha 의 포도밭에서 1억5천만 ℓ를 생산하며, 화이트와인이 60% 이상을 차지한다. 한편, 보졸레는 18,100ha의 포도밭에서 8천5백만 ℓ를 생산하며, 레드와인과 로제가 95%를 차지한다.

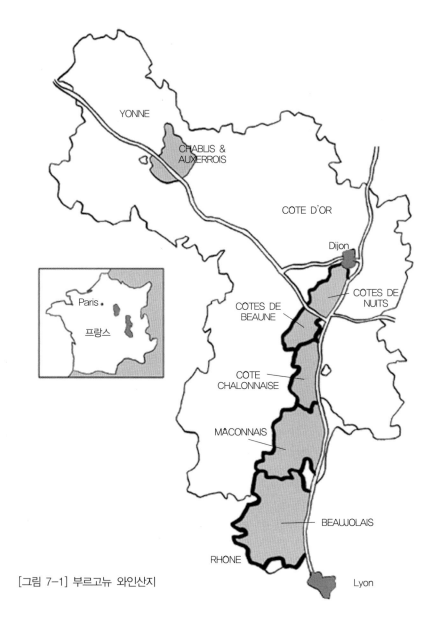

[그림 7-1] 부르고뉴 와인산지

- **샤블리(Chablis)**: 독특한 화이트와인만 생산

- **코트 도르(Côte d'Or)**: 부르고뉴에서 가장 고급와인을 생산

   - **코트 드 뉘이(Côte de Nuits)**: 최고급 레드와인(90%) 생산

   - **코트 드 본(Côte de Beaune)**: 레드와인(85%)과 최고급 화이트와인 생산

- **코트 샬로네즈(Côte Châlonnaise)**: 거의 레드와인(80%) 생산

- **마코네(Mâconnais)**: 레드와인, 화이트와인 생산

- **보졸레(Beaujolais)**: 라이트 레드와인 생산

부르고뉴 지방은 보르도 지방과 함께, 프랑스 와인의 대표적인 명산지로서 이름이 널리 알려져 있다. 이 지방은 프랑스 동부지역에 널리 퍼져 있으며, 지명과 그 위치를 파악하는데도 보르도 지방보다 훨씬 복잡하고, 지명 또한 발음이 어렵고 길어서 기억하기도 힘들다. 그러나 지명을 알지 못하면서 그 곳에서 생산되는 와인을 이해할 수는 없으므로 최소한 30여 개의 지명을 기억을 해야 한다.

부르고뉴의 포도품종

화이트와인

부르고뉴에서 화이트와인을 만들 때 거의 샤르도네만 사용한다. 그렇지만 포도재배 지역이 다르고, 담는 방법이 각각 틀리기 때문에, 지역별로 특색 있는 스타일의 와인을 만들고 있다. 샤블리와 마코네에서는 요즈음 스테인리스스틸 탱크에서 발효와 숙성을 시키는 곳이 많아졌으나, 코트 드 본에서는 큰 오크통에서 발효시킨 후, 작은 오크통에서 숙성시키는 고전적인 방법을 사용하고 있다. 마코네 등 일부지역에서는 알리고테(Aligoté)라는 포도품종을 사용하기도 하며, 스파클링와인도 만든다. 그 외 피노 블랑, 피노 그리, 사시(Sacy) 등도 사용할 수 있다.

- **샤르도네(Chardonnay)**: 점토질이 풍부한 이회토와 석회암 토양에서 잘 자란다. 신맛과 깊은 맛이 조화를 이루며 오크통에서 숙성된 것은 바닐라 향이 나며, 고급은 숙성이 될 수록 더욱 맛이 깊어진다. 비교적 단위면적당 수확량이 많은 편이다.

키르_Kir

알리고테로 만든 화이트와인과 블랙커런트로 만든 혼성주 카시스(Créme de Cassis)를 혼합하여 만든 술로, 식전주(Apéritif)로서 인기가 좋다. 이 술은 성직자이며 2차대전 때 레지스탕스 운동을 하였고, 전후 디종(Dijon)의 시장이었던 펠릭스 키르(Félix Kir, 1876-1968)가 처음 개발한 술로, 술 이름도 그의 이름에서 유래된 것이다.

레드와인

부르고뉴의 레드와인은 가장 고전적인 방법으로 생산되는데, 사용하는 포도품종은 규정 상 샤르도네, 피노 블랑, 피노 그리 등 화이트 품종을 15% 이하로 사용할 수 있도록 되어 있지만, 거의 피노 누아만 사용한다. 특히, 코트 드 뉘이에서 생산되는 레드와인은 보르도 지방의 메독 와인과 함께 프랑스 와인의 교과서라고 할 수 있다. 단, 보졸레는 가메(Gamay)라는 포도를 사용하여, 가볍고 신선한 레드와인을 주로 생산한다.

- **피노 누아(Pinot Noir):** 배수가 잘 되고 석회성분이 많은 토양에서 잘 자라지만, 토양과 기후 등 테루아르에 대한 예민도가 심해서 가장 까다로운 품종으로 알려져 있으며, 단위면적당 수확량이 적다. 래스베리, 체리 등 아로마에서 숙성이 될 수록 버섯, 흙냄새로 발전한다. 석회질 토양에서는 향이 좋고, 점질 토양에서는 깊이가 있는 와인을, 그리고 규산질 토양에서는 가벼운 타입이 된다.

부르고뉴의 와인의 등급

1855년 줄르 라발르(Dr. Jules Lavalle)의 『코트 도르의 역사와 포도밭』이라는 책에서 특등급, 1등급, 2등급, 3등급 그리고 광역명칭 와인으로 분류하였는데, 이것이 후에 AOC 분류의 기초가 되었고, 현재 부르고뉴는 포도밭의 기후, 토양의 성질, 경사도 및 방향 등을 고려하여, 그 등급을 네 단계로 나누고 있다.

광역명칭 와인(Les Appellations Régionales) 52% 차지, 23개 AOC

부르고뉴 포도재배지역 내에서 생산되는 것으로 그 범위가 크기 때문에 대부분 와인이 이 범주에 든다. 이 범주에 속하는 와인은 전부 상표에 '부르고뉴(Bourgogne)'라는 글씨가 들어간다.
예) Appellation Bourgogne Contrôlée

빌라주 혹은 코뮌 명칭 와인(Les Appellation Communales, Village wine) 35% 차지, 44개 AOC

포도재배의 명산지로 알려진 빌라주(마을)에서 항상 우수한 품질의 와인을 생산하는 곳으로 인정되어, 와인이 생산되는 빌라주 명칭이 원산지명칭(AO)으로 상표에 표기되며, 단일 포도밭에서 나온 것은 상표에 포도밭 명칭을 표시할 수 있는데, 이때는 빌라주 명칭보다는 작은 글씨로 상표에 기입해야 한다. 예) Appellation Chambolle-Musigny Contrôlée

▦ **프르미에 크뤼**(Les Appellations Premier Crus) **11% 차지, 570개 명칭.**

빌라주에 있는 특정 포도밭에서 생산되는 와인 중에서 독특한 개성과 품질이 좋다고 인정되는
곳으로, 상표에 빌라주 명칭을 먼저 표시하고 다음에 포도밭 명칭을 표시하도록 되어 있다. 그리
고 원산지명칭(AO)에는 빌라주 명칭 다음에 프르미에 크뤼(Premier Cru)라고 표시한다.
예) Appellation Chambolle-Musigny 1ᵉʳ(Premier) Crus Contrôlée

▦ **그랑 크뤼**(Les Appellation Grands Crus) **2% 차지, 33개 AOC**

포도밭의 위치와 토양의 성질 그리고 여러 가지 조건을 두루 갖춘 최상급 포도밭 즉, 프르미에
크뤼 중 선택된 포도밭에서 생산되는 와인으로서 특별한 명성을 가진 포도밭에서 나온 것으로 부
르고뉴 와인 중 가장 고급이다. 상표에는 빌라주 명칭을 표시하지 않고 포도밭 명칭만 표시하며,
포도밭 명칭이 원산지명칭(AO)이 된다. 예) **Appellation Musigny Contrôlée**

이해를 돕기 위해 지도를 놓고 살펴보면, 샹볼 뮈지니(Chambolle-Musigny)는 코트 드 뉘이에 있는
빌라주 중 하나이다. 샹볼 뮈지니 구역 내에는 다른 곳과 마찬가지로 그랑 크뤼, 프르미에 크뤼
그리고 나머지 지역으로 경계가 확실히 정해져 있다. 그랑 크뤼 포도밭은 '뮈지니(Musigny)', '본
마르(Bonnes Mares)' 두 군데이고 프르미에급 포도밭은 '아무뢰스(Amoureuses)', '샤름(Charmes)' 등
24개가 있다. 그러므로 상표에 '뮈지니'나 '본 마르'만 써있으면 그랑 크뤼 와인이며, '샹볼 뮈지
니'라는 빌라주 명칭과 '샤름', '아무레스' 등 프르미에 크뤼 포도밭 명칭이 들어있으면 프르미에
크뤼 와인이다. 나머지 샹볼 뮈지니 구역에서 나오는 와인은 빌라주 와인이 되며, 상표에는 샹볼
뮈지니만 표시한다.

[그림 7-2] 등급별 와인상표

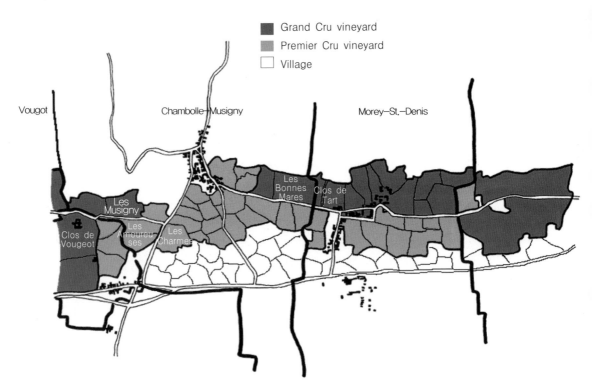

[그림 7-3] 등급별 와인 지도

📖 부르고뉴 광역명칭 AOC

- Bourgogne(부르고뉴) AOC: 레드, 로제, 화이트. 면적: 2,623ha. 수율: 레드 5,500ℓ/ha, 화이트 6,000ℓ/ha. 생산량: 1,200만 ℓ(레드 65%). 레드 품종: 피노 누아, 세자르, 트레소. 화이트 품종: 샤르도네, 피노 블랑. Bourgogne La Chapelle Notre Dame, Bourgogne Montrecul, Bourgogne La Chapitre, Bourgogne Clairet 포함.

- Bourgogne Passe-Tout-Grains(부르고뉴 파스 투 그랭) AOC: 레드, 로제. 면적: 458ha. 수율: 5,500ℓ/ha. 생산량: 215만 ℓ. 품종: 가메(15% 이상), 피노 누아(30% 이상).

- Bourgogne Aligoté(부르고뉴 알리고테) AOC: 화이트. 면적: 1,656ha. 수율: 6,000ℓ/ha. 생산량: 925만 ℓ. 품종: 알리고테.

- Crémant de Bourgogne(크레망 드 부르고뉴) AOC: 스파클링(화이트, 로제). 면적: 1,848ha. 수율: 6,500ℓ/ha. 생산량: 1,100만 ℓ. 품종: 피노 누아, 가메, 피노 그리, 알리고테, 샤르도네, 피노 블랑, 샤시. 병내 2차 발효, 9개월 이상 숙성

- Bourgogne Gamay(부르고뉴 가메) AOC: 레드. 크뤼 보졸레 지역. 2011년 인정.

- Coteaux Bourguignons(코토 부르귀뇽): 레드, 로제, 화이트. 면적: 145ha. 수율: 레드 5,500ℓ/ha,

화이트 6,000ℓ/ha. 레드 품종: 가메, 피노 누아. 화이트 품종: 알리고테, 샤르도네, 믈롱, 피노 블랑, 피노 그리. 2011년 신설된 것으로 '부르고뉴 그랑오르디네르(Bourgogne Grand-Ordinaire)' AOC 대체.

샤블리(Chablis) 와인

샤블리는 부르고뉴의 중심에서 따로 멀리 떨어져 있지만(샹파뉴에 더 가깝다), 와인의 생산지로서 부르고뉴에 속한다. 이곳은 화이트와인만 생산하는데, 세계 최고의 화이트와인으로 알려져 있다. 산과 계곡이 어우러져 계곡마다 기후와 토양이 다르다. 토양은 쥐라기 시절에 형성된 점토, 석회석, 굴 껍질로 된 '킴메리잔(Kimmérdgien)'으로서 샤르도네 포도재배에 적합하지만, 추운 지방으로 4월에서 5월 말까지 서리 피해가 커서, 1950년대까지만 해도 생산량이 많지 않았다. 최근에 재배 방법을 개선하여 단위면적 당 수확량이 증가하고, 또 포도재배 면적도 많이 늘어나면서 와인의 품질이 크게 향상되었다. 반 대륙성 기후에 대서양 영향은 거의 받지 못하여 겨울이 길고 봄이 습하며, 여름이 덥고 햇볕이 많은 편이다. 폭풍과 서리 피해가 가장 심각하다.

샤블리의 명성은 1세기 그 전으로 거슬러 올라간다. 당시의 샤블리는 광대한 와인 생산지로서 디종과 파리의 중간에 위치하고 있기 때문에, 센 강의 편리한 수상운송수단을 이용하여 파리와 벨기에의 고급 와인을 공급하는 곳이었다. 강을 중심으로 양쪽으로 포도밭이 퍼져 있으며 풍부한 일조량을 받으면서 양질의 와인을 생산하고 있다. 현재 샤블리는 향기롭고 생기가 충만한 정통 화이트와인 생산에 전념하고 있다.

샤블리 와인은 기후의 영향을 많이 받기 때문에 품질이 해마다 달라진다. 와인은 신맛이 특색 있고, 색깔도 엷은 황금색으로 오히려 초록빛에 가까운 신선미가 풍기지만, 고급품은 부드럽고 원숙한 맛을 낸다. 전체적으로 섬세한 맛과 신선하고 깨끗한 맛에 미네랄 향이 특징이다. 전통적으로 오크통에서 숙성을 시켰으나, 요즈음은 신선한 맛을 유지시키기 위해서 스테인리스스틸 탱크에서 발효, 숙성을 하고 있다. 그렇지만 고급와인은 여전히 오크통에서 숙성시켜서, 중후한 맛을 풍기고 있다.

얼마 전까지만 해도 MLF(Malolactic fermentation)를 안 시켰으나, 요즈음은 MLF는 물론, 냉동 안정법(Cold stabilization, 냉각으로 주석 제거)으로 산도를 떨어뜨린다. 샤블리에서는 극단적으로 두 가지 스타일이 나온다고 할 수 있는데, 스테인리스스틸 탱크에서 발효시켜(1960년대부터) 주병을 일찍 한 스타일과 오크통에서 발효시키고 오크통에서 숙성시킨 중후한 맛의 스타일로 나눌 수 있다.

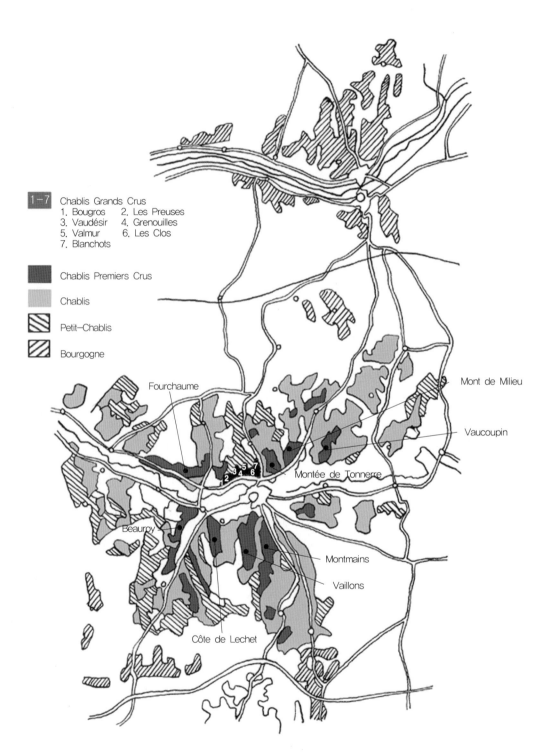

Chablis Grands Crus
1. Bougros   2. Les Preuses
3. Vaudésir   4. Grenouilles
5. Valmur   6. Les Clos
7. Blanchots

Chablis Premiers Crus

Chablis

Petit-Chablis

Bourgogne

Fourchaume

Mont de Milieu

Vaucoupin

Montée de Tonnerre

Beauroy

Montmains

Vaillons

Côte de Lechet

[그림 7-4] 샤블리 와인산지

샤블리 와인의 등급 및 AOC

샤블리 AOC

- Petit Chablis(프티 샤블리) AOC: 화이트. 면적: 843ha. 수율: 6,000ℓ/ha. 생산량: 489만 ℓ. 품종: 샤르도네. 가장 낮은 등급.
- Chablis(샤블리) AOC: 화이트. 면적: 4,100ha. 수율: 6,000ℓ/ha. 생산량: 1,824만 ℓ. 품종: 샤르도네. 주병 후 3년 정도 숙성.
- Chablis Premier Cru(샤블리 프르미에 크뤼) AOC: 화이트. 면적: 샤블리에 포함. 수율: 5,800ℓ/ha. 생산량: 샤블리에 포함. 품종: 샤르도네. 가격대비 품질 양호. 주병 후 3-5년 숙성. 푸르솜(Fourchaume), 몽 드 밀리외(Monts de Milieu), 몽테 드 토네르(Montée de Tonnerre), 보쿠팽(Vaucoupin), 몽맹(Montmains), 바용(Vaillons), 뵈뇽(Beugnons), 리스(Lys), 보루아(Beauroy), 코트 드 레세(Côte de Lechet), 뷔토(Butteaux) 등이 유명한 포도밭.
- Chablis Grand Cru(샤블리 그랑 크뤼) AOC: 화이트. 면적: 104ha. 수율: 5,400ℓ/ha. 생산량: 46만 ℓ. 품종: 샤르도네. 주병 후 5-20년 숙성. 그랑 크뤼 포도밭은 블랑쇼(Blanchots), 부그로(Bougros), 레 클로(Les Clos), 그르누이(Grenouilles), 레 프뢰즈(Les Preuses), 보데지르(Vaudésir), 발뮈르(Valmur), 7가지만, 원산지명칭(AO)은 샤블리 그랑 크뤼로 하나로 취급.

라 무톤_La Moutonne

공식적인 그랑 크뤼는 아니지만 보데지르와 그르누이 사이에 있어서 비공식 그랑 크뤼로 통용됨.

[그림 7-5] 샤블리 및 샤블리 프르미에 크뤼의 상표

[그림 7-6] 샤블리 그랑 크뤼의 상표

기타 AOC 및 광역명칭 와인(Les Appellation Régionales)

샤블리 주변에 있는 것으로 옛날 필록세라로 전부 파괴되었으나, 포도밭을 재개발하여 현재는 1,500ha에 이르는 포도밭에서 지역명칭의 화이트, 레드, 로제를 생산하고 있다.

- Irancy(이랑시) AOC: 레드. 면적: 154ha. 수율: 4,500ℓ/ha. 생산량: 70만 ℓ. 품종: 피노 누아, 피노 그리, 세자르.

- Saint.-Bris(생브리) AOC: 화이트. 면적: 138ha. 수율: 5,800ℓ/ha. 생산량: 82만ℓ. 품종: 소비뇽 블랑, 소비뇽 그리. 부르고뉴 100번째 AOC(2003).

- Bourgogne Côte d' Auxerre(부르고뉴 코트 독세르) AOC: 레드, 로제, 화이트. AOC. 면적: 193ha. 수율: 레드 5,500ℓ/ha, 화이트 6,000ℓ/ha. 생산량: 90만 ℓ(화이트 40%). 품종: Bourgogne와 동일.

- Bourgogne Coulanges-La Vineuse(부르고뉴 쿨렁주 라 비뇌즈) AOC: 레드, 로제, 화이트. 면적: 103ha. 수율: 레드 및 로제 5,500ℓ/ha, 화이트 6,000ℓ/ha. 생산량: 55만 ℓ(화이트 15%). 품종: Bourgogne와 동일.

- Bourgogne Chitry(부르고뉴 시트리) AOC: 레드, 로제, 화이트. 면적: 62ha. 수율: 6,000ℓ/ha. 생산량: 32만 ℓ(화이트 56%). 품종: Bourgogne와 동일.

- Bourgogne Côte Saint-Jacques(부르고뉴 코트 생자크) AOC: 레드, 로제, 화이트. 면적: 13ha. 수율: 레드 5,500ℓ/ha, 화이트 6,000ℓ/ha. 생산량: 7만 ℓ(화이트 2%). 품종: Bourgogne와 동일.

- Bourgogne Épineuil(부르고뉴 에피뇌이) AOC: 레드, 로제. 면적: 66ha. 수율: 6,000ℓ/ha. 생산량: 34만 ℓ. 품종: Bourgogne와 동일.

- Bourgogne Vézelay(부르고뉴 베즐레) AOC: 화이트. 면적: 65ha. 수율: 5,500ℓ/ha. 생산량: 20만 ℓ. 품종: 샤르도네.

- Bourgogne Tonnerre(부르고뉴 토네르) AOC: 화이트. 면적 56ha. 생산량: 30만 ℓ. 품종: 샤르도네.

샤블리 와인의 선택

중간 양조업자 즉 네고시앙의 명성과 수확년도를 고려해서 선택해야 한다. 샤블리 등 부르고뉴의 포도밭은 단위면적이 작고 주인도 여러 사람인 경우가 많아서, 포도재배와 와인양조를 한꺼번에 할 수가 없다. 주로 중간 양조업자가 포도를 구입하여 와인을 만드는 경우가 많기 때문에 중간 양조업자의 역할이 크다.

유명한 네고시앙

- **J. 모로 에 피스(J. Moreau & Fils)**: 샤블리를 대표하는 가장 유명한 업체이다.

- **랑블랭 에 피스(Lamblin et Fils)**: 프르미에 크뤼, 그랑 크뤼 포도밭을 가지고 있으며, 값싼 여러

상표의 와인도 만든다.

- **시모네 페브르 에 피스(Simonnet-Febvre et Fils)**: 샤블리 와인은 물론 크레망도 생산한다. 현대적인 스타일의 와인을 만든다.

- **아 르냐르 에 피스((A. Regnard & Fils)**: 포도밭을 가지고 있지 않지만, 가장 현대적인 와인을 만든다. '알베르 픽 에 피스(Albert Pic & Fils)' 이름으로도 수출된다.

- **도멘 라로슈(Domaine Laroche)**: 대규모 업체로서 최신 기술을 적용하여 와인을 생산한다. 바쉬 루아 조슬랭(Bacheroy-Josselin) 이름으로도 나온다.

- **조제프 드루앵(Joseph Drouhin)**: 샤블리뿐 아니라 부르고뉴 모든 와인을 생산하고 있는 대기업으로 미국의 오리건 주에서도 와인을 생산한다.

- **귀 로뱅(Guy Robin)**: 아들 장 피에르와 함께 같은 와인을 귀 로뱅(Guy Robin), 장 피에르 로뱅(Jean-Pierre Robin) 두 이름으로 내놓는다. 샤블리 전문 업체이다.

- **로베르 보코레(Robert Vocoret)**: 큰 오크통에서 발효를 시키고, 스테인리스스틸 탱크에서 숙성을 시켜 풍부함과 깨끗함을 가지고 있는 고급 와인을 만든다.

- **장 도비사(Jean Dauvissat)**: 샤블리 전문 메이커로서 신선하고 발랄한 와인을 만든다.

- **르네 & 뱅상 도비사(René & Vincent Dauvissat)**: 샤블리의 고급 메이커로서 오크통 숙성을 한다.

- **프랑수아 라브노(François Raveneau)**: 클로, 블랑쇼, 발뮈르에서 섬세한 맛의 그랑 크뤼를 생산하고 있다.

- **윌리엄 페브르(William Févre)**: 그랑 크뤼, 프르미에 크뤼 각 6 종을 생산하고 있으며, 유명한 '부샤르 페르에피스(Bouchard Père-et-Fils)'가 소유하고 있다.

- **루이 미셸(Louis Michel)**: 오크통 숙성을 거치지 않은 신선한 맛의 와인을 만든다.

코트 도르(Côte d'Or) 와인

코트 도르(Côte d'Or)는 영어로 '황금의 언덕(Golden Slope)'이란 뜻으로, 가을 포도밭의 노란 단풍 색깔에서 이런 이름이 유래되었다. 한편, 세계에서 가장 비싼 와인이 나오는 곳이라는 뜻도 된다. 언덕길을 따라 길게 뻗어 있는 포도밭에서, 세계적으로 와인의 표본이라 할 수 있는 완벽한 품질의 와인을 생산하고 있다. 피노 누아로 만든 레드와인은 생동력과 원숙함이 조화를 이루고 있고, 샤르도네로 만든 화이트와인은 깊은 향과 신선함이 잘 조화를 이루고 있다. 연간 200만 상자의 와인을 생산하는데, 전체 부르고뉴 지방 생산량의 약 10%를 차지한다. 이 생산량은 메도크의 절반도 되지 않는 작은 양이기 때문에, 매년 구하기가 어려워 비싼 가격으로 팔리고 있다.

보통 부르고뉴의 고급 와인이라면 코트 도르의 와인을 말한다. 이곳은 북쪽의 '코트 드 뉘이(Côte de Nuits)'와 남쪽의 '코트 드 본(Côte de Beaune)' 두 지역으로 나눠진다. 대체적으로 코트 드 뉘이의 레드와인은 코트 드 본의 것보다 진하고 타닌이 많고 베리 류 냄새가 더 많다. 그러나 코트 드 본의 코르통이나 포마는 코트 드 뉘이의 샹볼 뮈지니보다 더 진하다고 평가되고 있다.

코트 드 뉘이(Côte de Nuits)

코트 드 뉘이는 코트 도르의 북부지방으로 세계적인 레드와인의 명산지이다. 이곳은 보르도 지방의 메도크와 함께, 세계 레드와인의 양대 산맥을 형성하고 있다. 중요 생산지명과 그랑 크뤼는 기억하는 것이 좋다. 코트 드 뉘이의 최고급 와인을 '부르고뉴의 샹젤리제'라고도 한다. 피노 누아로 만든 레드와인은 타의 추종을 불허하는 풍부함이 강렬하게 나타난 것으로 부르고뉴의 명성을 세계 한가운데 확립시킨 것이다. 3,300ha의 포도밭에서 피노 누아와 약간의 샤르도네를 재배하는 곳으로 로마네 콩티와 같은 레드와인은 세계에서 가장 비싸다고 할 수 있다.

준 대륙성 기후로 겨울이 길고 춥고, 봄은 습하며 여름은 덥고 맑은 날씨가 많으며, 가끔 폭풍이 올 수도 있으며, 비가 많을 경우는 병충해가 발생하기도 한다. 포도밭은 남북으로 길게 주로 동쪽이나 동남쪽을 향한 언덕에 있으며 해발 225-350m에 위치하고 있다. 하층토는 사질 석회석이며, 경사가 심한 상층토는 이회토와 점토가 섞인 백악질 붕적토이고, 경사가 낮은 곳은 충적토로 되어 있다.

수세기 동안 코트 드 뉘이의 명성을 유지해온 이 뛰어난 포도밭은 디종 남쪽으로 20㎞ 정도 뻗어 있는 가늘고 긴 경사면을 뒤덮고 있다. 각 각 퍼져있는 장소에 따라서 테루아르가 와인의 스타일에 다양성을 부여한다. 부르고뉴의 레드와인 중 그랑 크뤼는 전부 이 지역에 집중(코르통만 예외)

되어 있으며, 빌라주, 프르미에 크뤼 등급도 아주 비싼 가격으로 팔리고 있다.

샹베르탱_Chambertin Clos de Bèze
나폴레옹이 가장 즐겨 마시던 와인이며, 알렉산드르 뒤마는 "그 어느 것도 한 잔의 샹베르탱(Chambertin)을 통해서 보이는 장미 빛 미래를 만들 수는 없다"라고 극찬했다.

오트 코트 드 뉘이(Haute-Côtes de Nuits)

이곳의 포도밭은 짜임새가 있고 강한 과실 향이 있는 와인으로 레드와인과 화이트와인이 될 수 있다. 코트 드 뉘이를 한 눈에 볼 수 있는 해발 300-400m의 넓은 지역을 차지하고 있다.

- Bourgogne Haute-Côtes de Nuits(부르고뉴 오트 코트 드 뉘이) AOC(광역명칭): 레드, 로제, 화이트. 면적: 702ha. 수율: 레드 5,000ℓ/ha, 화이트 5,500ℓ/ha. 생산량: 289만 ℓ(화이트 18%). 품종: 피노 누아, 샤르도네

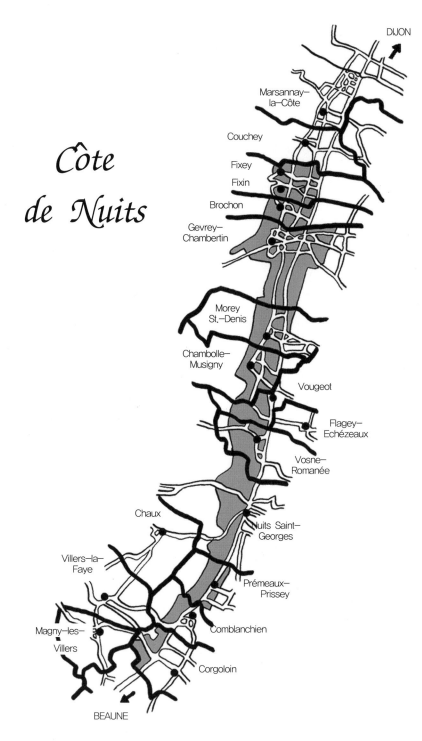

[그림 7-7] 코트 드 뉘이의 와인산지

코트 드 뉘이의 등급 및 AOC

마르사네(Marsannay)

부루고뉴에서 유일하게 레드, 화이트, 로제 모두 생산하는 곳이다. 구릉지의 동쪽에서 남쪽으로 경사면에 포도밭이 있으며, 토양은 다양하다.

- Marsannay(마르사네) AOC: 레드, 화이트. 면적: 203ha. 수율: 레드 4,000ℓ/ha, 화이트 4,500ℓ/ha. 생산량: 71만 ℓ. 품종: 피노 누아, 샤르도네.
- Marsannay Rosé(마르사네 로제): 로제. 면적: 33ha. 생산량 11만 ℓ 품종: 피노 누아
- 프르미에 크뤼: 없음
- 그랑 크뤼: 없음

픽생(Fixin)

생산자는 픽생(Fixin)이나 코트 드 뉘이 빌라주(Côte de Nuit-Villages)라는 명칭을 사용할 수 있다. 프르미에 크뤼는 경사면에 갈색 석회암 토양으로 그 외는 석회암과 이회토 토양으로 이루어져 있다.

- Fixin(픽생) AOC: 레드, 화이트. 면적: 103ha. 수율: 레드 4,000ℓ/ha, 화이트 4,500ℓ/ha. 생산량: 36만 ℓ(17% 프르미에 크뤼, 레드 96%). 품종: 피노 누아, 샤르도네.
- 프르미에 크뤼: Clos de La Perrière(클로 들 라 페리에르), Clos du Chapitre(클로 뒤 샤피트르), Hervelets(에르빌레), Clos Napoléon(클로 나폴레옹), Arvelets(아르빌레) 등 8개
- 그랑 크뤼: 없음

제브레 샹베르탱(Geverey-Chambertin)

코트 드 뉘이 최대 산지로서 그랑 크뤼 포도밭도 가장 많다. 해발 200m의 동향의 경사진 포도밭에서 색깔이 진하고 풍부한 맛의 와인을 생산한다. 그랑 크뤼, 프르미에르 크뤼 포도밭은 갈색 토양으로 표토가 얇고 점토와 사질 토양이며, 경사면에는 점토석회질 토양이다. 그 외는 경사면에서 나온 퇴적물과 이회토로 되어 있으며 자갈이 많다.

- Geverey-Chambertin(제브레 샹베르탱) AOC: 레드. 면적: 399ha. 수율: 4,000ℓ/ha. 생산량: 140만 ℓ (17% 프르미에 크뤼). 품종: 피노 누아
- 프르미에 크뤼: Clos Saint-Jacques(클로 생 자크), Clos de Varailles(클로 드 바르아유), La Perrière(라 페리에르), Aux Combottes(오 콩보트), Bel Air(벨 에르), Clos du Chapitre(클로 뒤 샤피트르), Les Cazetiers(레 카즈티에), Champeaux(샹포) 등 26개
- 그랑 크뤼:
  ① Chambertin(샹베르탱) AOC: 레드. 면적: 13.6ha. 수율: 3,500ℓ/ha. 생산량: 4만 ℓ. 품종: 피노 누아.
  ② Chambertin-Clos de Bèze(샹베르탱 클로 드 베즈) AOC: 레드. 면적: 15.8ha. 수율: 4,200ℓ/ha. 생산

량: 5만 ℓ. 품종: 피노 누아. 부르고뉴에서 가장 오래된 포도밭.

③ Charmes-Chambertin(샤름 샹베르탱) AOC: 레드. 면적: 29.6ha. 수율: 3,700ℓ/ha. 생산량: 9만 ℓ. 품종: 피노 누아.

④ Mazoyères-Chambertin(마쥬에르 샹베르탱) AOC: 레드. 면적 1.8ha. 생산량: 0.5만ℓ. 기타 샤름 샹베르탱(Charmes-Chambertin)과 동일.

⑤ Chapelle-Chambertin(샤펠 샹베르탱) AOC: 면적: 레드. 5.5ha. 수율: 3,700ℓ/ha. 생산량: 1.5만 ℓ. 품종: 피노 누아

⑥ Griotte-Chambertin(그리오트 샹베르탱) AOC: 레드. 면적: 2.6ha. 수율: 3,700ℓ/ha. 생산량: 0.9만 ℓ. 품종: 피노 누아

⑦ Latricieres-Chambertin(라트리시에르 샹베르탱) AOC: 레드. 면적: 7.3ha. 수율: 3,700ℓ/ha. 생산량: 2.2만 ℓ. 품종: 피노 누아.

⑧ Mazis-Chambertin(마지 샹베르탱) AOC: 레드. 면적: 9.0ha. 수율: 3,700ℓ/ha. 생산량: 2.8만 ℓ. 품종: 피노 누아.

⑨ Ruchottes-Chambertin(뤼쇼트 샹베르탱) AOC: 레드. 면적: 3.3ha. 수율: 3,700ℓ/ha. 생산량: 1.1만 ℓ. 품종: 피노 누아

모레 생 드니(Morey-Saint-Denis)

그랑 크뤼는 경사면의 위쪽, 프르미에 크뤼는 그 아래쪽에 있으며, 토양은 석회암과 점토질 석회암 등으로 이루어져 있다.

- Morey-Saint-Denis(모레 생 드니) AOC: 레드, 화이트. 면적: 94ha. 수율: 레드 4,000ℓ/ha, 화이트 4,500ℓ/ha. 생산량: 31만 ℓ(42% 프르미에 크뤼, 레드 95%). 품종: 피노 누아, 샤르도네.

- 프르미에 크뤼: Les Rouchots(레 루쇼), Les Sorbés(레 소르베), Les Millandes(레 밀랑드), Clos des Ormes(클로 데 옴), Aux Charmes(오 샤름) 등 20개

- 그랑 크뤼:
  ① Clos de Tart(클로 드 타르) AOC: 레드. 면적: 7.3ha. 수율: 3,500ℓ. 생산량: 1.6만 ℓ. 품종: 피노 누아.
  ② Clos Saint-Denis(클로 생 드니) AOC: 레드. 면적: 6.2ha. 수율: 3,500ℓ/ha. 생산량: 2만 ℓ. 품종: 피노 누아.
  ③ Clos de la Roche(클로 들 라 로슈) AOC: 레드. 면적: 16.6ha. 수율: 3,500ℓ/ha. 생산량: 5.3만 ℓ. 품종: 피노 누아.
  ④ Bonnes Mares(본 마르) AOC: 레드. 면적: 14.7ha. 수율: 3,500ℓ/ha. 생산량: 4.5만 ℓ. 품종: 피노 누아.
  ⑤ Clos des Lambrays(클로 데 랑브레) AOC: 레드. 면적: 8.5ha. 수율: 3,500ℓ/ha. 생산량: 2.2만 ℓ. 품종: 피노 누아.

샹볼 뮈지니(Chambolle-Musigny)

그랑 크뤼는 북쪽에 자리를 잡고 있으며, 그 다음에 프르미에 크뤼, 더 남쪽으로 빌라주 급 포도밭이 이어져 있다. 토양은 척박하며 장소에 따라 석회암이 노출된 곳이 많다.

- Chambolle-Musigny(샹볼 뮈지니) AOC: 레드. 면적: 152ha. 수율: 4,000ℓ/ha. 생산량: 53만 ℓ(38% 프르미에 크뤼). 품종: 피노 누아.
- 프르미에 크뤼: Les Amoureuses(레 자무뢰스), Les Charmes(레 샤름), Les Cras(레 크라), Les Plantes(레 플랑트), Les Fuêes(레 퓌에), Aux Combottes(오 콩보트) 등 25개
- 그랑 크뤼:
  ① Musigny(뮈지니) AOC: 레드, 화이트. 면적: 10.7ha. 수율: 레드 3,500ℓ/ha, 화이트 4,000ℓ/ha. 생산량: 2.9만 ℓ(레드 93%). 품종: 피노 누아, 샤르도네.
  ② Bonnes Mares(본 마르) AOC: Morey-Saint-Denis 참조.

▦ 부조(Vougeot)

그랑 크뤼인 '클로 드 부조'가 대부분을 차지하며, 위쪽은 석회암, 아래쪽은 석회암 입자가 점토와 섞여 있다.

- Vougeot(부조) AOC: 레드, 화이트. 면적: 16ha. 수율: 레드 4,000ℓ/ha, 화이트 4,500ℓ/ha. 생산량: 4만 ℓ(76% 프르미에 크뤼, 레드 72%). 품종: 피노 누아, 샤르도네.
- 프르미에 크뤼: Clos de la Perrière(클로 들 라 페리에르), Les Petits Vougeot(레 프티 부조), Les Clos Blanc(레 클로 블랑), Les Cras(레 크라) 등 4개
- 그랑 크뤼:
  ① Clos de Vougeot(클로 드 부조)/Clos Vougeot(클로 부조) AOC: 레드. 면적: 49.4ha. 수율: 3,500ℓ/ha. 생산량: 14만 ℓ. 품종: 피노 누아.

▦ 플라제 에셰조(Flagey-Echézeaux)

본 로마네 옆에 있는 마을로 보통 본 로마네 취급을 한다. 와인 성격도 본 로마네와 비슷하지만 화려함이 뒤진다.

- Flagey-Echézeaux(플라제 에셰조) Village: 본 로마네(Vosne-Romanée) 이름으로 표시함.
- 프르미에 크뤼: 본 로마네(Vosne-Romanée) 이름으로 표시함.
- 그랑 크뤼:
  ① Grands-Echézeaux(그랑 데셰조) AOC: 레드. 면적: 8.8ha. 수율: 3,500ℓ/ha. 생산량: 2.7만 ℓ. 품종: 피노 누아
  ② Echézeaux(에셰조) AOC: 레드. 면적: 35.8ha. 수율: 3,500ℓ/ha. 생산량: 11만 ℓ. 품종: 피노 누아.

▦ 본 로마네(Vosne-Romanée)

우아하고 풍부한 레드와인으로 부르고뉴에서 가장 화려한 맛을 자랑하며, 가장 비싼 와인을 만드는 곳이라고 할 수 있다. 토양은 점토질을 함유한 갈색의 석회암 토양으로 이루어져 있다.

- Vosne-Romanée(본 로마네) AOC: 레드. 면적: 154ha. 수율: 4,000ℓ/ha. 생산량: 52만 ℓ(40% 프르미

에 크뤼). 품종: 피노 누아

- **프르미에 크뤼:** Les Gaudichots(레 고디쇼), Les Malconsort(레 말콩소르), Les Beaux-Monts(레 보 몽), Cros Parantoux(크로 파랑투), Clos des Rêas(클로 데 레아) Les Chaumes(레 숌) 등 12개 + 플라제 에세조 3개

- **그랑 크뤼:**
  ① Romanée-Conti(로마네 콩티) AOC: 레드. 면적: 1.8ha. 수율: 3,500ℓ/ha. 생산량: 0.4만 ℓ. 품종: 피노 누아
  ② La Romanée(라 로마네) AOC: 레드. 면적: 0.8ha. 수율: 3,500ℓ. 생산량: 0.3만 ℓ. 품종: 피노 누아
  ③ Romanée-Saint-Vivant(로마네 생 비방) AOC: 레드. 면적: 8.5ha. 수율: 3,500ℓ/ha. 생산량: 2.4만 ℓ. 품종: 피노 누아
  ④ La Tâche(라 타슈) AOC: 레드. 면적: 5.1ha. 수율: 3,500ℓ/ha. 생산량: 1.3만 ℓ. 품종: 피노 누아
  ⑤ Richebourg(리슈부르) AOC: 레드. 면적: 7.0ha. 수율: 3,500ℓ/ha. 생산량: 2.2만 ℓ. 품종: 피노 누아
  ⑥ La Grande-Rue(라 그랑드 뤼) AOC: 레드. 면적: 1.7ha. 수율: 3,500ℓ/ha. 생산량: 0.6만 ℓ. 품종: 피노 누아

뉘이 생 조르주(Nuits-Saint-George)

북쪽은 경사면을 따라 충적토, 중간은 미사 등 퇴적물이 발견되며, 남쪽은 이회토 등으로 이루어져 있다.

- **Nuits-Saint-George(뉘이 생 조르주) AOC:** 레드, 화이트. 면적: 309ha. 수율: 레드 4,000ℓ/ha, 화이트 4,500ℓ/ha. 생산량: 108만 ℓ(48% 프르미에 크뤼, 레드 96%). 품종: 피노 누아, 샤르도네.

- **프르미에 크뤼:** Les Saint-Georges(레 생 조르주), Les Vaucrains(레 보크랭), Les Cailles(레 카이유), Aux Boudots(오 부도), Les Pruliers(레 프륄리에) 등 41개

- **그랑 크뤼:** 없음

기타

- **Côte de Nuit-Villages(코트 드 뉘이 빌라주) AOC:** 레드, 화이트. 면적: 171ha. 수율: 레드 4,000ℓ/ha, 화이트 4,500ℓ/ha. 생산량: 62만 ℓ(레드 94%). 품종: 피노 누아, 샤르도네. 생산지역(마을)이 픽생(Fixin), 브로숑(Brochon), 프리세(Prissey), 콩발랑쉬앵(Combalanchien), 코르골로앵(Corgoloin) 등으로 흩어져 있음.

참고사항

- 하나의 포도밭이 두 군데 이상의 빌라주에 표시된 것은 두 군데 이상의 빌라주에 걸쳐있는 포도밭이다.
- 마주에르 샹베르탱(Mazoyères-Chambertin)은 상표에 샤름 샹베르탱(Charmes-Chambertin) 명칭을 사용할 수 있다.

 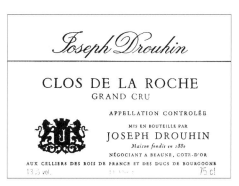

[그림 7-8] 코트 드 뉘이의 상표

코트 드 본(Côte de Beaune)

본은 부르고뉴 수도이면서 와인 산지로서 '코트 드 본'이라는 명칭은 라두아에서 마랑주 언덕의 경사진 곳까지 이르는 코트 도르 남부의 넓은 포도밭을 이르는 말로 사용된다. 이 코트 드 본이라는 이름을 가진 지역에서 생산되는 와인은 우수한 테루아르 때문에 품질도 우수하지만 그 성격도 다양하다. 남쪽에 있어서 건조하고 온화한 곳으로 포도가 빨리 익는다. 포도밭 면적은 6,000ha에 이르며, 토양은 백악이 포함된 자갈 점토, 산화철이 풍부한 적색토, 백악과 합쳐진 이회토 등으로 이루어져 있다.

코트 드 본에서는 그랑 크뤼 레드와인으로 유일한 '코르통(Corton)'을 생산하며, 드라이 화이트와인은 세계에서 가장 값이 비싸기로 유명한 그랑 크뤼로서 '몽라셰(Montrachet)', '코르통 샤를마뉴(Corton-Charlemagne)', 그리고 '슈발리에 몽라셰(Chevalier-Montrachet)' 등을 생산한다. 일찍이 알렉산더 뒤마는 "몽라셰는 모자를 벗고 무릎을 꿇고 마셔야 …"한다고 했을 정도다.

오스피스 드 본_Hospices de Beaune

본 시에는 세계에서 가장 유명한 경매의 수익금으로 운영되는 아름다운 자선병원이 있다. 이 병원은 15세기 중엽에 창설된 것으로 지금도 활발한 활동을 계속하고 있으며, 본의 환자를 무료로 돌보고 있다. 세월을 거듭하면서 많은 포도밭을 기부 받아, 현재는 코트 드 본은 물론 코트 드 뉘이까지 이름 있는 포도밭을 소유하고 있으며, 오스피스 드 본(Hospices de Beaune)이라는 문장이 들어간 와인도 내놓고 있다. 이 와인의 경매에서 얻은 이익금을 병원의 유지와 근대화에 사용하고 있다. 현재까지도 매년 11월 세 번째 일요일에 개최되는 와인 경매에는 많은 와인 애호가가 모이고 있다.

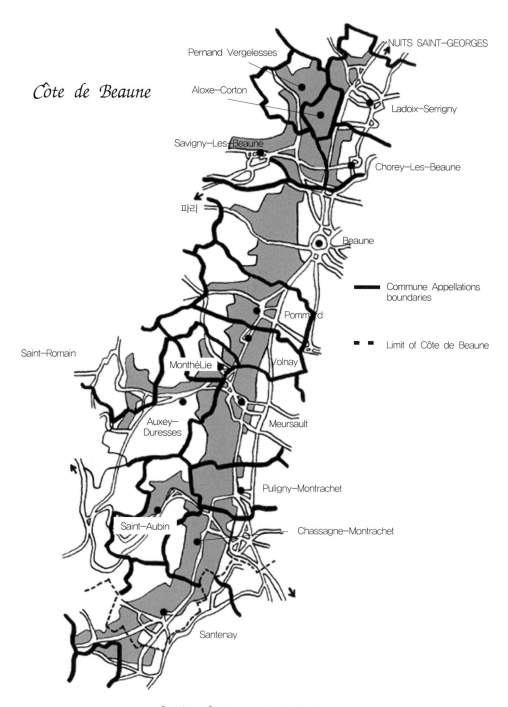

[그림 7-9] 코트 드 본의 와인산지

코트 드 본의 등급 및 AOC

▓ 오트 코트 드 본(Haute-Côte de Beaune)

코트 드 본 뒤쪽 높은 곳에 위치한 이 포도밭은 코트 드 본과 동일한 토양이지만 기후가 다르다. 일조량이 많은 경사지에 위치하고 있다.

- Bourgogne Haute-Côte de Beaune(부르고뉴 오트 코트 드 본) AOC(광역명칭): 레드, 화이트. 면적: 804ha. 수율: 레드 5,000ℓ/ha, 화이트 5,500ℓ/ha. 생산량: 352만 ℓ(레드 54%). 품종: Bourgogne와 동일.

▓ 라두아(Ladoix)

경사면 위쪽은 자갈이 많고, 철분이 함유된 적색토양에 석회질과 이회토가 많아서 화이트와인에 적합하며, 중앙부는 석회암 조각을 많이 함유한 갈색 토양으로 레드와인에 좋다. 보통 알록스 코르통에 포함되어 취급되기도 한다.

- Ladoix(라두아) AOC: 레드, 화이트. 면적: 98ha. 수율: 레드 4,000ℓ/ha, 화이트 4,500ℓ/ha. 생산량: 34만 ℓ(16% 프르미에 크뤼, 레드 72%). 품종: 피노 누아, 샤르도네.
- 프르미에 크뤼: La Micaude(라 미코드), La Corvée(라 코르베), Haute Mourottes(오트 무로트), Le Clou d'Orge(르 클로 도르주), Les Joyeuses(레 조아유즈) 등 11개. 클로 데 마레쇼드(Clos des Maréchaudes) 등 7개 포도밭은 알록스 코르통으로 표기.
- 그랑 크뤼:
  ① Corton(코르통) AOC: 레드, 화이트. 면적: 97.5ha. 수율: 레드 3,500ℓ/ha, 화이트 4,000ℓ/ha. 생산량: 29만 ℓ(레드 95%). 품종: 피노 누아, 샤르도네.
  ② Corton-Charlemagne(코르통 샤를마뉴) AOC: 화이트. 면적 52.1ha. 수율: 4,000ℓ/ha. 생산량: 19만 ℓ. 품종: 샤르도네.

▓ 알록스 코르통(Aloxe-Corton)

규산질 석회암 조각을 함유한 갈색 토양으로 이루어져 있다.

- Aloxe-Corton(알록스 코르통) AOC: 레드, 화이트. 면적: 110ha. 수율: 레드 4,000ℓ/ha, 화이트 4,500ℓ/ha. 생산량: 44만 ℓ(42% 프르미에 크뤼, 레드 98%). 품종: 피노 누아, 샤르도네.
- 프르미에 크뤼: Les Valozières(레 발로지에르), Les Chaillot(레 샤이요), Clos du Chapitre(클로 뒤 샤피트르), Les Fournières(레 푸르니에), Les Marèchaudes(레 마레쇼드), Les Paulands(레 폴랑드), Les Vercots(레 브르코), Les Guérets(레 게레) 등 8개 + 라두아 포도밭 7개.
- 그랑 크뤼:
  ① Corton(코르통) AOC: 레드, 화이트.
  ② Corton-Charlemagne(코르통 샤를마뉴) AOC: 화이트.
  ③ Charlemagne(샤를마뉴) AOC: 공식적으로 그랑 크뤼로 통용되는 화이트와인이지만, 명칭만 존재할 뿐,

상표에는 코르통 샤를마뉴(Corton-Charlemagne)로 표기.

페르낭 베르줄레스(Pernand-Vergelesse)

경사면의 위쪽은 갈색과 황색의 이회토로 샤르도네에 적합한 토양이며, 중간에는 자갈이 많은 석회암으로 피노 누아에 적합한 토양이다.

- Pernand-Vergelesse(페르낭 베르줄레스) AOC: 레드, 화이트. 면적: 139ha. 수율: 레드 4,000ℓ/ha, 화이트 4,500ℓ/ha. 생산량: 50만 ℓ(31% 프르미에 크뤼, 레드 53%). 품종: 피노 누아, 샤르도네.
- 프르미에 크뤼: Basses Vergelesses(바즈 베르줄레스), Les Fichots(레 퓌쇼트), En Caradeux(엉 카라 뒈), Ile des Vergelesses(일 데 베르줄레스) 등 8개
- 그랑 크뤼:
  ① Corton(코르통) AOC: 레드
  ② Corton-Charlemagne(코르통 샤를마뉴) AOC: 화이트
  ③ Charlemagne(샤를마뉴) AOC: 화이트

코르통의 지정된 포도밭에서 샤르도네, 피노 블랑, 피노 그리 등으로 만든 화이트와인이 나올 경우 원산지명칭(AO)은 코르통 샤를마뉴가 되며, 코르통 샤를마뉴에서 피노 누아를 재배하여 나오는 레드와인의 원산지명칭(AO)은 코르통이 된다.

사비니 레 본(Savigny-les-Beaune)

페르낭 베르즐레스 옆은 남향으로 프르미에르 크뤼가 많고, 사질 토양이다. 아래쪽은 적갈색 석회암에 점토와 자갈이 섞여 있다. 본에 인접한 프르미에르 크뤼는 동향으로 석회암과 모래가 섞여 있다.

- Savigny-les-Beaune(샤비니 레 본) AOC: 레드, 화이트. 면적: 355ha. 수율: 레드 4,000ℓ/ha, 화이트 4,500ℓ/ha. 생산량: 130만 ℓ(42% 프르미에 크뤼, 레드 85%). 품종: 피노 누아, 샤르도네.
- 프르미에 크뤼: Basses Vergelesses(바즈 베르줄레스), Aux Gravains(오 그라뱅), Les Haut Marconnets(레 오 마르코네), Aux Guettes(오 게트) 등 22개
- 그랑 크뤼: 없음

쇼레 레 본(Chorey-Les-Beaune)

레드와인은 원산지명칭(AO)에 코트 드 본 빌라쥬(Côte de Beaune-Villages)라는 명칭을 사용할 수 있으며, 빌라주 급만 있고 프르미에르, 그랑 크뤼는 없다. 토양은 석회암과 이회토의 충적토가 퇴적되어 있으며, 장소에 따라 철분을 함유하고 있다.

- Chorey-Les-Beaune(쇼레 레 본) AOC: 레드, 화이트. 면적: 126ha. 수율: 레드 4,000ℓ/ha, 화이트 4,500ℓ/ha. 생산량: 51만 ℓ(레드 92%). 품종: 피노 누아, 샤르도네.

- **프르미에 크뤼:** 없음
- **그랑 크뤼:** 없음

본(Beaune)

코트 도르에서 가장 넓은 곳으로 프르미에르 크뤼가 75% 이상을 차지하고 있으며, 그랑 크뤼는 없다. 위쪽은 경사가 급하여 표토가 척박하며, 아래쪽은 석회암에서 나온 철분을 함유한 이회토가 많다.

- **Beaune(본) AOC:** 레드, 화이트. 면적: 416ha. 수율: 레드 4,000ℓ/ha, 화이트 4,500ℓ/ha. 생산량: 143만 ℓ(79% 프르미에 크뤼, 레드 85%). 품종: 피노 누아, 샤르도네.
- **프르미에 크뤼:** Les Marconnets(레 마르코네), Les Fèves(레 페브), Les Grèves(레 그레브), Clos des Mouches(클로 데 무슈), Aux Cras(오 크라), Clos de l'Ecu(클로 드 레퀴), Les Vignes Franches(레 비뉴 프랑슈), Clos du Roi(클로 뒤 루아), Clos de la Mousse(클로 들 라 무즈) 등 44개
- **그랑 크뤼:** 없음
- **Côte de Beaune(코트 드 본) AOC:** 레드, 화이트. 면적: 33ha. 수율: 레드 4,000ℓ/ha, 화이트 4,500ℓ/ha. 생산량: 15만 ℓ(레드 62%). 레드 품종: 피노 누아, 화이트 품종: 샤르도네. 본 안에 있는 또 하나의 빌라주로서 해발 300-370m에 있는 포도밭.

포마르(Pommard)

경사면의 중간에 프르미에르 크뤼가 많고, 토양은 석회질 점토로 이루어져 있다. 위쪽은 이회토와 갈색의 석회질 토양으로 장소에 따라 철분이 많아 적색을 띤다. 아래쪽은 오래된 충적토가 주를 이룬다.

- **Pommard(포마르) AOC:** 레드. 면적: 326ha. 수율: 4,000ℓ/ha. 생산량: 120만 ℓ(33% 프르미에 크뤼). 품종: 피노 누아.
- **프르미에 크뤼:** Les Grands Epenots(레 그랑 제프노), Les Petits Epenots(레 프티 제프노), Clos de la Commaraine(클로 들 라 코마렌), Clos Blanc(클로 블랑), Les Saussilles(레 소시유), Les Fremier(레 퓌르미에), Les Rugiens-Bas(레 루지엥바), Les Rugiens-Haut(레 루지엥오), Les Croix Noitrs(레 크루아 누아) 등 27개
- **그랑 크뤼:** 없음

볼네(Volnay)

경사면의 중간에 프르미에르 크뤼가 퍼져 있으며, 위쪽은 경사가 급하고, 아래쪽은 완만하다. 위쪽은 석회암, 중간은 백악질 토양, 아래쪽은 붉은 석회암 자갈이 많으며, 철분을 많이 함유하고 있다.

- Volnay(볼네) AOC: 레드. 면적: 220ha. 수율: 4,000ℓ/ha. 생산량: 76만 ℓ(62% 프르미에 크뤼). 품종: 피노 누아. 화이트와인은 뫼르소 명칭으로 판매.

- 프르미에 크뤼: Caillerets(카이유레), Clos des Chênes(클로 데 셴), Les Angels(레 상그르), Fremiets Clos de la Rougeotte(퓌르미에 클로 들 라 루조트), Clos de la Bousse d'Or(클로 들 라 부즈 도르), Clos de la Barre(클로 들 라 바르) 등 30개

- 그랑 크뤼: 없음

볼네 상트노_Volnay-Santenots

뫼르소 동부에 있는 포도밭으로 레드와인 프르미에 크뤼이며, 여기서 나오는 화이트와인은 '뫼르소 프르미에 크뤼(Meursault Premier Crus)'가 된다.

몽텔리(Monthélie)

볼네와 뫼르소 사이의 구릉지로 자갈이 많은 석회질 토양으로 점토와 이회토로 덮여 있다.

- Monthélie(몽텔리) AOC: 레드, 화이트. 면적: 122ha. 수율: 레드 4,000ℓ/ha, 화이트 4,500ℓ/ha. 생산량: 44만 ℓ(23% 프르미에 크뤼, 레드 86%). 품종: 피노 누아, 샤르도네.

- 프르미에 크뤼: Les Riottes(레 리오트), Le Cas Rougeot(르 카 루조) 등 15개

- 그랑 크뤼: 없음

오세 뒤레스(Auxey-Duresses)

코트 드 본 구릉지 뒤편으로 인접한 몽텔리 근처에 프르미에르 크뤼가 많다. 토양은 자갈이 많은 이회토와 석회질로 이루어져 있다.

- Auxey-Duresses(오세 뒤레스) AOC: 레드, 화이트. 면적: 133ha. 수율: 레드 4,000ℓ/ha, 화이트 4,500ℓ/ha. 생산량: 51만 ℓ(20% 프르미에 크뤼, 레드 65%). 품종: 피노 누아, 샤르도네.

- 프르미에 크뤼: Clos du Val(클로 뒤 발), Les Duresse(레 뒤레스), Bas des Duresse(바 데 뒤레스), Reugne(르뉘), Climat du Val(클리마 뒤 발) 등 9개

- 그랑 크뤼: 없음

생 로맹(Saint-Romain)

코트 드 본 뒤쪽으로 해발 400m가 넘는 곳이 있을 정도로 코트 드 본에서 가장 높은 지대에 있다. 토양은 석회암과 이회토가 섞인 곳으로 샤르도네에 적합하다.

- Saint-Romain(생 로맹) AOC: 레드, 화이트. 면적: 92ha. 수율: 레드 4,000ℓ/ha, 화이트 4,500ℓ/ha. 생산량: 37만 ℓ(레드 40%). 품종: 피노 누아, 샤르도네.

- 프르미에 크뤼: 없음

- 그랑 크뤼: 없음

뫼르소(Meursault)

뉘이 생 조르주 근처에서 시작된 지하의 단단한 석회암이 표면에 드러난 곳으로 주로 화이트와 인을 생산한다. 이곳의 화이트와인은 아몬드, 토스트 등의 향으로 부드럽고 매끄러우며 뒷맛이 길 게 가며, 레드와인은 가볍고 균형 잡힌 맛으로 신선하다.

- Meursault(뫼르소) AOC: 레드, 화이트. 면적: 400ha. 수율: 화이트 4,500ℓ/ha, 레드 4,000ℓ/ha. 생산 량: 17만 ℓ(26% 프르미에 크뤼, 화이트 98%). 품종: 샤르도네, 피노 누아.
- 프르미에 크뤼: Perrières(페리에르), Charmes(샤름), Genevrières(주느브리에르), Poruzots(포뤼조), Les Goutte d'Or(레 구트 도르), Les Bouchères(레 부셰르), Les Santenots(레 상트노) 등 29개(Blagny 포도밭 포함)
- 그랑 크뤼: 없음

뫼르소 블라니_Meursault-Blagny

뫼르소 북부에 있는 포도밭으로 화이트와인 프르미에 크뤼이며, 여기서 나오는 레드와인은 '블라니 프르미에 크뤼 (Blagny Premier Crus)'가 된다

블라니(Blagny)

마을은 따로 없고, 뫼르소와 퓔리니 몽라셰에 속한 7개의 포도밭에서 나온 레드와인 프르미에 크뤼를 말한다. 여기서 나오는 화이트와인은 각각 뫼르소 프르미에 크뤼, 퓔리니 몽라셰 프르미에 크뤼가 된다.

- Blagny(블라니) AOC: 생산 가능하나 없음.
- 프르미에 크뤼: 면적: 4.7ha. 수율: 4,000ℓ/ha. 생산량: 16,000ℓ. 뫼르소에 포함
- 그랑 크뤼: 없음

생 토뱅(Saint-Aubin)

퓔리니 몽라셰와 샤사뉴 몽라셰의 북쪽으로 해발 300-350m의 고지대에 포도밭이 있다. 화이트 와인 포도는 석회암이 많은 백색 토양에, 레드와인 포도는 갈색의 점토질 토양에 재배되고 있다.

- Saint-Aubin(생 토뱅) AOC: 레드, 화이트. 면적: 154ha. 수율: 화이트 4,500ℓ/ha, 레드 4,000ℓ/ha. 생산량: 65만 ℓ(73% 프르미에 크뤼, 화이트 77%). 품종: 샤르도네, 피노 누아.
- 프르미에 크뤼: La Chatenière(라 샤트니에르), Les Murgers des Dents de Chien(레 뮈르제 데 당트 드 시엥), Sur le Sentier du Clou(쉬르 르 생티에 뒤 클루), Les Combes(레 콩브), Les Champlots(레

샹플로) 등 20개

- 그랑 크뤼: 없음

퓔리니 몽라셰(Puligny-Montrachet)

최고의 화이트와인 산지로서 그랑 크뤼 포도밭은 남단의 해발 250-290m 되는 곳에 있으며, 프르미에 크뤼는 북부 뫼르소 근처에 있다. 토양은 갈색 석회암으로 이회토와 점토질 토양이 섞여 있다.

- Puligny-Montrachet(퓔리니 몽라셰) AOC: 레드, 화이트. 면적: 206ha. 수율: 화이트 4,500ℓ/ha. 레드 4,000ℓ/ha. 생산량: 101만 ℓ(46% 프르미에 크뤼, 화이트 98%). 품종: 샤르도네, 피노 누아.
- 프르미에 크뤼: Les Combettes(레 콩베트), Les Pucelles(레 퓌셀), Les Chalumeaux(레 샬루모), Le Cailleret(르 카이유레), Les Folatières(레 폴라티에르), Clavoillon(클라바이용), Champ Canet(샹 카네) 등 23개
- 그랑 크뤼:
  ① Montrachet(몽라셰) AOC: 화이트. 면적: 8.0ha. 수율: 4,000ℓ/ha. 생산량: 2.7만 ℓ. 품종: 샤르도네.
  ② Chevalier-Montrachet(슈발리에 몽라셰) AOC: 화이트. 면적: 7.5ha. 수율: 4,000ℓ/ha. 생산량: 2.9만 ℓ. 품종: 샤르도네.
  ③ Bâtard-Montrachet(바타르 몽라셰) AOC: 화이트. 면적: 11.7ha. 수율: 4,000ℓ/ha. 생산량: 4.9만 ℓ. 품종: 샤르도네
  ④ Bienvenue-Bâtard-Montrachet(비앵브뉘 바타르 몽라셰) AOC: 화이트. 면적: 3.6ha. 수율: 4,000ℓ/ha. 생산량: 1.7만 ℓ. 품종: 샤르도네

샤사뉴 몽라셰(Chassagne-Montrachet)

퓔리니 몽라셰와 함께 최고의 화이트와인 산지로서 그랑 크뤼는 이 마을의 북부에 있는 편이다. 레드와인의 비율도 높은 편이다. 토양은 석회암 자갈, 이회토, 점토 등 다양하다.

- Chassagne-Montrachet(샤사뉴 몽라셰) AOC: 레드, 화이트. 면적: 308ha. 수율: 레드 4,000ℓ/ha, 화이트 4,500ℓ/ha. 생산량: 133만 ℓ(48% 프르미에 크뤼, 화이트 70%). 품종: 피노 누아, 샤르도네.
- 프르미에 크뤼: Les Grandes Ruchortes(레 그랑드 뤼쇼트), Les Champs Gains(레 샹 갱), Abbaye de Morgeot(아베이 드 모르조), La Grandes Montagne(라 그랑드 몽타뉴), Morgeot(모르조), Caillerets(카이유레), Clos Saint-Jean(클로 생 장), Bois de Chassagne(부아 드 샤사뉴), La Maltroie(라 말트루아) 등 50개
- 그랑 크뤼:
  ① Montrachet(몽라셰) AOC
  ② Bâtard-Montrachet(바타르 몽라셰) AOC
  ③ Criots-Bâtard-Montrachat(크리오 바타르 몽라셰) AOC: 화이트. 면적: 1.6ha. 수율: 4,000ℓ/ha. 생산량: 0.7만 ℓ. 품종: 샤르도네.

상트네(Santenay)

샤사뉴 몽라셰에서 시작된 코트 드 본 구릉지는 상트네를 거쳐 마랑주에서 끝나는 코트 드 본의 끝에 있다. 석회암과 이회토가 풍부한 곳으로 피노 누아에 적합하여 레드와인의 비율이 높다.

- Santenay(상트네) AOC: 레드, 화이트. 면적: 322ha. 수율: 레드 4,000ℓ/ha, 화이트 4,500ℓ/ha. 생산량: 108만 ℓ(36% 프리미에 크뤼, 레드 80%). 품종: 피노 누아, 샤르도네.
- 프리미에 크뤼: Les Gravières(레 그라비에르), Beauregard(보르가르), Passetemps(파스탕), La Maladière(라 말라디에르) 등 12개
- 그랑 크뤼: 없음

마랑주(Maranges)

1989년에 AOC가 된 곳이며, 자갈이 많은 가벼운 토양이다.

- Maranges(마랑주) AOC: 레드, 화이트. 면적: 161ha. 수율: 레드 4,000ℓ/ha, 화이트 4,500ℓ/ha. 생산량: 57만 ℓ(41% 프리미에 크뤼, 레드 94%). 품종: 피노 누아, 샤르도네.
- 프리미에 크뤼: La Boutière(라 부티에르), Les Maranges(레 마랑주), Le Clos-des-Rois(르 클로 데 루아) 등 7개
- 그랑 크뤼: 없음

기타

- Côte de Beaune-Villages(코트 드 본 빌라주) AOC: 레드. 면적: 4.7ha. 수율: 레드 4,000ℓ/ha. 생산량: 1.8만 ℓ. 품종: 피노 누아. 알록스코르통(Alxoe-Corton), 본(Beaune), 포마르(Pommard), 볼네(Volnay)를 제외한 각 빌라주의 레드와인에 별도로 부여할 수 있는 명칭.

참고사항

① 하나의 포도밭이 두 군데 이상의 빌라주에 표시된 것은 두 군데 이상의 빌라주에 걸쳐있는 포도밭이다.

② 그랑 크뤼인 코르통(Corton)에는 세부 포도밭 명칭이 붙어서 다음과 같은 이름으로 될 수 있다.

Le Corton, Corton Les Pougets, Corton Les Languettes, Corton Les Rénardes, Corton Les Chaumes, Corton Les Perrières, Corton Les Grèves, Corton Le Clos du Roi, Corton Les Bressandes, Corton Les Paulands, Corton Les Marèchaudes, Corton Les Fiètres, Corton-Clos des Meix, Corton Les Combes, Corton La Vigne-au-Saint, Corton Les Carriéres, Corton La Toppe au Vert, Corton Les Vergennes, Corton Les Grandes Loliéres, Corton Les Moutottes, Corton Le Rognet, Corton Les Mourottes.

[그림 7-10] 코트 드 본의 상표

부르고뉴 와인의 특성

토양의 중요성

부르고뉴의 포도밭 등급이 토양의 성질과 위치 등에 의해서 빌라주, 프르미에 크뤼(1등급), 그랑 크뤼(특등급) 등 등급이 결정된다는 것은, 부르고뉴에서는 포도가 잘 자라는 환경 즉, 토양을 가장 중요하게 생각하고 있다는 말이다. 이 지방에서는 비가 많이 와서 경사진 포도밭의 흙이 빗물에 흘러내리면, 밑에서 흙을 모아 다시 포도밭으로 옮길 정도로 정성을 보이고 있다.

부르고뉴 와인의 상표 읽기

다음 상표에 나타난 정보는 단순히 '바타르 몽라셰(Bâtard-Montrachet)'뿐이다. 이 바타르 몽라셰는 위 표에 나타나 있듯이 코트 드 본에 있는 그랑 크뤼 급 화이트와인을 생산하는 포도밭이다. 그리고 이 포도밭은 퓔리니 몽라셰와 샤사뉴 몽라셰 양쪽 빌라주의 경계선에 위치하기 때문에 양쪽 빌라주의 그랑 크뤼 포도밭에 모두 해당된다. 이와 같이 프랑스 와인은 지명에 대한 사전지식이 없으면 이해하기 어려우므로 지리적 위치를 기초로 와인을 파악해야 한다. 즉 상표에도 포도품

[그림 7-11] Bâtard-Montrachet

종이나 회사 명칭보다는 포도밭이 속한 지명이나 포도밭 명칭이 표기되므로, 중요한 지명과 포도밭의 명칭을 기억하고 있어야 부르고뉴 와인을 선택할 수 있다.

공급보다는 수요가 많다

부르고뉴 와인은 항상 공급보다는 수요가 많기 때문에 값이 비싸다. 포도밭이 넓지 않고 생산량이 한정되어 있어, 유명한 그랑 크뤼의 와인은 찾아보기가 힘들다. 예를 들면 코트 드 뉘이의 로마네 콩티는 그랑 크뤼로서, 연간 450 상자밖에 생산하지 못한다. 이 와인은 세계적으로 퍼져 나가므로, 구하기 힘들 뿐 아니라. 값이 비싸지는 것은 당연하다.

최근 동향

부르고뉴 와인의 스타일은 최근 들어 가볍고 신선한 방향으로 가고 있다. 1960년대만 해도 부르고뉴 와인의 발효기간이 3주 정도였지만, 요즈음은 6-10일로 짧아지면서 와인의 소비 역시 빠르게 진행되고 있다.

메이커

네고시앙(Négociant)과 도멘(Domaine)

부르고뉴는 단일 포도밭을 여러 사람이 공동으로 소유하고 있기 때문에 포도 재배와 와인 양조가 따로따로 이루어지는 경우가 많다. 유명한 샹베르탱(14ha)은 주인이 20명이고, 클로 드 부조(50ha)는 80명이나 된다. 보르도의 샤토 와인은 포도 재배에서 와인 양조까지 일괄적으로 샤토에서 이루어지는 경우가 대부분이지만, 부르고뉴 와인은 재배업자 겸 양조업자(도멘), 협동조합, 네고시앙 등 세 가지 생산형태를 이루고 있다. 이 중 대부분의 와인은 네고시앙의 손을 거쳐서 생산된다.

- 도멘(Domaine): 직접 포도를 재배하면서 와인을 양조하는 업자로서 예전에는 기술력이 부족하여 포도나 머스트 형태 혹은 일차 따라내기를 한 와인 등을 네고시앙에게 팔았지만, 요즈음은 규모가 커지면서 과학적인 양조지식을 갖춘 젊은 와인 메이커가 최신 기술을 이용하여 포도를

재배하고 양조하여 자신의 이름으로 판매하는 곳이 많다.

- **협동조합(Coopérative)**: 양대 전쟁을 치루면서 경제적인 어려움에 직면한 소규모 업자들이 모여서 와이너리 시설을 갖추고 시작하여, 요즈음은 최신기술과 시설을 도입하고 규모가 커지고 있다. 생산뿐 아니라 마케팅, 판매까지 협동으로 세계시장까지 진출하고 있다.

- **네고시앙(Négociant)**: 전통적으로 도멘과 협동조합의 와인을 구입하여 숙성, 주병, 판매하는 역할을 하면서 세계시장으로 진출하여 대기업으로서 이름을 알린 업체라고 할 수 있다. 현재 부르고뉴에는 120여 업체가 대부분의 생산량을 차지하고 있다. 요즈음은 도멘을 소유하면서 많은 포도밭을 가지고 있다. 프르미에 크뤼와 그랑 크뤼의 37%, 빌라주의 49%를 네고시앙이 소유하고 있으며, 부르고뉴 외 지방은 물론 해외투자도 활발하게 하고 있다.

유명 메이커

- **부샤르 페르 에 피스(Bouchard Père & Fils)**: 15세기 샤토 드 본에서 시작하여 1823년 부샤르 가문의 소유가 되었다. 완벽한 시설의 지하 저장실이 유명하다.

- **코슈 뒤리(J. F. Coche-Dury)**: 부르고뉴 최고의 화이트와인 메이커로서 뫼르소, 코르통 샤를마뉴 등으로 유명하며, 화이트와인을 장기간 오크통에서 숙성시켜 만든다.

- **콩트 라퐁(Comte Lafon)**: 뫼르소로 유명하며, 이스트 위에서 2년 동안 숙성시켜 만든다.

- **뒤자크(Dujac)**: 가장 섬세하고 풍부하며 향미가 강한 와인을 만드는 것으로 유명하다. 주로 모레 생 드니의 와인을 만든다.

- **에티엔 소제(Étienne Sauzet)**: 퓔리니 몽라셰의 화이트와인으로 유명하지만, 유명한 레스토랑이나 수출상이 선점하여 찾아보기 힘들다.

- **조르주 루미에르(Georges Roumier)**: 샹볼 뮈지니를 비롯한 장기간 숙성이 필요한 와인으로 유명하다.

- **앙리 자예(Henri Jayer)**: 본 로마네의 와인을 만들며, 무엇보다도 품질을 중요시 여기는 부르고뉴 최고의 와인 메이커이다.

- **위베르트 리니에르(Hubert Lignier)**: 모레 생 드니의 클로 들 라 로슈 및 프르미에 크뤼가 유명하며, 부르고뉴 최고의 와인 메이커로 꼽힌다.

- **장 그로(Jean Gros)**: 미망인 마담 그로(Madame Gros)와 그 아들 미셸(Michel)이 만드는 와인으로 색깔이 진하고 풍부하고 깊은 맛으로 오래 보관할 수 있는 와인을 만든다.

- **조제프 드루앵(Joseph Drouhin)**: 1756년 세운 회사를 1880년 조제프 드루앵이 인수하여 현재에 이르고 있다. 샤블리부터 코트 도르의 그랑 크뤼까지 다양한 부르고뉴 와인을 생산하고 있다. 미국 오리건주에서도 피노 누아를 생산하고 있다.

- **조제프 페블레(Joseph Faiveley)**: 부르고뉴 대규모 업체로 다양한 와인을 생산한다. 부르고뉴에서는 비교적 넓은 포도밭(30만 평)을 가지고 있으며, 원료의 대부분은 여기서 충당한다. 질과 양에서 모두 우수하다.

- 르플레브(Leflaive): 퓔리니 몽라셰에서 장기간 보관할 수 있는 화이트와인으로 유명하다.
- 루이 자도(Louis Jadot): 1859년 루이 앙리 자도(Louis Henry Jadot)가 설립하여 세계적인 상표가 됐다. 미국에 수입되는 부르고뉴 와인의 1/5이 루이 자도(Louis Jadot) 제품이다. 19세기 후반 손자인 루이 오귀스트(Louis Auguste)가 그랑 크뤼 포도밭을 확장시켰고, 1962년부터 그 밑에서 일하던 앙드레 가제(André Gagey)가 운영하게 된다. 현재는 그 아들 피에르 앙리(Pierre-Henry)가 맡아서 운영하고 있다.
- 루이 라투르(Louis Latour): 코트 도르 와인을 생산하는 대규모 업체로서 가지를 제거하여 나무통에서 발효와 숙성을 하며, 그랑 크뤼는 새 오크통에서 숙성시킨다.
- 미셸 닐롱(Michel Niellon): 소규모 메이커로서 샤샤뉴 몽라셰로 유명하다.
- 뮈네레 지부르(Mugneret-Gibourg): 루쇼 샹베르탱, 에셰조가 유명하며, 20-25년 병 숙성이 가능한 와인을 만든다.
- 필리프 르클레르(Philippe Leclerc): 역사는 짧지만, 농축된 맛의 제브레 샹베르탱으로 유명하다.
- 피에르 뒤가(Pierre Dugat): 제브레 샹베르탱으로 유명하며, 오래된 포도나무에서 소량 수확하여 13세기부터 있던 수도원 셀러의 오크통에서 숙성시킨다.
- 라모네(Ramonet): 샤샤뉴 몽라셰에서 세계 최고의 샤르도네을 만든다.

단독 소유 포도밭 - 모노폴(Monopole)

- **모레 생 드니(Morey-Saint-Denis)의 클로 드 타르(Clos de Tart, 7.5ha):** 몸므생(Mommessin)
- **본 로마네(Vosne-Romanée)의 라 그랑드 뤼(La Grande Rue, 1.65ha):** 도멘 프랑수아 라마르슈(Domaine François Lamarche)
- **본 로마네(Vosne-Romanée)의 라 타슈(La Tache, 6.06ha):** 도멘 들 라 로마네 콩티(Domaine de la Romanée-Conti)
- **본 로마네(Vosne-Romanée)의 로마네 콩티(Romanée-Conti, 1.8ha):** 도멘 들 라 로마네 콩티 (Domaine de la Romanée-Conti)
- **본로마네(Vosne-Romanée)의 라 로마네(La Romanée, 0.85ha):** 도멘 뒤 콩트 리제르 벨레르 (Domaine du Comte Liger-Belair)

코트 도르의 유명한 포도밭

로마네 콩티(Romanée-Conti) < Vosne-Romanée < Côte de Nuit

부르고뉴 최고의 레드와인으로 세계에서 가장 비싼 와인이라고 할 수 있다. 포도밭 이름은 1760년부터 1795년까지 이곳을 소유했던 '프랭스 드 콩티(Prince de Conti, 루이 15세의 사촌)'에서 유래된 것이다. 5,500평의 포도밭에서 연평균 450 상자를 생산한다. 1945년까지 옛날 포도나무(필록세라 침투를 받을 수 있는 접목을 하지 않은 포도나무 그대로)에서 수확을 계속했으나, 1946년 미국 종 대목에 접붙이기를 하여 1952년부터 새로 생산하였다.

이 포도밭은 도멘 들 라 로마네 콩티(Domaine de la Romanée-Conti)가 소유하고 있으며, 이 회사의 공동 소유주는 오베르 드 빌랜(Aubert de Villaine)와 랄루 비즈 를루아(Lalou Bize-Leroy) 두 사람이었다. 오베르 드 빌랜드는 1869년 이 포도밭을 구입한 뒤보 볼로셰(J-M Duvault-Blochet)의 직계 손이며, 랄루 비즈 를루아의 부친은 1942년 뒤보 블로셰의 상속자한테 이 포도밭의 절반을 구입하였다. 랄루 비즈 를루아는 1992년 경영에서 손을 뗐다.

도멘 들 라 로마네 콩티는 코트 도르에서 가장 유명한 회사로 라 타슈(La Tâche) 전체, 리슈부르(Richebourg) 만 평, 그랑 데셰조(Grands-Echézeaux) 만 평, 에셰조(Echézeaux) 13,000평, 몽라셰(Montrachet) 1,600평(1964년 구입, 연평균 200 상자 생산)까지 소유하고 있다. 1966년부터는 로마네 생 비방(Romanée-Saint-Vivant)의 16,000평의 포도밭에서도 와인을 만들고 판매하고 있다. 이 회사의 연간 생산량은 10,000 상자가 된다. 1960년 대부터 1970년대 초까지 이 와인의 질이 한 때 낮아졌으나 최근 다시 명성을 회복하여 프랑스에서 가장 비싼 와인이란 평을 받고 있다.

[그림 7-12] 로마네 콩티 포도밭

랄루 비즈 를루아_Lalou Bize-Leroy, 1932~

보기 드문 여성 와인 메이커로서 도멘 들 라 로마네 콩티(Domaine de la Romanée-Conti, DRC)의 와인 메이커 및 공동 소유자였다. 1992년 DRC에서 보조 이사로 되었기 때문에 현재는 '도멘 를루아(Domaine Leroy)'를 운영하는 데 주력하고 있다. 도멘 를루아(Domaine Leroy)는 아버지가 하던 네고시앙 사업인 메종 를루아(Maison Leroy)에서 파생된 것이다. 이 사람이 만든 와인은 세계에서 가장 수요가 많다. 수율을 낮추어 ha 당 2,000 *l* 만 생산하여 색깔이 진하고 풀 바디의 오래 가는 와인을 만든다. 등산가로서도 유명하다.

[그림 7-13] 로마네 콩티 입구. 랄루 비즈 를루아

■ 라 타슈(La Tâche) < Vosne-Romanée < Côte de Nuit

부르고뉴 최고의 레드와인이며, 18,000평으로 모두 도멘 들 라 로마네 콩티(Domaine de la Romanée-Conti)가 소유하고 있다. '타슈(Tâche)'란 단어는 원래 얼룩, 반점이란 뜻도 있지만, 임무, 과업이란 뜻이다. 즉 옛날 부르고뉴에서 노동의 대가로 주인이 일군에게 작물로 보상했던 관습에서 유래된 것이다. 1930년대 초까지 4,300평이었으나 옆에 있던 포도밭 레 고디쇼(Les Gaudichots)까지 합쳐서 라 타슈(La Tâche)로 확대하였다. 연평균 1,800 상자 생산하고 있다.

■ 리슈부르(Richebourg) < Vosne-Romanée < Côte de Nuit

24,000평으로 연평균 2,500 상자 생산. 이 와인은 강하고 색깔이 진한 편이다. 도멘 들 라 로마네 콩티(Domaine de la Romanée-Conti)를 비롯한 열두 명이 포도밭을 소유하고 있다.

■ 몽라셰(Montrache) < Puligny-Montrache, Chassagne-Montrachet < Côte de Beaune

열일곱 명이 공동소유하고 있는 24,000평의 포도밭에서 프랑스 최고의 드라이 화이트와인을 만들고 있다. 전부 샤르도네로 만들며, 연평균 3,000 상자를 생산한다.

기타 부르고뉴 와인

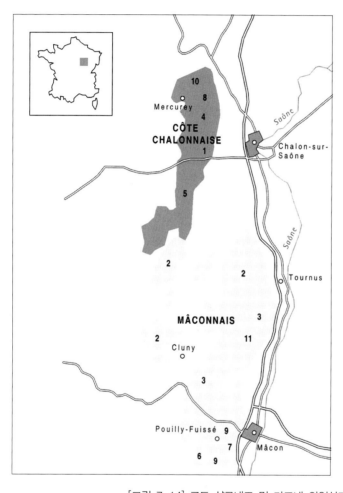

Bouzeron 10
Mâcon–Supérieur 2
Montagny 5
Pouilly–Vinzelles 7
Viré–Clessé 11
Givry 1
Mâcon–Villages 3
Pouilly–Fuissé 6
Rully 8
Mâcon 2
Mercurey 4
Pouilly–Loché 7
Saint–Véran 9

[그림 7-14] 코트 샬로네즈 및 마코네 와인산지

코트 샬로네즈(Côte Châlonnaise)

지리적으로 코트 샬로네즈는 코트 드 본의 연장선상에 있다. 옛날에는 그 존재를 아는 사람이 많지 않았지만, 1930년대부터 좋은 품종의 포도나무로 교체하고, 품질을 높이기 위해 새로운 포도 재배방법을 도입하고 양조방법도 개선하면서 새로운 와인으로 이름이 나기 시작한 곳이다. 천혜의 자연환경을 잘 이용하면 우수한 품질의 와인이 나올 수 있는 잠재력이 큰 곳이라고 할 수 있다. 면적은 4,700ha에 이르며 토양은 석회질의 하층토와 점토와 모래가 혼합된 상층토로 이루어져 있다. 포도는 주로 피노 누아, 샤르도네이며 그 외 가메, 알리고테 등을 재배한다.

코트 샬로네즈 포도밭의 약 1/3은 다섯 개의 빌라주 즉, 메르퀴레(Mercurey), 륄리(Rully), 지브리(Givry), 몽타뉘(Montagny), 부즈롱(Bouzeron)이 차지하고 있다. 이곳의 와인은 수출이 별로 되지 않기 때문에 이름이 잘 알려져 있지 않다. 화이트와인은 몽타뉘(Montagny), 륄리(Rully)가 유명하고, 레드와인은 메르퀴레(Mercurey), 지브리(Givry), 륄리(Rully)가 유명하다.

▨ AOC

- **Bourgogne Côte-Chalonnaise(부르고뉴 코트 샬로네즈) AOC(광역명칭):** 레드, 로제, 화이트. 면적: 463ha. 수율: 레드 5,500ℓ/ha, 화이트 6,000ℓ/ha. 생산량: 220만 ℓ(화이트 30%). 품종: Bourgogne와 동일.

- **Bourgogne Côtes du Couchois(부르고뉴 코트 뒤 쿠슈아) AOC(광역명칭):** 레드. 면적: 8.4ha. 생산량: 4만 ℓ. 품종: Bourgogne와 동일.

- **Bouzeron(부즈롱)/Bourgogne Aligoté Bouzeron(부르고뉴 알리고테 부즈롱) AOC:** 화이트. 면적: 52ha. 수율: 5,500ℓ/ha. 생산량: 21만 ℓ. 품종: 알리고테.

- **Rully(륄리) AOC:** 레드, 화이트. 면적: 271ha. 수율: 레드 4,600ℓ/ha, 화이트 5,000ℓ/ha. 생산량: 148만 ℓ(23% 프르미에 크뤼, 화이트 68%). 레드 품종: 피노 누아. 화이트 품종: 샤르도네, 피노 블랑. 스파클링와인의 중심지로서 여기서 생산되는 스파클링와인은 '크레망 드 부르고뉴(Crémant de Bourgogne)'가 됨.

- **Rully Premier Cru(륄리 프르미에 크뤼) AOC:** 륄리(Rully)보다 고급인 것으로 23개 포도밭.

- **Mercurey(메르퀴레) AOC:** 레드, 화이트. 면적: 646ha. 수율: 레드 4,000ℓ/ha, 화이트 4,500ℓ/ha. 생산량: 230만 ℓ(25% 프르미에 크뤼, 레드 86%). 레드 품종: 가메, 피노 누아. 화이트 품종: 샤르도네, 피노 블랑.

- **Mercurey Premier Cru(메르퀴레 프르미에 크뤼) AOC:** 메르퀴레(Mercurey)보다 고급인 것으로 32개 포도밭.

- **Givry(지브리) AOC:** 레드, 화이트. 면적: 271ha. 수율: 레드 4,500ℓ/ha, 화이트 5,000ℓ/ha. 생산량: 114만 ℓ(43% 프르미에 크뤼, 레드 81%). 레드 품종: 피노 누아. 화이트 품종: 샤르도네, 피노 블랑.

- **Givry Premier Cru(지브리 프르미에 크뤼) AOC:** 레드, 화이트와인이 나오며, 지브리(Givry) 보다 고급으로 27개 포도밭.

- **Montagny(몽타뉘) AOC:** 화이트. 면적: 327ha. 수율: 5,000ℓ/ha. 생산량: 173만 ℓ(69% 프르미에 크뤼). 품종: 샤르도네, 피노 블랑.

- **Montagny Premier Cru(몽타뉘 프르미에 크뤼) AOC:** 몽타뉘(Montagny)보다 고급인 것으로 49개 포도밭.

마코네(Mâconnais)

화이트와인의 명산지로서 코트 도르보다 날씨가 따뜻한 곳에 있다. 최근에 인기가 상승하고 있으며, 와인의 맛은 복잡하지 않고 가볍고 신선하다. 마코네는 부르고뉴 화이트와인의 절반 가까이 생산한다. 코트 도르의 품질에는 미치지 못하지만, 토양이 좋아서 여기서 만든 샤르도네 와인은 투자비용 대 성과 비율(Cost performance)이 높은 와인으로 알려져 있다. 5,700ha 포도밭에서 대부분 레드와인을 생산하고 있으며 화이트와인과 로제도 있다. 토양은 전체적으로는 이회토, 점토와 백악질이 혼합된 것이며, 품종은 샤르도네와 가메가 주종을 이루고 있다.

AOC

- Mâcon(마콩) AOC: 레드, 로제, 화이트. 면적: 385ha. 수율: 레드 5,500ℓ/ha, 화이트 6,000ℓ/ha. 생산량: 216만 ℓ(화이트 22%). 레드 품종: 가메, 피노 누아. 화이트 품종: 샤르도네.

- Mâcon-Villages(마콩 빌라주) AOC: 화이트. 면적: 1,876ha. 생산량: 1,200만 ℓ. 품종: 샤르도네.

- Mâcon + Commune(마콩 + 마을명칭) AOC: 레드, 로제, 화이트. 면적: 1,572ha. 생산량: 953만 ℓ(화이트 90%). 레드 및 로제 품종: 가메, 화이트 품종: 샤르도네.

- Viré-Clessé(비레 클레세) AOC: 화이트. 면적: 403ha. 수율: 5,500ℓ/ha. 생산량: 232만 ℓ. 품종: 샤르도네.

- Saint-Véran(생베랑) AOC: 화이트. 면적: 697ha. 수율: 5,500ℓ/ha. 생산량: 403만 ℓ. 품종: 샤르도네. 보졸레 지역과 중복.

- Pouilly-Fuissé(푸이 퓌이세) AOC: 화이트. 면적: 761ha. 수율: 5,000ℓ/ha. 생산량: 388만 ℓ. 품종: 샤르도네. 루아르의 '푸이 퓌메(Pouilly-Fumé)'와 혼동하기 쉽지만, 가장 고급.

- Pouilly-Loché(푸이 로셰) AOC: 화이트. 면적: 32ha. 수율: 5,000ℓ/ha. 생산량: 15만 ℓ. 품종: 샤르도네

- Pouilly-Vinzelles(푸이 뱅젤) AOC: 화이트. 면적: 54ha. 수율: 5,000ℓ/ha. 생산량: 19만 ℓ. 품종: 샤르도네.

보졸레(Beaujolais) 와인

보졸레는 부르고뉴에 속해 있지만 기존 부르고뉴 와인과는 전혀 다른 스타일로써 포도의 품종, 양조방법, 판매방식 등이 특이하다. 이곳의 와인은 "오래 두지 말고 빨리 마시자."는 선전 문구를 내걸고 판매된다.

부르고뉴 지방의 다른 곳과는 달리 화강암을 모재로 한 점질 토양으로, 북부지역은 화강암, 편암의 토양으로 되어 있고, 남부지역은 점토, 석회질이 섞인 토양이다. 대체적으로 열 개의 크뤼급

등이 퍼져 있는 북부지역의 와인이 더 좋은 것으로 알려져 있다. 모래가 많은 토양에서는 섬세하고 신선한 와인이 만들어지고, 점토질이 풍부한 토양에서는 바디가 강하고, 색깔이 진한 와인이 나온다. 그리고 편암이나 화산암지대에서는 미네랄 향미와 타닌의 성질이 약간 나타난다. 기후는 세 종류의 바람의 영향을 받아 독특한 상태를 보이고 있다. 북풍은 대륙성 기후를 나타내면서 수확시기에는 포도열매를 건강하게 만들어준다. 거친 서풍은 우박을 동반하여 수확기를 위협하고, 남풍은 지중해성 기후의 영향을 받는다. 그래서 이 세 가지 바람의 영향에 따라 포도의 생장과 수확이 달라진다.

재배하는 포도품종은 피노 누아가 아닌 가메(Gamay)이다. 이 포도는 아로마의 특성이 없고, 복합성과 타닌의 강한 특성도 없지만, 보졸레의 기후와 토양에 완벽하게 적응이 된 품종이다. 그리고 남부지역에서 샤르도네와 알리고테로 아주 적은 양의 화이트와인을 만들기도 한다. 발효방법도 색다른 기술을 적용하여 빠르게 진행시키므로, 와인의 맛이 가볍고 신선하다. 보졸레는 부르고뉴 와인의 거의 절반을 차지할 정도로 많은 생산량에, 생산량의 80%를 수출하고 있으며, 소비의 회전이 빠르므로 값이 비싸지 않으면서 맛도 좋아서 세계적인 대중주로서 사랑을 받고 있다. 특히 11월 셋째 목요일에 판매하는 누보(Nouveau)는 해마다 그 비율이 늘어나면서 세계적인 명주가 되었다.

▦ 보졸레 와인 양조(Semi Carbonic Maceration)

'Carbonic(프랑스어로 *Carbonique*)'이란 용어를 탄소 침용, 탄소를 섞어서 만든다, 탄산분해과정 등 표현으로 잘못 이야기하는데, 탄산가스 침용(침출, 추출)이라고 해야 한다. 탄소란 숯과 같은 것을 말하는데 이것을 와인에 넣으면 와인 색깔이나 맛이 없어진다.

보졸레 양조방법은 스타일이나 장소에 따라서 꽤 차이가 있지만, 포도를 수확하여 가지를 제거하는 과정을 거치지 않고 바로 송이 채 탱크에 집어넣는다. 그리고 탄산가스를 가득 채워 산소를 없앤다. 그러면 밑에 있는 포도는 무게 때문에 으깨지면서 주스가 흘러나오고. 중간에는 다소 깨지고 위에는 그대로 상태를 유지한다. 그리고 탄산가스는 포도 알맹이를 부드럽게 만들어 팽창시키기 때문에, 맨 위층에서도 포도 세포 내 발효(Intracellular fermentation)가 일어나 알코올 2% 정도가 생성되면서 껍질에서 향이 우러나온다. 중간층에서는 추출작용(Maceration)으로 색깔과 타닌이 우러나오고, 맨 아래층은 포도주스에서 정상적인 알코올 발효가 일어난다. 누보(Nouveau)는 약 4일, 빌라주(Village)급은 7-8일, 크뤼(Cru)급은 7-13일 정도 계속한 다음, 압착하여 정상적인 발효 즉 화이트와인을 만드는 방식으로 2-3일 진행시켜 알코올 발효를 완성시킨다.

이 방법을 사용하면 포도 품종 자체의 향보다는 내부에서 우러나오는 향이 좋아지고, 폴리페놀의 추출도 덜 되므로 쓰고 떫은맛이 약해진다. 단 가지에서 우러나오는 냄새 때문에 풋내가 날 수 있으며, 잡균 오염 가능성이 있다. 그리고 와인에 거친 맛을 주는 사과산(Malic acid)의 농도가 1/2 정도 줄어든다. 즉 와인의 산도가 낮아지고 거친 맛이 없어진다는 것이다. 이어서 MLF(Malolactic fermentation)을 한 다음, 누보(Nouveau)는 숙성기간 없이 바삐 정제하여 출하를 하고, 빌라주 급이나 크뤼 급은 2-6개월 숙성시킨 다음 주병한다. 그래서 누보는 장기적인 품질이 불안정할 수밖에 없다. 즉 오래 두면 침전이 생긴다든지 맛이 변한다든지 문제가 일어나기 때문에 오래 두지 말고 빨리 마시자고 하는 것이다.

보졸레 와인은 레드와인이면서 화이트와인의 특성을 가지고 있으므로, 마실 때는 약간 차게 해서 마시는 것이 좋다. 생선, 육류 어느 음식과도 잘 어울리므로 간단한 식사 때나, 피크닉 와인으로 잘 사용된다.

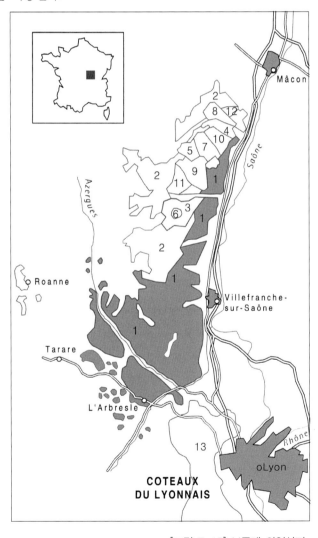

Beaujolais 1
Beaujolais-Villages 2
Brouilly 3
Coteaux du Lyonnais 13
Chénas 4
Chiroubles 5
Côte de Brouilly 6
Fleurie 7
Juliénas 8
Morgon 9
Moulin à Vent 10
Régnié 11
Saint-Amour 12

[그림 7-15] 보졸레 와인산지

AOC

- **Beaujolais(보졸레) AOC:** 레드, 로제, 화이트. 면적: 9,748ha. 수율: 6,000ℓ/ha, 생산량: 5,080만 ℓ(화이트 2%). 레드 품종: 가메. 화이트 품종: 샤르도네. 점토와 석회질로 이루어진 토양에서 가벼운 와인 생산.

- **Beaujolais Supérieur(보졸레 쉬페리외르) AOC:** 레드. 면적: 62ha. 수율: 5,800ℓ/ha, 생산량: 32만 ℓ. 보졸레보다 알코올 농도가 0.5% 더 높은 것으로 생산량의 2% 차지.

- **Beaujolais Villages(보졸레 빌라주)/Beaujolais + 마을명칭 AOC:** 레드, 로제, 화이트. 면적: 6,402ha. 수율: 6,000ℓ/ha(특정지역은 5.000ℓ/ha). 생산량: 3,026만 ℓ. 품종: Beaujolais와 동일.
  - 이상은 누보(Nouveau, Primeur)로서 팔릴 수 있다.

- **Coteaux du Lyonnais(코토 뒤 리오네) AOC:** 레드, 로제, 화이트. 면적: 350ha. 수율: 6,000ℓ/ha. 생산량: 220만 ℓ(레드 91%). 레드 품종: 가메. 화이트 품종: 샤르도네, 알리고테, 피노 블랑. 론과 경계선에 위치.

Cru(크뤼)급 AOC

최고급 열 개 지역에서 생산되는 와인으로 일반 보졸레와는 약간 다른 스타일이다. 맛이 더 깊고 묵직한 편으로 비교적 오래 보관할 수 있다. 상표에는 보통 보졸레라는 표시는 하지 않고 지명만 표시한다. 열 개 지역의 명칭은 다음과 같다.

- **브루이(Brouilly) AOC:** 레드. 면적: 1,308ha. 수율: 4,800ℓ/ha. 생산량: 616만 ℓ. 품종: 가메. 생산량이 가장 많음.

- **코트 드 브루이(Côte de Brouilly) AOC:** 레드. 면적: 323ha. 수율: 4,800ℓ/ha. 생산량: 160만 ℓ. 품종: 가메. 생산자에 따라서 그 질의 차이가 심하지만, 경사진 포도밭에서 나오는 고급 와인으로 좋은 것은 10년까지 숙성 가능.

- **셰나(Chenas) AOC:** 레드. 면적: 262ha. 수율: 4,800ℓ/ha. 생산량: 128만 ℓ. 품종: 가메. 생산량이 적고 섬세하고 우아한 와인.

- **쉬루블(Chiroubles) AOC:** 레드. 면적: 362ha. 수율: 4,800ℓ/ha ℓ/ha. 생산량: 153만 ℓ. 품종: 가메. 가장 높은 지대에서 생산.

- **플뢰리(Fleurie) AOC:** 레드. 면적: 879ha. 수율: 4,800ℓ/ha. 생산량: 400만 ℓ. 품종: 가메. 가장 인기 있는 크뤼 급 와인.

- **줄리에나(Juliénas) AOC:** 레드. 면적: 600ha. 수율: 5,600ℓ/ha. 생산량: 310만 ℓ. 품종: 가메. 향과 색깔이 뛰어나며 타닌도 비교적 많아 장기 보관 가능.

- **모르공(Morgon) AOC:** 레드인. 면적: 1,140ha. 수율: 4,800ℓ/ha. 생산량: 558만 ℓ. 품종: 가메. 생산량이 많으며, 힘이 있는 와인.

- **물랭 나 방(Moulin-à-Vent) AOC:** 레드. 면적: 667ha. 수율: 4,800ℓ/ha. 생산량: 309만 ℓ. 품종: 가메. 가장 뛰어난 크뤼급 와인.

- **레니에**(Régnié) AOC: 레드. 면적: 387ha. 수율: 4,800ℓ/ha. 생산량: 180만 ℓ. 품종: 가메. 부드럽고 가벼운 와인.

- **생 타무르**(Saint-Amour) AOC: 레드인. 면적: 308ha. 수율: 4,800ℓ/ha. 생산량: 163만 ℓ. 품종: 가메. 아로마가 뛰어난 와인.

보졸레 누보(Beaujolais Nouveau)

보졸레 누보(Beaujolais Nouveau)는 마케팅과 홍보 전략에 힘입어 그 이름이 유명하게 된 것이다. 수확한 지 불과 몇 주 만에 시장에 나오는 이 보졸레 누보는 영 와인 때 마신다는 보졸레의 특성을 충분히 살려서, 1970년 대 후반에 11월 15일을 보졸레의 날이라고 정한데서 그 붐이 시작되었다. 1985년 이 날을 11월 세 번째 목요일로 변경하였고, 세계 모든 나라 사람들이 그 해에 수확한 포도로 만든 와인을 마실 수 있다는 기대 속에서 이 보졸레 누보를 목마르게 기다리게 만든다는 것이 가장 큰 성공의 요인이 되었다. 보졸레 와인의 1/3이 누보로 팔리며 그 중 1/2이 수출된다.

일부 전문가들은 별 볼 일 없는 저급 와인을 이용하여 붐을 일으키는 것을 못마땅하게 생각하기도 하지만, 부담 없는 와인을 값싸게 마실 수 있는 기회를 제공하고 와인의 소비를 촉진한다는 면에서, 판매상은 이 기회를 최대한 활용하여 소비자에게 자기들 와인을 홍보하는 효과도 거두게 된다. 특히 우리나라 같이 와인 유통이 활발하지 않아 창고에 오랫동안 쌓아 두거나, 와인을 수입할 때도 무더운 열대지방을 통과하면서 뜨거운 컨테이너 안에서 와인을 장기간 방치하는 경우에 비교하면, 보졸레는 항공으로 운반하기 때문에 신선하고 생기 있는 맛을 그대로 맛 볼 수 있다는 긍정적인 측면도 있다.

프리뫼르(Primeur) & 누보(Nouveau)

이 표시를 한 와인은 보졸레만 있는 것으로 생각하기 쉬우나 55개의 AOC 와인이 있다. '프리뫼르'로 표시된 와인은 수확한 해 11월 15일부터 시장에 나올 수 있으며(일반 AOC 와인은 12월 15일 이전 판매 불가), 생산자는 다음 해 1월 31일까지만 판매할 수 있다. '누보'라고 표시된 와인은 수확 후부터 판매가 가능하며, 생산자는 다음 해 8월 31일까지만 판매할 수 있다. 그러나 생산자가 아닌 업자들의 유통에 대한 규정은 없다. 그래서 뚜렷한 구분 없이 누보는 수출시장에서, 프리뫼르는 프랑스 내에서 '햇와인'을 뜻하는 정도로 사용되고 있다. 다음은 현재 프랑스에서 프리뫼르/누보로 인정된 와인의 원산지명칭(AO)이다.

- Beaujolais: 로제, 레드와인

- Beaujolais Villages/Beaujolais + **마을명칭**: 로제, 레드와인

- Bourgogne: 화이트와인

- Coteaux Bourguignons: 화이트와인

- Bourgogne Aligoté: 화이트와인

- Mâcon: 로제, 화이트와인

- Mâcon-Villages/Mâcon + **마을명칭**: 화이트와인

- Côte du Rhône: 로제, 레드와인

- Grignan-les-Adhémar: 로제, 레드, 화이트와인

- Ventoux: 로제, 레드, 화이트와인

- Tavel: 로제

- Touraine: 로제, 레드와인

- Rosé d'Anjou: 로제

- Cabernet d'Anjou: 로제

- Cabernet de Saumur: 로제

- Anjou Gamay: 레드와인

- Muscadet: 화이트와인

- Coteaux du Lyonnais: 로제, 레드, 화이트와인

- Gaillac: 레드, 화이트와인

- Languedoc: 로제, 레드와인

- Côte du Roussillon: 로제, 레드, 화이트와인

조르주 뒤뵈프_Georges Duboeuf

푸이 퓌이세(Pouilly-Fuissé)의 가난한 포도밭에서 태어나서 레스토랑에 와인을 자전거로 배달하면서 와인업계에 입문하여 보졸레 누보를 세계적으로 유행시켰다. 현재는 아들(Franck)이 아버지의 힘을 입어 사업하면서 보졸레, 론, 랑그도크에서 연간 250만 상자를 판매하고 있다. 보졸레의 왕으로 와인박물관도 만들었다.

[그림 7-16] 보졸레 와인의 상표

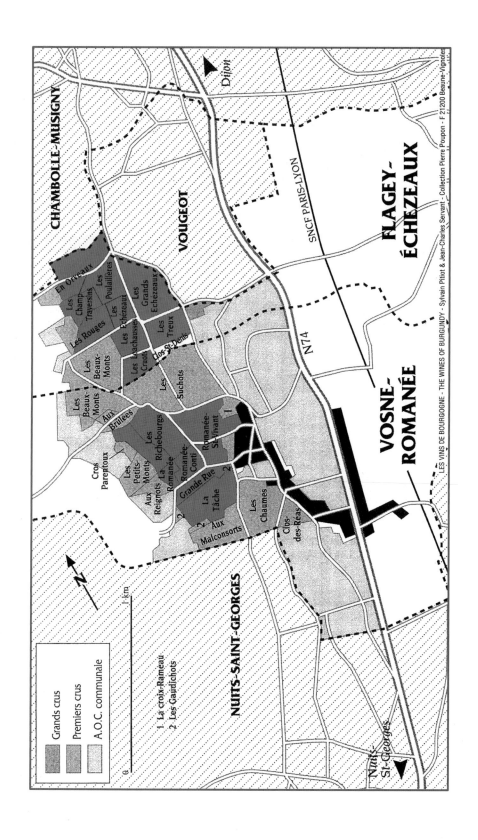

CHAMBOLLE-MUSIGNY

VOUGEOT

FLAGEY-
ÉCHÉZEAUX

VOSNE-
ROMANÉE

NUITS-SAINT-GEORGES

Dijon

SNCF PARIS-LYON

N74

En Orveaux
Les
Champs-
Traversins
Les Poulaillères
Les Échézeaux
Les Grands
Échezeaux
Les Rouges
Les Loachausses
Les Treux
Les
Beaux-
Monts
Cruots
Clos-St-Denis
Les
Suchots
Les
Beaux-
Monts
Aux
Brûlées
Les
Richebourgs
Romanée-
St-Vivant
Cros
Parentoux
Les
Petits-
Monts
La
Romanée
Romanée-
Conti
1
Aux
Reignots
Grande Rue
2
La
Tâche
Les
Chaumes
Clos-
des-Réas
2
Aux
Malconsorts

Nuits-
St-Georges

N

1 km

0

Grands crus
Premiers crus
A.O.C. communale

1. La Croix-Rameau.
2. Les Gaudichots.

LES VINS DE BOURGOGNE - THE WINES OF BURGUNDY - Sylvain Pitiot & Jean-Charles Servant - Collection Pierre Poupon - F 21200 Beaune-Vignoles

8장 샹파뉴 와인

샹파뉴 와인

샹파뉴 와인

샴페인의 유래

병뚜껑이 펑 튀어 나가면서 하얀 거품이 쏟아져 나오는 신나는 술, 샴페인, 이 스파클링와인을 생산하는 곳이 프랑스 샹파뉴 지방이다. 영어를 사용하는 나라에서는 샴페인이라고 발음하지만, 프랑스 사람은 이 거품 나는 와인을 그 지방명칭을 그대로 따서 샹파뉴라고 한다. 와인을 생산하는 단위 지역 중 이곳만큼 세계적으로 이름이 널리 알려진 곳이 없다. 그리고 세계 어느 나라 사람이든 남녀노소를 가리지 않고 샴페인을 좋아한다. 샴페인은 상류사회를 상징하고, 서양에서는 벼락부자라는 뜻으로도 사용되지만 약혼, 결혼, 세례, 기념일 등 축하하는 행사에는 없어서는 안 될 기쁨과 행복의 술이다.

샹파뉴 지방은 6000만 년 전 바다로 덮여 있던 곳으로 바닷물이 빠져 나가면서 백악질 토양과 화석을 남겨 둔 곳이며, 위치적으로 프랑스에서 포도가 재배되는 지방 중 가장 추운 곳이다. 로마 시대부터 이곳은 신맛이 강한 드라이 화이트와인과 별 특징 없는 레드와인을 생산하여 가까운 파리에서 소비되는 소박한 와인을 만들었으나, 17세기부터 스파클링와인 즉 거품 나는 와인을 만들면서 그 이름이 알려지기 시작하였다. 이 지방 와인의 신맛이 샴페인에 특유의 신선감을 부여하고 장기간 보관을 가능하게 만들며, 여기에 탄산가스가 들어가 최고의 스파클링와인이 된 것이다. 결국 샴페인은 신맛과 탄산가스에 의한 거품의 조화라고 할 수 있다.

샴페인은 특정인의 발명품이 아니고, 자연스럽게 탄생한 것이지만 이 발포성 와인을 최초로 만든 사람은 동 페리뇽(Dom Pérignon)이라는 수도승으로 알려져 있다. 그는 샹파뉴 지방에 있는 오빌레(Hautvillers)의 사원에서 와인 양조책임자로 일했었다(1668-1715). 당시에는 당분이나 알코올의 측정방법이 발달되지 않아서, 당분이 남아있는 상태에서 와인을 병에 넣는 일이 많았다. 더군다나 샹파뉴와 같이 추운 지방은 겨울이 빨리 오기 때문에 온도가 내려가 쉽게 발효가 멈추는 일이 많았다. 당분이 남아있는 와인은 추운 겨울에는 별 변화가 없지만 봄이 되어 온도가 올라가기 시작하면 다시 발효가 일어나는 경우가 많았다.

발효가 일어나면 탄산가스가 생성되면서 병 속의 압력이 증가하여 병이 폭발하거나, 병뚜껑이 날아가 버린다. 동 페리뇽과 그 동료들은 흔히 있을 수 있었던 이러한 현상을 그냥 지나치지 않고, 병 속에 탄산가스가 가득 찬 와인을 마셔보고 다음과 같이 외쳤다. "형제여 빨리 와 보시오, 나는

지금 별을 마시고(Star wine) 있습니다." 입안을 톡톡 쏘는 탄산
가스에 의한 자극적인 맛은 정말 인상적이었을 것이다. 그 후
오랜 세월동안 샴페인 양조방법은 점차 개선되면서, 오늘날 한
병 한 병 따로 발효시키는, '메토드 샹프누아즈(Méthode Cham-
penoise)'라는 특이한 양조법으로 발달하게 되었다.

[그림 8-1] 샴페인의 발견

메토드 샹프누아즈_Méthode Champenoise

샹파뉴 지역에서 병 하나하나 2차 발효를 시키는 방법을 말하며, 샹파뉴 이외의 지역에서 이와 똑같이 만들더라도 '메
토드 샹프누아즈(Méthode Champenoise)'라는 문구를 사용할 수 없다(1992년부터). 다른 곳에서는 '메토드 트라디시오
넬(Méthode Traditionnelle)', '메토도 클라시코(Metodo Classico)', '클래식 메소드(Classic Method)' 등으로 표현한다.

동 페리뇽_Dom Pierre Pérignon

29세부터 오빌레 수도원에서 일하기 시작하여 수도원 생활에 필요한 생활용품을 책임지고 있었다. 그는 와인을 마시지
는 않았지만, 와인을 잘 만들고 사업적인 수완도 좋아서 수도원의 포도밭을 넓이고, 수도원의 와인 가격도 주변보다
네 배나 비싸게 받을 수 있었다. 또 레드와인 품종으로 화이트와인을 최초로 만든 것으로도 유명하다.
특히 가지치기를 짧게 해서 단위면적당 수확량을 줄여서 와인의 질을 높였으며, 기온이 낮은 아침에 수확을 하여 아로
마를 보존하고, 포도밭에 압착기를 설치하여 수확 즉시 압착하여 주스를 짰다. 그러면서 포도밭을 구분하여 와인을 별
도로 담그고, 나무통보다는 유리그릇에 와인을 보관하여 와인의 신선도를 유지하였다, 샴페인을 발견했다는 증거는 희
박하지만, 와인양조에서 혁신적인 공로를 세운 것은 분명하다.

샴페인 포도품종과 포도밭

품종

- **피노 누아(Pinot Noir)**: 적포도, 전체의 38% 차지. 강한 바디와 향미, 지속성을 부여한다.

- **피노 뫼니에(Pinot Meunier)**: 적포도, 전체의 33% 차지. 강렬한 부케와 풍부함을 주는 품종이다.
  마른(Marne) 지방에서 많이 재배하는데 이곳의 서리에 저항성이 있다. 독일에서는 '뮐러레베

(Müllerrebe)'라고 한다.

- **샤르도네(Chardonnay)**: 청포도, 전체의 29% 차지. 섬세하고 우아하며 경쾌한 향미를 부여한다.
- **기타**: 2010년부터는 아르반(Arbane), 프티 므슬리에(Petit Meslier), 피노 블랑, 피노 그리 등이 들어갈 수 있다.

청포도가 많이 들어갈수록 가벼운 스타일이 되고 적포도가 많을수록 무거운 스타일이 된다. 아직도 오크통에서 발효시키는 곳이 있는데(Krug, Bollinger 등), 이렇게 하면 스테인리스스틸 탱크에서 발효시킨 것보다 바디와 부케가 더 풍부하게 된다.

기후와 토양

프랑스 포도재배지역 중 가장 좋지 않은 곳으로 늦여름에 비가 와서 포도 알맹이가 팽창하여 터질 수도 있으며, 겨울이 매우 춥고, 봄에 서리가 잘 내리기 때문에 포도가 생장하는 데 아주 어려운 조건이라서 포도의 완벽한 성숙을 기대하기 힘들다. 그래서 포도나무를 낮게 재배하여 하얀 백악질 토양에서 반사되는 온기를 흡수하도록 돕고 있다. 이 백악질 토양은 부드러운 다공성으로 포도의 뿌리가 깊이 내려갈 수 있으며, 배수가 잘 되고 보수력도 가지고 있지만, 워낙 유기물이 없는 척박한 토양이기 때문에 퇴비를 뿌려서 포도를 재배한다.

생산지역

샹파뉴 지방은 프랑스 와인 생산량의 2.5%를 차지하며, 전 세계 스파클링와인의 10%를 차지한다. 서늘한 기후와 석회질 토양으로 스파클링와인을 만드는 데 최적 조건을 갖춘 곳으로, 33,504ha의 포도밭에서 연간 약 2억 5천만 ℓ의 스파클링와인과 화이트(99.9%), 레드, 로제 와인을 만들고 있다.

- **몽타뉴 드 랭스(Montagne de Reims)**: 가장 북쪽으로 피노 누아, 피노 뫼니에를 재배한다.
- **발레 들 라 마른(Vallée de la Marne)**: 대부분 피노 뫼니에를 재배한다.
- **코트 데 블랑(Côte des Blancs)**: 샤르도네를 재배한다.
- **코트 드 세잔(Côte de Sézanne)**: 서쪽에 있으며 샤르도네를 재배한다.
- **오브(Aube)**: 가장 남쪽 지방으로 피노 누아 재배한다.

샹파뉴 포도밭의 등급

1911년부터 포도밭을 분류하여 포도의 질, 토양, 기후, 위치를 고려하여 평가한 것이지만. 샴페인은 대부분 블렌딩하기 때문에 고급이 아니면 상표에 표시하는 경우가 많지 않다.

- **그랑 크뤼(Grands Crus):** 100점, 전체의 5% 17개 크뤼

  (1) 보몽 쉬르 벨(Beaumont sur Vesle), (2) 베르즈네(Verzenay), (3) 마이(Mailly), (4) 실르리(Sillery), (5) 베르지(Verzy), (6) 퓌이주외(Puisieux), (7) 앙보네(Ambonnay), (8) 루부아(Louvois), (9) 부지(Bouzy) − 이상 몽타뉴 드 랭스(Montagne de Reims), (10) 아이(Ay), (11) 투르 쉬르 마른(Tour-sur-Marne) − 이상 발레 들 라 마른(Vallée de la Marne), (12) 크라망(Cramant), (13) 아비즈(Avize), (14) 쉬이(Chouilly), (15) 오제(Oger), (16) 메닐 쉬르 오제(Mesnil sur Oger), (17) 우아리(Oiry) − 이상 코트 데 블랑(Côte des Blanc)

- **프르미에 크뤼(Premiers Crus):** 90-99점, 전체의 13%, 38개 크뤼

- **두시엠 크뤼(Deuxièmes Crus):** 80-89점, 전체의 82%

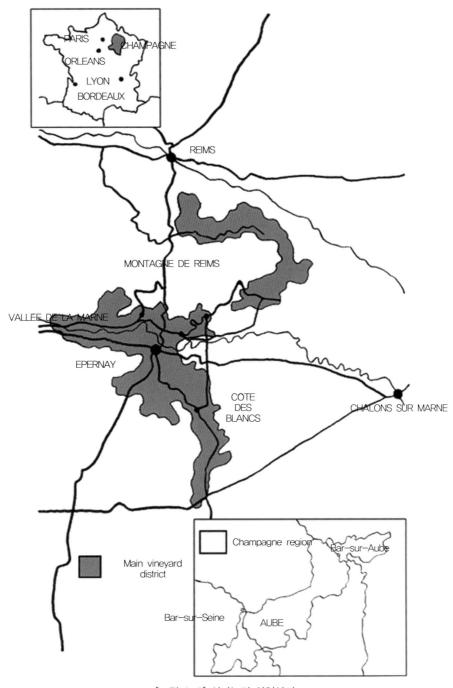

[그림 8-2] 샹파뉴의 와인산지

샴페인 양조과정(Méthode Champenoise)

샴페인의 타입

- **논 빈티지(Non-Vintage, Non Millésimé)**: 여러 해의 것이 혼합된 것으로 약 80%의 샴페인은 이런 타입이다. 병내 숙성 15개월 이상.

- **빈티지(Vintage, Millésimé)**: 특정 연도의 것으로 그 해 수확한 포도만 사용하며, 양조 회사에서 나름대로 좋은 빈티지를 결정한다. 숙성 3년 이상.

- **프레스티지 퀴베(Prestige Cuvée/Tête de Cuvée)**: 대부분 빈티지가 표시되면서 장기간 숙성시킨 것으로, 고급 생산지역에서 최고의 포도를 사용하고, 첫 번째 짠 주스만으로 만든 각 회사의 최고급품을 말한다. 수량이 적어서 수요 공급의 원칙에 의해 비싸게 팔린다. '퀴베 스페시알 (Cuvée Spéciale)'이라고도 한다.

수확(Vendange, 방당주)

9월 중순이나 10월초에 전 지역이 손으로 수확하여 포도가 으깨지지 않도록 조심한다.

압착(Pressurage, 프레쉬라주)

사용하는 포도품종 중 적포도가 많기 때문에, 가능한 한 포도껍질에서 색소가 우러나오지 않도록 가지를 제거하지 않고, 송이 채 바로 압착하여 주스를 짜낸다. 보통 두 번째 나오는 주스까지만 사용하는데, 프레스티지 퀴베는 첫 번째 나오는 주스만 사용한다. 포도 4,000kg을 압착시키면 처음에는 2,050ℓ의 주스(Tête de Cuvée, 테트 드 퀴베)가 나오며, 두 번째는 500ℓ의 주스(Première Taille, 프르미에 타이유)가 나온다. 즉 4,000kg의 포도에서 총 2,550ℓ의 주스를 얻는다.

[그림 8-3] 수확한 포도의 압착

1차 발효(Fermentation alcoolique, 페르망타시옹 알콜리크)

화이트와인을 담을 때와 동일한 방법으로 완성된 와인을 만든다. 온도조절이 자동으로 되는 대형 스테인리스스틸 탱크에서 발효시키고, 산도가 높기 때문에 대부분 MLF(Malolactic Fermentation)

까지 한 다음, 안정화, 청정화를 거쳐 와인을 완성한다. 보통 품종별로 따로 발효시킨다.

혼합(Assemblage, 아상블라주)

수확 다음해 1월이나 2월에 완성된 와인을 섞어서 회사 고유의 샴페인 맛을 낼 수 있도록 해야 하는데, 이때는 몇 가지를 결정해야 한다. 첫째, 어떤 포도품종을 어떤 비율로 사용할 것인가? 둘째, 어느 포도밭에서 나온 것을 얼마나 섞을 것인가? 셋째, 어느 해 담근 와인을 얼마나 섞을 것인가? 등을 타입별로 선별하여 정한다. 그러므로 샴페인은 공식적인 빈티지가 있을 수 없다. 그러나 특별히 좋은 해는 빈티지를 표시하여 그 해 생산한 포도를 100% 사용한다. 보통 30-60 종의 와인을 혼합하며, 이 지방은 기후 변화가 심하기 때문에 어느 해든 그 해에 혼합한 와인의 20% 정도를 다음 해를 위해 비축해 둔다.

주병(Tirage, 티라주)

혼합한 와인에 재발효를 일으키기 위해서, 설탕과 이스트(Liqueur de Tirage, 리쾨르 드 티라주)를 적당량 넣고 혼합한 다음, 병에 넣고 뚜껑을 한다. 이때는 코르크마개를 쓰지 않고 보통 청량음료에 사용하는 왕관 마개를 주로 사용한다. 와인 1ℓ에 설탕 4g을 넣으면, 발효되어 발생하는 탄산가스 압력이 약 1기압 정도이므로, 5-6기압(규정압력은 3.5-6.0기압) 이상이 나올 수 있도록 계산하여 설탕 양을 첨가한다.

2차 발효(Deuxième Fermentation, 두시엠 페르망타시옹)

설탕과 이스트를 넣은 와인 병을 옆으로 눕혀서 시원한 곳(15℃ 이하)에 둔다. 그러면 서서히 발효가 진행되어 6-12주정도 후에는 병에 탄산가스가 가득 차게 되고, 바닥에는 찌꺼기가 가라앉게 된다. 또 알코올 함량도 약 1% 정도 더 높아진다. 온도가 너무 높으면 발효가 급격히 일어나 병이 깨질 우려가 있고, 반대로 너무 낮으면 발효가 일어나지 않는다. 그러므로 온도조절을 잘해야 한다. 그리고 샴페인에 사용되는 병은 두꺼운 유리로 특수하게 만들어서 높은 압력을 견딜 수 있어야한다.

펀트_Punt

푸쉬업(Push up), 킥(Kick)이라고도 하는데, 병 바닥에 움푹 들어간 부분을 말한다. 원래 이 구멍은 병을 불어서 만들 때 병의 모양이 형성되고 나서 끝 부분에서 튀어나온 날카로운 부분이 테이블에 상처를 줄까 우려해서 안쪽으로 집어 넣으면서 생긴 것이다. 이렇게 만들면 병을 세웠을 때 안정성이 있고, 샴페인의 경우는 강한 압력에 견딜 수 있는 구조가 된다. 그리고 펀트가 많이 들어갈수록 그렇지 않은 것보다 같은 용량이라도 더 커 보이는 이점도 있다. 펀트가 깊을수록 좋은 와인이란 말은 전혀 근거 없는 소문이다.

숙성(Séjour en Cave, 세주르 엉 카브)

발효가 끝나면 온도가 더 낮은 곳으로(10℃
이하) 옮기거나 그대로 숙성을 시킨다. 이때
와인은 이스트 찌꺼기와 접촉하면서 특유의
부케를 얻게 된다. 이스트 찌꺼기는 장기간
와인과 접촉(Sur lie)하면서 어느 정도 분해되
어, 와인에 복잡하고 특이한 향을 남기므로
샴페인은 고유의 향과 맛을 지니게 된다. 보
통 빈티지 표시가 안 된 것은 수확한 다음 해

[그림 8-4] 샴페인의 숙성

1월부터 18개월, 이상, 빈티지 표시된 와인은 36개월, 프레스티지 퀴베는 5-7년 숙성시킨다.

병 돌리기(Remuage, 르뮈아주)

이렇게 만든 와인은 탄산가스가 가득 찬 샴페인으로서 손색이 없지만, 찌꺼기가 남아 있어서
상품성이 없다. 거품의 손실이 없이 찌꺼기를 제거해야 한다. A자 모양의 경사진 나무판(Pupitre, 퓌
피트르)에 구멍을 뚫어, 각각 병을 그 구멍에 거꾸로 세워 놓는다. 그리고 병을 회전시키면 찌꺼기
가 병 입구로 모이면서 뭉쳐진다. 그러면서 점차 경사도를 높여 최종적으로 거의 수직상태가 된
다. 이 작업은 사람의 손으로 병을 하나씩 회전해야 하므로 무척 힘든 작업이지만, 샴페인을 만드
는 데 가장 상징적인 작업이기도 하다. 약 6-8주 동안이면 이 작업이 끝난다. 요즈음은 병을 기계
로 돌리는 곳이 많다.

[그림 8-5] 병 돌리기

찌꺼기 제거(Dégrogement, 데고르주멍) 및 보충(Dosage, 도자주)

찌꺼기가 병 입구에 모이면 더 숙성을 시키거나 이를 제거한다. 약간 손실이 있더라도 바로 뚜껑을 제거하여 찌꺼기를 날려버리는 방법도 있으나, 대부분은 와인이 얼어버릴 수 있을 정도의 영하 20℃ 차가운 소금물이나 염화칼슘 용액에 병을 거꾸로 세워서 병 입구만 얼려, 찌꺼기가 얼음 속에 함께 포함되게 만드는 방법을 사용한다. 그리고 병마개를 열면 탄산가스 압력에 의해서 찌꺼기를 포함한 얼음이 밀려 올라오게 된다. 이 얼음을 제거하고 그 양만큼 다른 샴페인이나 설탕물(Liqueur d'Expédition, 리퀘르 덱스페디시옹)을 보충(Dosage)한 다음, 깨끗한 코르크마개로 다시 밀봉하고, 철사 줄로 고정시켜 제품을 완성한다.

로제 샴페인

고급 샴페인의 상징으로 빈티지 샴페인이 대부분이며 화이트보다 값이 비싸다. 피노 누아를 사용하여 색깔이 덜 우러나오도록 만드는 방법(Saignée), 혹은 레드와 화이트를 섞어서 만드는 두 가지 방법이 있다. 대부분 섞어서 만드는 방법을 사용한다.

샴페인 병에 표시되는 문구

당분 농도

샴페인은 최종 설탕농도에 따라 다음과 같이 여러 가지 타입으로 나눌 수 있다.

- **엑스트라 브뤼(Extra Brut):** 설탕농도 0-0.6%
- **브뤼(Brut):** 설탕농도 0.6-1.5%. 식사 전(Apéritif)이나 식사 중에 마신다.
- **엑스트라 드라이(Extra dry):** 설탕농도 1.2-2.0%
- **세크(Sec):** 설탕농도 1.7-3.5%
- **드미세크(Démisec):** 설탕농도 3.3-5.0%(디저트나 웨딩 케이크와 함께)
- **두(Doux):** 설탕농도 5.0% 이상

전혀 설탕물을 넣지 않은 것을 브뤼 압솔리(Brut Absolu), 브뤼 엥테그랄(Brut Intégral), 브뤼 제로(Brut Zéro), 브뤼 100%(Brut 100%), 브뤼 농 도제(Brut Non Dosé), 울트라 브뤼(Ultra Brut), 브뤼 드 브뤼(Brut de Brut), 브뤼 소바쥬(Brut Sauvage) 등으로 표시한다.

기타

- **Blanc de Blancs(블랑 드 블랑)**: 영어로는 White of Whites 즉, 청포도로 만든 화이트와인이란 뜻으로, 샹파뉴 지방에서는 샤르도네로 만든 샴페인이다.

- **Blanc de Noirs(블랑 드 누아)**: 영어로는 White of Blacks 즉, 적포도로 만든 화이트와인이란 뜻으로, 샹파뉴 지방에서는 피노 누아, 피노 뫼니에로 만든 샴페인이다.

- **Cuvée Spéciale(퀴베 스페시알)**: 각 회사마다 가장 고급 샴페인에 붙이는 문구이다.

- **N.M.(Négociant-Manipulant, 네고시앙 마니퓔랑)**: 판매상이면서 직접 생산하는 업자가 만든 샴페인에 붙은 문구로서, 이들은 전체 샴페인의 2/3, 그리고 수출량의 95%를 점유하고 있다.

- **R.M.(Récoltant-Manipulant, 레콜탕 마니퓔랑)**: 자기 밭에서 나오는 포도로 와인을 만들어서 직접 판매하는 샴페인에 붙은 문구이다.

- **C.M.(Coopérative-Manipulant, 코페라티브 마니퓔랑)**: 여러 명의 포도 재배업자가 공동으로 생산하고 판매하는 협동조합 샴페인에 붙은 문구이다.

- **M.A.(Marque d'Acheteur, 마르크 다슈퇴르)**: 호텔, 레스토랑, 소매점, 수입상에 의해서 만들어진 브랜드(상표)로서 예를 들면, 막심(MAXIMS)은 파리의 유명한 레스토랑인 막심이 선정한 자기 레스토랑의 전용 샴페인이다.

- **R.C.(Récoltant-Coopérateur, 레콜탕 코페라퇴르)**: 재배자가 속한 협동조합에서 양조한 것.

- **S.R.(Societé-Récoltant, 소시에테 레콜탕)**: 여러 재배자가 구성한 회사에서 양조한 것.

샴페인 AOC

프랑스에서 생산되는 스파클링와인 중, 샹파뉴 지방에서 생산된 것만을 샴페인 혹은 샹파뉴(Champagne)라고 표기할 수 있다. 프랑스의 포도밭은 AOC 규제로 지역별 구분이 명확하지만, 특히 샹파뉴 지방은 그 경계가 매우 엄격하다. AOC 지역 구분의 표본이라 할 수 있다. 1910년, 프랑스 남부 지방에서 생산되는 와인이 샴페인이라고 팔리자, 이에 항의하여 샹파뉴 지방에서 재배업자들의 소동이 일어난 적이 있는데, 그 후 포도재배 지역의 경계구분이 다른 어느 지방보다 더 엄격하게 되었다. 그러나 상표에 AOC 문구가 없고 단순히 '샹파뉴(Champagne)'만 표기된다.

- **Champagne(샹파뉴) AOC**: 스파클링(화이트, 로제). 면적: 30,150ha. 수율: 13,000kg/ha. 생산량: 2억 3,000만 ℓ. 품종: 피노 누아, 피노 뫼니에, 샤르도네 및 기타. 전부 메토드 샹프누아즈(Méthode Champenoise)로 양조.

- **Coteaux Champenois(코토 샹프누아) AOC**: 스틸 와인(화이트, 레드, 로제). 면적: 샹파뉴에 포함. 수율:

상파뉴에 준함. 생산량: 16만 ℓ(레드와인 95%, 화이트와인 5%). 품종: 피노 누아, 피노 뫼니에, 샤르도네.

- Rosé de Riceys(로제 드 리세) AOC: 스틸 와인(로제). 면적: 400ha. 수율: 5,000ℓ/ha. 생산량: 8만 ℓ. 품종: 피노 누아. 오브 지방 리세에서 생산.

주요 생산회사와 퀴베 스페시알

샴페인은 여러 품종의 포도가 섞이고, 서로 다른 지역의 포도가 혼합되므로, 생산지역보다는 양조회사가 중요하다. 다음은 샴페인의 유명한 회사와 퀴베 스페시알(프레스티지 퀴베)이다.

샴페인 하우스

- **모엣 에 샹동(Moët & Chandon):** 1743년 메종 모엣(Maison Moët)으로 시작하여 1832년 사위인 피에르 가브리엘 샹동(Pierre-Gabriel Chandon)이 물려받으면서 회사 이름을 모엣 에 샹동으로 변경하였다. 1799년 나폴레옹에게 샴페인을 보내기 시작하였고, 나폴레옹도 자주 이곳을 들르기 때문에 이들의 우정을 표시하기 위해 모엣 에 샹동 브뤼 임페리얼(Brut Impérial)이 탄생한 것이다. 오랜 전통과 명성을 이어온 샴페인을 대표하는 회사라고 할 수 있다.

  지하 저장고 길이가 총 28km에 이르는 거대한 규모이다. 논 빈티지(Non vintage) 샴페인은 3-4년 숙성시키며, 빈티지(Vintage) 샴페인은 5-6년 숙성시킨다. 원료는 몽타뉘 드 랭스, 발레 들라 마른, 코트 데 블랑 세 군데 포도밭에 국한시키고 있다. 퀴베 스페시알로서 1921년부터 '동 페리뇽(Dom Pérignon)'을 내놓고 있다. 현재 동 페리뇽은 화이트와 로제가 있다. 1842년 이후 63개 빈티지를 저장하고 있으며, 이것으로 '에스프리 뒤 시에클(Esprit du Siecle)'을 만들어 1999년 5월 25일 발표했다.

- **뵈브 클리코 퐁사르당(Veuve Clicquot Ponsardin):** 27세(1805)에 과부가 되어 평생을 샴페인 양조에 공을 들였으며, 샴페인 양조에서 가장 골치 아픈 찌꺼기 제거방법을 개선한 획기적인 A자형 퓌피트르(Pupitre)를 발명하여, 나중에 '라 그랑드 담(La Grande Dame)'이라는 칭호를 얻었다. 이 회사의 퀴베 스페시알(화이트)은 이 명칭을 사용한다.

- **볼랭제(Bollinger):** 1892년에 설립되어 1941년 릴리 볼랭제(Lily Bollinger)가 맡으면서 유명해졌다. 현재 5대째인 크리스티앙 비조(Christian Bizot, 1928-)가 운

[그림 8-6] 뵈브 클리코 퐁사르당

영하고 있다. 이 사람은 1952년 일을 시작하여 1994년 사장으로 은퇴하여, 현재는 자크 볼랭제에 시(Jacques Bollinger & Cie) 회장을 맡고 있다. 몇 년 동안 뵈브 클리코(Veuve Clicquot)에서 훈련을 받고, 미국과 영국에서 판매상으로 일하다가, 1978년 볼랭제(Bollinger) 사장이 되었다. 재직 중 RD(Recently Disgorged)에 주력하여 오래 숙성시키고, 출하하기 직전에 찌꺼기를 제거하는 방법을 사용했다. 이 샴페인은 1955년에 나와서 연간 70,000 상자를 판매하고 있다. 퀴베 스페시알로서 '아네 레어 RD(Année Rare RD)'는 화이트와 로제가 있으며, '그랑드 아네(Grande Année)' 역시 화이트와 로제가 있다. 현재는 아들이 운영하고 있다.

- **루이 로데레(Louis Roederer):** 1776년 이래 한 가문에서 관리하고 있으며, 1833년 알자스 출신 루이 로데레가 삼촌의 경영권을 물려받으면서 회사 이름을 자신의 이름으로 바꿨다. 특히 러시아 시장에서 명성을 얻어 러시아 궁정과 귀족 사회에서 인기가 있었다. 이 회사의 퀴베 스페시알인 '크리스탈(Cristal)'은 1876년 러시아 황제를 위한 샴페인으로 특별하게 양조된 것으로 샴페인 지방 최초로 퀴베 스페시알로 출발하여 유명해진 것이다. 크리스탈은 샤르도네 40-45%, 피노 누아 55-65%의 비율로 화이트와 로제가 있으며, 부드럽고 우아한 향이 특징이다.
- **비유카르 살몽(Billecart Salmon):** 퀴베 NF 비유카르(Cuvée NF Billecart) - 화이트
- **샤르보 에 피스(A. Charbaut et Fils):** 서티피케이트(Certificate) - 화이트, 로제
- **되츠(Deutz):** 퀴베 윌리엄 되츠(Cuvée William Deutz) - 화이트, 로제
- **고세(Gosset):** 그랑 밀레짐(Grand Millésime) - 화이트, 로제
- **에이드시크 모노폴(Heidsieck Monopole):** 디아망 블뢰(Diamant Bleu) - 화이트
- **앙리오(Henriot):** 바카라(Baccarat) - 화이트
- **자카르(Jacquart):** 퀴베 노미네(Cuvée Nominée) - 화이트
- **조제프 페리에르(Joseph Perrier):** 퀴베 조세핀(Cuvée Joséphine) - 화이트
- **크뤼그(Krug):** 클로 뒤 메닐(Clos du Mesnil) - 화이트, 그랑드 퀴베 NV(Grande Cuvée NV) - 화이트, 로제, 크뤼그 빈티지(Krug Vintage) - 화이트
- **랑송(Lanson):** 스페시알 퀴베 225(Special Cuvée 225) - 화이트
- **로랑 페리에(Laurent Perrier):** 그랑 시에클(Grand Siècle) - 화이트, 로제
- **맘(G. H. Mumm & Cie):** 르네 랄루(René Laliu) - 화이트. 그랑 코르동(Grand Cordon) - 화이트, 로제
- **페리에 주에(Perrière Jouët):** 플뢰르 드 샹파뉴(Fleur de Champagne) - 화이트, 로제, 블라종 드 프랑스(Blason de France) - 화이트, 로제
- **필립퐁나(Philipponnat):** 클로 데 구아스(Clos des Goisses) - 화이트
- **피페 에이드시크(Piper Heidsieck):** 레어(Rare) - 화이트

- **폴 로제(Pol Roger)**: 퀴베 써 윈스턴 처칠(Cuvée Sir Winston Churchill) - 화이트
- **포메리(Pommery)**: 퀴베 루이스 포메리(Cuvée Louise Pommery) - 화이트, 로제
- **뤼이나르(Ruinart)**: 동 뤼이나르(Dom Ruinart) - 화이트, 로제
- **살롱(Salon)**: 르 메닐(Le Mesnil) - 화이트
- **테탱제(Taittinger)**: 콩트 드 샹파뉴(Comtes de Champagne) - 화이트, 로제

[그림 8-7] 샴페인의 상표

샴페인을 마실 때

▨ 고급 샴페인의 기준

- 1등급 포도밭에서 생산된 가장 좋은 포도를 사용할 것.
- 포도에서 즙을 짤 때 첫 번째 나오는 주스만 사용할 것.
- 병에서 오랫동안 숙성시킬 것.
- 빈티지가 표시된 샴페인.
- 샴페인을 글라스에 채운 다음 살펴볼 때는 거품의 크기가 작고, 거품이 올라오는 시간이 오래 지속될 것.
- 와인 자체가 수정같이 맑고 윤기가 있을 것.

▨ 샴페인의 개봉과 보관

흔히 볼 수 있는 풍경으로, 펑! 뚜껑이 날아가면서 하얀 거품이 넘쳐흐르고, 주변 사람들의 옷이나 얼굴에까지 샴페인을 붓는 모습을 볼 수 있다. 샴페인은 지금까지 살펴보았듯이, 와인 양조하는 과정을 다시 한 번 되풀이하면서, 병 하나하나씩 정성 들여 만든 귀중하고 값비싼 술이다. 이렇게 정성 들여 만든 술을 공중에 날려버리고, 낭비하는 일은 바람직하지 않다.

샴페인 코르크를 따는 일은 매우 위험한 일로 장난스럽게 취급해서는 안 된다. 먼저 위 부분에 씌운 캡슐을 제거하고, 코르크를 손으로 누른 다음 철사를 제거한다. 왼손으로 코르크를 감싸면서 천천히 코르크를 돌리고 병은 반대방향으로

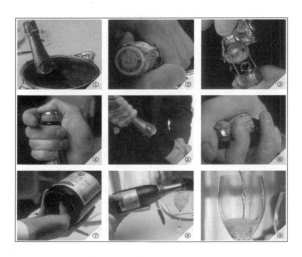

[그림 8-8] 샴페인의 개봉

돌린다. 그러면 코르크는 자연스럽게 소리 없이 빠지고, 와인도 밖으로 튀어나오지 않는다. 글라스에 따를 때도 조심스럽게 거품이 넘치지 않도록 따르는 것이 예의이다. 처음 따를 때는 반 정도만 채운다고 생각하면서 거품의 양과 술의 양을 봐가면서 따라야 한다. 전통적인 방법으로 엄지손가락을 샴페인 병 바닥의 오목하게 들어간 곳에 넣고 나머지는 손가락으로 병을 받치면서 따르는 방법도 있다. 병에 남은 샴페인은 샴페인 전용 마개(Champagne stopper)를 사용하여 다시 닫아서 얼음 통에 넣어둔다.

샴페인은 무엇보다도 탄산가스가 가장 중요하다. 요란스럽게 개봉하면, 중요한 탄산가스의 손실이 많다는 점을 명심해야한다. 일반적으로 샴페인은 차게 마시는데 너무 차면 특유의 부케를 느끼지 못하므로, 냉장고 속에 넣어둔 샴페인보다는 마시기 20-30분전에 물과 얼음을 넣은 박스에 넣어 둔 것이 더 좋다.

샴페인은 고급 와인과는 달리 병 숙성으로 맛이 좋아지지 않는다. 이미 오랜 기간 지하 저장실에서 숙성이 되었기 때문에 구입하면 바로 마시는 것이 좋다. 경우에 따라 4-5년, 빈티지 샴페인은 8-10년 정도 두어도 괜찮지만, 이때는 낮고 일정한 온도(10-12℃)에서 보관하고 반드시 눕혀서 코르크가 마르지 않도록 한다.

샴페인 글라스

가장 많이 쓰이는 글라스는 길쭉한 튤립 모양이나 긴 플루트 모양이다. 가끔은 넓고 바닥이 낮은 글라스도 사용되지만, 긴 튤립모양의 글라스가 위쪽이 좁아서 글라스를 입에 댈 때 거품을 조절할 수 있다. 플루트 모양의 글라스는 조심스럽게 다루지 않으면 거품이 넘칠 우려가 있다.

샴페인 글라스의 이야기는 멀리 그리스 신화에서부터 시작된다. 최초의 글라스는 지상에서 가장 아름다운 여인, 트로이의 헬레네(Helen)가 그녀의 유방모양을 본떠서 만들었다고 한다. 당시 그리스 사람들은 와인 마시는 것을 관능적인 경험으로 생각했고, 또 글라스는, 가장 아름다운 여인이 이 모형을 만드는 데 관여하여 꼭 맞는 것이라야 했다. 그 후 근세에 이르러, 루이 16세의 왕비였던 마리 앙투아네트는 새로운 샴페인 글라스를 만들 때가 되었다고 생각하고, 그녀의 유방을 본떠서 또 다른 글라스를 만들었다. 그러나 이 글라스는 헬레네의 것과는 전혀 다른 모양이었다고 한다.

[그림 8-9] 샴페인 글라스

샴페인 병

보통의 와인은 대개 750㎖ 사이즈이고, 두 배 용량인 매그넘(Magnum)인 1.5ℓ 사이즈가 있지만, 샴페인은 다양한 사이즈로 제품을 내놓고 있다. 샴페인은 파티에 많이 사용되기 때문에, 큰 병에 넣어 여러 사람이 마실 수 있도록 배려하기 때문이다. 가장 많이 사용되는 사이즈는 매그넘(Magnum)이고, 각 사이즈를 열거한다면 다음과 같다.

- **피콜로(Piccolo, Quarter bottle, 1/4병 용량, 187/200㎖)**: 주로 항공기 서비스용으로 사용된다. 장기간 보관이 어렵기 때문에 구입 후 3개월 이내에 마시는 것이 좋다.

- **드미(Demi, Half bottle, 1/2병 용량, 375㎖)**: 혼자 마시거나 연인끼리 다정하게 마실 때 사용된다. 오래 두지 않고 빨리 소비하는 것이 좋다.

- **매그넘(마그넘, Magnum, 2병 용량, 1.5ℓ)**: 친구나 가족 모임에서 사용하기에 좋다.

- **여로보암(제로보암, Jeroboam, 4병 용량, 3.0ℓ)**: 더블 매그넘(Double magnum)이라고도 한다. 이스라엘 왕국의 최초의 왕 여로보암(기원전 922-901) 이름을 딴 것이다. 보르도에서는 6병 용량의 크기를 이렇게 부른다.

- **르호보암(레호보암, Rehoboam, 6병 용량, 4.5ℓ)**: 트리플 매그넘(Triple magnum)이라고도 한다. 성경에 나오는 솔로몬의 아들 르호보암 이름을 딴 것이다.

- **므두셀라(Methuselah, 8병 용량, 6.0ℓ)**: 마투잘렘(Methusalem)이라고도 한다. 성경에 나오는 가장 오래 산 사람인 므두셀라(969세까지) 이름을 딴 것이다. 보르도에서는 이 사이즈를 임페리얼(Imperial)이라고 한다.

- **살마네세르(살마나자르, Salmanazar, 12병 용량, 9.0ℓ)**: 정복자이자 건축가인 앗시리아의 왕 살마네세르(기원전 859-824) 이름을 딴 것이다.

- **발타자르(Balthazar, 16병 용량, 12.0ℓ)**: 바빌론의 왕 발타자르(기원전 555-539) 이름을 딴 것이다.

- **느부갓네살(Nebuchadnezzar, 20병 용량, 15.0ℓ)**: 특별한 대규모 비즈니스 행사나 가족 모임에 사용된다. 사실 샴페인 잔에 제대로 따르기는 힘든 병이다. 성경에 나오는 바빌론의 왕 느부갓네살(기원전 505-562) 이름을 딴 것이다. = 나뷔카도조르(Nabuchodonosor)

여로보암(Jeroboam) 이상의 큰 병이나 드미(Demi) 이하의 작은 병은 병내 2차 발효가 불가능하기 때문에, 대부분 완성된 샴페인을 부어서 만든 것이다. 따라서 오래 두지 않고 빨리 소비하는 것이 좋다.

샴페인이 아닌 스파클링와인

샴페인은 스파클링와인으로서 프랑스 샹파뉴 지방에서 생산된 것만을 가리키는 말이다. 샹파뉴 이외 지역에서 생산되는 프랑스의 스파클링와인은 무쉐(Mousseux), 독일은 샤움바인(Schaumwein), 스페인은 에스푸모소(Espumoso), 이탈리아는 스푸만테(Spumante), 미국은 스파클링와인(Sparkling wine)이라고 부른다. 예외는 있지만, 프랑스 외 다른 나라에서는 스파클링와인에 샴페인이란 명칭을 사용할 수 없다. 유럽연합(EU) 규정상 모든 스파클링와인은 3기압 이상의 것을 말하며, 약 스파클링와인은 1.0-2.5기압으로 되어 있다.

프랑스

- **무쉐(Mousseux)**: 샴페인 외 모든 스파클링와인의 총칭으로 3기압 이상이며, 양조방법은 어떤 식이든 상관없다.
- **크레망(Crémant)**: 샴페인보다 조금 압력이 약하다고 해서 붙은 이름(영어로 Creamy)이다. 그러나 샴페인의 규정압력은 3.5-6.0기압이며, 크레망은 3.5-4.0기압이다. 병 하나씩 발효시키는 전통적인 방법으로 만든다.
- **페티양(Pétillant)**: 압력이 약한 스파클링와인으로 1.0-2.5기압 정도 되며, 일반 병에 넣어서 판매한다.

독일

- **샤움바인(Schaumwein)**: 3기압 이상의 모든 스파클링와인의 총칭
- **젝트(Sekt)**: 일정 기준을 만족시킨 3.5기압 이상 스파클링와인
- **페를바인(Perlwein)**: 약한 압력의 스파클링와인

이탈리아

- **스푸만테(Spumante)**: 스파클링와인의 총칭
- **프리찬테(Frizzante)**: 약한 압력의 스파클링와인

스페인

- **에스푸모소(Espumoso)**: 스파클링와인의 총칭
- **카바(Cava)**: 병내 2차 발효시킨 것

기타 스파클링와인 양조방법

정식 샴페인과 값비싼 스파클링와인은 각각의 병에서 발효시켜서 하나씩 손으로 만들지만, 값싼 스파클링와인은 이렇게 복잡한 과정을 거치지 않는다. 가장 쉬운 방법부터 차례로 보면,

- **탄산가스 주입법**: 사이다나 콜라와 같이, 와인에 탄산가스를 주입시켜 만든다.

- **탱크 발효법**: 2차 발효를 병에서 시키지 않고, 바로 탱크에 와인과 설탕 그리고 이스트를 넣고, 발효시킨 다음 여과하여 병에 넣는 방법이다. 이것을 '샤르마 프로세스(Charmat Process)', 혹은 '메토드 퀴베 클로스(Méthode Cuvée Close)'라고 한다.

- **트랜스퍼 프로세스(Transfer Process)**: 병에서 발효시키고 숙성까지 한 다음에, 전부 병마개를 따서 큰 탱크로 옮긴 다음, 타입에 따라 설탕물을 적당량 넣고, 혼합한 후 여과하여 병에 넣는다. 이것을 '트랜스퍼 프로세스'라고 한다. 병에는 'Fermented in a bottle'이라고 표기될 수 있다.

- **루랄 메소드(Rural method)**: 포도주스를 발효시키면서 탄산가스가 와인에 녹을 수 있도록 밀폐된 탱크(Autoclave)나 병에서 한 번만 발효시켜 앙금을 제거 혹은 제거하지 않고 주병한 것으로, 압력 때문에 발효가 완벽하지 않아 알코올 7.5-9.0%, 당분 7.5-9.0%가 된다.

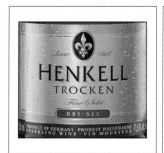  

[그림 8-10] 기타 스파클링와인의 상표

스파클링와인 중 유명한 것

- **스페인, 카바(Cava)**: 코도르뉴(Codorníu), 프레이세넷(Freixenet)
- **독일, 젝트(Sekt)**: 헨켈 트로켄(Henkell Trocken)
- **이탈리아, 스푸만테(Spumante)**: 보통 아스티(Asti)라고 표기한다.
- **미국, 스파클링(Sparkling)**: 도메인 샹동(Domaine Chandon), 쉬람버그(Schramsberg)

샴페인 이야기

• 샴페인을 휘감아 올라오는 거품은 클레오파트라의 보석과 같이 반짝인다.

[그림 8-11] 퐁파두르 부인

    - Don Juan(스페인의 전설적인 바람둥이 귀족)

• 샴페인은 마신 후에도 여자를 아름답게 해주는 유일한 술이다.

    - Madame de Pompadour(루이 15세의 애첩)

• 마를린 몬로는 샴페인 350병으로 목욕을 했다는 소문이 있으며, 그녀는 샴페인을 즐겨 마시면서 샴페인으로 숨을 쉬었다고 전할 정도로 샴페인을 좋아했다.

    - George Barris(전기 작가)

• 나는 샴페인을 마실 때마다 웃거나 울게 된다. 내가 너무 감성적으로 변하기 때문이다. 난 샴페인을 너무 좋아한다.

    - Tina Turner(미국 가수)

• 행복하거나 슬플 때 나는 샴페인을 마신다. 때론 외로울 때도 마신다. 친구가 있을 때 샴페인은 필수다. 배가 고프지 않을 때 나는 샴페인을 가볍게 즐기고, 배가 고플 때는 마신다. 그렇지 않으면 결코 손도 대지 않는다.

    - Madame Lilly Bollinger

• 샴페인은 내가 지쳤을 때 힘을 주는 유일한 것이다.

    - Brigitte Bardot(프랑스 여배우)

• 목사 부인이 전혀 술을 마셔본 적이 없다면, 그녀가 샴페인을 발견할 때는 조심해라.

    - Rudyard Kipling(영국 작가)

• 보통 샴페인 한 병에 250만 개의 거품이 들어 있다고 한다.

    - Tom Stevenson의 Christie's World Encyclopedia of Champagne & Sparkling Wine(1998)

• 샴페인은 차가움을 좋아한다. 그게 바로 와인의 가벼운 신맛과 흥분을 더해주고 거품이 끊임없이 글라스 위까지 올라오도록 해준다.

    - Suzanne Hamlin(뉴욕 타임스 요리 리포터)

• 샴페인! 승리할 때는 마실 만한 가치가 있고, 패배할 때는 그것이 필요하다.

    - Napoleon(프랑스 왕)

- 내가 왜 아침 식사로 샴페인을 마시냐구? 다른 사람은 그렇게 하지 않나?

  - Sir Noel Coward(영국의 배우, 작가)

- 내 삶에서의 유일한 후회는 샴페인을 더 많이 마시지 않은 것이다.

  - John Maynard Keyns(영국 경제학자)의 유언

- 내가 결코 가져보지 못했던 세 가지: 부러움, 만족감 그리고 충분한 샴페인.

  - Dorothy Parker(미국의 작가)

- 아, 나는 억울하게 죽어가고 있다.

  - Oscar Wilde(영국의 작가), 그가 죽음에 임박하여 샴페인을 마시며⋯

- 프랭클린 루스벨트를 만나는 것은 처음 샴페인을 따는 것과 같다; 그를 아는 것은 샴페인을 마시는 것과 같다.

  - Sir Winston Churchill(영국의 정치가)

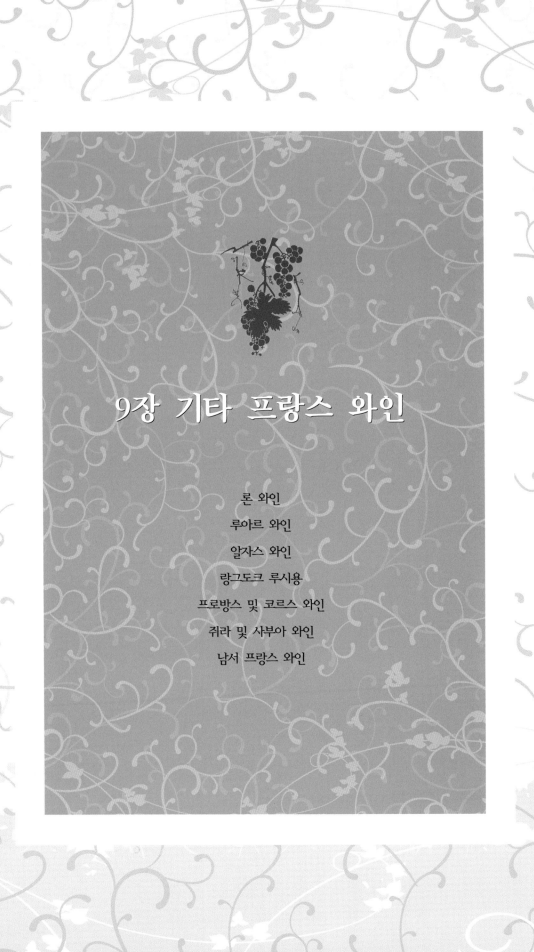

9장 기타 프랑스 와인

론 와인

루아르 와인

알자스 와인

랑그도크 루시용

프로방스 및 코르스 와인

쥐라 및 사부아 와인

남서 프랑스 와인

론(Rhône) 와인

이곳은 옛날 로마사람들이 포도밭을 조성하여 와인을 만들었으며, 지리적으로 이탈리아와 가깝기 때문에 와인 스타일도 이탈리아와 비슷하다. 프랑스 남부 지중해 연안에서 내륙으로 길게 뻗은 곳으로 건조 기후에 여름이 덥고, 겨울이 춥지 않으며, 포도밭에 돌이 많기 때문에 낮 동안의 열기를 간직하여, 밤이 되어도 지면의 온도가 쉽게 내려가지 않는다. 그래서 포도의 당분함량이 높고, 이것으로 만든 와인의 알코올 함량도 높아진다. 예를 들면 부르고뉴 지방의 보졸레는 AOC 규정상 최소 알코올 농도가 10%이지만, 론 지방의 가장 기본급인 코트 뒤 론(Côte du Rhône)은 11%이며, 이 지방 남쪽에 있는 유명한 샤토뇌프 뒤 파프(Châteauneuf-du-Pape)는 12.5%나 된다. 그래서 야성적인 레드와인을 좋아하는 사람들은 론의 와인을 부르고뉴나 보르도 와인보다 더 높게 평가하기도 한다.

론 지방은 행정구역으로 론 알프스(Rhône-Alpes) 지방으로 스위스에서 흘러내려오는 론 강을 따라 포도밭이 조성되어있으며, 13만 ha의 포도밭에서 연간 6억 ℓ(레드와인 88%)의 와인을 생산하고 있다. 보통 론 지방은 북부와 남부로 나누는데, 북부 론 지방은 강을 따라 형성된 경사가 급한 지역으로 화강암 토양에 준 대륙성 기후를 나타내고 있으며, 코트 로티(Côte Rôtie), 에르미타주(Hermitage) 등의 와인이 유명하다. 남부 론 지방은 완만한 경사지에 백악질 토양이며 따뜻하고 건조한 지중해성 기후를 보이고 있으며, 샤토뇌프 뒤 파프(Châteauneuf-du-Pape) 등이 유명하다.

포도품종

론에는 23개 품종이 있지만, 중요한 것은 몇 개 안되고 나머지는 보조 역할만 한다. 남부 론은 수많은 품종을 섞기 때문에 와인 메이커의 개성에 따라 특성의 차이가 심하지만, 북부 론의 레드와인에는 시라를 주로 사용하고, 화이트와인은 비오니에, 그리고 마르산과 루산을 혼합한 것이 많다.

레드와인용

• **시라(Syrah)**: 북부 론 지방을 대표하는 레드와인용 품종으로 색깔이 진하고, 타닌 함량이 많기

때문에, 숙성이 느려서 오랫동안 보관할 수 있다. 남부 론에서도 재배한다.

- **그르나슈(Grenache)**: 남부 론의 대표적인 품종으로 당분함량이 높다. 스페인, 이탈리아에서도 많이 재배된다. 시라와 혼합하면 조화가 잘 된다.
- **생소(Cinsaut/Cinsault)**: 색깔이 진하고 맛이 풍부하여 카리냥, 그르나슈 등과 블렌딩하거나 로제에 많이 쓰인다.
- **무르베드르(Mourvèdre)**: 색깔이 진하고, 강건하기 때문에 블렌딩용으로 많이 쓰인다. 스페인 원산지로 만생종이며, 장기 숙성이 가능하다.
- **카리냥(Carignan)**: 코트 뒤 론과 로제에 많이 사용되는 품종으로 오래 된 나무에서는 색깔이 진한 와인이 나온다. 스페인 원산지로서 지중해 연안에 많이 분포되어 있다.

화이트와인용

- **마르산(Marsanne)**: 론 지방의 대표적인 화이트와인 품종으로 묵직한 맛을 내고 보통 루산과 블렌딩을 많이 한다.
- **루산(Rousanne)**: 이것으로 만든 와인은 우아한 맛을 내며, 보통 마르산과 블렌딩한다.
- **비오니에(Viognier)**: 가장 매혹적인 향미로 복숭아, 멜론 향이 특징이다. 북부 론에서 소량 재배하며, 남부 론에서도 재배한다. 생산량이 많지 않고, 토양 적응력이 약하여 부지 선정이 어렵다. 너무 오래 숙성시키면 아로마가 약해지므로 재배, 양조 모두 조심스럽게 해야 한다.
- **클레레트(Clairette)**: 산도가 약한 중성적인 맛을 내지만 수율을 낮추면 향이 좋아진다. 주로 코트 뒤 론의 화이트와인에 사용된다.
- **그르나슈 블랑(Grenache Blanc)**: 남부 론 지방에서 주로 재배하며, 알코올 농도가 높고 산도가 낮다. 수율이 높을 경우 거친 와인이 된다.
- **부르불랭(Bourboulenc)**: 그리스에서 유래된 품종으로 지중해 남부지방에서 많이 재배된다. 비교적 산도를 잘 유지하며, 남부 론에서 블렌딩용으로 사용된다.
- **뮈스카 블랑 아 프티 그랭(Muscat Blanc á Petits Grains)**: 아로마가 진하며, 주로 강화와인(VDN)에 사용된다.
- **픽풀(Picpoul)**: 남부 론에서 블렌딩용으로 사용되는데, 레드(Picpoul Noir)는 알코올 함량이 높고, 향이 강하며, 화이트(Picpoul Blanc)는 얼마 안 되지만 풀 바디의 와인이 된다.
- **피카르당(Picardan)**: 색깔이 옅고 중성적인 맛이지만 산도가 높다. 남부 론에서 블렌딩용으로 사용된다.

- **위니 블랑(Ugni Blanc)**: 다수확 종으로 남부 론에서 블렌딩용으로 사용된다.

주요 생산지역

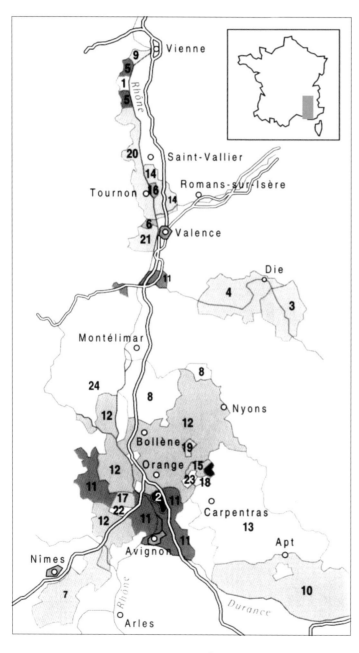

Château-Grillet 1
Châteauneuf-du-Pape 2
Châtillon-en-Diois 3
Clairette de Die 4
Condrieu 5
Cornas 6
Costières de Nimes 7
Coteaux de Die 4
Coteaux de Tricastin 8
Côte-Rôtie 9
Côtes du Lubéron 10
Côtes du Rhône 11
Côtes du Rhône-Villages 12
Côtes du Ventoux 13
Côtes du Vivarais 24
Crémant de Die 4
Crozes-Hermitage 14
Gigondas 15
Hermitage 16
Lirac 17
Muscat de
Beaumes de Venise 18
Rasteau 19
Saint-Joseph 20
Saint-Péray 21
Tavel 22
Vacqueyras 23

[그림 9-1] 론 와인산지

북부 론 와인 및 AOC

남부 론에 비해 고급 와인이 생산되지만, 생산량은 아주 적다. 강을 따라 형성된 가파른 계곡으로 화강암과 점판암으로 구성된 메마른 토양이 주를 이루고 있으며, 겨울비에 토양의 유실이 심하여 둑을 쌓고 흘러내린 토양을 다시 퍼 올리기도 한다. 대륙성 기후로 겨울이 춥고 습하며, 여름이 덥고, 초봄과 초가을에는 안개가 많기 때문에 포도가 익는데 충분한 햇볕과 열기가 부족할 수도 있지만, 햇볕이 잘 비추는 곳에 포도밭이 조성되어 있다. 또 배수가 잘되는 화강암 토양이 열을 간직하고, 매섭고 차가운 북풍 즉 미스트랄(Mistral)이 포도나무를 재빨리 식혀주기도 한다.

레드와인용 포도는 시라만 재배하며, 이 시라는 야성적이고 강렬한 풍미를 가지고 있다. 특히 자두, 블랙베리 등 향미는 오래된 나무일수록 강하게 나타난다. 화이트와인은 많지 않지만 비오니에로 고급 화이트와인을 만들며, 그 외는 마르산과 루산을 섞어 만든다. 아직 전근대적인 방법으로 와인을 만드는 곳이 많고, 가지 채 발효시켜 독특한 향미를 풍기는 와인도 많다.

- Côte Rôtie(코트 로티) AOC: 레드. 면적: 283ha. 수율: 4,000ℓ/ha. 생산량: 96만 ℓ. 품종: 시라(80% 이상), 비오니에. '타는 언덕'이란 뜻을 가진 곳으로 경사가 심한 곳. 경사가 심하여 햇빛을 직각으로 받기 때문에 포도의 당도와 색깔이 좋아지고, 지대가 높은 곳은 찬바람이 많이 불어 산도 상승. 시라를 재배하면서, 포도밭 사이사이에 청포도인 비오니에를 심어서, 한꺼번에 수확하여 레드와인 양조. 규정에는 비오니에 비율이 20% 이하지만 보통은 5% 이하 사용. 비오니에는 신맛과 부드러움을 주며 와인의 부케를 강조.

- Condrieu(콩드리외) AOC: 화이트. 면적: 171ha. 수율: 4,100ℓ/ha. 생산량: 60만 ℓ. 품종: 비오니에. 비오니에로 만든 론 최고의 화이트와인. 평균 250m의 고도에서 재배. 처음에는 스위트 와인이었으나 점점 드라이 와인을 많이 생산. 콩드리외(Condrieu)는 '시냇가'라는 뜻의 프랑스어 '코앙 드 뤼소(Coin de ruisseau)'에서 유래된 말.

- Château-Grillet(샤토 그리에) AOC: 화이트. 면적: 4ha. 수율: 3,700ℓ/ha. 생산량: 0.5만 ℓ. 품종: 비오니에. 단독 AOC로 메이커는 '샤토 그리에(Château Grillet)' 하나뿐.

- Saint-Joseph(생 조제프) AOC: 레드(90%), 화이트(10%). 면적: 1,221ha. 수율: 4,000ℓ/ha. 생산량: 390만 ℓ. 레드 품종: 시라(90% 이상), 마르산, 루산. 화이트 품종: 마르산, 루산. 낮은 언덕에 포도밭 조성.

- Hermitage/Ermitage(에르미타주) AOC: 레드(75%), 화이트(25%), 뱅 드 파이으(화이트). 면적: 137ha. 수율: 4,000ℓ/ha. 생산량: 39만 ℓ. 레드 품종: 시라(85% 이상), 마르산, 루산. 화이트 품종: 마르산, 루산. 로마시대부터 조성된 포도밭. 18-19세기에는 프랑스에서 가장 비싼 와인. 해발 300m의 남향인 화강암 언덕에서 재배. 레드와인에 루산, 마르산이 혼합될 수 있지만 대부분 시라만 사용. 대부분은 큰 오크통에서 3년 이상 숙성시키지만, 요즈음은 작은 새 오크통에서 숙성. 색깔이 진하고 맛이 풍부하여 7-8년 이상 숙성 가능하며, 좋은 것은 15년 이상 보관 가능. 화이트와인은 고전적인 맛으로, 마르산은 향이 강하고 풍부하며 루산은 복합성 강조.

- Hermitage Vin de Paille(에르미타주 뱅 드 파이으): 포도를 45일 이상 건조시켜 당도를 높인 후에 발효시키고, 수확 후 2년째 5월 15일까지 숙성.

- Crozes-Hermitage/Crozes-Ermitage(크로즈 에르미타주) AOC: 레드(92%), 화이트(8%). 면적: 1,532ha. 수율: 4,500ℓ/ha. 생산량: 641만 ℓ. 레드 품종: 시라(85% 이상), 마르산, 루산. 화이트 품종: 마르산, 루산. 생산량이 많고, 코티 로티나 에르미타주보다 더 가볍고 무난한 스타일.

- Cornas(코르나스) AOC: 레드. 면적: 129ha. 수율: 4,000ℓ/ha. 생산량: 36만 ℓ. 품종: 시라. 남쪽을 향한 가파른 언덕에서 포도 배배. 론 지방에서 가장 힘 있고 강렬한 와인으로 잘 숙성된 것은 가죽냄새와 흙냄새가 지배적. 보통 7-10년 이상 숙성 가능, 좋은 것은 15년 이상 보관 가능.

- Saint-Péray(생페레) AOC: 화이트, 스파클링. 면적: 78ha. 수율: 4,500ℓ/ha. 생산량: 20만 ℓ. 품종: 마르산, 루산. 스파클링(병내 2차 발효)은 '생페레 무쉐(Saint-Péray Mousseux)' AOC.

- Clairette de Die(클레레트 드 디) AOC: 화이트 스파클링(병내 2차 발효). 면적: 1,300ha. 수율: 5,000 ℓ/ha. 생산량: 729만 ℓ. 품종: 클레레트. Clairette de Die Méthode Ancestrale(클레레트 드 디 메토드 앙세스트랄)은 뮈스카 블랑 아 프티 그랭(75% 이상)과 클레레트를 주품종으로 만든 드라이 스파클링. 클레레트로 만든 스틸 화이트는 '코토 드 디(Coteaux de Die)' AOC.

- Coteaux de Die(코토 드 디) AOC: 화이트. 면적: 클레레트 드 디에 포함. 품종: 클레레트

- Crémant de Die(크레망 드 디) AOC: 화이트 드라이 스파클링(병내 2차 발효). 면적: 클레레트 드 디에 포함. 수율: 수확량으로 7,500kg/ha. 생산량: 52만 ℓ. 품종: 클레레트(55% 이상), 알리고테, 뮈스카.

- Châtillon-en-Diois(샤티용 엉 디우아) AOC: 레드(60%), 로제(1%), 화이트(39%). 면적: 50ha. 수율: 3,300ℓ/ha. 생산량: 33만 ℓ. 레드 및 로제 품종: 가메(75% 이상), 시라, 피노 누아. 화이트 품종: 알리고테, 샤르도네.

남부 론 와인 및 AOC

남부 론 지방은 다양한 테루아르 때문에 여러 가지 타입의 와인을 만들고 있으며, 북부 론과는 전혀 다른 곳으로 대륙성 기후와 지중해성 기후가 공존하며 햇볕이 많은 곳이다. 알프스에서 불어오는 찬 바람(Mistral)은 론 강을 내려오면서 더 광폭해져 서있기도 힘들지만, 포도나무에 주는 혜택이 많다. 성장기 때 포도나무를 식혀주므로 포도의 산도를 유지시켜주고, 수확기 때는 거대한 드라이어가 되어 수분을 증발시켜 포도를 농축시켜 당도와 산도를 높이고 곰팡이까지 없애버린다. 그러나 워낙 강한 바람으로 포도나무에 상처를 주기 때문에 좋은 포도밭은 이 바람을 피할 수 있는 지형에 있으며, 포도나무도 키를 낮게 재배한다. 북부 론은 강가의 가파른 언덕에 포도밭이 있지만 남부 론은 강에서 멀리 떨어진 언덕이나 평지에 많다. 토양은 북부 론과는 달리, 점토, 석회석 모래, 자갈이거나 평범한 돌덩어리로 되어 있다. 거의 강가의 자갈밭 수준으로 흙이 보이지 않는다.

워낙 덥고 건조한 곳이기 때문에 시라가 개성을 발휘하지 못하므로 그르나슈를 주품종으로 더 위에 강한 여러 품종을 혼합하여 독특한 맛을 창조하고 있다. 12종의 레드와인용 포도가 있으나 그르나슈, 시라, 무르베드르, 생소, 카리냥 등을 주로 사용하며, 지역에 따라 그 비율과 나머지 품종이 달라진다. 화이트와인은 11종으로 그르나슈 블랑, 클레레트, 부르불랭, 피카르당, 픽풀, 위니

블랑 등이 사용되며, 마르산, 루산, 비오니에 등도 소량 사용된다. 그 외 뮈스카는 강화 와인을 만드는데 사용된다.

유럽 최초의 필록세라

타벨은 유럽에서 최초로 필록세라가 발생한 곳으로 알려져 있다. 1863년 미국 포도가 프랑스 남부지방에서 적응을 하는지 알기 위해 묘목을 이 지역으로 가져와 심었으나 잘 자라지 못하고, 이 지역에 필록세라만 퍼뜨린 것이다. 영국에서도 런던 교외에서 이때 필록세라가 발견되었고, 1869년 랑그도크에 나타나면서 보르도로 이어졌다.

- **Grignan-les-Adhémar(그리냥 레 아데마르)/(구 Coteaux du Tricastin) AOC**: 레드(90%), 로제(7%), 화이트(3%). 면적: 1,632ha. 수율: 5,200ℓ/ha. 생산량: 484만 ℓ. 레드 품종: 주품종(70% 이상, 단독은 20-80%)은 그르나슈, 시라, 보조품종은 생소, 카리냥, 무르베드르, 마르슬랑(Marselan, 10% 이하). 화이트 품종: 그르나슈 블랑, 클레레트, 부르불랭, 마르산, 루산, 비오니에. 2010년 명칭 변경.

- **Côte du Vivarais(코트 뒤 비바레) AOC**: 레드, 로제, 화이트. 면적: 406ha. 수율: 5,200ℓ/ha. 생산량: 140만 ℓ. 레드 품종: 그르나슈(30% 이상), 시라(40% 이상), 보조품종은 생소, 마르슬랑. 로제 품종: 그르나슈(60-80%), 시라(10% 이상), 보조품종은 생소, 마르슬랑(최소 10%). 화이트 품종: 그르나슈 블랑(50% 이상), 보조품종(30% 이상)은 클레레트, 마르산, 비오니에(10% 이하).

- **Vinsobres(뱅소브르) AOC**: 레드. 면적: 419ha. 생산량: 136만 ℓ. 품종: 그르나슈(50% 이상), 보조품종은 시라, 무르베드르. 2006년 인가.

- **Gigondas(지공다스) AOC**: 레드, 로제. 면적: 1,232ha. 수율: 3,500ℓ/ha. 생산량: 370만 ℓ(레드 96%, 로제 4%). 품종: 그르나슈(50% 이상), 보조품종(15% 이상)은 시라, 무르베드르. 강렬하고 짜임새 있는 독특한 풍미로 샤토뇌프 뒤 파프보다 더 강한 맛.

- **Vacqueyras(바케라스) AOC**: 레드(96%), 로제(3%), 화이트(1%). 면적: 1,461ha. 수율: 3,500ℓ/ha. 생산량: 441만 ℓ. 레드 품종: 그르나슈(50% 이상), 보조품종은 시라, 무르베드르(합계 20% 이상). 로제 품종: 주품종(80% 이하)은 그르나슈, 시라, 무르베드르, 생소, 보조 품종(10% 이하)은 생소, 마르슬랑, 픽풀, 위니 블랑. 화이트 품종(각 80% 이하): 그르나슈 블랑, 클레레트, 부르불랭, 마르산, 루산, 비오니에.

- **Beaumes de Venise(봄 드 브니스) AOC**: 레드. 면적: 612ha. 생산량: 208만 ℓ, 수율: 3,300ℓ/ha. 품종: 그르나슈(50% 이상), 보조품종은 시라(25-50%), 기타 코트 뒤 론과 동일한 품종. 해발 100-600m에 포도밭 조성.

- **Châteauneuf-du-Pape(샤토뇌프뒤파프) AOC**: 레드(93%), 화이트(7%). 면적: 3,165ha. 수율: 3,500ℓ/ha. 생산량: 848만 ℓ. 품종: 레드, 화이트 포도 총 13종 허가되어 있으나, 주로 사용되는 것은 그르나슈, 생소, 무르베드르. 시라, 뮈스카르덩(Muscardin), 쿠누아스(Counoise), 클레레트, 부르블랑.

  영어로는 'New Castle of the Pope'라는 뜻으로 교황의 새로운 성곽이라는 뜻. 14세기에 교황 클레멘스 5세가 아비뇽으로 교황청을 옮긴 후, 여름별장으로 사용했던 곳으로 와인 병에 교황의 갑옷 무늬를 넣기도 함. 포도밭은 돌밭으로 언뜻 보기에는 포도나무가 자라지 못할 것으로 보이지만, 아래쪽은 점토에서 사질 석회질 토양과 자갈까지 다양. 론 지방을 대표하는 유명한 와인산지. 1차 대전 전까지만 해도 벌크와인으로 많이 팔렸지만, 1970년대부터 질 좋은 와인을 생산.

  주로 그르나슈로 레드와인을 만드는데, 이 포도는 알코올 함량을 높게 해주지만, 색깔이나 부케 등이 불완전하므로 시라, 무르베드르 그리고, 생소 등을 혼합하여 진한 색깔과 묵직함을 강조하고, 청포도도 섞어서 와인 양조. 화이트와인은 루산, 클레레트 등을 산도가 높을 때 일찍 수확하여 낮은 온도에서 발효. 다른 곳에 비해 단위면적 당 수확량이 적고, 작은 오크통에서 숙성시키지 않으므로 토스트나 바닐라 향이 없으며, 테루아르를 그대로 나타내는 와인 본연의 맛을 자랑.

- Lirac(리락) AOC: 레드(80%), 로제(15%), 화이트(5%). 면적: 801ha. 수율: 3,500ℓ/ha. 생산량: 211만 ℓ. 레드 품종: 그르나슈(40% 이상), 시라, 무르베드르(합계 25% 이상), 생소, 보조품종은 카리냥(10% 이하), 마르산, 루산, 픽풀, 비오니에, 위니 블랑. 화이트 품종: 주품종(각 60% 이하)은 클레레트, 그르나슈 블랑, 부르불랑, 보조품종(단독 25% 이하, 합계 30% 이하)은 위니 블랑, 픽풀, 마르산, 루산, 비오니에.

- Tavel(타벨) AOC: 로제. 면적: 946ha. 수율: 4,800ℓ/ha. 생산량: 350만 ℓ. 품종: 그르나슈(40% 이상), 부르블랑, 생소, 클레레트, 그르나슈, 무르베드르, 픽풀, 시라, 카리냥. 프랑스에서 가장 유명한 로제. 레드 품종과 화이트 품종을 같은 탱크에 넣어서 무게에 눌러서 색깔이 우러나오게 만들어 거의 레드와인 수준의 묵직함 강조.

- Ventoux(방투)/(구 Côtes du Ventoux) AOC: 레드(87%), 로제(10%), 화이트(3%). 면적: 6,279ha. 수율: 5,000ℓ/ha. 생산량: 2,630만 ℓ. 레드 품종: 주품종은 그르나슈, 시라, 생소, 무르베드르, 카리냥, 보조품종(합계 20% 이하)은 픽풀, 쿠누아스, 클레레트, 부르불랑, 그르나슈 블랑, 마르산, 루산, 마르슬랭, 베르멘티노, 비오니에. 화이트 품종: 주품종은 클레레트, 부르블랑, 그르나슈 블랑, 루산, 보조품종(합계 10% 이하)은 마르산, 베르멘티노, 비오니에.

- Lubéron(뤼베롱)/(구 Côtes du Lubéron) AOC: 레드(64%), 로제(20%), 화이트(16%). 면적: 3,205ha. 수율: 5,500ℓ/ha. 생산량: 1,500만 ℓ. 레드 및 로제 품종: 주품종은 시라, 생소, 무르베드르, 카리냥, 보조품종(합계 20% 이하)은 픽풀, 쿠누아스, 클레트, 부르불랑, 그르나슈 블랑, 루산, 마르산, 마르슬랑(10% 이하), 베르멘티노(10% 이하), 비오니에. 화이트 품종: 주품종은 부르블랑, 클레레트, 그르나슈 블랑, 루산, 보조품종(합계 10% 이하)은 마르산, 베르멘티노, 비오니에.

- Costières de Nîmes(코스티에르 드 님) AOC: 레드(74%), 로제(19%), 화이트(7%). 면적: 3,951ha. 수율: 6,000ℓ/ha. 생산량: 2,116만 ℓ. 레드 및 로제 품종: 주품종(합계 60% 이상)은 그르나슈, 무르베드르, 시라, 보조품종은 카리냥, 생소, 마르슬랑. 화이트 품종: 주품종(50% 이상)은 그르나슈 블랑, 마르산, 루산, 보조품종은 부르불랑, 클레레트, 마카베오, 베르멘티노, 비오니에(20% 이하). 랑그도크와 겹침.

- Clairette de Bellegarde(클레레트 드 벨가르드) AOC: 화이트. 면적: 7ha. 생산량: 2만 ℓ. 품종: 클레레트

- Rasteau(라스토) AOC: 레드. 면적: 880ha. 생산량: 288만 ℓ. 품종: 주품종은 그르나슈(50% 이상), 보조품종은 무르베드르, 시라(2품종 계 20% 이상) 및 기타 코트 뒤 론 품종(15% 이하). 2010년부터 Côte du Rhône Village Rasteau에서 Rasteau로 변경.

- Rasteau(라스토) VDN AOC: VDN(레드, 로제, 화이트). 면적: 36ha. 수율: 3,000ℓ/ha. 생산량: 9만 ℓ. 주품종은 그르나슈, 보조품종(10% 이하)은 코트 뒤 론 품종. 수확 다음해 8월 31일까지 숙성.

- Rasteau "Rancio" (라스토 랑시오): 라스토 VDN 와인을 오크통에서 숙성시키면서 최소 2년을 햇볕에 노출시켜 노화시킨 와인.

- Rasteau Hors d'age(라스토 오르다주): 라스토 VDN 와인을 5년 이상 숙성한 것.

- Muscat de Beaumes de Venise(뮈스카 드 봄 드 브니스) AOC: 뮈스카로 만든 VDN(레드, 로제, 화이트). 면적: 490ha. 수율: 포도주스로 3,000ℓ/ha. 생산량: 103만 ℓ. 품종: 뮈스카 블랑 아 프티 그랭 및 뮈스카 아 프티 그랭 루즈. 알코올 15% 이상, 당도 11% 이상.

VDN(Vin Doux Naturels, 뱅 두 나튀렐)

스위트한 강화와인으로 레드, 화이트가 있으나 2/3는 화이트와인이다. 포도를 과숙시켜 당도가 25.2% 이상이 되어야 수확하는데, 발효 도중에 알코올을 부어 알코올 농도 16-17%, 당도 8-10%로 만든다. '랑시오(Rancio)'라고 표시된 것은 오크통에 넣어 2년 이상 햇볕에 노출시킨 것을 말한다. 이렇게 하면 랑시오 특유의 향미가 생긴다. 아페리티프, 디저트 와인으로도 사용되며, 푸아그라(Foie gras, 거위 간)와 단짝으로 알려져 있다. 사용하는 품종은 주로 뮈스카(Muscat)지만 약간의 다른 품종도 들어갈 수 있다.

■ 론 지방 전체 AOC

- **Côte du Rhône(코트 뒤 론) AOC**: 레드(96%), 로제(2%), 화이트(2%). 면적: 35,036ha. 수율: 5,200ℓ/ha. 생산량: 1억 4,000만 ℓ. 레드 및 로제 품종: 그르나슈(40% 이상), 보조품종은 시라나 무르베드르, 기타 부르불랭, 카리냥, 생소, 클레레테, 쿠누아, 그르나슈 블랑, 그르나슈 그리, 마르산, 루산 등(10% 이하), 화이트 품종: 주품종(80% 이상)은 부르불랭, 클레트, 그르나슈 블랑, 마르산, 루산, 비오니에, 보조품종은 픽풀, 위니 블랑. 론 지방 전체에서 나오는 것이지만, 주로 남부 론에서 생산. 론 지방 와인의 70% 이상 차지.

- **Côte du Rhône Village(코트 뒤 론 빌라주) AOC**: 레드, 로제, 화이트. 면적: 4,187ha. 수율: 4,200ℓ/ha(지명 표시된 것). 4,500ℓ/ha(지명 표시 안 된 것). 생산량: 1,390만 ℓ(레드 98%, 로제, 화이트와인). 레드 및 로제 품종: 그르나슈(50% 이상), 보조품종은 시라 무르베드르, 기타는 코트 뒤 론과 동일. 화이트 품종: 주품종(80% 이상)은 그르나슈 블랑, 클레레트, 마르산, 루산, 부르불랭, 비오니, 보조품종은 코트 뒤 론과 동일. 코트 뒤 론에 비해 더 고급. 상표에 지명 17개 중 1개 표기 가능.

■ 유명 메이커

론 와인의 공식적인 등급은 없고, 고급품종(그르나슈, 시라, 생소 등)을 많이 사용하면 비싼 와인이 되고 적게 사용하면 가격이 싸다. 메이커에 따라 품질과 가격의 차이가 심하기 때문에 메이커를 보고 와인을 선택하는 것이 좋다.

- **샤토 드 보카스텔(Ch. de Beaucastel)**: 1909년 시작하여 5대째 이어오고 있으며 13종의 포도를 혼합하여 만든 샤토뇌프 뒤 파프의 것이 유명하다.

- **도멘 뒤 비유 텔레그라프(Domaine du Vieux Telegraphe)**: '오래 된 전화'라는 뜻으로, 1898년에 시작하여 3대에 이르고 있다. 샤토뇌프 뒤 파프가 유명하다.

- **샤푸티에(M. Chapoutier)**: 에르미타주에서 가장 넓은 포도밭을 가지고 있으며, 샤토네프 뒤 파프의 것도 좋다. 1990년부터 포도재배, 와인 양조 방법을 개선하여 우수한 와인을 만들고 있다. 유기농 와인과 점자로 된 상표가 유명하다.

- **기갈(E. Guigal)**: 론 지방을 대표하는 메이커로서 1923년 코트 로티의 앙퓌(Ampuis)에 정착하면서 시작하여, 코트 로티, 샤토네프 뒤 파프 등을 생산하고 있다. 1980년부터 작은 오크통을 사용하는 등 현대적인 기술을 사용한 곳이다.

- **폴 자블레 에네(Paul Jaboulet-Aîné)**: 에르미타주의 유명한 메이커로서 샤토네프 뒤 파프까지 다양한

와인을 생산한다.

- **제라르 샤브**(Gérard Chave): 북부 론 최고의 와인 메이커로 알려져 있으며, 에르미타주와 생 조셉의 것이 유명하다.

- **샤토 드 생콤**(Ch. de Saint-Cosme): 가격대비 가장 질이 좋은 곳으로 지공다스가 유명하다.

- **샤토 보셴**(Ch. Beauchêne): 프랑스 혁명 후에 자크 베르나르(Jacques Bernard)가 시작하여 9대에 이르고 있다. 샤토뇌프 뒤 파프, 코트 뒤 론 등이 유명하다.

[그림 9-2] 론 와인 상표

루아르(Loire) 와인

프랑스에서 가장 길고 아름다운 강을 따라 중세의 고성이 자리 잡고 있는 곳으로 유럽의 왕족과 귀족의 별장이 많은 곳으로 유명하다. 그래서 이 루아르 강 일대를 가리켜 '프랑스의 정원(Jardin de la France)'이라고 한다. 루아르는 리옹의 서쪽에서 시작하여 대서양 연안의 낭트까지 1,000km에 걸쳐 있는 광범위한 곳이기 때문에 서로 다른 지방과 포도 재배지를 한꺼번에 일컫는 명칭이며, 이곳의 와인을 '뱅 들 라 루아르(Vins de la Loire)'라고 집합적으로 말하기도 한다. 보통 루아르 지방은 '페이 낭테(Pays Nantais)', '앙주, 소뮈르(Anjou, Saumur)', '투렌(Touraine)', '중부지방

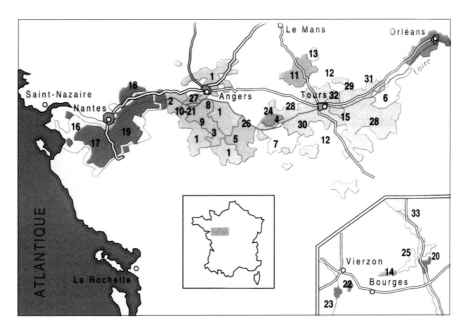

Anjou 1	Coteaux de Loir 11	Rosé d'Anjou 1
Anjou-Coteaux de La Loire 2	Cour-Cheverny 6	Rosé de Loire 12
Anjou Gamay 1	Crémant de Loire 12	Saint-Nicolas-de-Bourgueil 24
Anjou – Villages 1	Jasnières 13	Sancerre 25
Bonnezeaux 3	Menetou-Salon 14	Saumur 5
Bourgueil 4	Montlouis 15	Saumur-Champigny 26
Cabernet d'Anjou 1	Muscadet 16	Saumur Mousseux 5
Cabernet de Saumur 5	Muscadet Côtes de Grand Lieu 17	Savennières 27
Cheverny 6	Muscadet des Coteaux de La Loire 18	Touraine-Amboise 29
Chinon 7	Muscadet Sèvre–et–Maine 19	Touraine-Azay-Le-Rideau 30
Coteaux de L'Aubance 8	Pouilly-Fumé 20	Touraine-Mesland 31
Coteaux de Saumur 5	Pouilly-sur-Loire 20	Vouvray 32
Coteaux de Giennois 33	Quarts de Chaume 21	
Coteaux de Layon 9	Quincy 22	Toutes ces AOC peuvent être complétés
Coteaux de Layon-Chaume 10	Reuilly 23	ou non par La mention《Val de Loire》.

[그림 9-3] 루아르의 와인산지

(Centre Nivernais)' 네 개 지역으로 나누어진다.

루아르 와인은 강을 따라 운반하기 편리하기 때문에 예전부터 네덜란드와 영국으로 수출이 잘 되어 이름이 일찍 알려진 곳이다. 그러나 포도재배지역으로는 북쪽으로 서늘한 곳이기 때문에 산 도가 높고 신선한 화이트와인을 주로 생산하며, 날씨가 안 좋을 때는 설탕을 첨가하여 알코올 농 도를 높이고 있다. 요즈음은 와인의 향미를 더욱 묵직하게 만들고자 작은 오크통에서 발효와 숙성 하는 곳도 늘고 있다. 가족 경영의 소규모 업자가 많으며, 네고시앙과 조합도 활동을 많이 하고 있다.

60개 이상의 원산지명칭(AO)이 있으며, 레드, 화이트, 로제 그리고 스파클링와인까지 다양한 와 인을 생산한다. 64,400ha(AOC 포도밭 80%)의 포도밭에서 연간 3억6천만 ℓ를 생산하며, 대체로 화 이트와인의 질이 좋아서 루아르 AOC 와인 중 54%는 화이트와인이 된다. 북쪽에 있는 관계로 서 리, 찬바람의 해가 크기 때문에 기후의 영향에 따라 타입이 달라진다. 화이트와인용 품종은 소비 뇽 블랑과 슈냉 블랑이 주종을 이루며, 레드와인은 카베르네 프랑에 카베르네 소비뇽, 피노 누아, 가메 등이 섞인다.

포도 품종

🔲 화이트와인

- **슈냉 블랑(Chenin Blanc)/피노 들라 루아르(Pineau de la Loire)**: 루아르를 대표하는 화이트와 인용으로 드라이, 스위트, 스파클링와인까지 다양한 타입의 와인을 만든다. 앙주와 투렌 지방의 기후에 적합한 품종이다.

- **소비뇽 블랑(Sauvignon Blanc)**: 루아르 고급 와인으로 중부 지방의 '상세르(Sancerre)', '푸이 퓌 메(Pouilly-Fumé)' 등을 만든다.

- **폴 블랑슈(Folle Blanche)**: 뮈스카데에서 주로 사용하며, '그로 플랑(Gros Plant)'이라는 신맛이 강한 와인을 만든다.

- **믈롱 드 부르고뉴(Melon de Bourgogne)**: 뮈스카데의 주품종으로 사용된다. 부르고뉴 원산으로 1635년 수도원에서 페이 낭테로 도입한 것이다.

- **샤르도네(Chardonnay)**: 재배면적이 넓지 않으며 주로 다른 품종에 혼합하거나 스파클링와인을 만든다.

- **아르부아(Arbois)**: 루아르 토종으로 블렌딩용으로 사용하지만 점차 수요가 줄고 있다.

▨ 레드와인

- **카베르네 프랑(Cabernet Franc):** 루아르 최고의 레드와인을 만드는 품종으로 시농, 부르괴일 등에 사용된다. 다른 레드와인, 로제, 스파클링와인에 혼합되기도 한다. '브르통(Breton)'이라고도 한다.

- **가메(Gamay):** 앙주와 투렌을 만드는 품종으로 다른 레드와인, 로제, 스파클링와인에 혼합되기도 한다.

- **피노 누아(Pinot Noir):** 중부 지방 상세르의 레드와인에 사용되며, 다른 레드와인, 로제, 스파클링와인에 혼합되기도 한다.

- **그롤로(Grolleau):** 루아르 토종 포도로 앙주 로제의 주품종이다. 다른 레드와인, 로제, 스파클링와인에 혼합되기도 한다.

- **기타:** 카베르네 소비뇽, 코(말벡), 피노 도니, 피노 뫼니에 등이 있다.

페이 낭테(Pays Nantais) 와인 및 AOC

강 입구로서 온화하고 습기가 있으며, 겨울은 춥고 봄에 서리가 문제를 일으킨다. 해양성 기후로 여름은 비가 좀 오고 온화하고 햇볕이 좋다. 좋은 포도밭은 강가의 언덕에 있으며, 뮈스카데 (Muscadet)로 알려진 곳이다. 두 개의 강 이름으로 된 지역인 세브르 에 멘(Sévre-et-Maine)은 북서풍을 낭트 시가 막아 준다. 이곳은 뮈스카데 전체 AOC의 1/4에 해당하며 이곳에서 나온 와인의 85%가 뮈스카데이다. 또 한 군데는 코토 들 라 루아르(Coteaux de la Loire)로서 이곳 역시 뮈스카데로 유명하다.

이 뮈스카데는 '믈롱 드 부르고뉴(Melon de Bourgogne)'라는 포도로 만드는데, 머스캣 고유의 냄새는 없다. 서리에 견디는 품종으로 일찍 수확하여 산도를 유지시킨다. 뮈스카데는 어떤 요리와도 잘 어울리지만, 특히 해산물과의 조화는 완벽하다. 이곳은 바다가 가깝기 때문에 대서양 연안의 굴과 조개 등 해산물이 풍부하다. 또 다른 와인으로 폴 블랑슈로 만든 '그로 플랑(Gros Plant)'이란 신맛 나는 화이트와인도 있다.

쉬르 리_Sur Lie

'찌꺼기 위에서'란 뜻으로 발효가 끝난 와인을 이스트 찌꺼기와 오랜 시간 접촉시켜 부케를 형성시키는 방법이다. 이스트와 접촉 기간은 한 겨울을 넘겨야 되는데 첫 번째 주병은 수확 다음 해 3월 1일 이후이며, 좀 더 풍부한 맛을 내기 위한 2차 주병기간은 10월 중순에서 11월 중순까지로 규정되어 있다. 와인은 발효탱크에서 바로 주병해야 한다(여과나 따라내기는 안됨).

AOC

- Muscadet(뮈스카데) AOC: 화이트. 면적: 1,754ha. 수율: 6,500ℓ/ha. 생산량: 1,110만 ℓ. 품종: 뮈스카데(믈롱 드 부르고뉴).

- Muscadet-Sévre et Maine(뮈스카데 세브르 에 멘) AOC: 화이트. 면적: 10,400ha. 수율: 5,500ℓ/ha. 생산량: 5,700만 ℓ. 품종: 뮈스카데(믈롱 드 부르고뉴). 쉬르 리(Sur Lie) 가능.

- Muscadet-Coteaux de la Loire(뮈스카데 코토 들 라 루아르) AOC: 화이트. 면적: 500ha. 수율: 5,500ℓ/ha. 생산량: 250만 ℓ. 품종: 뮈스카데(믈롱 드 부르고뉴). 쉬르 리(Sur Lie) 가능.

- Muscadet-Côtes de Grandlieu(뮈스카데 코트 드 그랑리외) AOC: 화이트. 면적: 600ha. 수율: 5,500ℓ/ha. 생산량: 300만 ℓ. 품종: 뮈스카데(믈롱 드 부르고뉴). 쉬르 리(Sur Lie) 가능.

- Fiefs Vendéens Brem(피에프 방뎅 브렘) AOC: 레드, 로제, 화이트. 레드 품종: 카베르네 프랑(20% 이상), 네그레트(10% 이상), 피노 누아(50% 이상), 보조품종은 카베르네 소비뇽, 가메. 로제 품종: 주품종(80% 이상)은 가메(20% 이상), 피노 누아(50% 이상), 보조품종은 카베르네 프랑, 카베르네 소비뇽, 그롤로 그리, 네그레트. 화이트 품종: 슈냉(60% 이상), 보조품종(10% 이하)은 샤르도네, 그롤로 그리.

- Fiefs Vendéens Chantonnay(피에프 방뎅 샹토네) AOC: 레드, 로제, 화이트. 레드 품종: 카베르네 프랑(50% 이상), 네그레트(10% 이상), 피노 누아(20% 이상), 보조품종은 카베르네 소비뇽, 가메. 로제 품종: 주품종(80% 이상)은 가메(20% 이상), 피노 누아(50% 이상), 보조품종은 카베르네 프랑, 카베르네 소비뇽, 네그레트. 화이트 품종: 슈냉(60% 이상), 샤르도네(10% 이하).

- Fiefs Vendéens Mareuil(피에프 방뎅 마뢰이) AOC: 레드, 로제, 화이트. 레드 품종: 카베르네 프랑(50% 이상), 네그레트(10% 이상), 피노 누아(20% 이상), 보조품종은 카베르네 소비뇽, 가메. 로제 품종: 가메(50% 이상), 피노 누아(30% 이상), 보조품종은 카베르네 프랑, 카베르네 소비뇽, 네그레트. 화이트 품종: 슈냉(60% 이상), 샤르도네(10% 이하).

- Fiefs Vendéens Pissotte(피에프 방뎅 피소트) AOC: 레드, 로제, 화이트. 레드 품종: 카베르네 프랑(20% 이상), 네그레트(10% 이상), 피노 누아(20% 이상), 보조품종은 카베르네 소비뇽, 가메. 로제 품종: 가메(50% 이상), 피노 누아(30% 이상), 보조품종은 카베르네 프랑, 카베르네 소비뇽, 네그레트. 화이트 품종: 슈냉(60% 이상), 샤르도네(10% 이하).

- Fiefs Vendéens Vix(피에프 방뎅 빅스) AOC: 레드, 로제, 화이트. 레드 품종: 카베르네 프랑(50% 이상), 네그레트(10% 이상), 피노 누아(20% 이상), 보조품종은 카베르네 소비뇽, 가메. 로제 품종: 가메(50% 이상), 피노 누아(30% 이상), 보조품종은 카베르네 프랑, 카베르네 소비뇽, 네그레트. 화이트 품종: 슈냉(60% 이상), 보조품종(10% 이하)은 샤르도네, 소비뇽

- Gros Plant du Pays Nantais(그로 플랑 뒤 페이 낭테) AOC: 화이트. 품종: 폴 블랑슈(70% 이상), 보조품종은 콜롱바르(10% 이하) 등. 쉬르 리(Sur Lie) 가능.

- Coteaux d'Ancenis(코토 당스니) AOC: 레드, 로제, 화이트. 레드 및 로제 품종: 가메. 화이트 품종: 피노 그리.

앙주 소뮈르(Anjou-Saumur) 와인 및 AOC

온화한 대서양 기후의 영향으로 강우량이 많지 않으며 여름이 온화하고 가을이 포근하다. 이곳은 루아르의 축소판으로 레드, 화이트, 로제, 스파클링와인 등 여러 가지 와인이 나오지만, 화이트와인이 주종을 이룬다. 화이트와인은 슈냉 블랑, 레드와인은 카베르네 프랑이 주품종이다. 앙주(Anjou) 지역은 로제를 주로 생산했지만, 그 양이 점점 감소하고 있다. 유명한 로제 덩주(Rosé d'Anjou)는 햇와인(Primeur = Nouveau)으로 출하되기도 한다.

소뮈르(Saumur) 지역은 앙주 내에 있지만 앙주의 보석이라고 일컫는 곳으로 앙주의 이름으로 팔릴 수도 있다. 카베르네 프랑, 카베르네 소비뇽으로 만든 레드와인이 좋은 편이며, 화이트와인은 슈냉 블랑(80% 이상), 샤르도네, 소비뇽 블랑을 섞어서 만든다. 또 스파클링와인은 로제와 화이트가 있는데 슈냉 블랑으로 만든 와인의 품질은 샴페인에 버금간다. 루아르에서 가장 잘 알려진 원산지명칭(AO)은 카베르네 프랑으로 만든 '소뮈르 샹피니(Samur-Champigny)', 보트리티스 곰팡이 낀 포도로 만든 '본조(Bonnezeaux)', 슈냉 블랑으로 만든 세미 스위트 와인인 '카르 드 숌(Quarts de Chaume)', 슈냉 블랑으로 만든 드라이 와인 '샤브니에르(Savenniéres)'가 있다.

AOC

- Anjou(앙주) AOC: 레드(68%), (스위트) 화이트(32%). 면적: 2,490ha. 수율: 6,000ℓ/ha. 생산량: 1,289만 ℓ. 레드 품종: 주품종은 카베르네 프랑, 카베르네 소비뇽, 보조품종(30% 이하)은 피노 도니, 그롤로(10% 이하). 화이트 품종: 주품종은 슈냉 블랑, 보조품종(20% 이하)은 샤르도네, 소비뇽 블랑.

- Anjou Mousseux(앙주 무쉐) AOC: 스파클링(화이트, 로제). 면적: 60ha. 생산량: 35만 ℓ. 로제 품종: 카베르네 프랑, 카베르네 소비뇽, 가메, 그롤로, 그롤로 그리, 피노 도니. 화이트 품종: 슈냉(70% 이상), 보조품종은 카베르네 프랑, 카베르네 소비뇽, 샤르도네(20% 이하), 가메, 그롤로, 그롤로 그리, 피노 도니. 병 내 2차 발효, 9개월 이상 숙성.

- Anjou Gamay(앙주 가메) AOC: 레드. 면적: 320ha. 수율: 6,000ℓ/ha. 생산량: 160만 ℓ. 품종: 가메.

- Cabernet d'Anjou(카베르네 덩주) AOC: 세미 스위트 로제. 면적: 2,600ha. 수율: 5,500ℓ/ha. 생산량: 1,600만 ℓ. 품종: 카베르네 프랑, 카베르네 소비뇽.

- Rosé d'Anjou(로제 덩주) AOC: 세미 스위트 로제. 면적: 2,200ha. 수율: 6,000ℓ/ha. 생산량: 1,400만 ℓ. 품종: 그롤로, 그롤로 그리, 카베르네 소비뇽, 카베르네 프랑, 피노 도니, 가메, 코.

- Anjou Villages(앙주 빌라주) AOC: 레드. 면적: 270ha. 수율: 5,500ℓ/ha. 생산량: 140만 ℓ. 품종: 카베르네 프랑, 카베르네 소비뇽.

- Anjou Village Brissac(앙주 빌라주 브리삭) AOC: 레드. 면적: 85ha. 품종: 카베르네 프랑, 카베르네 소비뇽.

- Anjou-Coteaux de la Loire(앙주 코토 들 라 루아르) AOC: (세미) 스위트 화이트. 면적: 120ha. 수율: 3,800ℓ/ha. 생산량: 12만 ℓ. 품종: 슈냉 블랑. 보트리티스 포도 혹은 과숙된 포도 사용. 잔당 34g/ℓ.

- Saumur(소뮈르) AOC: 레드(69%), 화이트(31%). 면적: 1,450ha. 수율: 화이트 6,000ℓ/ha. 레드 5,500ℓ/ha. 생산량: 800만 ℓ. 레드 품종: 주품종은 카베르네 프랑, 보조품종(30% 이하)은 카베르네 소비뇽, 피노 도니. 화이트와인 품종: 슈냉.

- Saumur Puy-Notre-Dame(소뮈르 퓌이 노트르 담) AOC: 레드. 품종: 카베르네 프랑, 카베르네 소비 뇽(15% 이하).

- Saumur Mousseux(소뮈르 무쉐) AOC: 스파클링(로제 및 화이트). 면적: 1,400ha. 수율: 6,600ℓ/ha. 생산량: 900만 ℓ. 품종: 슈냉, 샤르도네, 소비뇽 블랑, 카베르네 소비뇽, 카베르네 프랑, 가메, 그롤로, 그롤로 그리, 피노 누아, 피노 도니. 화이트는 슈냉 60% 이상, 로제는 카베르네 프랑 60% 이상.

- Cabernet de Saumur(카베르네 소뮈르) AOC: 로제. 면적: 75ha. 수율: 6,000ℓ/ha. 생산량: 40만 ℓ. 품종: 카베르네 프랑, 카베르네 소비뇽.

- Saumur-Champigny(소뮈르 샹피니) AOC: 레드. 면적: 1,400ha. 수율: 5,500ℓ/ha. 생산량: 830만 ℓ. 품종: 카베르네 프랑, 보조품종(15% 이하)은 카베르네 소비뇽, 피노 도니.

- Coteaux de Saumur(코토 드 소뮈르) AOC: 스위트 화이트. 면적: 7ha. 수율: 3,800ℓ/ha. 생산량: 4만 ℓ. 품종: 슈냉 블랑. 보트리티스 포도 혹은 과숙된 포도 사용. 잔당 34g/ℓ.

- Coteaux de l' Aubance(코토 드 로방스) AOC: 스위트 화이트. 면적: 160ha. 수율: 3,500ℓ/ha. 생산량: 50만 ℓ. 품종: 슈냉 블랑. 보트리티스 포도 혹은 과숙된 포도 사용. 잔당 34g/ℓ 이상. Sélection de Grains Nobles 표기는 보트리티스 포도만 사용.

- Coteaux du Layon(코토 뒤 레용) AOC: 스위트 화이트. 면적: 1,350ha. 수율: 3,500ℓ/ha. 생산량: 400만 ℓ. 품종: 슈냉 블랑. 보트리티스 포도 혹은 과숙된 포도 사용. 잔당 34g/ℓ 이상. Sélection de Grains Nobles 표기는 보트리티스 포도만 사용.

- Coteaux du Layon(코토 뒤 레용) + Villages 명칭 AOC: 스위트 화이트. 면적: 350ha. 수율: 3,000ℓ/ha. 생산량: 75만 ℓ. 품종 및 규격: Coteaux du Layon과 동일.

- Coteaux du Layon Premier Cru Chaume(코토 뒤 레용 프르미에르 숌) AOC: 스위트 화이트. 품종: 슈냉 블랑. 보트리티스 포도 혹은 과숙된 포도 사용. 잔당 80g/ℓ 이상. Sélection de Grains Nobles 표기는 보트리티스 포도만 사용.

- Quart de Chaume(카르 드 숌) AOC: 스위트 화이트. 면적: 50ha. 수율: 2,500ℓ/ha. 생산량: 7만 ℓ. 품종: 슈냉 블랑. 보트리티스 포도 혹은 과숙된 포도 사용. 잔당 85g/ℓ 이상. Sélection de Grains Nobles 표기는 보트리티스 포도만 사용.

- Bonnezeaux(본조) AOC: 스위트 화이트. 면적: 120ha. 수율: 2,500ℓ/ha. 생산량: 20만 ℓ. 품종: 슈냉 블랑. 보트리티스 포도 혹은 과숙된 포도 사용. 잔당 51g/ℓ 이상.

- Savennières(샤브니에르) AOC: (세미 스위트) 화이트. 면적: 155ha. 수율: 4,000ℓ/ha. 생산량: 47만 ℓ. 품종: 슈냉 블랑.

- Savenniéres Roche Aux Moines(샤브니에르 로슈 오 무안) AOC: (세미 스위트) 화이트. 면적: 22ha. 품종: 슈냉 블랑.

- Savenniéres Coulée de Serrant(샤브니에르 쿨레 드 세랑) AOC: (세미 스위트) 화이트. 면적: 7ha. 품종: 슈냉 블랑. 단독 AOC. 생물기능농법(Biodynamics)으로 생산.

생물기능농법_Biodynamic viticulture

오스트리아 철학자 루돌프 슈타이너(Rudolf Steiner)가 1924년에 기술한 포괄적이고 철학적인 개념에 유기농법(Organics)을 포함시킨 것으로, 포도재배를 화학적인 작용에 의지하지 않고, 토양의 활기를 되찾기 위한 퇴비 조성과 식물의 생장에 활력을 주는 지구, 해, 달, 태양계의 순환으로 생성되는 에너지의 형태에 대한 전반적인 개념으로 관리하는 것이다. 생물기능농법의 기본원리는 1924년에 확립되었지만, 1980년대까지 별 움직임이 없었고, 루아르의 쿨레 드 세랑(Coulée de Serrant)을 현대적인 생물기능농법의 발생지로 보고 있다. 특히, 이곳의 와인 메이커인 니콜라 졸리(Nicolas Joly)는 이 운동의 대변자로 많은 시간을 소비했다. 오늘날 이러한 철학적인 운동에 합류한 포도밭은 부르고뉴의 '도멘 를루아(Domaine Leroy)', 보르도의 '라 투르 피작(Ch. La Tour Figeac)', 론의 '샤푸티에(M. Chapoutier)', 스페인 리베라 델 두에로의 '도미니오 데 핑구스(Dominio de Pingus)', 뉴질랜드 기스본의 '밀턴 빈야드(Milton Vineyard)' 등으로 보고 있다. 생물기능농법을 적용하는 농부는 해와 달 그리고 점성학적인 순환과 관련하여 일을 한다. 예를 들면, 식목이나 주병을 일년 중 특정한 날에 해야 한다는 믿음으로 일을 한다. 천연 식물과 광물 처리법이 사용되며 이것은 유사요법에 따라서 처리하고, 계절에 따라서 적용된다.

- **Rosé de Loire(로제 드 루아르) AOC**: 로제. 면적: 750ha. 수율: 6,000ℓ/ha. 생산량: 450만 ℓ. 품종: 카베르네 프랑, 카베르네 소비뇽, 피노 누아, 가메, 그롤로, 그롤로 그리, 피노 도니. 앙주, 소뮈르, 투렌에서 나오지만, 주로 앙주에서 생산.

- **Crémant de Loire(크레망 드 루아르) AOC**: 스파클링(로제 및 화이트). 면적: 1,000ha. 생산량: 630만 ℓ. 화이트 품종: 샤르도네, 슈냉, 오르부아(Orbois), 레드 품종: 카베르네 프랑, 카베르네 소비뇽, 그롤로, 그롤로 그리, 피노 도니, 피노 누아. 앙주, 소뮈르, 투렌에서 나오지만, 주로 소뮈르에서 생산. 병 내 2차 발효.

투렌(Touraine) 와인 및 AOC

투렌의 와인은 뛰어난 품질은 아니지만 전반적으로 품질이 우수하다. 17-18세기에 지어진 아름다운 샤토 건물로 유명하다. 대서양의 영향을 받지만 전형적인 대륙성 기후로 여름이 덥고 겨울이 아주 춥지만, 고급 포도밭은 이 추위를 피해서 따뜻한 곳에 자리 잡고 있다. 잘 알려진 '부브레(Vouvray)'를 비롯하여 '몽루이(Montlouis)', '부르괴이(Bourgueil)', '쉬농(Chinon)' 등이 있는 곳이다. 쉬농과 부르괴이는 루아르에서 가장 좋은 레드와인을 만들며(샹피니 제외), 부브레와 몽루이는 풍부하고 오래 가는 스위트 와인을 만드는데, 과숙된 슈냉 블랑을 사용한다. 부브레는 100% 슈냉 블랑으로 만든 와인으로 드라이에서 스위트까지 여러 가지 타입이 있다.

▨ AOC

- **Cheverny(슈베르니) AOC**: 레드, 로제, 화이트(45%). 면적: 532ha. 수율: 레드 5,000ℓ/ha, 로제 5,500ℓ/ha, 화이트 6,000ℓ/ha. 생산량: 240만 ℓ. 레드 품종: 피노 누아(60-84%), 보조품종은 가메(16-40%), 카베르네 프랑 및 코 등 기타(10% 이하). 로제 품종: 피노 누아(60-84%), 보조품종은 가메(16-40%), 카베르네

프랑 및 코 등은 25% 이하. 화이트 품종: 주품종(60-84%)은 소비뇽 블랑, 소비뇽 그리, 보조품종은 샤르도네, 오르부아, 슈냉 블랑.

- Cour-Cheverny(쿠르 슈베르니) AOC: 화이트. 수율: 6,000ℓ/ha. 생산량: 20만 ℓ. 품종: 로모랑탱 (Romorantin).

- Touraine(투렌) AOC: 레드(45%), 화이트(40%), 로제(7%), 스파클링(8%). 면적: 5,500ha. 수율: 레드 및 로제 6,000ℓ/ha. 화이트 6,500ℓ/ha. 생산량: 3,200만 ℓ. 레드 품종: 카베르네 프랑(80% 이상), 코 (50% 이상), 보조품종은 카베르네 소비뇽, 가메, 피노 누아. 로제 품종: 카베르네 프랑, 카베르네 소비뇽, 코, 가메, 그롤로, 그롤로 그리, 피노 뫼니에, 피노 그리, 피노 도니, 피노 누아. 화이트 품종: 소비뇽 블랑(80% 이상), 소비뇽 그리.

- Touraine Gamay(투렌 가메) AOC: 레드. 품종: 가메(85% 이상), 보조품종은 카베르네 프랑, 카베르네 소비뇽, 코, 피노 누아.

- Touraine Mousseux(투렌 무쉐) AOC: 스파클링(로제, 화이트). 로제 품종: 카베르네 프랑, 카베르네 소비뇽, 코, 가메, 그롤로, 그롤로 그리, 피노 뫼니에, 피노 도니, 피노 그리, 피노 누아. 화이트 품종: 샤르도네, 슈냉, 카베르네 프랑, 그롤로, 그롤로 그리, 오르부아, 피노 도니, 피노 누아. 병 내 2차 발효.

- Touraine Amboise(투렌 엉부아즈) AOC: 레드, 로제, 화이트(10%). 드라이에서 세미 스위트까지. 면적: 220ha. 수율: 레드 5,500ℓ/ha, 화이트 6,000ℓ/ha. 생산량: 110만 ℓ. 레드 및 로제 품종: 카베르네 프랑, 카베르네 소비뇽, 코, 가메. 화이트 품종: 슈냉 블랑.

- Touraine Azay-le-Rideau(투렌 아제 르 리도) AOC: 로제, 화이트(55%). 면적: 90ha. 수율: 5,500ℓ/ha. 생산량: 35만 ℓ. 로제 품종: 그롤로(60% 이상), 보조품종은 가메, 코, 카베르네 프랑, 카베르네 소비뇽. 화이트 품종: 슈냉 블랑.

- Touraine Mesland(투렌 메즐랑) AOC: 레드(77%), 화이트(13%), 로제(10%). 드라이에서 세미 스위트까지. 면적: 110ha. 수율: 레드 5,500ℓ/ha. 화이트 6,000ℓ/ha. 생산량: 61만 ℓ. 레드 품종: 가메(60% 이상), 보조품종은 카베르네 프랑, 코. 로제 품종: 가메(80% 이상), 보조품종은 코, 카베르네 프랑. 화이트 품종: 슈냉 블랑(60% 이상), 보조품종은 소비뇽 블랑, 샤르도네.

- Touraine Chenonceaux(투렌 쉬농소) AOC: 레드, 화이트. 레드 품종: 카베르네 프랑(35-50%), 코 (50-65%), 보조품종은 가메. 화이트 품종: 소비뇽 블랑.

- Touraine Oisly(투렌 우아슬리) AOC: 화이트. 품종: 소비뇽 블랑.

- Touraine Noble-Joué(투렌 노블 주에) AOC: 로제. 면적: 24ha. 생산량: 12만 ℓ. 품종: 피노 뫼니에 (40% 이상), 피노 그리(20% 이상), 피노 누아(10% 이상).

- Bourgueil(부르괴이) AOC: 레드, 로제(2%). 면적: 1,400ha. 수율: 5,500ℓ/ha. 생산량: 700만 ℓ. 품종: 카베르네 프랑(90% 이상), 카베르네 소비뇽(10% 이하). 레드는 6개월 이내에 마시는 가벼운 와인 (Terrasse)과 6년 이상 두고 마시는 풀 바디 와인(Coteaux) 두 가지.

- Saint-Nicolas-de-Bourgueil(생니콜라 드 부르괴이) AOC: 레드, 로제(1%). 면적: 1,000ha. 수율: 5,500ℓ/ha. 생산량: 590만 ℓ. 품종: Bourgueil와 동일.

- Chinon(쉬농) AOC: 레드, 로제(4%), 화이트(2%). 면적: 2,100ha. 수율: 5,500ℓ/ha. 생산량: 1,150만 ℓ. 레드 품종: Bourgueil와 동일. 화이트 품종: 슈냉 블랑.

- Montlouis-Sur Loire(몽루이 쉬르 루아르) AOC: 화이트(드라이, 세미 스위트), 스파클링(55%). 면적:

350ha. 수율: 5,200ℓ/ha, 스파클링 6,500ℓ/ha. 생산량: 150만 ℓ 품종: 슈냉 블랑.

- Montlouis-Sur Loire Mousseux(몽루이 쉬르 루아르 무쇠) AOC: 스파클링. 품종: 슈냉 블랑. 병내 2차 발효.

- Montlouis-Sur Loire Pétillant(몽루이 쉬르 루아르 페티양) AOC: 스파클링. 품종: 슈냉 블랑. 병내 2차 발효.

- Vouvray(부브레) AOC: 화이트(드라이, 세미 스위트). 면적: 2,200ha. 수율: 5,200ℓ/ha, 생산량: 1,150만 ℓ 품종: 슈냉 블랑, 오르부아(5% 이하).

- Vouvray Mousseux(부브레 무쇠) AOC: 스파클링. 품종: 슈냉 블랑, 오르부아(5% 이하). 병내 2차 발효.

- Vouvray Pétillant(부브레 페티양) AOC: 스파클링. 품종: 슈냉 블랑, 오르부아(5% 이하). 병내 2차 발효.

- Coteaux du Loir(코토 뒤 루아르) AOC: 레드(50%), 화이트(30%), 로제(20%). 면적: 78ha. 수율: 5,000ℓ/ha. 생산량: 27만 ℓ. 레드 품종: 피노 도니(65% 이상), 보조품종(각 30% 이하)은 카베르네 프랑, 가메, 코. 로제 품종: 코, 가메, 그롤로. 화이트 품종: 슈냉 블랑.

- Jasniéres(자스니에르) AOC: 화이트. 면적: 61ha. 수율: 5,000ℓ/ha. 생산량: 22만 ℓ. 품종: 슈냉 블랑.

- Coteaux du Vendômois(코토 뒤 방도무아): 레드, 그리, 화이트. 면적: 152ha, 생산량: 96만 ℓ. 수율: 화이트 6,000-6,600ℓ/ha, 레드 5,500-6,100ℓ/ha. 레드 품종: 피노 도니(50% 이상), 카베르네 프랑, 피노 누아(각각 10-40%), 가메(20% 이하). 그리 품종: 피노 도니. 화이트 품종: 슈냉 블랑, 샤르도네(20% 이하). ※ 뱅 그리(Vin gris)는 적포도로 만든 옅은 로제 및 화이트와인.

- Rosé de Loire(로제 드 루아르) AOC: 앙주, 소뮈르 참조.

- Crémant de Loire(크레망 드 루아르) AOC: 앙주 소뮈르 참조.

- Orléans(오를레앙) AOC: 레드, 로제, 화이트. 레드 품종: 피노 모니에(70-90%), 피노 누아. 로제 품종: 피노 모니에(60% 이상), 피노 누아, 피노 그리. 화이트 품종: 샤르도네(60% 이상), 피노 그리.

- Orléans Cléry(오를레앙 클레리) AOC: 레드. 품종: 카베르네 프랑.

- Valençay(발랑세): 레드, 로제, 화이트. 레드 품종: 가메(30-60%), 피노 누아, 코(각각 10% 이하), 카베르네 프랑(20% 이하). 로제 품종: 가메(30-60%), 피노 도니(30% 이하), 카베르네 프랑(20% 이하).

중부 지방(Centre Nivernais) 와인 및 AOC

루아르의 중부지방이 아니고 프랑스의 가장 중앙에 위치하기 때문에 이 명칭이 붙은 것이다. 대륙성 기후로 여름이 짧고 더우며 겨울은 길고 추운 지방이며 봄에는 서리 문제가 있다. 소비뇽 블랑이 이 지역의 대표적 품종이며, 명산지가 광범위하게 흩어져 있다. '상세르(Sancerre)', '푸이 퓌메(Pouilly-Fumé)'가 가장 많이 알려져 있으며, 허브, 스모키 향이 강하다. 고전적인 와인을 생산하는 곳으로 순수한 소비뇽 블랑의 향미를 살리고자 대부분 큰 나무통이나 스테인리스스틸 탱크를 사용한다. 요즈음은 작은 오크통을 사용하여 묵직한 맛을 내는 곳도 있다. 역사적으로 부르군트 공국에 속해 있어서 와인스타일도 부르고뉴 타입과 가깝다.

AOC

- Pouilly-Fumé(푸이 퓌메)/Blanc Fumé de Pouilly(블랑 퓌메 드 푸이) AOC: 화이트. 면적: 1,245ha. 수율: 6,000ℓ/ha. 생산량: 735만 ℓ. 품종: 소비뇽 블랑. 루아르에서 가장 유명한 화이트.

- Pouilly-sur-Loire(푸이 쉬르 루아르) AOC: 화이트. 면적: Pouilly-Fumé에 포함(50ha). 수율: 6,000ℓ/ha. 생산량: 21만 ℓ. 품종: 샤슬라.

- Sancerre(상세르) AOC: 화이트(80%), 로제(6%), 레드(14%). 면적: 2,716ha. 수율: 화이트 6,000ℓ/ha. 레드 5,500ℓ/ha. 생산량: 1,610만 ℓ. 레드 및 로제 품종: 피노 누아. 화이트 품종: 소비뇽 블랑. 세부 지역은 르 그랑 슈마랭(Le Grand Chemarin), 셴 마르샹(Chêne Marchand), 클로 들 라 푸시에(Clos de la Poussie).

- Menetou-Salon(메네투 살롱) AOC: 화이트(61%), 레드(36%), 로제(3%). 면적: 455ha. 수율: 화이트 6,000ℓ/ha. 레드 5,500ℓ/ha. 생산량: 286만 ℓ. 레드 품종: 피노 누아. 화이트 품종: 소비뇽 블랑.

- Quincy(캥시) AOC: 화이트. 면적: 214ha. 수율: 6,000ℓ/ha. 생산량: 124만 ℓ. 품종: 소비뇽 블랑, 소비뇽 그리(10% 이하).

- Reuilly(뢰이) AOC: 화이트(50%), 로제(17%), 레드(33%). 면적: 181ha. 수율: 화이트 6,000ℓ/ha. 레드 5,500ℓ/ha. 생산량: 109만 ℓ. 레드 품종: 피노 누아. 로제 품종: 피노 누아, 피노 그리. 화이트 품종: 소비뇽 블랑.

- Coteaux du Giennois(코토 뒤 제누아) AOC: 레드(43%), 로제(16%), 화이트(40%). 면적: 182ha. 수율: 화이트 6,000ℓ/ha. 레드 5,500ℓ/ha. 생산량: 110ℓ. 레드 품종: 피노 누아, 가메. 화이트 품종: 소비뇽 블랑.

- Châteaumeillant(샤토메이양) AOC: 레드, 그리. 레드 품종: 가메(60% 이상), 피노 누아. 그리 품종: 가메(60% 이상), 피노 그리(15% 이하), 피노 누아.

기타 루아르 지방 와인 및 AOC

- Côte Roannaise(코트 로아네즈) AOC: 레드, 로제. 면적: 175ha. 수율: 5,500ℓ/ha. 생산량: 90만 ℓ. 품종: 가메.

- Côte du Forez(코트 뒤 포레) AOC: 레드, 로제. 면적: 200ha. 수율: 6,600ℓ/ha. 생산량: 100만 ℓ. 품종: 가메.

- Saint-Pourçain(생푸르샹) AOC: 레드, 로제, 화이트. 레드 품종: 가메(40-75%), 피노 누아(25-60%). 로제 품종: 가메. 화이트 품종: 샤르도네(50-80%), 샤시(20-40%), 소비뇽 블랑(10% 이하).

- Côte d' Auvergne(코트 오베르뉴) AOC: 레드, 로제, 화이트. 레드 및 로제 품종: 가메(50% 이상), 피노 누아(25-60%). 화이트 품종: 샤르도네.

- Haut-Poitou(오 푸아투) AOC: 레드, 로제, 화이트. 레드 품종: 카베르네 프랑(60% 이상), 가메, 메를

로, 피노 누아. 로제 품종: 카베르네 프랑(40% 이상), 가메(20% 이상), 피노 누아(20% 이상), 화이트 품종: 소비뇽 블랑(60% 이상), 소비뇽 그리.

루아르 와인의 선택

루아르 지방 와인은 스타일을 보고 선택하는 것이 좋다. 대체적으로 루아르 와인은 숙성을 오래 시키지 않고 영 와인 때 소비되는데, 스위트 부브레(Sweet Vouvray)는 비교적 오랫동안 보관할 수 있다. 푸이 퓌메는 3-5년, 상세르는 2-3년, 뮈스카데는 1-2년 정도일 때가 가장 맛이 좋다. 루아르 지방 와인은 프랑스 다른 지방의 와인에 비하여 값이 비싸지 않다. 파리 사람들에게 여름용 와인(Summer wine)으로 인기가 좋아서, 대부분의 파리 레스토랑에서는 루아르 와인을 기본적으로 갖춰놓고 있다.

유명 메이커

- **샤토 데피레(Château d'Epiré)**: 샤비니에르의 드라이 슈냉 블랑이 유명하다.
- **디디에르 다귀노(Didier Dagueneau)**: 오크통에서 발효시킨 푸이 퓌메를 만들고 있다.
- **앙리 부르주아(Henri Bourgeois)**: 상세르의 가장 유명한 업체로서 개척정신으로 신기술 개발과 새로운 시스템을 도입하고 있다.
- **도멘 앙리 펠르(Domaine Henri Pelle)**: 상세르와 메네투 살롱이 유명하다.
- **장 클로드 샤틀랭(Jean-Claude Chatelain)**: 푸이 퓌메와 샤슬라로 만든 푸이 쉬르 루아르가 유명하다.
- **샹팔루(Champalou)**: 부브레의 유명한 업체로 크레망도 생산한다.
- **필립 들레보(Phillipe Delesvaux)**: 앙주 소뮈르 지역의 유명한 업체로 레드, 화이트는 물론 보트리티스 와인(Sélection de Grains Noble)도 생산한다.
- **셴트르(Chaintres)**: 소뮈르 샹피니(Saumur-Champigny)의 유명한 업체다.
- **생쥐스트(Saint-Just)**: 소뮈르 와인의 대명사로 고급 레드와인과 스파클링와인을 생산하며, 특히. 레드 스파클링와인이 유명하다.

[그림 9-4] 루아르 와인의 상표

알자스(Alsace) 와인

와인의 특성

역사

알자스는 파리에서 기차로 2시간 걸리는 프랑스 북동부 지역이다. 프랑스로서는 국토의 변방이지만, 유럽의 중앙으로 옛날부터 중요한 지역이었기 때문에 국토분쟁이 많았고, 현재는 유럽의회가 설치되어 있는 통합유럽의 중심지라고 할 수 있다.

원래 독일 영토였던 알자스는 30년 전쟁(종교전쟁) 직후 웨스트팔리아 조약으로 1648년 프랑스 영토가 되었지만, 비스마르크 등장으로 독일이 강국이 되면서 프랑스와 전쟁에서 승리하여 1871년부터 알자스를 지배한다. 다시 독일이 1차 대전에 패배하자 1919년 알자스는 다시 프랑스령으로 되었다가, 2차 대전 초기 다시 독일이 지배하지만, 독일은 또 2차 대전에 패배하여 알자스는 다시 프랑스 국토가 된다.

프랑스는 1차 대전이 끝나고 알자스에 AOC 제도를 도입하려고 했으나, 마무리가 되기도 전에 1940년 다시 독일 영토가 되어, 알자스의 AOC 제도는 2차 대전이 끝나고 한참 있다가 1962년에 완성된다. 그리고 1972년부터 알자스 와인은 알자스 생산구역 내에서 주병하도록 규정하고 있다(프랑스 유일).

알자스의 포도재배와 와인양조는 2,000년 전 로마시대부터 있었던 것으로, 이곳의 와인은 라인 강과 모젤 강을 따라 유럽 전역으로 수출되었다. 중세에는 고급 와인으로서 왕족의 식탁에 오르는 등 그 품질이 뛰어났지만, 1618년 30년 전쟁 때 포도밭이 황폐되어 그 뒤로 장기간 침체기를 거치다가 1차 대전 후에 소생한다. 이때부터 엄격한 품질관리에 힘써 현재는 프랑스 AOC 와인 중에 가장 좋다는 평을 받고 있다. 알자스는 15,884ha의 포도밭에서 연간 9천만 ℓ(화이트와인 93%) 이상의 와인을 생산하는데, 프랑스 AOC 화이트와인의 20%는 이 지방에서 생산된다.

특성

알자스는 독일과 국경을 맞댄 북부 내륙지방으로 기후조건상, 서늘한 날이 많아서 포도의 성장 기간이 짧다. 그래서 주로 청포도를 재배하며, 질 좋은 화이트와인의 명산지로 알려져 있으며, 소량의 로제와 가벼운 레드와인(피노 누아)도 만들고 있다. 그리고 독일영토에 속한 적이 몇 번 있었기 때문에 와인 스타일도 독일과 비슷하여 재배하는 포도의 품종도 동일하며, 병 모양도 목이 가늘고 긴 병을 사용한다. 다만 발효방법이 독일과 차이가 있는데, 독일은 발효를 시킬 때 당분을 남겨 두어 스위트 와인으로 만들지만, 알자스는 전부 발효시켜 드라이 와인으로 만든다. 알자스 와인의 99%는 드라이 타입이다. 그리고 알코올 함량도 알자스의 것은 11-12%지만, 독일 것은 8-9%이다. 대체적으로 알자스 와인은 주병 후 5년 이내 소모를 하는 것이 좋지만, 그랑 크뤼 급은 10년 이상 보관이 가능하다.

알자스 와인 메이커는 솜씨보다는 포도의 특성을 강조하기 때문에 포도가 가지고 있는 고유의 개성을 그대로 살리고자 품종을 섞어서 와인을 만들지 않는다. 또 이스트도 판매용을 사용하지 않고, 사용하는 용기도 큰 나무통이나 스테인리스 등으로 용기에서 우러나올 수 있는 향을 최소화한다. 산도를 낮추고 맛을 부드럽게 만드는 MLF 역시 잘 하지 않고 포도 고유의 향미를 얻을 수 있도록 최선을 다한다. 그러나 포도의 당도가 낮을 때 설탕을 첨가하거나, 단위면적 당 생산량을 증대시켜 많은 와인을 만드는 수도 있지만, 고급 포도밭은 일조량이 풍부하기 때문에 인위적인 조절을 하지 않는다.

토양과 기후

행정구역으로 오 랭(Haut-Rhin)과 바 랭(Bas-Rhin)에 속하는 곳으로 라인 강에서 서쪽으로 약 30km 떨어진 곳에서 보주산맥의 언덕을 따라 남북으로 약 150㎞에 걸쳐 있다. 프랑스 와인 산지 중 샹파뉴에 다음으로 북쪽에 있지만, 햇볕이 많고, 보주산맥이 찬 편서풍과 비를 막아주기 때문에 프랑스에서 가장 강수량이 적다. 위도가 높기 때문에 여름 햇볕이 길어 포도가 성장할 수 있는 기간이 연장되고, 수확은 보통 10월 중순에 한다. 포도밭은 해발 180-360m의 경사지에 위치하고 있으며 경사도는 25-65% 정도이다. 포도밭은 모자이크 형태로 다양한 토양으로 구성되어 개성 있는 와인을 만든다. 백악질 토양에 점토, 석회석, 화강암, 편암, 화산암, 사암 등 여러 가지로 이루어져 있다.

품종

알자스는 단일품종으로 와인을 담고, 대부분 상표에 사용하는 품종이 표시된다. 프랑스의 다른 지방은 그 지역 이름이 와인 이름으로 되는 수가 있지만 알자스는 품종이 곧 와인 이름이 된다. 레드와인(Pinot Noir)은 전체 약 8% 정도를 차지하지만, 그 지역에서 소모되며 수출은 거의 하지 않는다.

- **리슬링(Riesling)**: 알자스의 대표적인 품종으로 독일 리슬링과는 차이가 있다. 독일 리슬링은 알코올 함량이 낮고, 높은 산도 때문에 생동감이 있으며, 달고 부드러운 맛을 풍기는데 비해, 알자스의 것은 드라이 와인으로 입안과 목에 꽉 차는 듯한 맛을 풍기며, 미네랄과 풋 자두, 복숭아, 감귤 향이 지배적이다. 영 와인 때는 닫혀있는 느낌을 주지만 숙성이 될 수록 익은 과일 향을

풍기고 점도도 높아져 미끈한 와인이 된다. 알자스에서 리슬링은 테루아르에 가장 민감하기 때문에 좋은 포도밭에서 나온 것이라야 한다.

- **게뷔르츠트라미너(Gewürztraminer):** 핑크 빛 껍질을 가진 품종으로 개성이 강하여 아주 좋아하는 사람과 싫어하는 사랑이 있을 정도다. 스파이시하며, 그레이프프루트, 리치 등 과일 향과 아카시아 장미 등 꽃 향기, 스모키, 미네랄 향미가 두드러져 누구나 그 향을 인식할 수 있다. 바디가 강하며 숙성될수록 그 향이 두드러진다. 알자스 지방의 주력 품종이다.

- **피노 그리(Pinot Gris):** 중세 헝가리에서 도입한 품종으로 진한 황금빛 와인을 만든다. 알자스에서 가장 사랑받는 품종으로 부르고뉴 화이트와인을 연상하게 만든다. 미국의 오리건 주의 것이나 이탈리아 피노 그리는 가볍지만, 알자스의 것은 바디가 강하고 진한 맛이다. 아몬드, 복숭아, 스모키, 흙냄새가 지배적이다.

- **피노 블랑(Pinot Blanc)/클레브너(Klevner):** 아로마가 풍부하고 신선하여 영 와인 때 마시는 와인을 만든다. 오세루아와 혼합하는 경우가 많다.

- **뮈스카(Muscat):** 뮈스카는 동일한 향을 가진 여러 품종을 하나로 묶어서 부르는 명칭으로 알자스의 뮈스카는 두 가지가 있다. 하나는 '뮈스카 달자스(Muscat d'Alsace)'라는 것으로 뮈스카 블랑 아 프티 그랭(Muscat Blanc à Petits Grains)이 정식 명칭이다. 이 포도는 풀 바디로서 꽃과 감귤 향이 지배적이다. 또 하나는 '뮈스카 오토넬(Muscat Ottonel)'로서 가볍고 신선한 맛이다. 이 두 가지를 혼합하여 와인을 만들면 서로 보완이 되면서 최고의 식전주가 된다. 뮈스카는 대개 스위트 와인이 되나, 알자스만 유일하게 드라이 와인으로 만든다.

- **실바네르(Sylvaner):** 재배가 쉽고, 가벼운 와인으로 한 때 가장 많이 재배되었던 품종이다.

- **오세루아(Auxerrois):** 피노 블랑보다 풍부하고 두터운 맛을 가지고 있다. 상당히 많이 재배되고는 있으나, 단독으로 사용되는 경우는 드물고, 보통 피노 블랑과 블렌딩한다.

- **샤르도네(Chardonnay):** 스파클링와인(크레망)에만 사용한다.

- **피노 누아(Pinot Noir):** 소량으로 가볍고 색깔이 옅은 로제와 같은 레드와인을 만들지만, 1990년대부터 좋은 위치를 선정하여 심고, 수율을 낮게 재배하여 보다 색깔이 진하고 향미가 풍부한 와인이 되었으며, 작은 오크통에서 숙성시켜 상당히 품질이 개선되었다.

- **기타:** 샤슬라(Chasselas) 등이 있다.

'Gewürz'란 독일어로 영어의 'Spice'에 해당한다. 이 게뷔르츠트라미너는 좋아하는 사람과 싫어하는 사람이 정해져 있을 정도로 개성이 강한 품종이다.

AOC 및 와인

알자스의 AOC는 1962년에 정하여 90개의 명칭이 있지만, 이 이름들은 상표에 나타나지 않고 포도 품종(100%)이 표시된다. 그리고 1975년부터 알자스 '그랑 크뤼(Grand Cru)'가 공식적으로 정해 졌는데, 처음에 25개를 정했다가 1986년 23개가 더해지고 현재는 51개가 되었지만, 아직도 말이 많은 편이다. 몇 몇 메이커들은 상표에 그랑 크뤼라는 표시를 거부하고, 단순히 포도밭 명칭이나 브랜드 명칭을 표기하기도 한다. 그랑 크뤼의 포도 품종은 다소 예외가 있지만, 네 개 주 품종(뮈스 카, 리슬링, 게뷔르츠트라미네르, 피노 그리)으로 제한하며, 최소 알코올 농도, 단위면적 당 최고 생산량 및 기타 사항의 제한을 받는다. 그랑 크뤼 와인은 전체 생산량의 4%밖에 되지 않는다.

알자스에서 늦게 수확하는 와인에 1983년 공식적으로 인정한 것으로 '방당주 타르디브(Vendange Tardive)'와 보트리티스 곰팡이 낀 포도로 만든 '셀렉시옹 드 그랑 노블(Sélection de Grains Nobles, Botrytis)'가 있으며, '크레망 달자스(Crémant d'Alsace)'는 샴페인 방식으로 만든 스파클링와인이며, 프랑스 가정에서 가장 많이 소비되는 AOC 스파클링와인이다(알자스 와인의 20% 차지). '그랑드 레세 르브(Grande Réserve)', '레세르브 페르소넬(Réserve Personnelle)' 등의 문구는 법적인 요건이 아니며 각 생산자들이 고급 제품에 자율적으로 표시하는 용어이다.

▥ AOC

- Alsace(알자스)/Vin d' Alsace(뱅 달자스) AOC: 레드, 로제, 화이트. 면적: 14,000ha, 수율: 8,000ℓ /ha, 생산량: 6,350만 ℓ. 레드 품종: 피노 누아. 화이트 품종: 오세루아, 샤슬라, 게뷔르츠트라미너, 뮈스 카 피노 블랑, 리슬링, 실바네르. 알자스 그랑 크뤼(Alsace Grand Cru), 크레망 달자스(Cremant d'Alsace) 를 제외한 알자스의 모든 와인이 여기에 해당. 세부 명칭 표기 가능.

- Alsace Grand Cru(알자스 그랑 크뤼) AOC: 화이트. 면적 500ha, 수율: 5,500ℓ/ha, 생산량: 424만 ℓ. 품종: 리슬링, 게뷔르츠트라미너, 피노 그리, 뮈스카. 총 51개 포도밭.

- Côtes de Toul(코트 드 툴) AOC: 레드, 로제, 화이트. 면적: 100ha, 수율: 화이트 6,000ℓ/ha, 레드 4,500ℓ/ha, 생산량: 45만 ℓ. 품종: 피노 누아, 오세루아, 피노 블랑. 로렌 지방.

- Moselle(모젤) AOC: 레드, 로제, 화이트. 2011년 신설. 로렌 지방.

- Crémant d' Alsace(크레망 달자스) AOC: 스파클링(화이트, 로제). 면적: 알자스 AOC에 포함. 수율: 8,000ℓ/ha, 생산량: 2,400만 ℓ. 레드 품종: 피노 누아. 화이트 품종: 피노 블랑, 오세루아, 리슬링, 피노 누아, 피노 그리, 샤르도네. 병내 2차 발효. 9개월 이상 병 숙성.

▥ 타입

- Vin d'Alsace Edelzwicker(뱅 달자스 에델츠비커): 고급 품종을 섞은 것이란 뜻. 실바네르 혹은 피노 블랑에 게뷔르츠트라미너와 같은 고급 품종 혼합. 더 고급은 리슬링, 뮈스카, 게뷔르츠트라미너를 50% 이상 혼합한 것으로 장티(Gentil)라고 함.

- Sélection de Grains Nobles(셀렉시옹 드 그랑 노블): 이론적으로 방당주 타르디브(Vendange Tardive) 뒤에 수확하도록 되어있지만, 실제로는 고급 방당주 타르디브보다 먼저 수확. 즉 보트리티스 곰팡이 낀 포도를 수확하고 난 다음에 곰팡이가 끼지 않고 남아있는 건조된 포도를 수확하여 방당주 타르디브 양조. 품종은 게뷔르츠트라미너(당도 306g/ℓ), 피노 그리(당도 306g/ℓ), 리슬링(당도 276g/ℓ), 뮈스카(당도 276g/ℓ) 중 선택.

- Alsace Vendange Tardive(알자스 방당주 타르디브): 늦게 수확한다는 뜻이지만, 보통은 보트리티스 포도를 수확한 다음, 남아있는 포도를 11월, 12월에 수확. 품종은 게뷔르츠트라미너(당도 257g/ℓ), 피노 그리(당도 257g/ℓ), 리슬링(당도 235g/ℓ), 뮈스카(당도 235g/ℓ) 중 선택.

[그림 9-5] 알자스 와인의 상표

알자스 와인의 선택

알자스 와인은 두 가지, 즉 포도의 품종과 중간업자의 스타일과 명성을 고려해야 한다. 알자스의 지주들은 와인을 만들고 판매할만한 능력이 안 되기 때문에, 이들은 포도를 네고시앙에게 판매하고 이 네고시앙이 와인을 만들고 자기들 상표를 붙여서 판매한다. 유명한 네고시앙을 보면 다음과 같다.

유명 메이커

- 도멘 마르셀 다이스(Domaine Marcel Deiss): 농축된 향의 고품질의 와인만 고집하는 메이커로 이

지역 최고의 와인 메이커로 꼽는다. 알텐베르크 드 베르크하임(Altenberg de Bergheim)의 리슬링과 게뷔르츠트라미너 그리고 피노 그리도 유명하다.

- **도멘 바인바흐(Domaine Weinbach)**: 1612년 수도원에서 설립하였고, 프랑스 혁명 이후 팔레(Faller)가에서 인수하여 현재까지 가족경영으로 생산하고 있다. 퀴베 생 카테린(Cuvée Sainte-Cathérine)의 리슬링, 알텐베르크(Altenberg)의 게뷔르츠트라미너가 유명하다.

- **도멘 친트 훔브레히트(Domaine Zind-Humbrecht)**: 랑겐(Rangen)의 리슬링, 골데르트(Goldert)의 게뷔르츠트라미너 그리고 피노 그리도 유명하다.

- **도프 에 이리온(Dopff & Irion)**: 1945년 도프 오 물랭(Dopff 'Au Moulin')의 자회사로 출발하여 오래 보관하는 리슬링, 게뷔르츠트라미너 등이 유명하다. 도프 오 물랭은 16세기부터 시작하여 크레망으로 이름이 알려졌다.

- **위겔 에 피스(Hugel & Fils)**: 1639년부터 시작하여 현재는 11, 12대가 운영하고 있다. 1715년에 제작한 오크통을 소유하고 있는 것으로 유명하다(기네스북). 오마주 아 장 위겔(Hommage à Jean Hugel)의 게뷔르츠트라미너가 유명하다.

- **레옹 베예(Léon Beyer)**: 16세기 와인 유통에서 시작하여 19세기에 생산을 시작하였다. 피노 그리가 유명하다.

- **파펜하임(Pfaffenheims)**: 1957년 조합에서 시작하여 17개국에 수출을 하고 있다.

- **트림바흐(F. E. Trimbach)**: 1626년부터 12대를 계속하여 와인을 만들고 있는 가족경영 와이너리로 클로 생 윈(Clos Sainte-Hune), 퀴베 프레데릭 에밀(Cuvée Frédéric Emile)의 리슬링이 유명하다.

- **볼프베르제(Wolfberger)**: 1902년 협동조합으로 출발하여 1,300ha의 포도밭에서 크레망과 그랑 크뤼를 비롯한 다양한 와인을 생산한다.

알자스 와인과 음식

- **리슬링**: 생선, 가벼운 소스가 있는 송어, 일본 김밥과 회에 잘 어울린다.

- **게뷔르츠트라미너**: 아페리티프, 푸아 그라, 로크포르(Roquefort) 치즈, 훈제 연어, 중국, 태국, 인도 음식과 잘 어울린다.

- **피노 블랑**: 다목적 와인으로 아페리티프에서 햄버거까지 잘 어울린다.

랑그도크 루시용(Languedoc-Roussillon)

와인의 특성

역사

그리스 시대부터 포도를 재배한 곳으로 프랑스에서 가장 오랜 된 포도밭으로 알려져 있다. 랑그도크와 루시용 두 지역으로 나뉘어 있는데, 역사적으로 랑그도크는 13세기 말에 프랑스령이 되었지만, 루시용은 17세기 중엽까지 스페인 소속이었다. 1980년대에 행정적으로 통합되었지만 아직도 스페인 문화와 언어가 남아 있다. 지중해 연안을 따라 조성된 넓은 지역으로 '미디(Midi, 정오, 남부지방의 뜻)'라고도 한다.

특성

한 때는 프랑스와인의 1/3을 생산하는 대규모 와인 산지였지만, 점차 감소하여, 2010년 현재 173,027(246,000) ha의 포도밭에서 연간 9억(12억) ℓ(레드 및 로제 81%)를 생산하며, AOC 와인은 19%, IGP 와인은 75%나 되는 곳이다. 주로 벌크와인으로 많이 팔렸고, 전쟁 중 군인들에게 지급하던 와인도 여기서 나온 것이다.

> 면적 및 생산량의 괄호 안의 수치는 가르(Gard) 지방 일부를 론 지방으로 편입시키지 않았을 때 수치임.

남쪽지방으로 따뜻하고 건조하며, 풍부한 일조량 때문에 어디서나 포도가 잘 자라며, 허브로도 유명하다. 각양각색의 와인이 나오는 곳으로 레드, 화이트, 스위트, 스파클링와인까지 만들지만 대부분은 남부지방에서 재배되는 품종을 사용하여 만든 투박한 레드와인이 많다. 대체적으로 값이 싸고 고급 와인이 없는 것으로 알려져 있으나, 1990년대 이후 젊은 와인 메이커들의 열정과 의욕으로 기술을 개선하고 새로운 오크통을 구입하는 등 품질을 개선하여 수출에도 박차를 가하고 있다.

이 지방에서 나오는 IGP(뱅 드 페이) 와인은 대부분 '페이 도크(Pays d'Oc)'로 표시되며, 생산량의 75%를 수출하고 있다. 또 강화와인인 VDN 그리고 리큐르인 VdL도 유명하다.

기후와 토양

대부분의 포도밭이 지중해를 바라보는 평지에 있지만, 고급 와인은 지대가 높고 시원한 곳에서 나온다. 토양은 다양하며, 바다가 가까운 곳은 충적토이고, 내륙은 석회와 자갈로 이루어져 있으며, 고급 포도밭은 주로 자갈밭에 있다. 필록세라 이전에는 150여 종의 전통적인 품종이 있었으나 현재는 약 30여 종으로 감소하면서 지중해성 기후에서 잘 자라는 시라, 무르베드르, 그르나슈 등이며 요즈음은 샤르도네, 카베르네 소비뇽, 메를로 등이 증가하고 있다. 특히 비오니에 재배가 새로 시작되어 가볍고 부드러운 와인으로 싼 값으로 팔리고 있다.

포도품종

레드와인용

- **카리냥(Carignan)**: 전통적인 레드와인용 품종으로 코르비에르, 피투, 미네르부아 등을 만든다. 그르나슈, 생소, 시라 등과 블렌딩한다.
- **그르나슈(Grenache)**: 전통적인 레드와인용 품종으로 알코올 농도가 높아서 다른 품종과 혼합한다. 강화와인인 바뉠스 등에 사용된다.
- **무르베드르(Mourvèdre)**: 전통적인 레드와인용 품종으로 코르비에르, 피투, 미네르부아 등에 사용된다.
- **시라(Syrah)**: 전통적인 레드와인용 품종으로 코르비에르, 피투, 미네르부아 등에 사용된다.
- **생소(Cinsaut)**: 남부 지방에서 잘 자라며, 비싸지 않은 전통적인 레드와 로제에 사용된다.
- **카베르네 소비뇽(Cabernet Sauvignon)**: 주로 페이 도크(Pays d'Oc) IGP로 고급 와인을 만든다.
- **메를로(Merlot)**: 주로 페이 도크(Pays d'Oc) IGP로 좋은 와인을 만든다.

화이트와인용

- **그르나슈 블랑(Grenache Blanc)**: 드라이 화이트와인과 VDN에 많이 사용된다. 당도가 높고 산도가 낮은 것이 특징이다.
- **베르멍티노(Vermentino)/롤(Rolle)**: 코르시카 원산으로 과일과 꽃 향이 좋다.
- **부르블랭(Bourboulenc)**: 그리스에서 온 품종으로 블렌딩용으로 쓰인다. 랑그도크에서는 '말부아지(Malvoise)'라고도 한다.
- **모자크(Mauzac)**: 랑그도크 토종으로 만생종이며, 산도가 높아서 스파클링와인에 사용된다.
- **샤르도네(Chardonnay)**: 페이 도크(Pays d'Oc) IGP로 좋은 와인을 만들며, 전통적인 스파클링와인인 크레망 드 리모 등에 사용된다.

- **슈냉 블랑(Chenin Blanc):** 주로 전통적인 스파클링와인인 크레망 드 리무 등을 만든다.

- **뮈스카 블랑 아 프티 그랭(Muscat Blanc à Petits Grains):** 최고의 뮈스카 포도로 스위트 강화 와인(VDN)에 사용된다.

- **소비뇽 블랑(Sauvignon Blanc):** 페이 도크(Pays d'Oc) IGP로서 좋은 와인을 만든다.

- **마카베오(Macabeo/Maccabeu/Maccabéo)** 산도가 낮고 껍질이 얇은 품종으로 그르나슈 블랑, 부르블랭 등과 혼합한다. 스페인에서는 '비우라(Viura)'라고 한다.

- **기타:** 픽풀(Picpoul), 클레레트(Clairette), 마르산(Marsanne) 등이 있다.

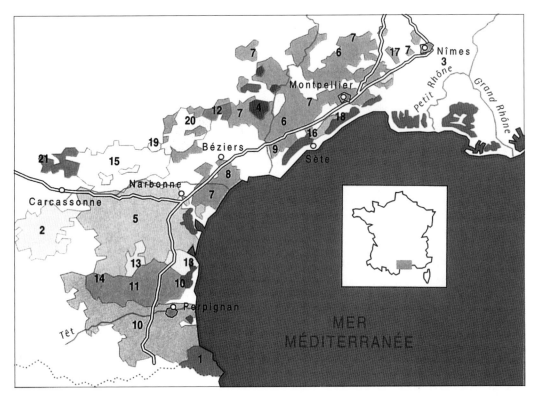

Banyuls–Banyuls Grand Cru(Grand Roussillon) 1
Blanquette de Limoux 2
Cabardès 21
Clairette de Bellegarde 3
Clairette du Languedoc 4
Collioure 1
Corbières 5
Coteaux du Languedoc 6
Coteaux du Languedoc+Nom du terroir 7
Coteaux du Languedoc–La Clape 8
Coteaux du Languedoc–Picpoul de pinet 9
Côtes du Roussillon(Grand Roussillon) 10
Côtes du Roussillon–Villages(Grand Roussillon) 11

Crémant de Limoux 2
Faugères 12
Fitou 13
Limoux 2
Maury(Grand Roussillon) 14
Minervois 15
Muscat de Frontignan 16
Muscat de Lunel 17
Muscat de Mireval 18
Muscat de Rivesaltes 10–11
Muscat de Saint–jean–de–Minervois 19
Rivesaltes 10–11
Saint–Chinian 20

[그림 9-6] 남프랑스 와인산지

AOC 및 메이커

🞖 랑그도크 AOC

- **Languedoc(랑그도크)**: 레드(78%), 화이트(12%), 로제(10%). 면적: 10,000ha. 수율: 5,000ℓ/ha. 생산량: 4,000만 ℓ. 레드 품종: 주품종(50% 이상)은 그르나슈, 카리냥, 무르베드르, 시라, 보조품종은 생소, 쿠누아스, 픽풀 등. 로제 품종: 주품종(50% 이상)은 그르나슈, 카리냥, 무르베드르, 시라, 보조품종은 부르불랭, 생소, 클레트 등. 화이트 품종: 주품종은 부르불랭, 클레레트, 그르나슈 블랑, 마르산, 루산, 픽풀, 베르멍티노, 투르바(Tourbat), 보조품종은 카리냥 블랑, 마카베오, 비오니에 등. 2007년부터 'Coteaux du Languedoc' AOC 명칭에서 변경되어 랑그도크와 루시용 전역을 지칭.

- **Languedoc(랑그도크) + 마을 AOC**: 면적 및 생산량 Languedoc에 포함. 15개 명칭 표기.
  ① Cabrières(카브리에르): 레드, 로제.
  ② Coteaux de la Méjanelle(코토 들 라 메자넬)/La Méjanelle(라 메자넬): 레드, 로제
  ③ Coteaux de Saint-Christol(코토 드 생크리스토): 레드, 로제
  ④ Coteaux de Vérargues(코토 드 베라르게): 레드, 로제
  ⑤ La Clape(라 클라프): 레드, 로제 화이트
  ⑥ Montpeyroux(몽페이로): 레드, 로제
  ⑦ Piquepoul-de-Pinet(피케풀 드 피네): 화이트
  ⑧ Pic-Saint-Loup(픽 생루): 레드, 로제
  ⑨ Quatourze(카투르즈): 레드, 로제
  ⑩ Saint-Drézéry(생드레제리): 레드, 로제
  ⑪ Saint-Georges-d'Orques(생조르주 도르케): 레드, 로제
  ⑫ Saint-Saturnin(생사뛰르냉): 레드, 로제
  ⑬ Grès de Montpellier(그레 드 몽펠리에): 레드
  ⑭ Terrasses du Larzac(테라스 뒤 라르자크): 레드
  ⑮ Pézenas(페제나): 레드

- **Clairette du Languedoc(클레레트 뒤 랑그도크) AOC**: 화이트(잔당 45g/ℓ 이하), VdL. 면적: 100ha. 수율: 5,000ℓ/ha. 생산량: 25만 ℓ. 품종: 클레레트. 랑시오는 3년 이상 숙성.

VdL_Vins de Liqueurs

발효되기 전 포도주스에 알코올을 첨가하여 나무통에서 숙성시킨 것. 첨가하는 알코올은 지방에 따라 오드비, 마르(Marc), 코냑, 아르마냑을 사용한다.

- **Frontignan(프롱티냥)/Vin de Frontignan(뱅 드 프롱티냥)/Muscat de Frontignan(뮈스카 드 프롱티냥) AOC**: VDN, VdL. 면적: 690(VdL은 800) ha. 수율: 포도주스로 2,800ℓ/ha. 생산량: 177만(VdL은 218만) ℓ. 품종: 뮈스카 블랑 아 프티 그랭.

- **Muscat de Lunel(뮈스카 드 뤼넬) AOC**: VDN. 면적: 321ha. 수율: 포도주스로 2,800ℓ/ha. 생산량: 117만 ℓ. 품종: 뮈스카 블랑 아 프티 그랭.

- **Muscat de Mireval(뮈스카 드 미르발) AOC**: VDN. 면적: 260ha. 수율: 포도주스로 2,800ℓ/ha. 생산

량: 78만 ℓ. 품종: 뮈스카 블랑 아 프티 그랭.

- **Faugères(포제르) AOC:** 레드(85%), 로제(13%), 화이트(2%). 면적: 2,000ha. 수율: 5,000ℓ/ha. 생산량: 670만 ℓ. 레드 및 로제 품종: 주품종(50% 이상)은 그르나슈, 르도네르 펠뤼(Lledoner Pelut), 무르베드르, 시라, 보조품종은 카리냥, 생소 등. 화이트 품종: 주품종(각 70% 이하)은 그르나슈 블랑, 마르산, 루산(30% 이하), 베르멍티노, 보조품종(10% 이하)은 클레레트, 카리냥 블랑.

- **Saint-Chinian(생쉬니양) AOC:** 레드(89%), 로제(10%), 화이트와인(1%). 면적: 3,300ha. 수율: 5,000ℓ/ha. 생산량: 1,150만 ℓ. 레드 및 로제 품종: 주품종은 그르나슈, 르도네르 펠뤼, 물베드르, 시라. 보조품종은 카리냥, 생소. 화이트 품종: 그르나슈 블랑(30% 이상), 마르산, 루산, 베르멍티노, 클레레트, 비오니에, 그르나슈 블랑. 미네르부아와 포제르 사이에 있으며, 북쪽의 편암지대에서 강렬한 레드와인, 남쪽의 점토질 토양에서는 부드러운 와인 생산.

- **Saint-Chinian Berlou(생쉬니양 베를루) AOC:** 레드. 품종: 주품종(60% 이상)은 그르나슈, 무르베드르, 시라, 보조품종은 카리냥(30% 이하)

- **Saint-Chinian Roquebrun(생쉬니양 로케브륀) AOC:** 레드. 품종: 그르나슈(20% 이상), 시라(25% 이상), 보조품종(30% 이하)은 카리냥, 무르베드르.

- **Minervois(미네르부아) AOC:** 레드(94%), 로제(4%), 화이트와인(2%). 면적: 5,000ha. 수율: 5,000ℓ/ha. 생산량: 1,700만 ℓ. 레드 품종: 주품종(60% 이상)은 르도네르 펠뤼, 무르베드르, 시라, 보조품종은 카리냥, 생소 등. 로제 품종: 주품종(60% 이상)은 그르나슈, 르도네르 펠뤼, 무르베드르, 시라, 보조품종은 부르불랭, 카리냥, 생소 등. 화이트 품종: 주품종(80% 이상)은 부르불랭, 그르나슈 블랑, 마카베오, 루산, 마르산, 베르멍티노, 보조품종은 클레레트, 뮈스카 등.

- **Minervois-La-Livinière(미네르부아 라 리비니에르) AOC:** 레드. 면적: 2,600ha. 수율: 4,500ℓ/ha. 생산량: 70만 ℓ. 품종: 주품종(60% 이상)은 그르나슈, 르도네르 펠뤼, 무르베드르, 시라, 보조품종은 카리냥, 생소, 픽풀 누아, 등.

- **Muscat de Saint Jean de Minervois(뮈스카 드 생 장 드 미네르부아) AOC:** VDN. 면적: 230ha. 품종: 뮈스카 블랑 아 프티 그랭.

- **Cabardés(카바르데스) AOC:** 레드(90%), 로제(10%). 면적: 400ha. 수율: 5,000ℓ/ha. 생산량: 180만 ℓ. 품종: 주품종(40% 이상)은 그르나슈, 시라, 카베르네 소비뇽, 카베르네 프랑, 메를로, 보조품종은 생소, 코 등.

- **Malepère(말르페르) AOC:** 레드(80%), 로제(20%). 면적: 500ha. 생산량: 200만 ℓ. 레드 품종: 주품종은 메를로(50% 이상), 보조품종은 카베르네 프랑, 코, 카베르네 소비뇽 등. 로제 품종: 주품종은 카베르네 프랑(50% 이상), 보조품종은 카베르네 소비뇽, 생소, 그르나슈, 메를로.

- **Limoux(리무) AOC:** 레드, 화이트. 면적: Blanquette de Limoux 포도 사용. 레드 품종: 메를로(50% 이상), 보조품종은 그르나슈, 코, 시라, 카베르네 프랑, 카베르네 소비뇽. 화이트 품종: 모자크, 샤르도네, 슈냉 블랑.

- **Blanquette de Limoux(블랑케트 드 리무) AOC:** 화이트 스파클링. 면적: 1,800ha. 수율: 5,000ℓ/ha. 생산량: 400만 ℓ. 품종: 모자크(= 블랑케트, 90% 이상), 샤르도네, 슈냉 블랑. 병내 2차 발효

- **Crémant de Limoux(크레망 드 리무) AOC:** 화이트 스파클링. 면적: Blanquette de Limoux에 포함. 수율: 5,000ℓ/ha. 생산량: 300만 ℓ. 품종: 샤르도네(40-70%), 슈냉 블랑(20-40%), 모자크(10-20%), 피노

누아(0-10%). 병내 2차 발효. 이스트 위에서 1년 이상 숙성.

- Limoux Méthode Ancéstrale(리무 메토드 앙세스트랄)/Blanquette Méthode Ancéstrale(블랑케트 메토드 앙세스트랄) AOC: 화이트 스파클링. 면적: Blanquette de Limoux에 포함. 품종: 모자크 100%. 세미 스위트, 알코올 2-3%까지 발효 시킨 후 3월까지 냉장 보관한 다음, 잔당이 있는 상태에서 2차 발효(Méthode Rurale). 가장 오래된 스파클링와인(1531년부터)으로 인정.

- Corbiéres(코르비에르) AOC: 레드(93%), 로제(6%), 화이트(1%). 면적: 17,200ha. 수율: 5,000ℓ/ha. 생산량: 5,470만 ℓ. 레드 품종: 주품종은 카리냥, 그르나슈, 르도네르 펠뤼, 무르베드르, 픽풀, 시라, 보조품종(20% 이하)은 생소 등. 로제 품종: 주품종은 카리냥, 생소(75% 이하) 그르나슈, 르도네르 펠뤼, 무르베드르, 픽풀, 시라, 보조품종은 부르불랭, 클레레트 등. 화이트 품종: 주품종은 부르불랭, 그르니슈 블랑, 마카베오, 마르산, 루산, 베르멍티노, 보조품종(10% 이하)은 클레레트, 뮈스카 등.

- Corbiéres-Boutenac(코르비에르 부트냐크) AOC: 레드. 생산량: 51만 ℓ. 품종: 주품종은 그르나슈, 무르베드르, 보조품종은 카리냥(30-50%), 시라.

- Fitou(피투) AOC: 레드. 면적: 2,500ha. 수율: 4,000ℓ/ha. 생산량: 950만 ℓ. 품종: 주품종(60% 이상)은 카리냥(20% 이상), 그르나슈(20% 이상), 보조품종(10% 이하)은 무르베드르, 시라.

루시용 AOC

- Côte du Roussillon(코트 뒤 루시용) AOC: 레드(39%), 로제(58%), 화이트(3%). 면적: 5,329ha. 수율: 5,000ℓ/ha. 생산량: 1,726ℓ. 레드 및 로제 품종: 주품종(80% 이상)은 카리냥, 그르나슈, 시라, 무르베드르, 보조품종은 생소 등. 화이트 품종: 주품종은 그르나슈 블랑, 마카베오, 투르바, 보조품종은 그르나슈 그리, 마르산, 루산, 베르멍티노.

- Côte du Roussillon Villages(코트 뒤 루시용 빌라주) AOC: 레드. 면적: 1,312ha. 수율: 4,500ℓ/ha. 생산량: 340만 ℓ. 품종: 주품종(80% 이상)은 카리냥, 그르나슈, 시라, 무르베드르, 보조품종은 르도네르 펠뤼.

- Côte du Roussillon Les Aspres(코트 뒤 루시용 레 아스프레) AOC: 레드. 면적: 46ha. 생산량: 15만 ℓ. 품종: 주품종은 시라, 무르베드르, 그르니슈, 보조품종은 카리냥(25% 이하).

- Côte du Roussillon Villages Caramany(코트 뒤 루시용 빌라주 카라마니) AOC: 레드. 면적: 217ha. 생산량: 60만 ℓ. 품종: 주품종은 카리냥, 그르나슈, 시라, 보조품종은 르도네르 펠뤼.

- Côte du Roussillon Villages Latour-de-France(코트 뒤 루시용 빌라주 라투르 드 프랑스) AOC: 레드. 면적: 85ha. 생산량: 23만 ℓ. 품종: Côte du Roussillon Villages와 동일.

- Côte du Roussillon Villages Lesquerde(코트 드 루시용 빌라주 레케어드) AOC: 레드. 면적: 58ha. 생산량: 13만 ℓ. 품종: Côte du Roussillon Villages Caramany와 동일.

- Côte du Roussillon Villages Tautavel(코트 드 루시용 빌라주 토타벨) AOC: 레드. 면적: 301ha. 생산량: 78만 ℓ. 품종: Côte du Roussillon Villages와 동일. 다음 해 10월 1일까지 판매 불가.

- Collioure(콜리우르) AOC: 레드, 로제, 화이트. 면적: Banyuls에 포함. 수율: 4,000ℓ/ha. 레드 품종: 주품종은 카리냥, 그르나슈, 무르베드르, 시라, 보조품종은 생소 등. 로제 품종: 주품종은 카리냥, 그르나슈 그리, 그르니슈, 무르베드르, 시라, 보조품종은 생소 등. 화이트 품종: 주품종은 그르나슈 블랑, 그르나슈 그리, 마카베오, 마르산, 루산, 투르바, 베르멍티노, 보조품종은 카리냥 블랑, 뮈스카 등.

- Maury(모리) AOC: 레드. 면적: VDN Maury에 포함. 품종: 주품종은 그르나슈(60-80%), 보조품종은 카리냥, 무르베드르, 시라 등.

- Maury(모리, VDN) AOC: VDN(레드, 화이트). 면적: 355ha. 생산량: 70만 ℓ. 레드 품종: 주품종은 그르나슈(75% 이상), 보조품종은 그르나슈 블랑, 그르나슈 그리 등. 화이트 품종: 주품종은 그르나슈 블랑, 그르나슈 그리, 마카베오, 투르바, 보조품종(20% 이하)은 뮈스카 등. Rancio는 산화시킨 것. Hors d'age는 5년 이상 숙성.

- Banyuls(바뉠스) AOC: VDN(레드, 로제, 화이트). 면적: 617ha. 수율: 포도주스로 3,000ℓ/ha. 생산량: 944만 ℓ. 품종: 주품종은 그르나슈(50% 이상), 그르나슈 블랑, 그르나슈 그리, 마카베오, 뮈스카, 투르바, 보조품종(10% 이하)은 카리냥, 생소, 시라. Rancio는 산화시킨 것. Hors d'age는 5년 이상 숙성.

- Banyuls Grand Cru(바뉠스 그랑 크뤼) AOC: VDN(레드). 면적: 261ha. 생산량: 35만 ℓ. 품종: 주품종은 그르나슈(75% 이상), 그르나슈 블랑, 그르나슈 그리, 투르바, 뮈스카, 보조품종(10% 이하)은 카리냥, 생소, 시라. 오크통에서 30개월 이상 숙성. Rancio는 산화시킨 것. Hors d'age는 5년 이상 숙성.

- Rivesaltes(리브잘트) AOC: VDN(레드, 로제, 화이트). 면적: 4,371ha. 수율: 포도주스로 3,000ℓ/ha. 생산량: 1,277만 ℓ(화이트 80%). 품종: 주품종은 그르나슈 블랑, 그르나슈 그리, 그르나슈, 마카베오, 투르바, 보조품종은 뮈스카. Ambré, Tuilé는 3년 이상 숙성, Grenat(그르나슈 100%)는 환원상태에서 다음 해 5월까지 숙성. Rancio는 산화시킨 것. Hors d'age는 5년 이상 숙성.

- Muscat de Rivesaltes(뮈스카 드 리브잘트) AOC: VDN(화이트). 면적: 4,401ha. 수율: 포도주스로 3,000ℓ/ha. 생산량: 1,200만 ℓ. 품종: 뮈스카 블랑아 프티 그랭, 뮈스카 달렉산드르.

- Grand Roussillon(그랑 루시용) AOC: VDN(레드, 로제, 화이트): 면적: 1,781ha. 생산량: 462만 ℓ. 품종: 주품종은 그르나슈(누아, 그리, 블랑), 투르바, 보조품종(20% 이하)은 뮈스카. Rancio는 산화시킨 것.

유명 메이커

- 샤토 마사미에 라 미냐르드(Ch. Massamier la Mignarde): 랑그도크에서 가장 신비스러운 생산지인 라 리비니에르(La Livinière)에서 고급 레드와인을 만든다. '도뮈스 막시뮈스(Domus Maximus)'는 시라 80%, 그르나슈 20%로 만든 명품이다.

- 도멘 도피야크(Domaine d'Aupilhac): 오래된 포도나무에서 수확한 카리냥 100%로 만든 뱅 드 페이 급 와인이 유명하다.

- 도멘 드 라르졸(Domaine de l'Arjolle): 뱅 드 페이 급이지만, 거의 보르도 수준의 묵직함과 균형 잡힌 맛으로 유명하다.

- 도멘 드 로르튀스(Domaine l'Hortus): 가족 경영의 포도밭으로 석회석 언덕에 자리 잡고 있다. 코토 뒤 랑그도크(Coteaux du Languedoc) AOC가 좋다.

- 레 비뉴론 뒤 발 도르비외(Les Vignerons du Val d'Orbieu): 뱅 드 페이 급으로 '라 퀴베 미티크(La Cuvée Mythique)'가 유명하다.

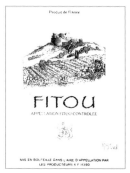
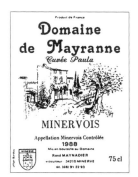

[그림 9-7] 랑그도크 루시용 와인의 상표

프로방스(Provence) 및 코르스(Corse, 코르시카) 와인

프로방스 와인 및 AOC

프로방스는 경치가 좋기로 유명한 곳으로 고흐, 르누아, 마티스, 피카소, 세잔 등 유명한 화가의 활동무대였다. 지금도 프로방스는 프랑스 사람들의 향수를 자극하는 이상향이기도 하다. 프랑스에서 가장 오래된 포도밭으로 이 지방 경작지의 거의 반은 포도밭이다. 이곳에서 나오는 와인은 이 지방 음식과 잘 어울리는 로제가 가장 유명하며, 투박하고 농축미가 있는 독특한 레드와인, 그리고 약간의 화이트와인이 나온다. 최근까지 주로 로제를 생산했으나 최근에는 레드와인에 주력하고 있다. 2010년 현재 40,219ha 포도밭에서 2억 ℓ(레드 및 로제 95%)를 생산하며, AOC 와인은 68%, IGP 와인은 29% 정도다.

품종은 프로방스 고유의 품종에 대부분 론 품종이 주종을 이루고 있으며, 베르멍티노와 같은 이탈리아 품종이나 카베르네 소비뇽 같은 북부 프랑스 품종이 도입되어 다양한 맛의 와인이 나오고 있다. 햇볕이 잘 비추고, 론 지방과 같이 차가운 북풍 미스트랄 때문에 병충해가 예방되지만, 포도나무에 상처를 주기도 한다. 좋은 포도밭은 이 바람을 피할 수 있는 곳에 있다. 해안가는 석회석과 편암, 석영 등이 흩어져 있는 바위로 된 토양이며, 내륙은 점토와 굵은 모래가 많다. 대체적으로 척박하여 포도나 올리브를 많이 재배하고 있다.

레드와인 품종

- **무르베드르(Mourvèdre)**: 고급 레드와인에 사용되며, 로제에서는 묵직함을 준다.
- **그르나슈(Grenache)**: 레드와인과 로제에 블렌딩용으로 사용된다.
- **카베르네 소비뇽(Cabernet Sauvignon)**: 고급 레드와인과 로제에 사용된다.
- **시라(Syrah)**: 많지는 않지만 고급 레드와인에 쓰인다.
- **기타**: 카리냥, 생소, 폴 누아, 브라케트, 티부랭(Tibouren) 등.

화이트와인 품종

- **위니 블랑(Ugni Blanc)**: 블렌딩에 가장 많이 사용되는 품종으로 중성의 맛을 가지고 있다.
- **클레레트(Clairette)**: 블렌딩용으로 사용된다.
- **그르나슈 블랑(Grenache Blanc)**: 블렌딩용으로 사용된다.
- **기타**: 부르블랭, 롤(Rolle/Vermentino), 샤르도네, 마르산, 소비뇽 블랑, 세미용, 비오니에 등.

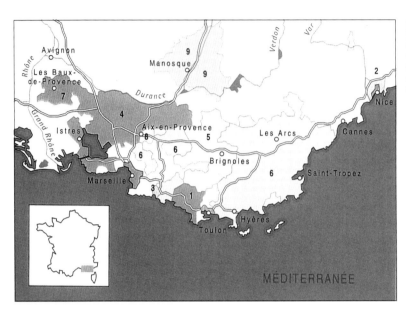

Bandol 1
Bellet 2
Cassis 3
Coteaux d'Aix-en-Provence 4
Coteaux de Pierrevert 9
Coteaux Varois 5
Côtes de Provence 6
Les Baux-de-Provence 7
Palette 8

[그림 9-8] 프로방스 와인산지

AOC

- Côtes de Provence(코트 드 프로방스) AOC: 로제(89%), 레드(8%), 화이트(3%). 면적: 20,500ha. 수율: 5,000ℓ/ha. 생산량: 9,490만 ℓ. 레드 품종: 주품종(70% 이상)은 그르나슈, 생소, 시라, 무르베드르, 티부랭, 보조품종은 카베르네 소비뇽, 카리냥, 클레레트, 세미용, 위니 블랑, 베르멍티노. 화이트 품종: 클레레트, 세미용, 위니 블랑, 베르멍티노. 로제(Clair de Noirs)가 유명.

- Côtes de Provence Sainte-Victoire(코트 드 프로방스 생빅투아르) AOC: 로제(89%), 레드. 면적: 203ha. 생산량: 75만 ℓ. 품종: 주품종(80% 이상)은 그르나슈, 시라, 생소, 보조품종은 무르베드르, 카리냥, 카베르네 소비뇽 등.

- Côtes de Provence Fréjus(코트 드 프로방스 프레쥐) AOC: 로제(76%), 레드. 면적: 17ha. 생산량: 63만 ℓ. 레드 품종: 그르나슈, 무베드르, 시라. 로제 품종: 주품종(80% 이상)은 그르나슈, 무베드르, 시라, 티부랭, 보조품종은 생소.

- Côtes de Provence La Londe(코트 드 프로방스 라 롱드): 로제(90%), 레드. 면적: 54ha. 생산량: 20만 ℓ. 레드 품종: 주품종(80% 이상)은 그르나슈, 무르베드르, 시라, 보조품종은 카베르네 소비뇽, 카리냥. 로제 품종: 주품종(80% 이상)은 생소, 그르나슈, 보조품종은 카리냥, 클레레트, 무르베드르, 세미용, 시라, 티부랭, 위니 블랑, 베르멍티노.

- Côtes de Provence Pierrefeu(코트 드 프로방스 피에르푀): 로제, 레드. 레드 품종: 주품종(80% 이상)은 그르나슈, 무르베드르, 시라, 보조품종은 카베르네 소비뇽, 카리냥. 로제 품종: 주품종(80% 이상)은 생소, 그르나슈, 시라, 보조품종은 무르베드르, 티부랭, 클레레트, 세미용, 위니 블랑, 베르멍티노.

- Coteaux Varois en Provence(코토 바루아 엉 프로방스)/(구 Coteaux Varois) AOC: 레드(8%), 로제(90%), 화이트. 면적: 2,500ha. 수율: 5,500ℓ/ha. 생산량: 1,250만 ℓ. 레드 품종: 주품종(80% 이상)은

그르나슈, 시라, 무르베드르, 생소, 보조품종은 카베르네 소비뇽, 카리냥, 티부랭. 화이트 품종: 클레레트, 그르나슈 블랑, 세미용(30%까지), 위니 블랑(25%까지), 베르멍티노(30% 이상).

- **Coteaux d' Aix-en-Provence(코토 덱셍 프로방스) AOC:** 레드(14%), 로제(82%), 화이트(4%). 면적: 4,268ha. 수율: 5,000ℓ/ha. 생산량: 2,055만 ℓ. 레드 품종: 주품종은 생소, 쿠누아스, 그르나슈, 무르베드르, 시라, 보조품종(30% 이하)은 카베르네 소비뇽, 카리냥. 화이트 품종: 주품종은 베르멍티노(50% 이상), 보조품종(30% 이상)은 클레레트, 그르나슈, 소비뇽 블랑, 위니 블랑. 화가 세잔의 고향으로 관광객이 많은 곳.

- **Les Baux de Provence(레 보 드 프로방스) AOC:** 레드(75%), 로제(25%), 화이트. 면적: 235ha. 생산량: 85만 ℓ. 레드 품종: 주품종(60% 이상)은 그르나슈, 시라, 무르베드르, 보조품종은 생소, 쿠누아스, 카리냥, 카베르네 소비뇽. 로제 품종: 주품종(60% 이상)은 시라, 생소, 보조품종은 무르베드르, 쿠누아스, 카리냥, 카베르네 소비뇽. 화이트 품종: 주품종(60% 이상)은 클레레트, 그르나슈 블랑, 베르멍티노. 보조품종은 루산, 부르불랭, 마르산, 위니 블랑.

- **Bandol(방돌) AOC:** 레드(32%), 로제(63%), 화이트(5%). 면적: 1,433ha. 수율: 4,000ℓ/ha. 생산량: 514만 ℓ. 레드 품종: 무르베드르(50-95%), 그르나슈, 생소, 보조품종(단독 10% 이하)은 카리냥, 시라. 로제 품종: 무르베드르(20-95%), 그르나슈, 생소, 보조품종(단독 10% 이하)은 부르불랭, 카리냥, 클레레트, 시라, 위니 블랑. 화이트 품종: 주품종은 클레레트(50-95%), 위니 블랑, 부르불랭, 보조품종(단독 10% 이하)은 마르산, 소비뇽 블랑, 세미용, 베르멍티노.

- **Cassis(카시스) AOC:** 화이트(72%), 로제(23%), 레드와인. 면적: 179ha. 수율: 4,000ℓ/ha. 생산량: 73만 ℓ. 레드 품종: 주품종(70% 이상)은 생소, 그르나슈, 무르베드르, 보조품종은 바르바로(Barbaroux), 카리냥, 테르 누아(Terret Noir). 로제 품종: 주품종(70% 이상)은 생소, 그르나슈, 무르베드르, 보조품종은 바르바로, 부르불랭, 카리냥, 클레레트, 마르산, 파스칼(Pascal), 소비뇽, 테르 누아. 화이트 품종: 주품종(60% 이상)은 클레트, 마르산(30-80%), 보조품종은 부르불랭, 파스칼, 소비뇽, 테르 블랑, 위니 블랑.

- **Palette(팔레트) AOC:** 레드(40%), 로제(30%), 화이트와인(30%). 면적: 36ha. 수율: 4,000ℓ/ha. 생산량: 14만 ℓ. 레드 품종: 주품종(50% 이상)은 무르베드르, 그르나슈, 생소, 보조품종은 푸르카, 카베르네 소비뇽, 카리냥 등 다수. 화이트 품종: 주품종(55% 이상)은 아레냥(Araignan), 부르블랭, 클레레트, 보조품종은 그르나슈 블랑, 뮈스카 등 다수.

- **Bellet(벨레, Vin de Bellet) AOC:** 레드(42%), 로제(23%), 화이트와인(37%). 면적: 43ha. 수율: 4,000ℓ/ha. 생산량: 11만 ℓ. 레드 품종: 주품종(60% 이상)은 브라케트(Braquet), 폴 누아, 보조품종은 생소. 그르나슈. 로제 품종: 주품종(60% 이상)은 브라케트, 폴 누아, 보조품종은 생소, 크레레트, 베르멍티노, 부르불랭 등. 화이트 품종: 주품종(60% 이상)은 베르멍티노, 보조품종은 롤, 루산, 마이요르캥(Mayorcain), 클레레트, 부르불랭, 샤르도네, 뮈스카 등.

- **Pierrevert(피에르베르)/(구 Coteaux de Pierrevert) AOC:** 레드(55%), 로제(30%), 화이트. 면적: 320ha. 수율: 5,000ℓ/ha. 생산량: 150만 ℓ. 레드 품종: 주품종(70% 이상)은 그르나슈(15% 이상), 시라(30% 이상), 보조품종은 무르베드르, 테울리에(Téoulier), 카리냥, 생소, 마르산, 루산 등. 로제 품종: 주품종(70% 이상)은 생소, 그르나슈, 시라, 보조품종은 무르베드르, 테울리에, 마르산 등. 화이트 품종: 그르나슈 블랑, 베르멍티노(50% 이상), 클레레트, 픽풀, 마르산, 루산, 위니 블랑 등.

▨ 유명 메이커

- **도멘 오트(Domaine Ott)**: 가족경영으로 스파이시한 레드와인, 풀 바디의 화이트와인, 산뜻한 드라이 로제가 유명하다.
- **도멘 템피에르(Domaine Tempier)**: 로제는 물론, 프로방스에서 가장 유명한 레드와인을 만든다.
- **마 들라 담(Mas de la Dame)**: 풀 바디 레드와인으로 유명하다.
- **도멘 드 트레바용(Domaine de Trévallon)**: 카베르네 소비뇽이 들어간 레드와인이 유명하다.

코르스(코르시카) 와인 및 AOC

니스에서 180㎞ 떨어진 아름다운 섬 코르스(코르시카)는 지리적으로 프랑스보다는 이탈리아에 가깝고, 역사적으로 페니키아, 아프리카, 에트루리아 등 다양한 문화권의 영향을 많이 받았으며, 1768년 프랑스에 속하게 된다. 5,822ha의 포도밭에서 연간 4천만 ℓ의 와인을 생산하고 있다. 그러나 AOC 와인(30%)보다는 뱅 드 페이(64%)급 와인이 많고 유명하다. 로제와 레드와인이 대부분(83%)이며, 전통적인 품종을 재배하지만, 최근에는 샤르도네, 메를로, 카베르네 소비뇽 등을 재배한다.

▨ 레드와인 품종

- **시아카렐로(Sciacarello)**: 코르스 토종 품종으로 이 섬의 서부 화강암 지대에서 주로 재배한다.
- **니엘뤼치오(Nielluccio)**: 이탈리아 산조베제와 동일한 품종으로 색깔이 진하다.
- **기타**: 그르나슈, 바르바로사(Barbarossa), 생소, 카리냥 등

▨ 화이트와인 품종

베르멍티노(Vermentino/Rolle), 위니 블랑 등

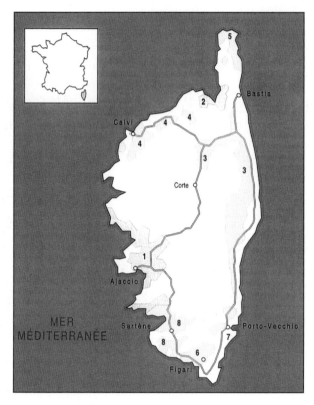

Ajaccio 1
Muscat du Cap Corse 2
Patrimonio 2
Vin de Corse 3
Vin de Corse—Calvi 4
Vin de Corse—Coteaux du Cap
Corse 5
Vin de Corse—Figari 6
Vin de Corse—Porto-Vecchio 7
Vin de Corse—Sartène 8

[그림 9-9] 코르스 와인산지

AOC

- Patrimonio(파트리모니오) AOC: 레드(48%), 로제(39%), 화이트. 면적: 421ha. 수율: 5,000ℓ/ha. 생산량: 127만 ℓ. 레드 품종: 주품종은 니엘뤼치오(90% 이상), 보조품종은 베르멍티노, 시아카렐로, 그르나슈. 로제 품종: 주품종은 니엘뤼치오(75% 이상), 보조품종은 베르멍티노, 시아카렐로, 그르나슈. 화이트 품종: 베르멍티노 100%.

- Ajaccio(아작시오) AOC: 레드(59%), 로제(27%), 화이트와인. 면적: 223ha. 수율: 4,500ℓ/ha. 생산량: 72만 ℓ. 레드 및 로제 품종: 주품종(60% 이상)은 바르바로사, 시아카렐로, 니엘뤼치오, 베르멍티노, 보조품종은 카리냥, 생소, 그르나슈 등. 화이트 품종: 주품종(80% 이상)은 베르멍티노, 보조품종은 위니 블랑 등.

- Vin de Corse(뱅 드 코르스)/Corse(코르스) AOC: 레드(39%), 로제(51%), 화이트. 면적: 1,286ha. 수율: 5,000ℓ/ha. 생산량: 521만 ℓ. 레드 및 로제 품종: 주품종(50% 이상)은 니엘뤼치오, 시아카렐로, 그르나슈, 보조품종은 바르바로사, 카리냥, 생소 등. 화이트 품종: 주품종(75% 이상)은 베르멍티노, 보조품종은 위니 블랑 등.

- Vin de Corse-Sartène(뱅 드 코르스 사르텐)/Corse-Sartène(코르스 사르텐) AOC: 레드(47%), 로제(41%), 화이트와인. 면적: 180ha. 생산량: 66만 ℓ. 품종: Vin de Corse와 동일.

- Vin de Corse-Coteaux du Cap-Corse(뱅 드 코르스 코토 뒤 캅 코르스)/Corse-Coteaux du

Cap-Corse(코르스 코토 뒤 캅 코르스) AOC: 레드(27%), 로제(34%), 화이트와인(39%). 면적: 33ha. 생산량: 10만 ℓ. 레드 및 로제 품종: 주품종(60% 이상)은 그르나슈, 니엘뤼치오, 시아카렐로, 보조품종은 바르바로사, 카리냥, 생소 등. 화이트 품종: 주품종(80% 이상)은 베르멍티노, 보조품종은 위니 블랑 등.

- Vin de Corse Figari(뱅 드 코르스 피가리)/Corse Figari(코르스 피가리) AOC: 레드(55%), 로제 (35%), 화이트와인. 면적: 134ha. 생산량: 33만 ℓ. 품종: Vin de Corse와 동일.

- Vin de Corse Porto Vecchio(뱅 드 코르스 포르토 베치오)/Corse Porto Vecchio(코르스 포르토 베치오) AOC: 레드(40%), 로제(47%), 화이트. 면적: 66ha. 생산량: 23만 ℓ. 품종: Vin de Corse와 동일.

- Vin de Corse Calvi(뱅 드 코르스 칼비)/Corse Calvi(코르스 칼비) AOC: 레드(44%), 로제(44%), 화이트와인. 면적: 293ha. 생산량: 73만 ℓ. 품종: Vin de Corse와 동일.

- Muscat du Cap Corse(뮈스카 뒤 캅 코르스) AOC: VDN(화이트). 면적: 93ha. 수율: 3,000ℓ/ha(포도주스). 생산량: 213만 ℓ. 품종: 뮈스카 블랑 아 프티 그랑.

[그림 9-10] 프로방스 및 코르시카 와인의 상표

쥐라 및 사부아(Jura & Savoie) 와인

스위스 국경 가까운 알프스의 스키장이 있는 곳으로 쥐라(Jura)는 파스퇴르의 고향으로 유명하다. 이곳의 와인은 AOC가 아닌 '뱅 포(Vin Fou, 영어로 Mad wine)'라는 스파클링와인, '뱅 드 파이으(Vin de Paille, 영어로 Straw wine)'라는 건조한 포도로 장기간 발효시켜 4년 이상 숙성시킨 와인, 와인에 효모 막을 번식시켜 6년 간 두면서 산화시켜 만든 '뱅 존(Vin Jaune, 영어로 Yellow Wine)', 그리고 색깔이 옅은 로제인 '뱅 그리(Vin Gris)' 등 특이한 와인이 유명하다. 특히, 이 지역은 프랑스에서 가장 많이 소비되는 '콩테(Comté)' 치즈의 산지이기도 하다. 사부아는 스위스 레만 호 주변에 포도산지가 있으며, 대부분 가볍고 신선한 화이트와인을 생산하고 있다.

▩ 뱅 드 파이으(Vin de Paille)

샤르도네, 풀사르, 사바넹, 트루소 등을 수확하여, 10월부터 1월 사이에 짚방석 위에서 몇 주 동안 건조하여 짜낸 주스(100kg에서 20-25ℓ)를 장기간 발효하여 오크통에서 2-5년 숙성시킨다. 알코올 농도는 14-17%로서 스위트 화이트와인이 된다.

▩ 뱅 존(Vin Jaune)

사바넹을 수확하여 화이트와인을 만든 다음에, 나무통에서 숙성시키면서 효모막을 번식시켜 만든 셰리와 유사한 와인이다. 샤토샬롱(Château-Chalon), '아르부아 뱅 존(Arbois Vin Jaune, 혹은 Vin Jaune d'Arbois)', '코트 뒤 쥐라 뱅 존(Côte du Jura Vin Jaune)' 뱅 존 드 레투알(Vin Jaune de L'Etoile) 등이 여기에 해당된다.

쥐라 와인 및 AOC

전형적인 대륙성 기후로 겨울이 춥고 여름은 햇볕이 많고 덥고, 가을이 길고 좋다. 토양은 석회질과 점토로 구성되어 있다. 2,414ha의 포도밭에서 연간 900만 ℓ의 와인을 생산하며, 화이트와인이 68%를 차지한다. 일반 와인보다는 특수한 와인을 만드는 곳으로 유명하며, 풀사르(Poulsard), 트루소(Trousseau), 사바넹(Savagnin) 등 포도는 이 지역 고유의 품종이다.

▩ 포도품종

레드와인은 풀사르(Poulsard = Ploussard), 트루소(Trousseau), 피노 누아(= Gros Noirien) 등이며, 화이트와인은 사바넹(Savagnin = Naturé), 샤르도네(= Melon d'Arbois), 피노 블랑 등이 사용된다.

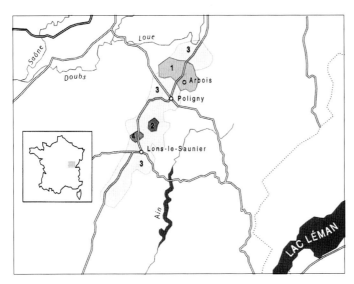

Arbois-Arbois Pupillin 1
Château-Chalon 2
Côtes du Jura 3
Crémant du Jura 3
L'Étoile 4
Macvin 3

[그림 9-11] 쥐라의 와인산지

AOC

- **Arbois(아르부아) AOC**: 레드, 로제, 화이트, 뱅 존, 뱅 드 파이으. 면적: 843ha. 수율: 레드 4,500ℓ/ha, 화이트: 5,000ℓ/ha. 생산량: 450만 ℓ. 레드 품종: 주품종(80% 이상 사용)은 피노 누아, 풀사르, 트루소, 보조품종은 샤르도네, 사바넹. 화이트 품종: 주품종(80% 이상 사용)은 샤르도네, 사바넹, 보조품종은 피노 누아, 풀사르, 트루소. 쥐라에서 가장 많이 알려진 원산지명칭(AO)으로 루이 파스퇴르 고향이며, 파스퇴르는 이곳의 와인을 이용하여 실험했다고 함. 프랑스 최초의 AOC로 1936년에 지정.

- **Arbois Pupillin(아르부아 퓌피앵) AOC**: 레드, 로제, 화이트. 면적 및 생산량: 아르부아에 포함. 품종: 아르부아와 동일. 퓌피앵 마을에서 나오는 고품질의 것

- **Château-Chalon(샤토샬롱) AOC**: 뱅 존. 면적: 50ha. 수율: 3,000ℓ/ha, 생산량: 20만 ℓ. 품종: 사바넹. 최고 품질의 뱅 존을 생산하는 곳. 사바넹 포도로 와인을 만든 후(알코올 12-13%) 228ℓ 통에 넣고 뚜껑을 열어 놓은 채 6년을 두면 와인 표면에 효모 막(Flor)이 형성되어 셰리와 비슷한 와인이 됨. 화강암 바위가 많아 지하 저장고를 만들기 힘들어 주로 반 지하 창고를 이용하기 때문에 셀라 온도의 차이가 심함. 셀라 온도는 8-18℃로서 여름에 효모막이 생성됐다가 겨울에 죽는 현상이 반복되면서 와인에 특유의 향이 생성. '클라블랭(Clavelin)'이라는 620㎖ 특수한 병 사용. 10년에서 100년을 두면서 마실 수 있는 와인.

  열두 명의 업자가 협동으로 생산하고 있으며, 1980, 1984, 2000년에는 샤토 샬롱 AOC를 명칭을 포기하고 코트 뒤 쥐라(Cote du Jura)로 판매. 수확량의 규제는 3,000ℓ/ha이지만 보통은 2,000ℓ/ha를 기준으로 설정.

- **L' Etoile(레투알) AOC**: 화이트, 뱅 존, 뱅 드 파이으. 면적: 75ha. 수율: 5,000ℓ/ha. 생산량: 48만 ℓ. 품종: 주품종(80% 이상 사용)은 샤르도네, 사바넹, 보조품종은 피노 누아, 풀사르, 트루소. L'Etoile Mousseux(레투알 무쉐)는 샤르도네, 사바넹으로 만든 화이트 스파클링.

- **Côte du Jura(코트 뒤 쥐라) AOC**: 레드, 로제, 화이트, 뱅 존, 뱅 드 파이으. 면적: 640ha. 수율: 레드 4,500ℓ/ha, 화이트: 5,000ℓ/ha. 생산량: 376만 ℓ. 레드 품종: 주품종(80% 이상 사용)은 피노 누아, 풀사

르, 트루소, 보조품종은 샤르도네, 사바넹. 화이트 품종: 주품종(80% 이상 사용)은 샤르도네, 사바넹, 보조품종은 피노 누아, 풀사르, 트루소. Côte du Jura Mousseux(코트 뒤 쥐라 무쉐)는 사바넹, 샤르도네, 피노 블랑으로 만든 스파클링.

- Crémant du Jura(크레망 뒤 쥐라) AOC: 화이트 및 로제 스파클링. 면적: 210ha. 수율: 7,800ℓ/ha. 생산량: 150만 ℓ. 품종: 사바넹, 샤르도네(최소 50%), 피노 그리, 피노 누아, 풀사르, 트루소. 병내 2차 발효.

- Macvin(막뱅)/Macvin du Jura(막뱅 뒤 쥐라) AOC: 레드, 로제, 화이트 VdL(Vins de Liqueurs). 늦게 수확한 포도로 만든 주스에 포도 찌꺼기로 만든 브랜디(Marc)를 첨가하여 양조. 1년 이상 나무통에서 숙성. 알코올농도 16-22%.

사부아 와인 및 AOC

스위스 국경 레만 호 근처에 산재된 곳으로 춥고 봄에 서리가 내리며, 폭풍도 있는 곳으로 기후 조건이 포도재배에 좋지 않지만, 호수가의 포도밭에서 괜찮은 와인이 나온다. 토양은 석회석과 점토에 빙하 충적토 혼합된 곳으로 신맛이 강한 화이트와인을 만든다. 3,811ha의 포도밭에서 연간 2천만 ℓ의 와인을 생산(화이트와인 60%)한다.

포도품종

화이트와인에는 알테스(Altesse = Roussette), 자케르(Jacquére), 몰레트(Molette), 그랭제(Gringet), 알리고테, 샤슬라, 샤르도네, 레드와인에는 몽되즈(Mondeuse), 페르상(Persan), 가메 누아, 피노 누아 등이 사용된다.

AOC

- Vin de Savoie(뱅 드 사부아) AOC: 레드(32%), 로제, 화이트. 면적: 1,755ha. 수율: 4,500ℓ/ha. 고급은 3,500ℓ/ha. 생산량: 1,200만 ℓ. 화이트 품종: 자케르, 루세트, 샤슬라, 몰레트, 그랭제, 알리고테, 샤르도네. 레드 품종: 가메, 무르베드르, 피노 누아. 전체 생산량의 45% 차지.

- Vin de Savoie(뱅 드 사부아) + Cru(16): 16개의 지명이 붙을 수 있는데, 가장 유명한 것은 Crépy(크레피)

- Vin de Savoie Mousseux(뱅 드 사부아 무쉐) AOC: 스파클링(로제, 화이트). 면적: 51ha. 생산량: 38만 ℓ.

- Vin de Savoie Pétillants(뱅 드 사부아 페티양) AOC: 스파클링(로제, 화이트). 면적: 1ha. 생산량: 1만 ℓ.

- Roussette de Savoie(루세트 드 사부아)/Vin de Savoie Roussette(뱅 드 사부아 루세트) AOC: 화이트. 면적: 뱅 드 사부아에 포함. 수율: 3,500ℓ/ha. 생산량: 80만 ℓ. 품종: 루세트(알테스).

- Roussette de Savoie(루세트 드 사부아) + Cru(4) AOC

- Seyssel(세셀) AOC: 화이트. 면적: 69ha. 수율: 화이트와인 4,000ℓ/ha. 생산량: 32만 ℓ. 품종: 알테스.

- Seyssel Mousseux(세셀 무쉐) AOC: 스파클링. 면적: 14ha. 수율: 5,000ℓ/ha. 생산량: 9만 ℓ. 품종: 알테스(10% 이상), 샤슬라, 몰레트.

- Seyssel Molette(세셀 몰레트) AOC: 화이트. 면적 및 생산량: 세셀에 포함. 품종: 몰레트.

- Bugey(뷔제이) AOC: 레드, 로제, 화이트, 스파클링(로제, 화이트). 면적: 250ha(스파클링 57ha). 생산량: 134만(스파클링 40만) ℓ. 레드 품종: 가메, 몽되즈, 피노 누아. 화이트 품종: 샤르도네(70% 이상), 알리고 테, 알테스, 자케르, 몽되즈, 피노 그리.

- Bugey Manicle(뷔제 마니클) AOC: 레드, 화이트. 면적: 8ha. 생산량: 5만 ℓ. 레드 품종: 피노 누아. 화이트 품종: 샤르도네.

- Bugey Montagnieu(뷔제 몽타니외) AOC: 레드, 화이트 스파클링. 면적: 23.9(스파클링 22.1) ha. 생산 량: 16만(스파클 15만) ℓ. 스파클링 품종: 알테스, 샤르도네, 몽되즈 외. 레드 품종: 몽되즈.

- Bugey Cerdon Méthode Ancestrale(뷔제 세르동 메토드 앙세스트렐) AOC: 스파클링. 면적: 136ha. 생산량: 96만 ℓ. 품종: 가메, 풀사르

- Roussette du Bugey(루세트 뒤 뷔제) AOC: 화이트. 면적: 13ha. 생산량: 6.2만 ℓ. 품종: 알테스. 2009년 AOC 승격.

- Roussette du Bugey Montagnieu(루세트 뒤 뷔제 몽타니외) AOC: 화이트. 면적: 8ha. 생산량: 3만 ℓ. 품종: 알테스

- Roussette du Bugey Virieu-le-Grand(루세트 뒤 뷔제 비리외르그랑) AOC: 화이트. 면적: 1.2ha. 생산량: 0.6만 ℓ. 품종: 알테스.

[그림 9-12] 쥐라 및 사부아 와인의 상표

남서 프랑스(Sud-Ouest) 와인

이곳은 일찍이 가스코뉴 부족이 살던 곳으로 지금도 가스코뉴 지방이라고 부른다. 이 지방 무사들은 용맹하기로 소문이 나있으며, 중세 프랑스에서 용병으로 활약을 많이 하였다. 알렉상드르 뒤마의 삼총사에 나오는 달타냥도 이곳을 본거지로 활동한 것으로 그려져 있다.

총 64,938ha의 포도밭에서 4,500만 ℓ의 와인을 생산하고 있으며, 화이트와인이 56%를 차지하고 있다. 와인이 지방은 와인산지가 광범위하게 퍼져 있기 때문에 보르도, 스페인, 랑그도크 루시용, 론 지방 등 영향을 받아 다양한 특성을 지닌 개성이 다른 와인을 생산하고 있으나 보르도 와인의 명성에 가려서 주목을 받지 못하던 곳이었다. 최근에 '카오르(Cahors)'를 중심으로 '베르즈라크(Bergerac)'의 레드와 화이트, '몽바지야크(Monbazillac)'의 세미 스위트와인 등으로 그 이름이 세계 무대에 서서히 알려지고 있다. 또 이 지방은 '아르마냑(Armagnac)이라는 브랜디도 유명한데, 이 역시 브랜디의 명산지 코냑의 그늘에 가려져 오래 동안 빛을 보지 못했던 곳이다. 그래서 최근에는 이 지방의 와인이나 브랜디는 가격에 비해 맛이 좋다고 소문이 나있는 것이다.

포도품종

▨ 레드와인용

- **카베르네 소비뇽(Cabernet Sauvignon)**: 오래 전부터 재배된 품종으로 강렬하고 뒷맛이 오래가는 와인을 만든다.

- **메를로(Merlot)**

- **타나(Tannat)**: 이 지방 토종 품종으로 보랏빛이 진하고 강렬한 향미로 뒷맛이 오래가는 와인을 만든다.

- **코(Cot = Auxerrois = Malbec)**: 짙은 색깔과 타닌을 많이 함유하고 있다.

- **뒤라(Duras)**: 아로마가 풍부하고 타닌이 강하다.

- **페르 세르바두(Fer Servadou)**: 이 지방 전통적인 품종으로 강건한 향미에 부드러운 촉감을 가지고 있다.

- **네그레트(Négrette)**: 이 지방 전통 품종이지만 다른 전통 품종보다 세련된 향미를 가지고 있다.

■■■ 화이트와인용

- **세미용(Sémillon)**
- **소비뇽 블랑(Sauvignon Blanc)**
- **뮈스카델(Muscadelle)**
- **모자크(Mauzac):** 사과 향이 지배적이며 다른 품종과 블렌딩하는 데 사용된다.
- **렁드렐(Len de l'El):** 알코올 농도가 높고 적절한 산도가 있어서 바디가 있는 와인이 될 수 있다.
- **멍생(Manseng):** 프티 멍생(Petit Manseng), 그로 멍생(Gros Manseng) 두 가지가 있으며, 바디가 좋다.

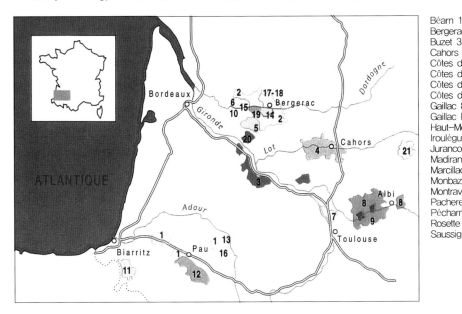

Béarn 1
Bergerac 2
Buzet 3
Cahors 4
Côtes de Duras 5
Côtes de Montravel 6
Côtes du Frontonnais 7
Côtes du Marmandais 20
Gaillac 8
Gaillac Premières Côtes 9
Haut-Montravel 10
Irouléguy 11
Jurancon-Jurancon sec 12
Madiran 13
Marcillac 21
Monbazillac 14
Montravel 15
Pacherenc du Vic Bilh 16
Pécharmant 17
Rosette 18
Saussignac 19

[그림 9-13] 남서 프랑스 와인산지

AOC

■■■ 베르즈라크(Bergerac)

보르도와 경계선으로 생테밀리용의 연장선에 있기 때문에, 기후나 토양도 보르도와 비슷하다. 최근에 기술향상에 노력하고 있다.

- **Bergerac(베르즈라크) AOC:** 레드, 로제, 화이트. 면적: 9,600ha. 수율: 5,000ℓ/ha. 생산량: 5,000만 ℓ. 레드 및 로제 품종: 주품종(75% 이상)은 카베르네 프랑, 카베르네 소비뇽, 메를로, 말벡, 보조품종은 페르 세르바두 등. 화이트 품종: 주품종(75% 이상)은 세미용, 소비뇽 블랑, 소비뇽 그리, 뮈스카델, 보조품종은 위니 블랑. 주로 영 와인 때 마시는 와인.

- Côtes de Bergerac(코트 드 베르즈라크) AOC: 레드, 화이트. 면적: Bergerac에 포함. 레드 품종: 카베르네 프랑, 카베르네 소비뇽, 말벡, 메를로. 화이트 품종: 주품종(75% 이상)은 뮈스카델, 소비뇽 블랑, 소비뇽 그리, 세미용. 보조품종은 위니 블랑(25% 이하). 화이트는 드라이, 세미 드라이, 스위트 세 가지.

- Saussignac(소시냐크) AOC: 스위트 화이트. 면적: 903ha. 수율: 5,000ℓ/ha. 생산량: 17만 ℓ. 품종: 주품종은 세미용, 소비뇽 블랑, 소비뇽 그리, 뮈스카델, 보조품종(10% 이하)은 슈냉 블랑 등.

- Pécharmant(페샤르멍) AOC: 레드. 면적: 395ha. 수율: 4,000ℓ/ha. 생산량: 198만 ℓ. 품종: 카베르네 프랑, 카베르네 소비뇽, 메를로, 말벡.

- Rosette(로제트) AOC: 스위트 화이트. 면적: 28ha. 생산량: 10만 ℓ. 품종: 세미용, 소비뇽 블랑, 소비뇽 그리, 뮈스카델. 잔당 25-51g/ℓ.

- Montravel(몽라벨) AOC: 레드, 화이트. 면적: 3,210ha. 수율: 5,000ℓ/ha. 생산량: 188만 ℓ. 레드 품종: 메를로(50% 이상), 카베르네 프랑, 카베르네 소비뇽, 말벡. 화이트 품종: 뮈스카델, 소비뇽 블랑, 소비뇽 그리, 세미용, 옹뎅(10% 이하).

- Côtes de Montravel(코트 드 몽라벨) AOC: 스위트 화이트. 품종: 뮈스카델, 소비뇽 블랑, 소비뇽 그리, 세미용, 옹뎅(10% 이하). 과숙한 포도로 만든 스위트와인. 잔당 25-51g/ℓ.

- Haut-Montravel(오 몽라벨) AOC: 스위트 화이트와인. 품종: Côtes de Montravel과 동일. 잔당 25-51g/ℓ.

- Monbazillac(몽바지야크) AOC: 스위트 화이트(보트리티스). 면적: 3,600ha. 수율: 4,000ℓ/ha. 생산량: 380만 ℓ. 품종: 주품종은 뮈스카델, 소비뇽 블랑, 소비뇽 그리, 세미용, 보조품종(10% 이하)은 슈냉 블랑, 옹뎅, 위니 블랑. 잔당 45g/ℓ 이상. Sélection de Grains Nobles 표기는 잔당 85g/ℓ 이상.

가론(Garonne)

- Côtes de Duras(코트 드 뒤라) AOC: 레드, 로제, 화이트. 면적: 1,687ha. 수율: 5,000ℓ/ha. 생산량: 871만 ℓ. 레드 및 로제 품종: 카베르네 소비뇽, 메를로, 카베르네 프랑, 말벡. 화이트 품종: 주품종은 슈냉 블랑, 모자크, 뮈스카델, 옹뎅, 소비뇽 블랑, 소비뇽 그리, 세미용, 보조품종(25% 이하)은 콜롱바르, 위니 블랑.

- Côtes du Marmandais(코트 뒤 마르멍데) AOC: 레드, 화이트. 면적: 1,500ha. 수율: 레드 및 로제 5,500ℓ/ha, 화이트 6,000ℓ/ha. 생산량: 915만 ℓ. 레드 품종: 카베르네 프랑, 카베르네 소비뇽, 메를로(이상 세 가지 품종 최대 75%), 코, 페르 세르바두, 가메, 시라. 화이트 품종: 소비뇽 블랑(70%), 뮈스카델, 세미용, 위니 블랑.

- Buzet(뷔제) AOC: 레드(98%), 로제, 화이트. 면적: 2,116ha. 수율: 5,500ℓ/ha. 생산량: 996만 ℓ. 레드 및 로제 품종: 주품종은 메를로, 카베르네 프랑, 카베르네 소비뇽, 말벡. 보조품종(10% 이하)은 프티 베르도 등. 화이트 품종: 주품종은 세미용, 소비뇽 블랑, 소비뇽 그리, 뮈스카델, 보조품종(10% 이하)은 콜롱바르 등.

- Brulhois(브륄루아) AOC: 레드, 로제. 품종: 주품종(70% 이상)은 카베르네 프랑, 메를로, 카나(15-40%), 보조품종(10% 이하)은 카베르네 소비뇽 등.

- Fronton(프롱통) AOC: 레드, 로제. 면적: 2,000ha. 수율: 5,000ℓ/ha. 생산량: 790만 ℓ. 레드 및 로제

품종: 주품종은 네그레트(50% 이상), 보조품종은 메르에(Mérille), 페르 세르바두, 시라, 카베르네 프랑, 카베르네 소비뇽, 가메, 모자크 등.

- Saint-Sardos(생사르도) AOC: 레드, 로제. 품종: 주품종은 시라(40% 이상), 타나(20% 이상), 보조품종은 카베르네 프랑, 메를로.

툴루즈 아베이로네(Toulouse-Aveyronnais)

- Gaillac(가이야크) AOC: 레드(57%), 로제(9%), 화이트(34%). 면적: 2,800ha. 수율: 레드 및 로제 5,500 ℓ/ha, 화이트 6,000ℓ/ha. 생산량: 1,695만 ℓ. 레드 및 로제 품종: 주품종(60% 이상)은 뒤라, 페르 세르바두, 보조품종은 가메, 시라, 카베르네 소비뇽, 카베르네 프랑, 메를로 등. 화이트 품종: 주품종(50% 이상)은 모자크, 렝 드 랠(Len de l'el), 뮈스카델, 보조품종은 소비뇽 블랑, 옹뎅(Ondenc). 남서부 지방에서 가장 오래된 포도밭. 자갈이 많은 토양에서는 레드와인, 석회암 지대에서는 화이트와인 생산.

- Gaillac Doux(가이야크 두) AOC: 스위트 화이트. 품종: Gaillac과 동일. 잔당 45g/ℓ 이상.

- Gaillac Mousseux(가이야크 무쉐) AOC: 화이트 스파클링. 품종: Gaillac과 동일. 병내 2차 발효. 잔당 50g/ℓ 이하. Méthode Ancestrale Doux는 잔당 50g/ℓ 이상.

- Gaillac Premières Côtes(가이야크 프르미에 코트) AOC: 화이트. 품종: Gaillac과 동일.

- Coteaux du Quercy(코토 뒤 케르시) AOC: 레드, 로제. 면적: 200ha. 품종: 주품종(40-60%)은 카베르네 프랑, 보조품종(각 25% 이하)은 말벡, 메를로, 타나, 가메. 2011년 AOC.

- Cahors(카오르) AOC: 레드. 면적: 4,200ha. 수율: 5,000ℓ/ha. 생산량: 2,440만 ℓ. 품종: 주품종은 말벡(일명 오세루아 70% 이상), 보조품종은 메를로, 타나.

  중세까지만 하더라도 보르도를 대표하는 와인으로 텁텁한 레드와인은 영국에서 인기가 좋았지만, 수출항인 보르도 사람들의 심한 텃세 때문에 농축을 시켜 양을 줄여서, 다른 와인에 섞는 용도로 사용하게 되면서 13세기부터 '블랙 와인(Black wine)'이라는 별명이 붙음. 19세기 후반에는 노균병, 필록세라 등 병충해 때문에 포도밭이 황폐되었다가, 1960년대 이후에 회복하여 남서부 지방 최고의 레드와인으로 명성을 회복하면서, 단순히 색깔이 진하고 떫은맛이 나는 와인에서 세련된 맛으로 변화.

- Marcillac(마르시야크) AOC: 레드(90%), 로제. 면적: 140ha. 수율: 5,000ℓ/ha. 생산량: 70만 ℓ. 품종: 페르 세르바두(90% 이상), 보조품종은 카베르네 프랑, 카베르네 소비뇽, 메를로.

- Entraygues Le Fel(엥트레게스 르 펠) AOC: 레드, 로제, 화이트. 레드 및 로제 품종: 페르 세르바두 (50% 이상), 보조품종은 카베르네 프랑, 카베르네 소비뇽 등. 화이트 품종: 슈냉 블랑(90% 이상), 보조품종은 모자크 등. 2011년 AOC.

- Estaing(에스탱) AOC: 레드, 로제, 화이트. 레드 및 로제 품종: 주품종(50% 이상)은 페르 세르바두(30% 이상), 가메. 보조품종은 카베르네 프랑, 카베르네 소비뇽 등. 화이트 품종: 슈냉 블랑(50% 이상), 보조품종은 모자크 등. 2011년 AOC.

- Côtes de Millau(코트 드 밀로) AOC: 레드, 로제, 화이트. 레드 품종: 주품종(30% 이상)은 가메, 시라, 보조품종(10-30%)은 카베르네 소비뇽 등. 로제 품종: 주품종(50% 이상)은 가메, 보조품종은 카베르네 소비뇽 등. 화이트 품종: 슈냉 블랑(50% 이상), 보조 품종은 모자크. 2011년 AOC.

이 지방은 전통적으로 인공재배가 안 되는 검은 송로버섯인 '트러플(Truffle)', '거위 간(Foie Gras)', 호두 그리고 사냥감이 많기로 유명하다. 그래서 카오르의 와인은 이런 요리와 어울린다고 정평이 나있는 것이다. 또 최근에는 요리사를 비롯해서 유명한 레스토랑 경영자, 은행가 등 외부 인사들이 비교적 싼값으로 아름다운 포도밭을 사서 와인을 만드는 등 투자에서도 상당히 활기를 띄고 있다.

피레네(Pyrénées)

- Madiran(마디렁) AOC: 레드. 면적: 1,400ha. 수율: 4,500ℓ/ha. 생산량: 679만 ℓ. 품종: 타나(40-80%), 보조품종은 카베르네 프랑, 카베르네 소비뇽, 페르 세르바두. 점토의 석회질 토양에서 폴리페놀 함량이 가장 많은 와인을 생산하여 남성 장수촌으로 유명. 타닌이 풍부하여 오래 보관하는 와인.

- Pacherenc du Vic-Bilh(파슈렁 뒤 비크 빌), Pacherenc du Vic-Bilh Sec(파슈렁 뒤 비크 빌 세크) AOC: 드라이, 스위트 화이트. 면적: 150ha. 수율: 4,000ℓ/ha. 생산량: 89만 ℓ. 품종: 주품종(60% 이상)은 쿠르뷔(Courbu), 프티 쿠르뷔, 프티 멍생, 그로 멍생, 보조품종은 소비뇽 블랑 등. Sec 표기는 잔당 4g/ℓ 이하, 나머지는 잔당 45g/ℓ 이상.

- Jurançon(쥐랑송) AOC: 스위트 화이트. 면적: 167ha. 수율: 4,000ℓ/ha. 생산량: 272만 ℓ. 품종: 주품종(50% 이상)은 프티 멍생, 그로 멍생, 보조품종은 쿠르뷔, 카마랄르(Camaralet), 로제(Lauzet). 잔당 35g/ℓ 이상.

- Jurançon Sec(쥐랑송 세크) AOC: 화이트. 면적: 280ha. 수율: 5,000ℓ/ha. 품종: Jurançon과 동일.

- Irouléguy(이룰레기) AOC: 레드(60%), 로제(25%), 화이트. 면적: 200ha. 수율: 레드 5,000ℓ/ha, 화이트 5,500ℓ/ha. 생산량: 68만 ℓ. 레드 품종: 주품종(50% 이상, 단독은 90% 이하)은 카베르네 프랑, 타나, 보조품종은 카베르네 소비용. 로제 품종: 주품종(90% 이상)은 카베르네 프랑, 카베르네 소비뇽, 타나. 보조품종은 쿠르뷔 등. 화이트 품종: 그로 멍생, 프티 멍생, 쿠르뷔, 프티 쿠르뷔.

- Béarn(베아른) AOC: 레드(21%), 로제(75%), 화이트와인. 면적: 258ha. 수율: 5,000ℓ/ha. 생산량: 137만 ℓ. 레드 및 로제 품종: 주품종은 타나, 카베르네 프랑, 카베르네 소비뇽, 보조품종은 페르 세르바두 등. 화이트 품종: 주품종은 프티 멍생, 그로 멍생, 보조품종은 쿠르뷔 등.

- Saint-Mont(생몽): 레드, 로제, 화이트. 레드 및 로제 품종: 타나(60% 이상), 보조품종(20% 이하)은 카베르네 소비뇽 등. 화이트 품종: 그로 멍생(50% 이상), 보조품종(20% 이하)은 쿠르뷔 등. 2012년 AOC.

- Tursan(튀르상) AOC: 레드, 로제, 화이트. 레드 및 로제 품종: 주품종(각 20-60%)은 카베르네 프랑, 타나, 보조품종(30% 이하)은 카베르네 소비뇽 등. 화이트 품종: 주품종(각 20-60%)은 바로크(Baroque), 그로 멍생, 보조품종(30% 이하)은 쿠르뷔 등. 2012년 AOC.

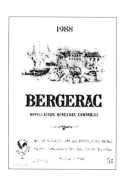

[그림 9-14] 남서 프랑스 와인의 상표

포도주

　가을바람과 아침볕에 마침 맞게 익은 향기로운 포도를 따서 술을 빚었습니다.

　그 술이 고이는 향기는 가을하늘을 물들입니다.

　님이여, 그 술을 연잎 잔에 가득히 부어서 님에게 드리겠습니다.

　님이여, 떨리는 손을 거쳐서 타오르는 입술을 축이셔요.

　님이여, 그 술은 한 밤을 지나면 눈물이 됩니다.

　아아, 한 밤을 지나면 포도주가 눈물이 도지마는 또 한 밤을 지나면

　나의 눈물이 다른 포도주가 됩니다. 오오 님이여

- 한용운 -

10장 독일 와인

독일

독일

공식명칭: 독일연방공화국(Federal Republic of Germany)
독일 명칭: Bndesrepublik Deutschland
인구: 8,100만 명
면적: 36만 ㎢
수도: 베를린(행정부 소재지는 본)
와인생산량: 9억 *l*
포도재배면적: 10만 ha

역사

독일은 서구제국 중 미국, 영국 다음으로 수교한 나라로, 근세 우리나라에 가장 영향력을 많이 끼쳤다. 초기에는 켈트족이 살았으나 점차 게르만족이 유입되었고, 로마 말기 게르만족이 이동(훈족의 영향)하면서 476년 로마를 멸망시키고 그 후 여러 나라가 난립하였다. 동 고트, 서 고트, 반달, 부르군드, 롬바르디아 등이 난립하다가, 프랑크 왕국이 유럽대륙의 새 주인이 된다. 루이 1세 사후, 843년 베르덩(Verdun) 조약으로 3국(독일, 프랑스, 이탈리아)으로 분리되었다가 다시 870년 메르센(Mersen) 조약으로 2개의 나라가 된다. 이때부터 라인 강을 중심으로 프랑스와 독일로 나뉘게 된다.

동 프랑크는 여전히 지방호족의 세력이 강해서 중앙집권 정치가 어려웠다. 911년 왕위가 끊기고 작센 지방 하인리히 1세가 왕으로 선출되어 새 왕조가 시작(독일 고유의 왕조)되고, 아들 오토 1세가 왕위를 계승하면서 교회와 결탁하여 강력한 왕권을 수립한다. 즉 교황과 귀족을 이용하여 왕권을 강화하였다. 이에 교황 요하네스 12세는 962년 오토에게 로마제국 황제의 칭호를 주어 신성로마제국이 된다. 그러나 이는 명예 뿐 실속 없는 상태로 1806년 나폴레옹에게 멸망할 때까지 유명무실 상태로 지속되어 세계무대에 별 영향력이 없었다.

오스트리아 왕이 신성로마제국의 황제가 되면서 종교문제가 일어나, 신·구교가 1618년부터 1648년까지 30년 전쟁을 치루면서 독일 인구의 1/3이 죽고 약소국이 되면서 350개 지방으로 쪼개지고, 스위스는 독립하고, 알자스는 프랑스로 합병된다. 이후 18세기에 이르러 북에서는 프러시아, 남에서는 오스트리아가 세력을 형성하기 시작하면서, 1709년 프리드리히 1세는 베를린을 수도로 정하고 정식 프러시아 왕국을 선포한다. 그러나 프랑스 혁명의 여파를 피하기 위해 오스트리아와 손을 잡고 나폴레옹에게 대항했으나 오스텔리츠(아우스테를리잔) 전투에서 패배하여 신성로마제국이 멸망하게 된다(1806년).

나폴레옹과 전투가 끝나고 영토를 회복하고 국가를 재건하는데, 비스마르크가 등장하여 국민을 고무시켜 강력한 국가를 건설하고 1866년 오스트리아, 1870년 프랑스와 전쟁에 승리하여 유럽대륙 강자로 등장(알자스 탈환)한다. 1871년 프러시아를 도이칠란트로 변경하고 제 2제국이 된다. 다시 1차 대전, 2차 대전을 겪으면서 피폐해졌으나, 독일인 특유의 근면성과 성실함에 미국의 소련 방어선 역할을 하면서 다시 부흥하게 된다. 독일은 1871년 비스마르크 통일 전까지 프러시아, 오스트리아, 바이에른, 보헤미아 등 여러 개 국가로 나뉘어 있었기 때문에 지금도 지방색이 강하다.

와인의 특성

독일은 포도를 재배할 수 있는 지역 중 가장 북쪽에 위치(북위 47-52도 부근으로 몽골과 같은 위도)하고 있어서 여름이 짧고 기온이 비교적 낮고 일조량이 많지 않기 때문에, 강이나 호수의 온실효과와 햇볕의 반사를 받기 위해서 강가의 가파른 언덕(경사 45도 이상)에 포도밭이 조성되어 있다. 좋은 포도밭은 태양열을 간직할 수 있는 점판암이나 현무암 조각으로 된 곳에서 포도를 충분히 성숙시키지만, 해마다 성숙도가 달라 대체적으로 신맛이 강한 화이트와인이 많다.

18-19세기의 독일의 고급 와인은 보르도의 1등급 샤토의 와인보다 비싸거나 동일한 가격을 받았으나, 독일은 날씨가 추워서 당도를 기준으로 즉 포도의 성숙도를 기준으로 등급을 정하다 보니까, 오히려 프랑스의 그랑 크뤼 등의 명성보다 못하게 되었다. 예를 들면 향기로운 리슬링보다는 쉽게 익고 당분함량도 높은 밀러 투르가우(Müller-Thurgau)를 선호하는 등 향미보다는 당도 위주의 품질관리가 되면서 우러러 보는 와인이 많이 사라진 것이다. 사람들이 프랑스와인을 이야기할 때는 포도의 품질보다는 샤토의 명성을 이야기하는데, 독일와인을 이야기할 때는 '크발리테츠바인', '아우스레제' 등 포도의 당도를 기준으로 이야기하고 있다.

독일와인은 전통적으로 라인, 모젤이 유명하고 수출도 많이 하지만, 영국이나 미국 다음으로 수입도 많이 하는 와인 소비국이기도 하다. 특히, 샴페인을 포함한 스파클링와인은 세계에서 가장 많이 소비되고 있다. 예전에는 80% 이상이 화이트와인이었지만, 프렌치 패러독스 영향으로 레드와인 재배가 증가하여 최근에는 화이트와인 비율이 60%로 감소하였지만, 옛날부터 독일의 화이트와인은 유명하여 라인과 모젤 와인은 세계적으로 정평이 나있다. 독일의 화이트와인은 독특한 맛과 신선함으로 당과 산의 조화가 잘 되어 있으며, 알코올 함량이 낮고(7-11%) 신선하고 균형 잡힌 맛으로 값도 비싸지 않아 가장 마시기 좋은 와인이라고 할 수 있다. 다른 나라는 질 낮은 와인의 숫자가 많지만, 독일 와인은 대체적으로 질이 좋은 와인이 많기 때문에 어느 것을 선택하든 품질이 좋다.

독일은 날씨가 춥고 일조량이 부족하기 때문에 포도의 당분 함량이 낮고 산도가 높아서 포도 주스에 설탕을 보충하여 발효시키거나, 발효가 끝난 와인에 보관한 포도주스(Süssreserve, 쥐스레제르베)를 넣는 방법을 사용하여 신선도를 가하고 당도를 높인다. 그러나 고급품은 설탕이나 주스 첨가가 금지되어 있다. 대체적으로 독일 와인은 스위트 와인이 많다고 하지만, 값싼 와인에 해당되는 이야기로 고급 와인은 드라이 와인(60% 이상)이 주종을 이룬다.

쥐스레제르베_Süssreserve

수확 후 과즙의 일부를 무균여과, 무균 저장, 탄산가스에 의한 고압 저장, 순간 가열살균 저장, 고농도 아황산 저장, 0℃저장 등으로 저장해 두었다가, 와인에 사용한다. 사용량은 와인 양의 25% 이내라야 한다. 독일와인의 달고 신선한 맛은 여기에서 나온다.

독일 와인용어

- Jahrgang(야어강): 빈티지
- Lage(라게): 단일 포도밭
- Roséwein(로제바인)/Rosa(로사): 로제
- Schloss(쉴로스): 성
- Trocken(트로켄): 드라이
- Weingut(바인구트): 자가 포도밭이 있는 와이너리
- Weinkellerei(바인켈러라이): 와이너리
- Winzer(빈처): 포도 재배자, 와인 양조자
- Keller(켈러): 와인 저장실 =Cellar
- Lese(레제): 수확
- Rotwein(로트바인): 레드와인
- Süss(쥐스): 스위트
- Wein(바인): 와인
- Weisswein(바이스바인): 화이트와인

포도품종

독일에는 60여 종의 품종이 있으며, 단일품종을 원칙으로 하며, 그 품종을 상표에 표시할 경우 그 비율은 85% 이상이라 한다. 또 독일은 기후조건이 불리하기 때문에 풍토에 맞는 품종을 개발하고자 계속적으로 새로운 품종을 개발하고 있다.

화이트와인

- **리슬링(Riesling)**: 독일 최고의 화이트와인용 품종으로 사과, 복숭아 등 과일 향과 꽃 향이 지배적이며, 오래 숙성시킬 수 있다. 독일 전체 포도의 34%를 차지한다.
- **질바너(Silvaner)**: 리슬링보다 가볍고 산도가 낮은 부드러운 맛으로 8%를 차지한다. 프랑스에서 실바네르(Sylvaner)라고 하는 품종이다.
- **뮐러 투르가우(Müller Thurgau)/리바너(Rivaner)**: 독일에서 두 번째로 많이 재배되는 품종으로

21%를 차지한다. 산도가 약하고 덤덤한 맛이 나기 때문에, 다른 품종과 블렌딩용으로 많이 쓰인다. 리슬링과 질바너의 교잡종으로 알려져 있었으나, 최근에 리슬링과 마델라이네 로얄레(Madeleine Royale)의 교잡종으로 밝혀졌다.

- **그라우브루군더(Graubrugunder)/룰랜더(Ruländer = Pinot Gris)**: 바덴 등에서 고급 와인을 만들며, 보트리티스 곰팡이 낀 포도가 되기도 한다. 7%를 차지한다.

- **바이스부르군더(Weissburgunder = Pinot Blanc)**: 평범한 맛으로 바덴, 팔츠, 나에 등에서 재배된다. 6%를 차지한다.

- **케르너(Kerner)**: 신품종으로서 리슬링과 레드와인용 트롤링어 잡종이다. 1970년대부터 라인헤센과 팔츠에서 재배하기 시작한 것으로 신선한 맛이 특징이다.

- **쇼이레베(Scheurebe)**: 리슬링과 질바너의 교잡종으로 그레이프푸르트 향이 지배적이며, 팔츠 등에서 고급 와인으로 수요가 증가하고 있다.

- **게뷔르츠트라미너(Gewürztraminer)**: 리치, 자몽 등 독특한 향을 가진 품종으로 고급 와인을 만든다.

- **박후스(Bacchus)**: 부드럽고 산도가 낮은 품종이다.

- **리슬라너(Rieslaner)**: 리슬링과 질바너의 교잡종으로 팔츠, 프랑켄 등에서 고급 와인을 만든다.

- **기타**: 구테델(Gutedel = Chasselas), 엘블링(Elbling), 모리오 무스카트(Morio Muskat), 등이 있다.

▩ 레드와인

- **슈페트부르군더(Spätburgunder = Pinot Noir)**: 독일 최고의 레드와인용 포도로 31%를 차지하며, 프랑스, 미국에 이어 세계에서 세 번째로 재배면적이 넓다. 가볍고 산뜻한 와인이 된다.

- **도른펠더(Dornfelder)**: 색깔이 진하고 신선하고 대중적인 와인을 만들지만, 오크통에서 숙성시키면 고급이 된다. 22%를 차지한다.

- **포르투기저(Portugieser)**: 세 번째로 많이 재배되는 레드와인용 품종으로 가볍고 산도가 낮다.

- **트롤링어(Trollinger)**: 렘버거와 함께 뷔르템베르크의 대표적인 품종이다. 이탈리아에서 스키아바(Schiava)로 알려진 품종으로 가벼운 와인이 된다. 7%를 차지한다.

- **렘버거(Lemberger)/블라우프랜키슈(Blaufränkisch)**: 뷔르템베르크 등에서 많이 재배하며, 과일향과 타닌이 풍부한 와인이 된다.

- **기타**: 프뤼부르군더(Frühburgunder), 슈바르츠리슬링(Schwarzriesling/Pinot Meunier) 등이 있다.

품질분류 체계(1971년 제정)

1971년 법을 개정하여 수확 시 포도의 성숙도(당도)에 따라 등급을 정하고, 2007년에 명칭을 변경하여 타펠바인(Tafelwein), 란트바인(Landwein), 크발리테츠바인(Qualitätswein), 프래디카츠바인(Prädikatswein) 4단계로 분류하였다. 2008년에는 EU의 새로운 와인 법을 도입하여 지리적 표시 없는 와인, 지리적 표시 와인, 지역적 표시 와인으로 분류하였다.

지리적 표시 없는 와인

- **도이처 바인(Deutscher Wein)**: 가장 낮은 등급으로 재배지 구분이 없다. 품종, 빈티지 표시 가능하며, 독일산 포도만 사용한다. 지리적 표시, 검사번호 등은 없고, 독일 내 소비 유주로 생산한다.

지리적 표시 와인

- **란트바인(Landwein)**: 1982년에 프랑스 뱅 드 페이(Vins de Pays)를 모방하여 도입한 것으로, 정해진 26개 재배지역의 것을 85% 이상 사용해야 한다. 발효 전에 설탕을 첨가할 수 있지만 농축과즙은 첨가하지 못한다. 일부 지역을 제외하고 '트로켄(Trocken)', '할프트로켄('Halbtrocken)'으로 표시한다.

지역적 표시 와인

- **크발리테츠바인(Qualitätswein)/크발리테츠바인 베쉬팀터 안바우게비테(QbA, Qualitätswein bestimmter Anbaugebiete)**: 특정지역에서 생산되는 고급와인이란 뜻으로 법률로 정한 13개 지방에서 생산되는 와인이다. 독일 와인 중 가장 생산량이 많다. 기후가 좋지 않은 해는 알코올 농도를 높이기 위해 허가를 득한 후 설탕을 첨가할 수 있으며, 보관한 포도주스(Süssreserve)도 넣을 수 있다. 품종, 빈티지를 표시할 경우는 그 함유량이 85% 이상이여야 한다. 상표에는 생산지명, 공인검사번호(A.P. Nr.), 주병업자, 주소, 용량, 'Qualitätswein(QbA)' 문자가 나타나야 한다. 알코올 농도 7% 이상.

- **프래디카츠바인(Prädikatswein)**: 예전에는 '크발리테츠바인 미트 프레디카트(QmP, Qualitätswein mit Prädikat)'라고 했으나, 2007년부터 프래디카츠바인으로 변경하였다. 특징 있는 고급 와인이란 뜻으로, 발효 전에 포도 주스에 설탕을 첨가하지 못하지만, 특별한 경우는 보관한 포도주스(Süssreserve)를 넣을 수 있다. 보통 잔당이 있을 때 발효를 중단하여 달게 만든다. 41개의 지구(Bereich) 내에서 생산되는 것에 한하며, 품종, 수확년도, 포도밭을 표시할 경우는 그 함유율이 85% 이상이라야 한다. 단, 베렌아우스레제, 트로켄베렌아우스레제의 포도밭 표시는 51% 이상이

면 된다. 상표에는 'Prädikatwein'이라는 문자와 수확방법에 따라 구분한 여섯 개의 등급명칭이 표시되어야 하며, 그 외는 QbA 규칙에 따른다. 여섯 개의 등급명칭은 다음과 같다(등급은 당도에 따라 결정됨). 카비네트는 수확한 다음해 1월1일부터 판매가 가능하고, 그 이상의 것은 3월 1일부터 판매 가능하다.

① 카비네트(Kabinett): 가볍고 약간 스위트한 와인으로 QmP의 대중적인 것이다. 드라이 혹은 미디엄 드라이 와인도 가능. 당도 70° Oe(예상 알코올 8.8%) 이상, 알코올 7.0% 이상

② 슈페트레제(Spätlese): 늦게 수확하여 만든 와인이란 뜻으로 정상적인 수확기를 지나 당도가 높아진 다음 수확한 포도로 만든 와인이다. 여기서 늦다는 것은 상대적인 개념으로 과숙한 포도로 만든 와인 중 첫 단계란 뜻이다. 전통적으로 스위트하고 산과 균형이 잘 맞는다. 드라이 혹은 미디엄 드라이 와인도 가능. 당도 80° Oe(예상 알코올 10%) 이상, 알코올 7.0% 이상

③ 아우스레제(Auslese): 선택적으로 과숙한 포도만을 수확하여 만든 와인이란 뜻으로 완전히 익어야 하고 썩거나 상한 것이 없어야 한다. 보트리스 곰팡이 영향을 받은 포도일 수도 있지만, 그렇지 않더라도 맛이 복합적이다. 대체로 스위트이지만 드라이 혹은 미디엄 드라이 와인도 가능. 당도 90° Oe(예상 알코올 12%) 이상, 알코올 7.0% 이상

④ 베렌아우스레제(Beerenauslese): 잘 익은 포도 알맹이만을 선택적으로 수확하여 만든 와인이란 뜻이다. 보통 스위트 와인이 된다. 포도 알맹이가 쭈글쭈글해져야 하며 선택적으로 수확한다. 10년에 2-3번 정도 생산한다. 제대로 발효시키면 알코올이 15.3%-18.1%가 되겠지만, 완성된 와인은 알코올 6-8%, 잔당이 10-12% 된다. 보통 보트리티스 포도로 만든다. 당도 120° Oe(예상 알코올 16.4%) 이상, 알코올 5.5% 이상

⑤ 아이스바인(Eiswein): 포도나무에 매달아 놓은 채 겨울까지 기다린 다음 포도를 얼려서 해동시키지 않고 즙을 짜서 만든 와인이다. 이때의 포도는 베렌아우스레제를 만들만큼 충분히 익어야 한다. 처음에는 '슈페트레제 아이스바인'이나 '아우스레제 아이스바인'이라고 했으나 1982년부터 따로 분류했다. 보트리티스 곰팡이 영향을 받지 않도록 두다가 겨울이 되면 서리와 눈을 맞고 수확하는데, 보통 12월이나 1월에 수확하며, 국제규정으로 영하 7℃ 이하에서 수확하여 압착하도록 되어있다. 산도가 높아 베렌아우스레제나 트로켄베렌아우스레제와는 다른 맛이 난다. 당도 120° Oe 이상(예상 알코올 16.4%), 알코올 5.5% 이상

⑥ 트로켄베렌아우스레제(Trockenbeerenauslese, TBA): 보트리티스 곰팡이가 낀 포도를 건포도와 같이 열매를 건조시킨 다음에 하나씩 수확하여 만든 와인으로 스위트 와인이 된다. 제대로 발효시키면 알코올 농도가 21.5-22.1%가 되겠지만, 완성된 와인은 보통 알코올 5.5%, 잔당 15-20%가 된다. 베렌아우스레제보다 색깔이 진하고 점도가 강하다. 당도 150° Oe 이상(예상 알코올 19%), 알코올 5.5% 이상

독일의 당도 단위

독일의 당도 단위는 Öechsle(°Oe, 웩슬레)를 사용하는데, 과즙 1,000*ml*의 무게가 1,090g일 경우, 90이라고 표시한다.

양조방법에 따른 분류(드라이 와인의 등급, 2000년 지정)

2000년 빈티지부터 고급 드라이 와인에 대한 새로운 등급이 도입되었다. 이제까지 사용되었던 '트로켄(Trocken)', '할프트로켄(Halbtrocken)'을 대신하여 생긴 것이다. 단일 포도품종으로 화이트, 로제, 레드와인에 적용되며, 클라식은 아로마가 풍부하고 균형 잡힌 맛이라야 하며, 젤렉치온은 단일 포도밭의 포도로 만든 고급 드라이 와인이다. 현재 독일에서 드라이 와인이 차지하는 비율은

65%이지만, 독일의 고급 와인을 찾는 마니아들은 여전히 전통 등급을 선호하고, 고급 와이너리들의 전통 고수 등으로 이 등급을 가진 와인이 많지는 않다.

- **클라식(Classic)**: 열세 개 지정된 지역 중 하나에서 나온 것으로, 각 주(州)에서 정한 지명을 표시하지만, 마을 명칭과 포도밭 명칭은 상표에 표기하지 않는다. 포도품종은 전통적인 각 지역의 특징을 대표 할 수 있는 단일품종을 원칙으로 하지만, 뷔르템베르크의 트롤링어(Trollinger)와 렘베어거(Lemberger) 블렌딩은 예외로 한다. 13개 지정된 지역에서는 지정된 품종을 사용한다. 알코올 농도는 12% 이상이지만, 모젤은 11.5%이며, 잔당의 양은 산 함량의 두 배지만 1.5% 이하로 한다. 상표에는 생산지역, 포도품종, Classic, 수확년도를 표시한다.

- **젤렉치온(Selection)**: 지정된 열세 개 지역 내에서 단일 포도밭에서 전통적인 각 지역의 특징을 대표할 수 있는 단일품종을 원칙으로 한다. 13개 지정된 지역에서는 지정된 품종을 사용한다. 알코올 농도는 12.2% 이상이며, 수율은 6,000ℓ/ha 이하로 반드시 손으로 수확한다. 잔당은 0.9% 이하. 단, 리슬링은 산 함량의 1.5배가 될 수 있지만, 잔당은 1.2% 이하로 한다. 수확한 다음 해 9월 1일 이후 판매가 가능하며, 상표에는 생산 지역, 단일 포도밭의 명칭, Selection, 수확년도를 표시한다.

지정 생산지역(Anbaugebiete, 현재 13개)

크발리테츠바인 13개 지역을 '안바우게비테(Anbaugebiete)'라고 하며, 이것은 다시 41개 지구로 나누어 '베라이히(Bereich)'라고 한다. 이 베라이히(Bereich)를 1,400개의 마을로 나누어 '게마인데(Gemeinde)'라고 한다. 그리고 포도밭의 집합체인 넓은 지역을 표시하는 '그로슬라게(Grosslage)' 명칭이 161개가 있으며, 더욱 작은 단일 포도밭은 '아인첼라게(Einzellage)'라고 하며 2,646개의 명칭이 있다. 상표에는 게마인데(Gemeinde)에 형용사형 어미 '-er'을 붙인 다음, 그로슬라게(Grosslage), 아인첼라게(Einzellage)가 구분 없이 붙어서 와인 명칭으로 사용된다.

별도로, 유명한 포도밭으로 분류된 곳을 '오르츠타일라게(Ortsteillage)'이라고 하는데, 이 와인은 상표에 마을 명칭을 표기하지 않는다. 예를 들면, 라인가우의 '쉴로스 요하니스베르크(Schloss Johannisberg)', '쉴로스 폴라츠(Schloss Vollrads)', '슈타인베르크(Steinberg)', 모젤의 '샤르츠호프베르크(Scharzhofberg)' 등을 들 수 있다.

즉, 안바우게비테(Anbaugebiete) > 베라이히(Bereich) > 게마인데(Gemeinde) 차례가 되며, 1971년 법으로 25,000개의 아인첼라게(Einzellage)를 2,600여 개로 줄였다. 예외는 있지만 아인첼라게(Einzellage)의 최소면적은 5ha이다. 그러나 이 합병으로 유명한 포도밭 주변의 것이 고급으로 둔갑하는 부작용도 있었다.

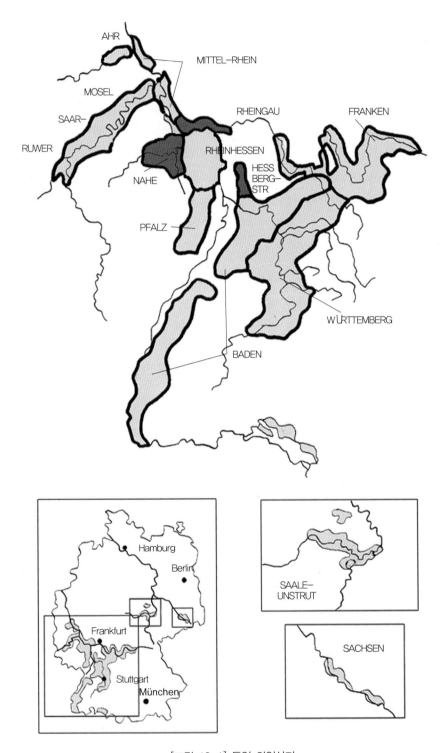

[그림 10-1] 독일 와인산지

아르(Ahr)

독일에서 레드와인의 천국으로 알려져 있으며, 본 남쪽에서 라인 강으로 합류하는 아르 강 유역을 따라 선을 그리고 있다. 서부의 점판암 절벽과 동부의 높은 현무암 봉우리 사이의 급경사지에 포도밭이 자리 잡고 있다. 면적: 559ha. 생산량: 360만 ℓ(레드 85%). 품종: 슈페트부르군더 62%, 리슬링 8%. 포르투기저 6%.

유명산지

Bereich	Gemeinde	Grosslage, Einzellagen, Ortsteillage
Walporzheim/Ahrtal (발포르츠하임/아르탈)	Marienthal(마리엔탈)	Klosterberg(클로스터베르크)

미텔라인(Mittelrhein)

본과 빙겐 사이의 라인 강 유역으로 점판암으로 형성된 좁고 가파른 언덕에 포도밭이 조성되어 있다. 드라이 와인이 많으며, 스파클링와인도 생산한다. 면적: 459ha. 생산량: 280만 ℓ(화이트 85%). 품종: 리슬링 67%, 슈페트부르군더 9%, 뮐러 투르가우 6%.

유명산지

Bereich	Gemeinde	Grosslage, Einzellagen, Ortsteillage
Loreley(로렐라이)	Bacharach(박하라흐)	Gartenlay(가르텐라이)
	Boppard(보파르드)	Wolfshöhle(볼프쇨러)
	Leutesdorf(로이테스도르프)	

모젤(Mosel)

독일 와인산지 중 가장 유명하며 독일 와인의 15%를 생산한다. 보통 긴 이름을 줄여서 모젤이라고 부르며, 신선한 맛이 특징이다. 일조량이 부족하기 때문에 사행천인 모젤 강이 흐르는 강가 언덕에 남향으로 포도밭을 조성하여 물에 반사되는 햇빛을 더 받을 수 있게 만들고, 점판암으로 된 토양은 낮의 열기를 간직하여 밤에 서리를 방지한다. 와인은 연두 빛에 가까운 엷은 색깔로서 모젤 와인 병은 전통적으로 녹색이며, 글라스의 가지 부분도 녹색으로 된 것이 많다. 라인와인보다 가볍고 더 섬세하며 산도가 높고 알코올이 낮다. 면적: 8,787ha. 생산량: 1억3천만 ℓ(화이트 91%). 품종: 리슬링 60%, 뮐러 투르가우 13%, 엘블링(Elbling) 6%.

유명산지

Bereich	Gemeinde	Grosslage, Einzellagen, Ortsteillage
Zell/Mosel(첼/모젤)	Zell(첼)	Schwarze Katz(슈바르체 카츠)
Bernkastel (베른카스텔)	Erden(에르덴)	Treppchen(트레프헨)
	Ürzig(위르치히)	Würzgarten(뷔르츠가르텐)
	Wehlen(베엘렌)	Sonnenuhr(존넨우어)
	Graach(그라아흐)	Himmelreich(힘멜라이히) Domprobst(돔프롭프스트) Münzlay(뮌츨라이)
	Bernkastel(베른카스텔)	Doktor(독토어) Graben(그라벤) Badstube(바드슈트베) Lay(라이)
	Brauneberg(브라우네베르크)	Juffer(유퍼)
	Piesport(피스포트)	Goldtröpfchen(골드트룁프헨) Günterslay(귄테르슬라이) Falkenberg(팔켄베르크)
	Trittenheim(트리텐하임)	Apotheke(아포테케) Altärchen(알테르헨)
	Filzen(필첸)	Herrenberg(헤렌베르크)
	Zeltingen(첼팅겐)	Sonnenuhr(존넨우어) Himmelreich(힘멜라이히)
Saar-Ruwer (자르 루버)	Wiltingen(빌팅겐)	Kupp(쿱프) Scharzhofberg(샤르츠호프베르크) (O)
	Ockfen(옥펜)	Bockstein(복슈타인) Geisberg(가이스베르크) Herrenberg(헤렌베르크)
	Ayl(아일)	Herrenberg(헤렌베르크) Kupp(쿱프)
	Serrig(제리히)	Kupp(쿱프) Würzberg(뷔르츠베르크)
	Kanzem(칸쳄)	Sonnenberg(존넨베르크) Altenberg(알텐베르크)
	Oberemmel(오베렘멜)	Altenberg(알텐베르크) Rosenberg(로젠베르크)
	Eitelsbach(아이텔스바흐)	Karthäuserhofberg(카르토이제르호프베르크)
	Maximin Grünhaus (막시민 그륀하우스)	Abtsberg(압츠베르크) Herrenberg(헤렌베르크) Bruderberg(부르데어베르크)
	Avelsbach(아벨스바흐)	Herrenberg(헤렌베르크) Altenberg(알텐베르크)
	Waldrach(발드라흐)	Laurentiusberg(라우렌티우스베르크) Krone(크로네)
	Kasel(카젤)	Nieschen(니어셴) Kehrnagel(케르나겔) Hitzlay(히츨라이)

* (O)는 오르츠타일라게(Ortsteilage)임

- **유명 메이커**: 프리츠 하그(Fritz Haag), 알프레드 메르켈바흐(Alfred Merkelbach), 칼스물레(Karlsmuhle), 칼 슈미트 바그너(Carl Schmitt-Wagner), 빌리 샤에퍼(Willi Schaefer), 요 오스 프륨(Joh. Jos. Prum), 젤바흐 오스터(Selbach Oster), 독토어 로젠(Dr. Loosen) 등

▒ 나헤(Nahe)

모젤 강과 라인 강 사이에 있는 다양한 퇴적 광물 층으로 형성된 곳으로 와인 또한 다양성을 가지고 있다. 면적: 4,149ha. 생산량: 2,300만 ℓ(화이트 75%). 품종: 리슬링 28%, 밀러 투르가우 13%, 도른펠더 11%. 슈페트부르군더 6%, 질바너 6%

유명산지

Bereich	Gemeinde	Grosslage, Einzellagen, Ortsteillage
Nahetal(나아에탈)	Bad Kreuznach (바드 크로이츠나흐)	Hinkelstein(힌켈슈타인) Krotenpfuhl(크로텐프후울) Narrenkappe(나렌카페)
	Schloss Böckelheim (쉴로스 뵈켈하임)	Kupfergrube(쿠페르그루베) Felsenberg(펠젠베르크) Königsfels(쾨니그스펠스)
	Niederhausen(니더하우젠)	Hermannshöle(헤르만쉐을러) Hermannsberg(헤르만스베르크)

▒ 라인가우(Rheingau)

모젤과 함께 세계적으로 유명한 화이트와인 생산지다. 모젤보다 알코올 함량이 높고 원숙한 맛을 낸다. 독일 와인의 3%를 생산하며, 갈색 병을 사용한다. 보통 라인 와인이라면 라인가우 와인을 말한다. 라인 강이 동서로 흐르는 곳에서 포도밭이 남향으로 위치하기 때문에 일조량이 많아서 독일 와인의 최적지라고 할 수 있다. 토양은 점판암에 풍적 황토, 옥토, 석영 등이 혼합 토양이라고 할 수 있다. 라인가우의 명성은 베네딕트 수도원과 에버바흐 수도원 그리고 이 지방 귀족들이 품질관리 규정을 정하여 와인을 생산하면서 알려진 곳이다. 면적: 3,134ha. 생산량: 2,300만 ℓ(화이트 85%). 품종: 리슬링 79%, 슈페트부르군더 12%.

유명산지

Bereich	Gemeinde	Grosslage, Einzellagen, Ortsteillage
Johannisberg (요하니스베르크)	Hochheim(호흐하임)	Domdechaney(돔데하나이) Königin Victoriaberg(쾨니긴 빅토리아베르크) Kirchenstück(키르헨스튁크) Daubhaus(다웁하우스)
	Eltville(엘트빌레)	Taubenberg(타우벤베르크) Sandgrub(잔트그루브) Steinmächer(슈타인멕허)
	Rauenthal(라우엔탈)	Baiken(바이켄) Steinmächer(슈타인멕허) Wülfen(뷜펜) Gehrn(게른)
	Kiedrich(키드리히)	Wasserrose(바서로제) Sandgrub(잔트그루브)
	Erbach(에어바흐)	Marcobrunn(마르코부룬) Steinmorgen(슈타인모르겐)
	Hallgarten(할가르텐)	Schönhell(쇤헬) Hendelberg(헨델베르크)
	Hattenheim(하텐하임)	Steinberg(슈타인베르크) (O) Mannberg(만베르크) Wisselbrunnen(비셀브루넨) Nussbrunnen(누스브루넨) Deutelsberg(도이텔스베르크)
	Oestrich(외스트리히)	Doosberg(도스베르크) Schloss Rheichhartshausen (O) (쉴로스 라이히하르츠하우젠)
	Winkel(빈켈)	Schloss Vollrads(쉴로스 폴라츠) (O) Hasensprung(하센스프룽)
	Johannisberg(요하니스베르크)	Schloss Johannisberg(쉴로스 요하니스베르크) (O) Klaus(클라우스) Erntebringer(에른터브링어) Hölle(휠러)
	Geisenheim(가이젠하임)	Schloss Garten(쉴로스 가르텐) Rothenberg(로텐베르크) Kläuserweg(클로이저베그)
	Rüdesheim(뤼데스하임)	Berg Rottland(베르크 로트란트) Berg Roseneck(베르크 로젠엑) Berg Schlossberg(베르크 쉴로스베르크) Bischofberg(비쇼프베르크) Burgweg(부르그베그)

● **유명 메이커**: 알렉산더 프라이무트(Alexander Freimuth), 아우구스트 에세어(August Eser), 그림 (Grimm), 요세프 라이츠(Josef Leitz), 프란츠 쿤츨러(Franz Kunstler) 등

라인헤센(Rheinhessen)

열세 개 지역 중 면적이 가장 크고, 수출량의 1/3을 차지한다. 1,000개의 언덕이 있는 강기슭의

완만한 구릉지로 이루어져 있으며, 유명한 립프라우밀히(Liebfraumilch) 와인의 60% 이상을 생산한다. 요즈음은 신세대 와인 메이커들이 양보다는 질 위주의 생산을 추구하고 있다. 면적: 26,490ha. 생산량: 2억6천만 ℓ(화이트 69%). 품종: 밀러 투르가우 17%, 리슬링 15%, 도른펠더 13%, 질바너 9%, 포르투기저 6%, 슈페트부르군더 5%

유명산지

Bereich	Gemeinde	Grosslage, Einzellagen, Ortsteillage
Bingen(빙엔)	Ingelheim(인겔하임)	Schlossberg(쉴로스베르크)
Nierstein(니어슈타인)	Nierstein(니어슈타인)	Gutes Domtal(쿠테스 돔탈) Spiegelberg(슈피겔베르크) Hipping(히핑) Orbel(오르벨) Pettenthal(페텐탈) Hölle(휄러) Olberg(올베르크)
	Oppenheim(오펜하임)	Krötenbrunnen(크뢰텐브룬넨) Herrenberg(헤렌베르크) Sackträger(자크트레거) Daubhaus(다웁하우스)
Wonnegau(본네가우)	Worms(보름즈)	Liebfraumilch(립프라우밀히) 산지

- **유명 메이커**: 브루더 독토어 베케어(Bruder Dr. Becker), 군데어로흐(Gunderloch), 스트러브(J. u. H. A. Strub) 등

팔츠(Pfalz)

비교적 남쪽으로 라인 강의 영향은 받지 않지만, 알자스의 보주 산맥 줄기가 포도밭을 감싸고 있어서 온화하고 햇볕이 풍부한 기후에서 포도가 잘 익는다. 토양도 점판암보다는 석회암과 배수가 잘 되는 모래 토양이 많다. 그래서 와인 역시 산도가 높지 않고 원만하고 풍만하다. 두 번째로 큰 지역으로 생산량도 많다. 최근에는 드라이 리슬링을 잘 만들고 있다. 면적: 23,489ha. 생산량: 1억8천만 ℓ(화이트 62%). 품종: 리슬링 24%, 도른펠더 13%, 밀러투르가우 10%, 포르투기저 8%, 슈페트부르군더 7%.

유명산지

Bereich	Gemeinde	Grosslage, Einzellagen, Ortsteillage
Südliche Weinstrasse (쥬들리헤 바인슈트라세)		
Mittelhaardt Deutche Weinstrasse (미텔하르트 도이처 바인슈트라세)	Deidesheim(다이데스하임)	Hohenmorgen(호엔모르겐) Hofstück(호프스튁크) Grainhübel(그라인휘벨) Leinhöhle(라인훼얼러) Herrgottsacker(헤르고트작커)
	Forst(포르스트)	Jesuitengarten(예주이텐가르텐) Kirchenstück(키르헨스튁크) Ungeheuer(운게호이어) Pechstein(페흐슈타인) Mariengarten(마린가르텐)
	Wachenheim(박헨하임)	Goldbächel(골드벡헬) Gerümpel(게륌펠) Rechbächel(레흐베헬)
	Ruppertsberg(루퍼츠베르크)	Hoheburg(호에부르크) Reiterpfad(라이터파드) Nussbien(누스빈)
	Dürkheim(뒤르크하임)	Speilberg(슈파일베르크) Herrenmorgen(헤렌모르겐) Steinberg(슈타인베르크)

- **유명 메이커**: 린겐펠더(Lingenfelder), 요세프 비파(Josef Biffar), 밀러 카토이어(Müller-Catoir), 테오 밍게스(Theo Minges), 유겐 뮐러(Eugen Müller), 쾰러 루프레흐트(Koehler Ruprecht), 쿠르트 다르팅 (Kurt Darting) 등

헤시쉐 베르크슈트라세(Hessiche Bergstrasse)

가장 작은 지역으로 대부분의 포도를 헤펜하임에 있는 대형 와이너리에서 생산한다. 아이스바인으로 유명하다. 면적: **441ha.** 생산량: **300만 ℓ**(화이트 79%). 품종: 리슬링 47%, 슈페트부르군더 10%, 그라우부르군더 9%, 밀러 투르가우 6%.

유명산지

Bereich	Gemeinde	Grosslage, Einzellagen, Ortsteillage
Starkenburg (슈타르켄부르크)	Bensheim(벤스하임)	Kalkgasse(칼크가세)
	Heppenheim(헤펜하임)	Stemmler(스템믈러)
	Zwingenberg(츠빙겐베르크)	Steingeröll(슈타인게뢸)

프랑켄(Franken, 영어로 Franconia)

날씨가 가장 서늘한 곳으로 봄 서리가 심각하며 날씨에 따라서 수확량 변동도 심하다. 복스보

이텔(Bocksbeutel)이라는 둥글고 납작한 병에 와인을 담는다. 면적: 6,111ha. 생산량: 3,600만 ℓ(화이트 80%). 품종: 뮐러 투르가우 29%, 질바너 22%, 박후스 12%.

유명산지

Bereich	Gemeinde	Grosslage, Einzellagen, Ortsteillage
Maindreieck (마인드라이에크)	Würzburg(뷔르츠부르크)	Stein(슈타인) Schlossberg(쉴로스베르크) Himmelspforte(힘멜스포르테)
	Escherndorf(에쉐른도프)	Lump(룸프) Berg(베르크)
	Randersacker(란더작커)	Teufelskeller(토이펠스켈러) Sonnenstuhl(존넨스튜얼) Ewig Leben(에비그 레벤)
	Hallburg(할부르크)	Schlossberg(쉴로스베르크)
Steigerwald (슈타이거발트)	Iphofen(이포펜)	Julius-Echter-Berg(율리우스 에흐터 베르크) Kronsberg(크론스베르크)
	Castell(카스텔)	Schlossberg(쉴로스베르크)

뷔르템베르크(Württemberg)

대부분의 포도밭이 넥카 강 유역을 따라 형성된 들판과 숲을 이루는 지역에 있다. 부드럽고 가벼운 레드와인을 주로 생산한다. 면적: 11,345ha. 생산량: 1억천만 ℓ(레드 71%). 품종: 트롤링어 21%, 리슬링 18%, 슈바르츠리슬링(Schwarzriesling) 14%, 슈페트부르군더 11%

유명산지

Bereich	Gemeinde	Grosslage, Einzellagen, Ortsteillage
Württembergisches Unterland (뷔르템베어기세 운터란트)	Maulbronn(마울브롱)	Eilfingerberg(아일핑거베르크)
Remstal-Stuttgart (렘스탈 슈투트가르트)	Schnait(슈나이트)	Burghalde(부르크알데)

바덴(Baden)

남쪽에 있어서 독일에서 가장 따뜻하고 햇볕이 잘 드는 곳으로 알코올 농도가 높다. 가볍게 마실 수 있는 뮐러 투르가우와 레드와인도 생산한다. 세 번째로 큰 지역으로 대규모 조합이 많다. 면적: 15,820ha. 생산량: 1억2천만 ℓ(화이트 57%). 품종: 슈페트부르군더 36%, 뮐러 투르가우 17%, 그라우부르군더 11%.

유명산지

Bereich	Gemeinde	Grosslage, Einzellagen, Ortsteillage
Kaiserstuhl(카이저슈툴)	Ihringen(이링겐)	Vulkanfelsen(풀칸펠젠)
Ortenau(오르테나우)	Bühl(뷜)	Affentaler(아펜탈러)
Badische Bergstrasse (바디쉐 베르크스트라세)	Heidelberg(하이델베르크)	Herrenberg(헤렌베르크)

자알레 운스트루트(Saale-Unstrut)

옛 동독 땅으로 작센과 더불어 독일 최북단에 있다. 자알레 운스트루트는 건조한 곳으로 주로 드라이와인을 생산한다. 면적: 755ha. 생산량: 270만 ℓ(화이트 74%). 품종: 뮐러 투르가우 18%, 바이스부르군더 13%. 리슬링 8%, 질바너 8%.

유명산지

Bereich	Gemeinde	Grosslage, Einzellagen, Ortsteillage
Schloss Neuenburg (쉴로스 노이엔부르크)	Karsdorf(카르스도르프)	Hohe Gräte(호에 그래테)
Thüringen(튀링겐) Mansfelder Seen (만스펠더 젠)	Höhnstedt(휀슈테트)	Steineck(슈타이네크)

작센(Sachsen)

작센은 가장 동쪽으로 엘베 강 유역에 있으며, 독일 최초의 양조학교를 설립한 곳으로 옛 명성을 되찾기 위해 노력하고 있다. 면적: 483ha. 생산량: 200만 ℓ(화이트 81%). 품종: 뮐러 투르가우 17%, 리슬링 14%, 바이스부르군더 12%, 그라우부르군더 10%.

유명산지

Bereich	Gemeinde	Grosslage, Einzellagen, Ortsteillage
Elstertal(엘스터탈)		
Meissen(마이센)	Proschwitz(프로슈비츠)	Schloss Proschwitz(쉴로스 프로슈비츠)

독일와인 상표

상표 읽기

① **와인의 등급**: 프래디카츠바인(Prädikatswein)

② **빈티지**: 2008년, 그 해 연도의 와인 85% 이상

③ **품종**: 리슬링 85% 이상

④ **가문(생산자)**: Fürst von Metternich

⑤ **와인 명칭**: 베라이히(Bereich)를 표기하거나, 게마인데(Gemeinde) + er(형용사형 어미) + 글로스라게 (Grosslage) 혹은 아인첼라게(Einzellage)를 표기하거나, 특정한 포도밭은 오르츠타일라게(Ortsteillage) 만 표기한다. 위 경우는 오르츠타일라게로서 '쉴로스 요하니스베르크(Schloss Johannisberg)'라는 포도밭 명칭만 표시한다.

⑥ **프래디카츠바인(Prädikatswein)**: 이 중에서 슈페트레제(Spätlese)

⑦ **안바우게비테(Anbaugebiete)**: 라인가우(Rheingau). QbA, Prädikatswein은 13개 안바우게비테 (Anbaugebiete)를 표시하고 란트바인(Landwein)은 15개 지명, 타펠바인(Tafelwein)도 지명을 표시한다.

▒ 생산자 주병

● **에르초이거압필룽(Erzeugerabfüllung, Estate bottled)**: 포도재배와 양조를 동일한 업체에서 하는 경우, 혹은 여러 업체가 공동으로 포도를 재배하고 이 포도를 사용하여 양조하는 경우에 사용하는 문구. 그 외 주병만 하는 경우는 '압필러(Abfüller)'라고 표시한다.

● **구츠압필룽(Gutsabfüllung)**: 에르초이거압필룽의 조건을 갖추고, 회계장부를 작성하고, 양조자가 양조교육을 받은 경우, 그리고 수확연도 1월 1일부터 생산자가 관리한 포도밭에서 수확한

포도로 양조하는 경우에 사용하는 문구.

- **쉴로스압필룽(Schlossabfüllung)**: 구츠압필룽의 조건을 갖추고, 와이너리 건물이 기념물로 보호, 관리를 받는 성에서 양조하는 경우에 사용하는 문구.

당도표시

표시할 수 있지만 의무규정은 아니다.

- **트로켄(Trocken, Dry)**: 잔당 0.4% 이하, 잔당과 산의 함량의 합이 0.9% 이하
- **할프트로켄(Halbtrocken, Half dry)**: 잔당 0.9-1.2%, 잔당과 산의 함량의 합이 1.8% 이하
- **리블리히(Lieblich, Medium sweet)**: 잔당 1.8-4.5%
- **쥐스(Süss)**: 잔당 4.5% 이상

A.P. Nr.

QbA, Prädikatswein, Sekt는 AP(Amtliche Prüfnummer)번호를 붙인다. 포도의 수확시기와 성숙도를 검사하고 관능검사 및 화학분석실험을 통과하고 원산지까지 증명하는 것이다. 매년 생산자는 이 번호를 부여받고 샘플을 밀봉하여 품질관리국과 양쪽에서 보관한다. 만약 문제가 생기면 다시 샘플을 검사하고 시중에 나와 있는 동일한 제품을 검사한다. 1989년부터 시작된 EU의 Lot 보다 더 엄격한 규정이며, 빈티지를 모르더라도(QbA) 이 번호를 알면 도움이 된다.

예) A. P. Nr. 3 561 077 05 08

3: 품질관리국 번호	561: 주병된 지역의 번호	077: 업자 등록번호
05: 업자 신청번호	08: 검사연도	

VDP(Verband Deutscher Prädikats und Qualitätsweinguter e.V, 독일우수와인양조협회)

1910년 결성된 전국적인 조직으로, 2009년 현재 13개 산지에서 200개의 와이너리가 회원으로 되어 있으며, 독일 포도밭의 4%, 생산량은 2.5%, 판매금액은 12%를 차지하고 있다. 상표에 'VDP' 회원이라는 표시로 독수리 마크의 로고가 붙는데, 이 로고가 붙어있는 와인이면 독일에서 가장 고급이라고 봐도 된다. VDP 와인은 반드시 자기 소유의 포도밭에서 나온 포도로 양조해야 하며, 전체 면적의 70% 이상은 독일의 전통적인 품종이라야 한다. 와인은 원산지와 품종의 특성이 나타나야 하며, 상표에 품종을 표시하면서 포도재배, 양조과정에서 최고의 품질을 추구한다.

특등급, 그로세 라게(Grosse Lage)

프랑스의 그랑 크뤼와 같이 독일 최고의 포도밭에서 나온 것으로 해당 포도밭의 특성이 나타나야 하며, 뛰어난 숙성력을 보여야 한다. 각 지방에서 지정한 토양에 적합한 전통적인 품종을 재배해야 하며, 수율은 5,000ℓ/ha 이하로서 전통적인 방법으로 생산하며, 당도는 슈페트레제 수준으로 하며, 손으로 수확한다. 스위트 와인은 다음 해 5월 1일, 화이트와인은 9월 1일, 레드와인은 1년 후에 출하한다. 드라이 와인은 '그로세스 게베흐(Grosses Gewächs)'가 되며, 상표에 "Qualitätswein trocken"이라고 표시한다.

1등급, 에르스테 라게(Erste Lage)

1등급 포도밭에서 나온 것으로 각 지방에서 지정한 토양에 적합한 전통적인 품종을 재배해야 하며, 수율은 6,000ℓ/ha 이하로서 전통적인 방법으로 생산하며, 당도는 슈페트레제 수준으로 하며, 손으로 수확한다. 다음 해 5월 1일 이후 출하한다. 드라이 와인은 상표에 "Qualitätswein trocken"이라고 표시한다.

2등급, 오르츠바인(Ortswein)

각 마을에서 최고의 포도밭에서 그 지방을 대표하는 품종으로 한다. 수율은 7,500 ℓ/ha 이하. 드라이 와인은 상표에 "Qualitätswein trocken"이라고 표시한다.

3등급, 구츠바인(Gutswein)

VDP 지정 포도밭에서 나온 것

기타 독일와인

립프라우밀히(Liebfraumilch)

2000년대 이후 감소 추세이긴 하지만, 독일 와인 수출의 상당량을 차지하는 값싼 세미 스위트 와인으로 독일보다는 외국, 독일 내에서도 관광객 등 비독일인에게 인기가 좋았다. 특히 영국과 미국이 주요 고객이다. 성스러운 어머니의 젖이란 뜻으로 라인헤센의 보름즈(Worms)교회에서 생산하던 것으로 그로슬라게는 립프라우엔모르겐(Liebfrauenmorgen)이었으며, 블렌딩 와인이었으나 많이 팔리면서 유명해진 것이다.

1910년 보름즈 상공회의소에서 공식적으로 분류하였고, 1945년부터 1971년 사이 라인헤센 뿐 아니라 다른 곳의 와인도 섞이게 되었다. 1971년 크발리테츠바인으로 되면서 특정지역을 지정했으나 라인헤센, 팔츠, 라인가우, 나헤 등 지역이 확대되었다. 현재 상표에 지역을 표시하면 그 지역에서 나온 것 85% 이상이라야 한다. 사실 이 와인은 여러 가지를 섞는 타펠바인 급이지만 워낙 유명해지면서 생산업자들이 반발하여 QbA급이 된 것이다

규정상 잔당 함량은 1.8-4.5%이지만 2.2-3.5% 정도 된다. 실제로 라인헤센과 팔츠에서 90% 생산하고 나에서 약간, 라인가우에서는 거의 생산하지 않는다. 여기에는 어떤 포도를 써도 상관없다. 그러나 혼합액 중 70% 이상은 리슬링, 질바너, 뮐러투르가우, 케르너 중에서 하나 이상 들어가야 되고, 관능검사에서 이 네 가지 맛이 검출되어야 한다. 상표에 품종을 표시하지 않는다.

블루 넌(Blue Nun)

독일의 립프라우밀히(Liebfraumilch) 수출업자 중 하나인 페터 시켈(Peter Sichel)이 립프라우밀히를 외국인이 발음하기 쉽도록 'Blue Nun'이라는 이름으로 고쳐서 수출하면서 세계적인 베스트셀러가 된 것이다. 이에 힘입어 요즈음에는 Blue Nun이란 상표로 메를로, 리슬링 그리고 스파클링와인까지 내놓고 있다.

페더바이스(Federweiss)

햇와인으로 흰 깃털과 같다는 뜻으로 붙여진 이름이다. 파인애플 맛이 나며, 여과하지 않은 상태로 탄산이 있어서 우리의 막걸리와 비슷한 형상이다. 달고 과일향이 풍부하여 전통적으로 양파 케익과 함께 마신다.

데어 노이에(Der Neue)

프랑스 누보와 같은 개념으로 수확한 해 11월 1일부터 판매할 수 있는 와인을 말한다. 상표에 빈티지를 표시한다.

리슬링 호흐게배흐스(Riesling-Hochgewächs)

고전적인 리슬링으로서 발효 전 당도 기준을 QbA보다 더 높게 책정하고 아르, 모젤, 미텔라인, 나헤, 라인헤센, 팔츠 등에서 생산. QbA급 규제를 받음.

스파클링와인

- **샤움바인(Shaumwein)**: 스파클링와인의 총칭으로 탄산가스를 주입하여 만들거나, 1차 혹은 2차 발효를 시켜서 탄산가스를 생성시켜 만든 와인. 어느 방법이든 상관없지만, 탄산가스를 주입하

여 만들 경우는 상표에 표시한다. 알코올 9.5% 이상, 빈티지, 품종 표시는 하지 않는다.

- **페를바인(Perlwein)**: 약한 스파클링와인으로 1.0-2.5기압 정도 되며, 보통 스위트와인이 많다.
- **젝트(Sekt/Qualitätsshaumwein)**: 1차 혹은 2차 발효에서 나오는 탄산가스를 채운 것으로 압력은 3.5기압 이상이, 알코올 농도 10% 이상인 것.
- **도이처 젝트(Deutscher Sekt)**: 100% 독일산 포도만 사용해서 만든 젝트.
- **도이처 젝트 b.A.(Deutscher Sekt b.A.)**: 한정된 지역 내에서 나온 것으로 안바우게비테 (Anbaugebiete)를 표시한다. 베라이히(Bereich), 품종, 빈티지 표시는 85% 이상.
- **빈처젝트(Winzersekt)**: 전통적인 방법(병내 2차 발효)으로 생산하며, 빈티지, 품종이 표시되고 자체 포도밭에서 나온 것.
- **크레망(Crémant)**: 전통적인 방법(병내 2차 발효)으로 생산하며, 안바우게비테를 표시(예, Crémant de Baden)하고, 찌꺼기 위에서 9개월 이상 숙성하며, 잔당은 50g/ℓ 이하로 한다.

독일에서는 스파클링와인이 매년 5억 병이 생산(가장 큰 샴페인 메이커의 2배)되는데, 주로 탱크 발효(Charmat process)로 생산한다. 그러나 독일와인이 아니고 수입와인으로도 만든다. 주로 독일 내에서 소비되며, 드라이하고 부드럽고 영 와인 때 소모한다. 드물게 병 발효한 것도 있다. 어떤 것이든 젝트는 2차 발효를 해야 하며, 알코올 농도는 10% 이상, 압력은 3.5기압 이상이다. 탱크 발효는 6개월 이상 숙성시키고, 병 발효를 할 경우는 9개월 이상 숙성시킨다.

로제(Roséwein)

레드와인과 화이트와인을 혼합하여 만들지 못한다. 보통 적포도만을 사용하여 발효를 시키되, SCT을 짧게 하여 색깔을 옅게 만든다.

- **바이스헤어브스트(Weissherbst)**: 단일품종으로 상표에 품종이 표시되며, QbA 이상의 품질로 생산된다.

로틀링(Rotling)

발효 전에 청포도와 적포도 과즙을 혼합하여 발효시킨 것. 발효가 끝난 와인을 혼합하여 만들지 못한다.

- **쉴러바인(Schillerwein)**: 뷔르템베어그 지방에서 적포도인 트롤링거 등으로 만든 로제. QbA 이상의 품질로 생산된다.
- **바디쉬 로트골드(Badisch Rotgold)**: 바덴 지방에서 그라우부르군더(Grauburgunder = Pinot Gris)와

슈페트부르군더를 혼합하여 발효시킨 것. QbA 이상의 품질로 생산된다.

- **실러(Schieler)**: 작센 지방에서 생산되는 로틀링. QbA 이상의 품질로 생산된다.

[그림 10-2] 독일와인 상표

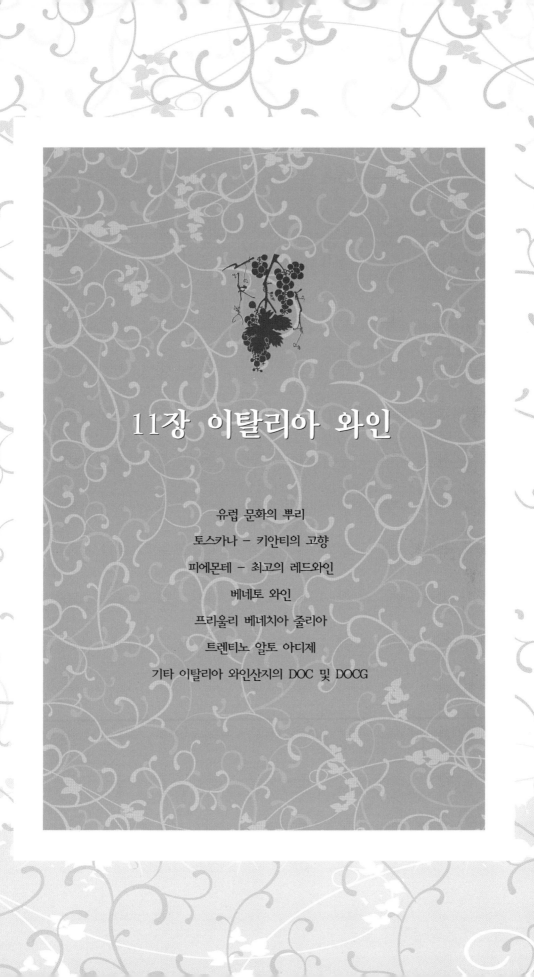

11장 이탈리아 와인

유럽 문화의 뿌리

공식명칭: 이탈리아공화국(Italian Republic)
이탈리아 명칭: Repubblica Italiana
인구: 6,000만 명
면적: 30만 ㎢
수도: 로마
와인생산량: 42억 l
포도재배면적: 69만 ha

역사

로마 문화는 이집트, 페르시아, 크레타 섬을 거쳐서 유럽에 꽃이 핀 그리스문화를 바탕으로 한 것이다. 이들은 현실적이고 합리적이며, 인간 중심 사상으로 사실적인 그림과 조각을 발전시켜 유럽 문화의 뿌리를 이루고 있다. 로마제국의 상징이었던 독수리 문장은 프랑크 왕국의 오토대제부터 오스트리아, 폴란드, 러시아, 나폴레옹의 프랑스, 독일, 미국까지 널리 사용될 정도로 로마제국은 서양인의 마음의 고향이라고 할 수 있다.

이탈리아 반도에는 처음에 에트루리아인(Etrurian)이 기원전 1,000년에 정착하여 알파벳을 만들고, 신화를 도입하고, 중간 이름(Middle name)을 사용하는 등 상당한 문화 수준을 가지고 있었으나, 기원전 509년 라틴족이 에트루리아인을 격파하고 그 문화를 그대로 계승하여 로마제국이 성립된 것이다. 로마는 공화정으로 출발하여 집정관(2명), 원로원(300명), 평민회(대표: 호민관) 등을 갖춘 법치국가로 성문법 기초를 확립한다. 기원전 232년 알렉산더 대왕이 사망하자 지중해는 그리스, 카르타고, 로마 3개국의 무대가 된다. 그리스는 점차 약해지고 결국 카르타고와 3차에 걸친 포에니 전쟁에서 로마가 승리하면서 로마의 전성시대가 된다.

평민과 귀족 사이에서 갈등이 생기면서 시저(케사르)가 등장하여, 기원전 49년 갈리아에서 로마로 오면서 루비콘 강을 건너 로마 입성하여 1인 독재체제를 확립하고, 이집트를 원정하고, 태양력을 사용하였다. 시저 암살 후 옥타비안(옥타비아누스)이 안토니우스를 격파하여 전권을 장악하면서 옥타비안이 아우구스투스가 되어 사실상 황제가 된다. 직업군인 제도를 도입하고 영토를 확장하여, 네로 이후 약간의 혼란기를 거쳐 아우렐리우스가 등장하고, 콘스탄틴은 기독교를 공인하고 수도를 이스탄불로 이전하면서 로마는 점차 약해진다.

게르만족의 이동으로 로마제국이 멸망하고, 중세에는 신성로마제국의 지배에 들어가지만, 신성로마제국은 권력이 약해 영향을 미치지 못하고 이탈리아는 도시국가 체제가 된다. 베네치아, 피렌체, 밀라노, 나폴리, 시칠리아 등으로 분리되어 지내다가 프랑스 혁명 이후 나폴레옹 지배체제로 됐다가 이 후 오스트리아의 간섭을 받는다. 1800년대부터(1815-1831) 독립과 통일에 대한 열망이 일기 시작하여 수차례 혁명이 일어났으나 실패를 거듭하다가 통일의 영웅 가리발디 장군이 등장하여, 1860년 시칠리아부터 정복하여 사르데냐 왕을 이탈리아 국왕으로 선포하고 자신은 은퇴하면서 북부 베네토 및 교황령을 제외하고 모두 흡수 통일하게 된다.

이탈리아 와인의 특징

다양성

이탈리아는 북위 35-47도에 걸쳐 있지만, 비교적 온난한 기후를 보이는데, 이는 멕시코 만 난류의 영향을 받고, 알프스 산맥이 북풍을 막아주고, 아프리카의 뜨거운 바람이 들어오기 때문이다. 알프스에서 아프리카 근처까지 1,300km에 걸쳐 있어서, 북부는 산악 기후, 중남부 지방은 아열대성 식물이 자라고, 반도는 전형적인 지중해성 기후를 보인다. 즉 알프스의 산악기후, 대륙성기후, 지중해성기후, 아열대기후까지 다양한 기후대가 형성되어 있다.

지형 역시, 산지 35%, 구릉지 42%, 평지 23%에 북쪽의 알프스 산맥, 반도의 아펜니노 산맥에 따라 표고, 경사도, 기후, 토양이 다르게 형성되고, 이에 따라 품종도 다양하게 분포되어 있으며, 1860년 이전에는 여러 나라로 분리되어 다양한 문화권을 형성하여, 와인의 스타일도 다양할 수밖에 없다.

역사

기원전 2000년 전부터 원시적인 와인양조를 했으나, 본격적인 포도재배는 그리스와 에트루리아인이 시작하였다. 그리스는 기원전 8세기경부터 시칠리아, 칼라브리아, 풀리아 등 남부지방 지배하면서, 이곳을 '와인의 땅(Oenotria)'이라고 하면서 그레코(Greco), 알리아니코(Aglianico) 등 새로운 품종을 도입하였고, 선진적인 재배방법 및 양조방법을 전달하였다. 포 강에서 로마에 이르는 중부지방 차지한 이탈리아 반도의 원주민인 에트루리아인은 수준 높은 건축, 철제 기술 등을 가지고, 기원전 8세기부터 1세기까지 세련된 문화생활을 영위하면서 독특한 재배방법과 양조기술을 가지고 있었다.

로마시대에 유럽 전역으로 와인이 전파되었고, 최초로 와인에 나무통을 사용하였다. 중세에는 수도원에서 와인 양조를 하면서 기술적으로 발전하였고, 중세시대의 끝 무렵에 서민들도 와인을 마시면서 수요가 증가하였다. 특히, 이탈리아 명문 메디치가의 마지막 후손(교황 클리멘스 7세의 조카) '카트린 드 메디치(Catherine De Medicis 1519-1589)'는 프랑스 앙리 왕자와 결혼하면서 이탈리아의 예술적 감각과 에티켓을 프랑스에 소개하여, 식탁예절, 포크 도입, 도자기 및 유리그릇, 접시 소개, 식탁보, 냅킨, 샤베트, 향신료 등을 들여와 프랑스 식문화의 대전환점을 마련하였다.

1863년 프랑스의 필록세라 침범으로 일시적 호황기를 거치다가, 1, 2차 대전을 거치면서 이농, 필록세라 피해로 사정이 악화되었지만, 1970년대부터 의욕적인 생산자 안티노리, 가야 등이 등장하면서 재배방법과 양조방법이 개선되면서 작은 오크통 숙성, 새로운 품종 도입 등으로 르네상스 시대를 맞는다. 이에 1980년대는 슈퍼 투스칸의 등장으로 국제적인 와인으로 성장하게 된다.

기타 와인

- **파시토(Passito)**: 수확한 포도를 건조하여 당분과 향미를 농축시킨 포도로 스위트와인을 만드는 방식을 말한다. 타입에 따라 다르지만, 보통 햇볕에서는 몇 주, 그늘에서는 몇 달 동안 건조시킨다.

- **빈 산토(Vin Santo, Vino Santo)**: 영어로 'Holy wine'이란 뜻으로 오랜 세월 동안 미사에 쓰던 것이다. 토스카나 지방에서 시작되어 요즈음은 다른 지방에서도 만들고 있다. 이 와인은 말바지아, 트레비아노를 사용해서 만드는데, 포도를 나무에 오래 매달아 놓거나 수확한 포도를 3-4개월 건조시켜서 건포도와 같이 쭈글쭈글해진 다음에 압착하여 주스를 얻는다. 이 주스를 전번에 사용했던 작은 통(전번 와인이 약간 남아 있음)에 가득 채우지 않고 3년에서 5년 동안 서서히 발효시킨 것이다. 여름에는 덥고 겨울에는 추운 그대로 산화, 숙성시켜 갈색에 호두 향을 얻게 된다. 경우에 따라서 향신료를 넣기도 하며, 만드는 사람에 따라 다양한 타입이 나오며, 대부분 스위트 와인이지만, 드물게 드라이 와인도 있다. 알코올 농도는 14-17%가 된다.

- **비노 노벨로(Vino Novello = Vino Giovane)**: 햇와인으로 DOP, IGP에만 인정되며, 10월 30일부터 판매 가능하다. 양조기간은 10일 이내, 탄산가스 침지법으로 만든 와인이 40% 이상 들어가야 하며, 수확한 해 12월 31일까지는 주병을 완료해야 한다. 알코올 농도 11% 이상, 잔당 10g/ℓ.

- **스푸만테(Spumante)**: 스파클링와인의 총칭으로서 양조방법은 샴페인 방식부터 샤르마 프로세스까지 다양하다. 주로 북부지방에서 많이 생산한다. 압력이 약한 것(1.0-2.5기압)은 프리찬테(Frizzante)라고 하며 알코올 농도 7% 이상이며, 스위트 와인이 많다.

- **비노 리코로소(Vino Liquoroso)**: 리큐르 타입으로 예상 알코올 농도는 17.5% 이상, 기존 알코올 농도는 15-22%로 한다.

이탈리아 와인용어

- Millesimo(밀레지모)/Vendemmia(벤데미아): 빈티지/수확
- Bianco(비안코): 흰색의
- Classico(클라시코): DOP 지역의 중심으로 예전부터 있었던 명산지
- Dolce(돌체): 아주 단
- Rosato(로사토): 로제
- Rosso(로소): 붉은
- Secco(세코): 드라이
- Superiore(수페리오레): 일반 DOP 와인보다 기준 알코올 농도가 0.5% 이상 높은 것
- Vino(비노): 와인

이탈리아 와인의 원산지 표시제도

DOC/DOP(Denominazione d'Origine Protetta) 유래

1716년 토스카나 공국 시절부터 키안티, 카르미냐노 등의 와인에 대한 원산지명칭을 통제하기 시작하였고, 1920년에 바롤로 등 와인산지에 대한 규정이 생기면서 1924년부터 '우수한 와인을 보호하기 위한 법률'을 제정했으나, 전국적인 규정을 정하지는 못하고 부분적으로 시행하는 데 그치는 정도였다. 그 후 2차 대전이 끝나고 1963년에 '와인용 포도과즙 및 와인의 원산지 명칭보호를 위한 규칙'을 제정하여, 대통령령으로 공포하였다. 이때는 원산지 표시를 하는 DOC와 원산지 표시가 없는 비노 다 타볼라(Vino da Tavola) 두 가지로 구분하는 정도였고, 각각 다른 명칭과 스타일을 가진 작은 지역까지 세분화하는 작업에는 실패했다고 볼 수 있다. 생산성이 좋은 품종을 공식적으로 인정하고 생산성이 좋은 지역을 분류함으로써 대량 생산을 부추기게 되었다. 1950년대 말부터 1960년대 초까지 유럽의 와인산업의 발전에 중대한 시기를 맞게 되는데, 이탈리아는 DOC 제도 때문에 오히려 질보다는 양 중심의 정책이 되어 버렸다.

1980년대 부흥기를 맞아 DOC보다 더 고급인 DOCG가 생겼으며, 1992년에는 IGT(Indicazione Geografica Tipica)라는 새로운 등급이 생겼는데, 프랑스의 뱅 드 페이(Vins de Pays)와 비슷한 것이다. 2008년부터는 EU의 규정에 따라, 종전의 DOC, DOCG는 DOP로, IGT는 IGP로 비노 다 타볼라(Vino da Tavola)는 비노(Vino)로 대체되는데, EU 규정은 DOP, IGP, Vino 세 단계로 분류하지만, 이탈리아는 종래의 DOC, DOCG, IGT로 표기하는 것도 인정하고 있다, 2014년 현재 118개의 IGP, 332개 DOC, 73개의 DOCG가 있다.

▒ 지리적 표시 없는 와인

- 비노(Vino)/비노 다 타볼라(Vino da Tavola): 원산지 구분이 없는 테이블 와인으로서 품종, 빈티지 등을 표시하지 않아도 된다. 상표에는 와인의 색깔 즉 레드, 화이트, 로제를 표시한다.
- 비노 바리에탈리(Vino Varietali): 원산지 구분 없는 와인이지만, 85% 이상을 국제 품종(카베르네, 샤르도네, 메를로, 소비뇽 블랑, 시라 등) 중 하나 혹은 2-3종을 사용한 것으로 품종과 빈티지를 표시할 수 있다.

▒ 지리적 표시 보호 와인

- IGP(Indicazione Geografica Protetta)/IGT: 특정 지역이 표시되고, 해당 와인의 85% 이상이 그 지역에서 만든 것으로 하며, 정해진 품종과 제반 규정을 준수하여 양조한다.

▒ 원산지명칭 보호 와인

- DOP(Denominazione di Origine Protetta): 이 그룹에는 다음 두 가지가 있다.
  - DOC(Denominazione di Origine Controllata, 데노미나초네 디 오리지네 콘트롤라타): IGP 와인으로 5년 이상 된 것에 한하며, IGP 구역 내에서 특별한 테루아르와 지역 특유의 특성이 나타나는 고급 와인을 심사하여, 결정한 것으로 포도품종은 표시하지 않고 원산지만 표시한다.
  - DOCG(Denominazione di Origine Controllata e Garantita, 데노미나초네 디 오리지네 콘트롤라타 에 가란티타): 원산지 명칭 통제 보증이란 뜻으로 DOC 와인으로 10년 이상 된 것으로 일정 수준 이상의 것을 심사하여 결정한다.

　　DOC 규정에서는 각 지역의 지리적 경계, 양조 및 저장장소, 사용하는 품종 지정, 혼합 비율 결정, 단위면적 당 수확량 규제, 양조방법, 최소 알코올 농도, 숙성기간(나무통과 병에서 저장하는 기간), 용기의 형태 및 용량, 화학분석 및 관능검사까지 규정하고 있다.

와인 생산지역

　　20개 지방에 96개의 지역이 있지만 유명한 곳은 '피에몬테', '토스카나', '베네토' 세 지방이며, 프리울리베네치아줄리아, 트렌티노알토아디제 두 곳은 신선한 화이트와인으로 유명하다. 이탈리아의 포도밭은 프랑스와 같은 등급은 없다.

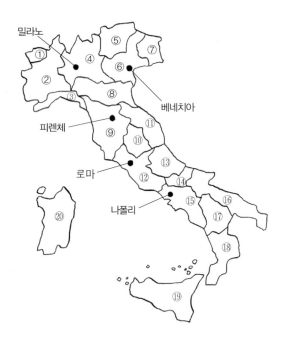

① 발레다오스타(Valle D'Aosta)
② 피에몬테(Piemonte=Piemont)
③ 리구리아(Liguria)
④ 롬바르디아(Lombardia=Lombardy)
⑤ 트렌티노알토아디제
   (Trentino–Alto Adige)
⑥ 베네토(Veneto)
⑦ 프리울리베네치아줄리아
   (Friuli–Venezia Giulia)
⑧ 에밀리아로마냐(Emilia–Romagna)
⑨ 토스카나(Toscana=Tuscany)
⑩ 움브리아(Umbria)
⑪ 마르케(Marche=Marches)
⑫ 라치오(Lazio=Latium)
⑬ 아브루초(Abruzzo=Abruzzi)
⑭ 몰리제(Molise)
⑮ 캄파니아(Campania)
⑯ 풀리아(Puglia=Apulia)
⑰ 바실리카타(Basilicata)
⑱ 칼라브리아(Calabria)
⑲ 시칠리아(Sicilia=Sicily)
⑳ 사르데냐(Sardegna=Sardinia)

[그림 11-1] 이탈리아 와인산지

토스카나(Toscana) - 키안티의 고향

　이탈리아 와인 생산지역 중에서 가장 중요한 곳으로 르네상스의 고향이며, 오랜 세월 동안 교회의 영향력을 받았던 곳이다. 토스카나 와인은 얼마 전까지만 하더라도 평범하고 흔한 와인으로 인식이 됐었지만, 최근에는 와인 법률의 개정과 와인 메이커의 인식이 바뀌면서 혁명적인 변화가 일어나 슈퍼 투스칸을 비롯한 세계 최고의 와인이 나오고 있다. 59,633ha의 포도밭에서 연간 2억8천만 ℓ(레드 85%)의 와인을 생산하며, 생산량의 62%가 DOP 와인이다.

　토스카나는 68%가 언덕으로 되어 있어서 토양과 기후가 다양하며, 그 곳에서 나오는 와인도 각양각색이다. 중요한 와인산지는 피렌체에서 시에나에 이르는 이 지방의 중심부에 있으며, 온화한 기후에 일교차가 심하여 포도의 산도가 보존된다. 좋은 포도밭은 배수가 잘 되는 언덕에 모래와 석회석으로 이루어진 토양에 조성되어 있다. 역사가 깊은 만큼 200여 종의 수많은 품종이 있었으나, 요즈음은 토종인 산조베제와 프랑스 품종인 카베르네 소비뇽으로 대별된다. 산조베제는 유전적인 변이가 심하여 수많은 클론이 있기 때문에 각 지역마다 독특한 형태로 발전하였으며, 18세기부터 서서히 도입된 카베르네 소비뇽은 1970년대와 1980년대에 토스카나 와인에 새로운 바람을 일으키고 있다. 유명한 와인은 '키안티(Chianti)', '브루넬로 디 몬탈치노(Brunello di Montalcino)', '비노 노빌레 몬테풀치아노(Vino Nobile di Montepulciano)'로서 모두 산조베제로 만든다.

포도 품종

레드와인

- **산조베제(Sangiovese)**: 토스카나를 대표하는 품종으로 이것으로 키안티를 만든다. 자라는 환경에 따라 변화가 심하고 유전적으로 변종이 잘 생긴다. 아직도 클론이 얼마나 있는지 파악하기 힘들 정도로 변종이 자주 생긴다. 변종 중에 가장 고급인 '산조베제 그로소(Sangiovese Grosso)'에는 '브루넬로(Brunello, 브루넬로 디 몬탈치노 품종)', '푸루뇰로(Prugnolo, 비노 노빌레 디 몬테풀치아노 품종)' 등이 있다. 산조베제(Sangiovese)는 '주피터의 피(Sangue di Giove)'라는 말에서 유래된 것이다.

- **카나욜로(Canaiolo)**: 전통적으로 산조베제와 함께 사용되었으나 점차 수요가 감소하고 있다.

- **카베르네 소비뇽(Cabernet Sauvignon)**: 키안티에 소량 사용되는 정도였으나 요즈음은 슈퍼 투스칸의 주종 품종이 되고 있다. 보르도를 모델로 과일 향과 타닌이 적당하며, 일부는 산조베제와 블렌딩하여 바디와 향미, 산도가 강한 와인을 만든다.

- **메를로(Merlot)**: 키안티에 소량 사용되는 정도였으나 요즈음은 슈퍼 투스칸의 주종 품종이 되고 있다.

화이트와인

- **말바지아(Malvasia)**: 예전에는 키안티에 소량 블렌딩하였으나, 알코올 농도가 높아서 요즈음은 디저트 와인(Vin Santo)을 만드는 품종으로 사용되고 있다.

- **트레비아노(Trebbiano)**: 예전에는 말바지아와 함께 키안티에 많이 사용되었으나 드라이 와인과 디저트 와인(Vin Santo)에 사용된다.

- **베르나차(Vernaccia)**: 토스카나의 대표적인 화이트와인 품종으로 신선한 와인을 만든다. 베르나차는 여러 품종을 묶어서 말하는 명칭이고, 이 지방 정식 명칭은 '베르나차 디 산지미냐노(Vernaccia di San Gimignano)'이다.

- **샤르도네(Chardonnay)**: 고급 화이트와인용으로 수요가 급증하고 있다.

- **소비뇽 블랑(Sauvignon Blanc)**: 아직은 소량이지만 수요가 증가하고 있다.

- **알레아티코(Aleatico)**: 그리스에서 유입된 품종으로 과일 향이 강하다.

키안티(Chianti) 및 키안티 클라시코(Chianti Classico) DOCG

키안티는 짚으로 둘러싼 병(Fiasco)이 유명했지만, 요즈음은 수공비가 많이 들어 보르도 타입의 병을 사용한다. 이탈리아 어디를 가나 레스토랑 와인 리스트에 빠지지 않은 와인으로 가볍고 은은한 맛으로 유명하다. 비교적 값싼 술로서 인식이 되어 있지만, 키안티 클라시코 리제르바(Chianti Classico Riserva)는 최고 수준의 와인이라고 할 수 있다.

키안티란 이름은 13세기 화이트와인으로 등장하며, 1872년 리카솔리 남작(Baron Bettino Ricasoli)이 고안한 혼합 비율(산조베제 70%, 카나욜로 15%, 말바지아 15%)이 오늘날 키안티에도 그대로 전달되어 DOC 기초가 되었다. 키안티는 영 와인으로 주로 마시며 신선하고 가벼운 맛으로 이태리 음식

과 잘 어울리며 거의 음료수 수준으로 팔린다. DOC 규정 전에 키안티 생산자들은 자기들 나름대로 엄격한 규정을 만들어 시행하면서 그 심벌 마크로 검은 수탉 그림(Gallo Nero)을 그려 넣었다. 키안티는 스타일과 생산자의 명칭을 보고 구입하는 것이 좋다.

▓ 키안티(Chianti) DOCG

기본급은 4개월 이상 숙성시키지만, 일곱 개의 세부 지역에서 나오는 콜리 세네지(Colli Senesi), 콜리 아레티니(Colli Aretini), 콜리네 피자네(Colline Pisane), 몬탈바노(Montalbano)의 것은 수확 다음 해 3월 1일까지는 출하할 수 없으며, 콜리 피오렌티니(Colli Fiorentini), 루피나(Rufina), 몬테스페르톨리(Montespertoli) 그리고 수페리오레(Superiore)는 수확 다음 해 6월 1일까지는 출하할 수 없다. 리제르바(Riserva)는 2년 이상 숙성해야 한다.

키안티에 사용되는 포도는 오래 전부터 산조베제에 카나욜로를 섞고, 여기에 청포도 말바지아나 트레비아노를 5% 넣어서, 맛을 가볍게 한 후 영 와인으로 마셨다. 1967년 DOC 규격이 확립된 후에는 산조베제 50-80%, 카나욜로 10-30%, 그리고 청포도인 말바지아와 트레비아노를 10-30%를 넣도록 했다. 그러나 이곳의 양조업자들은 청포도의 비율이 높은 데 항의하면서, 전부 적포도만 넣어서 와인을 만드는 경우도 있다. 이렇게 만든 와인은 물론 키안티라는 이름을 붙이지 못하지만, 고급으로 비싼 값에 팔리는 것들이 유명해지면서 외국 기자들이 이런 와인에 '슈퍼 투스칸'이라고 이름을 붙이게 된다.

1984년 키안티가 DOCG 규격으로 올랐을 때 규정이 다시 바뀌면서 몇 차례 수정하다가, 현재는 산조베제 70% 이상, 카베르네 등 15% 이하, 청포도 등 기타 10% 이하의 비율이며, 콜리 세네지(Colli Senesi)의 것은 산조베제 75% 이상, 카베르네 25% 이하, 기타 10% 이하로 규정되어 있다. 이렇게 카베르네 소비뇽이나 카베르네 프랑과 같은 새로운 품종을 허가하고, 1980년대 이후 양조 방법과 포도재배 방법이 개선되면서 키안티의 이미지가 크게 개선되고 있다.

키안티의 부드러운 맛은 고베르노(Governo)라는 방법에서 나온 것으로, 수확한 포도 중에서 10% 정도를 건조시켜 당도를 높인 다음에, 이를 이미 발효가 끝난 와인에 첨가하여 느린 재발효를 시키는 방법이다. 기준 알코올 농도는 일반 키안티와 콜리 아레티니(Colli Aretini), 콜리네 피자네(Colline Pisane), 몬탈바노(Montalbano)의 경우는 11.5%, 이들의 수페리오레, 리제르바는 12%, 콜리 세네지(Colli Senesi), 콜리 피오렌티니(Colli Fiorentini), 루피나(Rufina), 몬테스페르톨리(Montespertoli)의 것은 12.0%이며, 콜리 세네지(Colli Senesi) 리제르바(13%)를 제외한 나머지 리제르바는 12.5% 이다. 면적: 2만5천 ha, 생산량: 1억 ℓ.

▒ 키안티 클라시코(Chianti Classico) DOCG

키안티 내의 특정지역에서 나온 것으로 시에나 지방의 카스텔리나(Castellina), 가욜레(Gaiole), 라다(Radda)와 카스텔누오보 베라르덴가(Castelnuovo Berardenga), 포지본시(Poggibonsi)의 일부, 그리고 피렌체 지방의 바르베리노 발 델사(Barberino Val d'Elsa), 산카지아노(San Casiano), 타베르넬레 발디 페자(Tavarnelle Val di Pesa)의 세부지역이 있다. 이곳은 티레니아 해의 시원하고 부드러운 바닷바람을 받고 있는 남서쪽을 향한 포도밭으로 긴 여름과 시원한 밤을 가진 포도밭이다.

키안티 클라시코는 산조베제를 80% 이상 사용하며, 나머지는 이 지역에서 나오는 추천 품종을 첨가할 수 있으나, 청포도는 사용할 수 없다. 숙성은 1년 이상이며, '리제르바'는 클라시코(Classico) 지역에서 나온 것으로 수확한 다음 해 1월 1일부터 최소 2년 이상 숙성시키고, 이어서 병에서 3개월 이상 숙성시켜야 한다. 2014년부터는 나온 '그란 셀레치오네(Gran Selezione)'는 자기 포도밭에서 수확한 포도만 사용하여 만들며, 30개월 숙성(병에서 3개월)시킨 것이다. 기준 알코올 농도는 12% (리제르바는 12.5%) 이상이며, 그란 셀레치오네는 13% 이상이다. 면적: 6,518ha, 생산량: 2,300만 ℓ.

▒ 슈퍼 투스칸(Super Tuscans)

토스카나 업자들이 DOC 규정을 떠나서 독자적으로 품종을 선택하여 만들어, 국제적인 명성을 얻으면서 비싼 값으로 판매되고 있는 독특한 스타일의 와인을 '슈퍼 투스칸(Super Tuscans)'이라고 부른다. 이 중에서 유명한 메이커는 다음과 같다.

● **사시카야(Sassicaia)**: 인치사 델라 로케타(Incisa della Rochetta)가 1948년 보르도의 샤토 라피트 로트칠드에서 카베르네 소비뇽 묘목을 가져와 프랑스 오크통에서 숙성시켜 만든 최고급와인으로 값이 비싸다. 볼게리(Bolgheri)에서 시작하여, 품질을 인정을 받으면서 1994년 단독 DOC로 되었다.

● **티냐넬로(Tignanello)**: 피에로 안티노리(Piero Antinori)가 1971년에 개발한 것으로 프랑스 오크통에서 숙성시킨다. 산조베제와 카베르네 소비뇽(20%)을 섞어서 만든 고급 와인으로 보르도 스타

일이다(IGT).

- **오르넬라야(Ornellaia)**: 카베르네 소비뇽을 주 품종으로 메를로, 카베르네 프랑을 섞어 만든 와인으로 와인스펙테이터(Wine Spectator, 2001. 12. 31.)에서 이탈리아 1위로 선정되었다(DOC).

- **솔라야(Solaia)**: 카베르네 소비뇽(80%), 산조베제를 섞어 만든 와인(IGT).

그 외 잘 알려진 슈퍼 투스칸은 다음과 같다. (   ) 안의 두 번째는 생산자를, 그리고 주품종을 표시하였다.

- **체파렐로(Cepparello, Isole e Olena)**: 산조베제
- **콜타살라(Coltassala, Castello di Volpaia)**: 산조베제
- **플라치아넬로(Flaccianello della Pieve, Fontodi)**: 산조베제
- **폰탈로로(Fontalloro, Felsina)**: 산조베제
- **그로소 세네세(Grosso Senese, Il Palazzino)**: 산조베제
- **일 소다치오(Il Sodaccio, Montevertine)**: 산조베제
- **이 소디 디 산 니콜로(I Sodi di San Niccolò, Castellare)**: 산조베제
- **레 페르골로 토르테(Le Pergole Torte, Montevertine)**: 산조베제
- **마세토(Masseto, Ornellaia)**: 메를로
- **몬테 안티코(Monte Antico, Monte Antico)**: 산조베제
- **올마야(Olmaia, Col d'Orcia)**: 카베르네 소비뇽
- **페르카를로(Percarlo, San Giusto)**: 산조베제
- **사마르코(Sammarco, Castello dei Rampolla)**: 카베르네 소비뇽
- **솔라티오 바실리카(Solatio Basilica, Villa Cafaggio)**: 산조베제
- **수무스(Summus, Castello Banfi)**: 산조베제
- **테리네(Terrine, Castello della Paneretta)**: 카나욜로
- **틴스빌(Tinscvil, Monsanto)**: 산조베제
- **비냐 달체오(Vigna d'Alceo, Castello dei Rampolla)**: 카베르네 소비뇽

DOCG 및 DOC

브루넬로 디 몬탈치노(Brunello di Montalcino) DOCG

키안티 클라시코에서 남쪽으로 한 시간 떨어진 해발 500m 이상의 남서쪽을 향한 화산토 포도밭(Galestro)에서 산조베제의 변종 산조베제 그로소(Sangiovese Grosso) 중 하나인 '브루넬로(100%)'라는 품종으로 만든 와인이다. 키안티와는 달리 타닌 함량이 많고 묵직한 레드와인으로 병 속에서 5-10년 숙성시켜야 제 맛이 난다. 이 와인은 19세기 비온디 산티(Biondi-Santi)의 혁신적인 노력으로 토스카나뿐 아니라 이탈리아 전역에서 오랫동안 이름이 알려져 있었으며, 생산량도 많지 않기 때

문에 값이 비싸다.

보통 50개월 숙성기간 중 2년은 오크통에서 숙성시키고 병에서 4개월 숙성하며, 리제르바(Riserva)는 62개월 숙성기간 중 2년은 오크통에서 숙성시키고 병에서 6개월 숙성시킨다. 전통적으로 큰 슬로베니아 산 오크통을 사용했지만 요즈음은 프랑스 산 작은 오크통을 사용하여 숙성을 하거나 두 가지를 병용하여 숙성을 시킨다. 1980년 DOCG가 되었다. 면적: 1,932ha, 생산량: 660만 ℓ.

한편, '로소 디 몬탈치노(Rosso di Montalcino) DOC'는 브루넬로 디 몬탈치노와 동일한 지역의 동일한 품종에서 나온 것으로 어린 포도나무에서 수확한 포도로 만들어 1년 숙성시킨 좀 더 가볍고 신선한 맛이 나오는 와인이다.

▨ 비노 노빌레 디 몬테풀치아노(Vino Nobile di Montepulciano) DOCG

토스카나 남부지방으로 해발 250-400m 높이의 언덕에 점토가 섞인 모래 토양에서 생산하는 와인으로 귀족과 시인이 즐겨 마시고, 교황이 정기적으로 마셨다는 데서 'Nobile'이라는 단어가 붙었다. 이 지방에서는 산조베제의 변종인 '프루뇰로 젠틸레(Prugnolo Gentile)' 70% 이상, 카나욜로 네로 10% 이하, 기타(20% 이하, 화이트 품종은 10% 이하) 품종을 혼합하여 만들기 때문에 키안티와 성격이 비슷하지만, 보통 2년 이상(나무통 12-18개월) 숙성시키며, 리제르바는 주병 후 6개월 숙성을 포함하여 3년 이상(나무통 12개월) 숙성시킨다. 면적: 1,172ha, 생산량: 550만 ℓ.

한편, '로소 디 몬테풀치아노(Rosso di Montepulciano)' DOC는 동일한 프루뇰로 젠틸레(70% 이상)로 만들지만, 어린 포도나무에서 수확한 포도로 만들며, 숙성기간도 더 짧은 가벼운 와인이다.

몬탈치노_Montalcino와 몬테풀치아노_Montepulciano

몬탈치노는 토스카나의 시에나 남동쪽에 있는 작은 마을이며, 몬테풀치아노 역시 그 옆에 있는 지명이다. 또 몬테풀치아노는 이탈리아 동남부 지방에서 재배하는 가볍고 산뜻한 레드와인용 포도품종을 뜻하기도 한다. 비노 노빌레 디 몬테풀치아노는 몬테풀치아노로 만든 와인은 아니다.

▨ 기타 DOCG 및 DOC

- Ansonica Costa dell' Argentario(안소니카 코스타 델라르젠타리오) DOC: 안소니카(85% 이상) 등으로 만든 화이트와인.
- Barco Reale di Carmignano(바르코 레알레 디 카르미냐노) DOC: 산조베제(50% 이상), 카베르네 소비뇽 등(10-20%)으로 만든 로제 및 레드와인.
- Bianco dell' Empolese(비안코 델렘폴레제) DOC: 트레비아노(60% 이상) 등으로 만든 화이트 및 스위트와인.
- Bianco di Pitigliano(비안코 디 피틸리아노) DOC: 트레비아노(40% 이상) 등으로 만든 화이트, 스파클

링 및 스위트와인.

- **Bolgheri(볼게리) DOC:** 베르멘티노(70% 이하), 소비뇽 블랑(40% 이하), 트레비아노(40% 이하) 등으로 만든 화이트와인. 산조베제(50% 이하), 시라(50% 이하) 등으로 만든 로제 및 레드와인. 단일품종 와인도 생산.

- **Bolgheri Sassicaia(볼게리 사시카야) DOC:** 카베르네 소비뇽(80% 이상) 등으로 만든 레드와인. 숙성 2년(나무통 18개월). 79ha, 15만 ℓ 생산.

- **Candia dei Colli Apuani(칸디아 데이 콜리 아푸아니) DOC:** 베르멘티노(70% 이상) 등으로 만든 화이트 및 스위트와인. 산조베제(60-80%), 메를로(20% 이하) 등으로 만든 로제 및 레드와인. 단일품종 와인도 생산.

- **Capalbio(카팔비오) DOC:** 트레비아노(50% 이상) 등으로 만든 화이트 및 스위트와인. 산조베제(50% 이상) 등으로 만든 로제 및 레드와인. 단일품종 와인도 생산.

- **Carmignano(카르미냐노) DOCG:** 18세기부터 카베르네 소비뇽을 도입. 산조베제(50% 이상), 카베르네(10-20%), 카나욜로(20% 이하) 및 말바지아 등으로 만든 레드와인. 숙성 20개월(나무통 8개월), 리제르바는 3년(나무통 12개월).

- **Colli dell' Etruria Centrale(콜리 델레트루리아 첸트랄레) DOC:** 트레비아노(50% 이상) 등으로 만든 화이트와인. 산조베제(50% 이상) 등으로 만든 레드 및 로제. 말바지아(70% 이상) 등으로 만든 스위트와인.

- **Colli di Luni(콜리 디 루니) DOC:** 리구리아 지방과 겹침. 베르멘티노(35% 이상), 트레비아노(25-40%) 등으로 만든 화이트와인. 산조베제(50% 이상) 등으로 만든 레드와인.

- **Colline Lucchesi(콜리네 루케지) DOC:** 트레비아노(40-80%), 샤르도네 등(10-60%)으로 만든 화이트와인. 산조베제(45-80%), 카나욜로 등(10-50%)으로 만든 레드와인. 스위트와인 및 단일품종 와인도 생산.

- **Cortona(코르토나) DOC:** 단일품종 화이트 및 레드와인. 시라(50-60%), 메를로(10-20%) 등으로 만든 레드와인. 그레케토(70% 이상) 등으로 만든 스위트와인.

- **Elba Aleatico Passito(엘바 알레아티코 파시토)/Aleatico Passito dell' Elba(알레아티코 파시토 델 렐바) DOCG:** 알레아티코(100%)로 만든 스위트와인.

- **Elba(엘바) DOC:** 트레비아노(10-70%), 안소니카 및 베르멘티노(10-70%) 등으로 만든 화이트 및 스파클링와인. 산조베제(60% 이상) 등으로 만든 레드와인. 안소니카 등(70% 이상)으로 만든 스위트와인. 단일품종 와인도 생산.

- **Grance Senesi(그란체 세네지) DOC:** 트레비아노 및 말바지아(60% 이상) 등으로 만든 화이트 및 스위트와인. 산조베제(60% 이상) 등으로 만든 레드와인. 단일품종 와인도 생산.

- **Maremma Toscana(마레마 토스카나) DOC:** 트레비아노 및 말바지아(40% 이상) 등으로 만든 화이트와인. 칠레졸로(Ciliegiolo) 및 산조베제(40% 이상) 등으로 만든 로제. 산조베제(40% 이상) 등으로 만든 레드와인. 기타 스파클링, 스위트, 단일품종 와인도 생산.

- **Montecarlo(몬테카를로) DOC:** 트레비아노(30-60%), 피노 비안코 등(40-70%)으로 만든 화이트 및 스위트와인. 산조베제(50-75%), 카나욜로 등(15-40%)으로 만든 레드와인. 단일품종 와인도 생산.

- **Montecucco(몬테쿠코) DOC:** 트레비아노 및 베르멘티노(40% 이상) 등으로 만든 화이트와인. 칠레졸로 및 산조베제(60% 이상) 등으로 만든 로제. 산조베제(60% 이상) 등으로 만든 레드와인. 그레케토 등(70%

이상)으로 만든 스위트와인. 단일품종 와인도 생산.

- **Montecucco Sangiovese(몬테쿠코 산조베제) DOCG:** 산조베제(90% 이상) 등으로 만든 레드와인. 숙성 17개월(나무통 12개월), 리제르바는 34개월(나무통 24개월).

- **Monteregio di Massa Marittima(몬테레조 디 마사 마리티마) DOC:** 트레비아노 및 베르멘티노(50% 이상) 등으로 만든 화이트 및 스위트와인. 산조베제(50% 이상) 등으로 만든 레드와인. 단일품종 와인도 생산.

- **Montescudaio(몬테스쿠다이오) DOC:** 트레비아노(50% 이상) 등으로 만든 화이트 및 스위트와인. 산조베제(50% 이상) 등으로 만든 레드와인. 단일품종 와인도 생산.

- **Morellino di Scansano(모렐리노 디 스칸사노) DOCG:** 산조베제(85% 이상) 등으로 만든 레드와인. 리제르바는 2년 숙성(나무통 1년).

- **Moscadello di Montalcino(모스카델로 디 몬탈치노) DOC:** 모스카토(85% 이상) 등으로 만든 화이트 및 스위트와인.

- **Orcia(오르치아) DOC:** 트레비아노(50% 이상) 등으로 만든 화이트와인. 산조베제(60% 이상) 등으로 만든 로제 및 레드와인. 말바지아 및 트레비아노(50% 이상) 등으로 만든 스위트와인. 단일품종 와인도 생산.

- **Parrina(파리나) DOC:** 안소니카(30-50%), 베르멘티노(20-40%), 트레비아노(10-30%) 등으로 만든 화이트 및 스위트와인. 산조베제(70% 이상) 등으로 만든 로제 및 레드와인. 단일품종 와인도 생산.

- **Pomino(포미노) DOC:** 샤르도네 등(70% 이상)으로 만든 화이트, 스파클링 및 스위트와인. 산조베제(50% 이상), 메를로 및 피노 네로(50% 이하) 등으로 만든 레드와인. 단일품종 와인도 생산.

- **Rosso della Val di Cornia(로소 델라 발 디 코르니아)/Val di Cornia Rosso(발 디 코르니아 로소) DOCG:** 산조베제(40% 이상), 카베르네 소비뇽 및 메를로(60% 이하) 등으로 만든 레드와인. 숙성 18개월, 리제르바는 26개월(나무통 18개월).

- **San Gimignano(산지미냐노) DOC:** 산조베제(50% 이상), 카베르네 소비뇽, 메를로, 시라, 피노 네로 등(40% 이하)으로 만든 로제 및 레드와인. 트레비아노(30% 이상), 말바지아(50% 이하) 등으로 만든 스위트와인. 단일품종 와인도 생산.

- **Lan Torpè(산 토르페) DOC:** 트레비아노(50% 이상) 등으로 만든 화이트 및 스위트와인. 산조베제(50% 이상) 등으로 만든 로제 및 레드와인. 단일품종 와인도 생산.

- **Sant' Antimo(산탄티모) DOC:** 지역 품종으로 만든 화이트, 레드와인. 트레비아노 및 말바지아(70% 이상) 등으로 만든 스위트 와인. 단일품종 와인도 생산.

- **Sovana(소바나) DOC:** 산조베제(50% 이상) 등으로 만든 로제 및 레드와인. 알레아티코(85% 이상) 등으로 만든 스위트와인. 단일품종 와인도 생산.

- **Suvereto(수베레토) DOCG:** 카베르네 소비뇽 및 메를로(85% 이상) 등으로 만든 레드와인. 단일품종 와인도 생산. 숙성 19개월, 리제르바는 26개월(나무통 18개월).

- **Terratico di Bibbona(테라티코 디 비보나) DOC:** 베르멘티노(50% 이상) 등으로 만든 화이트와인. 메를로(35% 이상), 산조베제(35% 이하) 등으로 만든 로제 및 레드와인. 단일품종 와인도 생산.

- **Terre di Casole(테레 디 카졸레)** DOC: 샤르도네(50% 이상) 등으로 만든 화이트 및 스위트와인. 산조베제(60-80%) 등으로 만든 레드와인. 단일품종 와인도 생산.

- **Terre di Pisa(테레 디 피자)** DOC: 카베르네 소비뇽, 메를로, 산조베제, 시라 등(70% 이상)으로 만든 레드와인. 단일품종 와인도 생산.

- **Val di Cornia(발 디 코르니아)** DOC: 베르멘티노(50% 이상), 안소니카 등(50% 이하)으로 만든 화이트와인. 산조베제(40% 이상), 카베르네 소비뇽 및 메를로(60% 이하) 등으로 만든 로제 및 레드와인. 스위트 및 단일품종 와인도 생산.

- **Val d' Arbia(발 다르비아)** DOC: 말바지아 및 트레비아노(30-50% 이상) 등으로 만든 화이트와인. 산조베제(50% 이상) 등으로 만든 로제, 말바지아 및 트레비아노(50% 이상) 등으로 만든 스위트 와인.

- **Val d' Arno di Sopra(발 다르노 디 소프라)/Valdarno di Sopra(발다르노 디 소프라)** DOC: 샤르도네(40-80%), 말바지아(30% 이하), 트레비아노(20% 이하) 등으로 만든 화이트와인 및 스파클링와인. 메를로(40-80%), 카베르네 소비뇽(35% 이하), 시라(35% 이하) 등으로 만든 로제, 레드와인 및 로제 스파클링와인. 말바지아(40-80%), 샤르도네(30% 이하) 등으로 만든 스위트와인. 단일품종 와인도 생산.

- **Valdichiana Toscana(발디키아나 토스카나)** DOC: 트레비아노(20% 이상), 샤르도네 등(80% 이하)으로 만든 화이트 및 스파클링와인. 산조베제(50% 이상), 카베르네 소비뇽 등(50% 이하)으로 만든 로제 및 레드와인. 말바지아 및 트레비아노(50% 이상) 등으로 만든 스위트와인.

- **Valdinievole(발디니에볼레)** DOC: 트레비아노(70% 이상) 등으로 만든 화이트 및 스위트와인. 카나욜로 및 산조베제(70% 이상) 등으로 만든 레드와인.

- **Vernaccia di San Gimignano(베르나차 디 산 지미냐노)** DOCG: 베르나차(85% 이상) 등으로 만든 화이트와인. 리제르바는 11개월 이상 숙성. 13세기부터 유명했으며, 이탈리아 최초의 DOC 와인.

- **Vin Santo del Chianti Classico(빈 산토 델 키안티 클라시코)** DOC: 말바지아 및 트레비아노(60% 이상) 등으로 만든 스위트와인. 오키오 디 페르니체(Occhio di Pernice)는 산조베제(80% 이상) 등으로 만든 레드 스위트와인.

- **Vin Santo del Chianti(빈 산토 델 키안티)** DOC: 말바지아 및 트레비아노(70% 이상) 등으로 만든 스위트와인. 오키오 디 페르니체(Occhio di Pernice)는 산조베제(50% 이상) 등으로 만든 레드 스위트와인.

- **Vin Santo di Carmignano(빈 산토 디 카르미냐노)** DOC: 말바지아 및 트레비아노(75% 이상) 등으로 만든 스위트와인. 오키오 디 페르니체(Occhio di Pernice)는 산조베제(50% 이상) 등으로 만든 레드 스위트와인.

- **Vin Santo di Montepulciano(빈 산토 디 몬테풀치아노)** DOC: 말바지아 및 트레비아노(70% 이상) 등으로 만든 스위트와인. 오키오 디 페르니체(Occhio di Pernice)는 산조베제(50% 이상) 등으로 만든 레드 스위트와인.

- **IGP:** Alta Valle della Greve, Colli della Toscana Centrale, Costa Toscana, Montecastelli, Toscano/Toscana, Val di Magra

▥ 유명 메이커

- **안티노리(Antinori)**: 이탈리아 와인의 질을 부활시킨 가족으로 슈퍼 투스칸 '티냐넬로(Tignanello)', '솔라야(Solaia)'를 소개하였다. 현재는 캘리포니아, 워싱턴, 헝가리, 카자흐스탄에서도 와인을 양조하고 있다. 헝가리에서는 오크통도 만든다.

- **비온디 산티(Biondi-Santi)**: 이탈리아에서 아주 비싼 와인 중 하나로 브루넬로 디 몬탈치노가 유명하다. 1880년대 산조베제의 변종에 처음으로 브루넬로라는 명칭을 사용하였다. 두 가지의 브루넬로인 '아나타(Annata, 10-25년 된 포도나무에서 수확)', 리제르바(Riserva, 25년 이상 된 포도나무에서 수확)'를 생산한다.

- **카스텔로 비키오마조(Castello Vicchiomaggio)**: 키안티 클라시코로 유명하며, 샤르도네로 만든 '리파 델레 미모제(Ripa delle Mimose)'도 좋다.

- **콜리(Coli)**: 1926년 키안티로 시작하여 현대적인 시설과 첨단 실험시설을 갖추고 있다. 콜리 외 '프라탈레(Pratalle)', '빌라 몬티냐나(Villa Montignana)'라는 상표의 키안티와 오르비에토, 베르나차 디 산지미냐노 등도 생산한다.

- **디에볼레(Dievole)**: 900년의 역사를 자랑하는 토스카나의 명품으로, 1090년 처음으로 문서화 된 빈티지의 와인을 출시하였으며, 바티칸을 위해 밀레니엄 기념 와인을 특별히 양조하여, 전 교황 요한 바오로 2세로 부터 축성을 받은 유명 와이너리이다. 디에볼레는 '신의 계곡'이란 뜻이다. 키안티 클라시코 시리즈가 유명하다.

- **프레스코발디(Frescobaldi)**: 13세기부터 포도를 재배하였고, '카스텔로 디 포미노(Castello di Pomino)', '카스텔 지오콘도(Castel Giocondo)', '카스텔로 디 니포차노(Castello di Nipozzano)' 등 상표가 유명하다. 키안티와 브루넬로 디 몬탈치노도 생산한다.

- **멜리니(Melini)**: 루피노와 안티노리에 이어 세 번째로 큰 키안티 메이커로 키안티 클라시코가 유명하다.

- **포지오 안티코(Poggio Antico)**: 브루넬로 디 몬탈치노를 대표하는 와인으로 포도밭은 몬탈치노에서 가장 높은 곳에 있다. 생산량의 85%를 수출한다.

- **루피노(Ruffino)**: 1877년 키안티에서 시작하여 몬탈치노, 몬테풀치아노 등 토스카나 전 지역에서 좋은 포도밭을 가지고 있다. 전통적인 피아스코에 들어있는 키안티와 키안티 리제르바가 유명하다.

- **빌라 반피(Villa Banfi)**: 카스텔로 반피를 비롯한 넓은 포도밭을 소유하고 대규모의 현대적인 와이너리를 가지고 있다. 브루넬로 디 몬탈치노와 피노 누아, 카베르네 소비뇽, 산조베제를 혼합하여 만든 '카스텔로 반피(Castello Banfi)'가 유명하다.

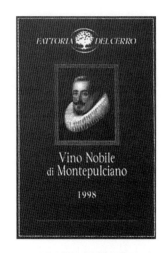

[그림 11-2] 토스카나 와인 상표

피에몬테(Piemonte) - 최고의 레드와인

피에몬테(Piemonte)는 'Foot of mountain'이란 뜻으로 알프스 산맥 기슭에 있으며, 고급 레드와인으로 유명하다. 총 48,432ha의 포도밭에서 연간 3억 ℓ(레드와인 63%)의 와인을 생산하며, 83%가 DOP 와인이다.

대륙성 기후로서 겨울은 매우 춥고 길며, 여름은 덥고 건조하며, 가을과 겨울에 안개가 많다. 총 면적의 1/3이 언덕으로 이루어져 있으며, 토양은 점토와 이회토, 석회질 비율이 높다. 이 고장에서 생산되는 화이트 트러플(Tartufi bianchi)은 최고의 진미로 꼽히며, 이 지역 와인과 잘 조화를 이룬다.

피에몬테는 이탈리아에서 가장 넓은 지역이지만 대부분 가파르고 추운 곳으로 포도재배가 잘 되는 곳은 아니다. 그러나 이탈리아 DOP 와인 중에서 17%가 이 지역에서 나올 만큼 고급 와인이 많이 나오는 곳이다. 이는 이 지방 와인 메이커들이 소규모로 진지하고 부지런한 태도로 고급 와인을 만들기 때문이다. 가장 유명한 DOCG 와인은 '바롤로(Barolo)'와 '바르바레스코(Barbaresco)'이며, 쉽게 마실 수 있는 스파클링와인 '아스티(Asti)'도 인기가 좋다.

트러플_Truffle

우리말로 송로버섯이라고 부르며, 프랑스는 '트뤼프(Truffe)', 이탈리아는 '타르투포(Tartufo)'라고 한다. 우리나라 송이와 같이 인공 재배가 안 되고, 귀하기 때문에 값이 비싸기로 유명하다. 땅 속 30cm에서 자라므로 냄새를 잘 맡는 개나 돼지의 도움을 받아야 채취할 수 있다.

봄에 참나무를 중심으로 포자가 형성되므로 늦가을이나 겨울에 참나무가 있는 곳에서 채취한다. 여러 종류가 있지만, 프랑스 프로방스 지방의 페리고르에서 나오는 흑색 트러플(*Tuber melanosporum*)과 이탈리아의 피에몬테의 백색 트러플(*Tuber magnatum*) 두 종류를 최고로 친다. 흑색 트러플은 강한 머스크 향으로 요리를 하면 향이 더 진해지며, 백색 트러플은 요리를 하면 향이 사라지기 때문에 날것으로 먹는다. 버섯 자체를 요리하기 보다는 푸아그라, 샐러드 등 요리에 첨가하는 재료로서 사용된다.

[그림 11-3] 백색 트러플

포도 품종

레드와인용

- **네비올로(Nebbiolo = Spanna)**: 최고급 와인을 만드는 까다로운 만생종으로 부르고뉴의 피노 누아와 같이 이 지방에만 적응한 품종으로, 최고급 와인을 만드는 데 사용되고 있다. 이것으로 만든 와인은 안토시아닌은 약하지만, 타닌이 풍부하며, 알코올 함량이 높고 산도도 비교적 높은 편이다. 묵직하고 가득 찬 느낌을 가지고 있어서 숙성을 잘 하면 고급 와인이 된다. 바롤로, 바르바레스코의 와인이 이것을 사용한다. 네비올로(Nebbiolo)라는 말은 늦은 10월, 수확기 때 이 지방에 끼는 안개 즉 '네비아(Nebbia)'에서 유래된 말이다.

- **바르베라(Barbera)**: 당도가 높고 신맛이 많은 적포도로서 이 지방 생산량의 50%를 차지하고 있다. 보통 '바르베라 디 피에몬테(Barbera di Piemonte)'라는 이름으로 팔린다. 숙성을 잘 하면 묵직한 맛이 된다.

- **돌체토(Dolcetto)**: 이탈리아 토종 품종으로 일찍 수확하며, 산도가 낮고 타닌이 많지 않아 부드럽고 신선한 맛의 와인을 만든다.

- **보나르다(Bonarda):** 향이 좋고 바르베라와 혼합하여 많이 사용한다. 필록세라 이전에 많았던 품종이다.

- **베스폴리나(Vespolina):** 네비올로에 블렌딩용으로 사용된다.

- **브라케토(Brachetto):** 조생종으로 섬세하고 부드러운 맛을 가지고 있어 스파클링와인 및 파시토에도 사용되는 품종이다.

- **그리뇰리노(Grignolino):** 색깔이 옅고 타닌이 많은 품종으로 섬세한 아로마를 가지고 있다.

화이트와인용

- **모스카토(Moscato/Moscato Canelli/Moscato Bianco):** 프랑스의 '뮈스카 블랑 아 프티 그랭(Muscat Blanc à Petits Grains)'과 같은 것으로 아스티(Asti)에 쓰인다.

- **코르테제(Cortese):** 피에몬테 토종으로 드라이하고 섬세한 가비(Gavi)에 사용되는 품종이다. 부드럽고 산도가 적당한 와인을 만든다.

- **아르네이스(Arneis):** 부드러운 맛 때문에 타닌이 많은 네비올로에 혼합하기도 하며, 식용으로도 환영받는 품종이다. 부드럽고 신선한 맛의 와인을 만든다.

유명한 DOCG 와인

바롤로(Barolo), 바르바레스코(Barbaresco) DOCG

바롤로와 바르바레스코는 묵직한 와인으로 네비올로 포도로 만든다. 피에몬테의 남동부 지역 '랑게(Langhe)'에서 나오는 이 와인은 알코올 농도도 높고 진한 맛을 내기 때문에 요리도 묵직하고 진한 맛을 가진 것을 선택해야 한다. 가파르고 추운 곳에서 나오는 바롤로를 와인의 왕이라고 하고, 우아한 바르바레스코를 여왕으로 부른다. 그렇지만 오래 숙성된 바롤로와 바르바레스코는 생산자들도 구분하기 어려운 유사한 스타일이다. 품종이나 재배, 양조방법 등에 특별한 차이는 없고, 테루아르의 차이만 있을 뿐이다.

바롤로(1,977ha, 990만 ℓ 생산)는 열한 개, 바르바레스코(684ha, 300만 ℓ 생산)는 네 개의 세부 지역으로 나눌 수 있다. 피에몬테 와인을 마실 때는 가벼운 바르베라, 돌체토를 마시고 그 다음 바르바레스코, 최종적으로 바롤로를 마신다고 할 정도로 바롤로는 와인의 최고봉이라고 할 수 있다. 그러나 생산자마다 다른 포도밭에서 서너 가지 와인을 만들기 때문에 세부 지역에 따라 그 맛의 차이가 심한 것이 흠이다. 얼마 전까지만 해도 큰 나무통에서 10년 이상 숙성하기도 했지만, 최근에는 숙성기간을 줄이고, 과학적인 양조방법을 도입하여 발랄하고 생기 있는 와인을 만들고 있다.

높은 언덕의 계단식 포도밭이 많으며 석회질 토양으로 되어있다. 테이스팅과 판정이 가장 까다로운 와인이라고 평이 나있다.

바롤로와 바르바레스코의 어려운 점은 네비올로 포도가 타닌 함량이 많고, 포도가 늦게 익는다는 것이다. 거의 겨울이 다가올 무렵에 수확하기 때문에 날씨가 추워져 발효기간이 길어지면서 거친 타닌이 많이 우러나오고, 큰 오크통에서 장기간 두면서 신선감이 사라지고, 산화될 가능성이 많았다. 1980년대부터 온도조절장치, 펌핑 오버, 작은 오크통 도입 등 새로운 기술이 도입되어 타닌의 거친 맛이 부드러워지면서 새로운 와인으로 태어나게 되었다.

바롤로(Barolo)	바르바레스코(Barbaresco)
네비올로 포도	네비올로 포도
알코올 13.0% 이상	알코올 12.5% 이상
복합적인 향과 바디가 강하다	바롤로보다 가볍지만, 세련된 맛
38개월 이상 숙성(나무통에서 18개월)	26개월 이상 숙성(나무통에서 9개월)
리제르바는 62개월(나무통에서 18개월)	리제르바는 50개월(나무통에서 9개월)

바르바레스코는 주병 후 4년, 바롤로는 6년을 둔 다음에 마시는 것이 좋지만, 아주 좋은 해는 바르바레스코 6년, 바롤로는 8년을 두어야 제 맛이 난다. 그래서 "피에몬테의 고급와인은 참을성이 덕이다"란 말이 있다.

바롤로, 바르바레스코의 세부 지역

- **바롤로**

    ① 베르두노(Verduno) 일부

    ② 그린차네 카부르(Grinzane Cavour) 일부

    ③ 디아노 달바(Diano d'Alba) 일부

    ④ 노벨로(Novello) 일부

    ⑤ 케라스코(Cherasco) 극히 일부

    ⑥ 로디(Roddi) 일부

    ⑦ 라 모라(La Morra)

    ⑧ 바롤로(Barolo)

    ⑨ 카스티유리오네 팔레토(Castiglione Falleto)

    ⑩ 세라룽가 달바(Serralunga d'Alba)

    ⑪ 몬포르테 달바(Monforte d'Alba) 일부

● **바르바레스코**

① 알바(Alba) 일부

② 바르바레스코(Barbaresco)

③ 네이베(Neive)

④ 트레이조(Treiso)

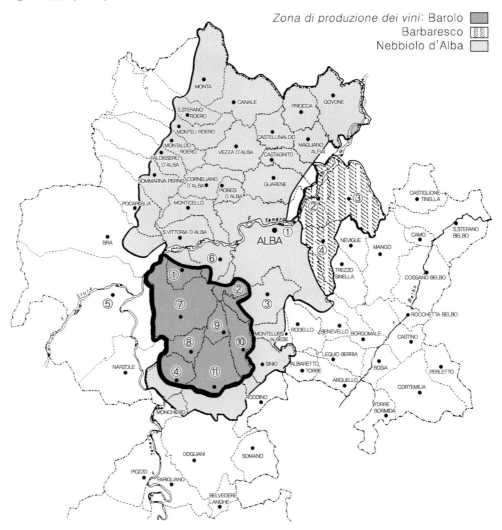

[그림 11-4] 바롤로, 바르바레스코, 네비올로 달바 지역의 지도

아스티(Asti) DOCG

전에는 '아스티 스푸만테(Asti Spumante)'라고 했지만, 프랑스의 무쉐(Mousseux), 독일의 젝트(Sekt)
와 같이 값싼 와인이라는 인식을 받았기 때문에 요즈음은 지역 명칭인 '아스티(Asti)'라고도 한다.

아스티(Asti)의 남쪽이며 알바(Alba)의 동쪽에 있는 작은 마을 카넬리(Canelli)에서 1800년대부터 이 스파클링와인을 생산했는데, 1850년 경 프랑스 샴페인을 모방하여 아스티 스푸만테(Spumante는 발 포성이란 뜻)가 탄생하였다.

보통 샤르마 프로세스나 퀴베 클로스(Cuvée Close)란 방법을 사용하는데, 퀴베 클로스 방법은 다른 스파클링와인이 두 단계를 거쳐서 발효되는 것과는 달리, 1차 발효만으로 만드는 방법이다. 깨끗이 여과한 주스를 밀폐된 탱크나 병에서 발효를 시켜 탄산가스가 그대로 녹아 있도록 만든 것이다. 그래서 완성된 와인은 포도 냄새가 그대로 살아 있고, 발효도 완벽하게 되지 않아서 알코올이 7-9%, 당분도 3-5%로 상당히 스위트하다. 그래서 초보자들이 좋아하며, 오래 보관하지 않고 바로 마신다. 경우에 따라, 탱크에서 발효시키는 샤르마(Charmat) 방식으로도 만드는데, 압력은 3기압 이상이다. '메토도 클라시코(Metodo Classico)'라고 표시된 것은 샴페인 방식으로 만들며, 9개월 이상 병내 숙성을 거쳐야 한다.

한편, '모스카토 다스티(Moscato d'Asti) DOCG'는 압력이 약한 스파클링와인인 프리찬테(Frizzante)로서 아스티(Asti)보다 알코올(5.5% 이상), 압력(2.5기압 이하)이 더 낮고 스위트하다. 압력이 낮기 때문에 보통 와인 병에 넣어서 판매하며, 오래 두지 않고 바로 마신다. 별도로 늦게 수확한 포도(Vendemmia Tardiva)로 만든 스위트와인도 있다. 면적: 9,490ha, 생산량: 7,700만 ℓ.

- **모스카토 다스티(Moscato d'Asti)**: 100% 모스카토(Moscato Bianco/Moscatello)
- **아스티(Asti/Asti Spumante)**: 100% 모스카토(Moscato Bianco/Moscatello)
- **아스티 스푸만테 메토도 클라시코(Asti Spumante Metodo Classico)**: 100%(Moscato Bianco/Moscatello)
- **벤데미아 타르디바(Vendemmia Tardiva)**: 100%(Moscato Bianco/Moscatello)

기타 DOCG 및 DOC

- Alba(알바) DOC: 네비올로(70-85%) 등으로 만든 레드와인
- Albugnano(알부냐노) DOC: 네비올로(85% 이상) 등으로 만든 로제 및 레드와인.
- Alta Langa(알타 란가) DOCG: 피노 네로, 샤르도네 등(90% 이상)으로 만든 샴페인 방식의 화이트 및 로제 스파클링와인.
- Barbera del Monferrato(바르베라 델 몬페라토) DOC: 바르베라(85% 이상) 및 돌체토 등으로 만든 레드와인.
- Barbera del Monferrato Superiore(바르베라 델 몬페라토 수페리오레) DOCG: 바르베라(85% 이상), 돌체토, 프레이자(Freisa), 그리뇰리노(Grignolino) 등으로 만든 레드와인. 숙성 14개월(나무통 6개월).
- Barbera d' Alba(바르베라 달바) DOC: 바르베라(85% 이상) 및 네비올로로 만든 레드와인.

- Barbera d' Asti(바르베라 다스티) DOCG: 바르베라(90% 이상)로 만든 레드와인. 수페리오레는 14개월(나무통 6개월) 숙성.

- Boca(보카) DOC: 네비올로(70-90%) 및 베스폴리나, 우바 라라로 만든 레드와인.

- Brachetto d' Acqui(브라케토 다퀴)/Acqui(아퀴) DOCG: 브라케토(97% 이상)로 만든 레드, 스파클링 및 스위트와인.

- Bramaterra(브라마테라) DOC: 네비올로(50-80%), 크로아티나, 베스폴리나 등으로 만든 레드와인

- Calosso(칼로소) DOC: 감바 로사(Gamba Rossa, 90% 이상)로 만든 레드와인.

- Canavese(카나베제) DOC: 에르발루체(Erbaluce, 100%)로 만든 화이트 및 스파클링와인. 바르베라 등 (60% 이상)으로 만든 로제, 레드 및 스파클링와인. 바르베라, 네비올로 등 단일품종 와인도 생산.

- Carema(카레마) DOC: 네비올로(85% 이상) 등으로 만든 레드와인.

- Cisterna d' Asti(치스테르나 다스티) DOC: 크로아티나(80% 이상) 등으로 만든 레드와인.

- Colli Tortonesi(콜리 토르토네지) DOC: 일반 화이트, 로제, 레드와인은 품종 제한 없음. 스파클링와인 및 단일품종 와인도 생산.

- Collina Torinese(콜리나 토리네제) DOC: 바르베라(60% 이상), 프레이자(25% 이상) 등으로 만든 레드와인. 단일품종 와인도 생산.

- Colline Novaresi(콜리네 노바레지) DOC: 에르발루체(100%)로 만든 화이트와인. 네비올로(50% 이상) 등으로 만든 로제 및 레드와인. 단일품종 와인도 생산.

- Colline Saluzzesi(콜리네 살루체지) DOC: 펠라베르가(Pelaverga, 100%)로 만든 로제. 바르베라 등 (60% 이상)으로 만든 레드와인. 키알리아노(Quagliano, 100%)로 만든 스파클링와인. 단일품종 와인도 생산.

- Cortese Dell' Alto Monferrato(코르테제 델알토 몬페라토) DOC: 코르테제(85%)로 만든 화이트 및 스파클링와인.

- Coste della Sesia(코스테 델라 세지아) DOC: 에르발루체(100%)로 만든 화이트와인. 네비올로(50% 이상) 등으로 만든 로제 및 레드와인. 단일품종 와인도 생산.

- Dogliani(돌리아니) DOCG: 돌체토(100%)로 만든 레드와인. 숙성 12개월.

- Dolcetto di Diano d'Alba(돌체토 디 디아노 달바)/Diano d' Alba(디아노 달바) DOCG: 돌체토 (100%)로 만든 레드와인.

- Dolcetto di Ovada(돌체토 디 오바다) DOC: 돌체토(97% 이상) 등으로 만든 레드와인.

- Dolcetto di Ovada Superiore(돌체토 디 오바다 수페리오레)/Ovada(오바다) DOCG: 돌체토(100%)로 만든 레드와인. 숙성 12개월, 리제르바는 24개월.

- Dolcetto d' Acqui(돌체토 다퀴) DOC: 돌체토(100%)로 만든 레드와인.

- Dolcetto d' Alba(돌체토 달바) DOCG: 돌체토(100%)로 만든 레드와인.

- Dolcetto d' Asti(돌체토 다스티) DOC: 돌체토(100%)로 만든 레드와인.

- Erbaluce di Caluso(에르발루체 디 칼루소)/Caluso(칼루소) DOCG: 에르발루체(100%)로 만든 화이트, 스파클링(샴페인 방식) 및 스위트 와인.

- Fara(파라) DOC: 네비올로(50-70%) 등으로 만든 레드와인. 숙성 22개월(나무통 12개월), 리제르바는 34개월(나무통 20개월).

- Freisa di Chieri(프레이자 디 키에리) DOC: 프레이자(90% 이상) 등으로 만든 레드 및 스파클링와인.

- Freisa d' Asti(프레이사 다스티) DOC: 프레이자(100%)로 만든 레드 및 스파클링와인.

- Gabbiano(가비아노) DOC: 바르베라(90-95%) 등으로 만든 레드와인.

- Gattinara(가티나라) DOCG: 네비올로(90% 이상) 등으로 만든 레드와인. 숙성 35개월(나무통 24개월), 리제르바는 47개월(나무통 36개월).

- Gavi(가비)/Cortese di Gavi(코르테제 디 가비) DOCG: 코르테제(100%)로 만든 이탈리아 최고의 화이트 및 스파클링와인. 숙성 1년(나무통 6개월), 스푸만테 메토도 클라시코는 병내 18개월.

- Ghemme(게메) DOCG: 네비올로(85% 이상) 등으로 만든 레드와인. 숙성 34개월(나무통 18개월), 리제르바는 46개월(나무통 24개월).

- Grignolino del Monferrato Casalese(그리뇰리노 델 몬페라토 카살레제) DOC: 그리뇰리노(90% 이상) 등으로 만든 레드와인.

- Grignolino d' Asti(그리뇰리노 다스티) DOC: 그리뇰리노(90% 이상), 프레이자로 만든 레드와인.

- Langhe(랑게) DOC: 일반 레드와 화이트와인은 품종 제한 없음. 로제, 스위트 및 단일품종 와인도생산.

- Lessona(레소나) DOC: 네비올로(85% 이상) 등으로 만든 레드와인. 숙성 22개월(나무통 12개월), 리제르바는 46개월(나무통 30개월).

- Loazzolo(로아쫄로) DOC: 모스카토(100%)로 만든 스위트와인(Vendemmia Tardiva). 숙성 2년(나무통 6개월).

- Malvasia di Casorzo d' Asti(말바지아 디 카조르초 다스티)/Malvasia di Casorzo(말바지아 디 카조르초)/Casorzo(카조르초) DOC: 말바지아 네라(90% 이상) 등으로 만든 스위트 로제, 레드, 스파클링 및 파시토.

- Malvasia di Castelnuovo Don Bosco(말바지아 디 카스텔누보 돈 보스코) DOC: 말바지아 네라(90% 이상) 등으로 만든 스위트 레드 및 스파클링와인.

- Monferrato(몬페라토) DOC: 코르테제(85% 이상) 등으로 만든 화이트와인. 바르베라, 보나르다 등(85% 이상) 등으로 만든 로제. 일반 레드와인은 품종 제한 없음. 단일품종 와인도 생산.

- Nebbiolo d' Alba(네비올로 달바) DOC: 네비올로(100%)로 만든 레드 및 스파클링와인.

- Nizza(니차) DOCG: 바르베라(100%)로 만든 레드와인. 숙성 18개월(나무통 6개월), 리제르바는 30개월(나무통 12개월).

- Piemonte(피에몬테) DOC: 샤르도네, 코르테제 등으로 만든 화이트와인. 바르베라, 크로아티나 등으로 만든 로제 및 레드와인. 샤르도네 등으로 만든 스파클링와인. 모스카토 등으로 만든 스위트와인. 단일품종 와인도 생산.

- Pinerolese(피네롤레세) DOC: 바르베라 등으로 만든 로제 및 레드와인. 단일품종 와인도 생산.

- Roero(로에로) DOCG: 거칠고 가파른 경사면에서 포도재배. 네비올로(95% 이상) 등으로 만든 레드와인. 숙성 20개월(나무통 6개월), 리제르바는 32개월(나무통 6개월). 아르네이스(Arneis, 95% 이상) 등으로 만든 화이트 및 스파클링와인.

- Rubino di Cantavenna(루비노 디 칸타베나) DOC: 바르베라(75-90%) 등으로 만든 레드와인.

- Ruché di Castagnole Monferrato(루케 디 카스타뇰레 몬페라토) DOCG: 루케(Ruché 90% 이상) 등으로 만든 레드와인.

- Sizzano(시차노) DOC: 네비올로(50-70%) 등으로 만든 레드와인.

- Strevi(스트레비) DOC: 모스카토(100%)로 만든 스위트와인.

- Valli Ossolane(발리 오솔라네) DOC: 샤르도네(60% 이상) 등으로 만든 화이트와인. 크로아티나, 네비올로 등(60% 이상)으로 만든 레드와인. 단일품종 와인(네비올로)도 생산.

- Valsusa(발수사) DOC: 아바나, 바르베라 등(60% 이상)으로 만든 레드와인.

- Verduno Pelaverga(베르두노 펠라베르가)/Verduno(베르두노) DOC: 펠라베르가 피콜로(85% 이상) 등으로 만든 레드와인.

유명 메이커

- 알도 콘테르노(Aldo Conterno): 전통적인 스타일의 바롤로가 유명하다.

- 안젤로 가야(Angelo Gaja): 바르바레스코를 최고의 와인으로 만든 피에몬테의 왕자라고 불리는 메이커로서 1960년대 후반 가족경영의 와이너리를 맡아, 잠자고 있던 바르바레스코를 이탈리아 최고의 와인으로 만들고, 네비올로 포도를 유행시켰다. 당시 텁텁하던 와인을 좀 더 신선하고 즐겁게 마실 수 있도록 하였으며, 카베르네 소비뇽, 샤르도네 등을 도입하였다. 바롤로에도 포도밭을 구입하고 1996년에는 토스카나까지 진출하였다. 바르바레스코는 물론, 샤르도네로 만든 '로시 바스(Rossj Bass)', 카베르네 소비뇽으로 만든 '다르마지(Darmagi)', 단일 포도밭인 '소리 틸딘(Sori Tildin)'과 '소리 산 로렌초(Sori San Lorenzo)'에서 나오는 네비올로로 만든 와인도 유명하다.

- 브라이다 디 자코모 볼로냐(Braida di Giacomo Bologna): 바르베라를 보르도 스타일로 가장 잘 만드는 메이커로 알려져 있으며, 특히 '브리코 델 루첼로네(Bricco dell'Uccellone)'는 초콜릿 향으로 유명한 바르베라이다.

- 브루노 자코사(Bruno Giacosa): 1894년 설립. 해발 400m 고도의 높은 지대에 계단식으로 포도밭을 형성하고 있다. 단일 포도밭에서 나오는 바롤로와 바르바레스코는 테루아르를 잘 반영하고 있으며, 특히 바르바레스코의 섬세함이 뛰어나기 때문에 경매에서 비싼 값으로 팔리고 있다.

- 체레토(Ceretto): 브루노, 마르첼로 형제가 혁신적인 방법으로 와인을 만들고 있다. 아르네이스로 만든 화이트와인 '블랑게(Blangé)'와 '브리코 로케(Bricco Rocche)'의 바롤로가 유명하다.

- 폰타나프레다(Fontanafredda): 최고의 바롤로를 생산하고 있으며, 아스티 스푸만테로 유명하다.

- 자코모 콘테르노(Giacomo Conterno): 콘테르노 집안으로 오래 숙성되는 바롤로가 유명하다.

- 이카르디(Icardi): 1914년 랑게와 몬페라토에서 시작하여, 1960년 이후 피에리노 이카르디(Pierino

Icardi)가 생산하면서 유명해지기 시작하였다. 수율을 줄이고, 최신 기술을 도입하여 양질의 와인을 만들고 있다.

- **파올로 스카비노(Paolo Scavino)**: 작은 오크통에서 숙성시키는 등 바롤로에 새로운 바람을 불어넣는 메이커.

- **피오 체자레(Pio Cesare)**: 1881년 설립. 고전적인 스타일의 바롤로, 바르바레스코와 현대적인 방식을 적용한 바롤로, 바르바레스코 등 다양한 제품을 생산하고 있다.

- **로베르토 보에르치오(Roberto Voerzio)**: 바롤로의 라모라를 비롯한 최고의 포도밭에서 현대적인 스타일의 와인을 만들어 풍부하고 진한 바롤로를 만든다.

- **라 스피네타(La Spinetta)**: 모스카토 다스티로 시작하여 최근에는 바르바레스코, 바롤로 등을 선보여 호평을 받고 있는 신흥 메이커.

- **비에티(Vietti)**: 4대째 가족 경영 와이너리로 아르네이스(Arneis)를 성공적으로 재배하였으며, 유명한 화가의 그림을 상표에 넣고 있다. 바르베라가 유명하며, 현재는 단일 포도밭에서 나오는 바롤로가 유명하다.

[그림 11-5] 피에몬테 와인의 상표

베네토(Veneto) 와인

이탈리아 북동쪽에 있는 지방으로 유명한 관광지 베네치아와 베로나(로미오와 줄리엣의 무대)가 있는 곳이다. 베로나에서는 매년 4월에 이탈리아 와인전시회(Vinitaly)가 열리고 있으며, 베네토는 북부 이탈리아의 와인 생산지역 중 가장 큰 곳으로 '발폴리첼라(Valpolicella)', '바르돌리노(Bardolino)', '소아베(Soave)' 등이 유명하다. 이들 와인은 바롤로나 브루넬로 등과 같이 고급은 아니지만 누구나 싼 가격으로 즐길 수 있는 대중주이다. 또 수확한 포도를 그늘에서 2-3개월 건조시켜 농축된 과즙으로 만든 와인 '레초토(Recioto)'와 스파클링와인인 '프로세코(Prosecco)'가 유명하다.

북서쪽의 산악지역에서 바다 쪽으로 오면서 평야를 이루는 지형으로, 남쪽으로 올수록 따뜻해지면서 알프스의 영향을 받지 않는다. 아디제 강과 포 강이 아드리아 해로 빠지면서 형성된 평야지대는 포도를 비롯한 원예작물이 잘 되는 곳이다. 그러나 베네토의 좋은 와인은 배수가 잘 되는 화산토와 모래, 자갈, 점토가 있는 언덕에서 나온다.

베네토는 세 지역으로 나눌 수 있는데, 서쪽의 가르다 호수 근처의 화산인 레시니 산줄기에서 소아베, 발폴리첼라, 바르돌리노, 아마로네 그리고 대중주로 인기가 좋은 비안코 디 쿠스토차(Bianco di Custoza)가 나오며, 바로 옆에 이탈리아 와인의 수도라고 할 수 있는 베로나가 있다. 다음은 베네토 북쪽 언덕인 트레비소에서는 프로세코가 나온다. 그리고 베네치아에서 비첸자에 이르는 곳에서는 전혀 다른 타입으로 메를로, 카베르네 소비뇽으로 만든 레드와인과 샤르도네, 피노 그리조 등으로 만든 화이트와인 등이 나온다. 면적: 70,219ha. 생산량: 8억3천만 ℓ(화이트 67%).

포도 품종

화이트와인

- **가르가네가(Garganega)**: 그리스에서 건너온 품종으로 베네토에서는 르네상스 시대부터 재배되었다. 소아베의 주종을 이루는 품종으로 보통 트레비아노와 혼합하여 소아베 등을 만든다.

- **트레비아노(Trebbiano = Ugni Blanc)**: 이탈리아의 대표적인 청포도로서 뛰어난 맛은 아니지만 보편적으로 많이 재배된다. 다른 나라에서는 위니 블랑(Ugni Blanc), 생테밀리용(Saint-Émilion)으로 알려진 것이다. 가르가네가와 함께 소아베 등을 만든다.

- **피노 그리조(Pinot Grigio = Pinot Gris)**: 질 좋은 라이트 와인을 만들며, 프로세코와 혼합하기도 한다.

- **글레라(Glera, 구 Prosecco):** 프리울리 베네치아 줄리아 원산으로 요즈음은 주로 베네토에서 재배한다. 스파클링와인 프로세코를 만드는데 사용된다. 요즈음은 프로세코 지명보호 때문에 품종을 표시할 때는 '글레라(Glera)'로 한다.

- **프리울라노(Friulano):** 많지는 않지만, 고급 와인에 블렌딩용으로 사용된다.

- **피노 비안코(Pinot Bianco = Pinot Blanc):** 블렌딩용으로 바디와 특성이 강하다. 스파클링와인에도 쓰인다.

- **샤르도네(Chardonnay):** 매력적인 스타일의 와인을 만들 수 있지만, 대부분 평범하다.

- **코르테제(Cortese):** 부드럽고 산도가 적당한 와인을 만든다.

- **베스파욜라(Vespaiola):** 토종 품종으로 주로 스위트 와인에 쓰인다.

레드와인

- **코르비나(Corvina):** 이 지방에서 많이 재배되는 품종으로 짜임새가 있어서 아마로네 중심 품종이 된다.

- **론디넬라(Rondinella):** 코르비나 다음으로 중요한 품종으로 아마로네에 사용된다.

- **카베르네 소비뇽(Cabernet Sauvignon):** 야간 예외는 있지만, 이 지방에서 비교적 평범한 와인을 만든다.

- **메를로(Merlot):** 비교적 평범한 와인을 만든다.

- **마르체미노(Marzemino):** 만생종으로 내병성이 약해 재배면적이 줄고 있다. 신선한 와인을 만든다.

- **피노 네로(Pinot Nero = Pinot Noir):** 일부에서는 좋은 와인을 만들지만 대부분 향이 약하다.

- **몰리나라(Molinara):** 산도가 높고 코르비나, 론디넬라와 함께 발폴리첼라에 사용된다.

레초토_Recioto

베네토 지방에서 사용하는 용어로 다른 지방에서는 파시토(Passito)라고 한다. 수확한 포도를 그늘에서 3-4개월 건조시켜 당분과 향미를 농축시키는데, 가끔은 보트리티스 곰팡이가 끼기도 한다. 이 포도를 사용하여 달게 만든 와인을 '레초토' 와인이라고 하며, 완벽하게 발효시킨 드라이와인은 '아마로네(Amarone)'라고 한다.

DOCG 및 DOC

- Amarone della Valpoicella(아마로네 델라 발폴리첼라) DOCG: 코르비나(45-95%), 론디넬라(5-30%) 등으로 만든 레드와인. 포도를 수확한 다음 곰팡이가 끼지 않도록 조심스럽게 3-4개월 건조시켜 당분 함량을 높인 다음에 12월 1일 이후에 양조. 완전히 발효를 시키기 때문에 드라이와인(잔당 12g/ℓ 이하). 숙성

2년(리제르바는 4년) 이상. 알코올 농도 15-16%(기준 알코올 농도 14% 이상), 특정지역의 것은 클라시코.

- Arcole(아르콜레) DOC: 가르가네가(50% 이상) 등으로 만든 화이트 및 스파클링와인. 메를로(50% 이상) 등으로 만든 로제 및 레드와인. 가르가네가로 만든 스위트와인. 단일품종 와인도 생산.

- Bagnoli di Sopra(바뇰리 디 소프라)/Bagnoli(바뇰리) DOC: 샤르도네(30% 이상), 프리울라노 및 소비뇽 블랑(20% 이상), 라보조(Raboso)/프리울라노 등으로 만든 화이트와인. 라보조(50% 이상), 메를로(40% 이하) 등으로 만든 로제. 메를로(15-60%), 카베르네 및 카르메네르(25% 이상) 등으로 만든 레드와인. 라보조(90% 이상) 등으로 만든 스파클링 및 스위트와인. 단일품종 와인도 생산.

- Bagnoli Friularo(바뇰리 프리울라로)/Friularo di Bagnoli(프리울라로 디 바뇰리) DOCG: 라보조(90% 이상) 등으로 만든 레드 및 스위트와인. 숙성 12개월, 리제르바 24개월(나무통 12개월), 파시토는 나무통에서 2년 이상.

- Bardolino(바르돌리노) DOC: 코르비나 및 코르비노네(35-80%), 론디넬라(10-40%), 몰리나라(15% 이하) 등으로 만든 로제, 레드 및 스파클링와인.

- Bardolino Superiore(바르돌리노 수페리오레) DOCG: 코르비나(35-65%), 론디넬라(10-40%), 몰리나라(15% 이하) 등으로 만든 레드와인. 특정지역의 것은 클라시코. 숙성 1년

- Bianco di Custoza(비안코 디 쿠스토차)/Custoza(쿠스토차) DOC: 트레비아노(10-45%), 가르가네가(20-40%), 프리울라노(5-30%), 코르테제(30% 이하) 등으로 만든 화이트, 스파클링 및 스위트와인.

- Breganze(브레간체) DOC: 프리울라노(50% 이상) 등으로 만든 화이트와인. 메를로(50% 이상) 등으로 만든 레드와인. 단일품종 와인도 생산. 베스파욜라(85% 이상) 등으로 만든 스파클링와인. 베스파욜라(100%)로 만든 스위트와인.

- Colli Asolani Prosecco(콜리 아솔라니 프로세코)/Asolo Prosecco(아졸로 프로세코) DOCG: 글레라(Glera, 85% 이상) 등으로 만든 화이트 및 스파클링와인.

- Colli Berici(콜리 베리치) DOC: 가르가네가(50% 이상) 등으로 만든 화이트, 스파클링 및 스위트와인. 메를로(50% 이상) 등으로 만든 레드와인. 단일품종 와인도 생산. 샤르도네(50% 이상), 피노 네로 및 피노 비안코(50% 이하) 등으로 만든 샴페인 방식의 스파클링와인

- Colli di Conegliano(콜리 디 코넬리아노) DOCG: 만초니 비안코(Manzoni Bianco, 30% 이상), 피노 비안코 및 샤르도네(30% 이상), 소비뇽 블랑 및 리슬링(10% 이하) 등으로 만든 화이트와인. 메를로(10-40%), 카베르네 프랑(10% 이상), 카베르네 소비뇽(10% 이상), 만초니 네로 및 레포스코(20% 이하) 등으로 만든 레드와인. 글레라(30% 이상) 등으로 만든 스위트와인. 마르체미노(95% 이상) 등으로 만든 스위트와인.

- Colli Euganei(콜리 에우가네이) DOC: 가르가네가(30% 이상), 글레라 및 소비뇽 블랑(30% 이상), 모스카토(5-10%) 등으로 만든 화이트 및 스파클링와인. 메를로(40-80%), 카베르네 및 카르미네레(20-60%) 등으로 만든 레드와인. 모스카토(90% 이상) 등으로 만든 스파클링와인. 단일품종 와인도 생산.

- Colli Euganei Fior d' Arancio(콜리 에우가네이 피오르 다란치오)/Fior d' Arancio Colli Euganei (피오르 다란치오 콜리 에우가네이) DOCG: 모스카토(95% 이상) 등으로 만든 화이트, 스파클링 및 스위트와인.

- Conegliano-Valdobbiadene(코넬리아노 발도비아데네) DOCG: 글레라(85% 이상) 등으로 만든 화이트 및 스파클링와인.

는 세계에서 세 번째로 긴 인공 동굴(30km)에 다섯 단계로 1억 2천만 병을 저장할 수 있는 시설을 갖춘 최대 메이커이다. 스페인 카바는 '코도르니우(Codorníu)'와 '프레이세넷(Freixenet)' 두 군데가 80% 이상을 점유하고 있다.

주산지는 산트 사두르니 다노야(Sant Sadurní d'Anoia)로 카바의 85%를 생산하며, 바르셀로나 남쪽에 있다. 법적으로 아라곤, 에스트레마두라, 카스티야레온, 나바라, 라리오하, 발렌시아, 파이스 바스코 등 다른 7개 주에서도 카바를 생산하지만, 페네데스에서 95% 이상이 생산된다. 카바(Cava)란 카탈루냐 어로 '동굴'이란 뜻이다.

면적: 32,009ha. 수율: 화이트와인 8,000ℓ/ha, 레드와인 5,300ℓ/ha.

▩ 유명 메이커

- **토레스(Torres):** 페네데스 와인을 세계적인 수준으로 끌어올린 회사(1870년 창업)로서 연간 2백만 상자를 생산하는 대기업이다. 페네데스 고유 품종보다는 카베르네 소비뇽, 샤르도네 등 새로운 품종을 도입하고, 스테인리스스틸 탱크 도입 등 과학적인 방법으로 생산하고 있다. 60년 동안 벌크와인을 생산하다가 세계적인 와인 메이커로 성장하였다. 1932년부터 미겔 토레스(Miguel Torres, 1910-1991)가 맡아서 운영하다가, 1962년부터는 아들이 경영하고 있다. 1979년 카베르네 소비뇽으로 만든 와인이 프랑스 블라인드 테이스팅에서 보르도의 고급 와인을 이긴 후로 유명해졌으며, 현재는 칠레, 캘리포니아에서도 와인을 만들고 있다.

- **진 레온(Jean Léon):** 1960년대에 설립되어 페네데스에 새로운 물결을 일으킨 선구자적인 메이커로서 샤토 라피트 로트칠드에서 카베르네 소비뇽을, 코르통 샤를마뉴에서 샤르도네를 도입하여 자체 포도밭에서 나온 포도만 사용한다.

[그림 12-3] 페네데스 와인의 상표

리베라 델 두에로(Ribera del Duero) DO

예전부터 포도밭은 있었지만, 공식적으로는 1982년부터 지정된 곳으로, 당시 아홉 개였던 와이너리가 지금은 200개 가까운 숫자로 늘어나고 있는 스페인의 새로운 와인생산지로서 각광을 받고 있다. 전통적으로 값싼 로제를 만드는 곳이었지만, 요즈음은 최고의 레드와인 산지로서 묵직하고 색깔 짙은 꽉 찬 와인을 만든다. 스페인 최고의 와인으로 알려진 것은 1980년대 '우니코(Unico)'와 '페스케라(Pesquera)' 와인이 세계적인 명성을 얻었기 때문이다. 사용하는 품종은 85%가 틴토 피노(Tinto Fino, 혹은 Tinto del País) 즉 템프라니요의 변종으로 이것을 주품종(75% 이상 사용)으로 와인을 만들며, 그 외 가르나차로 로제를 만들며, 약간의 카베르네 소비뇽이나 메를로 등도 재배하고 있다. 화이트와인은 알비요(Albillo)로 만들며, 상대적으로 명성이 덜하다.

리베라 델 두에로의 이름은 이곳을 흐르는 두에로(Duero)강에서 유래된 것으로, 이 강은 포르투갈에서 포트로 유명한 도우로(Douro) 계곡을 거쳐 대서양으로 간다. 이 강은 넓거나 깊지 못하기 때문에 기후에 끼치는 영향력은 미미하지만, 봄과 가을에 서리 방지에 도움을 주고 있다. 리베라 델 두에로의 여름은 35℃가 넘는 폭염으로 엄청나게 덥고, 겨울은 영하 15℃이하가 될 정도로 연교차가 심한 지역이며, 낮과 밤의 기온 차이도 심해서 포도가 견디기 힘든 날씨이고, 강우량은 연간 400-600㎜로서 건조한 편이다. 이런 기후에 적응한 포도가 틴토 피노이며, 지주 없이 전통적인 방법으로 재배하고, 30-50년 이상 된 포도밭에서 수확하여 와인을 만들기 때문에 농축된 향미가 나올 수 있다. 좋은 포도밭의 토양은 모래, 석회석 그리고 자갈로 이루어져 있으며, 석회질이 많다.

네 개의 지역으로 나누는데, '부르고스(Burgos)'에 포도밭이 많으며, '소리아(Soria)', '세고비아(Segovia)', '바야돌리드(Valladolid)'에는 고급 포도밭이 있다. 면적: 20,042ha. 수율: 4,900ℓ/ha.

▓ 유명 메이커

- **아바댜 레투에르타(Abadia Retuerta)**: 원칙적으로 리베라 델 두에로 밖에 있지만, 1146년에 설립된 아름다운 수도원을 포함한 대규모 포도밭을 가지고 있다. 샤토 오손의 와인 메이커 파스칼 델벡(Pascal Delbeck)이 와인을 만든다. 템프라니요로 만든 '파고 네그랄라다(Pago Negralada)'는 고급 보르도 와인 스타일이다.

- **알레한드로 페르난데스(Alejandro Fernandez)**: 포도를 으깨어 나무통에 둔 채로 발효와 숙성을 시켜 여과하지 않고 만드는 자연 그대로 양조방법을 사용한 '페스케라(Pesquera)'가 유명하다.

- **보데가스 노스 페레스 파스콰스(Bodegas Hnos. Pérez Pascuas)**: 틴토 피노로 만든 '비냐 페드로사(Viña Pedrosa)'가 유명하다.

- **보데가스 이스마엘 아로요(Bodegas Ismael Arroyo)**: 부자가 운영하는 소규모 업체로 틴토 피노로

만든 '발소티요(ValSotillo)'가 유명하다.

- **도미니오 데 핑구스(Dominio de Pingus):** 오래된 나무에서 적은 양을 수확하여 만든 최고급 와인인 '핑구스(Pingus)'가 유명하며, 스페인 최고의 와인 메이커 피터 시섹(Peter Sisseck)이 관여한 곳이다.

- **핀카 비야크레세스(Finca Villacreces):** 수령 60년 이상된 템프라니요로 만든 고급 와인인 '네브로(Nebro)'가 유명하다.

- **베가 시실리아(Vega Sicilia):** 리베라 델 두에로 와인을 세계적인 수준으로 만든 선구자로서 스페인에서 가장 값이 비싼 와인이라고 할 수 있다. '발부에나(Valbuena 5°)'는 5년 숙성시킨 것이고, 최고 제품인 '우니코(Unico)' 그리고 '우니코 레세르바 에스페시알(Unico Reserva Especial)' 등이 있다. 우니코는 마실 수 있을 때까지 숙성시킨다는 것으로, 경우에 따라 20년 이상 숙성시킨다. 1968년, 1982년 빈티지는 동시에 1991년에 출하하였으며, 작황이 좋지 않을 때는 와인을 만들지 않고 포도를 팔아버린다.

- **비냐 사스트레(Viña Sastre):** 가족경영의 포도재배만 하다가 1992년부터 현대적인 와인 양조시설을 갖추고 시작하여, '에르마노스 사스트레 페수스(Hermanos Sastre Pesus)', '파고 데 산타 크루스(Pago de Santa Cruz)', '레히나 비데스(Regina Vides)' 등은 수령 80-100년이 된 템프라니요 포도나무에서 나온 고급 와인이다.

[그림 12-4] 리베라 델 두에로 와인의 상표

프리오라토(Priorato) DOCa

카탈루냐 지방의 타라고나 서쪽에 따로 떨어진 곳으로 스페인 와인산지 중 새로운 스타가 된 곳이다. 포도재배의 역사는 다른 곳과 마찬가지로 로마시대 이전부터 시작되었으며, 중세에는 '천국의 계단'으로 알려져 카르투지오(Carthusians) 수도원이 설립된 곳으로 종교적으로 중요한 위치를 차지하고 있었다. 프리오라토(Priorato)라는 지명도 스페인어로 수도원이란 뜻이며, 카탈루냐 지방에서는 '프리오라트(Priorat)'라고도 한다.

이 지역 와인은 스페인에서 가장 진하고 힘이 넘치는 레드와인으로 알려져 있다. 알코올과 타닌 함량이 많고 농축미를 풍기는데 이는 일교차가 크고, 점판암으로 된 메마른 토양에서 자란 오래된 포도나무에서 수확을 하기 때문이다. 포도밭은 해발 900m가 넘는 경사진 언덕에 퍼져 있어서 기계화가 불가능할 정도의 황량한 계곡을 따라 조성되어 있다. 이 지역의 주품종은 가르나차(Garnacha)와 카리녜나(Cariñena)로서 다른 지역에서 그렇게 고급 와인을 만드는 품종이 아니지만, 프리오라토에서는 이 두 가지에 소량의 카베르네 소비뇽과 메를로, 시라, 템프라니요를 섞어서 최고의 레드와인을 만들고 있다. 그리고 약간의 로제와 비스 돌세스(Vis Dolçes)라는 스위트 와인도 나온다.

이 지역은 경작이 어렵고 소외된 지역인데다, 포도밭의 규모도 적어서 포도밭 주인들은 포도를 수확하여 조합이나 업자에게 포도를 팔아버렸으나, 1990년대부터 이 지역의 가능성을 예측하고 스페인 전역에서 실력 있는 포도 재배자와 와인 메이커들이 건너와 획기적인 전환점을 마련하였다. 처음으로 독자적인 와이너리를 설립한 '코스테르스 델 시우라나(Costers del Siurana)'는 가르나차와 카리녜나로 만든 깊은 맛의 '클로 데 로박(Clos de l'Obac)'과 가르나차, 카리녜라, 카베르네 소비뇽, 템르라니요, 메를로로 만든 '미세레레(Miserere)'를 내놓고 있으며, 유명한 '알바로 팔라시오스(Alvaro Palacios)'에서는 100% 가르나차로 만들어 농축된 맛을 풍기는 아주 비싼 레르미타(L'rmita)'와 가르나차, 카리녜라, 카베르네 소비뇽, 시라, 메를로로 만들어 복합미가 넘치는 '핀카 도피(Finca Dofi)'를 만들고 있다. 그 외 '클로 에라스무스(Clos Erasmus)', '클로 마르티네트(Clos Martinet)', '모를란다(Morlanda)', '클로 모가도르(Clos Mogador)' 등이 유명하다. 면적: 1,820ha. 수율: 4,200ℓ/ha.

리아스 바이사스(Rias Baixas) DO

스페인은 레드와인이 좋고 고급 화이트와인이 별로 없는 것으로 알려져 있다. 전통적으로 화이트와인은 셰리나 카바를 만드는데 사용되었고, 일반 화이트와인은 나무통에서 오래 숙성시켜 고유의 아로마가 없는 무덤덤한 것으로 자가 소비하는 정도였으나, 스페인 북서쪽 갈리시아 지방의 리아스 바이사스는 새로운 화이트와인산지로 주목을 받고 있다. 1980년대까지만 해도 구식 장비를 이용하여 나무통에서 발효하고 숙성시켰으나 요즈음은 온도조절장치가 된 스테인리스스틸 탱크에서 현대적인 방법으로 신선한 화이트와인을 만들고 있다. 1986년 다섯 개였던 와이너리도 요즈음은 100개 가까이 증가하였으며, 활발한 투자와 잘 훈련된 와인 메이커(Adega라고 함)의 과학적인 양조방법으로 스페인 화이트와인의 역사를 바꾸고 있다.

갈리시아 지방은 스페인에서 고립된 곳으로 켈트 문화가 아직 남아있는 곳으로 와인과 생선 소비가 많으며, 아직도 고유의 문화와 언어를 가지고 있다. 시원한 바닷바람이 부는 해안을 따라 조성된 포도밭에서 수세기 동안 포도를 재배하였다. 95% 이상이 알바리뇨(Albariño)로 만든 화이트와인이며, 약간의 로제와 레드와인을 만든다. 이 품종은 12세기 독일에서 전래된 것으로 추정하고 있으며, 포르투갈에서 비뉴 베르드(Vinho Verde)를 만드는 것으로 이 지역에서만 자라는 독특한 품종이다. 샤르도네, 리슬링, 소비뇽 블랑 등에서 느낄 수 없는 감귤류와 복숭아 향이 지배적이며 부드럽고 가벼운 크림을 연상하게 만든다. 거의 나무통에서 발효나 숙성을 하지 않고 신선한 상태를 유지시킨다.

리아스 바이사스는 습기가 많은 지역으로 연간 강우량도 1,200㎜가 넘지만, 대부분의 비는 겨울에 내리고, 수확기에는 내리지 않는다. 그래도 토양의 습도가 높아서 노균병 등 곰팡이가 잘 끼기 때문에 2.5-3.0m의 지주를 세워 포도를 지면에서 높게 재배하여, 지면의 습기 영향을 줄이고 통풍이 잘 되게 만든다. 좁은 지역이지만, 북쪽의 '발 도 살네스(Val do Salnés)'는 70% 이상의 알바리뇨로 만들며, 내륙의 산악지역 '콘다도 데 테아(Condado de Tea)'는 70% 알바리뇨 혹은 트레이사두라(Treixadura)로 만들며 , 남쪽의 포르투갈 국경에 이르는 '오 호살(O. Rosal)'은 70% 알바리뇨 혹은 로우레이라(Loureira)로 만들며, '리베라 도 우야(Ribera do Ulla)'는 70% 알바리뇨에 다른 포도를 섞어서 만든다. 이 지역의 좋은 포도밭은 배수가 잘 되는 모래와 화강암 토양에 약간의 석회석과 점토가 혼합된 토양이다.

잘 알려진 메이커는 '보데가 모르가디오(Bodegas Morgadío)', '빌라리뇨 캄바도스(Vilariño-Cambados)', '보데가스 살네수르(Bodegas Salnesur)', '루스코 도 미뇨(Lusco do Miño)', '마르 데 세뇨란스(Mar de Señorans)', '파소 산마우로(Pazo San Mauro)' 등이다. 면적: 3,019ha. 수율: 5,360ℓ/ha.

기타 지방별 와인의 DO

▦ 카탈루냐(Cataluña) 지방

- **Alella(알레야) DO:** 주종을 이루는 화이트와인은 판사 블랑카(Pansà Blanca), 샤르도네로 만들고, 로제 및 레드와인은 가르나차, 울 데 예브레, 메를로 등으로 만듦. 스파클링와인도 생산. 면적: 330ha. 수율: 4,800ℓ/ha.

- **Empordá-Costa Brava(엠포르다 코스타 브라바) DO:** 젊은 와인 메이커들이 새로운 클론 선택과 과학적인 방법으로 와인을 양조하여 고급와인산지로 떠오르는 곳. 화이트와인은 가르나차 블랑카, 마카베오 등으로, 로제 및 레드와인은 가르나차, 카리녜나(Cariñena) 등으로 만듦. 스위트 와인도 생산. 단일품종으로 소비뇽 블랑, 샤르도네, 카베르네 소비뇽이 있음. 면적: 2,977ha, 수율: 4,900ℓ/ha.

- **Cataluña(카탈루냐) DO:** 카탈루냐 전역에 해당하는 DO. 화이트와인은 파레야다, 샤르도네 등으로, 레드와인은 템프라니요, 가르나차, 모나스트렐 등으로 만듦. 면적: 3,872ha.

- **Cava(카바) DO**

- **Conca de Barbera(콘카 데 바르베라) DO:** 화이트와인은 마카베오, 파레야다, 샤르도네 등으로, 레드와인은 카베르네 소비뇽, 가르나차, 메를로 등으로 만들고, 로제는 100% 트레파트(Trepat)으로 만듦. 샤르도네가 유명. 면적: 6,000ha. 수율: 7,000ℓ/ha.

- **Costers del Segre(코스테르 델 세그레):** 레드와인은 가르나차 틴타, 울 데 예브레, 메를로, 카베르네 소비뇽, 모나스트렐, 피노 누아, 시라 등으로, 화이트와인은 마카베오, 파레야다, 사렐로, 가르나차 블랑카, 리슬링, 소비뇽 블랑, 알바리뇨 등으로 만듦. 면적: 4,869ha. 수율: 12,000ℓ/ha.

- **Montsant(몬트산트) DO:** 젊은 와인 메이커가 많은 곳으로 타라고나에 속해 있다가 2001년 새로운 DO로 분리. 화이트와인은 샤르도네, 가르나차 블랑카, 마카베오, 모스카텔, 파레야다 등으로, 레드와인은 마수엘라, 가르나차, 메를로, 모나스트렐, 시라, 템프라니요 등으로 만듦. 산화시킨 스위트와인도 있음. 면적: 2,091ha. 수율: 5,700ℓ/ha.

- **Penedès(페네데스) DO**

- **Pla de Bages(플라 데 바헤스) DO:** 피카폴(Picapoll)로 만든 신선한 화이트와인으로 유명. 기타, 파레야다, 마카베오, 소비뇽 블랑도 있음. 레드와인은 카베르네 소비뇽에 템프라니요나 메를로를 섞어서 만듦. 면적: 600ha.

- **Priorato(프리오라토) DOCa**

- **Tarragona(타라고나) DO:** 마카베오, 파레야다, 사렐로, 샤르도네 등으로 만든 풀 바디 화이트와인이 대부분(카바 포함). 레드와인은 가르나차, 울 데 예브레, 로제는 가르나차, 카리녜라, 울 데 예브레, 기타 카베르네 소비뇽, 메를로, 시라 등도 재배. 전통적인 랑시오(Rancio)는 가르나차와 카리녜라로 만들고, 클라시코 리코로소(Clasicco Licoroso)는 가르나차로 만든 스위트와인. 면적: 7,400ha. 수율: 화이트와인 7,000ℓ/ha, 레드와인 5,900ℓ/ha.

- Terra Alta(테라 알타) DO: 가벼운 와인으로 레드와인은 카리녜라, 카베르네 소비뇽, 마수엘로, 가르나차 등으로, 화이트와인은 가르나차 블랑카, 마카베오, 파레야다 등으로 만듦. 면적: 8,200ha. 수율: 레드와인 5,600ℓ/ha, 화이트와인 6,600ℓ/ha.

아라곤(Aragón) 지방

- Calatayud(칼라타유드) DO: 아라곤 지방에서 두 번째로 생산량이 많음. 현대적인 기술을 사용하여 와인을 생산. 가르나차(60% 이상) 등으로 로제 및 레드와인을 만들며, 가르나차 블랑카, 말바지아, 모스카텔, 비우라 등으로 화이트와인을 만듦. 7,400ℓ/ha. 면적: 5,350ha.

- Campo de Borja(캄포 데 보르하) DO: 가르나차를 위주로 템프라니요, 마수엘라, 카베르네 소비뇽, 메를로, 시라 등으로 로제 및 레드와인을 만들고, 마카베오, 모스카텔, 샤르도네 등으로 화이트와인을 만듦. 면적: 7,940ha. 수율: 레드와인 4,900ℓ/ha, 화이트와인 5,600ℓ/ha.

- Cariñena(카리녜나) DO: 강우량이 적은 곳으로 알코올 농도가 높은 레드와인은 카리녜나(= 카리냥 = 마수엘로), 가르나차, 템프라니요 등으로 만들고, 화이트와인은 비우라, 마카베오 등으로 만듦. 스위트 모스카텔도 생산. 면적: 16,676ha. 수율: 2,900-5,200ℓ/ha.

- 파고 아릴레스(Pago Aylés) DO de Pago: 아라곤(Aragón)의 카리녜나(Cariñena). 가르나차, 템프라니요, 카베르네 소비뇽, 메를로 등을 재배하며, 레드, 로제 생산.

- Cava(카바) DO

- Somontano(소몬타노) DO: 색깔이 진하고 타닌이 많은 장기 숙성용 와인으로 템프라니요, 가르나차, 카베르네 소비뇽, 메를로, 피노 누아, 시라 등으로 만든 레드와인을, 마카베오, 샤르도네, 가르나차 블랑카 등으로 화이트와인(오크통 숙성)을 만듦. 고유 품종과 외래 품종의 조화가 잘 된 곳. 면적: 4,055ha. 수율: 레드와인 5,920ℓ/ha, 화이트와인 6,660ℓ/ha.

나바라(Navarra)지방

- Cava(카바) DO
- Navarra(나바라) DO
- Rioja(리오하) DOCa

라리오하(La Rioja) 지방

- Rioja(리오하) DOCa

바스코(Pais Vasco) 지방

- Chacoli de Álava(차콜리 데 알라바)/Arabko Txakolina(아라브코 차콜리나) DO: 2001년 신설된 DO로 가벼운 화이트와인 산지. 면적: 50ha.

- Chacoli de Guetaria(차콜리 데 헤타리아)/Getariaco Txakolina(헤타리아코 차콜리나) DO: 알코올 농도가 낮고 신선한 화이트와인이 대부분. 화이트와인은 온다라비 수리(Hondarrabí Zuri), 레드와인은

온다라비 벨차(Hondarrabí Beltza)로 만듦. 면적: 180ha.

- Chacoli de Vizcaya(차콜리 데 비스카야)/Bizkaiko Txakolina(비스카이코 차콜리나) DO: 신선한 화이트와인이 대부분. 화이트와인은 온다라비 수리(Hondarrabí Zuri), 폴 블랑슈 등으로, 레드와인은 온다라비 벨차(Hondarrabí Beltza) 등으로 만듦. 면적: 120ha.

- Rioja Alavesa(리오하 알라베사) DOCa

카스티야 레온(Castilla y León) 지방

- Arlanza(아를란사) DO: 틴타 델 파이스(80% 이상, 로제는 60% 이상) 등으로 만든 로제 및 레드와인. 알비요, 비우라 등으로 만든 화이트와인. 면적: 450ha. 수율 7,000 kg/ℓ(레드), 10,000 kg/ℓ

- Arribes(아리베스) DO: 후안 가르시아, 루페테, 템프라니요 등으로 만든 로제 및 레드와인. 말바지아, 베르데호, 알비요 등으로 만든 화이트와인.

- El Bierzo(엘 비에르소) DO: 도냐 블랑카(Doña Blanca), 고데요(Godello) 등으로 만든 화이트와인, 도냐 블랑카로 만든 스파클링와인, 멘시아(Mencía)로 만든 로제 및 레드와인. 면적: 4,274ha. 수율: 7,700ℓ/ha.

- Cigales(시갈레스) DO: 전통적으로 로제가 유명했으나, 1990년대부터 레드와인을 주로 생산. 레드와인은 템프라니요, 가르나차 틴타 등으로 만듦, 카베르베 소비뇽, 메를로 등도 있음. 화이트와인은 알비요(Albillo), 베르데호(Verdejo) 등으로 만듦. 면적: 2,750ha. 수율: 4,900ℓ/ha.

- Ribera del Duero(리베라 델 두에로) DO

- Rueda(루에다) DO: 겨울이 춥고 여름이 더운 곳으로 전통적으로 강화와인이 유명. 1970년대부터 과학적인 방법으로 베르데호(Verdejo), 비우라, 팔로미노 등으로 화이트와인 양조. 최근 샤르도네, 소비뇽 블랑 등도 많이 재배. 카바도 있음. 레드와인은 템프라니요, 카베르네 소비뇽, 메를로, 가르나차 등으로 만듦. 스위트 와인인 헤네로소(Generoso), 팔리도(Pálido), 도라도(Dorado) 등도 있음. 면적: 7,336ha. 수율: 7,200ℓ/ha.

헤네로소_Generoso

특정지역 즉, 콘다도 데 우엘바(Condado de Huelva), 헤레스(Jerez), 몬티야 모릴레스(Montilla-Moriles), 만사니야(Manzanilla)에서 나오는 알코올 농도 15% 이상의 강화 와인이지만 다른 지방에서도 동일한 타입으로 만들어 이 명칭을 사용한다. 일반 강화와인은 리코로소(Licoroso)라고 한다.

- Tierra del Vino de Zamora(티에라 델 비노 데 사모라) DO: 해발 750m, 일조량이 많은 곳. 화이트와인은 말바지아, 모스카델, 베르데호, 알비뇨 사용. 레드와인은 템프라니요, 가르나차, 카베르네 소비뇽 사용.

- Tierra de Loón(티에라 데 레온) DO: 해발 900m, 대륙성기후. 화이트, 로제, 레드와인. 레드 품종: 멘시아, 프리에토 피쿠도(Prieto Picudo), 템프라니요, 가르나차, 화이트 품종: 베르데호, 알바린 블랑코(Albarin Blanco), 고데요(Godello), 말바지아, 팔로미노.

- Toro(토로) DO: 강렬한 레드와인이 대부분으로 템프라니요의 변종인 틴타 데 토로(Tinta de Toro)로 만들고, 화이트와인은 소량으로 베르데호, 말바지아 등으로 만듦. 디저트와인도 있음. 베가 시실리아에서 투자한 핀티아(Pintia)와 도미니오 데 에구렌(Dominio de Eguren)의 누만시아(Numanthia)가 성공적으

로 와인 양조. 면적: 5,625ha. 수율: 레드와인 4,200ℓ/ha, 화이트와인 6,300ℓ/ha.

갈리시아(Galicia) 지방

- **Monterrei(몬테레이) DO**: 가볍고 신선한 화이트와인이 주종, 벌크와인 생산. 도나 블랑카(Doña Blanca), 트레이사두라(Treixadura), 고데요(Godello)로 만든 화이트와인, 멘시아(Mencía), 템프라니요로 만든 레드와인. 면적: 500ha.

- **Rias Baixas(리아스 바이사스) DO**

- **Ribeira Sacra(리베이라 사크라) DO**: 경사진 언덕에서 수율을 낮게 재배. 알바리뇨, 고데요(Godello)로 만든 화이트와인, 멘시아(Mencía)로 만든 레드와인.

- **Ribeiro(리베이로) DO**: 화이트와인은 알바리뇨, 고데요 등으로, 레드와인용은 멘시아 등으로 만듦. 면적: 3,000ha. 수율: 9,100ℓ/ha.

- **Valdeorras(발데오라스) DO**: 멘시아 등으로 만든 레드와인과 로제, 고데요(Godello) 등으로 만든 화이트와인. 면적: 2,700ha. 수율: 경사지 5,600ℓ/ha, 평지 7,000ℓ/ha.

마드리드(Madrid) 지방

- **Vinos de Madrid(비노스 데 마드리드) DO**: 주로 영 와인 생산. 화이트와인은 아이렌(Airén) 등으로, 로제 및 레드와인은 가르나차, 틴토 피노 등으로 만들고, 약간의 스파클링와인도 생산. 면적: 10,561ha. 수율: 화이트와인 5,600ℓ/ha, 레드와인 4,900ℓ/ha.

카스티야 라만차(Castilla-La Mancha)/센트로(Centro) 지방

- **Almansa(알만사) DO**: 모나스트렐, 가르나차, 센시벨 등으로 만든 로제 및 레드와인. 면적: 7,600ha. 수율: 2,100-3,850ℓ/ha.

- **Campo de La Guardia(캄포 델 라 과르디아) DO de Pago**: 카스티야 라만차의 톨레도(Toledo). 온화한 지중해성 기후. 화이트와인은 샤르도네, 레드와인은 템프라니요 외 프랑스 품종.

- **Dehesa del Carrizal(데에사 델 카리살) DO de Pago**: 카스티야 라만차의 수다드 레알(Ciudad Real). 여름이 덥고(40℃) 건조하며, 겨울이 추운 곳으로 해발 1,000m에 포도밭 조성. 가르나차 틴토레아, 시라 등을 재배한다. 면적: 22ha.

- **Dominio de Valdepusa(도미니오 데 발데푸사) DO de Pago**: 카스티야 라만차의 톨레도(Toledo). 고급 와인 생산지역으로 1970년대부터 카를로스 팔코(Carlos Falcó, Marqués de Griñón)가 카베르네 소비뇽을 재배하면서 DO 규정에 벗어난 와인을 만들었으나, 뛰어난 품질을 인정받아 2003년 스페인 최초로 비노 데 파고(Vinos de Pago)가 됨. 강하고 진한 와인으로 카베르네 소비뇽은 18-24개월, 프티 베르도는 8개월, 시라는 11개월 정도 숙성. 프랑스의 미셀 롤랑(Michel Rolland)이 보르도 식으로 와인을 생산. 에메리투스(Emeritus)는 최고급으로 시라 50%, 카베르네 소비뇽, 프티 베르도 등으로 오크통에서 13개월 숙성. 면적: 40ha.

- **Guijoso(구이호소) DO de Pago**: 카스티야 라만차의 알바세테(Albacete). 해발 1,000m. 1985년부터

포도를 재배하여 짧은 시간에 스페인 최고의 와인으로 부상. 해발 1,000m에 포도밭이 조성되어 있으며 연교차가 심한 곳. 화이트와인은 샤르도네, 소비뇽 블랑, 레드와인은 카베르네 소비뇽, 메를로, 템프라니요, 시라 등으로 만듦. 면적: 72ha.

- **Finca Élez(핀카 엘레스) DO de Pago:** 카스티야 라만차의 알바세테(Albacete). 해발 1,000m 고지대에서 영화배우 및 영화사업가 출신 마누엘 만사네케(Manuel Manzaneque)가 시작. 카베르네 소비뇽, 템프라니요, 메를로, 시라, 샤르도네 등 재배. 면적: 33ha.

- **Jumilla(후미야) DO:** → 무르시아(Murcia) 지방

- **La Mancha(라만차) DO:** 스페인 중앙 고원지대로 여름이 덥고, 겨울이 추운 곳으로 이상적인 조건을 갖춘 곳에서는 고급 와인을 생산하지만, 대부분은 테이블와인으로 스페인에서 가장 많은 와인을 생산(40% 차지). 청포도인 아이렌(Airén)을 주로 재배하며, 이것으로 만든 와인은 알코올 농도가 높고 산도가 약해서 브랜디용이나 레드와인 블렌딩용으로 많이 사용. 레드와인은 주로 센시벨을 사용하며, 그 외 카베르네 소비뇽, 가르나차 등도 사용. 요즈음은 일찍 수확하여 낮은 온도에서 발효시켜 가볍고 신선한 와인 생산. 면적: 191,699ha. 수율: 화이트와인 8,500ℓ/ha, 레드와인 7,500ℓ/ha.

- **Manchuela(만추엘라) DO:** 가벼운 영 레드와인과 화이트와인을 생산. 화이트와인은 알비요, 샤르도네, 마카베오, 소비뇽 블랑, 베르데호 등으로, 레드와인은 보발(Bobal), 카베르네 소비뇽, 템프라니요, 가르나차, 메를로, 모나스트렐, 시라 등으로 만듦. 면적: 10,000ha. 수율: 레드와인 5,500-7,000ℓ/ha, 화이트와인 4,500-8,000ℓ/ha.

- **Méntrida(멘트리다) DO:** 가르나차가 80%를 차지하는 레드와인 산지로서 템프라니요, 카베르네 소비뇽, 메를로, 시라 등도 재배하며, 화이트와인은 알비요, 마카베오, 소비뇽 블랑, 샤르도네 등으로 만듦. 면적: 13,000ha. 수율: 화이트와인 9,600ℓ/ha, 레드와인 8,900ℓ/ha.

- **Mondejar(몬데하르) DO:** 센시벨, 카베르네 소비뇽으로 만든 짙은 레드와인과 로제, 마카베오 등으로 만든 영 화이트와인. 면적: 2,100ha.

- **Pago Florentino(파고 플로렌티노) DO de Pago:** 카스티야 라만차의 수다드 레알(Ciudad Real). 일조량이 많은 건조지역. 템프라니요를 비롯해 시라, 프티 베르도 등 재배. 레드와인. 58ha.

- **Pago Casa del Blanco(파고 카사 델 블랑코) DO de Pago:** 카스티야 라만차의 수다드 레알(Ciudad Real). 화이트와인은 아이렌 외 3종, 레드와인은 템프라니요 외 7종. 오래 품종이 2/3. 면적: 150ha.

- **Pago del Calzadilla(파고 델 칼사디야) DO de Pago:** 카스티야 라만차의 쿠엔카(Cuenca). 해발 800-1,000m의 경사지. 레드와인. 13ha.

- **Ribera del Júcar(리베라 델 후카르) DO:** 2003년에 지정된 곳으로 소규모 업자들이 주로 강렬하고 진한 레드와인 생산. 생산량의 1/4 을 수출. 품종은 카베르네 소비뇽, 센시벨, 템프라니요, 메를로, 시라, 보발 등. 면적: 9,141ha. 수율: 7,000ℓ/ha.

- **Uclés(우클레스) DO:** 베르데호, 샤르도네, 모스카텔 등으로 만든 화이트와인. 센시벨, 카베르네 소비뇽, 메르로, 시라 등으로 만든 레드와인. 면적: 1,700ha. 수율: 1,100ℓ/ha.

- **Vadepeñas(발데페냐스) DO:** 필록세라 이후 아이렌을 많이 재배하며, 라만차와는 다른 독특한 스타일의 로제와 가벼운 레드와인 생산. 화이트와인은 아이렌으로, 로제와 레드와인은 센시벨이 주품종. 면적: 29,271ha. 수율: 화이트와인 5,250ℓ/ha, 레드와인 4,200ℓ/ha.

발렌시아(Comunidad Valenciana) 지방

- **Alicante(알리칸테) DO**: 남쪽의 리오 비날로포(Rio Vinalopó)와 북쪽의 라 마리나(La Marina) 두 지역. 화이트와인은 토종인 메르세게라(Merseguera), 샤르도네 등으로, 레드와인은 카베르네 소비뇽, 템프라니요, 모나스트렐 등으로 만듦. 스위트와인은 모스카텔이나 폰디용(Fondillon)으로 만듦. 면적: 14,254ha. 수율: 레드와인 3,500ℓ/ha, 화이트와인 4,900ℓ/ha.

- **Cava(카바) DO**

- **El Terrerazo(엘 테레라소) DO de Pago**: 발렌시아의 우티엘 레케나(Utiel-Requena). 보발, 템프라니요, 시라 등 재배. 레드와인. 63ha.

- **Los Balagueses(로스 발라게세스, Chozas Carrascal) DO de Pago**: 발렌시아의 우티엘 레케나(Utiel-Requena). 시라, 가르나차, 템프라니요, 소비뇽 블랑, 샤르도네 재배. 레드, 화이트와인.

- **Utiel-Requena(우티엘 레케나) DO**: 보발, 템프라니요, 가르나차, 카베르네 소비뇽, 메를로 등으로 만든 로제 및 레드와인, 마카베오, 샤르도네, 소비뇽 블랑, 메르세게라 등으로 만든 화이트와인. 면적: 41,000ha. 수율: 레드와인 5,550-6734ℓ/ha, 화이트와인 5,900-7,550ℓ/ha.

- **Valencia(발렌시아) DO**: 화이트와인은 말바지아, 메르세게라, 페드로 히메네스, 마카베오, 샤르도네 등으로 만들며, 로제는 가르나차 틴타, 가벼운 레드와인은 모나스트렐, 가르나차 등으로 만들지만, 고급 레드와인은 템프라니요, 카베르네 소비뇽 등으로 양조. 디저트와인은 모스카텔로 만듦. 면적: 17,500ha. 수율: 화이트와인 7,000ℓ/ha, 레드와인 5,900ℓ/ha.

무르시아(Region de Murcia) 지방

- **Bullas(부야스) DO**: 모나스트렐, 센시벨, 가르나차 등으로 만든 로제 및 레드와인과 마카베오, 아이렌 등으로 만든 화이트와인. 수율: 화이트와인 5,600ℓ/ha, 레드와인 4,800ℓ/ha.

- **Jumilla(후미야) DO**: 1989년 필록세라 침범으로 포도밭을 새로 조성. 전체적으로 가볍고 신선한 영와인. 화이트와인은 주로 아이렌, 최근에 마카베오를 사용. 로제는 주로 모나스트렐, 레드와인은 모나스트렐, 메를로, 시라, 카베르네 소비뇽, 센시벨 등으로 만듦. 스위트와인도 생산. 면적: 32,000ha. 수율: 화이트와인 3,150ℓ/ha, 레드와인 2,800ℓ/ha.

- **Yecla(예클라) DO**: 1980년대부터 기술혁신으로 농축감 있는 와인을 양조. 영 레드와인은 모나스트렐, 고급은 템프라니요, 카베르네 소비뇽, 가르나차 등으로, 화이트와인은 메르세게라(Merseguera), 마카베오, 아이렌 등으로 만듦. 로제, 스파클링와인, 강화와인도 생산. 면적: 4,300ha. 수율: 5,200ℓ/ha.

에스트레마두라(Extremadura) 지방

- **Ribera del Guadiana(리베라 델 과디아나) DO**: 화이트와인은 비우라, 파레야다, 페드로 히메네스, 소비뇽 블랑, 샤르도네 등으로, 레드와인은 템프라니요가 주종이지만, 최근에 카베르네 소비뇽, 메를로, 시라 등 재배. 면적: 21ha. 수율: 화이트와인 8,400ℓ/ha, 레드와인 7,000ℓ/ha.

- **Cava(카바) DO**

안달루시아(Andalucía) 지방

- Condado de Huelva(콘다도 데 우엘바) DO: 팔로미노 등으로 만든 스위트 강화와인 및 가벼운 화이트 와인. 호벤(Joven), 팔리도(Pálido), 비에호(Viejo) 차례로 알코올 농도가 높아짐. 셰리용 오크통도 제작. 면적: 5,311ha. 수율: 6,000-7,000ℓ/ha.

- Jerez-Xérèz-Sherry(헤레스-세레스-셰리) & Manzanilla Sanlúcar de Barrameda(만사니야 산 루카르 데 바라메다) DO: 면적: 10,496ha. 수율: 7,350ℓ/ha.

- Málaga(말라가) DO - Sierras de Málaga(시에라스 데 말라가) DO: 안달루시아의 전통적인 디저트 와인으로 페드로 히메네스, 모스카텔 등을 사용. 아보카도(Abocado)는 당도 5g/ℓ, 세미세코(Semiseco)는 당도 50g/ℓ, 둘세(Dulce)는 포도를 건조하여 당도를 높인 다음 발효하여 만든 것. 이 중에서 프리 런 주스만으로 만든 것을 라그리마(Lágrima)라고 하며, 말라가 팔리도(Málaga Pálido)는 6개월 숙성, 말라가 (Málaga)는 나무통에서 6-25개월, 노블레(Noble)는 2-3년, 아네호(Añejo)는 3-5년, 트라사네호 (Trasañejo)는 5년 이상 숙성시킨 것. 대부분 솔레라 시스템으로 숙성.

  드라이와인은 '**시에라스 데 말라가(Sierras de Málaga)**'라는 별도의 DO로서 화이트와인은 페 드로 히메네스, 모스카텔, 샤르도네, 마카베오, 소비뇽 블랑으로 만들며, 레드와인은 로메(Romé), 카베 르네 소비뇽, 메를로, 시라, 템프라니요로 만듦. 면적: 1,172ha. 수율: 8,000ℓ/ha.

- Montilla-Moriles(몬티야 모릴레스) DO: 페드로 히메네스 등으로 만든 셰리와 유사한 와인이지만 알 코올을 첨가하지 않음. 18세기부터 셰리 타입의 와인을 만들어 이웃에 있는 헤레스와 말라가에 판매함. 영 와인은 페드로 히메네스로 만들어 드라이, 미디엄 드라이, 스위트 타입이 있으며, 오크통에서 1년 이상 숙성시킨 와인(Crianza)도 있음. 셰리와 같은 헤네로소(Generoso)는 피노, 아몬티야도, 올로로소, 색깔 진한 페드로 히메네스까지 있으며, 솔레라 시스템으로 숙성. 면적: 10,082ha. 수율: 8,700ℓ/ha.

발레아레스(Islas Baleares) 제도

- Binissalem-Mallorca(비니살렘 마요르카) DO: 만토 네그로(Manto Negro, 50% 이상) 및 카베르네, 템프라니요 등으로 만든 레드와인 및 로제, 모요(Mollo)로 만든 화이트와인 및 소량의 스파클링와인. 면적: 550ha. 수율: 5,250ℓ/ha.

- Plà i Llevant(플라 이 레반트) DO: 2001년 DO가 된 곳으로 대부분은 영 와인으로 마시는 레드, 화이 트와인. 레드와인은 템프라니요, 모나스트렐, 카베르네 소비뇽, 메를로, 시라 등으로 만들고, 고급은 템 프라니요에 카베르네 소비뇽, 메를로 등을 섞어서 미국산 오크통에 숙성하며, 화이트와인은 모스카텔, 마카베오, 파레야다 등으로 만들고, 고급은 샤르도네를 사용. 면적: 260ha.

카나리아 제도(Islas Canarias)

아프리카 북서쪽 대서양에 있다.

- Abona(아보나) DO: 화이트와인은 바스타르도(Bastardo), 포라스테라(Forastera), 리스탄 블랑코(Listán Blanco), 페드로 히메네스 등으로 만들며, 레드와인은 바스타르도, 말바지아 로사다, 틴티야(Tintilla = 그라시아노), 비하리에고(Vijariego) 등으로 만듦. 면적: 1,567ha. 수율: 7,000ℓ/ha.

- **El Hierro(엘 이에로) DO**: 주로 스위트 화이트와인을 생산하며, 필록세라 피해가 없이 고유의 포도 재배. 2/3가 화이트와인으로 드라이, 세미 스위트, 스위트와인을 만들며, 품종은 베리하디에고 블랑코(Verijadiego Blanco), 브레마후엘로(Bremajuelo), 바보스코 블랑코(Babosco Blanco) 등이며, 레드와인은 리스탄 네그로, 베리하디에고 네그로, 바보스코 네그로 등으로 만듦. 면적: 250ha. 수율: 1,800ℓ/ha.

- **Gran Canaria(그란 카나리아) DO**: 리스탄 네그로, 네그라몰 등으로 만든 레드와인. 말바지아, 모스카텔 등으로 만든 화이트와인. 면적: 224ha.

- **Lanzarote(란사로테) DO**: 말바지아로 만든 화이트와인으로 드라이, 세미 스위트와인이 되며, 모스카텔로 스위트와인을 만듦. 스위트 스파클링와인도 생산. 레드와인은 소량으로 리스탄 네그로, 네그라몰 등으로 만듦. 면적: 2,209ℓ.

- **La Gomera(라고메라) DO**: 리스탄 네그로, 네그라몰 등으로 만든 레드와인. 고메라, 포라스테라 등으로 만든 화이트와인. 면적: 120ha.

- **La Palma(라팔마) DO**: 알비요(Albillo), 부하리에고(Bujariego), 말바지아, 모스카텔, 페드로 히메네스 등으로 만든 화이트와인, 알무녜코 오 리스탄(Almuñeco o Listán), 네그라몰 등으로 만든 레드와인 및 로제와 말바지아 등으로 만든 스위트와인. 면적: 884ha. 수율: 7,400ℓ/ha.

- **Tacoronte-Acentejo(타코론테 아센테호) DO**: 리스탄 네그라(Listán Negra), 네그라몰 등으로 만든 가벼운 레드와인과 로제, 말바지아, 리스탄 블랑코 등으로 만든 화이트와인. 면적: 2,423ha. 수율: 7,400ℓ/ha.

- **Valle de Güímar(바예 데 귀이마르) DO**: 해발 1,500m까지 조성된 포도밭에서 주로 화이트와인을 생산. 화이트와인은 리스탄 블랑코, 말바지아, 모스카텔로 만들고, 레드와인은 리스탄 네그로, 네그라몰 등으로 만듦. 스위트와인, 스파클링와인 포함. 면적: 730ha. 수율: 7,000ℓ/ha.

- **Valle de la Orotava(바예 델 라 오로타바) DO**: 화이트와인은 말바지아, 베르데요로 만들고, 레드와인은 리스탄 네그로, 네그라몰 등으로 만듦. 스위트와인, 스파클링와인 포함. 면적: 676ha. 수율: 7,000-7,400ℓ/ha.

- **Ycoden-Daute-Isora(이코덴 다우테 이소라) DO**: 오랜 전통을 가진 곳으로 경사진 포도밭에서 주로 화이트와인을 생산. 화이트와인은 말바지아, 모스카텔, 리스탄 블랑코 등으로, 로제와 레드와인은 모스카텔 네그라 등을 사용. 면적: 1,350ℓ/ha. 수율: 7,000-7,400ℓ/ha.

셰리(Sherry)

셰리는 스페인 와인 생산량의 3% 밖에 되지 않지만 일찍부터 영국 상인들이 세계로 퍼뜨린 대표적인 식전주(Apéritif)이다. 셰리라는 명칭은 생산지인 '헤레스 델 라 프론테라(Jerez de la Frontera)'의 '헤레스(Jerez)'가 변형되어 영어식으로 'Sherry'가 된 것이다. 프랑스에서는 이 명칭이 'Xérès(세레스)'로 되어 스페인의 DO에는 이 세 개의 명칭이 다 들어가 'Jerez-Xérès-Sherry'로 표기한다.

이 지역은 '알바리사(Albariza)'라는 석회질 토양으로 구성되어 있으며, 그 외 바로(Barro)라는 갈색의 약간 기름진 토양, 그리고 아레나(Arena)라는 모래 토양으로 이루어져 있다. 하얀 알바리사 토양은 햇빛을 반사하여 포도를 익게 만들고, 가물고 긴 여름에 물을 간직하기 좋은 토양이기 때문에 셰리에 가장 좋은 토양으로 알려져 있다. 이곳은 강우량이 500㎜ 이하이고, 300일 이상 맑은 날이 지속되는 곳으로 이 지방 포도는 당도는 높지만 산도가 약하여 무덤덤한 와인이 되기 때문에 일반 와인보다는 강화와인으로 산화를 시켜 인기를 더 얻게 된 것이다.

원료 포도는 팔로미노(Palomino)라는 특성이 없는 청포도를 주로 사용하고, 페드로 히메네스(Pedro Ximénez)로는 스위트 셰리를 만들거나 블렌딩용으로, 모스카텔 피노(Moscatel Fino)도 약간이지만 블렌딩용으로 사용된다. 생산지는 헤레스 델 라 프론테라(Jerez de la Frontera), 산루카르 데 바라메다(Sanlúcar de Barrameda), 엘 푸에르토 데 산타 마리아(El Puerto de Santa Maria) 세 군데를 묶어서 셰리의 삼각지대라고 한다.

셰리의 양조과정 및 종류

양조과정

옛날에는 9월 첫 주에 수확하여 팔로미노는 12-24시간, 페드로 히메네스와 모스카텔은 10-21일 건조(이것을 Soleo, 솔레오라고 함)시켰으나, 대부분 업자들은 요즈음은 이를 생략하고 9월 두 번째 주에 수확한다. 그러나 스위트 셰리에 사용하는 페드로 히메네스와 모스카텔은 아직도 10-21일 간 건조시킨다.

가지를 제거하고 압착하기 전에 소량의 석고(Yeso, 예소)를 넣어 산도를 높여 부패를 방지하고, 주석을 가라앉히기도 한다. 옛날에는 발로 밟으면서 압착했으나 요즈음은 기계를 사용한다. 전통적인 방법으로 작은 통에서 발효시킬 때 90%만 채우고 25-30℃에서 발효시키면, 10일 이내에 당이 알코올(알코올 13.5%)로 완전히 변한다. 이것을 그대로 40-50일 두다가 따라내기를 하면 드라이 와인이 완성된다. 예전에는 오크통을 사용했으나 요즈음은 스테인리스스틸 탱크를 사용한다.

이렇게 만든 와인을 오크통에 넣어 뚜껑을 열어 놓고 얼마 동안 두면 와인 표면에 백회색의 이스트막이 생기는데, 이것은 이 지역에서 자라는 팔로미노 포도에 자생하는 것으로 극히 적은 잔당을 소모하면서 글리세린과 휘발산을 감소시키며, 에스테르와 알데히드를 증가시킨다. 이 이스트막을 스페인에서는 '플로르(Flor, 영어로 Flower)'라고 하는데, 셰리 이외 다른 지역에서는 이 플로르가 변하거나 죽는 일이 많다. 이 플로르 형성을 위해서는 알코올 농도가 13.5-17.5% 정도가 좋다. 알코올 농도가 그 이상 되면 플로르 형성이 불가능하고, 더 낮으면 초산균이 자랄 우려가 있기 때문이다.

그래서 요즈음은 알코올 발효가 끝나면 바로 알코올을 부어 알코올 농도를 15.3%로 조절한 다음에 오크통에 넣는다. 온도는 15-30℃, 아황산 농도와 타닌 함량이 낮고 당분이 없어야 한다. 플로르는 한 달 만에 표면을 덮어버리는데, 플로르가 형성되면 보호막이 형성되어 더 이상 과도한 산화가 진행되지 않고, 서서히 산화되면서 나오는 향기가 갓 구어 낸 따뜻한 빵에서 나오는 냄새와 같이 이들의 식욕을 자극시키는 효과가 있어서, 식전주로서 셰리가 사용되는 것이다. 500ℓ 통(Butt)에 가득 채우지 않고 두면 플로르가 생기는데, 생길 수도 있고 안 생길 수도 있기 때문에 향을 맡아보고, 가능성이 없는 것은 알코올을 부어 20-24%로 맞추어 더 이상 플로르가 번식하지 못하도록 한 다음에 '올로로소(Oloroso)'를 만들고, 좋은 것은 알코올 농도를 조절한 다음에 숙성시켜 '피노(Fino)'로 만든다. '크림 셰리(Cream Sherry)'는 올로로소에 '페드로 히메네스'를 넣어 달게 만든 것이다. 요즈음은 압착할 때부터 구분하여 피노 용은 프리 런 주스, 올로로소는 프레스 주스로 구분하여 발효시킨다.

▩ 종류

● **피노(Fino)**: 플로르를 번식시켜 만든 가장 기본적인 타입으로 색깔이 옅고 알코올 농도(15% 이상)도 낮다. 해산물과 조화가 가장 잘 되는 와인으로 알려져 있다. 차게 해서 마신다.

● **아몬티야도(Amontillado)**: 피노 숙성 중에 플로르가 없어지면 좀 더 오래 숙성(최소 8년)시킨 것으로, 알코올 농도를 16% 이상으로 조절한 것이다. 아몬티야도는 산화가 더 진행되어 색깔이 좀 더 진하고 호두 향을 얻게 된다. 드라이 타입은 많지 않고, 페드로 히메네스를 첨가한 스위트 타입이 많다. 약간 변경된 방식으로 장기간 숙성시켜 농축된 향을 갖게 만든 드라이 타입을 **팔로 코르타도(Palo Cortado)**'라고 한다.

● **만사니야(Manzanilla, DO)**: 피노를 대서양 연안의 산루카르 데 바라메다(Sanlúcar de Barrameda)라는 곳에서 발효 숙성시킨 것으로, 이것은 이 지역의 습한 미기후 때문에 약간 짠맛이 있는 듯한 자극성을 갖게 된다. 가볍고 섬세한 맛을 가지고 있기 때문에 주문을 받은 다음에 주병한다. 독자적인 DO를 가지고 있다. 알코올 15% 이상.

● **올로로소(Oloroso)**: 플로르가 형성되지 않은 셰리지만 장기간 숙성 중 산화를 더 시켜 색깔이 진하고 호두 향을 갖고 있다. 포도를 으깨어 프리 런 주스로는 피노를 만들고, 프레스 주스는 올로로소를 만든다. 드라이 타입은 드물고 페드로 히메네스 주스를 넣어 스위트 타입을 만든다. 알코올 17% 이상.

● **크림(Cream)**: 영국시장을 겨냥하여 만든 것으로 올로로소에 페드로 히메네스를 넣어 만든다. 당도는 메이커에 따라 달라지며, 종류 역시 크림을 비롯하여 미디엄, 패일 크림 등 여러 가지가

있다.

● **페드로 히메네스(Pedro Ximénez):** 동일한 명칭의 포도 품종으로 만든 암갈색을 띠며 리큐르와 같이 농후한 단맛을 내는 셰리로서 디저트용으로 사용되기도 하지만 주로 다른 셰리의 단맛을 내기 위해 사용된다. 수확한 포도를 2-3주 건조시켜 얻은 주스를 완벽하게 발효시키지 않기 때문에 단맛이 강하다. 기타 모스카텔로 만든 스위트와인도 있다.

기타 '미디움(Midium)'은 아몬티야도와 페드로 히메네스를 블렌딩한 것이며, 솔레라 시스템을 사용하지 않은 단일 연도의 셰리인 '아냐다(Añada)'도 있다.

[그림 12-5] 셰리의 종류

셰리의 숙성 - 솔레라(Solera)

전통적으로 와인을 발효시키고 숙성하는 곳은 동굴이나 지하 창고에 만들어 외기의 온도와 습도의 영향을 민감하게 받지 못하도록 되어 있으나 스페인의 셰리 창고는 보데가(Bodega)라고 하여, 주로 지상에 만드는데 그 이유는 신선한 공기가 필요하기 때문이다. 게다가 이 지방은 건조하기 때문에 저장 중 와인이 많이 증발하는데, 1년에 약 3%의 와인, 전체적으로 하루에 약 7,000병의 와인이 공중으로 사라진 셈이다. 그래서 이곳 사람들은 산소와 셰리로 숨쉰다는 말이 있다(Angel's share).

셰리를 숙성시키는 솔레라 시스템은 셰리가 들어있는 통을 매년 차례로 쌓아 두면서, 위치 차에 의해서 맨 밑에서 와인을 따라내면 위에 있는 통에서 차례로 흘러 들어가도록 만들어 놓은 반자동 블렌딩 방법이다. 그러므로 아래층은 오래된 와인, 위층에는 최근에 담근 와인(Añada)이 들어간다. 매년 아래층의 와인을 꺼내어 병에 담고 새로 담근 와인을 위층에 넣어 둔다. 이렇게 하면 급격한 품질변화가 없이 고유의 맛을 유지할 수 있다. 그러므로 셰리에는 빈티지가 없다. 가장 오래된 것을 '솔레라(Solera)'라고 하며, 각 단을 '크리아데라(Criadera)'라고 한다. 셰리에서는 7단, 만사니야는 14단 이상 되기도 한다. 법적으로는 1/3 이상을 꺼내어 주병(3년 이상 숙성)을 못하도록 되어 있으나 보통은 1/5 이하로 자체에서 규제하고 있다.

2000년부터 장기 숙성시킨 고급 셰리는 뒷면에 VOS, VORS 등을 표시하는데, 이는 셰리 원산지명칭통제위원회가 관리한다. 대상 셰리는 아몬티야도, 올로로소, 팔로 코르타도, 페드로 히메네스 4종이다. 20년 이상 된 셰리는 VOS(Vinum Optimum Signatum, Very Old Sherry), 30년 이상 된 셰리는 VORS(Vinum Optimum Rare Signatum, Very Old Rare Sherry)라는 인증 마크가 붙는다.

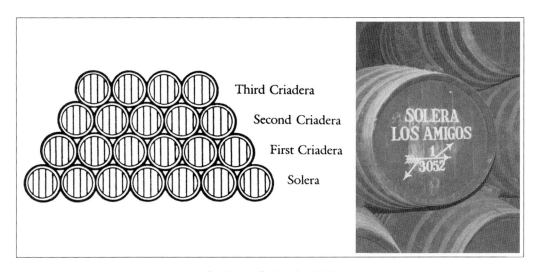

[그림 12-6] 솔레라 시스템

셰리와 요리

셰리는 알코올 농도가 높기 때문에 보통 테이블 와인보다 오래 가지만, 한번 뚜껑을 열면 신선한 맛이 사라지기 때문에 2주 이상 두어서는 안 된다. 그리고 냉장고에 보관하는 것이 안전하다. 만사니야와 피노 셰리는 화이트와인과 같이 하루, 이틀 만에 마시는 것이 좋다. 피노는 차게 해서 아페리티프로서 마시며, 생선 조개, 바다가재, 참새우 등과 잘 어울린다. 아몬티야도는 가벼운 치즈, 소시지, 햄 등이 어울리며, 올로로소는 스포츠 드링크로서 많이 활용된다. 스위트한 크림 셰리는 쿠키, 케이크와 함께 하는 것이 좋고, 커피와 브랜디가 나오기 전 디저트 와인으로 사용된다.

유명 메이커

- **크로프트(Croft):** '크로프트 오리지널 페일 크림(Croft original Pale Cream)'으로 유명하며, 피노, 아몬티야도, 브랜디까지 생산한다. 영국을 통한 시장 점유율이 가장 높다.

- **에밀리오 루스타우(Emilio Lustau):** 유명한 소형 메이커로서 크림 셰리가 유명하다.

- **곤잘레스 비아스(González Byass):** 순수 스페인 자본으로 피노가 유명하며, '티오 페페(Tio Pepe)', '라 콘차(La Concha)'라는 브랜드로 판매된다.

- **하베이스(Harvey's):** 70년대까지 생산을 하지 않고 판매만 했지만, 현재는 여러 곳의 보데가를 가지고 있다. '브리스톨 크림(Bristol Cream)'은 베스트셀러이다.

- **이달고(Hidalgo):** 유명한 소형 메이커로서 만사니아가 일품이다.

- **오스보르네(Osborne):** '피노 킨타(Fino Quinta)'로 유명하며, 아몬티야도, 올로로소도 괜찮다.

- **페드로 도메크(Pedro Domecq):** 셰리의 대표적인 메이커로 '라 이나(la Ina)' 피노 셰리, 페드로 히메네스가 유명하다.

- **산데만(Sandeman):** 검은색 그림자의 심벌마크가 유명하다. 1790년 영국에서 시작하여 현재는 시그램 소유로서 피노, 올로로소, 아몬티야도까지 다양한 제품을 생산한다.

- **발데스피노(Valdespino):** 헤레스 지방에서 가장 오래된 소규모 메이커로 견과류 향이 나는 아몬티야도, 올로로소 그리고 식초도 유명하다.

- **윌리엄 훔버트(William & Humbert):** 헤레스에서 가장 아름다운 정원을 가지고 있으며, 요즘보다는 1970년대 유명했던 '드라이 색(Dry Sack)'은 여기서 나온다. 아몬티야도, 올로로소, 페드로 히메네스가 유명하다.

알마세니스타_*Almacenista*

대를 이어서 소유하고 있는 솔레라에서 셰리를 숙성시켜 대형 메이커에 판매하는 개인을 말하는데, 의사, 법률가, 사업가 등 아마추어일 수도 있다. 대형 메이커는 이 셰리를 구입하여 자기들 셰리와 섞어서 완제품으로 만들어 자기 상표로 판매한다. 요즘은 알마세니스타의 이름을 상표에 표시하기도 한다. 알마세니스타의 셰리가 대형 메이커의 것보다 꼭 좋은 것은 아니지만 대체적으로 복합성이나 개성이 더 강하다고 알려져 있다.

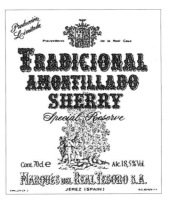

[그림 12-7] 셰리의 상표

Wine gives us liberty, Love takes it away

Wine makes us princes, Love makes us beggars

와인은 우리에게 자유를 주고, 사랑은 그것을 빼앗아
가버린다.

와인은 우리를 왕자로 만들고, 사랑은 우리를 거지로 만든다.

- W. Wycherley -

13장 포르투갈 와인

포르투갈 와인의 특성

공식명칭: 포르투갈공화국(Portuguese Republic)
포르투갈 명칭: República Portuguesa
인구: 1,100만 명
면적: 9만 ㎢
수도: 리스본
와인생산량: 6억 *l*
포도재배면적: 24만 ha

역사

선주민을 이베로 족이라고 하며, 기원전 7세기부터 켈트족과 혼혈하여 기원전 3세기 말부터 로마의 영향을 많이 받았다. 6세기 중엽에는 서고트 왕국에 합병되었고, 711년 북아프리카의 이슬람교도의 침입으로 이베리아 반도의 반 이상이 8세기 동안 이들의 지배를 받는다. 그러나 국토회복운동이 일어나면서 이슬람 세력을 몰아내고 포르투갈 왕국이 성립되고, 페스트와 전쟁의 혼란을 겪으면서 새로운 왕조가 나타나 해외진출정책 즉 지리상 발견으로 무역에 의한 황금시대를 구가한다(바스코 다 가마). 그러나 16세기 중엽부터 쇠퇴의 길로 접어들면서 1580년 에스파냐에 합병되었다가 1640년 독립한 후 영국과 결합하여 에스파냐 세력을 견제하고, 브라질에서 설탕산업, 금생산으로 부를 쌓았으나 그 태반을 국외로 유출시킨다. 나폴레옹 때 영국이 왕실을 브라질로 도피시키자, 본국에서는 자유주의 혁명이 일어나 입헌왕정을 확립하게 된다. 전통적으로 영국과 우호관계를 유지하지만, 아프리카 식민지에서 영국과 관계가 소원해지고, 몇 차례 진통을 겪은 뒤 1910년 민주체제 확립하여 공화정치 체제가 된다.

포르투갈 와인

전반적으로 온화한 기후로서 북부는 약간 서늘하고 남부는 서안 해양성에 가까운 지중해성 기후이다. 포르투갈은 이탈리아, 스페인과 마찬가지로 레드와인을 많이 생산하고 오크통에서 오래 숙성시키기 때문에 와인 스타일도 이들 나라와 비슷하다. 유럽의 다른 나라들이 현대적인 시설로 와인을 만드는데 비해서 포르투갈은 아직도 원시적인 방법이 많이 남아 있다. 요즈음은 젊은 와인 메이커들이 스테인리스스틸 탱크와 자동온도조절장치를 도입하여 고급 와인을 만들고 있다.

포르투갈의 와인은 샴페인이나 셰리의 명성에 버금가는 '포트(Port)'와 '마데이라(Madeira)'의 명성 때문에 일반 테이블 와인이 빛을 보지 못하고 있지만, 1980년대 후반부터 활발한 투자와 현대화로 테이블 와인 특히 레드와인은 세계적인 수준으로 품질이 향상하고 있다. 한 때 로제 와인으로 도자기에 들어 있는 '란세르(Lancers)'와 플라스크 모양의 병 모양의 '마테우스(Mateus)'는 세계적인 베스트셀러가 된 적이 있다.

포도재배는 스페인과 같이 로마시대 이전에 시작되었으며, 기원전 페니키아 사람들이 중동지방에서 가져온 품종을 아직도 가지고 있다. 요즈음은 카베르네 소비뇽, 메를로, 시라, 샤르도네 등도 재배하지만, 아직도 다른 곳에 없는 토종 품종이 많은 편이다. 대략 230여 종의 품종이 있으며, 그 중 80여 종이 도우로(Douro) 계곡에서 발견된다. 혹독한 기후와 가파른 언덕에서 다양한 테루아르가 형성되어, 여러 가지 스타일의 와인이 나온다. 포르투갈은 일반 와인이 85%를 차지하며, 포트와 마데이라 등 강화와인이 15%를 차지하고 있다. 그리고 레드와인과 로제가 68%, 화이트와인은 32%이며, 1인당 와인 소비량은 프랑스, 이탈리아 등과 비슷한 50-60병 수준으로 와인 강국이라고 할 수 있다.

포르투갈 와인용어

- Branco(브랑쿠): 흰(색).
- Colheita(콜라이타): 빈티지(수확년도), 수확
- Doce(도세): 스위트.
- Quinta(킨타): 포도밭이란 뜻이지만, 양조시설을 갖춘 곳으로 샤토와 유사한 개념.
- Rosado(호사두): 로제.
- Seco(세코): 드라이.
- Tinto(틴투): 붉은.
- Vinho(비뉴): 와인.
- Garrafeira(가하페이라): 원래는 셀라를 의미하지만, 좀 더 고급 와인을 뜻하는 용어로 사용된다. 빈티지 와인에서 규정 알코올 함량보다 0.5% 이상(레드는 1%) 더 높은 것으로 레드와인은 최소 3년(그 중 병 숙성 1년), 화이트와인은 1년 숙성(그 중 병 숙성 6개월)시킨 것이다. 특정지역에서 나오거나 여러 지역의 것이 혼합될 수도 있다.

포르투갈 와인의 원산지 표시제도

원산지 통제는 1113년부터 개인적으로 실시하기도 했지만, 범국가적인 제도는 1756년 도우로 (Douro)를 시작으로 1908년에 확립되었다. 그러나 지역을 세분화하지 못하고 그렇게 엄격하게 적용되지도 못하였지만, 1987년 EU에 가입하면서 프랑스 모델을 응용하여 다시 제정하여, DOC(Denominação de Origem Controlada, 드노미나사웅 드 오리젱 콘트롤라다), IPR(Indicação de Proveniência Regulamentada, 인디카사웅 드 프로브니앵시아 헤굴라멘타), 비뉴 헤지오날(Vinho Regional), 비뉴 데 메사 (Vihno de Mesa) 네 가지로 구분하였다. 2008년에는 EU의 와인 법이 개정되면서 DOP, IGP, Vinho 세 가지로 분류하고 있다.

지리적 표시 없는 와인

- **비뉴(Vinho)**: 일반 테이블 와인으로 프랑스 뱅 드 타블(Vin de Table)에 해당된다.

지리적 표시 보호 와인

- **IGP(Indicação Geográfica Protegida, 인디카사웅 제오그라피카 프로테지다)/Vinho Regional**: 프랑스의 뱅 드 페이(Vins de Pays)에 해당되는 등급으로 명시된 지역의 포도를 85% 이상 사용해야 한다. 2013년 현재 11개 지방이 지정되어 있다. Vinho Regional 표기 병용 가능.

원산지명칭 보호 와인

- **DOP(Denominação de Origem Protegida, 드노미나사웅 드 오리젱 프로테지다)/DOC**: 프랑스 AOC(AOP)와 동일한 개념이다. 2013년 현재 26개 지역이 지정되어 있다. DOC 표기 병용 가능.

IPR은 종래 DOC 와인이 되기 위한 준비단계의 것으로 2013년 현재 4개 지역이 존재하고 있다.

상표에 대부분은 지명이 표시되지만 일부는 품종이 표시되는 것도 있다. 품종이 표시될 경우 그 품종이 85% 이상 들어가야 한다. 그러나 대부분은 여러 가지 품종을 혼합하여 와인을 만든다.

포도 품종

▦ 레드와인

- **알프로체이로(Alfrocheiro):** 다웅에서 많이 재배되며, 알렌테주에서도 재배된다. 색깔이 진하고 풍부한 맛으로 단일품종으로도 사용된다.

- **알리칸트 부셰(Alicante Bouschet):** 프티 부셰(Petit Bouschet)와 그르나슈의 교잡종으로 색깔이 진하여 블렌딩용으로 쓰인다.

- **틴타 호리스(Tinta Roriz)/아라고네스(Aragonez):** 스페인에서 '템프라니요'라고 하는 것으로 알렌테주에 처음 도입되었다. 도우로, 포트 등에 사용되며, 덥고 건조한 기후에서 잘 자라며, 수율을 낮추면 고급 와인이 된다. 그러나 산도가 낮아서 다른 품종과 블렌딩하여 균형을 맞춘다.

- **바가(Baga):** 바이하다의 90%를 차지하는 포도로 만생종이며 타닌이 많아서 숙성될수록 복합적인 향이 난다. 석회질 토양이나 점토질에서 햇볕을 잘 받으면 고급 와인이 되지만, 비옥한 땅에서는 수확량이 많아져 질이 떨어진다.

- **카스텔라웅(Castelão):** 팔멜라 지방의 중요한 품종으로 따뜻한 기후와 모래로 된 건조한 토양에서 수율을 낮추면 고급 와인이 된다. '호앙 데 산타헴(João de Santarém)', '카스텔라웅 프랑세스(Castelão Francês)', '페히키타(Periquita)' 모두 같은 품종이다.

- **틴타 바호카(Tinta Barroca):** 재배가 쉽고 생산성이 좋은 품종으로 블렌딩용으로 많이 쓰인다.

- **틴토 카웅(Tinto Cão):** 만생종으로 수율이 낮고 내병성이 강하다. 고급 포트와인에 사용되며, 블렌딩용으로도 좋다.

- **토우리가 프란세자(Touriga Francesa):** 수율이 일정하고 내병성이 강하기 때문에 인기가 좋다. 남부 지방에서 고급 와인을 만드는데, 색깔과 향이 풍부하며 뒷맛이 오래 간다. 틴타 호리스, 토우리가 나시오날과 블렌딩하면 좋다.

- **토우리가 나시오날(Touriga Nacional):** 포르투갈 최고의 품종으로 우아하면서 타닌이 강하여 균형 잡힌 와인을 만든다. 도우로, 다웅, 포트의 고급 와인이 된다. 미국, 남아프리카, 오스트레일리아 등에서도 재배한다.

- **트린카데이하(Trincadeira)/Tinta Amarela(틴타 아마렐라):** 여름이 덥고 건조한 지방에서 재배하며, 색깔이 진하고 풀 바디의 와인이 되므로 숙성을 오래 시킬 수 있다.

▨ 화이트와인

- **알바리뉴(Alvarinho):** '비뉴 베르드(Vinho Verde)'를 만드는 토종 품종으로 당도가 높고, 복숭아, 감귤 향 등 아로마가 강하여 풀 바디 와인이 된다.

- **아린투(Arinto)/Pedernã(페데르낭):** 당과 산 비율이 조화가 잘 된 품종으로 포르투갈 전 지역에서 인기가 좋다. 특히 부셀라스의 것이 유명하다. 산도가 높아서 스파클링와인에 사용된다.

- **비칼(Bical):** 바이하다, 다웅(여기서는 Borrado das Moscas라고 함)에서 주로 재배된다. 조생종이지만 잘 익고 산도가 좋아서 스파클링와인에 사용된다.

- **엔크루자두(Encruzado):** 다웅의 고급 화이트와인에 사용되는 주품종이다. 풀 바디 와인이 되며 오크 숙성으로 더 좋아진다. 산과 당의 조화가 좋고 산화에 저항력이 강한 품종이다.

- **페르낭 피헤스(Fernão Pires)/Maria Gomes(마리아 고메즈):** 중남부 지방에서 많이 재배되며, 영 와인으로 마시기 좋다. 조생종으로 수확기를 지나면 산도가 떨어지기 때문에 조심해야 한다.

- **말바지아 피나(Malvasia Fina):** 도우로 계곡에서 많이 재배되지만, 서늘한 지역에서 좋은 와인이 된다. 더운 곳에서는 과숙이 되기 쉽지만 서늘한 곳에서는 아로마가 좋아진다. 꿀 향이 지배적이며, 강화 와인에 많이 쓰인다.

- **모스카텔(Moscatel):** 유럽 전역에서 재배되는 것으로 포르투갈에는 '모스카텔 데 세투발(Moscatel de Setúbal)', '모스카텔 혹소(Moscatel Hoxo)', '모스카텔 갈레고(Moscatel Galego)' 세 종류가 있다. 주로 강화 와인에 쓰인다.

- **시히야(Síria):** 내륙 지방에서 많이 재배되며 특히 알렌테주의 주품종이다. 이 지역에서는 '후페이로(Roupeiro)'라고 한다.

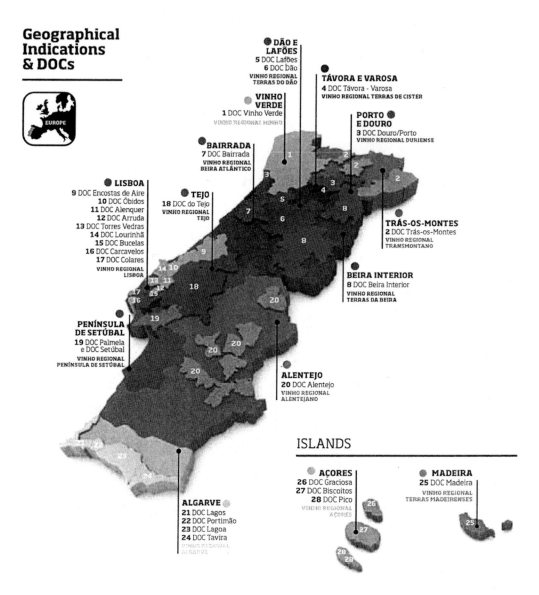

[그림 13-1] 포르투갈 와인 산지

포르투갈 DOC/DOP

▨ 비뉴 베르드(Vinho Verde)/미뉴(Minho) 지방

포르투갈의 북서쪽 지방으로 기름진 토양에서 모든 작물이 잘 자라는 곳이다.

- Vinho Verde(비뉴 베르드) DOC: 영어로 'Green Wine'이란 뜻. 알바리뉴를 주품종으로 20여 종의 품종을 혼합하여 만든 가볍고 신선한 여름용 와인. 대서양 영향으로 가장 강우량이 많고 서늘하고 습하여 원예작물을 많이 재배하는 곳으로 풍토에 맞는 화이트와인 재배. 포르투갈 와인 생산량의 13%를 차지하며, 전통적으로 소규모 생산자가 많고, 포도나무도 높은 지주를 이용하여 재배하기 때문에 질이 좋지 않았으나, 최근에는 낮게 재배하면서 품질 개선으로 특색 있는 와인을 생산. 가벼운 레드와인과 로제, 화이트와인, 스파클링와인 모두 나오지만, 화이트와인이 2/3를 차지. 면적: 35,000ha. 생산량: 8,360만 ℓ. 1929년 지정. 세부지역으로 Monção(몬사웅), Lima(리마), Cávado(카바두), Ave(아브), Basto(바스투), Sousa(소우사), Amarante(아마한트), Paiva(파이바), Baião(바이앙) 등 9개

▨ 트라스우스몬트스(Trás-os-Montes) 지방

내륙 깊은 곳으로 화강암과 편암으로 된 거칠고 척박한 곳에, 전형적인 대륙성 기후로 더운 여름과 추운 겨울이 반복되는 곳이다.

- Trás-os-Montes(트라스우스몬트스) DOC 세부지역은 다음과 같다.
  - Chaves(샤브스): 신선한 화이트와인과 색깔이 옅은 레드와인을 생산. 도우로의 것보다 가벼움.
  - Valpaços(발파슈스): 신선한 화이트와인과 견고한 레드와인 그리고 약 스파클링 로제도 양조.
  - Planalto Mirandês(플라날투 미란데슈): 북부 내륙지방으로 묵직한 화이트와인과 풀 바디 레드와인 양조.

▨ 포르투(Porto) & 도우로(Douro) 지방

옛날부터 포트와인으로 유명하였지만, 최근에는 도우로의 일반 와인도 각광을 받고 있다.

- Port(포르투) DOC: 1756년 지정.
- Douro(도우로) DOC: 포트로 유명하지만 테이블 와인도 포르투갈에서 가장 고급. 더운 기후에 도우로 강을 따라 가파른 언덕에서 흙이 보이지 않는 편암으로 된 계단식 포도밭. 토우리가 나시오날, 틴타 호리스 등을 혼합하여 만든 레드와인과 말바지아 피나, 고우베이우 등으로 만든 화이트와인. 포르투갈 와인생산의 22% 차지. 면적: 4만 ha. 생산량: 1억 9천만 ℓ(이 중 테이블와인이 1억 1천 ℓ). 1982년 지정.

▨ 타부라 베호자(Távora-Varosa) 지방

따로 떨어진 적은 지역으로 해발 500-800m 고지대에서 포도를 재배하며, 대륙성 기후 영향으로

와인의 산도와 향이 강하다.

- Távora-Varosa(타부라 베호자) DOC: 병내 2차 발효 방법으로 만든 스파클링와인과 화이트, 레드와인. 1999년 지정.

바이하다(Bairrada) 지방

대서양 연안 가까운 곳으로 해양성 기후로 비가 많이 오며, 스파클링와인으로 유명하다.

- Bairrada(바이하다) DOC: 바가(Baga)로 만든 풀 바디의 레드와인과 아린투, 비칼 등으로 만든 신선한 화이트와인. 병내 2차 발효법으로 만든 스파클링와인(Espumante)은 포르투갈 스파클링와인의 60% 차지. 면적: 2만 ha. 생산량: 3,700만 ℓ. 1979년 지정. 2003년부터 프랑스 품종으로 양질의 레드와인 생산

다웅(Dão) & 래포잉스(Lafões) 지방

다웅은 산맥으로 둘러싸여 동쪽의 대륙성 기후와 서쪽의 비를 피할 수 있는 이상적인 조건을 갖춘 곳이지만, 래포잉스는 비뉴 베르드 타입의 와인을 만든다.

- Dão(다웅) DOC: 포르투갈에서 가장 이상적인 조건을 갖춘 곳으로 여름이 온난하고 건조하여 당도가 높은 포도가 생산되므로 알코올 농도가 높은 레드와인이 유명. 토우리가 나시오날, 틴타 호리스 등을 혼합하여 만든 색깔이 짙고 맛이 풍부한 레드와인. 엔크루자도, 말바지아 피나 등으로 약간의 화이트와인과 스파클링와인도 생산. 좋은 것은 보르도와 비슷함. 면적: 2만 ha. 생산량: 3,100만 ℓ. 1908년 지정.
- Lafões(래포잉스) IPR: 신선하고 가벼운 레드와 화이트와인.

베이라 인트리오르(Beira Interior) 지방

스페인과 국경지대로 포르투갈에서 가장 높은 곳이며, 전형적인 대륙성 기후를 보인다.

- Beira Interior(베이라 인트리오르) DOC: 해발 3,000m까지 포도밭이 조성되어 신선하고 산도가 강한 화이트와인이 유명. 세부지역으로 '카스텔로 호드리고(Castelo Rodrigo)', '코바 다 베이하(Cova da Beira)', '핀엘(Pinhel)' 세 군데가 있음. 1999년 지정

리스보아(Lisboa) 지방

리스본 근처로서 최근까지 '에스트레마두라(Estremadura)'로 알려진 곳이다. 포르투갈에서 세 번째로 와인이 많이 나오는 곳이다. 화이트와인은 페르낭 피헤스, 아린투, 말바지아 등을, 레드와인은 카스텔라웅, 틴타 호리스, 토우리가 나시오날, 토우리가 프란카 등을 재배한다. 면적: 31,000ha. 생산량: 1억 2,400ℓ.

- Alenquer(알렝케) DOC: 이 지방 최고의 와인으로 풀 바디 레드와인과 가벼운 화이트와인을 생산. 1999년 지정.

- Arruda(아루다) DOC: 가볍고 신선한 레드와인과 향기로운 화이트와인. 1999년 지정

- Bucelas(부셀라스) DOC: 따뜻하고 습도가 높은 지역으로 아린투 품종으로 만들어 오크통에서 숙성시킨 드라이 화이트와인. 면적: 300ha. 1911년 지정.

- Carcavelos(카르카벨로스) DOC: 색깔이 짙은 스위트 화이트와인(강화 와인). 면적: 20ha. 1907년 지정.

- Colares(콜라르스) DOC: 하미스코(Ramisco)로 만든 거칠고 텁텁한 레드와인. 면적: 10ha. 1908년 지정.

- Encostas d'Aire(잉코스타스 다이레) DOC: 에스트레마두라 지방에서 가장 큰 곳으로 화려한 루비 빛의 레드와인과 가벼운 화이트와인.

- Lourinhã(로리냥) DOC: 해안가 쪽으로 브랜디 주산지. 1994년 지정.

- Óbidos(오비두스) DOC: 화이트와인은 주로 브랜디용, 레드와인 양호. 1999년 지정.

- Torres Vedras(토레스 베드라스) DOC: 벌크와인을 주로 생산. 레드와인은 루비 빛으로 부드럽고, 스파클링와인도 생산. 1999년 지정.

테주(Tejo) 지방

포르투갈에서 가장 더운 지방으로 테주 강가의 기름진 토양과 건조한 토양 두 지대로 나뉜다. 최근까지 '히바테주(Ribatejao)' 지방이라고 한 곳이다. 젊은 와인 메이커들이 전통을 존중하면서 새로운 방법으로 와인을 만들고 있다. 포르투갈에서 가격 대비 가장 좋은 와인이라고 할 수 있다. 화이트와인은 아린투, 트린카데이하 등이며, 레드와인은 주로 카스텔라웅으로 만든다.

- Tejo(테주) DOC: 가벼운 레드와인과 화이트와인. 면적: 25,000ha. 생산량: 8,000만 ℓ. 2000년 지정. 세부지역은 Tomar(토마르), Santarém(산타렝), Chamusca(샤무스카), Cartaxo(카르타소), Almeirim(알마이렝), Coruche(코우세) 등이 있음.

페닌술라 드 세투발(Península de Setúbal) 지방

리스본 남쪽 세투발 반도에 있으며 아열대성 기후에 서핑, 골프 등 관광지로 유명하다. 최근까지 '테라스 두 사두(Terras do Sado)'라고 했던 곳이다. 면적: 10,000ha. 생산량: 3,500만 ℓ.

- Setúbal(세투발) DOC: 모스카텔로 만든 강화 와인. 발효 도중에 알코올 첨가. 껍질과 함께 5개월 동안 추출하여 장기간 오크통에서 숙성. 1907년 지정.

- Palmela(팔멜라) DOC: 노아의 손자 투발(Tubal)이 이곳에 포도를 심고 와인을 만들었다고 함. 레드와인은 카스텔라웅, 알프로체이로, 트린카데이하 등으로, 화이트와인은 페르낭 피헤스, 모스카텔, 등으로 만듦. 예전 IPR인 아라비다(Arrábida)까지 포함하여 1999년에 지정된 곳.

알렌테주(Alentejo) 지방

포르투갈 남동쪽 지방으로 덥고 건조한 곳이다. 화산토에 화강암, 석영, 편암, 백악질이 섞인 토양이다. 화이트와인은 시히야, 아린투, 페르낭 피헤스 등으로 만들며, 레드와인은 거의 트린카데이

하, 아라고네스, 카스텔라웅, 알리칸트 부셰, 알프로체이로 등으로 만든다. 전 세계 코르크의 50%가 이 지방에서 나온다.

- **Alentejo(알렌테주) DOC:** 여름 기온이 40℃까지 올라가는 더운 곳으로 현대적인 방법으로 와인을 만들어 풀 바디 레드와인이 유명. 대규모 현대식 와이너리가 많음. 원래 있던 5개의 DOC와 3개의 IPR을 1998년 통합 지정한 곳. 면적: 13,500ha. 생산량: 6,000만 ℓ. 세부지역은 Portalegre(포르탈르그에) Borba(보르바), Évora(에보하), Redondo(헤돈두), Reguengos(헤구엔구스) Granja-Amareleja(그한자아마헬레자), Vidigueira(비디게이하), Moura(모우하) 등이 있음.

알가르베(Algarve) 지방

가장 남쪽으로 지난 50년 동안 와인보다는 감귤류 생산에 주력하였지만, 최근 가수 클리프 리처드가 최고의 와인 메이커와 함께 와이너리를 시작하면서 주목받기 시작하였다. 생산량: 200만 ℓ.

- **Lagos(라고스) DOC:** 대부분 레드와인이며 알코올 농도가 높고 신맛이 적은 와인이 나오는 곳. 1988년 지정.
  - **Portimão(폴티마웅) DOC:** 대부분 레드와인이며 알코올 농도가 높고 신맛이 적은 와인이 나오는 곳. 1988년 지정.
  - **Lagoa(라고아) DOC:** 대부분 레드와인이며 알코올 농도가 높고 신맛이 적은 와인이 나오는 곳. 전통적으로 화이트 강화와인산지. 1988년 지정.
  - **Tavira(타비라) DOC:** 대부분 레드와인이며 알코올 농도가 높고 신맛이 적은 와인이 나오는 곳. 1988년 지정.

마데이라(Madeira) 섬

포르투갈 본토에서 1,000km 떨어진 곳으로 강화와인과 로제가 유명하다.

- **Madeira(마데이라) DOC:** 1908년 지정.

아소헤즈(Açores) 섬

강화와인으로 유명하며, 그라시오자는 아린투, 보알 등으로 화이트와인을 만든다. 생산량: 200만 ℓ.

- **Biscoitos(비스코이토스) IPR:** 테르사이라(Terceira) 섬에서 나오는 강화와인.
- **Pico(피코) IPR:** 피코(Pico) 섬에서 나오는 강화와인.
- **Graciosa(그라시오자) IPR:** 그라시오자(Graciosa) 섬에서 나오는 테이블와인.

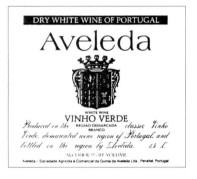

[그림 13-2] 포르투갈 와인의 상표

포트(포르투, Port) 및 마데이라(Madeira)

포트(Port)

역사

　포르투갈이 포트의 어머니라면 영국은 포트의 아버지라고 할 정도로, 포트는 영국인이 개발하였고, 영국인의 와인으로, 영국인이 가장 많이 소비하는 와인이라고 할 수 있다. 포트 메이커의 대부분이 영국식 명칭을 가지고 있는 것도 바로 이런 이유 때문이다. 포르투갈의 포트 생산량 중 85-90%는 수출되는데, 아직도 가장 큰 시장은 영국으로, 영국인이 가장 애용하는 와인이다. 영국인들은 애가 태어나면 포트를 구입하여 21살이 되었을 때 선물하기도 한다. 또 가장 성차별을 하는 음료로도 유명한데, 전형적인 남성들의 술로 알려져 있다. 전통적으로 식탁에서 여자들이 자리를 뜬 다음에, 시가와 함께 남성들끼리만 마시는 와인이다.

그리스 로마시대부터 포트 지방의 와인이 알려져 있었는데, 이 와인은 포르투갈 북동쪽 가파른 도우로(Douro) 계곡에서 나온다. 17세기 영국과 프랑스 사이에 관세문제가 발생하여 영국에서 프랑스 와인의 수입이 어렵게 되자, 영국에서 포트 지방 와인을 수입하기 시작한 것이다. 이때 장기간 항해 도중 와인의 변질을 방지하고자 상인들이 브랜디를 부어 만든 것이 달고 알코올 농도가 높은 포트와인의 시작이다. 처음에는 브랜디를 3% 정도로 소량 첨가하였으나, 1820년 빈티지의 와인이 진하고 농축된 맛으로 단맛이 강하여, 그 다음 해에 이 맛을 흉내 내고자 발효 도중에 브랜디를 많이 첨가하여, 진하고 단맛이 나는 와인으로 변한 것이다. 한편, 1716-1749년 사이 가짜 스캔들이 일어난 후 1756년 수상이 지역을 한정하여 품질 보증하는 조치를 취하게 되면서 포트의 원산지 통제는 다른 곳보다 일찍 시작되었다.

지형과 기후

포트가 나오는 도우로 계곡은 스페인에서 흘러온 도우로(스페인에서는 Duero) 강이 만든 가파른 곳으로 포도가 자라는 곳으로는 가장 척박한 곳이라고 할 수 있다. 편암과 화강암으로 이루어진 경사진 언덕에 수천 개의 계단식 포도밭이 조성되어 있고, 그것도 흙은 별로 없고 대부분 돌덩어리로 된 포도밭에 퇴비를 섞어 농사를 짓는다. 덕분에 포도밭의 배수는 잘 되고, 뿌리는 양분을 찾아 돌과 돌 사이로 20m 이상 깊게 뻗어 안정을 찾는다. 그래서 여름날 고온에도 포도나무가 견디는 것이다.

도우로 계곡의 긴 여름은 악명 높기로 유명하다. 한낮의 고온 때문에 포도나무가 일시적으로 시들었다가 밤이 되면 활동을 할 정도다. 이런 기후는 도우로 북서쪽에 산맥이 가로막혀 대서양의 시원하고 습한 공기가 차단되기 때문이다. 도우로의 포도밭은 구불구불한 강을 따라 언덕에 계단식으로 있기 때문에 다양한 토양에 일조량, 고도 등이 일정하지 않아서 수많은 미기후가 형성되며, 품종 또한 다양하여 세계에서 가장 다양한 와인이 나오는 곳이라고 할 수 있다.

옛날부터 한 포도밭에 여러 품종을 한꺼번에 재배하고 수확하여 와인을 만들었지만, 요즈음은 품종 별로 포도밭을 조성하여 와인을 만든 다음에 섞는다. 블렌딩은 전통적인 것으로 포트와인의 복합성을 내는데 기여한다. 현재 도우로 계곡에는 화이트와인용 품종이 38종, 레드와인용이 51종 있는 것으로 알려져 있다. 그러나 포트를 만드는 중요한 품종은 토우리가 나시오날(Touriga Nacional), 틴토 카웅(Tinto Cão), 틴타 호리스(Tinta Roriz), 틴타 바호카(Tinta Barroca) 등 네 가지를 들 수 있다.

포트는 어려운 환경 때문에 도우로 계곡에서 와인을 만든 다음에, 이것을 강을 타고 운반하여 항구도시인 빌라 노바 드 가야(Vila Nova de Gaia)로 가져오면, 이곳 업자들이 블렌딩과 숙성을 하여 자기들 이름으로 판매하였다. 1986년부터는 숙성과 주병에 대한 규정이 생기고, 포도밭 주인이 직접 와인을 만들어 숙성하고 주병하여 판매할 수 있도록 하였다.

▦ 양조방법

예전에는 포도를 수확한 다음에 '라가(Lagar)'라는 얇고 큰 통에 넣고 여러 사람들이 발로 밟으면서 포도를 터뜨렸으나, 요즈음은 기계로 많이 한다. 그리고 레드와인을 만들 때와 똑같이 와인을 만든다. 온도를 32℃ 정도 높게 유지하면서 껍질에서 색소를 추출하기 위한 작업을 계속한다. 36-48시간정도 지나면 당분농도가 22-25%에서 9-12% 정도가 된다. 그러면 껍질을 비롯한 고형물을 제거하고 알코올(브랜디)을 부어 알코올 농도를 18-20% 정도로 조절한다. 이렇게 하면 알코올 농도가 높아서 더 이상 발효는 일어나지 않고, 당분이 9-10% 정도 남게 된다. 이때 첨가하는 알코올은 반드시 와인을 증류한 것으로 보통 77% 정도 되는 것을 사용한다. 그런 다음 따라내기를 하고 일정한 장소에서 숙성시킨다. 포트도 셰리와 마찬가지로 숙성 중에 상당한 양이 증발된다. 매년 15,000병이 사라진다.

▦ 포트의 종류

포트는 숙성 방법에 따라 여러 가지 스타일이 나올 수 있는데, 보통 색깔에 따라서 루비 스타일과 토니 스타일, 두 가지로 나눌 수 있으며, 또 나무통 숙성과 병 숙성 두 가지로 나눌 수도 있다. 나무통에서 주로 숙성시킨 것은 주병 후 바로 마실 수 있으며, 2년 이내에 소비하는 것이 좋지만, 병에서 주로 숙성시킨 것은 나무통에서 짧게 숙성시키고 장기간 병에서 숙성을 하기 때문에 마실 때는 디캔팅을 하여 찌꺼기를 제거한 다음에 마신다.

▦ 기본급(Basic Ruby, White and Tawny)

● **루비 포트(Ruby Port)**: 빈티지에 상관없이 적포도로 만든 색깔이 짙은 포트로서, 맛도 신선하며 생동감이 있다. 대형 오크통이나 탱크에서 2-3년 숙성시키며, 병 숙성은 하지 않는다. 약간 시원하게 만들어 디저트 와인으로 사용한다. '파인 루비(Fine Ruby)'라고도 한다.

● **화이트 포트(White port)**: 청포도로 만든 것으로 드라이, 스위트 두 가지가 있다. 고급은 나무통에서 10년 이상 숙성시키기도 한다. 차게 마시는 것이 좋다.

● **토니 포트(Tawny Port)**: 색소 추출을 최소화하거나 화이트 포트를 섞어서 만들기 때문에 약한 호박색을 띤다. 루비포트 보다는 맛이 부드럽다. 대형 오크통이나 탱크에서 2-3년 숙성시켜 병 숙성할 필요 없이 바로 마신다. 식전주로 그냥 마시거나 얼음을 넣어서 마시기도 한다.

▦ 에이지드 토니(Aged Tawnies)

● **에이지드 토니 포트(Aged Tawny Port)**: 빈티지 구분 없이 여러 와인을 블렌딩하여 작은 오크통

에서 10년, 20년, 30년, 40년 단위로 장기간 숙성시키기 때문에 붉은 색깔이 옅게 변하여 토니 스타일이 되며, 캐러멜, 호두 향이 난다. 영국, 프랑스에서 인기가 좋다. 고급 포트 중에서 빈티지 포트가 힘이라면, 에이지드 토니 포트는 섬세함이라고 할 수 있다. 일명 '파인 올드 토니(Fine Old Tawny)' 혹은 '인디케이티드 토니(Indicated Tawny)'라고도 한다. 숙성기간에 대한 법적 구속력은 없고, 평균 숙성기간을 표시한다. 20년 된 것이 가격대비 가장 좋다고 알려져 있다. 병 숙성 없이 바로 마신다.

- **콜레이타(Colheita):** 단일 빈티지의 포도만 사용하여 7년 이상 숙성시켜야 하지만, 보통 10년이나 20년 심지어는 50년까지 숙성시킨 것도 있다. 포트 생산량의 1%를 차지한다. '리저브 에이지드 토니(Reserve Aged Tawny)'라고도 한다. 빈티지 포트와의 혼동을 피하기 위해 숙성기간을 표시한다.

- **싱글 킨타 토니 포트(Single Quinta Tawny Port):** 단일 포도밭에서 나온 토니 포트.

▨ 빈티지 스타일(Vintage and similar styles)

- **빈티지 포트(Vintage Port):** 이 와인은 그해 수확한 포도만을 사용하여 만든 포트이다. 와인을 완성시킨 후 오크통에 담아서 항구도시인 빌라 노바 드 가야(Vila Nova de Gaia)로 옮겨서 2년 동안 숙성시켰다(1986년까지). 한 때는 오크통에 담긴 빈티지 포트를 영국으로 수출하여, 영국업자들이 병에 넣었는데, 1974년부터는 전량 포르투갈에서 병에 담는다. 알코올 농도는 21%이며 병에서도 천천히 숙성되므로, 10년, 20년, 50년 보관 후에 개봉하면 맛이 훨씬 더 부드러워진다. 빈티지를 표시한 최고급 포트로서 여과를 하지 않고 주병하기 때문에 마실 때 디캔팅이 필요하다.

  빈티지는 공식적인 것이 아니지만 포트와인 위원회(Instituto dos Vinhodo do Douro e Porto)의 인정이 있어야 어느 해를 빈티지라고 정한다. 보통 10년에 3-4번 정도로 날씨가 시원했던 해를 빈티지로 많이 정한다. 생산량이 전체 포트의 3% 정도밖에 되지 않기 때문에 값이 비싸다. 근래 알려진 빈티지는 업자에 따라 약간씩 차이가 있지만, 20세기 후반에 97, 95, 94, 92, 91, 85, 83, 80, 77, 75, 70, 66, 63, 60, 58, 55년이 있으며, 이 가운데 63년산과 94년산이 최고로 알려져 있다.

  빈티지 포트와 다른 포트의 차이점은 병 숙성에 있다. 빈티지 포트는 병에서 숙성되면서 맛이 미묘해지고 부드러워지지만, 나머지 포트는 병에서 숙성되지 않는다. 좋은 빈티지 포트는 15~30년 동안 보관해 가면서 숙성된 맛을 즐길 수 있다. 포트의 보관은 어둡고 시원한 곳에서 상표가 없는 쪽으로 눕힌다. 요즈음은 페인트로 상표를 그리기도 한다.

- **LBV(Late Bottled Vintage, 레이트 보틀드 빈티지) Port:** 최근에 인기가 상승하고 있는 포트이며 단일 연도의 포도만을 사용하여, 대형 오크통에서 최소 4-6년 숙성시킨다. 빈티지를 상표에

표시한다. 병 숙성이 없이 주병 후 바로 마시는 것이 좋다.

- **트레디셔널 레이트 보틀드 빈티지 포트**(Traditional Late Bottled Vintage Port): LBV와 비슷하지만 빈티지 포트의 성격을 가지고 있다. 가장 좋지는 않지만 괜찮은 빈티지의 포도를 사용하여 대형 오크통에서 4년 숙성시킨다. 병 숙성 없이 바로 마시지만, 병에서 20년 정도 숙성될 수도 있다. 여과를 하지 않기 때문에 마실 때 디캔팅이 필요하다.

- **빈티지 캐릭터 포트**(Vintage Character Port): 서로 다른 빈티지를 혼합하여 대형 오크통에서 4-6년 숙성시킨 것으로 빈티지 포트는 아니다. 색깔이 진하고 풀 바디 와인이 된다.

- **싱글 킨타 빈티지 포트**(Single Quinta Vintage Port): 좋은 포도밭으로 알려진 단일 포도밭에서 나온 것으로 만든 포트로서 빈티지 포트의 일종이다. 오크통 숙성기간은 빈티지 포트와 같지만 병에서 더 오래 숙성시킨다. 나무통에서 2년, 병에서 5-50년 숙성시킨다. 빈티지가 표시된다.

- **가하페이라 포트**(Garrafeira Port): 특정 연도의 것으로 오크통에서 짧게 숙성한 다음 큰 유리통에서 20년 이상 숙성시켜 병에 넣는다. 빈티지 포트의 풍부함과 에이지드 토니의 부드러움을 가지고 있다. 생산량은 많지 않다.

기타

- **크러스트 포트**(Crusted or Crusting Port): 두 해 이상의 것을 혼합하여 대형 오크통에서 3년 정도 숙성시킨 것으로 병에서 적어도 2년은 두어야 한다. 고급 루비 포트로서 신선하고 색깔이 진하다. 주병 후 침전이 생긴다. 요즈음은 LBV에 밀려서 찾아보기 힘들다.

포트의 특성

포트는 가장 교과서적인 와인이라고 할 수 있다. 토양, 기후, 그리고 포도의 종류 등 여러 가지 미지수를 혼합하여 만들기 때문이다. 그렇기 때문에 와인양조에서 가장 어려운 블렌딩과 숙성과정이 포트의 품질과 타입을 결정하게 된다. 빈티지 포트는 오래될수록 맛이 좋아지면서 값이 비싸진다.

빈티지 포트나 크러스트 포트 등 침전물이 생기는 포트를 디캔팅을 할 때는, 셀라에서 눕혀서 보관했던 병을 24시간 전부터 세워서 침전물이 병 아래쪽으로 내려가도록 두며, 디캔팅 몇 시간 전에 코르크를 미리 제거해 놓고, 따를 때는 병을 조심스럽게 기울여서, 침전물은 남기고 맑은 와인만을 디캔터로 옮긴다. 이때 중간에 멈추어서는 안 된다. 그리고 침전물이 딸려 흘러가는지 구분하기가 어려우므로 촛불이나 손전등을 비추면서 한다.

포르투갈의 포트는 영국인이 개발하였고, 그 후 이 와인은 영국인의 입맛에 맞게 개량되었으며 영국인에 의해서 시장성도 영향을 받게 되었다. 최근에는 영국인의 식후 음주습관이 점점 사라지

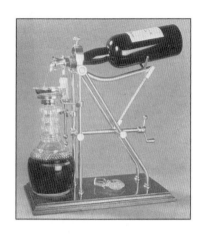

[그림 13-3] 포트 디캔팅 장치

면서 영국으로 수출이 줄어들고, 미국 등 새로운 시장으로 고개를 돌리고 있다.

그리고 포르투갈은 발달된 항해술로 일찍이 신대륙과 아프리카 그리고 아시아에 진출하였기 때문에, 우리나라 사람들이 처음으로 서양와인을 접한 것이 바로 이 포트인 것 같다. 해방 후 몇몇 회사에서 만들었던 포도즙과 알코올을 혼합한 술과 각 가정에서 포도를 으깬 다음 설탕과 소주를 넣어서 만든 술도 이 포트와 비슷한 것이다. 아직도 와인은 달고 은근히 취하는 술이라고 생각하는 사람이 많고, 오래될수록 좋은 와인이 된다는 생각을 갖게 된 것은 이 포트 때문이다. 그리고 와인의 블렌딩, 장기 숙성, 병 숙성, 보관, 디캔팅, 숨쉬기 등 이론은 모두 이 포트에서 나온 것이다.

포트 통스_Port tongs

포트는 30년 이상 병 숙성을 할 경우 코르크 제거가 힘들다. 그래서 전통적인 집게를 사용하여 병목을 절단하는데, 이 때 쓰이는 도구를 '포트 통스'라고 한다. 이 집게를 벌겋게 가열하여 병목을 10초 정도 잡고 있다가 이 가열된 부분에 물을 깃털로 살짝 뿌리면 병목에 금이 가서 쉽게 절단된다.

포트 메이커

포트는 셰리와 마찬가지로 포도 재배지역이 선택의 기준이 될 수는 없다. 좋아하는 스타일이나 메이커에 의해서 선택을 해야 한다. 잘 알려있는 메이커는 다음과 같다.

- **시 다 실바(C. da Silva):** 스페인계 작은 업체로 '프레시덴셜(Presidential)', '달바(Dalva)' 등의 이름도 사용한다. 와인은 가볍고 부드러우며 주로 유럽으로 수출된다. 콜랴이타 포트는 주문 생산한다.

- **콕번(Cockburn):** 역사와 전통을 자랑하는 메이커로서 도우로 계곡에 넓은 포도밭을 가지고 있으며, 영국에서 판매량이 많다. 루비, 에이지드 토니 포트, 빈티지 포트가 유명하다.

- **크로프트(Croft):** 1600년대부터 시작한 곳으로 모든 포트를 생산하는데, 특히 에이지드 토니 포트와 빈티지 포트가 좋다.

- **페헤이라(A.A. Ferreira):** 19세기부터 유명한 포트 메이커로서 현재는 마테우스(Mateus)로 유명한 소그라페(Sogrape) 그룹에 속해 있다. 특히 에이지드 토니 포트가 좋다.

- **폰세카(Fonseca):** '빈 27(Bin 27)'이라는 빈티지 캐릭터 와인이 가장 유명하며, 에이지드 토니 포트도 괜찮다. 현재는 테일러(Taylor) 소유이다.

- **니풀트(Niepoort):** 소규모 업체지만 콜랴이타 포트와 에이지드 토니 포트가 유명하다. 1842년 설립되어 5대째 내려오는 전통의 가문으로 빈티지 포트도 좋다.

- **킨타 두 노발(Quinta do Noval):** 가파른 언덕의 포도밭으로 유명하며, 고전적인 빈티지 포트와 접목을

하지 않은 포도에서 나오는 소량의 '나시오날(Naçional)'은 고가에 팔린다.

- **로버트슨스(Robertson's):** 적은 양을 생산하지만 빈티지 포트가 유명하다.
- **로얄 오포토(Royal Oporto Wine Co.):** 1756년 포트 거래의 체계를 세우기 위해 포르투갈 정부에서 설립하였다가, 1858년에 민간에게 불하되었다. 도우로 계곡에서 가장 넓은 포도밭을 가지고 있다.
- **산더만(Sandeman):** 대형 포트 업체로서 프랑스를 비롯한 유럽에 수출을 많이 하며, 셰리도 생산한다. 에이지드 토니 포트가 유명하다.
- **시밍턴 그룹(Symington Group):** '그라함(Graham's)'에서 시작하여, 1892년 영국의 포트 업체 중 가장 오래된(1670년 설립) '워러(Warre & Co)'와 합작하고, 1912년 '도우(Dow's)'를 매수한 업체로 고급 포트 시장의 35%를 차지하고 있다. '스미스 우드하우스(Smith Woodhouse)', '콜라레스 아리스(Quarles Harris)', '골드 캠벨(Gould Campbell)' 등도 소유하고 있다.
- **테일러 플레드케이트(Taylor Fladgate):** 1692년에 설립된 전통의 명가로서 19세기에 LBV는 영국에서 베스트셀러가 되었다. 올드 토니 포트, 빈티지 포트가 유명하다.

마데이라(Madeira)

역사

마데이라는 대서양에 있는 섬이며 이곳에서 생산되는 와인의 이름이기도 하다. 셰리, 포트와 더불어 세계 3대 강화와인 중 하나이다. 이곳은 화산으로 이루어진 섬이며, 온도가 높고 습도가 높은 아열대성 기후에 가깝다. 이곳의 와인도 포트와 마찬가지로 영국 상인들이 개발했는데, 처음부터 강화와인은 아니었다. 15세기부터 마데이라 와인은 아프리카는 물론, 인도 나중에는 남미까지 수출되었는데, 장기간 항해에 와인이 쉽게 변질되는 것을 방지하기 위해 17세기 후반부터 와인에 브랜디를 첨가하고 항해한 것이 시작이다. 그러던 중 더운 날씨와 배의 흔들림에 의해서 와인의 맛이 좋아진다고 생각하고, 와인을 가열하여 브랜디를 넣어서 만들기 시작했다. 저급품은 요리용으로 많이 사용되지만, 고급품은 풍부한 맛이 오래 간다.

마데이라는 18세기 중엽부터 19세기까지 인기가 좋았으나, 유럽대륙과 마찬가지로 필록세라의 침범을 받은 뒤 수요가 줄어들었다. 요즈음은 상표에 품종을 표시(85% 이상)하고 품종개량, 재배방법 등을 개선하여 옛 명성을 회복하기 위해 노력하고 있다.

양조방법

사용하는 품종은 화이트와인용인 '스르시알(Sercial)', '베르델료(Verdelho)', '보알(Boal)', '말바지아(Malvasia, 영어로 Malmsey)', 레드와인용인 '틴타 네그라 몰레(Tinta Negra Mole)', 그리고 '테란테스(Terrantez)', '바스타르도(Bastardo)' 등이다. 포도를 으깨서 발효를 하는데, 스르시알, 베르델료, 틴타 네그라 몰레는 과즙만, 보알, 말바지아는 껍질과 함께(2-3일) 주로 오크통에서 발효시킨다. 알코올을 붓는 시점은 단맛이 강한 말바지아는 발효 초기에, 보알은 더 늦게 첨가하고, 베르델료, 스르시알은 발효가 끝난 다음에 첨가한다. 보통 95% 알코올(브랜디)을 첨가하여 와인의 알코올을 14-18%로 맞춘다.

이것을 가라앉히기를 거쳐서 가열과정(Estufagem)을 거치는데 품질에 따라 방법이 다르다. 가장 기본급은 '에스투파(Estufa)'라는 방이나 가열로에서 40-50℃의 온도로 3-6개월 동안 가열시키지만, 고급품(약 3% 차지)은 창고 이층에서 강한 햇볕을 받게 두는데, 20년 이상 두는 것도 있다. 그 다음에 조용히 식히고 다시 숙성을 한다. 이때 와인은 누른 냄새가 나고 마데이라 고유의 특성을 얻게 된다.

기본급은 틴타 네그라 몰레를 사용하지만, 고급품은 네 가지 품종이 지정되어 있다. 당분 농도에 따라 품종명칭을 그대로 사용하여 당분 4% 이하는 '스르시알(Sercial)', 4.9-7.8%는 '베르델료(Verdelho)', 7.8-9.6%는 '보알(Boal, Bual)', 9.6-13.5%는 '말바지아(Malvasia, 영어로 Malmsey)'라고 구분한다.

등급

- **셀렉시오나두(Seleccionado):** 틴타 네그라 몰레를 사용하여 빠른 시간 내에 가열하여 3-5년 숙성시킨 것으로 색깔은 캐러멜로 조절한다.

- **3년 숙성(Three-year-old Madeira):** 위 기본급과 동일한 품종과 방법으로 만들지만 나무통이 아닌 탱크에서 3-5년 숙성시킨다. 가벼운 타입으로 '빗물(Rain water)'이라는 별명을 가진 것도 있다.

- **5년 숙성(Five-year-old Madeira):** 여러 품종을 혼합하여 5-10년 숙성시키지만, 상표에 지정된 품종이 표시된 것은 그 품종을 85% 이상 사용한 것이다. '레세르바(Reserva)'라고도 한다.

- **10년 숙성(Ten-year-old Madeira):** 지정된 품종으로 만들어 10-15년 숙성시킨다. '레세흐바 에스페시알(Reserva Especial or Reserva velha)'라고도 한다.

- **15년 숙성(Fifteen-year-old Madeira):** 지정된 품종으로 만들어 15-20년 숙성시킨다. '레세르바 엑스트라(Reserva Extra)'라고도 한다. 그 외 30년 이상 숙성 시킨 제품도 있다.

- **솔레라(Solera Madeira):** 셰리와 같은 방법으로 숙성시킨 것이지만 드물다.

- **빈티지(Vintage Madeira):** 단일 연도의 지정된 품종을 사용하여 와인을 만들어, 가열과정을 거친 다음 20년 이상 숙성시키고, 병에서 2년 숙성을 한다.

나라별 와인용어 정리

영어권	프랑스	독일	이탈리아	스페인	포르투갈
Wine	Vin(뱅)	Wein(바인)	Vino(비노)	Vino(비노)	Vinho(비뉴)
Red	Rouge(루주)	Rot(로트)	Rosso(로소)	Tinto(틴토)	Tinto(틴토)
White	Blanc(블랑)	Weiss(바이스)	Bianco(비안코)	Blanco(블랑코)	Branco(브랑쿠)
Pink	Rosé(로제)	Rosa(로사)	Rosato(로사토)	Rosado(로사도)	Rosado(호사두)
Dry	Sec(세크)	Trocken(트로켄)	Secco(세코)	Seco(세코)	Seco(세쿠)
Sweet	Doux(두)	Süss(쥐스)	Dolce(돌체)	Dulce(둘세)	Doce(도세)

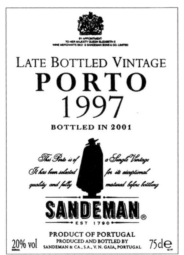

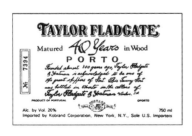
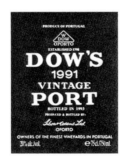

[그림 13-4] 포트 및 마데이라 상표

우리나라 사람의 가장 큰 사망 원인은 순환계 질환 즉 피를 내뿜는 심장과 이를 운반하는 혈관에 문제가 생기는 질병이다. 얼마 전까지 알코올은 심장질환에 나쁜 영향을 끼친다는 학설이 지배적이었지만, 최근에는 적당량의 알코올이 몸에 좋은 콜레스테롤이라는 HDL을 증가시킴으로서 나쁜 콜레스테롤이라는 LDL을 감소시키고, 혈액응고, 혈관작용 등을 통해 혈관이 막히는 것을 방지한다고 알려진 것이다.

따라서 적당량의 알코올은 심장병 예방에 긍정적인 역할을 한다는 점은 확실하다. 즉 금주가 건강에 위험이 될 수 있다는 것이 학자들의 일반적인 견해이다.

14장 기타 유럽 와인

오스트리아

헝가리

그리스

스위스

오스트리아

공식명칭: 오스트리아공화국(Republic of Austria)
오스트리아 명칭: Republik Österreich
인구: 800만 명
면적: 8만 ㎢
수도: 빈
와인생산량: 2억 *l*
포도재배면적: 5만 ha

오스트리아 와인의 역사 및 특징

역사

기원전 4세기부터 포도를 재배하였으나 로마 멸망 후 부진하다가, 955년 오토 1세 때 포도단지를 부흥시켜 중세까지 상당한 면적의 포도밭을 가꾸었다. 1526년 경쟁상대인 헝가리가 터키의 지배를 받자 오스트리아 포도재배면적은 더욱 증가하였다. 그러나 나라가 갈라지면서 현재는 절정기의 1/10에 불과하다. 511년 바하우(Wachau)에서 최초의 포도재배 기록이 나오며, 중세에는 다른 나라와 마찬가지로 영주 소유의 농장이나 교회에서 포도를 재배하였고, 1526년 부르겐란트에서 이미 트로켄베렌아우스레제를 생산했다. 17세기 말 품질에 따라 분류하였고, 1780년에는 마리아 테레자(Maria Theresa)가 와인법률을 제정하여 오늘날까지 영향을 끼치고 있다. 1860년에는 세계 최초로 포도재배 학교를 설립할 정도로 와인의 선진국이었다.

특성

도나우 강 유역에 포도밭이 발달되어 있으며, 오스트리아 헝가리 제국 시절부터 와인 소비국으로 1인당 연간 40병정도 소비하고 있다. 생산되는 와인은 대부분 국내소비용이며, 그 중 66%가 화이트와인으로 대부분 가볍고 신선하고 신맛이 살아 있는 드라이 와인이다. 이 중에서 가장 인기 있고 널리 알려진 것이 '호이리겐(Heurigen)'으로 비엔나 근처 여관이나 카페에서 많이 팔리고 있다. 호이리겐은 18세기 후반, 정부에서 양조업자가 직접 와인을 소비자에게 면세로 팔 수 있도록 허가하면서 시작된 것으로, 와인이 숙성되면 업자들이 나무 가지나 관을 입구에 걸어 놓고 지나가는 사람에게 새로 담근 와인을 팔면서 시작된 '자가 와인'이란 뜻도 되지만, 요즈음에는 '햇와인'의 개념으로 11월 11일부터 12월 31일까지 팔 수 있는 그 해 담근 와인을 말한다.

와인 제도를 비롯한 여러 가지가 독일 와인과 비슷하지만, 최근에 독자성을 확보하여 양질의 화이트와인과 일부 레드와인도 만들고 있다. 1970년대 후반부터 국내 소비는 줄었지만, 생산량은 증가하였다. 전통적으로 오스트리아 와인은 주로 독일 수출을 목적으로 하였지만, 독일과 오스트리아 모두 과잉생산으로 수출이 어렵게 되었고, 특히 1985년 부동액 사건으로 더욱 어려움에 처했으나, 이 때문에 오스트리아 와인의 중흥의 발판이 마련되었다. 이 사건을 사기, 속임수라고 했지만, 의도적인 것은 아니었고, 그 결과 오스트리아 정부는 규제를 강화하여 세계에서 가장 안전한 와인이 되었다.

와인 스캔들_부동액 사건

1985년 오스트리아 업자들이 와인에 디에틸렌 글리콜(Diethylene glycol)을 첨가하였는데, 이 물질은 와인의 점도를 높이고 단맛을 내기 때문에 값싼 와인에 이것을 넣어, 값비싼 레이트 하비스트(Late Harvest)나 보트리티스 와인(Botrytised wine)으로 속여 유죄판결을 받았다. 그러나 실제 부동액은 에틸렌 글리콜(Ethylene glycol)이며 디에틸렌 글리콜은 독성이 알코올보다 적다.

기후 및 토양

오스트리아는 북위 47-48도로 비교적 따뜻하고 건조한 대륙성 기후로 연간 강우량은 570-770㎜ 정도이다. 따뜻하고 햇볕이 많은 여름과 길고 온화한 가을에 포도가 익어간다. 가장 덥고 건조한 곳은 부르겐란트(Burgenland)로 가을이 따뜻하고 안개가 많아서 보트리티스 곰팡이 생성이 잘 된다. 북동부 지방인 바인퓌어텔(Weinviertel), 도나우란트(Donauland)는 풍적 황토가 많고, 그 서쪽에 있는 박하우(Wachau), 크렘스탈(Kremstal)은 화강암 토양이지만, 더 남쪽에 있는 테르멘레기온(Thermenregion)은 석회암이 많다. 남동쪽 부르겐란트(Burgenland)는 모래 토양에 흑토, 자갈, 이회토, 풍적 황토 등 다양하게 이루어져 있으며, 남쪽에 있는 슈타이어마르크(Steiermark)는 갈색토와 화산토로 이루어져 있다.

품종

▨ 화이트와인용

- **그뤼너 펠트리너(Grüner Veltliner)**: 가볍고 신선하며 영 와인 때 소비되는 품종으로 전체의 36%를 차지하는 오스트리아 독특한 품종이다.

- **벨슈리슬링(Welschriesling)**: 아로마가 좋고, 발랄한 신맛이 특징이며, 9%를 차지한다. 리슬링과는 관계없는 품종이다.

- **뮐러 투르가우(Müller-Thurgau)**: 꽃과 과일 향이 좋고, 7%를 차지한다.

- **바이스부르군더(Weissburgunder = Pinot Blanc)**: 견과류 냄새가 특징이며, 6%를 차지한다.

- **라인리슬링(Rheinriesling)**: 고급 품종으로 4%를 차지한다. 독일 것보다 더 힘이 있다.

- **기타**: 질바너(Silvaner), 샤르도네(Chardonnay = Morillon), 룰랜더(Ruländer = Pinot Gris), 게뷔르츠트라미너(Gerwürztraminer) 등이 있다.

레드와인용

- **블라우어 츠바이겔트(Blauer Zweigelt)**: 부드러우면서 가득 찬 느낌을 주며, 8%를 차지한다.

- **블라우프랜키슈(Blaufränkisch)**: 신선하고 힘 있는 와인이 되며, 5%를 차지한다.

- **블라우어 포르투기저(Blauer Portugieser)**: 부드럽고, 산도, 알코올 농도가 낮은 와인이 되며, 5%를 차지한다.

- **기타**: 장트 라우렌트(Saint-Laurent), 카베르네 소비뇽(Cabernet Sauvignon), 블라우부르군더(Blauburgunder = Pinot Noir) 등이 있다.

오스트리아 와인의 원산지 표시제도

지리적 표시 없는 와인

- **바인(Wein)**: 당도 10.6°KMW 이상으로 품종, 산지, 빈티지를 표시하지 않는다.

- **바인 미트 안가베 폰 소르테 오더 야어강(Wein mit Angabe von Sorte oder Jahrgang)**: 품종 또는 빈티지 표시 와인.

지리적 표시 보호 와인

- **란트바인(Landwein)**: 당도 14°KMW 이상으로 품종과 빈티지를 표시하며 지역이 정해져 있다. 수율: 6,750ℓ/ha 이하.

원산지명칭 보호 와인

- **크발리테츠바인(Qualitätswein)**: 당도 15°KMW 이상이며, 화이트와인은 19°KMW, 레드와인은

20°KMW까지 보당 가능하다. 16개의 지역이 있다. 수율: 6,750ℓ/ha 이하.

- **카비네트(Kabinett):** 당도 17°KMW 이상이며 보당을 일부 할 수 있다. 알코올 농도는 최고 13%, 잔당은 최고 9g/ℓ이다. 수율: 6,750ℓ/ha 이하.

- **프레디카츠바인(Prädikatswein):** 보당이나 포도주스 첨가를 할 수 없으며, 수확시기가 규정되어 상표에 반드시 빈티지를 표기한다. 다음과 같이 여러 단계로 나눈다. 수율: 6,750ℓ/ha 이하. 알코올 농도 9% 이상.

  ① **슈페트레제(Spätlese):** 수확시기를 늦추어 완숙된 포도 사용. 당도 19° KMW 이상으로 단일 포도품종을 사용하며, 다음 해 1월 1일까지 판매 불가.

  ② **아우스레제(Auslese):** 완숙된 포도나 보트리티스 포도 사용. 당도 21° KMW 이상으로 단일품종을 사용하며, 다음 해 5월 1일까지 판매 불가.

  ③ **베렌아우스레제(Beerenauslese):** 과숙된 포도나 보트리티스 포도 사용. 당도 25° KMW 이상.

  ④ **아이스바인(Eiswein):** 동결된 포도 사용. 당도 25° KMW 이상.

  ⑤ **슈트로바인(Strohwein):** 3개월 이상 건조시킨 포도로 만든 와인으로 당도 25° KMW 이상.

  ⑥ **아우스브루흐(Ausbruch):** 나무에서 자연 건조시킨 포도 또는 보트리티스 곰팡이 낀 포도로 만든 와인으로 당도 27° KMW 이상이며, 동일한 포도밭에서 나온 슈페트레제 이상의 과즙이나 와인 첨가 가능.

  ⑦ **트로켄베렌아우스레제(Trockenbeerenauslese):** 나무에서 자연 건조시킨 보트리티스 곰팡이 낀 포도로 만든 와인. 당도 30° KMW 이상

KMW_Klosterneuburger Mostwaage

오스트리아 당도의 단위로 순수한 당분의 중량 %를 나타낸 것이다. KMW 17도는 20.1Brix가 된다.
$$°Oe = °KMW × \{(0.022 × °KMW) + 4.54\}$$

▨ 전통적 표시사항

- **베르크바인(Bergwein):** 경사 26% 이상 언덕에서 나온 포도로 만든 와인.
- **레제르베(Reserve):** 알코올 13% 이상으로, 레드와인은 12개월 이상, 화이트와인은 4개월 이상 숙성시킨 것.

▨ 원산지명칭의 분류

2002년 빈티지부터 원산지를 기준으로 와인을 분류하여 프랑스 AOC와 유사한 제도가 탄생하여, 이를 라틴어로 표기하여 DAC(Districtus Austriae Controllatus)라고 한다. 이 와인은 크발리테츠바인 이상의 등급으로 산지에서 허가한 품종, 그리고 그에 상응한 품질을 유지해야 하며, 라이타베르크(Leithaberg) DAC를 제외하고는 클라시크(Klassik), 레제르베(Reserve) 두 단계로 구분한다.

- 바인퓌어텔(Weinviertel) DAC
- 트라이젠탈(Treisental) DAC
- 크렘스탈(Kremstal) DAC
- 미텔부루겐란트(Mittelburgenland) DAC
- 캄프탈(Kamptal) DAC
- 라이타베르크(Leithaberg) DAC
- 아이젠베르크(Eisenberg) DAC
- 노이지들러제(Neusiedlersee) DAC
- 비너 게미슈터 자츠(Winer Gemischter Satz) DAC

당도의 표시

- **트로켄(Trocken):** 잔당 0.9% 이하, 총산과 차이는 0.2% 미만.
- **할프트로켄(Halbtrocken):** 잔당 0.9-1.2%
- **리블리히(Lieblich):** 잔당 1.2-4.5%
- **쥐스(Süss):** 잔당 4.5% 이상

　상표에는 생산지, 품종, 빈티지, 등급, 알코올 함량, 잔당, 품질관리 번호, 생산자 및 주병한 곳의 명칭을 표시한다. 공식적인 기관에서 품질검사를 받으면 병목에 표시를 한다. 란트바인, 크발리테츠바인, 프레디카츠바인은 '적-백-적', 타펠바인은 '황-녹', 외국산은 '백'으로 표시한다.

생산지역

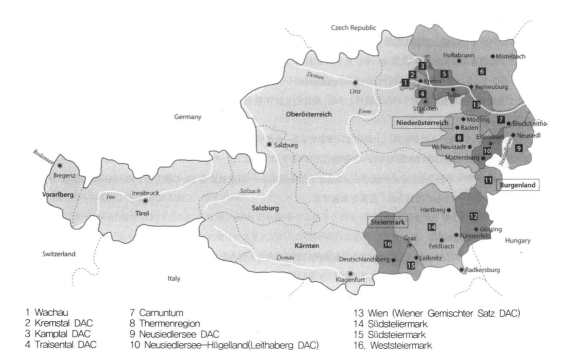

1 Wachau
2 Kremstal DAC
3 Kamptal DAC
4 Traisental DAC
5 Wagram
6 Weinviertel DAC

7 Carnuntum
8 Thermenregion
9 Neusiedlersee DAC
10 Neusiedlersee–Hügelland(Leithaberg DAC)
11 Mittelburgenland DAC
12 Eisenberg DAC (Südburgenland)

13 Wien (Wiener Gemischter Satz DAC)
14 Südsteiermark
15 Südsteiermark
16. Weststeiermark

[그림 14-1] 오스트리아 와인산지

▒ 니더외스터라이히(Niederösterreich)

저 오스트리아라는 뜻으로 비엔나 북서쪽과 남쪽지방을 말한다. 오스트리아 와인의 60%를 차지하는 곳이다. 8개 지역이 있다.

- 박하우(Wachau): 풍화된 암석에 모래와 풍적 황토로 이루어진 도나우 강가의 경사진 토양에 일교차 큼. 그뤼너 펠트리너, 라인리슬링을 주로 재배하며, 당도를 기준으로 다음과 같이 분류. 면적: 1,296ha.

  - 슈타인페더(Steinfeder): 가벼운 타입의 화이트. 당도 15-17° KMW 이상의 포도 사용, 알코올 11.5% 이상, 잔당 4g/ℓ 이하. 크발리테츠바인에 해당.

  - 페더슈필(Federspiel): 풍부한 향이 있는 화이트. 당도 17-18.2° KMW 이상의 포도 사용, 알코올 11.5-12.5% 이상. 카비네트에 해당.

  - 스마라그드(Smaragd): 잘 익은 포도로 만든 화이트. 당도 18.2° KMW 이상의 포도 사용, 알코올 12.5% 이상.

- 크렘스탈(Kremstal) DAC: DAC 와인은 화이트로 그뤼너 펠트리너, 라인리슬링을 사용. 클라시크는 보트리티스 곰팡이나 오크 향이 없어야 하지만, 레제르베는 허용. 그 외 츠바이겔트로 만든 레드도 증가.

면적: 2,434ha.

- **캄프탈(Kamptal) DAC**: 풍적 황토와 흑토로 이루어진 넓은 지역. DAC 와인은 화이트로 그뤼너 펠트리너, 라인리슬링 사용, 클라시크는 보트리티스 곰팡이나 오크 향이 없어야 하지만, 레제르베는 허용. 그 외 샤르도네, 피노 블랑, 레드는 츠바이겔트, 블라우어 포르투기저, 장트 라우렌트, 피노 누아, 메를로 등. 면적: 3,641ha.

- **트라이젠탈(Traisental) DAC**: 건조한 모래 토양이나 자갈 흑색토. DAC 와인은 화이트로 그뤼너 펠트리너, 라인리슬링 사용, 보트리티스 곰팡이나 오크 향이 없어야 함. 그 외 소비뇽 블랑, 샤르도네 재배. 면적: 644ha.

- **바그람(Wagram)**: 풍적토와 석회암을 함유한 지역으로 미네랄 향이 강함. 그뤼너 펠트리너를 주품종으로 라인리슬링, 바이스부르군더 등을 재배하며, 츠바이겔트, 피노 누아 등 레드도 증가 추세. 수도원의 양조장과 세계에서 가장 오래된 양조학교가 있음. 면적: 2,440ha.

- **바인피어텔(Weinviertel) DAC**: 오스트리아에서 가장 넓은 지역으로 풍적 황토, 흑토로 구성. DAC 와인은 그뤼너 펠트리너만 사용, 클라시크는 보트리티스 곰팡이나 오크 향이 없어야 하지만, 레제르베는 허용. 그 외 벨슈 리슬링, 바이스 부르군더, 라인리슬링 등이 있으며, 레드 품종은 츠바이겔트, 블라우어 포르투기저 등. 면적: 12,876ha.

- **카르눈툼(Carnuntum)**: 노이지들러제 호수의 영향을 받은 모래, 흑토, 자갈, 풍적 황토로 이루어진 깊은 토양. 화이트 품종은 그뤼너 펠트리너, 벨슈 리슬링, 바이스부르군더, 샤르도네 등이며, 레드 품종은 츠바이겔트, 블라우프랜키슈, 메를로 등. 면적: 813ha.

- **테르멘레기온(Thermenregion)**: 자갈과 흑토가 섞여 있는 토양에 온화하고 강수량이 적은 지역. 화이트 품종은 노이부르거(Neuburger)가 가장 많으나 점차 감소 추세, 토종인 치어판들러(Zierfandler), 로트기플러(Rotgipfler) 등, 레드 품종은 츠바이겔트, 장트 라우렌트, 피노 누아, 카베르네 소비뇽 등. 면적: 1,854ha.

- **유명 메이커**: 프라이에 바인가르테너 박하우(Freie Weingartener Wachau), 픽흘러(F. X. Pichler), 히크(J. Hick), 바인구트 브룬트마이어(Weingut Brundlmayer), 바인구트 프라거(Weingut Prager) 등.

부르겐란트(Burgenland)

비엔나 남동쪽 헝가리 국경지대로서 오스트리아 와인의 30%를 차지한다. 깊이가 얕은 노이지들러제(Neusiedlersee) 호수의 안개 때문에 보트리티스 곰팡이가 잘 끼어 아우스브루흐, 아우스레제, 베렌아우스레제, 트로켄베렌아우스레제 등 스위트 와인을 만든다. 사용하는 품종은 전통적인 리슬링보다는 바이스부르군더, 뮐러 투르가우 등을 사용한다. 레드와인도 많이 만드는데 주로 블라우프랜키슈로 만든다.

- **노이지들러제(Neusiedlersee) DAC**: 대평원에 있는 포도밭으로 풍적 황토와 흑토로 구성. 레드는 블라우어 츠바이겔트, 블라우프랜키슈 등 사용, 화이트는 바이스부르군더, 벨슈리슬링 등 사용. 트로켄베렌아우스레제 유명. DAC 와인은 레드로 클라시크는 츠바이겔트에 국제 품종을 사용할 수 있으며 오크나 스테인리스스틸 탱크에서 숙성하고, 레제르베는 츠바이겔트 60% 이상에 토종 품종을 혼합하며, 오크통에서 숙성. 면적: 7,360ha.

- **노이지들러제 휴겔란트(Neusiedlersee–Hügelland)**: 풍적 황토와 흑토, 모래로 이루어진 토양에서 나오는 보트리티스 와인이 최고의 품질. 화이트 품종은 샤르도네, 벨슈 리슬링, 바이스부르군더, 푸르민트 등이며, 레드 품종은 블라우프랜키슈, 츠바이겔트, 카베르네 소비뇽 등. 면적: 3,168ha.

- **라이타베르크(Leithaberg) DAC**: 노이지들러제 휴겔란트에서 노이지들러제 서쪽까지 이어진 지역. 화이트 DAC는 피노 블랑, 샤르도네, 노이부르거, 그뤼너 펠트리너를 단독으로 사용하거나 블렌딩하며, 레드 DAC는 블라우프랜키슈(85% 이상)에 장트 라우렌트, 피노 누아 사용.

- **미텔부루겐란트(Mittelburgenland) DAC**: 토양이 깊고 모래와 흑토로 이루어진 토양으로 타닌이 풍부한 레드가 유명. DAC 와인은 레드로 블라우프랜키슈만 사용하며, 오크통에서 숙성. 그 외 블라우어 츠바이겔트, 블라우프랜키슈, 카베르네 소비뇽, 메를로 등 재배. 면적: 2,261ha.

- **아이젠베르크(Eisenberg) DAC**: 철분이 많은 토양. DAC 와인은 레드로 블라우프랜키슈만 사용. 그 외 지역은 츠바이겔트, 바이스부르군더, 벨슈리슬링 등 재배. 면적: 450ha.

- **유명 메이커**: 크라헤어(Kracher), 랑그(Lang), 벤첼(Wenzel)

슈타이어마르크(Steiermark)/슈트리아(Styria)

전체 생산량의 9%를 차지하는 곳으로 전통적으로 소비뇽 블랑이 유명하며, 최근에는 샤블리 스타일의 샤르도네도 괜찮다. 경사진 남향의 화산회토에서 스파이시한 와인을 만든다. 세 개 지역이 있다.

- **쥐드오스트슈타이어마르크(Südoststeiermark)**: 현무암과 화산토 및 흑토로 이루어진 토양. 벨슈리슬링, 바이스부르군더, 소비뇽 블랑, 특히 게뷔르츠트라미너 유명. 면적: 1,401ha.

- **쥐드슈타이어마르크(Südsteirmark)**: 점판암, 모래, 이회토, 석회질 토양. 벨슈리슬링, 소비뇽 블랑, 샤르도네(이곳에서는 Morillon이러고 함) 등 재배. 면적: 2,029ha.

- **베스트슈타이어마르크(Weststeiermark)**: '쉴헤어(Schilcher)'라는 산도 높은 로제 유명. 면적: 452ha.

- **유명 메이커**: 테멘트(E & M Tement), 사틀레어호프(Sattlerhof), 그로스(Gross), 바인구트 발터 운트 에벨린 스코프(Weingut Walter und Evelyn Skoff) 등

비인(Wien)

세계 유일의 수도 지역이 와인 주생산지인 곳으로 화이트와인, 레드와인을 만들며, 다른 품종을 섞은 와인이 많다. 호이리겐이 유명하다. 면적: 496ha.

리델_Riedel 글라스

오스트리아에서 10대째 내려오는 세계 최고의 크리스털 메이커로서 와인의 맛과 향이 최대로 우러나도록 설계하는 것으로 유명하다. 세계 최고급 레스토랑에서 가장 많이 애용하는 글라스이다.

헝가리

공식명칭: 헝가리공화국(Republic of Hungary)
헝가리 명칭: Magyar Köztársaság
인구: 1,000만 명
면적: 9만 km²
수도: 부다페스트
와인생산량: 2억6천만 *l*
포도재배면적: 7만 ha

19세기 중반까지 합스부르크 제국내의 낙후된 농업지대였지만, 그 후 공업 특히 중공업이 발전된 곳이다. 도나우 강(부다페스트)과 티사 강(토카이) 유역에 포도밭이 발달되어 있으며, 1893년에 이미 원산지 호칭제도를 확립한 전통적인 와인 생산국으로 17세기부터 유럽에서 프랑스, 독일 다음으로 좋은 와인을 만드는 곳으로 이름이 나 있었으나, 공산화 이후 포도밭의 국영화, 생산과 판매의 독점 등 조치로 품질이 낮아졌다. 그러나 공산주의가 붕괴되면서 개인 소유권이 확보되어 고급 와인 생산에 박차를 가하고, 외자를 도입하여 현대적인 시설을 갖추면서 품질관리에 힘을 쓰고 있다. 특히 토카이 지방에는 많은 외자가 유입되고 있다. 그리고 1997년부터는 프랑스 AOC 제도를 따라서 원산지 통제를 실시하고 있다.

헝가리는 북위 45.5-48.5도 사이로 포도재배의 북방 한계선에 있으며, 전형적인 대륙성 기후로서 여름이 덥고 겨울이 춥기 때문에 화이트와인이 65%를 차지한다. 토양은 다양하지만 고급 와인이 나오는 곳은 배수가 잘 되는 화산암으로 되어 있다. 22개의 생산지역이 있지만, 그 중 7개 지역이 역사적으로 중요하다. 토카이로 유명한 '토카이 헤지어여(Tokaji-Hegyalja)', 유럽에서 가장 큰 발라톤 호수 서쪽에 있는 '바다초니(Badacsony)'와 '숌로(Somló)', 남부 지방의 '섹사르드(Szekszárd)'와 '빌라니 시클로스(Villány-Siklós)', 그리고 '에게르(Eger)', '마트라이여(Mátraalja)' 지역 등을 들 수 있다.

포도품종

▩ 화이트와인용

● **체르세기 퓌세레쉬(Cserzegi Füszeres)**: 머스캣과 비슷한 성격에 생동감 있는 신맛과 야생화

냄새가 난다. 영 와인 때 마신다.

- **에세르요(Ezerjó)**: 산도가 높은 와인으로, 모르(Mór)에서 보트리티스 와인인 모리 아슈(Móri Aszú)를 만든다.
- **푸르민트(Furmint)**: 산도가 높고 풀 바디 와인이 되며, 공기 중에 한참 두어야 아로마가 풍긴다. 토카이를 만드는 품종이다.
- **하르쉴레벨류(Hárslevelü)**: 당분 함량이 높고, 꿀 냄새가 지배적이며, 토카이를 만든다.
- **이르셔이 올리베르(Irsai Olivér)**: 헝가리 북부 지방에서 많이 재배하며, 머스캣 아로마에 산도가 적절하여 영 와인 때 마신다.
- **케익넬류(Kéknyelü)**: 숙성에 시간이 걸리는 와인이 되며, 바다초니가 원산지다.
- **무스캇 루넬(Muscat Lunel)**: 뮈스카 블랑 아 프티 그랑과 같은 것으로 토카이에서 세 번째로 중요한 품종이다.
- **레아니카(Leányka)**: 꽃 향이 지배적이며, 알코올 함량이 높다. 오래 두는 고급 와인이 된다.
- **올라스리슬링(Olaszrizling)**: 이태리 리슬링으로 알려져 있으며, 보트리티스 와인도 만든다.
- **로즈네 리슬링(Rajnai Rizling)**: 라인 리슬링과 동일한 것으로 대부분 지역에 있으며 바다초니의 것이 유명하다.
- **기타**: 뮐러 투르가우(Müller-Thurgau), 샤르도네(Chardonnay), 쉬르케바라트(Szürkebarát = Pinot Gris). 트라미니(Tramini = Gewürztraminer) 등이 있다.

레드와인용

- **코도르카(Kadarka)**: 타닌이 약하고 산도가 있는 부드러운 와인으로 섹사르드의 것이 좋다.
- **케익프란코쉬(Kékfrankos)**: 에그리 비카베르(Egri Bikavér)에서 주로 재배되며, 주로 큰 나무통에서 숙성시킨다. 에게르, 섹사르드에서 많이 재배한다. 오스트리아에서 블라우프랜키슈(Blaufränkisch)로 알려진 것이다.
- **케익오포르토(Kékoportó)**: 부드럽고 가벼운 와인을 만든다.
- **스바이겔트(Zweigelt)**: 많이 재배되는 레드와인 품종으로 고급 와인을 만든다.
- **기타**: 카베르네 소비뇽, 메를로 등도 재배한다.

생산지역

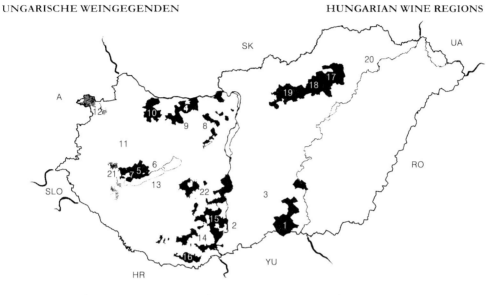

MAGYARORSZÁG BORVIDÉKEI

UNGARISCHE WEINGEGENDEN   HUNGARIAN WINE REGIONS

① 촌그라드(Csongrád)　②하요시 바야(Hajós–Baja)　③ 쿤샤그(Kunság)
④ 아사르 네스메이(Ászar–Neszmély)⑤ 바다초니(Badacsony)　⑥ 발라톤퓨레드 초팍(Balatonfüred–Csopak)
⑦ 발라톤펠비덱(Balatonfelvidék)　⑧ 에티에크 부다(Etyek–Buda)　⑨ 모르(Mór)
⑩ 파논할머 쇼코로이어(Pannonhalma–Sokoróalia)　⑪ 쇼믈로(Somló)
⑫ 쇼프론(Sopron)　⑬ 발라톤보글라르(Balatonboglár)　⑭ 메첵어여(Mecsekalja)
⑮ 섹사르드(Szekszárd)　⑯ 빌라니 시클로스(Villány–Siklós)　⑰ 뷔크이여(Bükkalja)
⑱ 에게르(Eger)　⑲ 마트라이여(Mátraalja)　⑳ 토카이 헤지어여(Tokaji–Hegyalja)
㉑ 발라톤멜릭케(Balatonmelléke)　㉒ 톨나(Tolna)

[그림 14-2] 헝가리 와인산지

▨ 북서부 지방

- **쇼프론(Sopron)**: 시원한 곳으로 석회질 토양. 산도가 강하고 타닌이 약한 레드와인과 신선한 화이트와 인 생산.

- **쇼믈로(Somló)**: 경사진 화산토에서 농축미가 있는 헝가리 최고의 화이트와인 생산. 전통적으로 나무통에 서 숙성.

▨ 북부 지방

- **파논할머 쇼코로이어(Pannonhalma–Sokoróalia)**

- **아사르 네스메이(Ászar–Neszmély)**: 슬로바키아와 국경에 있지만, 늦서리 피해가 적고, 습도가 높아 서 향이 좋은 화이트와인을 생산.

- **에티에크 부다(Etyek–Buda)**: 부다페스트 근처로 샤르도네와 스파클링와인이 유명. 최근에는 피노 누

아와 소비뇽 블랑 재배.

- **모르(Mór)**: 서늘한 곳으로 에세르요가 주품종.

북동부 지방

- **마트라이여(Mátraalja)**: 화이트와인 산지로 올라스리슬링, 무스캇, 샤르도네 소비뇽 브랑, 세미용 등을 재배.
- **토카이 헤지어여(Tokaj-Hegyalja)**: 세계 최고의 스위트 와인이 나오는 곳.
- **뷔크이여(Bükkalja)**: 거의 화이트와인으로 국내에서 소비.
- **에게르(Eger)**: 부다페스트와 토카이 사이에 위치한 곳으로 레드와인이 60% 차지. 미디엄 바디로서 타닌도 적당한 레드와인으로 주품종은 케익프란코쉬, 스바이겔트, 카베르네 소비뇽, 메를로 등. 황소머리가 그려진 에그리 비카베르(Egri Bikavér)는 케익프란코쉬로 만드는데, 'Bull's Blood(황소의 피)'라는 별명을 가지고 있음. 1552년 터키와 전쟁에서 헝가리 군이 레드와인을 마신 장면을 목격한 터키 군이 황소 피를 마신다고 보고하면서, 이 지방 레드와인이 '황소의 피'라는 별명을 갖게 되어, 헝가리 제 2의 와인으로 1980년대부터 육성.

대평원

가장 생산량이 많은 곳으로 모래땅에서 산도가 낮은 국내 소비용 와인을 생산하지만 필록세라 이후 샤르도네, 메를로 등을 재배하고 있다.

- **촌그라드(Csongrád)**: 1986년 와인생산지역으로 지정된 곳.
- **하요시 바야(Hajós-Baja)**: 평범한 와인 생산.
- **쿤샤그(Kunság)**: 대평원에서 가장 넓은 곳.

남서부 지방

온화한 대륙성 기후에서 크로아티아 국경 가까운 곳은 지중해성 기후로서, 남서부 지역은 포도 성장기 때 기온이 높아서 풀 바디 와인이 된다.

- **섹사르드(Szekszárd)**: 레드와인이 2/3를 차지. 생동감 있는 풀 바디 와인으로 특히 비카베르(Bikavér)가 유명. 주품종은 스바이겔트, 케익프란코쉬, 메를로, 카베르네 소비뇽 등. 특히, 현대적인 시설과 새 오크통을 사용하여 코도르카로 만든 레드와인은 파프리카 요리와 잘 어울리는 것으로 유명.
- **빌라니 식로쉬(Villány-Siklós)**: 가장 남쪽 지방으로 지중해성 기후. 빌라니는 레드와인, 식로쉬는 화이트와인이 고급. 카베르네 소비뇽, 카베르네 프랑, 케익프란코쉬, 케익오포르토 등 재배.
- **메첵어여(Mecsekalja)**: 여름이 덥고 일조시간이 많아 풀 바디의 와인을 생산.
- **톨나(Tolna)**: 1998년에 새로운 와인산지로 지정된 곳.

발라톤 호수

- **바다초니(Badacsony)**: 준 지중해성 기후로 풀 바디의 화이트와인이 유명. 샤르도네, 소비뇽 블랑, 피노 그리, 올라스리슬링 등 재배.
- **발라톤보글라르(Balatonboglár)**: 호수 영향으로 비교적 온화한 기후.
- **발라톤펠비덱(Balatonfelvidék)**: 호수의 영향을 받지만 지형에 따라 다양한 와인 생산.
- **발라톤퓨레드 초팍(Balatonfüred-Csopak)**: 발라톤퓨레드는 알코올 농도가 높은 풀 바디의 와인, 초팍은 가볍고 온화한 와인 생산.
- **발라톤멜릭케(Balatonmelléke)**: 1998년 새로운 와인산지로 지정된 곳.

토카이(Tokaji)

역사

세계에서 가장 유명한 최고급 스위트 와인으로 루이 15세가 퐁파두르 부인에게 "이 술은 와인의 왕이며, 왕들의 와인이다."라고 극찬한 전설의 와인이다. 이 와인은 보트리티스 곰팡이 낀 포도로 만드는데, 이곳은 여름이 덥고 건조하며 가을이 따뜻하고 습하기 때문에 이 병에 잘 걸린다. 1600년대 터키의 침입으로 피난을 갔다가 수확기를 지난 다음에 곰팡이가 끼면서 건포도와 같이 건조된 상태의 포도를 수확하여 꿀과 같은 주스를 얻어 발효시킨 것을 시작으로 보고 있다. 독일보다 100년, 프랑스보다 200년 앞섰다고 볼 수 있다. 그러나 필록세라에 이어서 1, 2차 세계대전을 겪으면서 포도밭은 황폐되었으며, 1949년 공산화 이후 모든 포도밭의 국유화로 대규모 조합의 와인과 명성 있는 포도밭의 와인이 섞이면서 질보다는 양 위주의 생산으로 전락하여 명품을 찾아보기 힘들게 되었다. 1989년 공산주의에서 벗어나면서 새로운 제도를 정립하고, 외국 자본과 기술이 들어와 활기를 되찾고 있다. 보통 'Tokay'라고 하지만 원래 명칭은 'Tokaji'이다.

지역 및 품종

토카이는 헝가리 북동쪽 지방 '토카이 헤지어여(Tokaji-Hegyalia)'에서 나오는데, 이 지방은 카르파티마 산맥이 북동부에서 서쪽까지 걸쳐 있어서 찬바람을 막아주기 때문에 가을이 온화하며, 토양은 화산토에 충적토, 점토, 미사가 섞여 쉽게 더워질 수 있다. 지형적으로 보드로그(Bodrog) 강과 티사(Tisza) 강이 합류하는 곳이기 때문에, 가을 안개가 잘 끼면서 온화한 기온으로 보트리티스 곰팡이가 잘 자랄 수 있는 환경을 조성해 준다. 이 와인은 주로 푸르민트(Furmint) 포도로 만드는데, 이 포도는 산도가 높고, 껍질이 얇은 만생종으로 보트리티스 곰팡이가 잘 자란다. 두 번째로 많이 재배되는 품종은 하르쉴레벨류(Hárslevelü)로서 보트리티스 곰팡이는 잘 자라지 못하지만 산도가

높고, 향이 풍부한 와인을 만든다. 무스캇(Muscat Lunel)은 신선한 풍미를 제공하며, 1993년부터는 오레무스(Orémus 혹은 Zéta)라는 당도 높은 품종도 사용되고 있다.

종류 및 양조방법

곰팡이 낀 포도를 선별하여 수확하는데, 이렇게 보트리티스(*Botrytis cirnerea*) 영향을 받은 포도를 헝가리에서는 '아수(Aszú)'라고 한다.

- **토카이 푸르민트(Tokaji Furmint)**: 곰팡이가 끼지 않은 건강한 푸르민트 포도로 만든 드라이 와인으로 묵직한 느낌을 준다. 또 '토카이 하르쉴레벨류(Tokaji Hárslevelü)'는 건강한 하르쉴레벨류 포도로 만든 것이다.

- **토카이 자모로드니(Tokaji Szamorodni)**: 곰팡이가 부분적으로 낀 포도송이로 만들기 때문에 알코올 함량이 높다. 이 곰팡이 낀 포도가 얼마나 들어가느냐에 따라 드라이 혹은 스위트 타입이 된다. 드라이 와인은 '자라스(Száraz)'라고 하며 2년 이상 숙성시키며, 스위트 와인은 '에데슈(Édes)'로 잔당 30g/ℓ 이상이며, 2년 이상 숙성시킨다.

- **토카이 아수(Tokaji Aszú)**: 곰팡이 낀 포도(아수)를 거두어들이는 용기를 푸토니(Puttony, 포도 25kg 용량)라고 하는데, 여기서 아수를 죽 상태로 으깬 다음에 136ℓ 용량의 통(이것을 Gönc라 한다)에 몇 개의 푸토니를 넣고, 나머지를 드라이 와인으로 채운다. 이때 사용하는 드라이 와인은 건강한 푸르민트나 하르쉴레벨류 포도로 그 해 만든 와인이다. 첨가하는 아수의 푸토니 숫자가 많을수록 더 달고 고급품이 된다. 보통 3-6의 푸토니를 넣지만, 2013년부터는 상표에 푸토니 숫자 표시를 생략하고(업자에 따라 사용할 수도 있음) 당도를 기준으로 구분하여, 잔당 120g/ℓ 이상, 이론적 알코올농도는 19%(와인은 9% 이상)로 정했다. 예외적으로 잔당 150g/ℓ 이상인 경우는 '6 푸토니(6 Puttonyos)'라고 표시할 수 있다.

  아수와 드라이 와인을 섞어서 8시간에서 3일 정도 두어 아수에서 당분을 우려낸 다음에 다시 즙을 짜서 시원한 지하실에서 몇 달 혹은 몇 년 장기간 발효를 시킨다. 예전에는 통에 가득 채우지 않고 두면서, 셰리와 같이 산화되어 독특한 토카이 향을 얻었지만, 요즈음은 가득 채워서 산화를 방지하여 훨씬 신선한 제품을 만든다. 숙성기간은 전통적으로 푸토니 수에 2를 더해서 6 푸토니이면 8년을 숙성했지만, 요즈음은 법적으로 오크통에서 18개월 이상 숙성을 하고, 수확한 해부터 3년 후 1월 1일부터 판매할 수 있다. 병은 500㎖ 용량의 전통적인 모양을 사용한다. 단, 220ℓ의 아수 생산에 사용되는 곰팡이 낀 포도의 양은 100kg 이상이라야 한다.

- **토카이 아수에센시아(Tokaji Aszúeszencia)**: 2013년부터 폐지

- **토카이 에센시아(Tokaji Eszencia)**: 전통적으로 곰팡이 낀 포도를 푸토니(Puttony)에 으깨 넣고,

6-8일 두면 바닥에 주스가 고인다. 이 주스로만 만든 와인을 에센시아(Eszencia)라고 하며, 잔당 450g/ℓ 이상으로 알코올농도는 3% 이상인 것은 찾아보기 어렵다.

양조 방법이 공산화 이후 혼란을 겪은 뒤 정립이 안 되어 있었다가, 2013년에 푸토니 위주의 구분에서 당도 기준으로 현대적인 규격을 설정하여 한 단계 성장하였다. 참고로, 토카이 달자스(Tokay d'Alsace)라는 명칭은 알자스에서 피노 그리(Pinot Gris)를 일컫는 것으로 14세기 헝가리에서 프랑스로 도입된 것으로 추측하고 있다. 요즈음은 다른 곳에서 고유의 원산지명칭을 사용할 수 없기 때문에 토카이 달자스라는 명칭은 더 이상 사용되지 않는다.

유명 메이커

- **로얄 토카이 와인 컴퍼니(Royal Tokaji Wine Company)**: 1989년 영국 자본으로 설립된 곳으로 사업가 제이콥 로스차일드 경(Lord Jacob Rothschild), 와인 평론가 휴 존슨(Hugh Johnson), 보르도 와인 메이커 피터 뱅딩 디에르(Peter Vinding Diers)가 관여하여 설립한 곳이다.

- **샤토 파이소스(Chateau Pajzos)**: 보르도의 샤토 클리네(Ch. Clinet)의 장 미셸 아르코트(Jean-Michel Arcaute)가 관여한 곳이다.

- **토카이 오레므스(Tokaji Oremus)**: 스페인의 베가 시실리아에서 설립한 곳이다.

- **디소노코(Disznoko)**: 프랑스 보험회사 3개가 설립한 곳이다.

그리스

공식명칭: 그리스공화국(Hellenic Republic)
그리스 명칭: Ellinikí Dimokratía
인구: 1,100만 명
면적: 13만 ㎢
수도: 아테네
와인생산량: 3억4천만 *l*
포도재배면적: 11만 ha

　기원전 3500-2900년부터 포도재배가 된 것으로 보이며, 기원전 13-11세기 때는 올리브, 밀과 함께 포도재배가 정착하여 그리스 와인의 전성시대라고 볼 수 있다. 고대 그리스의 와인에 대해서는 술의 신 디오니소스를 비롯하여, 히포크라테스, 호머, 플라톤 등 유명한 사람들의 기록이 남아있다. 고대 그리스인은 오늘날 같이 포도를 재배하였는데 가지 치는 방법이나 유인하는 방법을 여섯 가지로 분류하여 품종과 토양, 바람 등에 따라 다르게 적용했다고 한다. 이 그리스 사람들이 로마 사람들에게 포도재배를 전수하고, 로마는 이를 유럽에 퍼뜨린 것이다. 와인은 고대 그리스의 명성과 함께 경제적인 밑받침이었으며, 비잔틴 시대에 수도원에서 만든 와인은 최고의 와인으로 유명했지만, 15세기부터 터키의 지배를 받으면서 쇠퇴하기 시작하였고, 19세기 독립왕국이 되었으나 계속되는 전쟁에 휘말려 쇠퇴한 와인산업 부흥에 힘을 쓸 수가 없었다.

　그리스 와인은 대체로 오래 숙성시켜 산화된 것이나 고리타분한 맛을 내는 것이 많다. 그리스 사람들은 이런 와인을 선호하지만, 요즈음은 젊은 층에서 신선한 와인을 선호한다. 그래서 1960년대 이후 품종을 바꾸고 신선한 와인을 만드는 쪽으로 변화하고 있다. 1981년 EU에 가입하면서 원산지 제도를 시행하고, 1990년대부터 획기적인 방법으로 포도재배와 양조기술을 발전시켜 침체한 와인산업을 부흥하고 있다. 그리스는 연간 1인당 60병을 소모하는 중요한 와인 생산국이자 소비국이다.

　그리스 와인의 20%는 '레치나(Retsina)'라는 드라이 화이트와인으로 발효 때 송진을 가미한 것이다. 이 와인은 그리스에서 가장 많은 포도인 사바티아노(Savatiano)로 만든다. 옛날 송진으로 와인 용기를 밀봉하다가 발견한 것이다. 그리스에는 현재 300여 가지의 토종 품종이 있으나 재배면적이 점차 감소하고, 샤르도네, 카베르네 소비뇽 등 품종 비율이 증가하고 있다. 최근에는 존 카라스(John Carras)가 그리스 와인의 명성을 회복하고자 시토니아의 포도밭을 개발하면서, 프랑스의 에밀

페이노(Emile Peynaud) 교수를 초청하여 1972년부터 생산하여, 첫해는 실패했지만 계속적으로 시도하여 전설적인 인물이 되었다. 또 니콜라스 코스메타토스(Nicholas Cosmetatos)도 새로운 방법으로 와인을 생산하는 등 계속적으로 유럽식 와이너리가 생기고 있다.

포도품종

화이트와인

- **아쉬르티코(Assyrtico)**: 산뜻한 드라이 와인을 만드는 품종으로 산토리니와 에게 해 제도에서 재배한다.
- **모스코필레로(Moscofilero)**: 진한 핑크빛 껍질을 가진 포도로 화이트와인과 로제를 만들고 식전주로 유명하다. 향이 풍부하고 스파이시하다. 주로 펠로폰네소스의 만티니아에서 재배한다.
- **머스카트(Muscat)**: 주로 스위트 와인이 되며, 펠로폰네소스의 파트라스, 에게 해의 사모스에서 나온다.
- **로볼라(Robola)**: 케팔로니아와 이오니아 제도에서 재배하며, 이탈리아에서 전해진 품종이다.
- **사바티아노(Savatiano)**: 넓은 지역에서 지배되며 대부분의 레치나는 이것으로 만든다.

레드와인

- **아기오르기티코(Agiorgitiko)**: 그리스 주요 레드와인용 품종으로 평범한 와인을 만든다.
- **코트시팔리(Kotsifali)**: 크레타 섬에서 주로 재배되며 균형 잡힌 와인이 된다.
- **림니오(Limnio)**: 그리스 고유의 품종으로 에게 해 림노스 섬이 원산지며, 현재는 코트 드 멜리톤에서도 재배한다.
- **만델라리아(Mandelaria)**: 크레타 섬과 에게 해 제도에서 재배하며 주로 코트시팔리와 블렌딩한다.
- **마브로다프네(Mavrodaphne)**: 펠로폰네소스에 널리 재배되는 품종으로 디저트 와인으로 사용된다.
- **크시노마브로(Xynomavro)**: 그리스 대표적인 품종으로 북부지방에서 많이 재배한다.

최근에는 샤르도네, 카베르네 소비뇽 등 재배가 증가하고 있다.

품질등급

1971년 농무부에서 와인 보호를 위한 법률을 제정하여 시행하다가, 1981년 EU에 가입하면서 수정하였고, 2008년 신규 EU 규정에 따라 다음과 같이 수정하였다.

이노스(Oinos)

프랑스의 뱅 드 타블(Vin de Table)에 해당되며, 다음과 같이 3단계로 나눈다.

- **일반 테이블 와인**: 여러 가지 품종을 선택하여 자유스럽게 만든 와인.

- **카바(Cava)**: 일정한 온도와 습도에서 정해진 기간 이상 숙성시킨 와인. 화이트와인은 2년 이상 셀러나 나무통에서 숙성, 레드와인은 3년 이상 숙성(새 나무통에서 6개월 이상, 헌 나무통에서 1년 이상)하며, 상표에 숙성 시작 연도와 주병 연도를 표시한다.

- **레치나(Retsina)**: 대부분 화이트지만 로제도 있다. 머스트에 송진을 첨가한 것으로, 와인 1,000ℓ에 10kg 이하로 되어 있지만, 보통 와인 1ℓ에 1-5g 정도 첨가한다. EU에서 그리스 와인에만 허가해 준 것이다. 로제 레치나는 '코키넬리(Kokkineli)'라고 한다.

토피코스 이노스(Topikos Oinos)

프랑스의 뱅 드 페이(Vin de Pays)에 해당되는 것으로 생산지명, 빈티지, 등록번호가 표시된다. Protected Geographical Indication, Indication Géographique Protégée 등으로도 표현한다.

OPE(Onomasia Proelefsis Elechomeni)

프랑스의 AOC에 해당되지만, 스위트 와인으로 품종은 머스카트(Muscat)와 마브로다프네(Mavrodaphne)만 사용해야 한다. Appellation d'Origine Contrôlée, Appellation d'Origine Protégée, Protected Denomination of Origin 등으로도 표현한다.

- **머스카트(Muscat) 포도 사용한 것**

    - **뱅 두 나투렐(Vin Doux Naturel)**: 발효 2일째 브랜디를 첨가한 스위트와인. 잔당 128g/ℓ 이상. 숙성 1년 이상.

    - **그랑 크뤼(Grand Cru)**: 뱅 두 나투렐 중에서 엄선된 포도로 만든 것.

    - **뱅 나투렐러망 두(Vin Naturellement Doux)**: 완숙된 포도를 10-15일 천일 건조한 다음에 발효시킨 스위트와인. 잔당 150g/ℓ 이상. 숙성 5년 이상. '사모스 넥타'가 유명. OPAP급의 산토리니 섬 빈산토(Vinsanto)도 동일한 방법으로 양조.

- **마브로다프네(Mavrodaphne) 포도 사용한 것**

    - **마브로다프네 오브 파트라스(Mavrodaphne of Patras)**: 펠로폰네소스의 파트라스 산. 마브로다프네

51%, 알코올 15-22% 이상.

- 마브로다프네 오브 케팔로니아(Mavrodaphne of Cephalonia): 이오니아 제도의 마브로다프네로 만든 스위트와인.

OPAP(Onomasia Proelefsis Anoteras Piotitas)

고급 AOC에 해당되며, 품종, 재배, 수확량, 양조 등 규제를 받는다. 숙성기간은 다음과 같이 표시할 수 있다. Appellation of Origin of High Quality, Appellation d'Origine de Qualité Supérieure, Appellation d'Origine de Haute Qualité 등으로도 표현한다.

- **레제르브(Reserve)**: 화이트와인은 2년(나무통에서 6개월), 레드와인은 3년(나무통에서 6개월) 숙성시킨 것.
- **그란드 레제르브(Grand Reserve)**: 화이트와인은 3년(나무통에서 1년), 레드와인은 4년(나무통에서 2년) 숙성시킨 것.

생산지역

전형적인 지중해성 기후로 겨울에 비가 내리며, 오히려 일조량이 너무 많아 포도가 과숙되기 때문에 북쪽에 포도밭을 조성하는 경우도 있다. 내륙지방은 따가운 햇볕과 적은 강우량으로 가뭄에 견디는 품종이라야 경작이 가능하지만, 해안지방은 질 좋은 와인을 생산하고 있다.

북부 그리스 지방, 마케도니아(Macedonia) & 트라키아(Thrace)

에게 해 연안의 북부 해안지방으로 레드와인이 유명하다. 면적: 15,500ha. 생산량: 5,000만 ℓ.

- **아민데온(Amyndeon)**: 해발 650m. 크시노마브로 재배. 드라이 레드와인, 로제 스파클링 생산. OPAP는 크시노마브로로 만든 드라이 레드와인.
- **구메니사(Goumenissa)**: 해발 250md의 경사지대로 기후가 온난하여 부드러운 와인 생산. OPAP는 크시노마브로에 네고스카(Negoska) 혼합한 드라이 레드와인.
- **나우사(Naoussa)**: 강렬한 맛의 레드와인으로, '부타리(Boutari)'의 와인은 그리스 최고의 레드와인. OPAP는 크시노마브로로 만든 드라이 레드와인.
- **코트 드 멜리톤(Côte de Meliton)**: 새로운 와인산지로 산의 경사면에 포도밭 조성. 존 카라스(John Carras)가 카베르네 소비뇽을 토종 품종과 혼합하여 잘 알려진 곳. OPAP는 로디티스(Rhoditis), 아쉬르티코, 아시리(Athiri)로 만든 드라이 화이트와인, 림니오, 카베르네 소비뇽, 카베르네 프랑으로 만든 드라이 레드와인.
- **시아티스타(Siatista)**: 필록세라 때 프랑스로 수출. 크시노마브르, 머스카트 등 재배.
- **할키디키(Halkidiki)**: 유서 깊은 와인산지로 아소스(Athos), 시토니아(Sithonia), 카산드라(Kassandra)로 구분. 아소스는 화이트 스피릿 치프로(Tsipouro)와 아니스 리큐르인 우조(Ouzo)가 유명.

테살리아(Thessaly)

그리스 본토 동부 해안지방으로 라프사니가 유명하다. 면적: 8,696ha. 생산량: 4,000만 ℓ.

- **라프사니(Rapsani)**: 올림포스 산기슭으로 색깔 진한 와인 생산. OPAP는 크시노마브르, 크라사토 (Krasato), 스타브로토(Stavroto)로 만든 드라이 레드와인.
- **안히알로스(Anchialos)**: OPAP는 로디티스, 사바티아노로 만든 드라이 화이트와인.
- **카르디사(Karditsa)**: OPAP는 메세니콜라(Messenikolas)로 메세니콜라, 시라, 카리냥으로 만든 드라이 레드와인.
- **티르나보스(Tyrnavos)**: 넓은 평지에서 머스카트 재배.

이피로스(Epirus)

이오니아 해안. 면적: 1,022ha. 생산량: 300만 ℓ.

- **짓사(Zitsa)**: 데비나(Debina)로 만든 풀 바디의 드라이 화이트 및 스파클링와인. OPAP는 데비나로 만든 드라이 화이트와인.
- **메소보(Metsovo)**: 해발 1,000m. 필록세라 이후 부흥. 카베르네 소비뇽과 네메아의 아기오르기티코를 혼합하여 양조.

중앙 그리스 지방

와인 생산량이 가장 많은 곳. 면적: 28,849ha. 생산량: 2억 ℓ.

- **아티카(Attica)**: 메소기아(Mesogia), 북부 아티카, 메가라(Megara) 세 곳으로 분류. 주로 사바티아노로 레치나를 만든다.
- **아탈란티(Atalanti)**: 근대적인 방법으로 양조.
- **테베(Thebes)**: 디오니소스 어머니(테베의 공주인 세멜레)의 고향으로 유명.
- **에비아(Evia)**: 주로 사바티아노 재배.

펠로폰네소스(Peloponnisos)

스파르타 근처로서 그리스 와인의 25%를 생산한다. 주로 화이트와인이며, 마브로다프네 (Mavrodaphne)로 만든 레드와인이 유명하다. 면적: 60,419ha. 생산량: 1억5천 ℓ.

- **만티니아(Mantinia)**: 과일향이 풍부한 드라이 화이트와인과 로제. OPAP는 모스코필레로로 만든 드라이 화이트와인.
- **네메아(Nemea)**: 역사가 깊은 고급 와인 생산지로 포트와 같은 풍미의 와인 생산. OPAP는 아기오르기티코로 만든 드라이 및 스위트 레드와인.
- **파트라스(Patras)**: 전통적인 와인산지로 드라이 화이트와인과 머스카트로 오래 숙성시킨 강화 와인.

OPAP는 로디티스(Roditis)로 만든 드라이 화이트와인. OPE는 마브로다프네 오브 파트라스, 머스카트 오브 파트라스, 머스카트 오브 리옹이 있다.

이오니아 제도(Ionian Isalands)

면적: 8,716ha. 생산량: 2,100만 ℓ.

- **케팔로니아(Cephalonia):** 로볼라(Robola)를 주로 재배하며, OPAP는 로볼라로 만든 드라이 화이트와인 로볼라 오브 케팔로니아, OPE는 드라이 레드와인 마브로다프네 오브 케팔로니아 및 스위트 화이트와인 머스카트 오브 케팔로니아.
- **자킨토스(Zakynthos)**
- **레프카스(Lefkas)**
- **코르푸(Corfu)**

크레타(Creta) 섬

와인 생산에 이상적인 기후와 토양으로 그리스 와인의 20%를 생산한다. 면적: 50,581ha. 생산량: 9,600만 ℓ.

- **아르카네스(Archanes):** 드라이 레드와인. OPAP는 코트시팔리와 만델라리아로 만든 드라이 레드와인.
- **다프네(Daphne):** 드라이, 스위트 레드와인. OPAP는 리아티코(Liatiko)로 만든 드라이 및 스위트 레드와인.
- **페자(Peza):** 드라이 레드, 화이트와인. OPAP는 빌라나(Vilana)로 만든 드라이 화이트와인과 코트시팔리와 만델라리아로 만든 드라이 레드와인.
- **시티아(Sitia):** 드라이, 스위트 레드와인. OPAP는 리아티코와 만델라리아로 만든 드라이 및 스위트 레드와인.
- **하니아(Hania)**

키클라데스(Cyclades) 제도

면적: 4,103ha. 생산량: 1,300만 ℓ.

- **파로스(Paros) 섬:** 전통적으로 블렌딩용 와인을 만들었지만, 최근 드라이 레드와인 생산. OPAP는 모넴바시아(Monemvasia, 말바지아)와 만델라리아로 만든 드라이 레드와인.
- **산토리니(Santorini) 섬:** 3500년 전통. 필록세라 피해가 없는 곳으로 접목하지 않은 오래된 포도나무에서 와인 생산. 가볍고 신선한 화이트와인, 포도를 건조시켜 만든 비산토(Visánto)라는 스위트 와인도 유명. OPAP는 아쉬르티코, 아시리(Athiri), 아이다니(Aidani)로 만든 드라이 화이트와인, 아쉬르티코와 아이다니로 만든 스위트 화이트와인.

동 에게 해 제도(East Aegean Islands)

- **림노스(Limnos) 섬:** 드라이, 스위트 화이트와인. OPAP는 머스카트 오브 알렉산드리아로 만든 드라이

화이트와인. OPE는 머스카트 오브 알렉산드리아로 만든 스위트 화이트와인.

- **사모스(Sámos) 섬:** 그리스에서 가장 유명한 스위트 화이트와인(머스카트). 성찬용 와인 생산. 이카리아 (Icaria) 섬, 키오스(Chios) 섬 포함. OPE는 화이트 머스카트로 만든 스위트 화이트와인.

- **이카리아(Ikaria)**

- **키오스(Chios)**

▦ 도데카네제(Dodecanese) 제도

- **로도스(Rhodos) 섬:** 드라이, 스위트 화이트와인과 드라이 레드와인, 스파클링와인. OPAP는 아시리로 만든 드라이 화이트와인과 만델라리아로 만든 드라이 레드와인. OPE는 머스카트 오브 로도스.

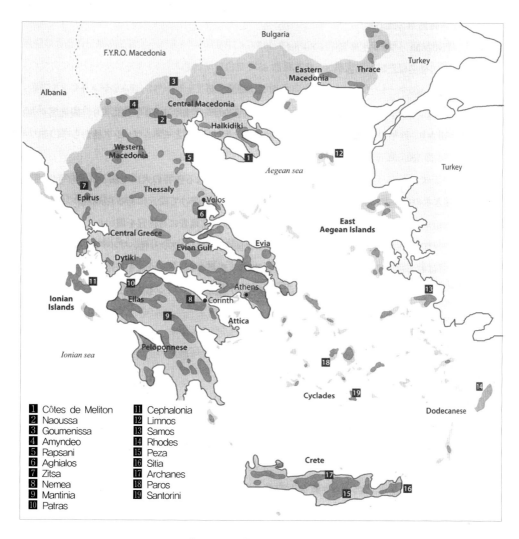

[그림 14-3] 그리스 와인산지

유명 메이커

- **쿠르타키스(D. Kourtakis):** 그리스에서 가장 유명하고 큰 메이커로서 단맛의 '사모스(Sámos)'가 유명하다.
- **산탈리(Tsantali):** 소비뇽 블랑과 아쉬르티코를 섞어서 만든 화이트와인과 보르도 스타일의 메를로도 좋다.
- **도메인 스피로폴로스(Domaine Spiropoulos):** 로제가 유명하다.
- **가이아 에스테이트(Gaia Estate):** 그리스에서 가장 잘 팔리는 산뜻한 레드와인 '노티오스(Nótios)'가 유명하다.
- **마노사키스 와이너리(Manousakis Winery):** 1990년대에 설립된 신규 업체로서 론 품종으로 크레타 섬에서 '노스토스(Nostos)'라는 레드와인을 만들어 유명해졌다.
- **파프 요하노 빈야즈(Pape Johannou Vineyards):** 오래된 포도나무에서 수확하여 만든 프랑스 오크통에서 숙성시킨 고급 와인 '네메아(Nemea)'가 유명하다.

스위스

공식명칭: 스위스연방(Swiss Confederation)
스위스 명칭: Confédération Suisse(프랑스어),
Schweizerische Eidgenossenschaft(독일어),
Confederazione Svizzera(이탈리아어),
Confederaziun Svizra(로망슈어),
Confoederatio Helvetica(라틴어)
인구: 800만 명
면적: 4만 ㎢
수도: 행정수도 베른, 사법수도 로잔
와인생산량: 1억 *l*
포도재배면적: 1만5천 ha

스위스 와인의 특징

로마 이전부터 포도를 재배한 것으로 알려져 있지만, 로마군이 들어온 다음부터 본격적으로 와

인을 만들기 시작했다. 로마제국 멸망 후 포도재배가 쇠퇴했지만, 시토파 수도승들의 노력으로 그 기술이 전수되어 상업적으로 생산하기 시작하였다. 스위스 와인은 알프스의 공기만큼 깨끗하고 신선하다는 것이 일반적인 평이다.

현재 스위스는 와인 수입국으로 생산량의 두 배를 수입한다. 주로 프랑스와 이탈리아에서 수입하며, 1인당 와인 소비량은 연간 50병 이상으로 이탈리아 수준이다. 레드와인이 58%, 화이트와인이 42%를 차지하며, 레드와인 품종은 피노 누아(이곳에서는 Blauburgunder), 가메, 메를로 등이 많고, 화이트와인 품종은 샤슬라가 대부분이다. 이 품종은 프랑스에서는 테이블 와인 급이지만, 스위스에서는 가볍고 섬세한 와인으로 스위스 치즈, 퐁듀와 잘 어울린다고 알려져 있다.

기후와 토양

대륙성 기후지만 호수와 산맥의 영향을 받아 다양하다. 푄(Föhn) 현상이 나타나며 강우량은 비교적 적은 편이다. 특히 남쪽에 있는 발레(Valais)는 건조하다. 대체적으로 봄에 서리해가 크다. 대부분 빙하로 이루어진 점판암에 석회, 점토, 모래로 이루어져 있다.

푄_Föhn

지중해의 습한 바람이 알프스산맥을 넘으면서 비를 내리고 스위스로 부는 고온건조한 지방풍인 이름인 푄에서 유래되었다. 대기가 바람받이 사면을 강제적으로 상승할 때 단열 팽창하여 기온이 하강하는데, 응결 고도 이하에서는 100m당 1℃씩 온도가 내려가지만, 포화 상태에 도달하여 응결되면 구름이 생기고, 응결 고도 이상에서는 비가 내리게 된다(지형성 강우). 이때에는 비를 뿌렸기 때문에 잠열이 방출되어 이때부터 100m당 온도가 0.5℃ 하강하면서 정상까지 도착한다. 정상을 넘은 건조한 공기는 하강하면서 100m당 1℃씩 온도가 상승하여 고온 건조한 바람으로 변하게 된다.

포도밭은 산과 산 사이의 평지나 호숫가에 있으며, 평균적으로 해발 750m, 높은 곳은 1,200m로 유럽에서 가장 높다. 가장 좋은 곳은 남쪽을 바라보는 경사지로서 햇볕을 많이 받을 수 있다. 너무 경사가 심하여 생산성이 낮은 곳도 있다. 대체로 경사가 심한 곳으로 관개가 필요하고 노동력이 많이 들기 때문에 제조원가가 높다. 주네브 쪽은 평지가 많아 기계 수확을 한다.

생산지역 및 분류

연방 농업법에 따른 규정이 있었으나, 현재는 EU 원산지명칭 제도를 도입하여 프랑스와 동일하게 AOC, Vins de Pays, Vins de Table로 구분한다. 각 생산지역은 언어권에 따라 다음과 같이 분류된다.

프랑스어 권(Suisse Romande)

스위스 와인의 80%를 생산하는 최대 산지로 서부에 있다.

- **발레(Valais/Wallis)**: 남쪽 지방으로 해발 650-800m 고지대로서 전체 생산량의 1/3 이상 차지. 이 지방에서는 펜당트(Fendant)라고 부르는 샤슬라, 요하니스베르크(= 질바너 = Gros Rhein) 등으로 만든 가볍고 신선한 화이트와인, 피노 누아, 가메 등으로 만든 레드와인 '돌(Dôle)'이 유명. AOC는 발레(Valais) 1개.
- **보(Vaud)**: 레만 호 근처의 산지로서 해발 300-700m 고지대에서 샤슬라, 사바넹(Savagnin), 가메, 피노 누아 등 재배. AOC는 보(Vaud) 등 7개.
- **주네브(Genève)**: 샤슬라의 일종인 펠란(Perlan), 가메 드 주네브(Gamay de Genève) 등 재배. AOC 23개.
- **뇌샤텔(Neuchâtel)**: 북서부 지방 뇌샤텔 호수 근처로 온난하며, 피노 누아로 만든 레드와인, 샤슬라로 만든 화이트와인 생산. AOC 24개.
- **베른(Bern/Bienne/Bielersee)**: 빌 호수(Bielersee) 근처로 와인은 뇌샤텔과 유사.
- **프리부르(Fribourg/Freiburg)**: 모라 호수 주변에서 샤슬라, 피노 누아 등 재배. AOC는 뷜리(Vully) 등 2개.

독일어 권(Suisse Allemande/Deutschschweiz)

스위스 와인의 17%를 차지하며, 동부에 있다.

- **아라가우(Aargau)**: 뮐러 투르가우, 피노 누아, 엘블링 등 재배.
- **베른(Bernkastelern)**: 프랑스어 권과 겹침. AOC는 베른 등 3개.
- **바젤 란트샤프트(Basel-Landschaft)**: 피노 누아 등 재배. AOC는 바젤 란트샤프트.
- **루체른(Luzern)**: 피노 누아, 뮐러 투르가우 등 재배. AOC는 루체른.
- **솔로투른(Solothurn)**: 피노 누아, 뮐러 투르가우 등 재배. AOC는 솔로투른.
- **추그(Zug)**: 피노 누아, 뮐러 투르가우 등 재배. AOC는 추그.
- **니드발덴(Nidwalden)**: 에네트뷔르겐(Ennetbürgen) 산지. AOC는 니드발덴.
- **우리(Uri)**: 피노 누아 등 재배. AOC는 우리.
- **취리히(Zürich)**: 피노 누아, 피노 그리, 뮐러 투르가우 등 재배. AOC는 취리히 등 2개.
- **샤프하우젠(Schaffhausen)**: 뮐러 투르가우, 피노 그리, 피노 누아(78%) 등 재배. AOC는 샤프하우젠.
- **투르가우(Thurgau)**: 뮐러 투르가우 고향. 그 외 피노 그리, 게뷔르츠트라미너 등 재배. AOC는 투르가우.
- **슈비츠(Schwyz)**: 뮐러 투르가우, 피노 누아 등 재배. AOC는 슈비츠.
- **글라루스(Glarus)**: 뮐러 투르가우, 샤르도네, 피노 누아 등 재배. AOC는 글라루스
- **그라우뷘덴(Graubünden)**: 피노 누아, 뮐러 투르가우 등 재배. AOC는 그라우뷘덴.
- **장트갈렌(Saint-Gallen)**: 피노 누아, 뮐러 투르가우, 피노 그리, 게뷔르츠트라미너 등 재배. AOC는

장트갈렌

- **아펜첼(Appenzell)**: 뮐러 투르가우, 피노 누아 등 재배.

이탈리아어 권(Suisse Italienne/Svizzera Italiana)

- **티치노(Ticino)**: 이탈리아 근처로 주로 메를로 재배. '메를로 델 티치노(Merlot del Ticino)'가 가장 유명. AOC 4개.

15장 미국 와인

미국

캘리포니아 와인

오리건 와인

워싱턴 와인

뉴욕 와인

미국

공식명칭: 미합중국(United States of America)
인구: 3억 명
면적: 980만 ㎢
수도: 워싱턴 D.C.
와인생산량: 22억 *l*
포도재배면적: 40만 ha

　미국 와인은 필록세라, 금주령 등 대형사건으로 세계 와인이나 주류 역사에 끼친 영향력이 대단하다. 그리고 막강한 국력을 바탕으로 미국문화가 세계 구석구석에 침투하였고, 어느 나라든 미국에서 공부한 사람이 많기 때문에 그 나라에서 미국의 힘이 와인시장에 미치는 영향력도 무시할 수 없다.

　미국 와인의 대부분은 캘리포니아에서 생산되는데, 이곳은 이상적인 기후조건에 풍부한 자본과 우수한 기술을 적용하여 세계적인 품질의 와인을 생산하고 있다. 전통과 명성에 있어서 유럽 와인에 뒤지지만, 맛은 유럽 와인과 비교하여 차이가 거의 없다는 것이 이들의 주장이다. 그러나 미국인들은 와인을 별로 좋아하지는 않는다. 미국인의 40%는 술을 전혀 마시지 않으며, 다른 30% 사람들은 와인을 마시지 않고 맥주나 위스키를 주로 마신다. 즉 나머지 30%만이 와인을 마신다고 볼 수 있다. 미국 성인의 11%가 미국 와인의 88%를 소비하는 식으로 와인 소비층이 한정되어 있다. 그러나 1990년대부터 와인 생산과 소비가 증가하기 시작하여, 현재 50개 주 모두 와인을 생산하면서 세계 4위의 생산량을 기록하고 있다.

캘리포니아(California) 와인

와인의 역사 및 현황

▨ 역사

1769년 프란시스코 수도회의 주니페로 세라(Junipero Serra)라는 수도사가 미사용으로 멕시코 산 포도나무를 캘리포니아의 샌디에이고에 심었다. 이때의 포도나무는 스페인 품종으로 나중에 '미션 그레이프(Mission grape)'라고 부르게 된다. 1830년대부터 여러 사람이 유럽에서 포도나무를 가져와서 심고, 로스앤젤레스에서 상업적인 생산도 했지만, 품종이나 생존 여부는 불투명하다. 1848년 캘리포니아가 미국 영토로 편입되면서 골드러시가 시작되어 캘리포니아에 많은 사람이 모이고 와인산업이 시작되었다. 1861년 미국 와인의 선구자라고 할 수 있는 헝가리 출신 오고스톤 하라즈시(Agoston Haraszthy)가 유럽에서 포도묘목 10만 주를 가져와 와인산업의 기틀을 마련하였다. 이때부터 소노마와 나파에 부에나 비스타, 찰스 크룩 등 와이너리가 자리를 잡기 시작하였다. 이어서 1869년 대륙횡단 철도가 완성되면서 캘리포니아는 미국의 중요한 와인산지로 자리를 잡게 된다.

1880년대에 캘리포니아 버클리 대학에서 포도재배와 와인양조에 대한 연구를 시작하고, 주 정부에 포도재배 위원회도 설립함으로써 유럽의 기후와 비교하여 기술적인 대책을 수립하기 시작했다. 그리고 1800년대 말 캘리포니아 와인은 국제대회에서 우승도 하는 등 상당한 발전을 하게 된다. 그러나 와인양조에 대한 지식이나 기술적 바탕이 없는 상태로 이어오다가 필록세라(Phylloxera vastatrix)의 침범으로 큰 타격을 받는다. 이 필록세라는 원래 미국 동부의 토종 포도와 공생하던 것으로 미국 토종 포도는 저항성이 있어서 그렇게 해를 주지 않았지만, 새로 들어온 유럽 종 포도에는 치명적이었다. 이 필록세라는 캘리포니아보다는 유럽에 먼저 전파되어 유럽 전역의 포도밭을 황폐화시키고, 그 후에 캘리포니아에 전파되어 한참 성장하는 미국의 와인산업을 뒤흔들었지만, 저항력이 있는 미국 종 포도 대목에 유럽 종 포도를 접붙이기를 함으로써 해결할 수 있었다.

다시 빠른 속도로 회복하여 20세기 초에 캘리포니아에는 300여 종의 품종이 자라고, 800여 개의 와이너리가 생기는 등 괄목할만한 성장을 이루지만, 1920년부터 시작된 금주령은 와인산업을 완전히 붕괴시킨다. 1800년대 말부터 신앙부흥운동의 일환으로 금주서약, 금주동맹 순서로 발전하다가 1920년부터 모든 술의 상업적 제조와 판매를 금지시킨 것이다. 단, 미사용과 가정용만 허용하였는데 이 때문에 일시적으로 포도 값이 상승하고 와인 소비량이 오히려 증가하는 기현상을 보인 적도 있다. 그러나 밀주, 밀수 등 불법거래가 성행하는 등 부작용 때문에 1932년 민주당에서 금주령 폐기를 들고 나와 선거에 승리하여 이를 폐지하기에 이른다.

금주령 이후 와인양조 시설과 와인 메이커, 와인용 포도 부족 등으로 곤란을 겪게 된다. 1933-34년 사이에 많은 와이너리가 설립되면서 샌프란시스코에 와인 연구소가 생기고, 여기에서 세제 개선, 기술연구, 광고, 교육 등 다방면으로 노력하면서 오늘날의 캘리포니아 와인의 기초를 확립하게 된다. 그러나 대공황으로 인한 경제적인 어려움과 이어서 일어난 2차 대전의 영향으로 1950년대에 이르러 부흥하게 된다. 그러니까 캘리포니아 와인의 역사는 200년이 넘지만, 실제로는 2차 대전 이후에 비약적인 발전을 한 셈이다. 가장 짧은 시간에 와인의 명산지가 된 것이다. 1940년대 초 프랭크 슌메이커(Frank Schoonmaker)는 와인사업을 하면서 처음으로 상표에 품종을 표시하기 시작했는데, 1950년대만 해도 캘리포니아 와인의 3/4는 셰리, 포트 등 강화와인이었기 때문에 품종을 표시한다는 것은 와인양조에 그만큼 자신감이 생겼다는 것을 나타내는 것이다.

1966년 로버트 몬다비(Robert Mondavi)가 찰스 크룩 와이너리(Charles Krug Winery)를 떠나 독자적으로 로버트 몬다비라는 와이너리를 설립하고, 품종 표시 와인을 만들면서 획기적인 발전을 도모한다. 즉 캘리포니아 와인을 세계수준으로 끌어올린 것이다. 이윽고 1976년 파리의 화이트와인 테이스팅에서 '샤토 몬텔레나(Chateau Montelena Winery)'의 샤르도네가 1등을 하고, 또 레드와인 테이스팅에서 '스태그스 립(Stag's Leap)'의 카베르네 소비뇽이 1등을 하면서 국제적인 인식이 바뀌게 된다. 1972년 프랑스 보르도의 바롱 필립 드 로트칠드(Baron Philippe de Rothschild)는 "미국 와인은 다 똑같다. 코카콜라 맛이 난다."라고 했는데, 1979년에는 로버트 몬다비하고 합작하여 '오퍼스 원(Opus One)'이라는 명작을 만들게 된다. 현재 캘리포니아에는 미국 와인의 90%를 생산하고 있다.

1976년 파리 테이스팅 결과

화이트와인	레드와인
1. Chateau Montelena Winery 1973(미국)	1. Stag's Leap Wine Cellars 1973(미국)
2. Meursault, Charmes 1973(프랑스)	2. Ch. Mouton-Rothschild 1970(프랑스)
3. Chalone Vineyard Vineyard, 1974(미국)	3. Ch. Haut-Brion 1970(프랑스)
4. Spring Mountain Vineyard 1973(미국)	4. Ch. Montrose 1970(프랑스)
5. Beaune, Clos des Mouches 1973(프랑스)	5. Ridge Monte Bello 1971(미국)

2006년 파리의 심판 재대결

1. Ridge Monte Bello 1971(미국)
2. Stag's Leap Wine Cellars 1973(미국)
3. Heitz Martha's Vineyard 1970(미국)
4. Mayacamas Vineyards 1971(미국)
5. Clos Du Val Winery 1972(미국)

캘리포니아 와인의 성장배경

- **위치**: 나파와 소노마 카운티 등 고급와인 생산지역이 샌프란시스코에서 불과 한 시간 거리에 있어서, 많은 사람들이 방문하여 와인의 맛을 보고, 또 사업에 참여하는 등 일반인의 관심을 끌

수 있었기 때문에, 1960년대부터 전문직 종사자들이 와인 양조에 관여하여 우수한 와인을 만들고 있다.

- **기후**: 일조량이 많고 온화한 기후로써 어떤 포도라도 잘 자랄 수 있는 기후조건을 갖추고 있다. 물론 다른 지역의 날씨처럼 급작스런 변화도 있지만 적어도 이곳만은 날씨에 관한 걱정을 안 해도 좋을 정도이다.

- **자본과 시장**: 자본과 시장이 좋다고 우수한 와인이 나오지는 않지만, 캘리포니아에서는 코카콜라 등 대기업이 참여하고, 유럽과 일본에서 자본이 유입되어, 자본과 시장에서 비교적 여유 있게 되었다.

- **대학의 양조학과**: 데이비스(U.C. Davis)와 프레즈노(Fresno State University) 주립대학 등에 와인양조학(Enology)과가 설립되어 젊은 와인 메이커를 교육시킬 수 있는 바탕을 마련하여, 포도재배, 토양, 비료, 기술개발 등에 관한 연구와, 와인산업에 종사할 수 있는 우수한 인재를 양성하여 캘리포니아 와인의 질을 세계적 수준으로 끌어올리는데 큰 역할을 했다.

캘리포니아 와인의 기술적 특징

유럽의 와인기술은 수백 년 동안 전통적으로 확립되어, 거의 변하지 않고 전해 내려오는데, 미국은 전통이 없기 때문에, 이들은 모든 현대적 기술과 실험정신으로 와인을 만들고 있다. 새로운 실험, 새로운 제품 등 생각나는 대로 자유스럽게 기술을 구사함으로써 새로운 기술을 응용해보면서 다양한 제품을 내놓고 있다. 그러나 유럽은 전통적으로 포도밭에 등급이 있고, 양조방법 또한 법으로 규제하고 있어서, 전통의 맛을 유지시킨다는 깊은 배려는 있지만, 새로운 시도는 불가능하다. 그래서 캘리포니아를 찾는 유럽의 와인 메이커들이 많은데, 이들은 캘리포니아에서 기술제휴를 통한 합작투자 등으로 새로운 와인을 만들어 보고, 실험을 하는 등 다양한 활동을 하고 있다. 2000년 현재, 캘리포니아 와이너리 중 45개가 외국인 소유이다. 대표적인 예를 든다면,

- **바롱 필립 드 로트칠드(Baron Philippe de Rothschild)**: 로버트 몬다비와 함께 나파에서 오퍼스 원(Opus One)을 생산한다.

- **페트뤼스(Petrus)**: 나파에 도미너스(Dominus)를 설립하여 보르도 스타일의 와인을 만든다.

- **모엣 에 샹동(Moët & Chandon)**: 나파의 스파클링와인인 '도메인 샹동(Domaine Chandon)', 그 외 뉴욕의 수입회사 쉬에펠린 소머셋(Schieffelin & Somerset)과 잘 알려진 소노마의 와이너리 '시미(Simi)'도 소유하고 있다.

- **로데레(Roederer)**: 멘도시노의 '로데레 에스테이트(Roederer Estate)'를 소유하고 있다.

- **맘(Mumm)**: 나파에서 '맘 퀴베 나파(Mumm Cuvée Napa)'라는 스파클링와인을 만든다.

- **테탱제(Taittinger):** 나파에서 '도메인 캐너로스(Domaine Carneros)'라는 스파클링와인을 만든다.

- **피페 에이드시크(Piper Heidsieck):** 소노마에서 '피페 소노마(Piper Sonoma)'라는 스파클링와인을 만든다.

- **코도르니우(Codorníu):** 나파에서 '코도르니우 나파(Codorniu Napa)'라는 스파클링와인을 만든다.

- **프레이세넷(Freixenet):** 소노마에서 '글로리아 페러(Gloria Ferrer)'라는 스파클링와인을 만든다.

- **토레스(Torres):** 소노마의 '매리머 토레스 에스테이트(Marimer Torres Estate)'를 소유하고 있다.

- **피에로 안티노리(Piero Antinori):** 나파에 아틀라스 피크 와이너리(Atlas Peak Winery)를 소유하고 있다.

지형과 기후

캘리포니아는 여름이 서늘하고 겨울이 온화하여 포도재배에 이상적이라고 할 수 있다. 태평양 연안의 낮은 산, 중부의 넓은 평야, 동부 높은 산의 구조를 이루고 있어서 계곡, 하천, 해류, 안개, 강우량(평균 400-600㎜)의 영향으로 지역별로 미기후(Micro climate)가 형성되기 때문에, 이에 적합한 품종과 재배방법을 선택하고 있다. 특히 고급 와인이 나오는 나파와 소노마가 있는 북부 해안지방은 스페인, 북아프리카와 같은 위도에 있지만, 알래스카 해류의 영향으로 바닷물이 차갑기 때문에 여름이 시원하다. 내륙 지방은 햇볕이 비추는 것이 거의 사막 수준으로서 온도가 올라가면서 상승 기류가 발생하기 때문에 서부 태평양의 차가운 기운을 흡수한다(Funnel effect). 특히 샌프란시스코는 이런 현상으로 유명하다. 이 현상으로 이쪽 지방은 북쪽의 기온이 남쪽보다 더 높은 기이한 현상이 일어난다. 그래서 대부분의 고급 와인은 이 캘리포니아 북부 해안 지역에서 생산된다. 그러나 더 내륙 쪽으로 들어오면 여름 기온이 높아서 대중적인 제너릭 와인을 많이 만든다.

캘리포니아 와인산지

캘리포니아 와인 생산지는 다음과 같이 5곳으로 나눌 수 있다.

- **북부해안 지방(North Coast):** 나파와 소노마가 있는 고급 와인산지
- **중부해안 지방(Central Coast):** 샌프란시스코 남쪽 해안지대
- **중부 내륙지방(Central Valley):** 캘리포니아 와인의 80%를 생산하는 최대 와인산지
- **시에라 풋힐즈(Sierra Foothills):** 새크라멘토 동남부로 시에라네바다 산맥 기슭
- **남부 해안지방(South Coast):** 로스앤젤레스, 산타바바라가 있는 곳

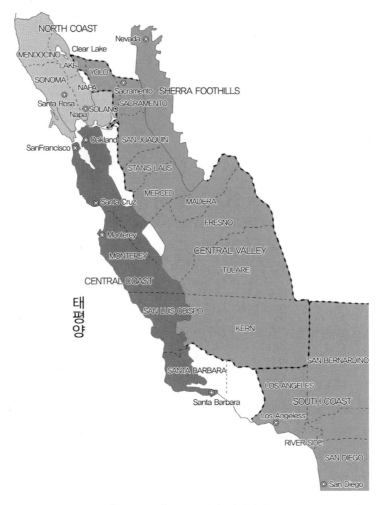

[그림 15-1] 캘리포니아 와인산지

포도 품종

레드와인용 포도

- **카베르네 소비뇽(Cabernet Sauvignon):** 캘리포니아에서 레드와인용 포도 중 가장 성공적인 품종으로 타닌 함량이 많은 고급 와인을 만든다. 특히, 보르도 스타일로 만든 조셉 펠프스(Joseph Phelps)의 인시그니아(Insignia), 니봄 코폴라(Niebaum-Coppola)의 루비콘(Rubicon) 등은 카베르네 소비뇽이 진가를 발휘한 것이라고 할 수 있다. 일반적으로 보르도보다 오크 향이 강하다.

- **피노 누아(Pinot Noir):** 미국에서 골치 아픈 포도라는 별명을 가질 만큼 캘리포니아에서는 수많

은 시행착오 끝에 겨우 재배되고 있다. 그래서 값도 비싼 편이고, 그 질의 차이도 심하다.

- **진펀델(Zinfandel)**: 캘리포니아에서 가장 경이로운 품종으로, 처음에는 저그 와인(Jug wine)으로 만들다가, 고급 레드와인용 단일품종으로 자리를 잡았다. 캘리포니아에서만 재배되는 독특한 품종으로 족보가 불확실했으나, 최근에는 크로아티아 원산으로 밝혀졌다.

- **메를로(Merlot)**: 부드러운 맛으로 카베르네 소비뇽에 블렌딩하는 품종으로 사용되었는데, 요즈음은 단일품종으로 많이 사용되면서 급격하게 증가하고 있다.

- **가메(Gamay)**: 나파 가메(Napa Gamay)라고 부르며, 프랑스의 보졸레의 것과 동일하다고 생각되는 품종이지만, 프랑스 것에 비해 과일 향이 부족하다. 와인은 신선하여 영 와인 때 소비된다.

- **루비 카베르네(Ruby Cabernet)**: 미국에서 개발한 품종으로 카베르네 소비뇽과 카리냥을 교잡시킨 것이다.

- **기타**: 프티트 시라(Petite Sirah), 카리냥, 그르나슈, 바베라, 카베르네 프랑 등이 있다.

화이트와인용 품종

- **샤르도네(Chardonnay)**: 캘리포니아에서도 가장 성공한 품종으로 1990년대 도입한 새로운 클론이 샤르도네의 질을 향상시켰다. 보통 오크통에서 숙성시키며, 수확량이 많지 않아 값이 비싸다.

- **소비뇽 블랑(Sauvignon Blanc)**: 일명 퓌메 블랑(Fumé Blanc)으로, 캘리포니아에서도 좋은 와인을 만든다. 가끔 오크통에서 숙성하기도 하며, 세미용과 잘 섞는다.

- **요하네스베르크 리슬링(Johannisberg Riesling)**: 독일 리슬링과 동일한 것으로 화이트 리슬링이라고도 한다. 미국의 에머랄드 리슬링(Emerald Riesling)은 미국에서 뮈스카델과 리슬링을 교잡한 품종이며, 그레이 리슬링(Gray Riesling) 역시 리슬링과 전혀 관련이 없는 품종이다.

- **기타**: 게뷔르츠트라미너, 슈냉 블랑, 세미용, 머스캣 블랑(머스캣 카넬리, 머스캣 프롱티냥 등으로 부르기도 한다), 프렌치 콜롬바드 등이 있다.

미국 와인의 등급 및 원산지 표시

미국을 비롯한 신세계 와인은 특별한 등급체계나 원산지에 관한 규정이 없다. 유럽은 수백 년의 역사를 거치면서 많은 사람의 평가에 의해서 와인의 명산지나 명문가가 자리 잡을 수 있었지만, 신세계는 짧은 역사를 가지고 있어서 아직은 특별한 등급체계를 가지고 있지 않다. 일반적으로 알려진 명산지가 있을 뿐이고, 이제야 하나, 둘 정리하여 원산지의 범위를 정하는 정도의 체계를 갖추고 있다.

AVA(American Viticultural Areas, 지정재배지역)

1980년부터 시행한 것으로 각 포도재배 지역을 구분하자는 취지에서 시작된 것이다. 어느 지역이 더 우수하다거나 품질을 보증한다는 의미가 아니고 단순히 다르다는 개념뿐이기 때문에, 유럽과 같이 재배방법, 생산방법, 품종 등에 대한 규정은 없다. 메이커 자신이 정한 품질기준과 소비자 요구를 부합시켜 자율적으로 관리한다. 미국의 주류는 알코올 및 담배 과세 및 거래 관리국(Alcohol and Tobacco Tax and Trade Bureau)에서 관리하는데, 캘리포니아에서는 보당이 금지되어 있으며, 농약사용, 위생관리 등은 엄격한 규정이 있다. 2006년 현재 캘리포니아에는 총 100여개, 전국적으로 200개 가까운 AVA가 지정되어 있으며, 계속 늘어나고 있다.

원산지 표시 방법

- **주(州) 명칭**: 해당 주에서 생산된 포도를 75% 사용해야 하지만, 캘리포니아는 100%라야 한다.
- **카운티(County) 명칭**: 해당 카운티에서 생산된 포도를 75% 이상 사용해야 한다.
- **AVA 명칭**: 해당 AVA에서 생산된 포도를 85% 이상 사용해야 한다.
- **포도밭 명칭**: 해당 포도밭에서 생산된 포도 95% 이상 사용해야 한다.

상표 표시 방법

재배지역 즉 AVA > 포도밭 > 와이너리로 세분화하여 원산지를 표시할수록 고급이라고 할 수 있으나, 고급 와인은 나파와 소노마 등 북부해안지방에서 나온다. 대개의 경우, 캘리포니아 와인은 와이너리의 명성을 보고 선택한다.

- **Grown, Produced & Bottled by/Estate Bottled 표시**: 해당 와이너리에서 재배하고 발효, 숙성시킨 와인을 100% 사용할 경우.
- **Produced & Bottled by 표시**: 해당 와이너리에서 재배하고 발효, 숙성시킨 와인을 75-100% 사용할 경우.
- **Made & Bottled by 표시**: 해당 와이너리에서 재배하고 발효, 숙성시킨 와인을 10-75% 사용할 경우.
- **Vinted & Bottled by/Cellared & Bottled by 표시**: 해당 와이너리에서 재배하고 발효, 숙성시킨 와인을 10% 미만 사용할 경우.
- **품종 표시**: 해당 품종을 75% 이상 사용해야 한다.
- **빈티지 표시**: 해당 빈티지 포도를 95% 이상 사용해야 한다.

- **알코올 함량(보당 금지):** 테이블 와인은 7-13.9%, 스파클링와인은 10-13.9%, 디저트와인은 18-21%이며, 각 오차범위는 1.5%이다.

- **Early Harvest:** 독일의 카비네트에 해당하는 것으로 포도의 당도는 최고 20%이다.

- **Regular/Normal:** 독일의 슈페트레제에 해당하는 것으로 당도는 20-24%이다.

- **Late Harvest:** 독일의 아우스레제에 해당되며, 당도는 24% 이상.

- **Special Select Late Harvest:** 독일의 트로켄베렌아우스레제에 해당되는 것으로 당도 35% 이상이다.

제너릭 와인(Generic wine)과 버라이어탈 와인(Varietal wine)

와인산업의 특징은 질과 양으로 나누어서 사업을 해야 한다는 점이다. 최고의 품질은 소량생산이어야 하고, 대량생산은 아무래도 질이 떨어질 수밖에 없다. 완벽한 조건을 갖춘 포도밭이 넓게 퍼져 있을 수 없으며, 그 중에 선택된 포도로 만든 와인도 양이 한정될 수밖에 없기 때문이다. 와인산업을 좌우하는 것은 고급와인보다는 일반인들이 흔히 찾는 값싼 와인이다. 미국에서 가장 큰 와인 양조회사인 겔로(Ernest & Julio Gallo)의 제품도 값이 싸면서, 맛 또한 특유의 블렌딩(Blending) 기술을 이용하여, 어느 정도의 수준을 유지하기 때문에 가장 많이 팔리고 있다. 프랑스도 고급와인이라고 할 수 있는 AOC 와인은 얼마 안 되고 대부분의 프랑스 사람도 값싼 테이블 와인을 즐기고 있다. 고급 와인이 비싼 만큼 그 맛이 비례하여 좋다고는 볼 수 없기 때문이다.

겔로 이외 캘리포니아에서 대중주로서 유명한 메이커는, 알마덴(Almaden), 폴 메송(Paul Masson) 등이 있는데, 이들 와인은 대부분이 보통 크기의 병에 들어있지 않고, 4ℓ 정도 되는 큰 병(Jug)에 들어있기 때문에 보통 '저그 와인(Jug wine)'이라고 부른다. 그리고 사용하는 품종도 여러 가지를 섞어서 샤블리(Chablis), 버건디(Burgundy) 등 프랑스의 유명한 와인생산지 명칭을 상표에 많이 사용했지만, 요즈음은 E.U.에서 규제하기 때문에 점차 없어지고 있다. 이렇게 품종을 쓰지 않고 스타일만을 표시한 와인을 제너릭 와인(Generic Wine)이라고 하고, 반면 품종을 기재한 고급 와인을 버라이어탈 와인(Varietal Wine)이라고 한다.

메리티지(Meritage) 와인

Merit + Heritage 합성어로서 미국에서 보르도 스타일로 만든 레드 및 화이트와인을 말한다. 상표에 품종을 표시하는 버라이어탈 와인이 되려면 그 품종을 75% 이상 섞어야 하는데, 보르도 스타일의 와인을 만들다 보면 주품종이 아무래도 75% 이하가 되고 제너릭 와인으로 취급받게 된다. 그래서 생각 끝에 만든 것이 'Meritage'라는 등록상표이다. 1988년 전 세계적으로 6,000여 개의 명칭 중에 선택한 것으로 이 협회에 속한 고급 와인을 단순한 테이블 와인과 구분하기 위해 사용하고 있다. 레드와인용 품종은 카베르네 소비뇽, 메를로, 카베르네 프랑, 말벡, 프티 베르도이며, 화이트와인용은 소비뇽 블랑, 세미용, 뮈스카델이 된다. 메리티지 와인은 반드시 해당업체가 생산하는 와인 중 최고품이어야 하며, 개별 와이너리에서 매년 생산된 것으로 25,000 상자까지 생산할수 있다. 선구자적인 역할을 한 것이 1974년 시작한 조셉 펠프(Joseph Phelps)의 '인시그니아(Insignia)'이며, 이어서 몬다비와 로트칠드가 합작한 '오퍼스 원(Opus One)'이 붐을 일으키고, 스태그스 립(Stag's Leap)의 '캐스크 23(Cask 23)' 등 많은 와인이 나오기 시작하였다.

또 다른 것으로 '론 레인저(Rhone Rangers)'라는 단체가 있는데, 여기에 속한 와인은 론 지방의 전통적인 품종(예, 그르나슈, 무르베드르 등)을 75% 이상 함유한 것이다. 그 외 'ZAP(Zinfandel Advocates & Producers, 진판델 애호가 및 생산자 단체)'가 있으며, 이탈리아 풍의 와인인 '클래식(Classic)' 스타일 등도 나오고 있다.

스파클링와인

대부분 피노 누아, 샤르도네를 사용하여 샴페인 방식으로 만들지만, 값싼 제품도 많다. 1970년대 초반 샴페인과 스페인 스파클링와인 업체들이 캘리포니아로 진출하여 스파클링와인을 생산하기 시작하였다.

북부해안 지방(North Coast)의 카운티 및 AVA

가장 중요한 지역으로 고급 와인을 많이 생산하는 곳이다. 중요한 카운티와 해당 AVA는 다음과 같다.

멘도시노(Mendocino) 카운티

소노마 북쪽이지만 Ⅲ 지역에 속한다. 카베르네 소비뇽, 진판델을 주로 재배하면서 레드와인, 화이트와인, 로제를 생산한다. 1850년대부터 포도를 재배하였지만, 금주령 이후 황폐되어 버려진곳을 1967년 파두치(Parducci)가의 포도재배를 시작으로 다시 일으켜, 1970년대와 1980년대를 거치면서 파두치(Parducci wine cellars)와 페처(Fetzer vineyards)가 앞장서서 멘도시노의 와인을 세계 수준으로 끌어 올렸다.

캘리포니아 유기농 와인의 20%를 차지할 만큼 유기농 와인의 개척지이며, 시원한 기후 덕분에 샤르도네와 소비뇽 블랑이 많지만, 지역에 따라 요즈음은 론 스타일의 와인을 만들고 이탈리아 품종도 많이 재배한다. 또 스파클링와인과 브랜디도 많이 생산하고 있다.

- 앤더슨 밸리(Anderson Valley) AVA
- 콜 랜치(Cole Ranch) AVA
- 맥도웰 밸리(McDowell Valley) AVA
- 멘도시노(Mendocino) AVA
- 멘도시노 리쉬(Mendocino Ridge) AVA
- 노스 코스트(North Coast) AVA
- 포터 밸리(Potter Valley) AVA
- 레드우드 밸리(Redwood Valley) AVA
- 요크빌 하일랜드(Yorkville Highlands) AVA

레이크(Lake) 카운티

1850년대에 와인이 시작되었으나, 금주령 이후 1970년대 켄달 잭슨(Kendall-Jackson)이 일으켜 세운 곳이다. 멘도시노에 비해 다양하지 않고, 대형 와이너리에 포도를 공급한다. 게녹(Guenoc)에서 처음으로 포도재배를 시작한 영국계의 랭트리(Langtry), 스틸 와인(Steele Wines) 그리고 켄달 잭슨 등이 있는 곳이다.

- 벤모어 밸리(Benmore Valley) AVA
- 클리어 레이크(Clear Lake) AVA
- 게녹 밸리(Guenoc Valley) AVA
- 하이 밸리(High Valley) AVA
- 노스 코스트(North Coast) AVA
- 레드 힐스 레이크 카운티(Red Hills Lake County) AVA

나파(Napa) 카운티

'나파'란 인디언 말로 '풍부하다'라는 뜻의 고급 와인산지로서 미국에서 가장 유명한 곳이지만, 캘리포니아 와인의 5%를 생산한다. 2/3가 프랑스 품종이며, 나머지는 리슬링, 진펀델 등이다. 1844년부터 포도밭이 조성되었고, 1861년 찰스 크룩 와이너리(Charles Krug Winery)가 상업적으로 처음 설립된 곳이다. 토양과 지형 그리고 기후가 다양하게 형성되는 곳으로 각기 특색 있는 와인을 만들고 있다.

가장 남쪽에 있는 캐너로스(Carneros)는 Ⅰ지역에 속한 곳으로 태평양의 시원한 바람과 안개가 들어오기 때문에 피노 누아, 샤르도네가 유명하며, 오크빌(Oakville)에서 세인트 헬레나(Saint-Helena)까지는 Ⅱ지역에 속하기 때문에 미국의 유명한 와이너리는 이곳에 가장 많다. 오크빌에서 러더포드(Rutherford)까지는 최고의 카베르네 소비뇽 산지로 알려져 있으며, 가장 위에 있는 캘리스토가

(Calistoga)는 Ⅲ 지역에 속하지만 봄에 서리가 내리는 곳으로 질 좋은 진펀델을 생산한다.

십여 개의 AVA가 있으며, 가장 중요한 곳은 배수가 잘되는 화산토의 스태그스 립 디스트릭트(Stags Leap District), 충적토로 거친 토양의 러더포드(Rutherford), 오크빌(Oakville), 스프링 마운틴 디스트릭트(Spring Mountain District), 마운트 비더(Mt. Veeder), 하우엘 마운틴(Howell Mountain), 아틀라스 피크(Atlas Peak) 등을 들 수 있다. 시원한 캐너로스(Carneros) AVA는 가장 남쪽으로 소노마 카운티와 겹쳐있다. 면적: 45.000ha.

- 아틀라스 피크(Atlas Peak) AVA
- 캘리스토가(Calistoga) AVA
- 칠리스 밸리(Chiles Valley) AVA
- 쿰스빌(Coombsville) AVA
- 다이아몬드 디스트릭트(Diamond Mountain District) AVA
- 하우엘 마운틴(Howell Mountain) AVA
- 로스 캐너로스(Los Carneros) AVA
- 마운트 비더(Mt. Veeder) AVA
- 나파 밸리(Napa Valley) AVA
- 노스 코스트(North Coast) AVA
- 오크 놀 디스트릭트(Oak Knoll District) AVA
- 오크빌(Oakville) AVA
- 러더포드(Rutherford) AVA
- 스프링 마운틴 디스트릭트(Spring Mountain District) AVA
- 스태그스 립 디스트릭트(Stags Leap District) AVA
- 세인트 헬레나(St. Helena) AVA
- 와일드 홀스 밸리(Wild Horse Valley) AVA
- 욘트빌(Yountville) AVA

[그림 15-2] 나파 카운티 AVA

▓ 소노마(Sonoma) 카운티

나파가 오래 전부터 알려진 데 비해 소노마는 최근 알려지기 시작했지만, 그러나 일찍 자리 잡은 안정된 농장주들이 나파보다 먼저 포도를 재배하였다. 최초로 포도를 재배한 사람은 러시아 출신으로 1812년 포트 로스(Fort Ross)에 처음으로 포도를 심었으며, 이어서 스페인 선교사들이 미사용 와인을 만들기 시작하였지만, 상업적인 생산은 1857년에 캘리포니아 와인의 아버지인 오거스톤 하라즈시가 '부에나 비스타(Buena Vista)'라는 캘리포니아 최초의 와이너리를 세우면서 시작된다. 1970년대만 해도 블렌딩용으로 판매되었지만, 최근에는 질 좋은 카베르네 소비뇽, 피노 누아, 소비뇽 블랑, 샤르도네 등으로 만든 와인이 나오고 있다. 소노마는 나파보다 더 부드럽고 처음 마시는 사람에게 좋다. 그러나 미국에서 비싼 레드와인 중 하나인 조르단(Jordan), 화이트와인으로 유명한 세인트 진(Saint Jean) 등이 여기에 있다.

나파와 큰 차이는 없지만, 경치가 아름다워 캘리포니아의 프로방스라는 별명을 가지고 있다. 해안 쪽으로 갈수록 시원하며 내륙은 보다 따뜻하다. 전반적으로 따뜻한 낮과 서늘한 밤이 교차되어 전형적인 포도산지로서 포도가 완벽하게 익는다. 요즈음은 다양한 기후와 토양에 맞는 품종을 선택하여 양질의 와인을 만들고 있다. 면적: 24,281ha.

- 알렉산더 밸리(Alexander Valley) AVA
- 베넷 밸리(Bennett Valley) AVA
- 초크 힐(Chalk Hill) AVA
- 드라이 크릭 밸리(Dry Creek Valley) AVA
- 포트 로스 시뷰(Fort Ross-Seaview)
- 그린 밸리 오브 러시안 리버 밸리(Green Valley of Russian River Valley) AVA
- 나이트 밸리(Knight Valley) AVA
- 로스 캐너로스(Los Carneros) AVA
- 문 마운틴 디스트릭트 소노마 카운티(Moon Mountain District Sonoma County) AVA
- 노던 소노마(Northern Sonoma) AVA
- 파인 마운틴 클로버데일 피크(Pine Mountain – Cloverdale Peak) AVA
- 록파일(Rockpile) AVA
- 러시안 리버 밸리(Russian River Valley) AVA
- 소노마 코스트(Sonoma Coast) AVA
- 소노마 마운틴(Sonoma Mountain) AVA
- 소노마 밸리(Sonoma Valley) AVA

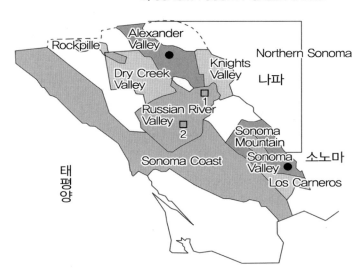

[그림 15-3] 소노마 카운티 AVA

중부해안 지방(Central Coast)의 카운티 및 AVA

태평양의 안개와 찬바람의 영향을 받아 해안 쪽의 서늘한 곳(지역 Ⅰ, Ⅱ)과 내륙의 온난한 지역(지역 Ⅲ, Ⅳ)으로 나눌 수 있다. 가장 유명한 산타크르즈 마운틴스(Santa Cruz Mountains) AVA는 해발 600m의 고지대에 포도밭이 조성되어, 태평양을 바라보는 곳은 시원하여 피노 누아, 샤르도네를 재배하며, 동쪽을 향한 곳은 진펀델이나 카베르네 소비뇽을 재배하며, 리쥐(Ridge)의 '몬테 벨로(Monte Bello)'는 가장 이상적인 카베르네 소비뇽으로 알려져 있다.

- 센트랄 코스트(Central Coast) AVA: 센트랄 코스트 전체 AVA.

샌마테오(San Mateo) 카운티

- 샌프란시스코 베이(San Francisco Bay) AVA
- 산타크루즈 마운틴스(Santa Cruz Mountains) AVA

콘트라 코스타(Contra Costa) 카운티

- 샌프란시스코 베이(San Francisco Bay) AVA
- 리버모어 밸리(Livermore Valley) AVA

알라미다(Alameda) 카운티

- 리버모어 밸리(Livermore Valley) AVA
- 샌프란시스코 베이(San Francisco Bay) AVA

산타클라라(Santa Clara) 카운티

- 샌프란시스코 베이(San Francisco Bay) AVA
- 산타클라라 밸리(Santa Clara Valley) AVA
- 산타크루즈 마운틴스(Santa Cruz Mountains) AVA
- 샌에시드로 디스트릭트(San Ysidro District) AVA

산타크루즈(Santa Cruz) 카운티

- 샌프란시스코 베이(San Francisco Bay) AVA
- 산타크루즈 마운틴스(Santa Cruz Mountains) AVA

▦ 몬테레이(Monterey) 카운티

- 에로요 세코(Arroyo Seco) AVA
- 카멜 밸리(Carmel Valley) AVA
- 샬론(Chalone) AVA
- 햄즈 밸리(Hames Valley) AVA
- 몬테레이(Monterey) AVA
- 샌루카스(San Lucas) AVA
- 산타루치아 하일랜즈(Santa Lucia Highlands) AVA

▦ 샌베니토(San Benito) 카운티

- 샌프란시스코 베이(San Francisco Bay) AVA
- 파체코 패스(Pacheco Pass) AVA
- 샬론(Chalone) AVA

▦ 샌루이스 오비스포(San Luis Obispo) 카운티

- 애로요 그란데 밸리(Arroyo Grande Valley) AVA
- 에드나 밸리(Edna Valley) AVA
- 파소 로블스(Paso Robles) AVA
- 산타마리아 밸리(Santa Maria Valley) AVA
- 템플레톤(Templeton) AVA
- 요크 마운틴(York Mountain) AVA

▦ 산타바르바라(Santa Barbara) 카운티

- 산타마리아 밸리(Santa Maria Valley) AVA
- 산타이네즈 밸리(Santa Ynez Valley) AVA

중부 내륙지방(Central Valley)의 카운티 및 AVA

캘리포니아 최대의 와인산지로 내륙 길이 320km, 폭 80-160km의 광활한 평야지대이다. 캘리포니아 와인용 포도의 70%를 생산하며, 대규모 와이너리가 많고, 주로 벌크와인을 생산한다. 캘리포니아 건포도 역시 이곳에서 생산된다. 중요 카운티 및 해당 AVA는 다음과 같다.

새크라멘토(Sacramento) 카운티

- 클락스버그(Clarksburg) AVA
- 로다이(Lodi) AVA

샌호킨(San Joaquin) 카운티

- 로다이(Lodi) AVA

마데라(Madera) 카운티

- 마데라(Madera) AVA

시에라 풋힐즈(Sierra Foothills)의 카운티 및 AVA

19세기 골드러시의 중심지 시절에는 와인산업이 번창하였으나, 금광이 사라지고 이어서 필록세라와 금주령을 거치면서 와인산업은 거의 전멸하다시피 피폐해졌다. 1970년대 초에 이르러 몬테비나(Montevina), 보이저 와이너리(Boeger Winery), 스티브노(Stevenot) 등이 세워지면서 다시 활발해지기 시작하였다. 다른 곳에 비해 이름이 알려지지 않았지만, 빠르게 변하고 있는 곳이다. 주로 지중해 품종을 재배하며, 특히 수령이 오래 된 진펀델로 만든 와인과 바르베라, 시라, 무르베드르 등을 많이 재배하며, 스위트 디저트와인도 많다. 중요한 곳은 엘도라도(El Dorado)와 애마도르(Amador) 카운티라고 할 수 있다.

- 시에라 풋힐즈(Sierra Foothills) AVA: 시에라 풋힐즈 전체

엘도라도(El Dorado) 카운티

- 캘리포니아 셰난도 밸리(California Shenandoah Valley) AVA
- 엘도라도(El Dorado) AVA

애마도르(Amador) 카운티

- 캘리포니아 셰난도 밸리(California Shenandoah Valley) AVA
- 피들타운(Fiddletown) AVA

유명 메이커

각 카운티에 와이너리가 자리 잡고 있지만, 포도는 다른 카운티의 것을 사용할 수도 있고, 동일

한 와이너리가 여러 곳에 있는 경우도 있기 때문에 동일한 메이커에서 서로 다른 원산지의 와인이 나올 수 있다.

멘도시노(Mendocino) 및 레이크(Lake)

- **페처 빈야즈(Fetzer Vineyards)**: 켄터키 주에 있는 잭 다니엘스, 서던 콤포트로 유명한 브라운 포먼(Brown Forman) 그룹 소유이다.
- **켄달 잭슨(Kendall-Jackson)**: 소노마, 몬테레이, 나파 등에도 포도밭이 있으며, 샤도네로 만든 대중적인 화이트와인과 보르도 스타일의 카디널(Cardinale)이 유명하다.
- **롤로니스(Lolonis)**: 1920년부터 멘도시노에서 포도를 재배하여 진한 맛의 진펀델이 좋다.
- **나바로 빈야즈(Navarro Vineyards)**: 게뷔르츠트라미너와 소테른 타입의 화이트와인을 만든다.
- **파두치 와인 셀러(Parducci Wine Cellars)**: 멘도시노 와인의 선구자.
- **로데레 에스테이트(Roederer Estate)**: 프랑스 루이 로데레(Louis Roederer) 소유로 샴페인 방식의 스파클링와인 레르미타주(L'Ermitage)를 만든다.

나파(Napa)

- **바넷 빈야드(Barnett Vineyard)**: 해발 700m의 스프링 마운틴에서 가족경영으로 생산되는 카베르네 소비뇽이 일품이다.
- **볼류 빈야즈(Beaulieu Vineyards, BV)**: 1900년 설립되었고, 프랑스에서 교육받은 러시아인 안드레 첼리스체프(André Tchelistcheff)가 1938년부터 35년간 활약하면서 오크통에서 레드와인을 숙성시켜 질을 높였다. 처음으로 샤르도네와 피노 누아를 서늘한 캐너로스에 심었다. 카베르네 소비뇽이 유명하며, 샤르도네, 피노 누아도 재배하고 있다. '조르주 드 라투르 프라이빗 리저브(Georges de Latour Private Reserve)'는 보르도 일등급 와인 수준이다.
- **베린저 와이너리(Beringer Winery)**: 1876년 설립되어 1970년대에 유명해졌다. 소테른 타입의 와인도 나오며, 대용량 포장 와인도 있다. 특히 해발 500m 하우엘 마운틴에서 나오는 '반크로프트 랜치(Bancroft Ranch)'는 95% 메를로로 만든 고급 와인이다.
- **캐이머스(Caymus)**: 1970년대 전반에 생산 시작. 고급 카베르네 소비뇽으로 유명하다.
- **샤플렛(Chappellet)**: 마운틴 퀴베(Mountain Cuvee), 시그네이처(Signature) 등 고급 와인을 생산한다.
- **찰스 크룩 와이너리(Charles Krug Winery)**: 1861년 설립되어 1943년 세자레 몬다비(Cesare Mondavi)가 구입하여, 몬다비 가족의 고향이 된 곳으로 슈냉 블랑을 성공적으로 생산하여 시장에 내놓고 있다.
- **샤토 몬텔레나 와이너리(Chateau Montelena Winery)**: 1882년 설립되어, 1976년 파리 테이스팅 대회에서 샤르도네(1973년) 우승으로 미국 와인의 위상을 높였다. 소량 고품질의 카베르네 소비뇽 생산하며, 진펀델도 유명하다.
- **침니 락(Chimney Rock)**: 캘리포니아 전설적인 와인 스태그스 립 와인 셀러가 생산한다. 최고급 카베르네 소비뇽은 화려한 맛이 특징이다.

- **클로 두 발(Clos Du Val Winery)**: 1972년 설립. 카베르네 소비뇽, 진펀델이 유명하다. 스태그스 립에서 카베르네 소비뇽, 메르로, 카베르네 프랑, 진펀델 등을 재배하며, 시원한 로스 캐너로스에서는 피노 누아, 샤르도네를 재배한다.

- **도메인 샹동(Domaine Chandon)**: 프랑스 모엣 에 샹동 소유의 스파클링와인으로 샴페인 방식으로 1977년부터 생산. 샹동 브뤼트(Chandon Brut), 샹동 블랑(Chandon Blanc) 이름으로 판매한다.

- **도미너스(Dominus)**: 페트뤼스가 투자한 곳으로 보르도 스타일의 와인을 만든다.

- **덕혼 빈야드(Duckhorn Vineyard)**: 색깔이 진하고 입안에 가득 차는 보르도 타입의 메르로와 카베르네 소비뇽이 유명하다. 데코이(Decoy), 패러덕스(Paraduxx) 등의 상표도 생산한다.

- **파 니엔트 와이너리(Far Niente Winery)**: 1885년 설립되어 1979년 주인이 바뀌면서 고급 와인 위주로 카베르네 소비뇽과 샤르도네를 생산한다. 아름다운 와이너리와 지하 저장고가 유명하다.

- **하이츠 와인 셀러(Heitz Wine Cellar)**: 1961년 설립. 풍부하고 우아하며 오래가는 와인을 생산한다. 마르타(Martha's Vineyard)에서 나오는 카베르네 소비뇽은 전설적인 존재가 되었다.

- **인글눅 빈야즈(Inglenook Vineyards)**: 1879년 설립. 카베르네 소비뇽, 샤르도네, 소비뇽 블랑, 메를로, 피노 누아, 진펀델 등을 재배한다. 영화감독 프란시스 포드 코폴라(Francis Ford Coppola)가 운영하는 니봄 코폴라 소속이다.

- **조셉 펠프 빈야즈(Joseph Phelps Vineyards)**: 1974년 설립되어 최근에 각광 받고 있는 와이너리로 보르도 타입의 '인시그니아(Insignia)'는 세계 최고의 수준을 자랑하며, 론 스타일의 '뱅 뒤 미스트랄(Vin du Mistral)'도 만든다.

- **메리베일(Merryvalle)**: 1983년에 설립한 곳으로 나파밸리의 30여개 포도밭에서 재배한 포도를 사용한다. 고급 제품으로 실루엣(Silhouette)과 프로파일(Profile)이 있다.

- **멈 나파밸리(Mumm Napa Valley)**: 샴페인 방식의 스파클링와인.

- **니봄 코폴라(Niebaum Coppola)**: 영화감독 프란시스 포드 코폴라 소유. 보르도 타입의 와인을 만든다.

- **프라이드 마운틴 빈야즈(Pride Mountain Vineyard)**: 소규모 가족 경영으로 스프링 마운틴 해발 600m 포도밭에서 나온 메를로 만든 와인이 유명하다.

- **로버트 몬다비 와이너리(Robert Mondavi Winery)**: 1966년 로버트 몬다비(Robert Mondavi)가 설립한 캘리포니아 대표적인 와이너리. 몬다비는 개혁 및 실험정신으로 처음으로 화이트와인을 낮은 온도에서 발효시키고, 프랑스산 오크통에서 숙성시켰다.

  1979년 샤토 무통 로트칠드(Ch. Mouton-Rothschild)와 합작으로 오퍼스 원(Opus One)을 설립하였다. 그 외 이탈리아 토스카나의 프레스코발디(Frescobaldi), 칠레의 비냐 에라수리스(Viña Errazuriz) 등과 합작하고, 캘리포니아의 바이론(Byron), 우드브릿지(Woodbridge), 리차드 애로우드(Richard Arrowwood) 등도 소유하고 있으며, 나파 벨리의 와인 경매, 미국 와인센터(American Center for Wine), 그리고 푸드 앤 아트(Food and Art)도 설립하여 와인산업 육성에 이바지하였으나, 경영난으로 2004년 콘스텔레이션(Constellation) 그룹에 매각되었다.

- **러더포드 힐 와이너리(Rutherford Hill Winery)**: 캘리포니아 최고의 메르로를 만드는 곳으로, 우아하고 세련된 맛으로 유명하다.

- **쉬람버그 빈야즈(Schramsberg Vineyards)**: 1965년부터 미국 최초의 샴페인방식의 스파클링와인을 생산한다.

- **세이퍼 빈야즈(Shafer Vineyards)**: 나파 최고 와인 중 하나로 스테그스 립 디스트릭트에서 나오는 카베르네 소비뇽으로 만든 힐사이드 셀렉트(Hillside Select)가 유명하다. 또 캐너로스에서 나오는 샤르도네로 만든 레드 숄더 랜치(Red Shoulder Ranch)도 좋다.

- **실버 오크(Silver Oak)**: 뉴욕의 CEO들이 즐겨 마시는 최고급 와인으로 카베르네 소비뇽만 생산한다. 소노마에서 나오는 카베르네 소비뇽도 생산한다.

- **세인트 수페리 빈야즈(Saint-Supéry Vineyards)**: 1982년 설립된 와이너리로서 보르도 타입의 와인으로 유명하다.

- **스태그스 립 와인 셀라(Stag's Leap Wine Cellars)**: 1972년 설립되어 1973년산은 1976년 파리 대회에서 품질을 인정받은 전설적인 카베르네 소비뇽이다. 특히 보르도 스타일의 '캐스크 23(Cask 23)'이 유명하다.

- **스털링 빈야즈(Sterling Vineyards)**: 1960년대 후반에 설립. 카베르네 소비뇽, 메를로(처음으로 단독 품종으로 양조).

- **셔터 홈 와이너리(Sutter Home winery)**: 1874년부터 나파에서 와인을 생산하여 세계 80여 개국에 수출하고 있다. 특히 진펀델이 유명하다.

소노마(Sonoma)

- **에로우드 빈야즈(Arrowwood Vineyards)**: 세인트 진의 와인 메이커 리처드 애로우드가 만드는 와인으로 비오니에가 좋다.

- **벤지거(Benziger)**: 헤블렌(Heublein)이 인수한 후 품질 향상에 주력하고 있다.

- **부에나 비스타(Buena Vista)**: 1857년 미국 와인의 아버지 오고스톤 하라즈시가 설립한 곳이다. 로스 캐너로스의 피노 누아가 좋다.

- **캐너로스 크리크(Carneros Creek)**: 캐너로스 최초의 와이너리로 피노 누아로 만든 시그네처 리저브(Signature Reserve)가 명품이다.

- **샤토 세인트 진(Chateau Saint Jean)**: 1973년에 설립하여 질 좋은 화이트와인을 생산하는 곳으로 레이트 하비스트(Late Harvest) 리슬링으로 유명해졌으며, 보르도 타입의 생크 세파주(Cinq Cépages)가 명품이다.

- **클로 뒤 부아(Clos du Bois)**: 하이램 워커사 소유로 고급 와인을 만든다.

- **도매인 캐너로스(Domain Carneros)**: 샴페인 메이커 태탕제와 합작하여 르 레브(Le Réve)를 만든다.

- **드라이 크릭 빈야드(Dry Creek Vineyard)**: 드라이 크릭 최초의 와이너리로서 소비뇽 블랑이 유명하며, 메리티지 와인으로도 유명하다.

- **갤로(E & J Gallo)**: 세계 최대의 메이커 갤로가 1980년대부터 노던 소노마에 조성한 포도밭에서 나오는 고급 카베르네 소비뇽이 유명하다.

- **포피아노 빈야즈(Foppiano Vineyards)**: 1896년부터 시작한 오래 역사를 가지고 있는 곳으로 레드와인이 좋다. 러시안 리버 밸리의 프티 시라가 유명하다.

- **가이저 피크(Geyser Peak)**: 알렉산더 밸리의 시라가 유명하다.

- **아이언 홀스 빈야즈(Iron Horse Vineyards)**: 샴페인 방식의 스파클링와인(18개월 이상 숙성) 웨딩 퀴베(Wedding Cuvée)가 유명하며, 보르도 스타일의 카베르네 소비뇽도 좋다.

- **조단 빈야드 앤 와이너리(Jordan Vineyard & Winery)**: 1972년 알렉산더 밸리에서 시작하여 완숙한 카베르네 소비뇽과 기품 있는 샤르도네 그리고 스파클링 J를 생산한다.

- **켄우드 빈야즈(Kenwood Vineyards)**: 1906년에 세운 파가니 브라더스(Pagani Brothers) 와이너리를 1970년에 현대화시킨 것이다. 고급 레드와인. 현대 미술 거장의 그림을 상표에 넣은 아티스트 시리즈의 카베르네 소비뇽이 유명하다.

- **리토라이(Littorai)**: 부르고뉴에서 와인 메이커로 활약한 테드 레몬(Ted Lemmon)이 만든 러시안 리버 밸리의 샤르도네 메이스 캐년(Mays Canyon)이 유명하다.

- **피터 마이클(Peter Michael)**: 알렉산더 밸리에서 나온 샤르도네로 만든 몽 플레시르(Mon Plaisir)가 유명하다.

- **파이퍼 소노마(Piper Sonoma)**: 프랑스 피페 에이드시크(Piper Heidsieck)와 합작으로 스파클링와인을 만든다.

- **라파넬리(Rafanelli)**: 드라이 크리크 밸리에서 나온 진판델이 유명하다.

- **리쥐(Ridge)**: 가이저빌(Geyserville)에서 나오는 진판델로 유명하다.

- **로치올리(J. Rochioli)**: 러시안 리버 밸리의 피노 누아가 좋다.

- **세게지오(Seghesio)**: 1895년 이탈리아 출신 에도아르도 세게지오가 알렉산더 밸리에서 진판델로 시작하여 가족 중심 와이너리로 발전하였다. 현재는 러시안 리버 밸리, 드라이 크릭 등에도 포도밭이 있다. 고급 와인으로 카베르네 소비뇽과 산조베제를 혼합하여 만든 오마지오(Omaggio)가 유명하다.

중부 해안지방(Central Coast)

- **보니 둔(Bonny Doon)**: 최고급 와이너리로 샤토뇌프 뒤 파프를 모방한 론 스타일 와인인 르 시가르 볼랜트(Le Cigare Volant), 스위트 와인인 머스캣(Muscat)이 유명하다.

- **칼레라(Calera)**: 고급 와인산지로서 특히 피노 누아로 만든 셀렉크(Selleck)가 유명하다.

- **샤론 빈야드(Chalone Vineyard)**: 고급 샤르도네를 생산하며, 피노 블랑도 좋다.

- **파이어스톤 빈야드(The Firestone Vineyard)**: 리슬링과 피노 누아 유명.

- **미라소 빈야즈(Mirassou Vineyards)**: 1850년대부터 와인을 생산하였으며, 제너릭 와인으로 유명하지만, 몬테레이 리슬링이 좋다.

- **리쥐 빈야드 앤 와이너리(Ridge Vineyards & Winery)**: 1885년 이탈리아계 의사가 해발 700m 고지대에서 몬테 벨로 와이너리로 출발하였다. 고급 진판델로 유명하며, 카베르네 소비뇽으로 만든 '몬테 벨로(Monte Bello)'가 명품이다. 1976년 파리 테이스팅 대회에서 몬테 벨로(1971)가 5등을 차지했으며, 2006년에는 동일한 와인이 1등을 차지했다. 현재는 소노마 등에서도 와인을 생산한다.

- **웬티 브로스(Wente Bros)**: 1883년부터 시작하여 현재 리버모어와 애로요에 1,200ha 포도밭을 가지고 있다. 캘리포니아 최초로 품종을 표시한 샤르도네, 소비뇽 블랑, 세미용, 카베르네 소비뇽, 메를로, 리슬링 등을 생산하고 있으며, 가격 대비 품질이 좋은 와인으로 샤르도네가 좋다.

▦ 중부 내륙지방(Central Valley)

- **갤로(E & J Gallo):** 1933년 어네스트(Ernest)와 줄리오(Julio) 갤로(Gallo) 두 형제가 설립하여 현재 3대째 계속하고 있다. 세계에서 가장 큰 와이너리(연간 9억 병 생산)로 캘리포니아 중부 내륙지방 모데스토(Modesto)에 있다. 소노마에도 몇 개의 와이너리를 가지고 있다. 제너릭 와인의 대표주자로서 '칼로 로시(Carlo Rossi)' 등의 상표로 판매하고 있으며, 버라이어탈 와인으로도 카베르네 소비뇽, 샤르도네 등으로 와인을 만들며, 디저트 와인, 스파클링와인까지 생산하고 있다.

  병 공장도 함께 가지고 있으며, 미국에서 가장 크면서도 우수한 와인을 값싸게 공급하여 와인의 대중화에 공헌하고 있으며, 연구 개발 활동도 왕성하다. 세계 85개국에 수출하고 있으며 현재 많은 소규모 업자들은 여기서 갤로의 거래를 배우고 있다.(Gallo University)

- **델리카토 패밀리 빈야즈(Delicato Family Vineyards):** 금주령 전에 시작하였지만 1935년에 첫 수확을 했다. 대규모 업체로서 연간 1,600만 병을 생산하며, 특히 쉬라즈가 유명하다. 요즘에는 몬테레이에서도 와인을 생산한다.

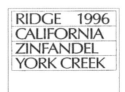

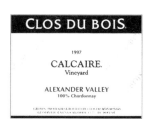

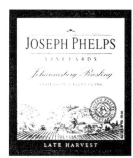

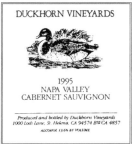

[그림 15-4] 캘리포니아 와인의 상표

▦ 컬트 와인(Cult wine)

캘리포니아에서 소량 고품질의 카베르네 소비뇽을 생산하여 경매에서 고가에 팔리는 와인으로서 1980년대 오퍼스 원(Opus One)을 시작으로 발전한 것이다.

- **아라우호 아이젤 빈야드(Araujo Eisele Vineyard)**: 나파의 칼리스토가(Calistoga), 1990년 설립. 카베르네 소비뇽 94'($594). 연간 2,300 상자 생산.

- **브라이언트 페밀리 빈야드(Bryant Family Vineyard)**: 나파의 세인트 헬레나(Saint-Helena), 1987년 설립. 카베르네 소비뇽 94'($498). 연간 600 상자 생산.

- **콜긴(Colgin)**: 나파의 세인트 헬레나(Saint-Helena), 1992년 설립. 카베르네 소비뇽 94'($537). 연간 200 상자 생산.

- **다야 바에 마야(Dalla Valle Maya)**: 나파의 오크빌(Oakville). 1986년 설립. 카베르네 소비뇽 94'($518). 연간 500 상자 생산.

- **그레이스 패밀리 빈야드(Grace Family Vineyard)**: 나파의 세인트 헬레나(Saint-Helena), 1983년 설립. 카베르네 소비뇽 94'($537). 48 상자 생산.

- **할란 에스테이트(Harlan Estate)**: 나파의 오크빌(Oakville), 1988년 설립. 카베르네 소비뇽 94'($647). 연간 1,300 상자 생산.

- **마르카신(Marcassin)**: 소노마의 소노마 코스트(Sonoma Coast), 1990년 설립. 샤르도네 95' $230. 연간 100 상자 생산.

- **스크리밍 이글(Screaming Eagle)**: 나파의 오크빌(Oakville), 1989년 설립. 카베르네 소비뇽 94'($1,943). 연간 500 상자 생산.

- **세이퍼 힐사이드 셀렉트(Shafer Hillside Select)**: 나파의 스태그스 립(Stag's Leap), 1979년 설립. 카베르네 소비뇽 94'($230). 연간 2,000 상자 생산.

오리건(Oregon) 와인

역사 및 기후

역사

강우량이 많고(1,000㎜) 일조량이 풍부하지 않은 불리한 포도재배 지역으로 1820년대부터 몇 몇 소규모 와이너리에서 포도재배를 시작하였지만 금주령 때 거의 없어지고, 1960년대부터 현대적인 와인산업이 다시 시작된 곳이다. 1961년 캘리포니아 데이비스(U.C. Davis)에서 공부한 리처드 소머 (Richard Sommer)가 엄프쿠아에 리슬링을 재배하기 시작하였고, 5년 후에는 역시 캘리포니아 데이 비스(U.C. Davis)에서 공부한 데이빗 렛(David Lett)이 최초로 피노 누아를 윌람미트에 심었다. 두 지역 모두 비니페라 포도가 잘 자라지 못하는 곳으로 알려진 곳이었지만, 이로서 오리건의 와인산업이 태어난 것이다. 1970년부터 젊은 와인 메이커들이 유입되면서 클론의 선택, 재배방법 등을 연구하면서 피노 누아 붐이 일기 시작하였다.

1988년 부르고뉴의 조셉 드루앵이 세계에서 피노 누아를 재배할 수 있는 곳은 오리건과 부르고뉴라고 이야기하면서 오리건에 포도밭을 조성하여 오리건의 피노 누아가 세계적으로 알려진 계기가 되었다. 이후 정부의 지원과 규제 개선으로 현재 오리건 주는 400개 가까운 와이너리가 있으며, 까다롭기로 유명한 피노 누아를 주로 재배하여 성공하였고, 화이트와인은 샤르도네가 주종을 이루지만 신선한 피노 그리가 더 유명하다.

지형과 기후

윌람미트는 서쪽으로 태평양, 동쪽으로 캐스케이드 산맥이 가로막고 있어서 온화한 해양성 기후에 산맥에서 불어오는 서늘한 기후가 공존하는 곳이다. 포도밭은 숲 속에 숨어 있는 동남향의 경사진 언덕에서 햇볕을 잘 받고 배수가 잘 되는 곳에 조성되어 있다. 토양은 현무암이나 퇴적암 혹은 화산암에서 유래된 붉은 색으로, 이 지방에서는 '조리(Jory)', '네키아(Nekia)'로 알려진 척박하고 배수가 잘 되는 토양이다.

피노 누아가 자라기 위한 기후조건은 부르고뉴보다 더 좋은 것으로 알려져 있으며, 포도의 성숙이 늦어서 10월 중순이나 심하면 11월에도 수확을 한다. 적합한 클론을 선택하고 재배방법을 개선한 결과 피노 누아를 성공적으로 재배하여 제2의 부르고뉴로 유명하며, 샤르도네도 샤블리와 비슷하다. 그 외 피노 그리는 이 지방 특유의 테루아르가 만든 진가를 발휘하고 있으며, 리슬링, 게뷔르츠트라미너도 좋다. 상표에 품종을 표시하면 그 품종을 90% 이상(카베르네 소비뇽은 75%) 넣

어야 하며, 빈티지는 그 빈티지를 95% 이상, 산지 명은 그 산지의 것을 100% 넣어야 한다.

생산지역 AVA 및 메이커

AVA

- **컬럼비아 밸리(Columbia Valley) AVA**: 기후 차이가 큰 곳으로 지역 Ⅰ, Ⅱ, Ⅲ에 해당. 워싱턴 주와 겹침.

- **월라 월라 밸리(Walla Walla Valley) AVA**: 온난하고 건조한 곳으로 여름 햇볕이 좋은 지역Ⅱ에 해당. 워싱턴 주와 겹침.

- **컬럼비아 고쥐(Columbia Gorge) AVA**: 2004년에 신설된 AVA로 워싱턴 주와 겹침. 샤르도네, 게뷔르츠트라미너, 리슬링, 피노 그리 등 재배.

- **윌람미트 밸리(Willamette Valley) AVA**: 해양성 기후로 겨울에는 비가 많고 여름은 서늘하고 건조한 지역Ⅰ에 해당. 동쪽은 캐스케이드 산맥, 서쪽은 코스트 레인지 산맥으로 싸여 있어서 추운 바람과 비를 피할 수 있는 곳. 미국을 대표하는 피노 누아 생산.

- **엄프쿠아 밸리(Umpqua Valley) AVA**: 오리건 주 남서쪽. 해양성 기후로 윌람미트보다 온난하고 건조하며, 여름과 겨울의 기온 차가 심하기 때문에 카베르네 소비뇽, 메를로 등을 재배. 지역Ⅰ에 해당.

- **로구 밸리(Rogue Valley) AVA**: 오리건 주 가장 남쪽으로 윌람미트보다 온난한 곳으로 카베르네 소비뇽, 메를로 등 재배. 지역Ⅰ, Ⅱ에 해당된다.

- **기타 AVA**: 체할렘 마운틴스(Chehalem Mountain), 얌힐 칼톤 디스트릭트(Yamhill-Carton District), 리본 리쥐(Ribon Ridge), 던디 힐스(Dundee Hills), 맥민빌(McMinville), 에올라 애미티 힐스(Eola-Amity Hills), 레드 힐 더글라스 카운티(Red Hill Douglas County), 아플레게이트 밸리(Applegate Valley), 서던 오리건(Southern Oregon), 스네이크 리버 밸리(Snake River Valley), 엘크톤 오리건(Elkton Oregon).

유명 메이커

- **아델쉐임 빈야드(Adelsheim Vineyard)**: 데이비드 아델쉐임이 1971년부터 포도재배를 시작하면서 데이빗 렛에게 와인 양조를 배우고, 이어서 부르고뉴에 가서 와인을 배우면서 클론에 대한 연구부터 시작하여, 이 지방 풍토에 적합한 피노 누아와 샤르도네를 재배하였다. 피노 그리, 샤르도네, 피노 블랑, 리슬링 등도 생산하며, 특히 피노 그리가 좋다.

- **아가일 와이너리(Argyle Winery)**: 수많은 시행착오를 거쳐 피노 누아를 성공적으로 재배하고 있으며, 샴페인 방식의 스파클링와인도 유명하다.

- **베델 하이트 빈야드(Bethel Height Vineyard)**: 부드러운 피노 누아와 레몬 향이 풍기는 슈냉 블랑을 생산한다.

- **크리스톰 빈야즈(Cristom Vineyards)**: 비교적 최근에 설립된 곳으로 인위적인 조작을 최소화하여 부드럽고 우아한 와인을 만들고 있다.

- **도메인 드루앵(Domain Drouhin)**: 부르고뉴 조제프 드루앵(Joseph Drouhin)이 오리건에서 1988년부터

만들기 시작한 곳으로 부르고뉴 방식으로 부드럽고 농축된 맛의 피노 누아를 생산한다.

- 엘크 코브 빈야즈(Elk Cove Vineyards): 남향의 가파른 언덕에서 피노 누아, 피노 그리, 피노 블랑, 리슬링 등을 재배한다.
- 에러스 빈야즈 와이너리(Erath Vineyards Winery): 오리건 피노 누아의 개척자 중 한 사람인 리처드 에러스가 1967년에 세운 곳이다. 피노 누아, 피노 그리, 피노 블랑을 생산한다.
- 아이리 빈야즈(Eyrie Vineyards): 오리건에서 최초로 피노 누아를 개척한 선구자 데이빗 렛(David Lett)이 1966년 설립한 곳으로 뛰어난 피노 누아와 최초로 우아한 피노 그리를 생산한다. 1979년 파리의 와인 테이스팅에서 1975년산이 10위에 들었으며, 1980년 본에서는 1975년산이 1959년산 샹볼 뮤지니에 이어서 2위가 된 적이 있다. 인공 관수를 하지 않으며 농약도 사용하지 않는다.
- 킹 에스테이트 와이너리(King Estate Winery): 해발 200-300m의 시원한 곳에 포도밭을 조성하여 피노 누아, 피노 그리, 샤르도네 등을 재배하며 최신식 양조시설을 갖추고 있다.
- 팬더 크릭(Panther Creek): 소량 고품질의 피노 누아 생산한다.
- 폰지 빈야즈(Ponzi Vineyards): 이탈리아 계 기계 기술자 출신인 리처드 폰지가 1970년에 설립한 와이너리로 1976년 알자스 지방을 여행하면서 피노 그리에 주목하게 되었다. 오리건 최고의 피노 누아와 오크통에서 숙성시킨 샤르도네를 생산한다. 특히 피노 그리는 가장 좋은 것으로 정평이 나 있다.

[그림 15-5] 오리건 와인의 상표

워싱턴(Washington) 와인

역사

미국 서부 가장 북쪽의 시원한 곳으로서 리슬링, 게뷔르츠트라미너, 샤르도네 등을 주로 재배했으나, 1990년대부터 카베르네 소비뇽, 메를로 등 고전적인 품종으로 이름이 알려진 곳이다. 1860년대 이탈리아, 독일 이민자들이 와인을 만들기 시작하였지만 본격적인 산업은 1960년부터 시작되어 급속한 성장을 하고 있다. 주로 값싼 스위트 와인이나 강화 와인을 만들다가 금주령 이후에는 콩코드와 같은 토종 품종으로 와인을 만드는 정도였으나, 아마추어 와인 메이커들이 취미로 시작하여 1967년에 협회를 형성하면서 카베르네 소비뇽, 게뷔르츠트라미너, 피노 누아, 리슬링 등을 생산하여 호평을 받았다. 현재 이 협회는 컬럼비아 와이너리(Columbia Winery)가 되었다. 또 샤토 생미셸(Chateau Sainte Michelle)은 1967년 레온 아담스(Leon Adams)가 개입하면서 전설적인 와인 컨설턴트 안드레 첼리스체프(André Tchelistcheff)를 초청하여 와인산업의 기틀을 마련한다. 1974년에는 워싱턴 와인협회(Washington Wine Institute)가 설립되면서 1970년대 중반에는 양적인 팽창과 함께 고급 와인을 생산하는 곳으로 알려지게 되었다. 미국 내에서는 캘리포니아 다음으로 와인이 많이 생산되는 곳으로 750개 이상의 와이너리가 있으며, 캘리포니아에 이어 미국에서 두 번째로 와인을 많이 생산하는 곳이다.

지형과 기후

워싱턴 주는 캐스케이드 산맥을 중심으로 동서로 나뉘는데, 서쪽은 온난하고 습도가 높고, 동쪽은 건조한 사막 기후를 형성하기 때문에 대부분 와인 산지는 동쪽에 있다. 동부 지역은 강우량이 200㎜ 이하인 건조기후에 일교차가 심하기 때문에 한낮의 햇볕으로 당분이 생성되고 밤의 서늘한 기온으로 신맛이 강하고 생동감 있는 와인을 생산한다. 이 지역은 북위 46도로 프랑스 보르도나 부르고뉴와 비슷하여 6월의 낮 시간이 캘리포니아보다 두 시간 더 길어서, 포도가 천천히 성숙되면서 특유의 섬세한 개성을 갖게 된다. 토양은 모래가 섞인 흑토나 화산토로 이루어져 척박하고 배수가 잘 된다.

생산지역 AVA 및 메이커

AVA

- **컬럼비아 밸리(Columbia Valley) AVA**: 워싱턴 주의 1/3을 차지하는 곳으로 워싱턴 와인의 60%를 생산. 대륙성 기후로 여름은 온난 건조하고 겨울은 추워서 지역Ⅰ,Ⅱ,Ⅲ에 해당. 메를로, 카베르네 소비뇽, 샤르도네, 리슬링, 시라 등을 재배. 일부는 오리건 주와 겹침.

- **야키마 밸리(Yakima Valley) AVA**: 워싱턴 주에서 가장 먼저 포도재배가 시작된 중심 지역. 컬럼비아 밸리 AVA 안에 있으며, 샤르도네, 메를로, 카베르네 소비뇽, 리슬링, 시라 등 재배.

- **월라 월라 밸리(Walla Walla Valley) AVA**: 컬럼비아 밸리 남쪽으로 카베르네 소비뇽부터 메를로, 샤르도네, 시라, 게뷔르츠트라미너, 카베르네 프랑, 산조베제 등 재배. 일부는 오리건 주와 겹침.

- **퓨짓 사운드(Puget Sound) AVA**: 워싱턴 주 북서쪽 시애틀이 있는 곳으로 겨울이 길고 여름이 온화한 곳으로 최근에 포도밭 조성. 피노 그리, 피노 누아, 마덜레인(Madeleine), 뮐러 투르가우 등 재배.

- **레드 마운틴(Red Mountain) AVA**: 2001년에 설립된 워싱턴의 가장 작은 AVA로서 야키마 밸리 안에 있으며, 카베르네 소비뇽, 메를로, 카베르네 프랑, 시라, 산조베제가 유명.

- **컬럼비아 고쥐(Columbia Gorge) AVA**: 2004년에 신설된 AVA로 워싱턴 주와 오리건 주에 겹쳐 있으며, 샤르도네, 게뷔르츠트라미너, 리슬링, 피노 그리 등 재배.

- **홀스 헤븐 힐스(Horse Heaven Hills) AVA**: 2005년 신설된 AVA로 야카마 남쪽에 있으며, 카베르네 소비뇽, 메를로, 시라, 샤르도네, 리슬링, 소비뇽 블랑 등 재배.

- **기타 AVA**: 왈루크 스로프(Wahluke Slope), 스나이프스 마운틴(Snipes Mountain), 레이크 셀란(Lake Chelan), 내치스 하이트(Naches Heights), 에이션트 레이크스 오브 컬럼비아 밸리(Ancient Lakes of Columbia Valley).

유명 메이커

- **컬럼비아 크레스트(Columbia Crest)**: 1982년 설립되어 메를로를 워싱턴에 유행시킨 대규모 와이너리로 가격대비 품질이 좋다. 현재는 샤토 생 미셸의 자회사로 있다.

- **에콜 41(L'Ecole No. 41)**: 프랑스인 마을을 조성하면서 41번가에 학교를 설비하여 그 이름이 유래된 곳으로 과학적인 시스템을 도입하여 와인을 생산한다.

- **헤쥐스 셀러(Hedges Cellars)**: 보르도 스타일의 '레드 마운틴 리저브(Red Mountain Reserve)'가 유명하며, 카베르네 소비뇽, 메를로, 시라 세 가지를 섞은 'C.M.S.'도 있다.

- **호그 셀러(Hogues Cellar)**: 진취적이며 현대적인 와이너리로 화이트와인이 좋다.

- **레오네티 셀러(Leonetti Cellar)**: 풍부하고 진한 카베르네 소비뇽과 메를로 만든 와인은 최고의 품질을 자랑한다.

- **워싱턴 힐스 셀라스(Washington Hills Cellars)**: 카베르네 소비뇽, 샤르도네, 메를로 그리고 리슬링이 유명하다.

- **샤토 생 미셸(Chateau Sainte Michelle)**: 1934년에 설립된 가장 크고 유명한 곳으로 최신 기술을

이용하여 와인을 양조하고 있다. 카베르네 소비뇽, 메를로, 샤르도네, 리슬링 등이 있다. 독일의 닥터 로젠(Dr. Loosen)과 합작으로 만든 '에로이카(Eroica)'는 최고의 리슬링으로 유명하다.

[그림 15-6] 워싱턴 와인의 상표

뉴욕(New York) 와인

1647년 네덜란드 사람들이 포도재배를 시도했으나, 19세기 프랑스, 영국 계 사람들이 와서 허드슨 리버 지역에서 포도를 심기 시작하기 전까지는 별 성과가 없었다. 미국 토종 포도로 만든 와인은 유럽 것과 너무 달라서 유럽 종을 수입하여 재배하였지만, 기후와 풍토가 달라서 고전하다가, 핑거 레이크에서 프랑스, 독일, 스위스 계 이민들이 포도를 심고 와인을 만들면서 1870년대에는 핑거 레이크가 뉴욕 와인산업의 중심지가 되었다. 20세기부터는 이 지역 풍토에 잘 자라고 유럽 종 맛과 향이 나는 교잡종을 개발하고, 포도재배 기술을 발전시키면서 금주령 이전까지 핑거 레이크와 허드슨 리버 지역은 와인의 전성기를 구가하였고, 레이크 이리 남부는 미국 최고의 포도산지가 되었으나, 금주 운동이 일어나면서 와인보다는 주스나 식용 포도 생산이 주를 이루게 되었다. 금주령 이후부터 1970년대 중반까지는 몇몇 와이너리만 남아서 미국 토종 포도나 잡종으로 와인을 만들거나, 값싼 캘리포니아 벌크와인과 블렌딩한 와인이 주종을 이루었지만, 1950년대부터 전 러시아 출신 콘스탄틴 프랑크(Konstantin Frank) 박사가 러시아의 포도 '아르카트시텔리(Rkatsiteli)'를 가져오는 것을 계기로 유럽 종 재배에 성공하고, "러시아는 이곳보다 더 춥다."라는 유명한 말로 그의 성공을 표현했는데, 그는 미국 동북부 지역 와인의 품질을 세계적 수준으로 끌어올리는데 큰 공헌을 했다.

콘스탄틴 프랑크_Konstantin Frank, 1897~1985

우크라이나 출신 식물학 교수, 1951년 54세 때 미국으로 이주하여, 코넬 대학에 있으면서 뉴욕 주의 미국종이나 잡종 포도를 유럽종으로 교체하는 데 성공하였다. 현재는 없어진 골드 실 와이너리(Gold Seal Winery)에서 일하면서 그의 이론을 실천했다. 핑거 레이크(Finger Lakes)에서 피노 누아를 재배하는 데 성공하였다. 1962년 비니페라 와인 셀러(Dr. Frank's Vinifera Wine Cellar)를 설립하여, 뉴욕 주에서 최초로 전부 유럽종만 재배하는 와이너리가 되었다.

1976년 새로운 와인 법이 통과되어 소규모 와이너리는 직접 레스토랑이나 소비자에게 판매할 수 있게 되자, 와이너리가 증가하기 시작하였고 롱아일랜드까지 재배지역이 확대되었다. 산뜻한 화이트와인 위주로 생산하고 있으며, 그 외 보르도 스타일의 레드와인, 스파클링와인, 아이스와인, 강화 와인 등 다양한 와인을 생산하고 있다. 뉴욕 지방은 300개 이상의 와이너리가 있지만, 아직도 유럽종의 비율은 20%에 지나지 않는다. 유럽 종은 샤르도네, 리슬링 카베르네 소비뇽, 메를로도 일부 재배하며, 캘리포니아의 와인과 섞기도 한다.

포도품종

화이트와인이 60%를 차지하며, 보르도 레드와인 품종도 롱아일랜드를 중심으로 증가하고 있다.

화이트와인

- **캐이유가(Cayuga)**: 프랑스계 잡종으로 블렌딩용이나 디저트와인에 사용된다.
- **샤르도네(Chardonney)**: 캘리포니아 것보다 신선한 와인을 만든다.
- **게뷔르츠트라미너(Gewürztraminer)**: 알자스 와인과 유사하다.
- **나이아가라(Niagara)**: 미국계 잡종으로 드라이 와인이나 디저트와인에 사용된다.
- **리슬링(Riesling)**: 생동감 있는 드라이 와인이 되며, 디저트 와인도 된다. 대부분 핑거 레이크에

서 나온다.

- **세이블 블랑(Seyval Blanc):** 프랑스계 잡종으로 블렌딩용으로 사용되거나 드라이 와인으로도 나온다.

- **비달 블랑(Vidal Blanc):** 프랑스계 잡종으로 드라이 와인과 아이스 와인을 만든다.

- **비뇰스(Vignoles):** 프랑스계 잡종으로 드라이 와인과 아이스 와인을 만든다.

레드와인

- **바코 누아(Baco Noir):** 프랑스계 잡종으로 가벼운 레드와인을 만든다.

- **카베르네 프랑(Cabernet Franc):** 카베르네 소비뇽, 메를로 등과 보르도 스타일의 와인을 만든다.

- **카베르네 소비뇽(Cabernet Sauvignon):** 카베르네 프랑, 메를로 등과 보르도 스타일의 와인을 만들지만, 롱아일랜드에서는 단일 품종으로 나오기도 한다.

- **카토바(Catawba):** 미국계 잡종으로 가벼운 레드와인이나 로제를 만든다.

- **콩코드(Concord):** 미국계 잡종으로 뉴욕에서 가장 넓은 면적을 차지하고 있으며, 80%는 주스로 팔린다. 스위트한 코셔 와인이나 강화와인으로 만든다.

- **메를로(Merlot):** 카베르네 프랑, 카베르네 소비뇽 등과 보르도 스타일의 와인을 만들지만, 롱아일랜드에서는 단일 품종으로 나오기도 한다.

- **피노 누아(Pinot Noir):** 스파클링와인으로 사용된다.

생산지역

뉴욕 지방은 추수감사절부터 겨울이 시작되어 4월까지 지속되기 때문에 포도재배 지역이 대부분 호수나 강가에 자리를 잡아 급격한 추위를 방지하고 있다. 토양은 비교적 깊은 편으로 배수가 잘 된다.

허드슨 리버 밸리(Hudson River Valley)

1677년 프랑스 위그노 수도승들이 포도밭을 조성한 곳으로 가장 오래된 곳이다. 주로 유럽종 포도와 교잡종을 재배하고 있다. 가장 오래된 와이너리인 브러더후드(Brotherhood winery)가 있으며, AVA 명칭은 허드슨 리버 리전(Hudson River Region)이다.

핑거 레이크스(Finger Lakes)

남북전쟁 때부터 뉴욕 와인산업의 중심지였으며, 현재도 급속하게 발전하여 뉴욕 주 와인의 85%를 생산하고 있다. 처음에는 미국 토종 품종으로 스위트 와인을 만들었으나, 금주령 이후 교잡종을 개발하여 심고, 1960년대부터는 유럽 종 포도재배를 시작하여 성공하였다. 현재 샤르도네, 리슬링, 게뷔르츠트라미너 등 유럽 종에서 콩코드까지 재배하며, 교잡종으로 코셔 와인과 아이스 와인 등도 만들고 있다. AVA 명칭은 핑거 레이크스(Finger Lakes) 그대로이다. 독자적인 AVA는 케이유가 레이크(Cayuga Lake), 세네카 레이크(Seneca Lake)가 있다.

레이크 이리(Lake Erie)

오대호 중 하나인 이리 호 남쪽의 넓은 포도재배지로서 뉴욕, 오하이오, 펜실베이니아 3개 주에 걸쳐 있다. 가장 큰 지역이지만 와이너리가 몇 개 안 되고 주로 콩코드(Concord, *labrusca*)를 재배하며, 교잡종도 재배한다. AVA는 레이크 이리 앤 쇼토쿠아(Lake Erie & Chautauqua), 나이아가라 에스카르프먼트(Niagara Escarpment)이다.

롱아일랜드(Long Island)

새로운 와인 산지로서 1970년대부터 와인 붐이 일기 시작한 곳이다. 해양성 기후로서 햇볕이 많고, 온화하여 보르도 스타일의 레드와인으로 유명하며, 뉴욕에서 가장 비싼 와인으로 알려져 있다. 햄프턴 롱아일랜드(The Hamptons, Long Island), 노스 포크 오브 롱아일랜드(North Fork of Long Island) AVA도 있다.

유명 메이커

- 브러더후드 와이너리(Brotherhood Winery): 미국에서 가장 오래된 와이너리로 1839년 미사용 와인으로 시작하여 스위트 와인으로 유명해졌으며, 금주령 때도 미사용을 생산하면서 명맥을 이었으며, 피노 누아, 샤르도네, 리슬링 그리고 아이스 와인도 유명하다. 허드슨 리버 리전에 있다.

- 샤토 프랑크(Chateau Frank): 닥터 콘스탄틴 프랑크의 아들이 1980년대 중반에 핑거 레이크에 세운 와이너리로 스파클링와인이 유명하다.

- 닥터 프랑크스 비니페라 와인 셀라(Dr. Frank's Vinifera Wine Cellar): 게뷔르츠트라미너로 만든 '닥터 콘스탄틴 프랑크(Dr. Konstantin Frank)'가 유명하다.

- 밀부룩(Millbrook): 1979년부터 비니페라 재배를 시도하여 현재는 최고 수준의 샤르도네와 카베르네 프랑이 유명하다. 또 피노 누아, 토카이프리울라노 등도 좋다.

- 와그너(Wagner): 핑거 레이크스에서 프랑스, 미국 교잡종인 래벗 블랑(Ravat Blanc)으로 아이스 와인을 만든다.

와인은 지적인 음식이며 고기는 단순한 원료일 뿐이다.
- A. Dumas -

적절한 때 좋은 와인을 마시는 것은 예술이다.
- H.A. Vachell -

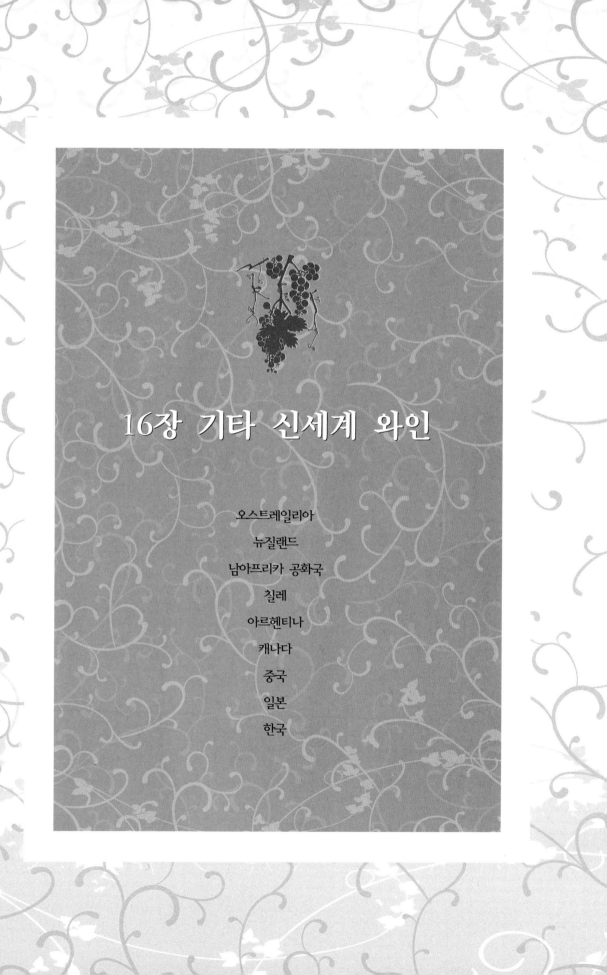

16장 기타 신세계 와인

오스트레일리아

뉴질랜드

남아프리카 공화국

칠레

아르헨티나

캐나다

중국

일본

한국

오스트레일리아

공식명칭: 오스트레일리아연방(Commonwealth of Australia)
인구: 2,260만 명
면적: 770만 ㎢
수도: 캔버라
와인생산량: 12억 *l*
포도재배면적: 15만 ha

와인의 역사 및 현황

　최초의 포도밭은 18세기 남아프리카에서 가져온 묘목으로 뉴사우스웨일스에서 시작되었지만 덥고 습도가 높은 기후 때문에 실패하고, 실질적인 생산은 1820-30년대부터 유럽 종 포도를 도입하여 뉴사우스웨일스의 헌터 밸리에서 본격적으로 시작되었다. 미국과 마찬가지로 1850년대에 골드러시가 시작되면서 급속한 발전을 이루게 되었다. 이때부터 와인산업은 영국을 주요시장으로 발전되었으며 아직도 영국이 가장 큰 시장이다. 1877년 빅토리아 주에서 필록세라가 발견되었으나 전 지역으로 확산되지는 못하였다. 필록세라 사건 이후 일부는 고급 와인을 만들었으나, 대개는 캘리포니아와 마찬가지로 값싼 강화와인 즉 셰리나 포트를 생산하였다.

　1900년도 초부터 와인 산업이 침체기에 들어섰다가 1950-1960년대부터 프랑스, 독일, 이탈리아, 스페인에서 이민자가 들어오면서 유럽의 와인기술이 도입되어 강화와인에서 테이블 와인 위주로 발전하고, 최근에는 포도재배와 양조에 대한 연구와 더불어 고급 와인 위주로 발전하고 있다. 오스트레일리아의 와인산업은 가장 성장이 빠르고 활발하게 움직이고 있으며, 과학적인 방법으로 첨단기술을 이용하여 와인을 생산한다. 와인 소비도 영어권에서는 뉴질랜드와 더불어 1인당 소비량이 가장 많고, 2,500개 이상의 와이너리가 있다. 특히, 생산량의 60%를 수출하는 수출 주도형으로 프랑스, 스페인, 이탈리아에 이어서 세계 4위로 수출을 활발하게 진행하고 있다.

　포도밭은 주로 사우스오스트레일리아, 웨스턴오스트레일리아, 뉴사우스웨일스, 빅토리아에 있으며, 와인용뿐 아니라 식용과 건포도용도 많다. 필록세라 때문에 방역선을 조성하여 새로운 품종 도입이 늦어졌지만, 다양한 타입의 와인을 만들고 있다. 레드, 화이트 테이블 와인을 비롯해 셰리, 스위트 셰리, 레드 디저트, 스파클링 등 종류가 많다. 와이너리는 현대적 시설을 갖추고 있으며,

대대로 백년 이상 가족위주의 경영으로 출발하여 현재는 합병으로 거대기업으로 발전하였지만, 아직도 오랜 전통의 가족경영 와이너리도 많다. 오스트레일리아 와인의 80% 이상을 대기업이 장악하고 있으며, 나머지 10% 이하를 천여 개의 작은 와이너리가 생산하고 있다.

포도밭은 대부분 건조한 남부 지방에 퍼져 있기 때문에 거의 동일한 기후 양상을 보이지만, 산맥을 따라 분포되어 있는 포도밭의 고도에 따라서 와인의 타입이 달라진다. 광활한 지역으로 포도밭이 넓은 평원에 퍼져 있기 때문에 세계에서 가장 기계화가 잘 된 곳으로 부족한 노동력을 기계로 대체하여, 규모의 경제를 추구하는 대기업집단이 발달되어 있다. 그러나 캥거루를 비롯한 야생동물의 피해, 봄에 내리는 늦서리, 뜨거운 북풍 등 문제점을 안고 있다.

스크루 캡_Screw cap

오스트레일리아에서 이룬 획기적인 기술 혁명으로 스크루 캡을 들 수 있는데, 이는 클레어 밸리(Clare valley)의 13개 업자들이 2000년 빈티지부터 화이트와인에 스크루 캡을 사용하기로 결정한 데서 출발한다. 이후 결과를 지켜보던 다른 지방에서도 스크루 캡을 사용하기 시작하였고, 이어서 뉴질랜드, 칠레, 프랑스(샤블리), 독일 등에서도 사용하였다.

와인 스타일

▦ 특성

유럽은 전통적으로 특정 포도밭에서 좋은 와인이 나온다는 테루아르(Terroir)에 대한 믿음이 강하지만, 오스트레일리아 와인 메이커는 적합한 포도의 선정과 혼합에 의해서 좋은 와인이 나온다고 생각한다. 가장 비싼 와인으로 알려진 펜폴즈의 '그레인지(Grange)' 역시 수 백km 떨어진 여러 곳의 포도를 선별하여 블렌딩한다. 또 전통적으로 균형과 복합성을 얻기 위해 두 종류 포도의 블렌딩이 많은데, 샤르도네 + 세미용이나, 카베르네 소비뇽 + 쉬라즈로서 맛이 좋고 값이 비싸지 않다.

대부분의 와인지역이 더운 곳에 위치하고 있어서 발효 온도조절이 필수적이기 때문에 과학적인 발전을 하였고 지금도 프랑스, 독일 등과 기술적으로 교류가 잘 되고 있다. 또 캘리포니아와 마찬가지로 규제가 없으므로 부지선정, 품종이나 클론의 선택, 재배방법, 수확, 양조기술 등 모든 면에 새로운 기술을 적용하여 품질을 개선하고 있다. 더운 지역에서는 포도재배지역도 점점 서늘한 곳으로 이동 중(예를 들면, 마가렛 리버, 태즈메이니아 등)에 있으며, 또 높이 올라가서 포도밭을 조성(예를 들면, 빅토리아 북서쪽과 바로사 밸리)하고 있다.

▓ 타입

- **제너릭 와인(Generic Wine):** 유럽의 유명한 와인산지(Burgundy, Chablis 등)를 표시하지만, 품종 등은 유럽과 전혀 상관이 없는 것이다. 1992년 E.U.와 합의가 이루어져 이런 식으로 표시하는 와인은 점차 없어지고 있다. 국내 소비의 60% 가까이 차지하고 있는 캐스크 와인(Cask wine)은 일명 '백 인 박스(Bag-in-Box)'라고도 하며 미국의 저그 와인(Jug wine)에 해당되는 것으로 값이 싸고 맛도 나쁘지 않다. 그래서 이런 것들은 국내에서 소비되고 수출용은 드라이 화이트(Dry White), 드라이 레드(Dry Red) 등으로 표시한다.

- **버라이어탈 와인(Varietal wine):** 상표에 품종을 표시하는 와인으로 해당 품종이 85% 이상 들어가야 한다.

- **버라이어탈 블렌드 와인(Varietal blend wine):** 고급 포도 품종을 섞은 와인으로 사용된 품종이 상표에 표시된다. 이때는 배합비율이 많은 것부터 표시된다.

- **빈(Bin):** 별도의 각 배치(Batch)를 표시한 것으로 특별한 의미는 없다. 탱크 번호 등을 상표에 표시하여 소비자의 관심을 끌게 된 것이다.

- **스파클링와인:** 캐스크 와인을 제외하고 오스트레일리아 와인의 20%는 스파클링와인일 정도로 많이 생산한다. 세미용 쉬라즈 등도 사용하지만, 고급은 샤르도네와 피노 누아로 샴페인 방식으로 만들어 가벼운 타입부터 풍부한 것까지 여러 가지가 있다. 도메인 샹동의 '그린 포인트(Green Point)'가 유명하다.

- **스위트 와인:** 1850년대부터 유행하던 것으로 뮈스카 블랑 아 프티 그랭(Muscat Blanc à Petits Grains)으로 만든 갈색의 머스캣 와인과 뮈스카델(Muscadelle)로 만든 토카이가 있으며, 보트리티스 곰팡이가 낀 리슬링이나 세미용으로 만든 와인도 유명하다. 그 외 셰리, 포트 스타일의 와인도 만든다. 건조시킨 포도로 만들거나 발효 도중에 알코올을 첨가하여 만든다.

▓ 와인 규정

품종을 상표에 표시할 경우는 표시한 품종을 85% 이상 사용해야 하며, 두 가지 이상일 경우는 비율이 높은 것을 먼저 표시한다. 산지명칭, 빈티지를 표시할 때도 85% 이상이라야 한다. 알코올 4.5% 이하의 와인은 인정되지 않으며, 가당은 허용되지 않는다. 산화방지제, 보존료의 표시는 의무사항이며, 그 고유 번호가 함께 따라간다. 예를 들면 이산화황은 220으로 표시한다.

포도 품종

유럽 종을 재배하지만 아직도 건포도용 술타나(Sultana = Thompson Seedless), 등을 많이 재배하고 있다.

▨ 레드와인용

- **쉬라즈(Shiraz):** 오스트레일리아 레드와인의 주종을 이룬다. 프랑스 론의 시라(Syrah)와 동일한 것으로 자극적이고 진한 맛으로 장기간 보관할 수 있는 바디가 강한 와인이 된다. 이 포도는 서늘한 곳에서는 블랙베리, 자두, 후추 등 향이 강하고 숙성을 오래 시킬 수 있는 와인이 되며, 더운 곳에서는 풀 바디로 초콜릿 향이 강해진다. 전체 포도의 20%를 차지한다.

- **카베르네 소비뇽(Cabernet Sauvignon):** 이 나라 최고의 레드와인을 만들며, 블랙커런트 향이 강하다. 추운 곳에서는 채소류 냄새가 나며, 더운 곳에서는 산도가 약해진다. 최고의 것은 사우스오스트레일리아의 쿠나와라에서 나오며, 보통 쉬라즈와 블렌딩 한 것이 많지만, 요즈음은 보르도 식으로 메를로와 혼합한 것이 많다.

- **피노 누아(Pinot Noir):** 빅토리아, 사우스오스트레일리아, 웨스턴오스트레일리아의 서늘한 지방에서 재배되고 있으며, 스파클링와인과 스틸 와인으로 점점 품질이 향상되고 있다.

- **메를로(Merlot):** 최근에 많이 재배하고 있다. 자두, 블랙베리 등 향에서 숙성되면서 담배, 초콜릿 등 복합성이 강해진다. 이곳에서도 카베르네 소비뇽과 블렌딩하는 데 사용한다.

- **그르나슈(Grenache):** 로제, 강화와인용으로 많이 사용되지만, 좋은 것은 농축된 향으로 진한 와인을 만들며, 쉬라즈 등과 론 스타일의 와인을 만든다. 주로 더운 곳에서 재배한다.

- **무르베드르(Mourvèdre):** 더운 지방에서 많이 재배하며, 론 타입의 와인과 포트 타입의 와인도 만든다.

▨ 화이트와인용

- **샤르도네(Chardonnay):** 오스트레일리아 화이트와인 중에서 가장 많이 생산되며, 주로 향이 강하고 진한 드라이 화이트와인을 만든다. 서늘한 곳에서는 사과, 퀸스, 그레이프프루트, 라임 향이, 더운 곳에서는 복숭아와 열대과일 향이 지배적이며 장기 숙성은 하지 않는다. 스파클링와인에도 많이 쓰인다.

- **세미용(Sémillon):** 보르도에 다음으로 유명한 곳으로 부드럽고 미디엄 스타일의 드라이 와인과 숙성으로 꿀과 견과류 향이 나는 고급 와인까지 여러 가지가 나온다. 가끔 샤르도네와 블렌딩하

며, 보트리티스 곰팡이 낀 포도로 스위트 와인도 만든다.

- **소비뇽 블랑(Sauvignon Blanc)**: 최근에 많이 재배하는 품종이다. 오크통에서 숙성시키기도 한다. 세미용과 블렌딩하거나 간혹 샤르도네와 섞기도 한다.

- **리슬링(Riesling)**: 옛날에 많이 심었던 품종으로 드라이 타입은 힘이 있고 우아하며, 보트리티스 곰팡이 낀 포도로 스위트까지 다양하게 생산한다. 꽃 향이 지배적이며, 여기에 사과, 배, 레몬 향과, 숙성되면 꿀 향이 난다.

- **뮈스카델(Muscadelle)**: 스위트 와인을 만들며 이곳에서는 토카이(Tokay)로 알려져 있다.

- **뮈스카 블랑 아 프티 그랭(Muscat Blanc à Petits Grains)**: 스위트 강화 와인을 만든다.

- **뮈스카 고르도 블랑코(Muscat Gordo Blanco)**: 캐스크 와인을 만든다.

와인 생산지역(GI, Geographical Indications)

유럽의 원산지명칭과 유사하지만, 지역에 따른 특별한 규정은 없지만, 지방(Zone), 지역(Region), 지구(Sub-region)으로 구분되어 있다. GI의 결정 권한은 지리적명칭위원회(GIC, Geographical Indications Committee)가 가지고 있다.

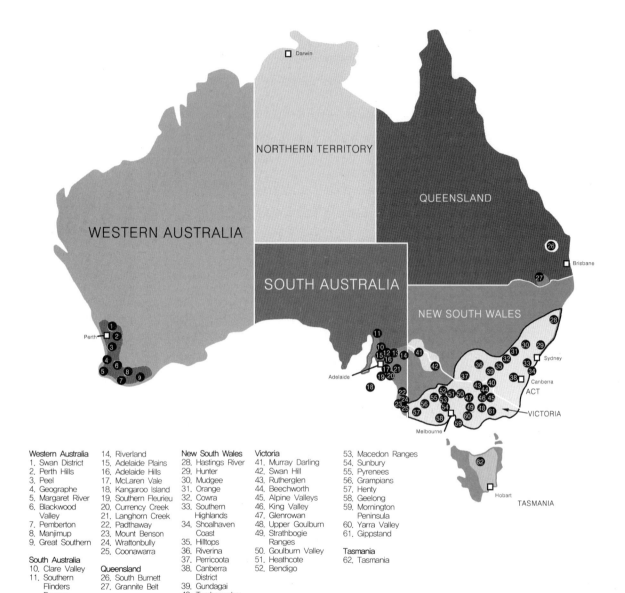

Western Australia
1. Swan District
2. Perth Hills
3. Peel
4. Geographe
5. Margaret River
6. Blackwood
   Valley
7. Pemberton
8. Manjimup
9. Great Southern

South Australia
10. Clare Valley
11. Southern
    Flinders
    Ranges
12. Barossa Valley
13. Eden Valley

14. Riverland
15. Adelaide Plains
16. Adelaide Hills
17. McLaren Vale
18. Kangaroo Island
19. Southern Fleurieu
20. Currency Creek
21. Langhorn Creek
22. Padthaway
23. Mount Benson
24. Wrattonbully
25. Coonawarra

Queensland
26. South Burnett
27. Grannite Belt

New South Wales
28. Hastings River
29. Hunter
30. Mudgee
31. Orange
32. Cowra
33. Southern
    Highlands
34. Shoalhaven
    Coast
35. Hilltops
36. Riverina
37. Perricoota
38. Canberra
    District
39. Gundagai
40. Tumbarumba

Victoria
41. Murray Darling
42. Swan Hill
43. Rutherglen
44. Beechworth
45. Alpine Valleys
46. King Valley
47. Glenrowan
48. Upper Goulburn
49. Strathbogie
    Ranges
50. Goulburn Valley
51. Heathcote
52. Bendigo

53. Macedon Ranges
54. Sunbury
55. Pyrenees
56. Grampians
57. Henty
58. Geelong
59. Mornington
    Peninsula
60. Yarra Valley
61. Gippstand

Tasmania
62. Tasmania

[그림 16-1] 오스트레일리아 와인산지

뉴사우스웨일스(New South Wales)

오스트레일리아 와인의 탄생지로 가장 오래되고 유명한 헌터 밸리와 대도시 시드니가 있는 곳으로 영국 출신 식물학자 제임스 버즈비(James Busby)가 유럽에서 포도를 가져와 성공적으로 재배한 곳이다.

- **리버리나(Riverina):** 뉴사우스웨일스 와인의 55%, 오스트레일리아 와인의 15%를 생산하는 대규모 산지. 덥고 건조한 기후로 강우량이 적지만 관개시설이 잘 되어 있음. 가볍고 부드러운 드라이 레드와인과 화이트와인, 보트리티스 와인(세미용)도 있으며, 강화와인, 브랜디 등 다양한 와인 생산. 화이트와인의 비율이 70%를 차지하며, 국내 소비량의 60%를 점유하고 있는 캐스크 와인(Cask wine)의 주산지. 세미용, 트레비아노, 쉬라즈 등을 재배. 고도: 140m. 적산온도: Ⅲ지역. 성장기 강우량: 238㎜. 평균습도: 36%.

- **머리 달링(Murray Darling):** 빅토리아 북서쪽으로 사우스오스트레일리아, 뉴사우스웨일스와 경계선에 위치.

- **스완 힐(Swan Hill):** 빅토리아 주와 겹침.

- **페리쿠타(Perricoota):** 뉴사우스웨일스의 가장 남쪽으로 19세기 중반에 포도재배를 하였지만 1970년대부터 와인산업이 발전. 더운 곳으로 비가 많지 않음. 주 품종은 샤르도네이며 레드와인은 쉬라즈, 카베르네 소비뇽 등. 고도: 94m. 적산온도: Ⅲ지역. 성장기 강우량: 221㎜. 평균습도: 35%.

- **카우라(Cowra):** 빅토리아 주와 경계에 위치한 곳으로 1973년에 포도밭이 조성되었고, 1990년대부터 대기업이 들어오면서 급성장. 여름이 덥고 건조하며 포도 성장기 때 비가 오는 편이며, 샤르도네로 만든 묵직하면서 빨리 숙성되는 화이트와인이 좋고, 그 외 소비뇽 블랑과 베르델료로 만든 화이트와인도 있음. 레드와인은 쉬라즈, 카베르네 소비뇽 등으로 만듦. 고도: 300-350m. 적산온도: Ⅱ지역. 성장기 강우량: 361㎜. 평균습도: 39%.

- **머쥐(Mudgee):** 오스트레일리아에서 가장 고지대. 늦서리와 밤 기온이 낮기 때문에 포도 움이 트는 시기가 늦어지고, 강우량이 적고 일조량은 많고, 여름과 가을이 온화하여 수확기가 헌터보다 4주가 늦음. 원산지 표시가 되면 100% 이곳 포도를 사용. 카베르네 소비뇽은 뉴사우스웨일스에서 가장 좋다고 알려져 있으며, 단일 품종으로 하거나 메를로나 쉬라즈와 섞기도 함. 샤르도네는 1832년 제임스 버즈비가 도입한 클론 그대로인 것으로 재배. 고도: 450-600m. 적산온도: Ⅲ지역. 성장기 강우량: 411㎜. 평균습도: 42%.

- **오렌지(Orange):** 원래는 센트랄 하일랜드(Central Highland)로 알려진 곳으로 1940년부터 포도재배가 시작되었지만 본격적인 재배는 1980년대 대기업이 참여하면서 시작. 일반적으로 여름에는 32℃ 이상이지만 밤이 시원함. 비는 겨울과 봄에 집중되어 포도 성장기에는 관개시설이 필요함. 해발 1,000m 이상인 곳에서는 샤르도네, 소비뇽 블랑 등을 재배하며, 해발 600m인 곳에서는 쉬라즈, 카베르네 소비뇽, 카르베네 프랑 등을 재배. 고도: 600-1,100m. 적산온도: Ⅰ지역. 성장기 강우량: 523㎜. 평균습도: 47%.

- **헌터(Hunter):** 19세기 초 유럽 사람들이 포도재배를 시작한 역사가 가장 오래된 곳으로, 시드니가 가까워 큰 시장 형성. 1960년대 펜폴즈가 포도밭을 조성하면서 로우어 헌터 밸리(Lower Hunter Valley)와 어퍼 헌터 밸리(Upper Hunter Valley)로 구분하여 인식이 되어 있지만, 지리적으로는 헌터 강으로 연결된

곳. 온도가 높지만 비, 습도, 구름, 바람 등이 과열 방지. 장기 숙성을 시킬 수 있는 세미용과 향이 풍부한 샤르도네, 장기 숙성이 가능한 쉬라즈와 1960년대에 도입된 카베르네 소비뇽을 재배. 고도: 60-250m. 적산온도: Ⅲ지역. 성장기 강우량: 423-530㎜. 평균습도: 43-49%.

- **헤이스팅스 리버(Hastings River)**: 1837년부터 포도가 재배되었으나 1900년대 초반부터 60년 동안 포도재배를 하지 않다가 1980년에 다시 시작한 곳. 바다의 영향으로 여름이 온난하고 습도가 대단히 높고 강우량이 많아서 병충해가 심각. 병충해에 강한 프랑스계 잡종인 레드와인용 샹부르생(Chambourcin) 재배 증가. 그 외 샤르도네, 세미용, 카베르네 소비뇽, 등 재배. 고도: 10-70m. 적산온도: Ⅲ지역. 성장기 강우량: 820㎜. 평균습도: 73%.

- **쇼울헤븐 코스트(Shoalhaven Coast)**: 태평양 연안에 조성된 포도밭으로 바닷바람의 영향으로 여름의 온도가 높지 않지만, 여름비가 많아서 습도가 높아 병충해 발생이 많으므로 배수가 잘 되고, 바람이 잘 통하는 입지의 선정이 중요. 샤르도네, 쉬라즈, 카베르네 소비뇽 그리고 높은 습도에 잘 견디는 샹부르생(Chambourcin)을 재배. 고도: 10-110m. 적산온도: Ⅲ지역. 성장기 강우량: 737㎜. 평균습도: 60%.

- **서던 하일랜즈(Southern Highlands)**: 쇼울 헤븐 코스트 바로 북쪽으로 해발 500-900m에 포도밭 조성. 여름이 덥지 않고 비가 많으며, 겨울은 추운 준 대륙성 기후로 늦서리, 우박 등의 피해가 있고, 노균병, 흰가루병 등 병충해와 토끼나 새를 비롯한 야생동물의 침범도 받음. 샤르도네, 리슬링, 소비뇽 블랑 등 화이트와인이 많으며, 카베르네 소비뇽도 재배. 고도: 675-690m. 적산온도: Ⅰ, Ⅲ(모스 베일)지역. 성장기 강우량: 586-598㎜. 평균습도: 54-56%.

- **캔버라 디스트릭트(Canberra District)**: 수도 캔버라 근처로서 일부는 캐피탈 테리토리와 겹침. 대륙성 기후로서 늦서리 피해가 있고, 봄과 여름이 건조하며 일교차가 심하기 때문에 관개시설을 잘 갖추면 좋은 와인이 나올 수 있는 곳. 비교적 서늘한 곳으로 샤르도네, 리슬링, 쉬라즈, 카베르네 소비뇽, 피노 누아 등 재배. 고도: 578m. 적산온도: Ⅱ지역. 성장기 강우량: 397㎜. 평균습도: 67%.

- **군더가이(Gundagai)**: 새로운 와인 산지로 지정된 곳으로 1877년 맥윌리엄스 가족이 시작하였지만, 1990년부터 이름이 알려진 곳. 남동쪽에 있는 오스트레일리아알프스 산맥의 연장선에 있어서 시원한 기후가 형성. 쉬라즈, 카베르네 소비뇽이 주품종. 고도: 232-343m. 적산온도: Ⅱ지역. 성장기 강우량: 290-400㎜. 평균습도: 39%.

- **힐탑스(Hilltops)**: 19세기 말부터 포도밭이 조성되었지만, 1970년대 대기업이 참여하면서 발전. 대륙성 기후로 여름과 가을이 건조하고, 비교적 시원한 곳으로 부지 선정과 품종의 선택을 잘 하고 늦서리를 피하면 좋은 와인이 나올 수 있는 곳. 샤르도네, 세미용, 카베르네 소비뇽, 쉬라즈 등 재배. 고도: 450m. 적산온도: Ⅱ지역. 성장기 강우량: 355㎜. 평균습도: 38%.

- **텀바럼바(Tumbarumba)**: 남쪽 빅토리아 주와 경계선에 있으며, 오스트레일리아알프스 산맥 기슭의 해발 300-800m에 자리 잡고 있어서, 비교적 시원한 곳으로 피노 누아, 샤르도네 등으로 스파클링와인 생산. 고도: 300-800m. 적산온도: Ⅰ지역. 성장기 강우량: 489㎜. 평균습도: 43%.

■ 사우스오스트레일리아(South Australia)

오스트레일리아의 캘리포니아라고 할 수 있는 곳으로 최고의 카베르네 소비뇽, 쉬라즈, 샤르도네, 리슬링, 세미용 등이 나온다. 포도밭은 이 주의 남동부에 산재해 있는데, 이곳은 석회암지대와 테라 로사(Terra rossa)라는 붉은 토양으로 포도재배가 잘 되는 곳이다. 필록세라를 피해서 살아남은 오래된 포도나무가 많고, 이 포도에서 나온 소량 고품질의 와인은 비싼 값으로 팔린다. 또 하디 (Hardy's), 올랜도(Orlando), 펜폴즈(Penfolds), 세펠트(Seppelt), 울프 불래스(Wolf Blass), 얄럼바(Yalumba) 등 대규모 업체가 많고, 중소업체인 헨스키(Henschke), 페탈루마(Petaluma) 등에서는 고급 와인을 생산한다. 오스트레일리아 와인의 중심지로서 질과 양에서 최고라고 할 수 있다.

- **바로사 벨리(Barossa Valley):** 오스트레일리아에서 가장 오래되고(1847년) 널리 알려진 곳으로, 덥고 건조한 기후 때문에 해발 240-300m에 포도밭이 조성되어 향기로운 드라이 레드와인, 가벼운 드라이 화이트와인, 강화와인 등 생산. 오스트레일리아의 나파라고 할 만큼 명산지로서 풀 바디로서 장기 숙성이 가능한 쉬라즈와 진한 맛과 색깔을 지닌 카베르네 소비뇽으로 고급와인을, 그르나슈, 무르베드르 등으로 강화와인용 생산. 화이트와인은 풀 바디의 샤르도네와 세미용, 신선한 리슬링이 유명. 울프 불래스(Wolf Blass), 얄럼바(Yalumba), 펜폴즈(Penfolds) 등 유명한 와이너리가 많음. 고도: 274-395m. 적산온도: Ⅰ-Ⅱ지역. 성장기 강우량: 221-267㎜. 평균습도: 39-44%.

- **에덴 벨리(Eden Valley):** 1847년부터 포도를 재배한 곳으로 지대가 높아서 수확기에 기온이 낮기 때문에 정교한 화이트와인 특히 리슬링, 샤르도네가 유명. 레드와인용은 쉬라즈, 카베르네 소비뇽 등 재배. 고도: 380-500m. 적산온도: Ⅰ지역. 성장기 강우량: 225㎜. 평균습도: 44%.

- **서던 플린더스 레인지스(Southern Flinders Ranges):** 새로운 생산지역으로 1990년대부터 본격적으로 와인을 생산한 곳. 온화하고 건조한 곳으로 쉬라즈, 리슬링 등 재배. 고도: 20-718m. 적산온도: Ⅱ지역. 성장기 강우량: 218㎜. 평균습도: 36%.

- **커런시 크릭(Currency Creek):** 1969년에 포도밭이 조성된 곳으로 해양성 기후 때문에 온화함. 소비뇽 블랑, 카베르네 소비뇽, 메를로, 쉬라 등 재배. 고도: 50-70m. 적산온도: Ⅱ지역. 성장기 강우량: 173㎜. 평균습도: 64%.

- **캥거루 아일랜드(Kangaroo Island):** 관광객이 많이 오는 섬으로 전형적인 해양성 기후. 바닷바람으로 서리 피해는 거의 없으며, 여름비가 적지만 습도가 높아 병충해 발생 가능성이 있음. 샤르도네, 카베르네 소비뇽, 메를로, 쉬라즈 등 재배. 고도: 10-180m. 적산온도: Ⅱ지역. 성장기 강우량: 165㎜. 평균습도: 64%.

- **랭그혼 크릭(Langhorne Creek):** 지대가 낮고 평지가 많아 관리비가 절감되고 기계화가 가능하여 베린저(Beringer), 하디스(Hardys), 올랜도(Orlando) 등 대형 와이너리의 포도 공급원 역할. 쉬라즈, 카베르네 소비뇽은 부드러운 향을 가진 미디엄 바디의 레드와인에 적합하며 대량생산에도 좋은 곳. 기타 베르델료, 샤르도네 등 재배. 고도: 0-50m. 적산온도: Ⅱ지역. 성장기 강우량: 167㎜. 평균습도: 47%.

- **맥러렌 배일(McLaren Vale):** 1838년 포도재배가 시작된 곳으로 유명한 와이너리 토마스 하디 (Thomas Hardy)가 생긴 곳. 지형에 따라 기후의 변화가 심하지만, 비교적 온난하며, 건조함. 색깔이 진하고 무거운 맛의 레드와인과 꽉 찬 느낌을 주는 화이트와인 생산. 품종에 맞는 부지 선정이 가장 중요한 곳으로, 샤르도네는 최근에 재배를 시작하였으며, 시원한 곳에서는 소비뇽 블랑을 재배하며, 풀 바디의 카베르네 소비뇽, 농축된 향의 쉬라즈와 그르나슈, 스파클링와인으로 사용되는 피노 누아 등 재배. 최근에는 비오니에, 산조베제, 진펀델, 베르델료 등을 실험 재배. 고도: 50-200m. 적산온도: Ⅲ지역. 성장기 강우량: 168㎜. 평균습도: 46%.

- **서던 플로리우(Southern Fleurieu):** 지중해성 기후로서 남부는 해양성 기후. 전체적으로 서늘한 곳으로 리슬링이 가장 인기가 좋고, 카베르네 소비뇽, 메를로 등도 재배. 고도: 5-250m. 적산온도: Ⅰ-Ⅱ지

역. 성장기 강우량: 204-262㎜. 평균습도: 53-59%.

- **라임스톤 코스트(Limestone Coast)**: 동쪽 빅토리아 주와 경계선에 위치. 넓은 지역(Zone)으로 쿠나와라(Coonawarra), 패더웨이(Padthaway), 라톤불리(Wrattonbully), 로브(Robe), 마운트 벤손(Mount Benson), 마운트 갬비어(Mount Gambier) 지역 포함.

- **쿠나와라(Coonawarra)**: 1890년부터 포도를 재배했으며, 해양성 기후의 영향으로 여름이 시원하여, 꽉 짜인 느낌의 풍부한 고급 카베르네 소비뇽과 쉬라즈가 유명. 오스트레일리아의 보르도라는 별명이 있는 고급 와인산지. 석회석이 깔린 다공성 붉은색 토양인 테라로사(Terra rossa)라는 토양에서 양질의 와인을 생산. 기타, 샤르도네, 리슬링 재배. 고도: 57m. 적산온도: Ⅱ지역. 성장기 강우량: 219㎜. 평균습도: 45%.

- **패더웨이(Padthaway)**: 세펠트(Seppelt), 하디스(Hardys), 올랜도(Orlando) 등 대규모 와이너리들이 많은 곳. 산이 없어서 바닷바람의 영향을 그대로 받는 해양성 기후로서 화이트와인, 특히 샤르도네, 리슬링이 고급. 보트리티스 와인도 오스트레일리아 최고. 카베르네 소비뇽은 단일 품종 혹은 메를로와 혼합하고, 쉬라즈는 단일 품종으로 만들지 않고 블렌딩용으로 사용. 고도: 50m. 적산온도: Ⅱ지역. 성장기 강우량: 193㎜. 평균습도: 45%.

- **라톤불리(Wrattonbully)**: 1990년대부터 대기업이 참여하면서 성장. 온화하고 습도가 낮은 곳으로 고급 레드와인 산지로 적합. 샤르도네, 카베르네 소비뇽, 쉬라즈 등 재배. 고도: 65-100m. 적산온도: Ⅱ지역. 성장기 강우량: 210-222㎜. 평균습도: 43-44%.

- **마운트 벤손(Mount Benson)**: 해양성 기후로 쿠나와라보다 여름기온이 3도가 낮은 시원한 곳. 정교한 샤르도네와 향기로운 소비뇽 블랑, 그리고 최근에는 카베르네 소비뇽, 메를로 등 재배. 쉬라즈는 프랑스 론 지방의 샤푸티에(M. Chapoutier)가 투자하여 성공적으로 재배. 고도: 50-150m. 적산온도: Ⅰ지역. 성장기 강우량: 214㎜. 평균습도: 64%.

- **로브(Robe)**: 2006년 GI 지정. 마운트 벤손의 남쪽으로 서늘한 해양성 기후.

- **마운트 갬비어(Mount Gambier)**: 라임스톤 코스트의 최남단. 2010년 GI 지정. 인도양의 영향으로 여름은 온난하고, 겨울이 춥고 비가 많은 곳. 주로 피노 누아, 소비뇽 블랑 재배.

- **리버랜드(Riverland)**: 사우스오스트레일리아 포도의 60%를 생산(오스트레일리아 포도의 30%)하는 대량생산지역. 대륙성기후로 일교차가 심하며, 아주 덥고 건조하여 병충해가 없음. 묵직한 샤르도네와 쉬라즈, 벌크와인용으로 무르베드르, 그르나슈 등 재배. 캐스크 와인과 강화 와인도 생산. 고도: 20-30m. 적산온도: Ⅲ-Ⅳ지역. 성장기 강우량: 130-135㎜. 평균습도: 30-33%.

- **애들레이드 힐스(Adelaide Hills)**: 지대가 높고 시원한 곳으로 고급 테이블와인과 스파클링와인 생산. 강우량은 겨울과 봄에 많지만 개화기 때 습도가 높음. 빨리 수확하는 샤르도네, 피노 누아, 소비뇽 블랑과 충분히 익은 다음에 수확하는 카베르네 소비뇽, 쉬라즈 등 재배. 고도: 480m. 적산온도: Ⅱ지역. 성장기 강우량: 351㎜. 평균습도: 67%.

- **애들레이드 플레인스(Adelaide Plains)**: 덥고 건조하여 병충해가 적어서 유기농 가능. 강우량이 지극히 적어서 관개에 따라서 작황 좌우. 기계화, 대량생산 적합. 화이트와인은 샤르도네, 더운 곳에서 잘 자라는 콜럼바드, 쉬라즈, 카베르네 소비뇽 등 재배. 고도: 68m. 적산온도: Ⅲ지역. 성장기 강우량: 192㎜. 평균습도: 41%.

- **클레어 밸리(Clare valley)**: 1852년부터 와이너리가 생긴 곳으로 장기 숙성용 고급 와인을 소량 생산하는 곳. 대륙성 기후로서 여름의 밤이 시원하여 포도의 성숙이 지연. 비는 겨울과 봄에 많이 오고 여름

은 습도가 낮아 병충해 발생이 적음. 고급 리슬링 생산지역으로 유명하며, 풀 바디 레드와인으로 농축된 맛의 카베르네 소비뇽, 쉬라즈 등 생산. 고도: 300-550m. 적산온도: Ⅱ지역. 성장기 강우량: 245㎜. 평균습도: 36%.

빅토리아(Victoria)

캘리포니아와 같이 1851년 금광이 발견되면서 포도밭이 조성되었으나, 폐광과 함께 필록세라가 침범하여 한 동안 침체기에 있다가 1970년대부터 부활한 곳이라고 할 수 있다. 오스트레일리아에서 세 번째로 생산량이 많은 곳으로 가장 남쪽에 있기 때문에 서늘한 기후에서 품질이 좋은 와인을 생산하고 있다. 바다가 가까운 지역에서는 샤르도네, 피노 누아를 재배하며, 내륙에서는 카베르네 소비뇽, 쉬라즈를 재배한다. 그 외 스위트 와인, 스파클링와인도 유명하다.

- 벤디고(Bendigo): 금광개발로 전성기를 누리다가 1893년 필록세라 침범으로 쇠퇴하였으나 1969년 쉬라즈, 카베르네 소비뇽으로 다시 시작한 곳. 지역에 따라 다른 기후대가 형성되기 때문에 부지선정, 관개가 중요. 단위면적 당 수확량이 적고, 색깔이 짙고 향미가 풍부한 레드와인 생산. 풀 바디로 장기 숙성시킬 수 있는 카베르네 소비뇽과 진한 맛의 쉬라즈, 화이트와인용으로 샤르도네 등 재배. 고도: 225-330m. 적산온도: Ⅰ-Ⅱ지역. 성장기 강우량: 260-298㎜. 평균습도: 40-41%.
- 골번 밸리(Goulburn Valley): 지대가 높은 곳은 시원하여, 농축된 맛의 화이트와인과 복합적인 향미와 바디가 있는 레드와인 생산. 쉬라즈, 카베르네 소비뇽, 리슬링, 샤르도네, 마르산 등 재배. 고도: 130-350m. 적산온도: Ⅱ-Ⅲ지역. 성장기 강우량: 271-309㎜. 평균습도: 36-42%.
- 히스코트(Heathcote): 카멜 산맥이 북에서 남으로 뻗어 터널 효과를 주기 때문에 서늘한 곳. 풍부하고 깊은 맛의 쉬라즈가 주종을 이루며 카베르네 소비뇽, 메를로 등도 재배. 고도: 160-300m. 적산온도: Ⅱ지역. 성장기 강우량: 279㎜. 평균습도: 43.5%.
- 스트래스보기 레인지스(Strathbogie Ranges): 1970년대부터 시작한 새로운 와인산지로 도메인 샹동을 비롯한 대형 와이너리가 있는 곳. 비교적 시원한 곳이지만, 지대가 낮은 곳은 쉬라즈로 풀 바디 레드와인을 생산하며, 시원한 곳에서는 샤르도네, 소비뇽 블랑, 피노 누아 등 재배. 고도: 502m. 적산온도: Ⅰ지역. 성장기 강우량: 433㎜. 평균습도: 47%.
- 어퍼 골번(Upper Goulburn): 1968년부터 포도재배를 시작하여 다른 지역보다 수율이 낮게 재배하고, 서늘한 기후 덕분에 고급 와인산지가 된 곳. 스키장과 호수가 있어서 관광객이 많음. 시원한 곳에서는 샤르도네, 리슬링, 게뷔르츠트라미너, 소비뇽 블랑 등 고급 화이트와인을, 더운 곳에서는 카베르네, 메를로, 말벡 등으로 레드와인 생산. 고도: 220-500m. 적산온도: Ⅰ-Ⅱ지역. 성장기 강우량: 355-373㎜. 평균습도: 65%.
- 깁스랜드(Gippsland): 광대한 지역(Zone)으로 뉴사우스웨일스와 빅토리아 경계에서 해안선을 따라 멜버른 바로 남부까지 이어지는 곳으로 GI는 아님. 남부는 서늘하고 습하고 바람이 많은 곳이며, 서부는 온화하고 건조한 가을, 동부는 지중해성 기후. 세미용, 카베르네 프랑, 메를로, 카베르네 소비뇽, 샤르도네, 피노 누아, 리슬링, 쉬라즈 등 재배.
- 알파인 밸리스(Alpine Valleys): 고도에 따라 기후가 달라지는 곳. 전형적인 대륙성 기후로 서리 피해가 심각하므로 부지선정이 가장 중요. 시원한 곳은 스파클링와인에 사용되는 샤르도네를, 지대가 낮은 곳은 카베르네 소비뇽으로 풀 바디 와인 생산. 고도: 240-311m. 적산온도: Ⅱ지역. 성장기 강우량:

425-526㎜. 평균습도: 42-43%.

- **비치월스(Beechworth):** 1852년 금광발견으로 호황기를 누렸다가 1916년부터 쇠퇴기로 들어선 곳. 고도에 따라 기후 차이가 심하며, 비교적 시원한 곳의 경사지에 포도밭 조성. 지대가 높은 곳에서는 샤르도네(스파클링와인용), 피노 누아 등을, 지대가 낮은 곳에서는 쉬라즈 등 재배. 고도: 320-800m. 적산온도: Ⅰ지역. 성장기 강우량: 441㎜. 평균습도: 42%.

- **글렌로완(Glenrowan):** 필록세라 침투 후 재빠르게 저항성 있는 대목에 접목하여 성공하였고, 1990년 대부터 대기업 참여로 호황기를 누리고 있는 곳. 전통적으로 강화와인이 유명. 쉬라즈를 주로 재배. 고도: 175-513m. 적산온도: Ⅱ지역. 성장기 강우량: 295㎜. 평균습도: 36%.

- **킹 벨리(King Valley):** 고지대에 위치한 곳은 피노 누아, 샤르도네 등으로 양질의 스파클링와인 양조, 지대가 낮은 곳은 카베르네 소비뇽, 샤르도네 등이 생산성이 좋기 때문에 빅토리아, 사우스오스트레일리아, 뉴사우스웨일스 등 와이너리에 포도 공급. 기타, 리슬링, 바르베라, 돌체토, 네비올로, 산조베제 등도 재배. 고도: 150-800m. 적산온도: Ⅱ지역. 성장기 강우량: 320-442㎜. 평균습도: 36%.

- **루더글렌(Rutherglen):** 1850년부터 시작하여 강화와인으로 유명한 곳. 전형적인 대륙성 기후로 일교차가 심하여 포도의 당분 함량이 높음. 머스캣, 뮈스카델 등으로 강화와인 생산. 테이블와인은 쉬라즈, 카베르네 소비뇽 등 사용.

- **머리 달링(Murray Darling):** 빅토리아 북서쪽으로 사우스오스트레일리아, 뉴사우스웨일스와 경계선에 위치. 전형적인 대륙성 기후로 여름이 덥고 일조량이 풍부하며 건조한 곳. 샤르도네가 주종이며, 쉬라즈와 카베르네 소비뇽을 블렌딩한 레드와인 생산. 고도: 37-61m. 적산온도: Ⅲ지역. 성장기 강우량: 153-173㎜. 평균습도: 30-36%.

- **스완 힐(Swan Hill):** 머스캣, 술타나 등으로 건포도를 생산하는 곳이었으나, 1930년대부터 와인 생산. 더운 지방으로 부드러운 샤르도네, 미디엄 바디의 쉬라즈, 카베르네 소비뇽 등을 생산. 고도: 60-85m. 적산온도: Ⅲ지역. 성장기 강우량: 178㎜. 평균습도: 35%.

- **질롱(Geelong):** 빅토리아 최대 산지였으나 필록세라 때문에 한 때 폐쇄됐던 곳으로 1970년대부터 재개된 곳. 보르도와 부르고뉴 중간쯤 되는 기후로 서늘하고 건조한 가을이 오래 지속되기 때문에 고급 샤르도네, 피노 누아에 가장 적합한 곳. 고도: 20-350m. 적산온도: Ⅱ지역. 성장기 강우량: 293㎜. 평균습도: 57%.

- **머세돈 레인지스(Macedon Ranges):** 오스트레일리아에서 가장 서늘한 곳으로 스파클링와인이 유명. 고도, 서리 방지, 지형 등을 고려한 부지선정이 가장 중요한 요소. 리슬링, 샤르도네, 피노 누아, 쉬라즈, 메를로, 카베르네 소비뇽 등 재배. 고도: 400-700m. 적산온도: Ⅰ지역. 성장기 강우량: 348-525㎜. 평균습도: 51-54%.

- **모닝턴 퍼닌셜러(Mornington Peninsula):** 멜버른 근교의 반도로서 습도가 높고 서늘한 곳. 소규모 와이너리가 많은 곳. 샤르도네를 가장 많이 재배하며, 피노 그리, 비오니에 등도 재배. 레드와인은 피노 누아가 많고, 카베르네 소비뇽, 메를로 등으로 보르도 타입의 와인 생산. 고도: 46-79m. 적산온도: Ⅰ-Ⅱ지역. 성장기 강우량: 376-385㎜. 평균습도: 55-73%.

- **선버리(Sunbury):** 멜버른 바로 북쪽으로 1858년부터 포도재배가 시작된 곳. 기온이 높지만 바닷바람의 영향으로 시원하고, 위치에 따라서 다양한 와인 생산. 시원한 곳에서는 샤르도네, 피노 누아, 세미용 등 재배. 레드와인은 쉬리즈, 카베르네 프랑 등으로 미디엄 바다의 와인 생산. 고도: 275m. 적산온도: Ⅱ지역. 성장기 강우량: 334㎜.

- **야라 밸리(Yarra Valley)**: 1838년 포도재배를 시작하여 19세기에는 대규모 생산지였으나, 강화와인이 유행하면서 쇠퇴했다가 1990년대부터 다시 전성기를 구가하고 있는 곳. 비교적 서늘한 곳으로 오스트레일리아 최고의 피노 누아, 장기 숙성용 샤르도네, 고급 카베르네 소비뇽, 메를로, 쉬라즈가 나오는 곳. 고도: 50-400m. 적산온도: Ⅰ지역. 성장기 강우량: 564㎜. 평균습도: 55%.

- **그램피언스(Grampians)**: 지대가 높은 시원한 곳으로 이 지방 풍토에 가장 적합한 품종인 쉬라즈를 많이 재배. 부지선정과 서리 방지가 가장 중요. 쉬라즈, 카베르네 소비뇽으로 만든 드라이 레드와인, 샤르도네, 리슬링, 소비뇽 블랑 등으로 만든 섬세한 화이트와인, 스파클링와인(오스트레일리아 전체의 40% 차지) 등 생산. 고도: 203-440m. 적산온도: Ⅰ-Ⅱ지역. 성장기 강우량: 260-295㎜. 평균습도: 43-45%.

- **헨티(Henty)**: 전에는 파 사우스 웨스트 빅토리아(Far South West Victoria) 혹은 드럼보그(Drumborg)라고 했던 곳. 사우스오스트레일리아와 경계에 위치한 곳으로 1964년 세펠트가 포도재배를 시작하면서 유명해진 곳. 오스트레일리아 본토에서 머세돈 레인지스와 함께 가장 시원한 곳으로 부르고뉴나 독일의 라인과 비슷함. 리슬링이 가장 대표적인 품종이며 보트리티스 와인, 산도 높은 샤르도네 등을 재배하며, 레드와인은 카베르네 소비뇽에 카베르네 프랑, 메를로를 혼합한 보르도 타입이 유명. 고도: 20-200m. 적산온도: Ⅰ-Ⅱ지역. 성장기 강우량: 304-345㎜. 평균습도: 64-76%.

- **피레니스(Pyrenees)**: 1848년부터 시작된 역사가 깊은 곳으로 비교적 온난한 기후 덕분에 보르도 스타일의 풀 바디한 드라이 레드와인이 생산. 강우량이 적고 건조한 곳. 샤르도네, 소비뇽 블랑, 쉬라즈, 카베르네 소비뇽 등 재배. 고도: 200-375m. 적산온도: Ⅱ지역. 성장기 강우량: 254㎜. 평균습도: 65%.

웨스턴오스트레일리아(Western Australia)

사우스오스트레일리아나 빅토리아보다 앞서 1829년부터 포도밭이 조성되었지만, 대도시와 너무 멀리 떨어져 있고, 인구가 많지 않아서 실질적인 와인산업은 1970년대부터 시작되었다. 생산량은 적지만 고급 와인의 20%를 차지할 정도로 고품질의 와인을 생산하고 있다. 와인생산지역은 남서부에 집중되어 있다.

- **필(Peel)**: 광산으로 개발된 지역으로 1974년에 쉬라즈를 처음으로 포도밭이 조성된 곳. 해안 쪽은 지중해성 기후지만 내륙으로 들어가면 더 건조하고 지대가 높아지면서 기온이 낮음. 화이트와인은 슈냉 블랑, 샤르도네로 만들고, 레드와인은 쉬라즈, 카베르네 소비뇽으로 미디엄 바디의 와인 생산. 고도: 15-290m. 적산온도: Ⅲ지역. 성장기 강우량: 155-173㎜. 평균습도: 35-49%.

- **스완 디스트릭트(Swan District)**: 웨스턴오스트레일리아에서 최초로 포도밭이 조성된 곳으로 식용 포도산지로도 유명. 더운 지중해성 기후에 비가 적고 건조한 곳이지만 남서풍이 불어와 식혀주면서, 슈냉 블랑, 베르델료, 샤르도네, 쉬라즈 등으로 만들어 풍부한 맛과 바디가 있는 화이트와인과 미디움 바디의 레드와인, 스위트 와인과 강화 와인 생산. 여러 품종을 섞은 대중적인 화이트와인이 인기. 고도: 15m. 적산온도: Ⅲ지역. 성장기 강우량: 167㎜. 평균습도: 44%.

- **퍼스 힐스(Perth Hills)**: 고도에 따라 기후의 변화가 심하며, 강우량 900-1,200㎜(겨울에 내림)로 적산온도, 일조량 모두 포르투갈의 도우로 계곡과 비슷. 디저트와인과 풀 바디 레드와인 생산지. 화이트와인용은 샤르도네, 레드와인용은 카베르네 소비뇽, 메를로, 쉬라즈 등 재배. 고도: 150-400m. 적산온도: Ⅲ지역. 성장기 강우량: 227㎜. 평균습도: 61%.

- **블랙우드 밸리(Blackwood Valley)**: 겨울은 습하고 온난하고, 여름은 시원하고 건조한 곳. 샤르도네는 품질이 좋아서 다른 지역으로도 판매되며, 리슬링은 아직 소량이지만 이 지역에 가장 적합하며, 가장 많이 재배되는 것은 카베르네 소비뇽으로 이 지역 최고의 와인을 만들며, 쉬라즈도 증가. 고도: 100-340m. 적산온도: II지역. 성장기 강우량: 216㎜. 평균습도: 45%.

- **지오그라프(Geographe)**: 해안 쪽은 인도양의 영향으로 온화한 곳으로 여름이 건조하고 비는 겨울에 많이 내리는 전형적인 해양성 기후. 내륙 쪽은 산맥이 가로막아 대륙성 기후. 샤르도네는 기후에 따라 다양한 맛을 내고, 카베르네 소비뇽, 쉬라즈 등 재배. 고도: 5-70m. 적산온도: III지역. 성장기 강우량: 185㎜. 평균습도: 60%.

- **그레이트 서던(Great Southern)**: 남북으로 100㎞, 동서로 200㎞에 이르는 광범위한 곳으로 해안 쪽은 해양성 기후, 내륙은 대륙성 기후. 리슬링과 스파이시한 쉬라즈가 대표적이며, 샤르도네, 카베르네 소비뇽, 피노 누아까지 다양한 와인을 생산. 고도: 18-300m. 적산온도: II지역. 성장기 강우량: 200-347㎜. 평균습도: 47-75%.

- **맨지멉(Manjimup)**: 옆에 있는 펨버튼과 비슷하지만 이곳은 붉은 자갈 토양에 고도가 200-300m로서 시원하며, 지대가 높은 곳은 겨울이 춥고 봄에 비가 많지만 건조함. 화이트와인은 샤르도네, 베르델료 등으로 만들며, 카베르네 소비뇽, 메를로 등으로 보르도 스타일의 레드와인을 만들고, 피노 누아는 수확량을 제한하여 고급 와인으로 양조. 고도: 200-300m. 적산온도: II지역. 성장기 강우량: 279㎜. 평균습도: 48%.

- **마가렛 리버(Margaret River)**: 신흥 와인산지로서 1990년대부터 최고의 와인 산지로 알려진 곳. 서부 지역 와인의 40%를 생산하는 곳으로 전망이 좋아서 투자자들이 많음. 자갈이 많은 토양으로 보르도의 포므롤과 생테밀리용 같이 재배하는 품종도 동일. 우아하고 풍부한 양질의 카베르네 소비뇽이 유명하고, 샤르도네는 루인 에스테이트(Leeuwin Estate)의 것이 유명. 기타, 세미용과 소비뇽 블랑을 섞은 화이트와인도 유명. 고도: 80-90m. 적산온도: II지역. 성장기 강우량: 232-274㎜. 평균습도: 56-59%.

- **펨버튼(Pemberton)**: 1977년 포도재배를 시작하여 1990년대에 급성장한 곳. 맨지멉이 보르도 타입이라면 이곳은 서늘하여 부르고뉴 스타일로 샤르도네와 피노 누아가 유명. 메를로는 단일 품종 혹은 카베르네 소비뇽과 혼합하여 양조. 고도: 174m. 적산온도: II지역. 성장기 강우량: 340㎜.

퀸즐랜드(Queensland)

더운 곳으로 색깔 짙은 레드와인을 생산한다.

- **그래니트 벨트(Granite Belt)**: 생식용 포도를 많이 생산하던 곳으로 위도가 높아서 덥고 습하지만, 포도밭은 해발 800m의 높은 곳에 조성. 가족 경영의 소규모 업자들이 많지만, 조합을 형성하여 포도재배와 양조에 대한 연구를 많이 하고 있음. 열대 과일 향이 나는 세미용, 색깔이 진한 카베르네 소비뇽과 쉬라즈 등 재배. 고도: 872m. 적산온도: II지역. 성장기 강우량: 545㎜. 평균습도: 53%.

- **사우스 버넷(South Burnett)**: 아열대성 기후로 생식용 포도를 재배하는 곳이지만, 최근에 와인 생산. 진한 맛의 샤르도네, 세미용, 카베르네 소비뇽, 쉬라즈 등 재배. 고도: 300-600m. 적산온도: III지역. 성장기 강우량: 589㎜. 평균습도: 51%.

태즈메이니아(Tasmania)

가장 추운 곳으로 가을이 건조하기 때문에 5월까지 수확기가 늦어진다. 7개의 산지로 구분되지만, 주로 북부에 있는 두 개 지역의 와인이 차지하는 비율이 높다. 샤르도네, 피노 누아 비율이 높지만, 최근 소비뇽 블랑이 품질이 좋아지면서 증가하고 있다. 특히 스파클링와인이 유명하다.

- 태즈메이니아(Tasmania): 온화한 곳에서는 카베르네 소비뇽, 메를로 등 재배. 서늘한 곳에서는 리슬링, 게뷔르츠트라미너, 피노 누아 등 재배. 고도: 5-11m. 적산온도: Ⅰ지역. 성장기 강우량: 310-411㎜. 평균습도: 51-66%.

품종별 명산지

- **쉬라즈**: 바로사 밸리(사우스오스트레일리아), 히스코트(빅토리아)
- **카베르네 소비뇽**: 쿠나와라(사우스오스트레일리아), 마가렛 리버(웨스턴오스트레일리아)
- **피노 누아, 샤르도네**: 야라 밸리(빅토리아), 모닝턴 퍼닌설러(빅토리아)

유명 메이커

대기업 소유

- **트레저리 와인 에스테이트스(Treasury Wine Estates)**: 울프 블래스(Wolf Blass), 세펠트(Seppelt), 린더만스(Lindeman's), 펜폴즈(Penfolds), 로즈마운트 에스테이트(Rosemount Estate), 윈스 쿠나와라 에스테이트(Wynns Coonawarra Estate) 등을 소유하고 있는 대기업으로 미국, 뉴질랜드, 이탈리아의 와이너리도 많이 소유하고 있다.
- **하디(BRL Hardy)**: 하디스(Hardy's), 레이넬(Reynell), 야라 번(Yarra Burn), 혹톤(Houghton) 등.
- **올랜도(Orlando, Pernod-Ricard 소유)**: 헌터 힐(Hunter Hill), 제이콥스 크릭(Jacob's Creek), 윈담 에스테이트(Wyndham Estate) 등.

반면, 가족 경영 와이너리는 바로사 밸리의 얄럼바(Yalumba), 헌터 밸리의 티렐(Tyrell) 등을 예로 들 수 있다.

사우스오스트레일리아

- **린더만스(Lindeman's)**: Bin 65 샤르도네는 오스트레일리아 최다 판매 기록(1982년부터 판매)한 바 있다. Bin 45 카베르네 소비뇽, Bin 50 쉬라즈, Bin 95 소비뇽 블랑, Bin 40 메를로, Bin 99 피노 누아,

그 외 라임스톤 리쥐(Limestone Ridge), 쉬라즈-카베르네(Shiraz-Cabernet) 등이 유명하다. 1843년 영국 해군 의사 출신 헨리 존 린더만(Henry John Lindeman)이 뉴사우스웨일스의 헌터 밸리에서 시작했다. 1960년대 사우스오스트레일리아의 쿠나와라, 패더웨이, 빅토리아 밀두라 등지로 확장하였다.

- **펜폴즈(Penfolds):** 의사 출신인 크리스토퍼 로손 펜폴드(Christopher Rawson Penfold)가 와인이 빈혈 치료에 효과가 있다고 생각하고 시작하였다. 사우스오스트레일리아의 바로사 밸리에 포도밭이 있으며, 시원한 쿠나와라, 애들레이드 힐스 포도업자와 계약재배를 한다. 1950년대 맥스 슈버트(Max Schubert)가 부흥시켰다. 바로사, 클레어, 맥러랜의 쉬라즈에 15% 정도의 카베르네 소비뇽을 블렌딩하여 24개월 미국 산 오크에서 숙성시킨다. 애들레이드 힐의 샤르도네로 야타나(Yattarna)가 고급으로 정평이 있으며, Bin 707은 소량 고품질의 카베르네 소비뇽, Bin 389는 카베르네 쉬라즈, Bin 407은 비싸지 않은 카베르네 소비뇽. Bin 28 쉬라즈, Bin 128 쉬라즈 등도 유명하다. 특히, 맥스 슈버트가 개발한 '그레인지(Grange)'의 명성은 세계적이다.

맥스 슈버트_Max Schubert, 1915~1994

펜폴즈의 쉬라즈를 세계적으로 유명하게 만든 사람으로 정식으로 양조를 공부하지 않았지만, 어렸을 때부터 열정적으로 관여했다. 1950년대 유럽 여행을 한 뒤 보르도 스타일의 와인을 만들기로 결정하였지만, 당시는 카베르네 소비뇽이 없어서 쉬라즈로 대체하였다. 이 사람이 개발한 '그레인지(Grange)'는 오스트레일리아 와인의 국가적인 상징으로 보르도의 1등급 샤토 수준으로 알려져 있다.

- **올랜도(Orlando):** 페르노 리카르(Pernod Ricard) 그룹으로 제이콥스 크릭(Jacob's Creek)이 유명하다.
- **헨스키(Henschke):** 역사가 오래된 메이커로서 솜씨가 뛰어나며, 특히 카베르네 소비뇽으로 만든 시릴 핸스키(Cyril Henschke)와 세미용, 에덴 밸리의 쉬라즈가 유명하다.
- **하디스(Hardy's):** 하디(BRL Hardy) 그룹으로 쿠나와라에서 카베르네 소비뇽으로 만든 토마스 하디(Thomas Hardy)가 유명하다.
- **홀리크 와인(Hollick Wines):** 보르도 스타일의 와인으로 유명하다.
- **얄럼바(Yalumba):** 150년 전통의 가족경영 와이너리로 스파클링와인으로 유명하다.
- **페탈루마(Petaluma):** 부르고뉴 스타일의 와인으로 샤르도네, 피노 누아가 잘 된다. 라인리슬링(보트리티스도 있음)이 유명하며, 고급 스파클링와인도 만든다.
- **렌마노(Renmano):** 가장 큰 포도생산자 조합에서 운영하며 하디(BRL Hardy) 그룹이다.
- **울프 블래스(Wolf Blass):** 베린저 블래스(Beringer-Blass) 그룹의 대기업이다.

뉴사우스웨일스

- **로즈마운트 에스테이트(Rosemount Estate):** 역사는 짧지만 수출로 유명해진 곳으로 중저가 와인을 많이 생산했지만, 샤르도네로 만든 록스버로(Roxburgh)는 세계적이며, 맥레렌 밸리의 발모랄(Balmoral) 쉬라즈도 유명하다.
- **로스버리 에스테이트(Rothbury Estate):** 헌터 밸리 에스테이트 리저브(The Hunter Valley Estate Reserve)는 최고의 쉬라즈로 알려져 있다.
- **애로우필드(Arrowfield):** 일본인 소유로 시몬 길버트(Simon Gilbert), 시몬 위틀램(Simon Whitlam), 월럼비(Wollombi) 등이 상표가 있다.

- 린더만스(Lindeman's)
- 맥윌리엄스(McWilliams): 플레슨트 엘리자베스(Pleasant Elizabeth)는 병에서 숙성시킨 세미용으로 오스트레일리아에서 가장 독특한 와인이다.
- 티렐(Tyrell): 1858년 설립된 가족 경영의 와이너리로 쉬라즈가 유명하다.

빅토리아

- 세펠트(Seppelt): 스파클링와인으로 유명하다.
- 모리스(Morris): 리큐르 머스캣(Liqueur Muscat), 리큐르 토카이(Liqueur Tokay)가 유명하다.
- 브라운 부라더스(Brown Brothers): 혁신적인 방법으로 독특한 와인을 만들고 있으며, 카베르네 소비뇽, 샤르도네, 리슬링 등이 유명하다.
- 미첼턴(Michelton): 론 스타일의 와인으로 골번 밸리의 쉬라즈가 유명하다.
- 도메인 샹동(Domaine Chandon): 모엣 에 샹동 투자회사로서 스파클링와인을 만든다.
- 콜드스트림 힐스(Coldstream Hills): 피노 누아, 샤르도네가 유명하다.
- 밀더러 블래스(Mildara Blass): 블랙 오팔(Black Opal) 등이 유명하다.

웨스턴오스트레일리아

- 루인 에스테이트(Leeuwin Estate): 고급 와인으로 고전적인 와인을 만든다. 특히 카베르네 소비뇽으로 만든 아트 시리즈(Art Series)와 마가렛 리버의 샤르도네가 유명하다.
- 케이프 멘텔(Cape Mentelle): 국제적인 명성을 얻은 메이커로서 오스트레일리아에서 가장 혁신적인 방법으로 와인을 만든다. 쉬라즈가 유명하다.
- 모스 우드(Moss Wood): 피노 누아로 성공한 메이커이다.

컬트 와인

수령이 오래된 포도나무에서 수확한 포도로 만들어 복합적인 향과 완숙한 풍미를 자랑하는 와인으로 각 평론가들이 후한 점수를 주는 와인으로 예를 들면, 머세돈 레인지스에 있는 '빈디 와인 그로우어(Bindi Wine Grower)'는 소량의 피노 누아와 샤르도네를 생산하며, 그 외 비치월스에 있는 '지아콘다(Giaconda)'와 '캐스타냐(Castagna)', 야라 밸리에 있는 '마운트 매리(Mount Mary)', 에덴 밸리에 있는 헨스키(Henschke)의 '힐 오브 그레이스(Hill of Grace)', 깁스랜드에 있는 '배스 필립(Bass Phillip)' 등이 있다.

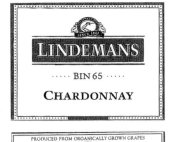

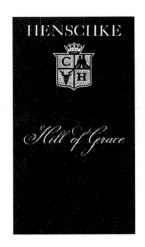

[그림 16-2] 오스트레일리아 와인상표

뉴질랜드

공식명칭: 뉴질랜드(New Zealand)
인구: 430만 명
면적: 27만 ㎢
수도: 웰링턴
와인생산량: 1억7,000만 *l*
포도재배면적: 3만6천 ha

와인의 역사 및 현황

1819년 미사용 포도재배가 시작되었지만, 와인을 만들었다는 기록은 없고, 1839년 스코틀랜드 출신 제임스 버즈비(James Busby)가 최초로 와인을 만들었다. 그러나 와인 양조의 경험이 없는 사람들이 시행착오를 거치는 정도였고, 이어서 흰가루병, 필록세라 등 병충해가 퍼지면서 병충해에 강한 이사벨라(Isabella), 바코 누아(Baco Noir) 등 프랑스계 잡종으로 대체하여 강화 와인을 만들었다. 또 금주법 등 주류 관련법규가 까다로워서 와인산업이 발달할 수 없었다. 1800년대만 하더라도 와이너리는 와인을 소비자에게 팔지 못하고 호텔에만 팔 수 있었고, 2차 대전 후 소매점 판매가 가능해졌고, 레스토랑의 와인 판매는 1960년부터다.

1980년대 중반까지 자가 수요로서 만족하는 정도의 와인 생산국이었으나, 최근에 재능 있고 교육을 제대로 받은 와인 메이커가 혁신적인 방법으로 와인산업을 일으켜, 1988년 100 여개에 불과하던 와이너리가 2006년에는 500개 가까이 되었으며, 1986년 정부에서 주관하여 신품종을 들여오고, 생산량도 급격하게 늘어나고 있다. 특히 소비뇽 블랑은 이 나라의 대표적인 품종이 되었으며, 샤르도네, 리슬링 등 화이트와인 비율이 75%이며, 레드와인은 피노 누아로서 급속하게 확산되고 있다. 신세계 와인 생산국 중에서 가장 역사가 짧지만, 소비뇽 블랑과 피노 누아로 급격하게 주목을 받고 있는 곳이라고 할 수 있다.

와인 스타일

이곳은 세계 포도재배 지역 중 가장 남쪽으로 오스트레일리아, 캘리포니아보다 춥고 습도가 높다. 가장 서늘한 해양성 기후지만 비교적 온난하고, 햇볕이 강렬하고 생육기간이 길어서 향이 풍부한 와인을 만들 뿐 아니라, 일반 채소류도 향이 풍부한 것으로 알려져 있다. 그리고 포도의 산도가 높기 때문에 와인도 신선하고 경쾌한 것이 특징이다. 가장 큰 문제는 강우량이 비교적 많아 곰팡이가 자주 끼지만, 1980년대부터 재배방법을 개선하여 캐노피 밀도를 낮추어 이를 방지하고 있다.

북 섬과 남 섬은 서로 다른 기후를 보이는데, 오클랜드 북쪽은 아열대성 기후인 반면, 남 섬의 일부 산봉우리는 연중 눈으로 덮여 있다. 북 섬은 비교적 온난하고 강우량이 풍부하여 수확량은 많지만 당도가 낮아서 설탕을 첨가하는 경우가 많다. 남 섬은 더 춥지만 건조하므로 오스트리아, 독일, 스위스 스타일의 신선하고 가벼운 화이트와인을 주로 만든다. 화이트와인용은 소비뇽 블랑, 리슬링, 밀러 투르가우, 게뷔르츠트라미너, 샤르도네, 세미용 등이며, 레드와인용은 메를로, 카베르네 소비뇽, 피노 누아 등이다. 특히 소비뇽 블랑은 세계적인 품질을 자랑하며, 피노 누아도 가능성이 큰 곳이다. 그리고 피노 누아와 샤르도네로 만든 스파클링와인도 프랑스와 합작으로 만들고 있다. 상표에 품종을 표시하면 해당 품종이 85% 이상 되어야 하며, 재배지역을 표시할 때도 마찬가지이다.

생산지역(Geographical Indications, GI)

뉴질랜드는 섬 가운데 산맥이 지나가기 때문에 서풍과 비를 피할 수 있는 곳이나 경사가 심하여 평지나 약간의 구릉지대에 포도밭이 형성되어있다. 토양은 화산암 입자가 점토 사이에 퍼져 있는 것부터 강가의 비옥한 토양까지 다양하게 형성되어 있다.

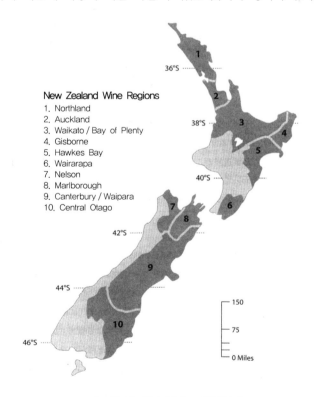

New Zealand Wine Regions
1. Northland
2. Auckland
3. Waikato / Bay of Plenty
4. Gisborne
5. Hawkes Bay
6. Wairarapa
7. Nelson
8. Marlborough
9. Canterbury / Waipara
10. Central Otago

[그림 16-3] 뉴질랜드 와인산지

북 섬

남 섬보다 따뜻하지만 비가 많고, 대부분의 토양이 비옥하여 수확량을 제한해야 한다.

- **노스랜드(Northland):** 1819년 선교사들이 처음으로 포도를 심었고, 이어서 제임스 버즈비(James Busby)가 최초로 와인을 만든 뉴질랜드 와인의 탄생지. 가장 따뜻한 포도재배지역이지만 배수가 불량하여 부지 선정이 가장 중요. 샤르도네를 주로 재배하며, 카베르네 소비뇽, 시라, 말벡 등도 재배.

- **오클랜드(Auckland):** 레드와인과 디저트와인으로 출발하여 최초로 상업적인 생산을 한 곳으로 뉴질랜드 최초로 소비뇽 블랑 도입(Spence brother's winery). 보르도 스타일의 레드와인과 피노 그리, 샤르도네가 유명.

- **와이카토(Waikato)/베이 오브 플렌티(Bay of Plenty):** 기름진 농업지대로 키위, 귤 등 과수농업과 낙농이 발달한 곳으로 주로 샤르도네와 소비뇽 블랑을 많이 재배하지만 카베르네 소비뇽도 증가 추세.

- **기즈번(Gisborne):** 비교적 비옥한 토양으로 전에는 뮐러 투르가우 등으로 벌크와인을 대량 생산하였지만, 요즈음에는 덜 비옥한 경사지에 포도밭을 조성하여 신선한 샤르도네 생산. 뉴질랜드 샤르도네의 1/4 생산.

- **혹스 베이(Hawke's Bay):** 일조량이 가장 많은 곳으로 비옥한 충적 양토와 배수가 잘 되는 자갈까지 다양한 토양으로 구성. 카베르네 소비뇽, 메를로, 카베르네 프랑 등으로 보르도 스타일의 레드와인을 만들고, 샤르도네와 소비뇽 블랑도 우수.

- **와이라라파(Wairarapa):** 공식적으로는 웰링턴 지역이지만, 마틴보로(Martinborough)로 알려진 곳. 북 섬에서 가장 비가 적게 내리고, 배수가 잘 되는 양토와 자갈이 많은 하층토로 되어 있어 섬세한 피노 누아, 고급 소비뇽 블랑, 힘 있는 샤르도네가 유명.

남 섬

최근에 포도재배를 시작했으며, 북 섬보다 온도가 낮지만 일조량은 더 많다. 토양이 비옥하지 않고 배수가 잘 되는 자갈과 석회석으로 구성되어 있다.

- **말보로(Marlborough):** 뉴질랜드에서 가장 넓고 유명한 와인산지로 남 섬 북동쪽 끝에 있어서 산맥이 서풍을 막아 포도의 생육기간이 길고 건조하며, 토양은 척박하고 자갈이 많아 배수가 잘 됨. 서늘한 기후의 영향으로 소비뇽 블랑, 샤르도네, 피노 누아, 피노 그리, 리슬링 등 재배. 몬타나 브랜코트 와이너리(Montana Brancott Winery), 클라우디 베이(Cloudy Bay Vineyards) 등 유명한 와이너리가 있는 곳. 뉴질랜드 소비뇽 블랑의 60% 생산.

- **넬슨(Nelson):** 남 섬의 북서쪽 끝으로 북풍 때문에 따뜻하고 비가 많고, 토양은 충적토부터 점토까지 다양. 향기로운 리슬링과 피노 누아가 유명하다.

- **캔터베리(Canterbury):** 자갈이 많은 배수가 잘 되는 토양으로 경사진 포도밭이 많고, 비교적 시원하며 일조량이 많고 건조하지만, 아직은 미개척지로서 전망이 좋은 편. 리슬링, 샤르도네, 피노 누아가 유명. 따로 떨어진 와이파라(Waipara)는 리슬링으로 유명.

- **센트랄 오타고(Central Otago):** 뉴질랜드에서 가장 비가 적게 오는 곳(연간 350㎜)으로 내륙에 위치하여 대륙성 기후로 여름에는 덥고 건조하며, 겨울에는 추운 곳. 황토나 충적토로 된 경사진 언덕에서 재배하는 피노 누아가 가장 유명하고, 그 외 피노 그리, 리슬링, 샤르도네도 우수.

유명 메이커

- **클라우디 베이 빈야즈(Cloudy Bay Vineyards):** 샴페인 메이커 뵈브 클리코(LVMH 그룹)와 오스트레일리아 케이프 맨텔이 합작으로 시작하면서, 1985년 처음으로 소비뇽 블랑을 선보여, 오스트레일리아와 영국에서 대단한 반응을 일으켜 뉴질랜드 와인의 위상을 높였다. 최근에는 피노 누아, 리슬링도 생산하고 있다. - Marlborough

- **얼라이드 도멕 와인스 뉴질랜드(Allied Domecq Wines NZ):** 뉴질랜드 제일의 메이커로서 뉴질랜드 와인의 30%를 차지하며, 수출의 50%를 차지하고 있다. 말보로의 '몬타나 브랜코트 와이너리(Montana Brancott Winery)', 기즈번의 '몬타나 기즈번 와이너리(Montana Gisborne Winery)', 혹스 베이의 '처치 로드 와이너리(Church Road Winery)' 등을 비롯한 여러 개의 와이너리를 소유하고 있다.

- **빌라 마리아(Villa Maria):** 뉴질랜드에서 두 번째로 큰 메이커로서 소비뇽 블랑을 대표하는 최고급으로 열대 과일 향이 풍부한 와인을 만든다. - Marlborough

- **그로브 밀(Grove Mill):** 말보르의 대형 메이커로서 향이 풍부한 소비뇽 블랑이 유명하며, 최근에는 피노 그리도 각광을 받고 있다. - Marlborough

- **노틸러스 에스테이트(Nautilus Estate):** 오스트레일리아 얄럼바(Yalumba) 그룹으로 소비뇽 블랑을 주로 하지만, 카베르네 소비뇽과 메를로로 만든 보르도 스타일의 레드와인을 만든다. 수출 주도형 기업으로 해외 인지도가 좋다. - Marlborough

- **세인트 클레어 에스테이트 와인스(Saint-Clair Estate Wines):** 소비뇽 블랑, 샤르도네, 메를로, 피노 누아가 유명하다. - Marlborough

- **드라이 리버 와인스(Dry River Wines):** 산소를 차단하는 공법으로 부르고뉴, 론, 알자스, 모젤, 루아르 등 다양한 스타일의 와인을 만든다. - Martinborough

- **테 카이랑가(Te Kairanga):** 마틴보로에서 만든 피노 누아가 유명하며, 소비뇽 블랑, 샤르도네, 그리고 약간의 리슬링과 피노 그리도 생산한다. - Martinborough

[그림 16-4] 뉴질랜드 와인 상표

남아프리카 공화국

공식명칭: 남아프리카공화국(Republic of South Africa)
남아프리카 명칭: Republiek van Suid Afrika
인구: 4,800만 명
면적: 122만 ㎢
수도: 행정수도 프리토리아, 입법수도 케이프타운, 사법수도 블룸폰테인
와인생산량: 11억 ℓ
포도재배면적: 10만 ha

남아프리카에는 처음에 네덜란드인(보어인)이 이주하였지만, 18세기말부터 19세기 초 나폴레옹 전쟁 중 영국이 두 차례 점령하고, 나폴레옹이 패하고 나서 정식으로 영국령이 된다. 이에 네덜란드인은 쫓겨나 북부로 이동했으나, 1899년 보어전쟁이 일어나 1902년 영국이 승리하여 네덜란드령까지 편입되어 남아프리카 연방이 된다. 1911년 최초의 인종차별법인 '광산노동법'을 제정하였고, 계속 백인 보호를 위한 법을 제정하여 인종차별이 심한 곳으로 유명했다.

남아프리카는 아프리카 최대의 공업국으로 자원이 풍부하다. 금 생산량 세계 1위, 그밖에 망간, 바나듐, 백금, 크롬도 생산량 1위, 다이아몬드, 우라늄도 생산량 2위이며, 사탕수수, 담배, 과일 등 수출용 작물을 재배한다. 철도, 도로포장, 자동차 보유율 등은 아프리카 1위이며, 요즈음 외국자본 유입이 활발하다.

와인의 역사 및 현황

역사

남아프리카에는 1652년부터 유럽인이 정착했는데, 네덜란드 동인도 회사가 자국인의 오랜 항해 즉 유럽과 인도 극동을 항해하면서 식량공급, 선박 수리소 역할을 하도록 설치한 곳이다. 케이프의 초대 총독(Jan Van Riebeck)은 선상 의무감으로 부하들에게 이곳 케이프가 지중해성 기후로서 포도재배에 적합하다고 설득하고, 와인이 괴혈병에 좋다면서 1655년 포도밭을 조성하여 1659년 2월에 와인을 만들었다. 그 후 1688년 프랑스에서 종교박해를 피해 위그노파가 도착하여 포도나무를 심고 와인을 만들면서 산업화의 기틀을 마련했다. 후에 총독이 주도하여 포도나무 10만 주를 심었으며, 이어서 프랑스 사람들이 건너와 기술이전을 하면서 품질이 향상되었다.

남아프리카 와인의 대부분은 영국을 비롯한 유럽으로 수출되었으며, 당시 대부분의 와인은 1700년대에 조성된 콘스탄시아 밸리(Constantia Valley)에 있는 구르트 콘스탄시아(Groot-Constantia) 농장에서 머스캣으로 만든 스위트 와인으로, 이를 '케이프 와인(Cape wine)'이라고 불렀다. 이 와인은 19세기부터 유럽에 알려졌는데, 1805년(나폴레옹 전쟁) 영국이 지배하면서 영국으로 수출되었고, 영국은 공식적인 와인감정가를 지정하여 품질과 숙성 등을 조절함으로서 남아프리카 와인이 유럽에 알려지기 시작하였고 영국에서는 셰리와 포트의 대용으로 사용하기도 했다.

1885년 필록세라로 문제가 일어나자 미국에서 대목을 수입하여 대책을 마련하여 1916년에야 정상을 회복한다. 이때부터 조합을 형성하여 1918년 전국적인 강력한 조직인 KWV(The Kooperatieve Wijinbouwers Vereingung van Zuid-Afrika Beperkt, 남아프리카 양조자협동조합)가 설립되어 와인과 브랜디의 모든 생산, 가격, 규격, 검사, 판매권한을 갖게 되어 거래를 하는데 이곳의 허가가 필요하게 되었다. 이들은 규격 뿐 아니라 기술적인 연구도 활발하게 진행하였다. 셰리 특히 아몬티야도 타입을 발전시키고, 단식증류의 브랜디까지 발전시켰다. 1995년부터 회사체제를 갖추어 KWV International이 되었지만, 여전히 남아프리카 와인과 증류주 25%를 관리하고 있다.

처음에는 영국에서는 스위트 포트를 호주와 이곳에서 수입하였기 때문에 결과적으로 남아프리카 와인은 영국의 감정가들이 높이 평가하지 않았고, 질이 낮고 값싼 와인이란 인식을 갖게 되었지만, 이때부터 디저트 와인보다는 정식 테이블 와인의 개발에 힘을 쓰게 되었고, 과학적이고 현대적인 시설을 갖추면서 가볍고 신선한 테이블 와인을 만들었다.

▩ 현황

1973년부터 원산지 표시(WO)를 시행하고, 품종과 빈티지를 표시하기 시작하여, 현재 80%의 와인이 지정된 지역에서 나온다. 3,400여 개의 포도재배 업체가 있으며, 에스테이트 와이너리(Estate winery)는 직접 포도를 재배하면서 와인을 만들고, 인디펜던트 셀라(Independent cellar)는 독자적인 셀라를 가지고 포도를 재배하면서 또 포도를 구매하여 독자적인 상표를 붙여서 만든다. 홀 세일러(Wholesalers)도 인디펜던트 셀라(Independent cellar)와 마찬가지로 포도를 재배하면서 포도를 구매하여 독자적인 상표를 붙인다. 코퍼라티브(Cooperatives)는 여러 명의 포도재배자의 포도를 와인으로 만든다.

▩ 기후

내륙은 고원 해안선을 따라 평야지대이며, 동부지역은 인도양 해안으로 갈수록 점차 높아진다. 동부지역은 남동 무역풍의 영향으로 여름이 우기지만, 남서 해안 쪽은 지중해성 기후로 겨울에 비가 내린다. 강우량이 1,500㎜ 이상인 곳이 많지만 내륙으로 갈수록 감소되어, 고원은 100-300㎜ 정도이며, 국토 절반이 380㎜ 이하로 농업에 위협적이다. 남아프리카의 포도밭이 주로 있는 사우스웨스턴케이프(South Western Cape)는 다른 곳의 남위 35도보다 더 서늘하다. 이곳은 대서양과 인도양이 만나는 곳이며, 남극권에서 아프리카 서해안을 따라 올라가는 차가운 벵겔라 해류 때문에 온화하다. 그래서 포도밭은 남부와 대서양 연안의 서부에 조성되어 있다.

5월에서 8월 사이에 강우량 450-1,000㎜이며, 더운 여름이라기보다는 따뜻한 여름이 되며, 서리 해가 드문 온화한 겨울의 지중해성 기후가 된다. 산악지형, 바다 그리고 기타 요인에 따라 여러 가지 중간 기후대가 형성된다.

포도품종

화이트와인용

- **슈냉 블랑(Chenin Blanc)**: 이곳에서는 '스틴(Steen)'이라고 한다. 남아프리카에 가장 널리 퍼져있다. 신선하고 과일 향이 많아 쉽게 마실 수 있는 스타일이다. 스파클링와인, 브랜디 생산에 적합하다. 최근 실험에 의하면 오크통에서 발효와 숙성이 잘 되는 것으로 알려졌다.

- **콜롬바르(Colombar)**: 다른 곳에서는 콜롬바르드(Colombard)라고 하는 것으로 상쾌하고 신선한 와인을 만든다. 슈냉 블랑이나 샤르도네와 블렌딩한다.

- **샤르도네(Chardonnay)**: 1982년에 도입하여 빠른 속도로 퍼지고 있다. 스타일도 가벼운 것부터 무거운 것까지 다양하다.

- **소비뇽 블랑(Sauvignon Blanc)**: 18세기에 널리 퍼졌으나, 병충해 때문에 금세기에는 줄었다. 현재는 증가 추세에 있다. 남아프리카 소비뇽 블랑은 프랑스 스타일의 딱딱한 면과 신세계 와인의 허브와 풀 냄새 사이의 균형을 이루고 있다.

- **리슬링(Riesling)**: 라인 리슬링(Rhine Riesling), 바이서 리슬링(Weisser Riesling)이라고도 하며, 드라이 와인도 있지만 주로 스위트 와인을 만든다.

- **기타**: 하네푸어(Hanepoot = Muscat d'Alexandre), 뮈스카델(Muscadel), 세미용 등이 있다.

레드와인용

- **카베르네 소비뇽(Cabernet Sauvignon)**:: 남아프리카에서 오랜 역사를 가지고 있으며, 레드와인용으로 가장 많이 재배되고 있다. 단독으로 만들기도 하고 보르도 식으로 메를로, 카베르네 프랑, 시라 등과 혼합하기도 한다.

- **쉬라즈(Shiraz)**: 최근에 급속하게 퍼지고 있으면서 카베르네 소비뇽 다음으로 많이 재배되고 있다. 스타일은 부드럽고 신선한 것부터 풍부하고 진한 맛까지 다양하다.

- **피노타쥐(Pinotage):** 1924년 남아프리카 스텔렌보쉬 대학에서 피노 누아(Pinot Noir)와 생소(Hermitage)를 교잡하여, 만든 것으로 20년 가까이 실험을 한 다음 1941년부터 와인을 생산하였다. 이 품종은 남아프리카를 대표하는 독자적인 품종으로 남게 되었으며 스파이시하고 풍부하며 신선하다. 이것으로 두 가지 스타일이 나오는데 하나는 고급 묵직한 레드이며 하나는 보졸레와 같은 가벼운 타입이다. 1990년까지 감소 추세였으나 지금은 급속히 증가하고 있다.
- **메를로(Merlot):** 1910년에 도입하였으며, 1980년 이후 중요성이 부각되어 많이 재배하고 있다. 보통은 카베르네 소비뇽과 블렌딩하지만 단독으로도 사용된다.
- **생소, 싱솟(Cinsaut/Hermitage):** 카베르네 소비뇽 다음으로 많이 재배하지만 감소 추세에 있다. 수확량이 많아 싼 가격으로 쉽게 마실 수 있는 와인을 만들 수 있다. 향미가 풍부한 품종과 블렌딩하기도 한다. 남아프리카에서는 '에르미타쥬(Hermitage)'라고 한다.
- **기타:** 피노 누아(Pinot Noir), 카베르네 프랑(Cabernet Franc) 등이 있다.

와인 타입

유럽 와인과 비슷하지만 독특한 향미를 가지고 있다. 대부분 현대적인 방법으로 와인을 생산하기 때문에 이곳의 와인은 날씨보다는 만드는 방법이 더 중요하다고 할 수 있다. 탱크를 냉각시켜 낮은 온도에서 서서히 발효를 시켜 향의 손실을 방지하고, 공장 안에도 온도를 조절한다. 대체로 스위트 와인이 많은데, 이는 중간에 발효를 중단시켜 2% 정도 당도를 유지하기 때문이다. 화이트 와인은 대부분 6개월 이내 영 와인 때 소모되며, 특히 리슬링이 유명하다. 대체로 유럽 것보다 알코올 농도가 높다. 레드와인은 2-3년 숙성한 후 주병하며, 대부분 드라이타입이다.

그 외 클래식 블렌디드 화이트(Classic Blended White)라는 타입으로 몇 가지 화이트와인용 품종을 블렌딩한 것, 늦게 수확하여 만든 와인으로 레이트 하비스트(Late Harvest)라는 타입의 와인, 보트리티스 곰팡이가 낀 포도로 만든 보트리티스 와인(Botrytis Wine), 포르투갈의 포트를 모방한 포트 스타일(Port Style) 등이 있다. 또 포도를 수확하여 건조시켜 알코올을 높이는 짙은 황금색 와인으로 스틴, 리슬링, 하네푸어 등으로 만든 것이 있으며, 샴페인 방식으로 병 내에서 2차 발효시킨 스파클링와인으로 캡 클라시크(Cap Classique)라는 문자가 들어간 와인도 있다.

지역

1973년 원산지명칭통제 제도(WO, Wine of Origin)를 시행하여 품질을 향상시키고 있다. WO 표시가 된 것은 그 지역의 것이 100% 들어가야 하며, WO는 생산지, 빈티지, 품종 등을 규제하며, 생산지는 지방(Region), 지역(District), 와드(Ward)라는 지구, 에스테이트(Estate)까지 단계별로 구분된다. 가장 적은 단위인 에스테이트는 하나 혹은 그 이상의 포도밭으로서 와인양조시설이 있어야 하며, 합격된 와인에는 스티커가 붙는다. 대부분의 포도밭은 주로 서늘한 남서부에 위치하고 있다.

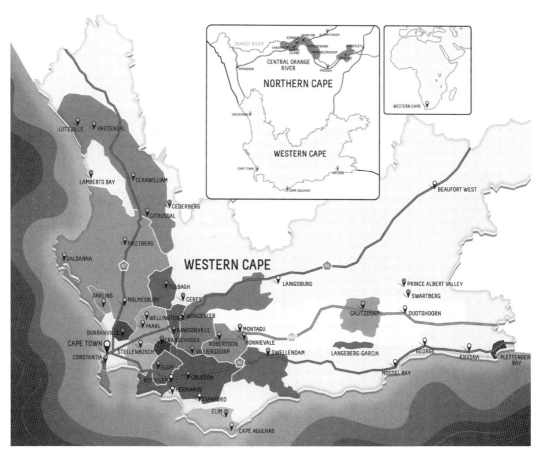

[그림 16-5] 남아프리카 공화국 와인산지

브리드 리버 밸리 지방(Breede River Valley Region)

- **브리드클루프 지역(Breedekloof District):** 하성 충적토와 자갈로 이루어진 토양으로 기후와 토양의 조화가 잘 된 곳. 소속 지구(Ward): 호디니(Goudini), 슬랭호크(Slanghoek)

- **로버트손 지역(Robertson District):** 최근에 고급 와인 생산지로 부각된 곳으로 대부분 샤르도네에 적합한 석회질 토양이지만 카베르네 소비뇽과 기타 고급 품종 재배 가능성이 많은 곳. 낮에는 기온이 아주 높지만 해양성 기후 덕택으로 밤에는 극적으로 떨어져, 시원한 기후에 적합한 품종인 소비뇽 블랑, 리슬링 등 재배. 레드와인은 쉬라즈, 카베르네 소비뇽 등이며, 디저트와인도 생산. 한 때 포도 공급을 지역 협동조합과 도매상이 지배했으나 개인 생산자가 급부상. 소속 지구(Ward): 아그터클리푸그테

(Agterkliphoogte), 부스만스리피에르(Boesmansrivier), 보니베일(Bonnievale), 에일란디아(Eilandia), **훕스리비에르**(Hoopsrivier), 클라스푸그스(Klaasvoogds), 레 샤슈어(Le Chasseur), 맥그레고(McGregor), 빈크리피에르(Vinkrivier)

- 부스타 지역(Worcester District): 남아프리카 와인의 1/4 생산하며, 대부분이 벌크와인으로 판매. 전통적으로 브랜디를 많이 생산하며, 현재는 슈냉 블랑, 샤르도네로 만든 와인이 증가 추세. 소속 지구(Ward): 헥스리버 밸리(Hex River Valley), 누이(Nuy), 슈케르페뉘벨(Scherpenheuvel)

케이프 사우스 코스트 지방(Cape South Coast Region)

- 캐이프 아굴라스 지역(Cape Agulhas District): 아프리카 최남단으로 여름에도 강한 시원한 바람이 부는 곳으로 소비뇽 블랑, 세미용 등 재배. 소속 지구(Ward): 엘림(Elim)
- 엘진 지역(Elgin District): 케이프타운에서 한 시간 거리로 예전에는 사과를 재배하다가 요즈음 샤르도네, 리슬링, 소비뇽 블랑 등 재배
- 오버베르그 지역(Overberg District): 새로운 와인지역으로 남아프리카에서 가장 시원한 곳으로 소비뇽 블랑, 샤르도네, 피노 누아 등 재배. 소속 지구(Ward): 엘렌드스클루프(Elandskloof), 그레이톤(Greyton), 클레인 리버(Klein River), 스리워터(Three Water)
- 플레텐베르그 베이 지역(Plettenberg Bay District): 시원한 곳으로 2000년부터 포도재배
- 스벨렌담 지역(Swellendam District): 소속 지구(Ward): 버펠얅스(Buffeljags), 말가스(Malgas), 스토름스블레이(Stormsvlei)
- 워커 베이 지역(Walker Bay District): 바닷바람의 영향을 받아 시원한 곳으로 고급 샤르도네, 피노 누아, 피노타쥐, 소비뇽 블랑, 쉬라즈 등 재배.
- 기타 지구(Ward): 허벌츠데일(Herbertsdale), 내피어(Napier), 스틸바이 이스트(Stilbaai East)

코스탈 지방(Coastal Region)

- 케이프 포인트 지역(Cape Point District): 바다와 바로 맞댄 지역으로 시원한 날씨가 조성되어 소비뇽 블랑, 세미용 등 재배하며 최근에는 레드와인도 증가. 소속 지구: 없음.
- 달링 지역(Darling District): 지역 III으로 비교적 시원한 곳에 속하여 소비뇽 블랑이 유명. 소속 지구(Ward): 그뢰네클루프(Groenekloof)는 소비뇽 블랑이 유명.
- 프란스호크 지역(Franschhoek District): IV 지역으로 원래 프랑스 위그노파(16-17세기 프랑스 신교도) 거주지였기 때문에(Franschhoek = French Corner) 대부분의 포도원 이름이 프랑스식. 최근에 고급와인 생산.
- 팔 지역(Paarl District): 케이프타운에서 50㎞ 떨어진 곳으로 KWV의 광역 포도원, 사무실, 연구 개발 단지가 있는 곳. 비교적 온화하고 건조한 지역으로 지역 IV에 속하며, 명성 있는 개인 생산자와 크고 진취적인 조합들이 많음. 카베르네 소비뇽, 피노타쥐, 쉬라즈, 샤르도네, 슈냉 블랑이 주품종. 소속 지구(Ward): 시몬스베르그 팔(Simonsberg-Paarl 신규 산지), 푸어 파르더베르그(Voor Paardeberg)
- 스텔렌보쉬 지역(Stellenbosch District): 남아프리카 대표적인 와인산지로서 와인교육기관과 연구소가 있는 곳. 스텔렌보쉬 대학에서는 남아프리카 유일의 와인 양조와 포도재배 학과가 있어서 젊은 와인

메이커를 교육. 남아프리카의 와인 산업과 교육, 연구의 중심지로서 신품종, 클론, 대목 등에 대한 연구 활발. 남아프리카에서 가장 유명한 생산자들이 있는 곳. 케이프타운 북서쪽 25마일에 위치하며, 지역 Ⅲ-Ⅳ로서 샤르도네, 카베르네 소비뇽, 소비뇽 블랑, 피노타쥐, 메를로, 쉬라즈, 슈냉 블랑 등 재배. 소속 지구(Ward): 시몬스베르그 스텔렌보쉬(Simonsberg-Stellenbosch)는 해발 200m 이상으로 카베르네 소비뇽, 메를로, 쉬라즈 등 레드와인이 잘 되며, 기타, 존커스호크 밸리(Jonkershoek Valley), 파퍼하이베르그(Papegaaiberg), 보틀래리(Bottelary), 더본 밸리(Devon Valley), 방후크(Banghoek) 폴카드라이 힐스(Polkdraai Hills) 등이 있음.

- **스와르트랜드 지역(Swartland District):** 팔과 스텔렌보쉬의 북서쪽에 위치하고 있으며, '검은 땅'이란 뜻으로 이 지역의 기름진 땅에서 유래된 것. 기후는 건조하고 덥지만 충분한 물 때문에 전통적인 부시(Bush) 스타일의 수형을 만들어 최고급 포도를 수율이 낮게 재배하는 곳. 대부분 진취적인 협동조합이 주를 이루고, 풀 바디 레드와인과 강화와인이 유명. 피노타쥐, 카베르네 소비뇽, 슈냉 블랑 등 재배. 소속 지구(Ward): 맘스버리(Malmesbury), 리비에크베어그(Riebeekberg)

- **툴바그 지역(Tulbagh District):** 높은 산에 둘러싸인 모래 토양에 비교적 덥고 건조하여 지역 Ⅳ-Ⅴ에 속하지만 일교차가 심함. 최근에 관개와 재배방법을 개선하여 고급 쉬라즈와 스파클링와인 생산. 소속 지구: 없음.

- **티제르베어그 지역(Tygerberg District):** 소속 지구(Ward)인 더반빌(Durbanville)은 깊은 토양에 시원한 바닷바람과 밤안개 때문에 소비뇽 블랑, 샤르도네, 카베르네 소비뇽 등 재배. 필라델피아(Philadelphia) 지구는 새로 지정된 곳으로 시원한 대서양 바람과 심한 일교차로 포도가 천천히 익기 때문에 카베르네 소비뇽, 메를로 등 재배.

- **웰링턴 지역(Wellington District):** 고급와인 산지로 시원한 곳

- **기타 지구(Ward):** 콘스탄시아 지구(Constantia Ward)는 소속 지역이 없는 별도의 지구로서 1685년 네덜란드 총독이 최초의 포도밭을 세운 곳. 전통적으로 디저트와인이 유명한 곳으로 유럽에 이름을 알린 뱅 드 콘스탄시아(Vin de Constantia)가 나온 곳. 좁은 콘스탄시아 반도의 동쪽 경사지에 맞대고 있으며, 서늘한 해양성 기후 덕분에 남아프리카 최고의 소비뇽 블랑을 생산.

팔, 프랑스호크, 웰링턴, 툴바그 지역에서 나오는 강화와인은 '보베어그(Boberg)' 지방명칭 사용한다.

클레인 카루 지방(Klein Karoo Region)

- **칼리츠드롭 지역(Calitzdorp District):** 머스캣으로 만든 스위트와인이 많지만, 요즈음은 메를로로 만든 가벼운 레드와인이 증가. 또 틴타 바로카, 토우리가 나시오날 등으로 만든 포트와인과 브랜디도 유명. 소속 지구: 없음.

- **랜저베어그 가르시아 지역(Langeberg-Garcia District):** 최근에 지정

- **기타 지구(Ward):** 소속 지역이 없는 별도의 지구로서 몬타퀴(Montagu), 오테니콰(Outeniqua), 트라도우(Tradouw), 트라도우 하일랜드(Tradouw Highlands), 아퍼 랑클루프(Upper Langkloof)가 있음.

올리펀츠 리버 지방(Olifants River Region)

이곳은 스와르트랜드에서 북쪽으로 뻗은 곳으로 강우량이 적기 때문에 건조하며 관개가 필수적이다. 대서양의 해양성 기후로 야간 온도를 떨어뜨리는 효과를 보고 있다. 최근 캐노피 관리, 현대적인 양조방법 등을 도입하여 점차 품질이 향상되고 있다. 생산은 거의가 협동조합 형태로 이루어진다.

- 시트러스달 마운틴 지역(Citrusdal Mountain District): 소속 지구(Ward)는 피케니어스클루프(Piekenierskloof)
- 시트러스달 밸리 지역(Citrusdal Valley District)
- 루츠빌 밸리 지역(Lutzville Valley District): 소속 지구(Ward)는 쿠컨아프(Koekenaap)
- 기타 지구(Ward): 소속 지역이 없는 지구로서 스프뤼트디리프트(Spruitdrift), 프레덴달(Vredendal), 밤부스 베이(Bamboes Bay)가 있음.

북부인 '노던 케이프(Northern Cape)'에는 더글라스 지역(Douglas District), 서더랜드 카루 지역(Sutherland-Karoo District)이 있으며, 센트럴 오렌지 리버 지구(Central Orange River Ward) 등이 있다.

유명 메이커

- 클레인 콘스탄시아(Klein Constantia): '뱅 드 콘스탄스(Vin de Constance)'는 남아프리카 최고의 디저트 와인으로 유명하다.
- 텔러마 마운틴(Thelema Mountain): 풍부하고 복합적인 맛을 내는 '리저브 카베르네(Reserve Cabernet)'가 유명하다.
- 부샤드 핀레손(Bouchard-Finlayson): 부르고뉴의 부샤드와 같이 만든 것으로 작지만, 깊이가 있는 와인이다.
- 뷔텐페르바흐텡(Buitenverwachting): 1985년산부터 내놓은 신흥 와인 메이커로서 카베르네 소비뇽이 유명하다.
- 박스베르그(Backsberg): 남아프리카에서 가장 정통적인 와인을 만드는 곳으로 카베르네 소비뇽이 유명하다.
- 캐논콥 에스테이트(Kanonkop Estate): 스텔렌보쉬에서 가장 유명한 와인 메이커가 만든 피노타쥐와 카베르네를 블렌딩한 '폴 소어(Paul Sauer)'가 유명하다.
- 디스텔(Distell): 여러 메이커가 있지만, '조너블룸(Zonnebloem)'은 가격 대비 가장 좋은 와인으로 카베르네 소비뇽, 샤르도네, 슈냉 블랑 등이 좋다. '네더버그(Nederburg)'는 독일식 발효방법(저온 발효)을 처음으로 도입하여 고급 리슬링을 생산하며, 소비뇽 블랑도 유명하다.
- KWV International: '캐더드랄 셀러(Cathedral Cellar)', KWV, 기타 여러 가지 상표의 와인이 있다.

[그림 16-6] 남아프리카 공화국 와인 상표

칠레

공식명칭: 칠레공화국(Republic of Chile)
칠레 명칭: República de Chile
인구: 1,700만 명
면적: 76만 ㎢
수도: 산티아고
와인생산량: 10억 ℓ
포도재배면적: 20만 ha

와인의 역사와 현황

칠레는 완전히 고립된 영토로서 서쪽으로 태평양, 동쪽으로 거대한 안데스 산맥, 북쪽은 아타카마 사막, 남쪽은 남극해로 싸여 있다. 그리고 온화한 기후와 맑은 햇볕에 안데스 산맥의 눈 녹은 물로 관수를 할 수 있고, 격리된 환경 덕분에 병충해 발생이 거의 없기 때문에 포도를 비롯한 여

러 과수의 에덴동산이라고 할 수 있다. 한마디로 포도재배의 이상적인 조건을 갖춘 곳이라고 할 수 있다. 여기에 땅값이 싸고, 값싼 노동력이 풍부하여 세계에서 가격 대비 가장 좋은 와인이 나오는 곳이 된 것이다.

칠레의 포도재배는 16세기 중반 정복자들과 선교사들이 유럽 포도를 멕시코를 거쳐 페루에서 가져오면서 시작되었다. 이 품종은 스페인에서 온 것으로 칠레에서는 파이스(Pais), 아르헨티나에서는 크리오야(Criolla), 캘리포니아에서는 미션(Mission)이라고 부른다. 칠레는 정치적으로 스페인의 영향권에 있었으나 와인은 프랑스 영향을 많이 받았다. 1800년대 프랑스에서 카베르네 소비뇽과 메를로를 수입하면서 본격적으로 시작하였고, 19세기 후반에는 칠레의 지주들이 프랑스 보르도 샤토를 본 따서 호사스런 건축물을 짓기 시작하면서 프랑스 품종을 수입하고 프랑스 와인 메이커를 고용하였다. 이때는 유럽에서 필록세라가 퍼지면서 모든 포도밭이 황폐되어 유럽의 와인 메이커가 신대륙으로 이주할 무렵이었기 때문에 프랑스 와인 메이커를 쉽게 고용할 수 있었다. 그래서 칠레 와인은 프랑스의 영향을 많이 받아서 품종, 만드는 방법 모두 프랑스식이다.

그러나 20세기에는 정치적인 불안정, 과도한 규제, 높은 세율 등으로 고급 와인보다는 값싼 와인을 만들었고, 과도한 알코올 남용으로 1938년 칠레 정부가 새로운 포도밭 조성을 금지(1974년까지)하여 침체기에 들어섰다. 1980년대 후반부터 정치적, 경제적, 사회적 분위기가 안정을 되찾은 후에 국내외 활발한 투자에 힘입어 와인산업이 발전하기 시작하여, 10년도 안되어 칠레는 남아메리카의 보르도라고 할 만큼 급속한 성장을 이루었다. 특히 외국자본이 많이 유입되고 있으며, 처음으로 유럽 자본이 들어온 것은 스페인의 토레스(Torres)와 보르도의 샤토 라피트 로트칠드이다. 이어서 샤토 마르고의 폴 퐁테이예(Paul Pontaillier)와 샤토 코스데스투르넬의 브루노 프라트(Bruno Prats)가 도멘 폴 브루노(Domaine Paul Bruno)를 설립하였다.

미국에서는 프란시스칸(Franciscan)이 카사블랑카에 최초로 포도밭을 조성하였다. 그리고 칠레 최고의 명성을 자랑하는 콘차 이 토로(Concha y Toro), 에라수리스(Errázuriz), 산타 리타(Santa Rita), 운두라가(Undurraga) 등은 와이너리 현대화에 많은 돈을 투자하면서 새로운 설비를 도입하고, 프랑스 오크통과 미국 오크통을 수입하기 시작하였다. 또 소규모 포도재배 업자들은 이제까지는 포도를 대형 와이너리에 판매하였으나 자기들 고유 상표로 와인을 만들어 시장에 내놓기 시작하였다.

값싼 이미지의 칠레 와인은 외국의 투자나 합작으로 신제품과 고급 와인이 탄생하면서 비싼 와인으로서도 인정을 받을 만큼 세계적인 와인으로 성장하였다. 예를 들면, 로버트 몬다비와 에라수리스가 합작한 칼리테라(Caliterra)의 '세냐(Seña)'는 파격적인 가격을 받았으며, 샤토 무통 로트칠드와 콘차 이 토로가 합작하여 만든 '알마비바(Almaviva)' 역시 높은 가격으로 이미지를 개선하였다. 현재 칠레는 생산량의 55%를 100여 개국에 수출하는 세계 4위의 와인 수출 국가가 되었다.

주요 품종

화이트와인용

● **소비뇽 블랑(Sauvignon Blanc)**: 가장 많이 재배되는 품종으로 가볍고 신선한 와인을 만든다. 최근까지 소비뇽 베르(Sauvignon Vert)가 소비뇽 블랑으로 표기되었다.

● **샤르도네(Chardonnay)**: 최근에 품질이 향상되고 있다.

● **모스카텔 데 알레한드리아(Moscatel de Alejandria)**: 머스캣 오브 알렉산드리아(Muscat of Alexandria)

● **소비뇽 베르(Sauvignon Vert)**: 소비뇨나스(Sauvignonasse)라고도 하며, 꽃 향이 강하다.

레드와인용

● **카베르네 소비뇽(Cabernet Sauvignon)**: 직선적이고 가볍고, 보르도나 캘리포니아보다 복합성이 떨어지지만, 고급 제품은 세계적인 수준이다. 칠레에서 가장 우수한 와인을 만든다.

● **메를로(Merlot)**: 양질의 와인을 만드는 품종으로 중요하다.

● **카르메네레(Carmenère)**: 19세기 말 보르도에서 들여온 품종으로 미디움 바디의 와인을 만든다. 최근까지 메를로로 표기되기도 한 것이다.

● **시라(Syrah)**: 급격하게 품질이 좋아지고 있다.

● **파이스(País, Mission Grape)**: 칠레에서 가장 먼저 재배된 품종이며 현재도 가장 많이 재배되고 있다. 저그 와인을 만드는 데 쓰인다.

칠레 와인의 법률 및 분류

칠레는 1967년부터 포도밭의 지역별 구분, 면적제한 등을 시행하다가, 1995년 원산지명칭통제 제도를 시행하고 그것을 상표에 표시하도록 했다. 1998년부터는 원산지, 포도품종, 수확년도, 주병 등 표시사항을 규제하기에 이르렀다. 현재 칠레 와인은 다음과 같이 3가지로 분류할 수 있다.

● **원산지 표시 와인(Denominacion de Origen, 데노미나숀 데 오리헨)**: 칠레에서 주병된 것으로 원산지를 표시할 경우, 그 지역의 해당 포도를 75%(수출용은 85%) 이상 사용해야 한다. 상표에 품종을 표시할 경우도 그 품종을 75%(수출용은 85%) 이상 사용해야 하며, 여러 가지 품종을 섞는 경우는 비율이 큰 순서대로 세 가지만 표시한다. 빈티지를 표시하는 경우도 그 해 포도가 85%(수출용은 85%) 이상 들어가야 한다.

'생산자 주병(Estate bottled)'이란 용어를 표시할 경우는 주병하는 공장 소유의 와이너리와 포도밭이 있어야 하며, 주병공장, 와이너리 및 포도밭은 그 원산지 범위 내에 위치하고 있어야 한다. 즉 포도의 수확, 양조, 주병, 보관이 자기 소유의 시설에서 일관적으로 이루어져야 한다. 단, 해당 지역 내의 조합원이 생산하는 포도가 해당지역에서 주병되면 '생산자 주병'이란 문구를 사용할 수 있다.

- **원산지 없는 와인**: 원산지 표시만 없고, 품종 및 빈티지에 대한 규정은 원산지 표시 와인과 동일하다.

- **비노 데 메사(Vino de Mesa)**: 식용 포도로 만드는 경우가 많고, 포도 품종, 빈티지를 표시하지 않는다.

생산 지역

칠레 와인산지는 북에서 남으로 약 1,000km에 걸쳐 중앙 평원에 집중되어 있으며, 대부분 지중해성 기후로 태평양과 안데스산맥 사이에서 날씨가 고정되므로 빈티지에 따라 품질 차이는 거의 없다. 포도가 휴면에 들어가는 겨울에 대부분의 비가 내리고, 여름은 남동 태평양 고기압의 영향을 받아 덥고 건조한 날씨가 된다. 천연적으로 태평양, 안데스산맥, 건조한 아타카마 사막, 남부의 한랭하고 습한 우림으로 지리적인 경계를 이루기 때문에 필록세라와 같은 병충해에서 보호될 수 있어서 최고의 지역이라고 할 수 있다. 그러므로 이러한 조건에 적절한 관리가 따라주면 양질의 와인을 만들 수 있다.

칠레 포도밭은 적산온도 지역 II, IV로서 적당한 습도를 유지하고 있으며, 현재 지역별 특성을 내세워 그 구분을 하기 시작하였다. 안데스 산맥을 따라 형성된 계곡에서 다양한 토양과 기후대를 보이고 있다. 강우량이 적지만 안데스 산맥에

[그림 16-7] 칠레 와인산지

서 눈이 녹아서 내리는 풍부한 물로 관수를 하는데, 최근에는 담수관개(Flood irrigation)에서 점적관개(Drip irrigation)로 전환하여 고급 와인 생산에 힘쓰고 있다. 대체적으로 와인에 적합한 지중해성 기후로서 일조량이 풍부하고, 여름에 일교차가 커서(20℃) 당과 산의 조화가 잘 되며, 병충해 방지에도 큰 역할을 한다. 오염되지 않은 건강한 토양으로 배수가 잘 되고 통기도 잘 되는 토양에 기후조건까지 좋아 거의 유기농 재배가 가능한 곳이다.

19세기 후반 필록세라 이전에 프랑스에서 품종 도입하여 필록세라를 피한 지역으로 접붙이기를 하지 않은 유럽 품종이 그대로 있다. 칠레 와인은 과일 향이 강하고, 안토시아닌, 타닌 등 폴리페놀 함량이 많아서 색깔이 진하지만. 수확기 때 타닌이 성숙되어 오랫동안 숙성을 하지 않아도 마실 수 있는 와인이 된다.

코킴보(Coquimbo)

안데스 산맥 기슭으로 강수량이 부족한 곳이며, 대부분 브랜디용을 생산한다. 알코올 함량이 높고 산도가 낮다.

- 엘키 밸리(Elqui Valley): 전통적으로 피스코 브랜디 생산지였지만, 최근에 카르메네레, 산조베제, 시라 등 재배. 세부지역: 비쿠냐(Vicuña), 파이과노(Paiguano). 면적: 451ha, Red/White: 89/11, 강우량: 70㎜.

- 리마리 밸리(Limari Valley): 해풍의 영향으로 온화하며 레드와인용 포도를 주로 재배. 세부지역: 오발레(Ovalle), 몬테 파트리아(Monte Patria), 푸니타키(Punitaqui), 리오 우르타도(Rio Hurtado). 면적: 1,679ha, Red/White: 90/10, 강우량: 94㎜.

- 초아파 밸리(Choapa Valley): 신흥 와인산지로서 해발 900m의 포도밭에서 시라, 카베르네 소비뇽 등 재배. 세부지역: 살라만카(Salamanca), 일라펠(Illapel). 면적: 100ha.

아콩카과(Aconcagua)

아콩카과는 안데스 산맥 최고봉(6,958m) 이름에서 따온 것으로 아르헨티나 멘도사와 연결되어 있다.

- 아콩카과 밸리(Aconcagua Valley): 산티아고 북쪽 지방으로 칠레 포도재배지역 중 가장 더운 곳에 속하지만 바람이 많아서 카베르네 소비뇽, 카베르네 프랑, 메를로, 최근에는 시라 등을 재배. 세부지역: 판케유(Panquehue). 면적: 1,083ha, Red/White: 86/14, 강우량: 214㎜.

- 카사블랑카 밸리(Casablanca Valley): 최근에 알려진 새로운 와인산지로서 완만한 경사지에 바다의 영향을 받아 서늘한 곳. 샤르도네, 소비뇽 블랑 등 화이트와인과 피노 누아 유명. 면적: 4,116ha, Red/White: 25/75, 강우량: 542㎜.

- 산안토니오(San Antonio): 해안 산맥 안쪽에 조성된 신흥 와인산지로 바다의 직접적인 영향력이 없고 기후조건이 포도의 성숙을 더디게 하여, 샤르도네, 소비뇽 블랑 등 화이트와인과 피노 누아 등 재배. 면적: 327ha, Red/White: 30/70, 강우량: 350㎜

센트랄 밸리(Central Valley)

칠레 대부분의 와인이 나오는 곳으로 겨울에 비가 내리며, 여름은 건조하고 일조량이 많아 개화기부터 수확기까지 맑은 날이 150일 정도 지속되어 완숙한 포도를 수확할 수 있다.

- **마이포 밸리(Maipo Valley):** 칠레에서 가장 오래된 곳이며, 수도 산티아고가 있는 곳. 해발 300-600m에 포도밭이 조성되어 고도와 지형에 따라 다양한 품질의 와인 생산. 비교적 온화한 날씨로 강하고 진한 카베르네 소비뇽으로 유명. 세부지역: 산티아고(Santiago), 피르케(Pirque), 푸엔테 알토(Puente Alto), 부인(Buin), 이슬라 데 마이포(Isla de Maipo), 탈라간테(Talagante), 멜리피야(Melipilla). 면적: 10,784ha, Red/White: 85/15, 강우량: 313㎜.

- **카차포알(Cachapoal):** 레드와인과 화이트와인 모두 이상적인 조건을 갖춘 곳으로 봄에 눈이 녹아내린 물이 거칠게 흐르는 강 이름에서 카차포알이란 명칭이 유래. 봄에 안데스의 찬 공기가 계곡에 오래 머물면서 빠져나가기 때문에 계곡은 화이트와인에 적합하고, 경사진 곳은 레드와인에 적합. 세부지역: 란카과(Rancagua), 레키노아(Requinoa), 렌고(Rengo), 페우모(Peumo). 면적: 10,027ha, Red/White: 86/14, 강우량: 340㎜

- **콜차과(Colchagua):** 카차포알보다 따뜻한 곳으로 카베르네 소비뇽에 적합하며, 최근 시라도 재배. 세부지역: 산페르난도(San Fernando), 침바론고(Chimbarongo), 난카과(Nancagua), 산타크루스(Santa Cruz), 팔미야(Palmilla), 페랄리요(Peralillo). 면적: 22,527ha, Red/White: 90/10, 강우량: 592㎜

- **쿠리코 밸리(Curicó Valley):** 쿠리코는 원주민어로 '검은 물'이란 뜻. 안개와 심한 일교차 때문에 산도가 높아서 샤르도네, 소비뇽 블랑 등 화이트와인이 유명. 카베르네 소비뇽, 메를로, 피노 누아도 생산. 테노(Teno), 론투에(Lontue) 두 지역에 세부지역이 있음. 면적: 19,003ha, Red/White: 68/32, 강우량: 702㎜

- **테노(Teno):** 라우코(Rauco), 로메랄(Romeral).

- **론투에(Lontue):** 몰리나(Molina), 사그라데 파밀리아(Sagrade Familia).

- **마울레 밸리(Maule Valley):** 칠레에서 가장 큰 와인산지로 약간 습윤한 지중해성 기후. 이 지역 특유의 포도인 파이스를 많이 재배하며, 요즈음은 카르메네레가 급증. 화이트와인보다는 레드와인이 우수. 클라로(Claro), 론코미야(Loncomilla), 투투벤(Tutuven) 세 지역에 세부지역이 있음. 면적: 30,393ha, Red/White: 82/18, 강우량: 735㎜

- **클라로(Claro):** 탈카(Talca), 펜카유(Pencahue), 산클레멘테(San Clemente).

- **론코미야(Loncomilla):** 산하비에르(San Javier), 비야 알레그레(Villa Alegre), 파랄(Parral), 리나레스(Linares).

- **투투벤(Tutuven):** 카우케네스(Cauquenes).

레이온 수르 오 메리디오날(Region Sur O Meridional)

- **이타타 밸리(Itata Valley):** 칠레 최초의 와인산지. 봄에 서리가 내리지만, 이타타 강을 따라 파이스, 샤르도네 등을 재배하며, 서쪽으로 카베르네 소비뇽 등 재배. 세부지역: 칠란(Chillan), 키욘(Quillon), 포르테수엘로(Portezuelo), 코엘레무(Coelemu). 면적: 10,447ha, Red/White: 42/58, 강우량: 1,107㎜

- **비오 비오 밸리(Bio Bio Valley):** 서늘한 곳으로 파이스, 모스카텔, 리슬링, 게뷔르츠트라미너 등 재배. 세부지역: 염벨(Yumbel), 물첸(Mulchen). 면적: 3,546ha, Red/White: 75/25, 강우량: 1,276㎜.

유명 메이커

칠레 와인의 공식적인 등급은 없다. 각각 다른 품질의 와인을 다른 가격으로 판매하고 있다. 칠레 와인은 각각 개성 있는 와이너리에서 고급 와인에 각자의 이름을 붙여서 판매한다. 특히, 유럽과 미국의 유명 메이커들과 합작하는 곳이 많다.

- **칼리테라(Caliterra):** 처음에 에라수리스(Errázuriz)와 캘리포니아 프란시스칸(Franciscan)이 합작했으나, 현재 프란시스칸은 떨어져 나가고, 최근에 로버트 몬다비가 합류하였다. 쿠리코 밸리에서 고급 카베르네 소비뇽, 샤르도네를 주로 재배한다. '리저브(Reserve)'가 고급 제품이다.

- **카르멘(Carmen):** 1850년에 설립된 역사가 가장 오래된 와이너리이다. 산타 리타 그룹으로 칠레 제1의 와인 메이커가 합류하여 카베르네 소비뇽, 메를로, 세미용 등을 재배한다.

- **카사 라포스토예(Casa Lapostolle):** 프랑스 그랑 마르니에(Grand Marnier)에서 투자한 곳으로 샤르도네와 메를로가 일품이며, 소비뇽 블랑 등도 재배한다. '퀴베 알렉상드르(Cuvée Alexandre)'라는 제품이 유명하다.

- **콘차 이 토로(Concha y Toro):** 1883년에 설립된 와이너리로 가장 규모가 크다. 프랑스 바롱 필립 드 로트칠드(Baron Philippe de Rothschild)가 투자한 곳으로 미국에 가장 많이 수출하고 있다. 카사블랑카를 비롯한 여러 곳에서 카베르네 소비뇽, 샤르도네, 메를로, 소비뇽 블랑 등을 재배한다. '돈 멜초(Don Melchor)', '알마비바(Almaviva)'가 유명 제품이다.

- **쿠시노 마쿨(Cusino-Macul):** 1870년에 설립된 곳으로 고전적인 마이포 밸리의 카베르네 소비뇽(Antiguas Reservas)으로 유명하다.

- **도메인 폴 브루노(Domaine Paul Bruno):** 프랑스 샤토 코스 데스투르넬(Ch. Cos d'Estournel)과 샤토 마르고(Ch. Margaux)에서 투자한 와이너리로 마이포 밸리에서 고급 카베르네 소비뇽을 생산한다.

- **도무스 아우레아(Domus Aurea):** 신규 업체로서 1996년에 카베르네 소비뇽을 생산하였다. 힘이 넘치고 농축된 카베르네 소비뇽(Clos Quebrada de Macul)으로 유명하다.

- **에라수리스(Errázuriz):** 지속적인 품질 개선으로 고급 와인을 생산한다. 마울레 밸리에서 샤르도네, 메를로, 카베르네 소비뇽 등을 재배한다. '돈 막시미아노(Don Maximiano)'가 유명 제품이다.

- **미겔 토레스(Miguel Torres):** 스페인 토레스(Torres)에서 투자한 곳. 카베르네 소비뇽, 샤르도네, 리슬링 등이 유명하다.

- **몬테스(Montes):** 카베르네 소비뇽, 말벡, 메를로 등을 재배하며, 몬테스, 몬테스 알파가 있으며, '몬테스 알파 엠(Montes Alpha M)'이 고급 제품이다. 생산량의 90%를 수출한다.

- **몽 그라스(Mont Gras):** 콜차과에서 생산되는 메를로가 유명하다.

- **산타 카롤리나(Santa Carolina):** 1875년에 설립하여 마이포 밸리에서 80년 이상 된 포도나무에서 수확한 샤르도네(Gran Reserva)가 유명하다.

- **산타 리타(Santa Rita):** 1880년에 설립된 곳이며, 라피트 로트칠드(Lafite Rothschild)와 함께 로스 바

스코스(Los Vascos)에서 투자한 곳이다. 소비뇽 블랑이 가장 유명하며, '카사 레알(Casa Real)'이 고급 제품이다.

- **비냐 카사블랑카(Viña Casablanca):** 소비뇽 블랑, 게뷔르츠트라미너 등 화이트와인으로 유명한 곳이다.
- **비냐 로스 바스코스(Viña Los Vascos):** 프랑스의 도멘 라피트 로트칠드(Domaine Lafite-Rothschild)에서 투자한 곳으로 '레세르바 데 파밀리아(Reserva de Familia)'가 유명 제품이다.

[그림 16-8] 칠레 와인의 상표

아르헨티나

공식명칭: 아르헨티나공화국(Argentine Republic)
아르헨티나 명칭: República Argentina
인구: 4,300만 명
면적: 278만 ㎢
수도: 부에노스아이레스
와인생산량: 12억 ℓ
포도재배면적: 22만 ha

와인의 역사 및 현황

아르헨티나는 남아메리카 대륙에서 와인 생산량이 가장 많고, 프랑스, 이탈리아, 스페인, 미국에

이어서 생산량 세계 5위를 자랑했지만, 최근에는 중국과 칠레에 추격을 당하고 있으며, 최근까지 생산된 와인을 수출하지 않고 내수용으로 사용했기 때문에 세계 시장에서 인식이 낮은 편이다. 그리고 1인당 연간 와인 소비량도 30-40병으로 와인을 상당히 많이 마시는 나라라고 할 수 있지만, 정치적인 불안과 경제적인 어려움으로 품질향상에 노력하지 않고, 값이 싼 와인을 대량 생산하여 내수용으로 소비하기 때문에 국제적인 인식이 아직은 좋지 않다.

그러나 1990년대에 이르러 정치적으로 안정이 되고, 다른 산업이 발달하면서 와인산업도 발전하고 있다. 특히, 이웃에 있는 칠레를 발전 모델로 삼아서 혁신적인 변화를 도모하고 있으며, 프랑스나 미국 전문가들을 고용하여 아르헨티나 와인 현대화에 힘쓰고 있다. 오크통을 구입하고, 온도를 조절할 수 있는 스테인리스스틸 탱크를 도입하여 품질을 향상시키고 수출도 점차 증가하고 있어 아르헨티나 와인에 대한 인식도 서서히 변하고 있다. 예를 들면, 트라피체(Trapiche)는 보르도의 와인 전문가 미셸 롤랑(Michel Rolland)을 초청하여 말벡과 메를로를 블렌딩한 이스카이(Iscay)를 비싼 값으로 출시하면서 아르헨티나 와인의 변화를 주도하고 있다. 아르헨티나는 정치적인 안정을 찾고, 외국자본이 유입되면서 과학적으로 발전하고 있어서 '잠자는 거인'이라는 별명이 붙어 있을 정도로 세계에서 가장 전망이 좋은 와인산지라고 할 수 있다.

최초의 포도재배는 칠레와 마찬가지로 16세기 후반 스페인 사람들이 시작하였고, 이들은 직접 스페인에서 포도를 가져오거나, 멕시코를 거쳐 페루나 칠레에서 포도를 가져왔다. 이때의 포도는 미사용 크리오야(Criolla)로서 300년 동안 남아메리카의 주종을 이루는 품종이 되었다. 초기 스페인 정착민들은 해안 쪽에 포도밭을 조성하였으나 나중에는 햇볕이 많고 건조한 안데스 산맥 기슭으로 이동하여 관개 시스템을 갖추어 대량 생산을 하기 시작하였다. 1820년 식민지 시대가 끝나고, 이탈리아, 프랑스, 스페인계 사람들이 새로운 품종과 함께 대거 이주하였고, 2차로 1890년대에 필록세라를 피해 유럽의 와인 기술자들이 대거 유입되면서 와인산업이 양적으로 발전하였다.

현재 아르헨티나에는 1,500개 가까운 와이너리가 있으며, 두 개의 대형 회사가 와인산업을 주도하고 있다. '페냐플로르(Peñaflor)'는 아르헨티나 기본급 테이블 와인의 40%를 생산하면서 여러 명칭으로 캐스크(종이상자)에 넣어서 판매하고 있으며, 고급 와인으로는 트라피체(Trapiche)를 가지고 있다. 또 하나인 '에스메랄다(Esmeralda)'는 고급 와인에 초점을 맞추어 가장 혁신적인 방법으로 와인을 만드는 '카테나(Catena)'를 가지고 있다. 그 외 고급 와인을 생산하는 곳은 '카바스 데 바이네르트(Bodegas y Cavas de Weinert)'로 최고급 와인을 만들고 있다. 이와 같이 아르헨티나 와인산업은 포도재배와 양조기술의 현대화를 추진하고 크리오야보다는 국제적인 품종을 도입하면서 점차적으로 발전하고 있다.

포도 품종

화이트와인용

- **페드로 지메네스(Pedro Giménez)**: 재배면적을 가장 넓게 차지하고 있지만, 감소 추세에 있다. 스페인의 페드로 히메네스와 관계는 없는 것으로, 멘도사에서 많이 재배하며, 칠레에서는 피스코(Pisco) 브랜디를 만드는 품종이다.

- **토론테스(Torrontés)**: 족보가 불확실한 아르헨티나 특유의 품종으로 독특한 향을 가지고 있다. 라 리오하에서 많이 재배한다. 토론테스 리오하노(Torrontés Riojano), 토론테스 산후아니노(Torrontés Sanjuanino), 토론테스 멘도시노(Torrontés Mendocino) 세 가지가 있다.

- **샤르도네(Chardonnay)**: 수출용으로 많이 생산하며, 품질은 다양하다.

- **슈냉 블랑(Chenin Blanc)**: 값싼 와인이나 스파클링와인에 블렌딩한다.

- **크리오야(Criolla Chica)/세레사(Cereza)**: 16세기 스페인에서 온 품종으로 아직도 많이 재배되고 있다. 둘 다 껍질이 분홍색으로 값싼 와인을 만드는데 사용된다.

- **모스카텔 데 알레한드리아(Moscatel de Alejandria)**: 머스캣 오브 알렉산드리아로 알려진 품종으로 값싼 와인을 만든다.

레드와인용

- **말벡(Malbec)**: 아르헨티나에서 가장 많이 재배되며, 깊이 있는 와인을 만든다.

- **보나르다(Bonarda)**: 초기 이탈리아, 스페인에서 도입한 품종으로 값싼 저그 와인을 만든다.

- **카베르네 소비뇽(Cabernet Sauvignon)**: 수출용으로 많이 생산하며, 품질이 다양하다.

- **시라(Syrah)**

- **메를로(Merlot)**: 아직은 적지만 고급 와인을 만든다.

- **템프라냐(Tempranilla)**: 스페인의 템프라니요로서 초기 이탈리아, 스페인에서 도입한 품종으로 값싼 저그 와인을 만든다.

- **산조베제(Sangiovese)**: 초기 이탈리아, 스페인에서 도입한 품종으로 값싼 저그 와인을 만들지만, 요즈음은 고급 와인으로 많이 나온다.

- **바르베라(Barbera)**: 초기 이탈리아, 스페인에서 도입한 품종으로 값싼 저그 와인을 만든다.

와인법규 및 분류

원산지명칭통제 제도가 시행되고 있으나, 아직 완성된 것이 아니다. 현재 멘도사의 루안 데 쿠요(Luján de Cuyo), 산라파엘(San Rafael), 라 리오하의 바예 데 파마티나(Valles de Famatina) 세 군데가 지정되어 있으며, 계속 진행 중에 있다. 상표에 품종을 표시할 경우 해당 품종을 80% 이상 넣어야 한다.

생산 지역

아르헨티나는 남아메리카에서 브라질 다음으로 큰 나라이며 북서쪽은 안데스산맥 최고봉 아콩카과 산(6,960m)을 비롯한 고산지대이며, 동북부는 고원, 안데스산맥 동쪽으로는 광대한 평야에 물이 풍부하다. 모두 라플라타 강으로 연결된다. 팜파스에는 습윤 팜파스와 건조 팜파로 나뉜다. 습윤 팜파는 여름이 덥고 겨울이 온화하며 강수량도 풍부하지만, 건조 팜파는 겨울에 강수량이 적다. 북동쪽은 아열대 기후로 고온 다습하지만, 안데스산맥 기슭은 건조한 평원이다. 인구와 경제활동은 압도적으로 부에노스아이레스와 그 뒤에 있는 습윤 팜파에 집중되어 농업축산지대를 이루고 있다.

포도밭은 주로 중서부 지방으로 안데스 산맥 쪽 기슭의 해발 300-2,400m, 평균 900m의 고지대에 분포되어 있다. 남부에 있는 리오 네그로(Río Negro)를 제외한 모든 포도산지는 거의 사막 수준으로 연중 320일 이상이 맑은 날이며, 강우량은 200-250mm 정도이기 때문에 필록세라를 비롯한 병충해가 없어 유기농 재배가 가능한 곳이다. 포도 생육기에 필요한 물은 안데스 산맥에서 눈이 녹아서 내리는 풍부

[그림 16-9] 아르헨티나 와인산지

한 물로 담수관개(Flood irrigation) 방법을 사용하여 생산 수율을 높이고 있으나, 최근 고급 와인 생산에는 점적관개(Drip irrigation) 방법으로 전환하여 수율을 낮추고 있다. 보르도의 고급 와인생산지역의 수율이 5,000-10,000kg/ha인데 비하여 아르헨티나는 거의 50,000kg/ha 수준이다.

북서부 지방(Región Noroeste)

- **살타(Salta)**: 북부지역으로 해발 800-1,800m에 포도밭이 있으며, 연간 300일 이상의 맑은 날에 일교차가 크며, 깊은 모래토양. 해발 1,800m에 있는 카파야테(Cafayate)가 중심 생산지. 토론테스, 샤르도네, 슈냉 블랑, 카베르네 소비뇽, 말벡 등 재배.

- **카타마르카(Catamarca)**: 해발 1,200-2,100m 고지대에서 토론테스, 시라, 카베르네 소비뇽 등 재배.

- **라 리오하(La Rioja)**: 해발 800-1,400m에 있는 곳으로 아르헨티나에서 가장 오래된 포도밭. 토론테스, 모스카텔, 시라, 카베르네 소비뇽, 말벡 등 재배.

중서부 지방(Región Centro-Oeste)

- **산후안(San Juan)**: 아르헨티나 와인의 18% 차지하는 곳으로 해발 650-1,200m에 포도밭이 있으며, 비교적 더운 곳. 주로 화이트와인과 로제를 생산했으나, 요즈음은 레드와인 증가 추세. 아직도 식용과 건포도용이 50%를 차지하고, 특히 농축주스를 많이 생산. 주로 모스카델 데 알렉산드리아, 페드로 지메네스 등을 많이 재배하며, 최근에 말벡, 카베르네 소비뇽, 메를로, 슈냉 블랑, 샤르도네, 피노 누아 등 재배.

- **멘도사(Mendoza)**: 주요산지로서 이 나라의 와인의 70% 이상 생산. 고지대로 해발 600-1,200m에 포도밭이 있으며, 보르도보다 더 큰 지역으로 레드와인용은 말벡이 가장 많으며, 메를로, 바르베라, 템프라니요, 피노 누아, 카베르네 소비뇽 등도 재배하고, 화이트와인용은 페드로 지메네스, 슈냉 블랑, 팔로미노, 머스캣, 리슬링, 샤르도네 등 재배. 대규모 단지가 많음. 다음과 같이 세 곳으로 구분.

  - **북부 멘도사**: 라바예(Lavalle), 마이푸(Maipú)와 과이마옌(Guaymallén), 라스 에라스(Las Heras), 산마르틴(San Martin) 일부를 포함하며, 해발 600-700m에 위치. 주로 값싼 화이트와인으로 슈냉 블랑, 토론테스, 페드로 지메네스 등 재배. 동쪽은 해발 550-750m 되는 곳으로 투누얀(Tunuyán) 강을 이용하여 관개를 할 수 있어 가장 생산량이 많으며, 비교적 더운 곳으로 보나르다, 템프라냐, 말벡, 시라 등 재배. 후닌(Junin), 리바다비아(Rivadavia), 산마르틴(San Martin), 산타로사(Santa Rosa), 라파스(La Paz) 지역을 포함. 특히, 마이푸(Maipú), 루한 데 쿠요(Luján de Cuyo)는 고급 와인 생산지로서 유명.

  - **중부 멘도사**: 아르헨티나 최고의 와인 생산지로서 해발 900-1,100m에 포도밭 조성. 말벡이 가장 유명하며, 그 외 카베르네, 메를로, 시라 등을 재배하며, 화이트와인은 산도가 높아서 스파클링와인용으로 재배. 고도이 크루스(Godoy Cruz), 과이아옌(Guaymallén), 지역 포함. 특히, 우코(Uco) 밸리는 해발 1,000-1,700m의 가장 높은 지대에 있으며, 외국자본이 많이 들어오면서 신흥 고급 와인생산지로 유명하며, 투누얀(Tunuyán), 투푼가토(Tupungato), 산카를로스(San Carlos) 지역을 포함. 고지대에서는 피노 누아, 메를로, 샤르도네, 소비뇽 블랑을 재배하며, 낮은 곳에서는 카베르네, 시라 등 재배.

  - **남부 멘도사**: 해발 450-800m로서 가장 더운 곳에 속하며, 산라파엘(San Rafael), 헤네랄 알베아르(General Alvear) 지역 포함. 주로 슈냉 블랑을 재배하지만, 카베르네, 말벡, 메를로, 시라, 소비뇽 블

랑, 샤르도네 등도 재배.

남부 지방(Región Sur)

- **리오 네그로(Río Negro)**: 아르헨티나 가장 남쪽으로 시원하고 건조하나 겨울에는 습도가 높은 편. 강우량은 적고 일교차가 크기 때문에 포도재배의 적지로서 전망이 밝은 곳. 주로 화이트와인이 많고, 스파클링와인도 증가 추세.

- **네우켄(Neuquén)**: 비교적 찬바람이 강한 곳으로 콘플루엔시아(Confluencia)에 포도밭이 조성. 메를로, 피노 누아, 소비뇽 블랑, 말벡 등 재배.

유명 메이커

- **알타 비스타(Alta Vista)**: 멘도사의 차크라스 데 코리아(Chacras de Coria)에 있는 첨단 설비의 와이너리로 프랑스 돌랑(D'Aulan) 가문이 소유하고 있다.

- **보데가스 카바스 데 바이네르트(Bodegas y Cavas de Weinert)**: 아르헨티나 최고의 와인으로 알려져 있으며, 멘도사에서 보르도 스타일의 레드와인을 만든다. '카바스 데 바이네르트(Cavas de Weinert)'가 가장 고급이다.

- **보데가 노턴(Bodega Norton)**: 말벡으로 만든 중저가 와인으로 유명하다.

- **보데가 루르통(Bodega Lurton)**: 프랑스 보르도의 앙드레 루르통(André Lurton) 소유로, 토론테스로 만든 와인이 유명하다.

- **보데가스 트라피체(Bodegas Trapiche)**: 1883년 멘도사에 설립하여 프랑스에서 묘목을 도입하고 현대적인 양조기술을 적용하여 아르헨티나를 대표하는 메이커가 되었다. 1999년부터 말벡과 메를로를 섞어서 만든 '이스카이(Iscay)'는 아르헨티나 와인의 질을 한 단계 높인 것으로 유명하다.

- **클로 데 로스 시에테(Clos de Los Siete)**: 프랑스의 유명한 와인 메이커 미셀 롤랑(Michel Rolland) 등 일곱 사람이 만든 포도밭으로 멘도사에서 고급 와인을 생산하고 있다.

- **펠리페 루티니(Felipe Rutini)**: 1855년 설립된 보데가스 라 루랄(Bodegas la Rural)에서 말벡으로 만든 와인이다.

- **산티아고 그라피냐(Santiago Graffigna)**: 산후안(San Juan) 지역의 툴룸 밸리(Tulum Valley)에 있다. 1869년에 설립되어 현재는 얼라이드 도멕 그룹에 속해있다. 시라와 말벡이 좋다.

- **타피스(Tapiz)**: 캘리포니아 캔달 잭슨 소유로 리저브는 75-120년 된 포도나무(말벡)에서 수확한 포도로 만든 것이다.

- **발렌틴 비안치(Valentin Bianchi)**: 멘도사의 산라파엘에 있는 와이너리로 카베르네 소비뇽과 소량의 말벡, 메를로로 만든 것이다.

[그림 16-10] 아르헨티나 와인의 상표

캐나다

공식명칭: 캐나다(Canada)
인구: 3천5백만 명
면적: 998만 ㎢
수도: 오타와
와인생산량: 5,300만 ℓ
포도재배면적: 만2천 ha

캐나다의 와인양조는 1860년대부터 브리티시컬럼비아의 오카나간에서 미사용으로 시작되었고, 주로 미국 종 포도나 교잡종을 사용하여 자체 소비에 만족하는 정도였으나, 최근에 수많은 시행착오를 거쳐 유럽 종 포도도 재배하여 신선하고 상쾌한 화이트와인을 만들기 시작하였다. 품종은 리슬링, 피노 그리, 샤르도네 등 유럽종과 비달 블랑, 등 프랑스계 잡종 그리고 토종 품종도 사용하고 있다. 화이트와인 위주로 발전하여 레드와인과 스파클링와인도 만들지만, 특히, 아이스와인은 세계 제일을 목표로 꾸준히 개발하여 세계적으로 이름이 알려지게 되었다. 아이스 와인은 나이아가라 폭포의 관광객을 대상으로 판매하여 세계 최대의 생산량을 자랑하며, 리슬링이나 비달 블랑을 영하 8도에서 당도 35% 이상일 때 수확하여 장기간 발효시켜 만든다. 매년 생산이 가능하며 높은 산도 때문에 신선한 맛을 자랑한다. 최근 이니스킬린(Inniskillin) 아이스 와인은 세계적인 명품이 되었다. 그 외 보트리티스 곰팡이 낀 포도로 만든 스위트 와인도 유명하다.

포도 품종

프랑스계 잡종으로 화이트와인용은 세이블 블랑(Seyval Blanc), 비달(Vidal) 등이 있으며, 레드와인용으로는 마레샬 포크(Maréchal Foch), 바코 누아(Baco Noir) 등이 있다. 최근에는 리슬링, 샤르도네, 소비뇽 블랑, 카베르네 소비뇽, 피노 누아, 가메 등도 재배가 증가하고 있다.

와인 관련 법규 및 분류

캐나다는 1988년부터 온타리오 주를 중심으로 양조업자 품질 동맹 즉 VQA(Vintners Quality Alliance) 제도가 도입되어, 특정재배지역 즉 DVA(Designated Viticultural Area) 규정이 탄생하였다. 이어서 1990년에 브리티시컬럼비아 주에도 VQA 제도가 도입되고, 1999년 캐나다 전역으로 확대되어 캐나다 VQA가 되었다. VQA 와인은 캐나다 산 포도를 사용하고, 해당 주 명칭을 상표에 표기하는 등 제반 규정을 준수해야 한다.

생산 지역

온타리오(Ontario)

북방 한계점으로 북위 41-44도이지만 거대한 호수의 영향으로 비교적 온화한 기후가 형성되며, 빙하기 때 형성된 토양으로 깊고 배수가 잘 된다. 캐나다 와인의 75%를 생산하며, 60 여개의 와이너리가 있다.

- **나이아가라 퍼닌설러(Niagara Peninsula)**: 온타리오 포도밭의 대부분을 차지하며, 서늘한 기후를 이용하여 리슬링, 비달 등으로 독일식 와인 생산. 나이아가라 에스카프먼트(Niagara Escarpment), 나이아가라 온 더 레이크(Niagara on the lake)로 구분.

- **레이크 이리 노스 쇼(Lake Erie North Shore)**: 이리 호 북쪽 지역으로 오대호 영향을 받아 온화하고 일조량이 풍부하여 온타리오에서 포도 수확이 가장 빠른 곳. 필리 아일랜드(Pelee Island)는 캐나다 가장 남쪽의 섬으로 캐나다 최초의 와이너리인 빈 빌라(Vin Villa)가 시작된 곳.

- **프린스 에드워드 카운티(Prince Edward County)**: 온타리오 호 북동부 지대로 샤르도네, 피노 누아 등 재배.

브리티시컬럼비아(British Columbia)

북위 50도로서 세계 와인산지 중에서 가장 북쪽에 있지만, 독특한 미기후와 지형 때문에 온타리오보다 온화하다.

- **오카나간 밸리(Okanagan Valley)**: 브리티시컬럼비아 포도밭의 대부분을 차지하며, 대륙성 기후지만 강수량이 적어서 공식적으로 사막으로 분류되는 곳. 여름에 일조시간이 길고 기온이 높아서 유럽 종 포도 재배.

- **시밀카민 밸리(Similkameen Valley)**: 오카나간 밸리의 서쪽으로 더 시원한 곳. 계곡의 높은 산의 바위 때문에 복사열이 많이 발생하고 건조하여 유럽 종 포도 재배.

- **프레이저 밸리(Fraser Valley)**: 밴쿠버 남쪽 미국과 국경지대에 있으며, 강우량이 적고 온난한 기후로 주로 독일 품종 재배.

- **밴쿠버 아일랜드(Vancouver Island)**: 새로운 재배지로서 1970년대부터 시작. 여름이 길고 건조한 편.

- **걸프 아일랜드(Gulf Island)**

중국

공식명칭: 중화인민공화국(People's Republic of China)
인구: 13억 명
면적: 960만 ㎢
수도: 베이징
와인생산량: 15억 ℓ
포도재배면적: 57만 ha

역사

한나라 때(기원전 128년) 장건이 서역에서 포도나무(*Vitis vinifera*) 씨를 가져와 장안에 심었지만, 와인을 만들었다는 기록은 없다. 문헌상 나타난 것은 당태종이 서역사회의 일부이던 고창국(高昌國)을 정벌하였을 때, 포도 재배법과 양조법을 들여와 여덟 종의 술을 빚어 군신이 같이 마셨다는 기록과, 674년 터키사람이 가져온 포도나무를 심어 와인을 만들었다는데, 적포도로서 키는 두 자 정도였으며 맛이 강렬했다고 표현하고 있다. 『사기(史記)』에 의하면, "포도로 술을 빚고 부자는 포도주를 만여 석이나 저장하는데 십수 년이 지나도 맛이 변하지 않는다."라고 하였지만, 술 빚는 방법은 전해지지 않고 있다.

어쨌든 고대 중국의 포도재배는 당나라 멸망 후 점차 사라지기 시작했으며, 송나라 때『북경주경(北山酒經)』의 "쌀, 누룩에 포도즙을 넣어 포도주를 빚는다."라든지, 북송 때 소동파의『동파주경(東坡酒經)』의 "포도주는 누룩, 밥, 포도즙으로 빚는다."라는 기록으로 미루어, 이때부터 중국 고유의 과실주 양조방법이 확립된 것으로 볼 수 있다. 원나라 때 시인 원호문(元好問)의『포도주부(蒲桃酒賦)』에는 간접적인 인용으로, "안읍(安邑. 山西省)에서 포도주 빚는 방법을 몰라서 일반 주조법으로 담았는데 맛이 좋지 않았다. 수확 직후 마을에 도적이 들어와 산 속으로 한 달 동안 피신하다가 와보니 훌륭한 술이 되었다. 이것을 비법으로 하고 있었으나 세상에 알려졌다."라는 기록으로 미루어 이것은 정통 과실주 담는 방법으로 추측할 수 있다.

원나라 때 유럽을 정복하고 유럽문물이 유입되면서 와인이 원나라에 유입되어 하북성, 산서성의 대부분, 하남성, 운남성의 일부에서 대대적으로 포도재배를 하면서 와인을 양산하였지만, 당시 도입된 와인은 문헌상에만 나올 뿐 현재 자취를 찾아보기 어렵다. 1271년부터 1294년까지 중국을 여행한 마르코 폴로가 산시성(山西省)에 포도밭이 많다고 기록하였고, 1373년 명나라 때 최초로 왕이 포도주를 만들도록 명령하였다는 기록이 있지만, 최근까지 거의 와인을 만들지 않았다.

서양문물이 도입되면서, 1892년 중국 상인이 유럽에서 포도나무를 가져와 산둥성(山東省)에 심고 와이너리를 차렸으며, 1910년 프랑스 선교사가 '샹지(현재는 북경의 Dragon Seal Wines)'라는 이름의 와이너리를 북경에 설립하였고, 1914년에는 독일 업체에서 산둥반도의 칭다오(靑島)에 와이너리를 설립하였다. 1970년대 이후부터는 유럽의 유명 메이커들이 중국으로 진출하기 시작하였다. 최근 프랑스 코냑 회사 레미 마르탱이 전문기술을 가져와 중-불 합작회사를 설립하면서 화이트와인 '다이너스티(Dynasty)'를 생산하여 처음으로 유럽식 와인이 중국에서 생산되었다. 1987년에는 페르노 리카르(Pernod-Ricard) 그룹이 북경의 프렌드쉽 와이너리(Friendship winery)와 공동으로 '드레곤 실(Dragon Seal)'이라는 상표로 와인 생산하였고, 그 외 허베이, 칭다오(Quindao) 등 여러 군데서 와인을 생산하고 있다.

아직까지 품질에 대한 평은 좋지 않지만, 급속하게 개선되고 있다. 칭다오에 있는 화동의 샤르도네는 이미 정평이 나있으며, 신장성(新疆省)의 건조한 기후에서 나오는 와인이 관심을 끌고 있다. 현재 중국은 세계 6-7위의 와인 생산 강국으로 성장하였으며, 다른 나라의 와인도 많이 수입하고 있다. 앞으로도 경제발전에 따라 그 양이 엄청나게 증가할 추세이다.

품종

식용인 머스캣 함부르크(Muscat Hamburg), 용안(龍眼, Dragon's Eye) 등이 많지만, 카베르네 소비뇽, 샤르도네 등도 재배하고 있다.

생산지

신장성(新疆省), 톈진(天津), 산둥성(山東省), 랴오닝성(遼寧省), 허난성(河南省), 허베이성(河北省) 등.

▨ 유명 메이커

- **베이징 드레곤 실 와인 컴퍼니(Beijing Dragon Seal Wines Company, 北京龍徽)**: 1910년 설립된 샹지에서 출발한 회사로 1987년 페르노 리카르와 합작으로 드레곤 실이 되었다. 허베이성에 있으며, 해발 500-600m에 포도밭이 있다. 전형적인 대륙성 기후지만 강우량이 적은 편이다(연간 360㎜). 연간 4만 톤을 생산하며, 80%가 레드와인으로 카베르네 소비뇽, 메를로, 시라 등을 재배하며, 화이트와인은 샤르도네, 리슬링, 소비뇽 블랑 등으로 만든다. - 北京龍徽釀酒有限公司

- **화동(Huadong, 華東) 와이너리**: 1885년에 영국의 와인 사업가 마이클 패리(Michael Parry)가 산둥성 칭다오에 설립한 곳으로 중국 최초의 유럽형 포도밭을 조성하였다. 연간 6만 톤 규모가 된다. 샤르도네가 유명하다. - 青島華東葡萄釀酒有限公司

- **다이너스티(Dynasty, 王朝) 와이너리**: 1980년 레미 마르탱과 합작하여 연간 2,000만병을 생산하며, 허베이성과 지린 성에 포도밭이 있다. 중국 종 용안과 머스캣(1958년 불가리아에서 도입)으로 시작하였으나 최근에는 카베르네 소비뇽과 샤르도네로 만든다. - 王朝葡萄釀酒有限公司

- **그레이트 월(Great Wall, 長城) 와이너리**: 1983년 마르텔(Martell)과 합작으로 최초의 근대적인 화이트와인을 생산하고 있다. 허베이성의 장자커우에 있으며, 연간 5만 톤 이상을 생산하고 있다. 카베르네 소비뇽, 메를로를 블렌딩한 제품과 중국 종 용안으로 만든 가벼운 것도 있다. - 華夏葡萄釀酒有限公司

- **로우란(Lou Lan, 櫻蘭)**: 1976년 신장성의 투루판(吐魯蕃)에서 정통 유럽식 와인을 생산하여 호평을 받고 있는 곳이다. 연간 5천 톤 규모로 레드와인은 카베르네, 화이트와인은 리슬링, 소비뇽으로 만든다. 실크 로드라는 상표로 나온다. - 新疆吐魯蕃鄯善莊園酒業有限公司

- **창유(Chang Yu, 張裕)**: 산둥반도 옌타이에 있는 민관합작기업으로 1892년 창비시(張弼士)가 세운 곳으로 아시아 최대의 규모로 연간 8만 톤을 생산한다. 가벼운 드라이 레드는 머스캣 함부르크로 만든 것이며, 스위트 화이트와인은 뮈스카로 만든 것이다. 카베르네도 있다. - 煙台張裕葡萄釀酒有限公司

일본

공식명칭: 니혼(Japan)
인구: 1억3천만 명
면적: 38만 ㎢
수도: 도쿄

역사

8세기 경 불교가 전래되면서 나라 현에 포도가 전파되었으며, 일본 와인의 고유 품종인 고슈(甲州) 포도는 중국에서 종자가 전파되어 생긴 것으로 추정하고 있다. 16세기 포르투갈인의 일본 와인에 대한 기록이 최초이지만 그 전부터 와인을 만들고 있었을 것으로 추정하고 있다. 17세기 도쿠가와 시대에 사라졌다가 1867년 명치유신 이후 문호개방으로 다시 시작된다. 이때부터 프랑스 등으로 와인 양조를 배우기 위해 기술자를 유학 보내고, 1875년 최초의 와이너리가 동경 서쪽 야마나시 현에 설립되어, 아직도 일본 포도밭의 40% 이상이 여기에 있다. 요즈음은 포도밭이 북해도를 비롯한 전 지역으로 확대되고 있다.

와인 법률

와인은 과실주에, 강화와인은 감미 과실주에 포함시키며, 재무부 관할 주세법으로 다음과 같이 정의하고 있다. 과실주는 과실과 물, 당류 그리고 브랜디 등을 첨가하여 알코올 농도를 높일 수 있으며, 정해진 범위 내에서 향미료나 색소도 첨가할 수 있다. 그리고 해외에서 벌크와인으로 수입한 것이나 해외에서 포도즙을 수입하여 국산과 혼합하여 만든 것도 '국산 와인'으로 인정이 된다.

품종

미국 교잡종이 주종을 이룬다.

- **화이트와인용**: 고슈(甲州)는 기원이 확실하지 않은 일본 고유 품종으로 양질의 와인을 생산한다. 껍질이 얇은 적자색으로 신맛이 강하며, 일반적으로 스위트 와인으로 많이 만들지만, 드라이 와

인도 좋다. 그 외 델라웨어, 나이아가라, 네오 머스캣, 샤르도네, 리슬링 등을 재배한다.

- **레드와인용**: MBA, 블랙 퀸(Black Qeen) 등은 일본에서 개발한 품종이며, 캠벨 얼리, 콩코드, 카베르네 소비뇽, 메를로 등도 성공적이다. MBA(Muscat Bailey A)는 '베일리'와 '머스캣 함부르크'를 교배해서 얻은 품종으로 생식 겸용으로 많이 사용된다. 블랙 퀸은 베일리에 골든 퀸을 교배한 것으로 색깔이 진하다. 신맛과 떫은맛이 강하여 장기 숙성시키는 품종으로 좋다.

그 외 일본의 메이커에서 독자적으로 개발한 품종으로 독특한 와인을 만들고 있다.

생산지역

일본의 포도재배지는 홋카이도부터 큐슈까지 전 국토에 걸쳐 있지만, 주요 산지는 야마나시(山梨), 나가노(長野), 야마가타(山形), 홋카이도(北海道) 등을 들 수 있다.

- **야마나시(山梨)**: 야마나시는 일교차가 심하고, 지형의 혜택으로 화강암과 안산암이 붕괴된 토양에 부식과 사질토양으로 배수가 잘되어 양질의 포도를 생산한다. 산토리를 비롯한 대형 메이커가 많다. 고슈(甲州), MBA(Muscat Bailey A)를 주로 재배하며, 요즈음은 메를로, 카베르네 소비뇽, 샤르도네 등 유럽 포도 재배가 증가하고 있다. 2011년 1,700만 ℓ를 생산하여 전국 생산량의 22%를 점유하고 있다.

- **나가노(長野)**: 콩코드, 나이아가라 등 식용 포도로 시작하였지만, 메를로와 샤르도네 재배면적은 일본에서 가장 넓은 곳으로 이 두 가지 품종은 일본 전체의 절반 이상을 차지하고 있다. 특히 메를로의 품질이 뛰어난 곳으로 알려져 있다. 메르시안(Mercian), 만즈(Mann's) 등 대규모 메이커가 많다. 2011년 생산량 350만 ℓ.

- **야마가타(山形)**: 델라웨어 주산지로서 알려졌지만, 와인용으로 MBA, 샤르도네, 메를로, 카베르네 소비뇽의 질이 좋은 것으로 알려졌다. 2011년 생산량 90만 ℓ.

- **홋카이도(北海道)**: 유럽 포도의 재배면적은 일본에서 가장 넓으며, 추운 기후에 적합한 독일계 케르너(Kerner), 뮐러 투르가우(Müller-Thurgau), 박후스(Bacchus) 등을 많이 재배하고 있다. 최근에는 아시아 포도인 머루로 만든 와인으로 각광을 받고 있다.

한국

공식명칭: 대한민국(Republic of Korea)
인구: 4,900만 명
면적: 10만 ㎢
수도: 서울

역사

우리나라의 포도재배 시기는 정확히 알 수 없다. 『증보산림경제(增補山林經濟)』, 『임원십육지(林園十六志)』 등에 나타나지만, 포도인지 머루인지 구분이 애매하며, 1700년대 『양주방(釀酒方)』 등에는 누룩, 밥, 포도즙으로 술을 빚은 것이 나타난다. 고려 때 충렬왕 11년(1285년), 28년, 34년에 원제가 고려의 왕에게 포도주를 계속 보내왔는데, 이때의 포도주는 정통 과실주 양조법으로 담근 것이라고 생각되며, 그 후에도 『동의보감』, 『지봉유설』 등에도 포도주를 소개하고 있는데, 주로 중앙아시아에서 유입된 것을 묘사한 것으로 해석하고 있다.

인조 14년(1636년) 대일통신부사 김세렴의 『해사록(海笑錄)』에 서구식 레드와인을 대마도에서 대마도주와 대좌하면서 마셨다는 기록이 있으며, 1653년 네덜란드 하멜이 일본을 가는 도중 폭풍을 만나 제주도에 난파(하멜표류기)하여 가져왔던 적포도주를 지방관에게 상납했다고 한다. 이후, 고종 3년(1866년), 5년 독일인 오펠트가 쇄국정책을 뚫고 레드와인을 반입하였는데, 이때는 와인뿐 아니라 샴페인 및 양주도 도입하였다. 그 뒤 문호개방 후 본격적으로 상륙하여, 레드와인(赤葡萄酒), '사리(㵼哩)'라고 하는 셰리, '상백윤(上伯允)'이라는 샴페인은 고종 3년, '복이탈(卜爾脫)'이라는 보르도 와인은 고종 13년, '사과주(苹果酒)'인 사이다는 고종 24년, '박덕(博德)'이라는 포트는 고종 20년, 그리고 '발란덕(撥蘭德)'이라는 브랜디, '당주(糖酒)'인 럼, '두송자주(杜松子酒)'인 진, '유사길(惟斯吉)'이라는 위스키 등도 상륙하게 된다.

이때부터 서양 여러 나라와 교류를 하면서 와인이 본격적으로 상륙하였으나, 정통 와인보다는 맛이 달고 알코올 농도가 높은 디저트 와인을 우리나라 사람들이 더 좋아했다. 그리고 일제강점기부터 몇 몇 회사에서 만들었던 포도즙과 알코올을 혼합한 술이나, 각 가정에서 포도를 으깬 다음 설탕과 소주를 부어 만든 술도 서양의 디저트 와인 '포트(Port)'를 흉내 낸 것이다. 그래서 아직도 와인은 달고 은근히 취하는 술이라고 생각하는 사람이 많고, 일반 테이블 와인에 대해 맛이 시고 떫다고 거부하는 사람이 많다.

포도의 본격적인 재배는 1906년 뚝섬 원예모범장이 설립되고, 1908년 수원 권업모범장 후의 일이다. 이때는 주로 미국 종 포도가 도입되었고, 1918년 경북 포항의 미츠와 농장에서 와인을 만들기도 했지만, 우리나라에서 와인다운 와인을 만들기 시작한 것은 1970년대부터이다. 동양에서도 상당히 늦게 시작한 것이다. 마침, 정부에서 식량부족을 이유로 곡류로 만든 술보다는 과일로 만든 술을 장려하였기 때문에 대규모 포도단지 조성을 권유하여 대기업이 참여하였다.

1980년대는 매년 10-30%씩 성장하면서, 1988년에 최고의 성장을 기록하지만, 우리나라 풍토가 와인용 포도의 재배에는 적합하지 않고, 와인용 포도의 재배기술이 확립되지 않은 상태에서 외국산 와인이 수입되면서 국산 와인은 설자리를 잃고 말았다.

[그림 16-11] 우리나라 최초의 와인 '애플와인 파라다이스'

- **애플와인 파라다이스**: 1969년 파라다이스 애플와인(1967년 허가)은 우리나라 최초의 과실주로서 선을 보였고, 이어서 포도로 만든 '올림피아(1982년)'를 생산하였으나 1987년 파라다이스가 수석농산으로 바뀌면서 '위하여'로 변경되었다.

- **노블 와인**: 1974년 해태에서 포도로 만든 노블 와인 시리즈 즉 '노블 로제', '노블 클래식', '노블 스페셜'을 출시하였고, 이들은 1975년 국회의사당 해태 상 밑에 이 와인을 매립하여 100년 후에 꺼낼 것을 약속하기도 했다.

- **마주앙**: 1977년에 나온 마주앙은 조금 늦게 시작하였지만, 맥주라는 큰 주류시장을 확보하고 있었기 때문에 뛰어난 기술력과 마케팅으로 순식간에 국내 와인시장을 장악하였다.

- **샤또 몽블르**: 1985년 진로에서 나온 것으로 1976년부터 포도밭 106만평 조성하여 의욕적으로 와인시장에 뛰어들었다. 두 번째 제품은 '듀엣(1994)'이라는 이름으로 나왔다.

- **두리랑**: 1984년 8월 금복주에서 나온 것으로 이어서 '엘레지앙(1988년)'도 출시하였다.

- **그랑주아**: 대선주조에서 1987년 스파클링와인으로 생산하였고, 1989년에는 '앙코르'도 개발하였다.

그러나 2000년대부터 우리나라 와인은 '농민주'라는 이름으로 정부와 지자체의 지원을 받아 활발하게 움직이고 있다. 아직은 규모가 작고, 생산기술 수준이 낮지만, 외국산에 비해 손색없는 제품도 나오고 있다.

현황

● **충북 영동**: 가장 인지도가 높은 곳으로 전국 포도 생산량의 12%를 차지하고 있으며, 40여 개의 와이너리가 있다. 가장 먼저 시작한 '와인코리아', 상당한 품질 수준을 자랑하는 도란원의 '샤토 미소', 교육받은 신세대 '컨츄리와인', 실험정신이 돋보이는 '여포농장'등이 활발하게 움직이고 있다.

● **경북 영천**: 영동보다 늦게 시작하였지만, 포도재배면적과 생산량은 우리나라에서 1위이며, 와인용 포도재배 조건이 우리나라에서는 가장 적합한 곳으로 알려져 있다. 선두주자 '한국와인'을 비롯하여 '고도리', '대향', '조흔' 그리고 교육받은 신세대 주자가 시작한 '블루썸' 등이 획기적인 발전을 도모하고 있다.

[그림 16-12] 경북 영천의 블루썸

주요 품종

우리나라 포도의 약 70%가 캠벨 어얼리(Campbell Early)로서 생식용이며, 머스캣 베일리 에이(Muscat Bailey-A, MBA)는 생식, 양조 겸용이다. 화이트와인용은 시이벨(Seibel) 9110이 주품종이며. 생식용 거봉 등의 인기도 좋은 편이다. 전 국토 어디서나 포도재배 가능하지만 와인용 포도의 재배적지라고 할 수는 없다. 강우량이 많아서 유럽 종 재배가 어렵기 때문이다. 현재, 캠벨 어얼리 69%, 거봉 15%, 세르단 11%의 비율이다.

● **캠벨 얼리(Campbell Early)**: 1892년 미국에서 개발된 것으로, 엄밀하게 이야기하면 구미 잡종이지만, 와인을 만들면 미국계 품종의 특성이 너무 강하게 나타난다. 그러나 생식용으로는 우리 기호에 아주 적합하다. 내한성, 내병성이 강하다.

● **거봉(巨峰)**: 1945년 일본에서 개발한 4배체 품종. 적산온도 2200℃ 이상이 요구된다.

● **머스캣 베일리 에이(Muscat Bailey A)**: 1950년 일본에서 개발된 양조 겸용 포도. 일명 '머루포도'라고도 한다. 당도가 높고 색깔이 진하여 1980년대 우리나라 레드와인을 만들었던 품종이다.

● **시이벨 9110(Seibel 9110, Verdelet)**: 일명 '화이트 얼리'라고도 한다. 껍질이 얇고 육질이 유럽종 비슷하나 탈립이 심하여 운반이 어렵다. 조기 수확하면 신맛이 많다. 양조용으로 좋다.

● **네오 머스캣(Neo Muscat)**: 1932년 일본에서 개발한 재배가 쉬운 품종이다. 머스캣 특유의 냄새가 난다.

와인(과실주) 양조 현황과 문제점

① 주세법상 과실주에 포함되며, 주세법상 과실주에 포함되며, 농업경영체 및 생산자단체와 어업경영체 및 생산자단체가 직접 생산하거나 양조장 소재지 및 그 인근에서 생산한 농산물을 주원료로 사용하는 '지역특산주'로서 부활하고 있다.

② 현재 포도, 매실, 배, 사과 등을 원료로 사용하지만, 포도의 경우 전체 생산량의 0.35%만 주류 제조에 사용하고 있다.

③ 지역특산주의 경우는 직접 소비자에게 판매할 수 있으며, 우체국을 통하여 통신판매도(1인 1일 100병) 가능하다.

④ 복분자주는 2002년 200억 시장을 형성하였으나 점차 하향 추세에 있으며, 2018년 현재, 국세청 주류면허지원센터의 자료에 의하면 과실주 허가업체는 118 군데이다.

⑤ 대부분 영세업체이며, 의욕만 앞세우고, 양조지식이 없는 상태에서 시행착오를 겪고 있으며, 판로부족 등 문제점이 많다.

⑥ 여름이 덥고 습하며 겨울은 추운 곳으로 7, 8월에 집중 강우, 태풍 등으로 재배조건이 좋지 않다.

⑦ 양조보다 중요한 것은 풍토에 적합한 포도육종이지만, 장기간 소요되는 풍토에 맞는 양조용 품종개발은 이제 시작 단계에 있다.

⑧ 와인에 대한 기호(드라이, 스위트)가 일정하지 않아 기호를 맞추기 힘들다.

17장 와인의 감정

와인의 감정

와인 감정에 대해서는 전설 같은 이야기들이 많다. 한번 맛을 보고 메이커의 명칭과 빈티지까지 알아맞힌다고 하지만 현실적으로 있을 수 없는 일이다. 와인의 감정은 이러한 일을 하는 것이 아니고, 와인의 맛과 향이 좋은지 아닌지 살피는 것이다. 수입업자라면 맛과 향을 보고 이 와인을 수입할까 말까 가격과 비교하여 결정하고, 와인 바나 레스토랑에서는 이 정도 가격에 이런 맛이라면 괜찮다고 판단하고 구입을 결정하면 되는 것이다. 어설픈 용어로 향미를 묘사하는 것을 감정으로 생각해서는 안 된다. 와인에서 나오는 향은 누구나 맡을 수 있는 노골적인 것이 아니고, 스쳐 지나가는 느낌이기 때문에 객관성이 결여되기 때문이다.

와인을 객관적으로 품평하는 자리라면, 전문가를 초청하여 정해진 장소에서 정해진 방법으로 각 와인의 점수를 매기고, 그 결과를 통계학적인 방법으로 처리해야 객관적인 결과를 얻을 수 있다. 여기서는 객관적인 평가 방법과 와인 감정의 이론과 실제를 소개하여 전문적인 와인 감정을 어떻게 하는지 다루어 보도록 한다.

우연히 맞힐 확률

진짜 양주와 가짜 양주 시료 2개를 놓고 어떤 것이 진짜인지 맞춘다고 했을 때, 우연히 맞힐 확률은 50%가 된다. 즉 어린애를 대상으로 해도 열 명 중 다섯 명은 맞힐 수 있다는 것이다. 두 번째 테스트에서 또 맞혔다면 확률은 25%, 세 번째는 12.5%, 네 번째는 6.25%, 다섯 번째는 3.125%로 감소한다. 따라서 추측 통계학에서 우연히 맞출 확률을 5% 이하로 정하기 때문에, 시료가 2개인 경우는 최소 다섯 번은 반복하여 모두 맞혀야 5% 유의성(95% 신뢰성)이 있다고 판단하는 것이다.

와인 감정의 이론

와인의 감정

와인 감정의 단계

- **1단계**: 먼저 와인을 많이 마셔보고 그 맛이나 향에 익숙해져야 한다. 즉 초보자는 와인을 감정하기 이전에 먼저 와인의 맛과 향에 익숙해지도록 와인을 많이 마셔보고, 나름대로 판단력이 생겨야 가능하다.
- **2단계**: 차이식별검사로서 어떤 와인의 맛이나 향이 다른 것을 인식할 수 있어야 한다.
- **3단계**: 묘사분석으로 와인의 맛과 향 그리고 감촉 등을 묘사한다.
- **4단계**: 정량적 묘사로 와인의 맛과 향의 강도를 수치로 표현한다.

테이스팅 전문가

전통적인 와인생산지역에서는 거래 시, 훈련된 상인, 브로커, 생산자들의 테이스팅이 이루어지면서 항상 와인 평가에 대한 일정한 수준을 유지하고 있다. 이들 와인 감정가는 일반적인 기초지식을 습득한 후 훈련을 거친 사람으로, 와인산업과 관련이 없는 사람들도 많다. 와인과 관련 없는 사람이라도 이들은 와인을 좋아하고, 시간적 여유가 있고, 와인을 좋아할 만한 여유와 돈이 있는 사람으로서 와인의 근소한 차이를 발견할 수 있는 사람들이다.

또 다른 전문가는 와인을 만드는 사람으로, 와인의 품질을 책임지고 있는 사람이다. 이런 직업적인 전문가는 자신이 발효시키고 숙성시킨 와인에 대해 계속적인 판단이 요구된다. 실험실에서 날마다 테이스팅을 하면서 "숙성을 더 해야 한다.", "산도가 부족하니까 다른 것과 섞어야 한다."는 등 판단을 할 수 있어야 하는데 이들을 분석 감정가라고 한다. 그러므로 타입이 다른 와인을 비교한다는 것은 무리가 따르기 때문에, 이들도 각 각 고유의 분야가 있어서 지방별, 타입별, 따로 정한다.

와인 감정이란?

와인을 마시는 것과 감정하는 것을 혼동하는 사람이 많다. 와인을 마실 때는 자기 자신의 즐거움을 위해서이고, 와인을 감정한다는 것은 와인을 객관적인 입장에서 평가하는 것이다. 그러므로 와인을 감정하는 행위는 지켜야 할 것도 많고, 엄격한 분위기에서 행해지는 분석적인 업무이다.

그런데 즐겁게 마셔야 할 사람들이 와인을 평가하는 기준을 적용시켜 "와인이란 이렇게 마시는 법이다."라고 못을 박는 경우가 있다. 마실 때는 무엇보다도 즐거운 분위기에서 부담 없이 마시는 것이 최고이다.

와인의 감정(Tasting)은 상업적인 거래에서 가격을 책정하는 데서 시작되었다. 프랑스 메도크 지방의 그랑 크뤼 클라세(1855)의 등급이 매겨진 것도, 와인의 감정에 의한 맛에 기초를 두고, 정해진 가격을 기준으로 이루어진 것이다. 이러한 관능검사(Sensory evaluation)는 가격결정, 신제품 개발, 원가절감, 공정개선, 경쟁력 강화, 소비자 만족 등을 위한 필수적인 것으로 특히 와인의 가격에 결정적인 역할을 한다. 그러므로 와인의 감정은 개인의 취향이 아닌 객관적이고 공평한 다수의 평가에, 감정하는 사람 자신의 것도 포함되어야 하는, 어려운 일이다. 이렇게 와인을 감정하고 평가하는 일은 상당한 경험과 지식을 필요하므로, 와인을 어떻게 감정하고 평가하는지 기초적인 사항을 습득한 후 철저한 자기관리와 꾸준한 연습으로 실력을 쌓아야 한다.

▨ 마음자세

와인의 맛을 한 번 보고 어디의 무슨 와인 몇 년도 산이라고 알아맞힌다지만, 수십만 가지의 와인을 평생 동안 다 맛볼 수도 없는 일이거니와, 해마다 다른 빈티지를 알아맞힌다는 것은 수학적으로 불가능한 일이다. 대개의 와인 감정가는 한정된 지역이나 익숙한 스타일이 있기 마련이다. 우리는 와인을 맛보고, 품종이나 대략적인 지역의 특성, 오래된 것인지 아닌지, 다른 것과 비교해서 어떤지 파악하는 수준 정도면 된다. 그러면서 점차 익숙해지면 향과 맛을 묘사해보고, 그 강약을 숫자로 표현해 보면서, 객관적인 위치에서 평가를 내릴 수 있어야 한다.

이렇게 와인의 감정은 객관적인 입장에서 공평하게 이루어져야 되기 때문에, 와인감정 능력은 타고난다든지, 특정한 지역의 특정한 포도밭에서 좋은 빈티지 때 고급 와인이 나온다든지, 비싼 와인이 값싼 와인보다 맛이 좋다는 등 편견을 버리고, 여러 가지 오차를 줄일 수 있는 방법을 모색해야 한다. 그래서 와인 테이스팅은 정해진 장소에서, 정해진 시간에, 정해진 방법으로 엄격하게 이루어져야 한다. 일반적인 테이스팅은 어떤 와인인지 모르는 상태에서 행해지는 블라인드 테이스팅(Blind tasting)이 기본이 된다. 그리고 가장 중요한 조건은 와인의 맛에 익숙해진 사람만이 테이스팅을 할 수 있다는 점이다.

와인 테이스팅(Wine tasting)

▨ 테이스팅의 정의

테이스팅이란 "와인을 시각적, 후각적, 미각적으로 검사하고 분석하여 느낀 점을 명확한 언어로

표현하고 판단하는 것"을 말한다. 먼저, 외관(Appearance) 즉 색깔, 투명도 등을 살펴보고 정상인지 아닌지 조심스럽게 판단한다. 그래서 이 시각적인 검사를 테이스팅의 예비단계라고 말한다. 다음은 향미(Flavor) 즉 향과 맛을 살피는데, 이때는 잔을 흔들어 후각에 미치는 영향을 크게 한 다음 향을 맡아본다. 와인의 품질은 이 후각으로 결정될 만큼, 가장 중요하다고 할 수 있다. 그리고 와인을 마시면 입안에서는 미각으로 느끼지만, 바로 후각과 함께 합쳐서 복합적인 맛을 느끼기 때문에 맛이란 표현보다는 '향미(Flavor)'라는 표현을 더 잘 쓴다. 그리고 마지막으로 질감(Touch) 즉 온도, 점도, 농도, 알코올의 화끈한 맛, 떫은 맛, 부드러움 등을 살피고, 이러한 과정에서 느낀 점을 명확한 언어로 표현하고 판단할 수 있어야 한다.

관능검사에 사용되는 감각

눈	시각: 색깔, 투명도, 기포발생 정도		Appearance
코	후각: 아로마, 부케		Odor
입	후각: Mouth aroma	} Complex taste	
	미각: 기본 맛, 화학적 감각: (쓴맛, 떫은맛)		
	감촉: 농담	} Touch	
	온도: 덥고 찬 것		

▨ 외관(Appearance, 투명도와 색깔)

와인에는 이물질이 없어야 하며, 맑고 빛이 번쩍이는 듯한 보석의 반짝임이 나타나야 한다. 그리고 색이란 광선이 어떤 물질에 비추어 특정 파장을 반사하여 그 빛을 우리가 느끼는 것이기 때문에, 적절한 조명이 있어야 됨은 물론, 다른 색깔의 영향을 받지 않도록 반드시 흰 바탕에 잔을 기울여 그 경계 면의 색깔을 평가해야 한다.

화이트와인은 영 와인 때 연두 빛을 띤 노란색이지만 오래될수록 그 색깔이 진해지면서 황금빛이 되고 최종적으로 호박색 즉 옅은 갈색으로 변한다. 레드와인은 영 와인 때는 아름다운 보라색이 나타나지만, 시간이 지날수록 보라색이 사라지고 붉은빛을 띠다가 최종적으로 초콜릿 색깔이 된다. 대체적으로 서늘한 지방에서 나온 와인은 색깔이 옅고, 햇볕을 많이 받은 포도로 만든 와인은 색깔이 진하다. 그리고 품종에 따라 색깔이 다르므로 이 점을 잘 고려해서 판단해야 한다. 레드와인의 색깔이 초콜릿 색깔이거나 화이트와인이 갈색으로 변한 경우나, 와인이 뿌옇게 되어 있으면 결정적인 결점이 있는 것으로 짐작하고 조심스럽게 살펴봐야 한다. 그러나 요즈음은 정제기술이 발달하여 웬만한 와인은 거의 투명하고 밝게 빛나므로 점차 외관에 대한 중요도는 감소되고 있다.

맛(Taste)

맛은 물질의 작용에 따라 심리적으로 느끼는 현상이다. 맛은 혀에 있는 미뢰(Taste bud)에서 느끼는데, 하나의 세포가 여러 가지 맛을 감지할 수 있으므로 맛의 종류에 따라 느끼는 부위가 정해져 있지 않다. 그리고 맛을 느낄 수 있는 물질은 물(침)에 녹는 물질이라야 하며, 그 맛의 강도는 자극물질의 양에 비례한다. 미뢰의 중요한 성질 중 하나는 자극에 대한 순응(Adaptation)이 빨리 일어나며, 이로 인하여 한 가지 맛을 오래 동안 접하면 그 강도가 점차 약하게 느껴지는 피로현상(Fatigue)이 일어난다는 점이다.

- **기본 맛**: 단맛(Sweet), 신맛(Sour), 짠맛(Salty), 쓴맛(Bitter)으로 사람에게는 이 네 가지 맛 중에서 단맛만 좋게 느껴지고 다른 맛은 불쾌감을 주는데, 단맛에 신맛, 짠맛, 쓴맛이 섞이면 괜찮게 느껴진다. 와인은 이 네 가지 맛을 다 가지고 있다. 단맛은 주로 알코올, 당분, 글리세린 등에서 나오며, 신맛은 주석산을 비롯한 유기산에서, 쓴맛은 페놀화합물에서 나온다. 짠맛은 염에서 나오는데 와인의 짠맛은 다른 맛에 가려져 느끼기는 힘들다.

    와인을 맛 볼 때는 이 네 가지 맛을 하나씩 느끼도록 노력해야 한다. 와인이 입에 들어가면 알코올의 단맛 때문에 2-3초 좋다고 느껴지고, 그 후 조금씩 단맛을 막아 버리는 다른 맛이 끼어들고, 마지막에 신맛과 쓴맛이 지배하는데, 8-10초 후면 불쾌한 맛이 없어진다. 그리고 향과 맛이 함께 형성되는 향미(Flavor)가 지배하면서 뒷맛(After taste)으로 남게 된다. 좋은 품질의 와인이란 좋은 뒷맛이 오래 지속되는 것이다.

- **맛의 성질**: 두 가지 맛이 섞일 경우는 새로운 맛이 형성되거나 그 맛이 없어지는 것이 아니라 원래 맛의 강도가 증가하거나 감소할 뿐이다. 예를 들면, 와인은 발효식품 중 가장 산이 많은데 알코올 때문에 부드러워진다.

- **최소감응농도(Threshold)**: 어떤 맛을 느낄 수 있는 최소의 농도를 말하며, 개인에 따라 차이가 있으므로 주관적인 것이다. 최소감응농도가 낮은 사람일수록 맛에 대해서 예민하다고 할 수 있다. 또 농도가 각기 다른 물질이 있을 때 미각으로 비교 구별할 수 있는 최소의 농도 차이를 최소감별농도(Difference threshold)라고 한다.

[표 17-1] 기본 맛의 최소감응농도

단맛(g/L) Saccharose n=820명(%)		신맛(g/L) Tartaric acid n=495명(%)		짠맛(g/L) Sodium chloride n=100명(%)		쓴맛(mg/L) Quinine sulfate n=374명(%)	
〉4	4.5	〉0.28	11.8	〉1.00	6	〉2	23.8
4	12.3	0.2	38.8	0.50	33	2	27.4
2	34.6	0.1	21.2	0.25	40	1	24.5
1	30.6	0.05	28.2	0.10	21	0.5	24.3
0.5	18.0						

- **단맛(Sweetness):** 와인에서 단맛을 내는 물질은 발효가 안 되고 남아있는 당분, 글리세롤(Glycerol), 알코올 등을 들 수 있다. 와인에 있는 당분을 보면, 과당(Fructose)이 포도당(Glucose)보다 더 많이 존재한다. 그리고 저 농도의 알코올도 단맛을 내는데, 4% 알코올과 2% 포도당은 동일한 단맛을 가진다. 또 알코올은 설탕의 단맛을 증가시킨다. 그리고 글리세롤은 발효의 부산물로 1% 정도 나오는데, 이것도 단맛에 기여한다.

- **신맛(Sourness):** 산도와 pH의 영향을 받는다. 각 유기산의 신맛의 강도를 보면, 주석산(Tartaric acid) > 사과산(Malic acid) > 초산(Acetic acid) > 젖산(Lactic acid) > 구연산(Citric acid) 순서가 된다. 주석산과 구연산의 신맛이 와인의 바람직한 신맛이다. 알코올은 유기산의 신맛을 감소시키며, MLF는 사과산을 젖산으로 변화시켜 와인의 맛을 온화하게 해준다.

- **짠맛(Saltness):** 와인에는 2-4g/ℓ의 염이 들어있다. 이 염은 산과 금속의 결합형태로 이 정도의 농도에서는 짠맛을 못 느끼지만, 와인에 간접적으로 독특한 맛과 생동감을 준다.

- **쓴맛(Bitterness)과 떫은맛(Astringency):** 페놀성 물질로서 색소와 타닌을 이루고 있는 성분이다. 이들은 와인의 색깔과 향미에 큰 영향을 준다. 레드와인에는 이 성분이 화이트와인보다 더 많이 들어있기 때문에 레드와인 맛과 화이트와인 맛이 다른 것이다. 쓴맛과 신맛은 상승작용을 하여 더욱 쓰고 신맛을 내기 때문에 그 양의 조절이 잘 이루어져야 한다. 신맛과 단맛은 서로를 감소시키기 때문에 와인의 단맛은 신맛과 쓴맛을 합한 정도의 세기가 되어야 균형을 이룬다. [단맛 = 신맛 + 쓴맛]

냄새(Odor) - 가장 중요한 감각

와인을 마시기 전에 냄새부터 맡는다. 그래서 잔을 흔들어서 휘발성분이 많이 나오게 만들어 후각에 미치는 영향을 크게 한다. 후각을 느끼는 부분은 콧구멍 위쪽에 있다. 후각점막은 노란색을 띠고 약 2㎠이며, 두 개로 나뉘어 공기를 여과하고, 가온한다. 감지판은 2㎜ 정도로 뒤편에 위치하고 있어서 호흡하는 동안 냄새나는 공기만 이 부분에 도달한다. 이러한 해부학적인 구조 때문에 여러 가지 냄새의 공격에서 보호된다. 그러나 후각은 한번 마비되면 회복이 어렵기 때문에 조심해야 한다.

후각 점막에 물질이 도달하는 통로는 2가지가 있는데, 코를 통해서 들어오는 물질은 직접 후각 세포에 닿고, 다른 하나는 와인을 마시면 입안에서 더워져 약간의 압력으로 증기가 발생하여 후각 세포에 전달된다. 이것을 '마우스 아로마(Mouth aroma)'라고 한다. 천천히 숨을 쉬면 감각이 증가되고 바로 감소하면서 서서히 사라진다. 사실, 우리가 입안에서 맛이라고 느끼는 것은 향과 맛이 복합적으로 어우러진 감각이기 때문에, 후각이 마비되면 맛을 전혀 느낄 수 없는 것이다. 감기가 걸렸을 때 밥맛이 없는 이유도 바로 이런 현상 때문이다. 그래서 후각과 미각을 합쳐서 '향미

(Flavor)'라고 한다.

후각으로 느끼는 것은 고정되거나 지속되지 않는다. 4-5초 정도 유지되고 바로 순응되어 그 냄새를 느끼지 못하기 때문에 후각훈련이 어렵다고 하는 것이다. 그리고 후각신경을 자극하는데 필요한 최소 감응농도는 10^{-11}-10^{-3} 몰로서 엄청나게 작은 양으로 충분하며, 최소감응농도의 차이가 대단히 크다(백만 배 이상). 그러므로 농도의 크기만으로 그 중요성을 판단할 수 없다. 또 전혀 다른 화합물이 같은 냄새를 내거나 비슷한 화합물이 전혀 다른 냄새를 낼 수도 있다.

숨 쉴 때는 5-10%의 공기만이 코의 윗부분 즉 냄새를 맡을 수 있는 부분을 통과한다. 통과량을 많이 하려면 깊게 마셔야 한다. 이렇게 해서 충분한 공기가 코의 점막에 도달하면 공기가 함유하고 있는 냄새의 성질을 파악할 수 있다. 후각이란 개인에 따라, 시간에 따라, 느끼는 것이 다르고 그 폭이 넓기 때문에 후각은 극도로 민감하며 선택적이다. 그러나 사람들은 냄새에 쉽게 적응하여 일시적으로 그것을 감지하는 능력을 잃게 되므로 하나의 냄새를 맡고 다음 것을 맡을 때까지는 충분한 시간이 필요하다. 이 점이 와인을 감정할 때 중요 요소가 된다.

감촉(Touch, Mouth feel)

공기 중의 먼지가 눈에 들어가면 타는 듯한 감촉을 느낀다. 눈과 먼지가 반응을 하기 때문이다. 또 이물질이 코 점막에 닿으면 재치기를 한다. 이런 것이 바로 감촉이다. 그래서 와인에 섞여있는 입자가 입에 들어가면 감촉을 느끼게 되며 그것을 감지하는 것을 배우게 된다. 그리고 목을 넘어가는 느낌, 알코올 농도, 덥고 차가움 등도 감촉으로 느낀다. 또 가장 판정하기 어려운 것 중 하나인 바디(Body) 역시 감촉으로 측정하게 된다. 탄산가스의 느낌도 감촉이며, 타닌에 의한 떫은맛은 근육조직의 반응이다. 이런 것을 화학적인 감촉이라고 할 수 있는데, 아황산의 과다로 일어나는 재치기나 또 다른 자극에 의한 눈물, 알코올 함량이 높아 서 느끼는 화끈거리는 느낌 등도 촉감에 해당된다.

테이스팅의 실제

테이스팅 환경

● **장소**: 시료 저장 및 준비실과 평가를 수행하는 검사실을 따로 준비한다. 그리고 양쪽 모두 외부의 냄새 유입을 방지할 수 있는 시설을 갖추어야 한다. 검사실은 될 수 있으면 개인별 칸막이가 설치되어 있거나, 한 사람이 들어갈 수 있는 부스를 갖추는 것도 좋다. 그리고 테이스팅이 끝나

면 서로 의견을 조절하고, 사용하는 용어를 통일할 수 있는 회의실도 있어야 한다.

- **시기**: 늦은 아침으로 가장 식욕을 느낄 때가 가장 감각이 민감하다. 그리고 주말이나 휴일은 심리적인 동요 때문에 피한다.

- **패널(Panel)**: 테이스팅은 아무리 맛에 대해서 뛰어난 감각을 가지고 있다 하더라도 어떤 개인의 영향력에 좌우되어서는 안 된다. 그래서 맛과 향에 대한 예민도가 높고 재현성이 있는 사람들을 따로 모집하여, 테이스팅을 위해 선발된 특정의 자격을 갖는 집단을 테이스팅 패널이라고 한다. 이들은 정상적인 맛 평가능력과 표현능력이 있어야 하며, 건강상태가 양호하고 신뢰성이 있으며, 일관성 있는 판단을 할 수 있는 사람이라야 한다. 그래야 개인의 영향력을 최소화할 수 있다. 선발은 보통, 두 개는 동일한 시료, 하나는 다른 시료로 세 개의 조합을 만들어 그 차이를 감지하는 삼점 테스트(Triangle test)를 거쳐서 하는데, 이때는 시료를 AAB, ABA, BAA, BBA, BAB, ABB 6개의 조합으로 만들되 정답비율이 80% 정도 되도록 난이도를 조절하는 것이 좋다. 그리고 20회 실시하여 60% 이상 정답을 보이는 사람을 선발한다.

  이렇게 선발된 패널은 차이식별 뿐 아니라 와인의 특성에 대해서 적절한 언어로 표현할 줄도 알아야 하므로 일정기간 훈련을 거쳐야 한다. 기본 맛이나 향에 대한 훈련은 물론 사용하는 용어를 개발하여 통일하고, 개개인의 능력을 향상시켜 전체적으로 일관성 있는 평가를 할 수 있도록 해야 한다. 유명한 와인 생산지역에서는 이미 고도로 훈련된 패널이 활동하고 있으며, 이들의 평가가 와인 가격에 가장 결정적인 영향을 미친다.

테이스팅 절차

테이스팅은 미각과 후각의 반복훈련을 기초로 능력을 배양해야 하며, 항상 기억력과 집중력을 동원하여 심사숙고하는 태도가 필요하다. 초보자인 경우, 자신이 잘 아는 와인을 맛보고, 그것을 기준으로 판단하면 쉽다.

- **글라스**: 먼저 글라스 모양을 표준형(ISO, INAO 규격)으로 통일한다.

전체높이 : 155mm ± 5
볼의 높이 : 100mm ± 2
받침과 손잡이 높이 : 55mm ± 3
볼 입구의 지름 : 46mm ± 2
볼의 가장 넓은 쪽 지름 : 65mm ± 2
손잡이 두께 : 9mm ± 1
받침의 지름 : 65mm ± 5
전체 용량 : 215mL ± 10
테이스팅 용량 : 50mL

[그림 17-1] ISO, INAO 규격의 테이스팅 전용 글라스

- **성상**: 와인글라스를 하얀 바탕의 종이나 벽에 대고 색깔, 투명도 등을 살피고 판단한다.

- **향**: 와인글라스를 흔든 다음 코에 깊숙이 갖다 대고 냄새를 맡는다. 너무 오래 맡으면 감각이 둔해지므로 처음 느꼈던 냄새와 중간에 변해 가는 냄새를 비교하면서 판단해야 한다. 이때는 단 한 번에 그 냄새의 강도와 특징을 잡아낼 수 있어야 한다. 잘못하여 다시 맡으면 이미 감각이 둔해져서 더 알 수 없게 된다.

- **향미**: 와인을 입에 넣는데 이때는 혀를 적실만큼 약 10㎖ 정도가 좋다. 양이 적으면 혀를 충분히 적실 수 없고, 너무 많으면 데워지는 데 시간이 필요하고 삼킬 우려가 있다. 습관적으로 자신에 맞는 양을 정해서 그 양만큼 입에 넣는 것이 좋다. 입에서는 혀로 돌리면서 골고루 맛을 본다. 이때는 혓바닥의 맛과 코로 느끼는 냄새와 맛을 한꺼번에 느껴야 한다.

- **맛의 변화 감지**: 입안에 있던 와인을 뱉어버리고, 입안에 남아 있는 뒷맛을 음미한 뒤 맛을 확인한다. 그리고 맛을 기록하면서 처음 느끼는 맛, 즉각적인 맛, 변화하는 맛, 뒷맛 등을 체크한다.

한 종류의 와인만 맛본다면, 입에 있던 와인을 뱉을 필요는 없지만, 다음에 또 맛볼 와인이 있으면 뱉어 낸 다음 입을 물로 씻어내야 한다. 삼키면 몸 안에서 와인이 증발하여 그 냄새가 남아있게 되고, 많은 양이 쌓이게 되면 감각이 둔해진다.

- **채점**: 채점은 점수의 단계를 몇 개로 나누어 한꺼번에 와인을 평가하기도 하지만, 전문적인 단계는 색깔, 맛, 향 세 가지로 분류하여, 따로따로 채점을 한다.

- **감각의 회복**: 한 개의 와인감정이 끝나고 다음 와인을 감정할 때까지는, 적어도 2분 정도 여유를 두고 후각이 정상화 된 다음 감정한다.

- **그래도 잘 안될 때**: 와인을 뱉고 나서 숨을 코로 마시고 내쉬는 동작을 반복한다. 이렇게 하면 입 속 증기가 후각으로 전달되므로 숨 쉴 때마다 감지할 수 있다. 맛보는 중에 입 속의 와인이 따뜻해지면 즉시 공기를 넣어 거품을 일으킨다. 그러면 휘발성 성분이 더 많이 나온다. 코를 막아서 후각을 차단시킨 다음 어느 순간 살리면 쉽게 냄새를 발견할 수 있다.

감각의 함정

- **대비효과**: 농도가 진한 것 다음에 농도가 낮은 것을 마셨을 때는 농도가 낮은 것이 더 낮게 느껴진다. 대비효과는 자극이 큰 것에서 자극이 작은 것의 순서로 실험할 때는 자극의 강도가 커지고, 순서가 바뀌었을 때는 작아진다. 즉, 10% 설탕물을 마시고 난 다음에 8% 설탕물을 마시면 너무 달지 않다고 느끼지만, 반대로, 8% 설탕물을 마시고 10% 설탕물을 마시면 그렇게 달다고

못 느낀다는 말이다.

- **잔존효과**: 한 가지 시료를 맛보고 나면 그 성분이 입안에 남아 있어서 다음 시료에 영향을 주게 된다. 특정 성분은 특이한 맛을 만들어낼 수 있기 때문에 항상 입을 물이나 식빵으로 헹궈야 한다.

- **기호효과**: 숫자나 기호에 대한 선호도를 피해야 한다. 시료에 번호나 기호를 부여했을 경우, 개인에 따라서 좋아하는 번호나 기호가 있기 마련이다. 4를 싫어한다든지, 7을 좋아한다든지, X를 싫어하는 것 등이 좋은 예가 된다. 그래서 시료에는 난수표를 이용하여 의미가 없는 두, 세 자리 숫자를 사용한다.

- **순서효과**: 두 시료가 같아도 실험 대상자들은 시료의 순서에 따라 느끼는 감각이 달라진다. 100명 중 70명은 처음 맛보는 시료에 호의적이다. 그러나 두 시료를 비교할 때 시간적 간격이 짧을수록 순서의 정(正)의 효과가 뚜렷하고, 간격이 길수록 부(負)의 효과가 뚜렷해진다.

- **중앙집중 오차**: 검사자가 양극에 가까운 점수를 주기 싫어하는 데서 오는 오차이다. 그래서 와인 테이스팅은 점수 범위의 폭을 넓게 하지 않는다.

- **반복오차**: 동일한 시료를 반복하여 측정했을 때 생기는 오차로서 어쩔 수 없는 것을 말한다. 물론 이 오차를 줄여야 하지만, 오차 자체를 인정해야 한다.

[표 17-2] Score card의 예

Wine No. or Name			
Appearance(2)			
Color(2)			
Aroma(2)			
Bouquet(2)			
Volatile Acidity(2)			
Total Acid(2)			
Sugar(1)			
Body(1)			
Flavor(2)			
Astringency(2)			
General Quality(2)			
Total(20)			

테이스팅의 표현

테이스팅 용어해설

외관(Appearance)

- Brilliant(브릴리언트): 광채가 날 정도로 깨끗한.
- Clear(클리어): 부유물이 전혀 없지만 광채가 날 정도는 아닌.
- Dull(덜): 흠이 있는 것 같지만, 눈에 보이는 이물질이 없는.
- Cloudy(클라우디): 확실하게 문제가 있거나 이물질이 눈에 보이는.
- Precipitated(프리시피테이티드): 침전물이 있지만 윗부분은 맑은.

색상(Color)

- Light yellow(라이트 엘로우): 거의 무색으로 약간 연두 빛이 도는 색.
- Medium yellow(미디엄 엘로우): 원액 그대로의 레몬주스 색깔.
- Light gold(라이트 골드): 노란색이면서 바깥쪽으로 황금빛.
- Medium gold(미디엄 골드): 전체적으로 진한 황금색.
- Amber(엠버), Light brown(라이트 브라운): 잘못된 것으로 너무 산화가 진행되어 갈색을 띠는 것.
- Pink(핑크), Rosé(로제): 분홍색.
- Light red(라이트 레드): 핑크보다는 짙으나 표준 레드와인보다는 옅은 색깔.
- Medium red(미디엄 레드): 보랏빛이 없는 붉은 색을 띠는 색깔.
- Dark red(다크 레드): 아주 색깔이 진한 붉은 색.
- Tawny(토니): 갈색을 띠는 붉은 색으로 너무 오래 되었거나 산화된 것일 수 있다.

아로마(Aroma)

- Varietal(버라이어탈): 품종 고유의 특성을 나타내는.
- Distinct(디스팅트): 개성이 뚜렷하지만 품종의 특성을 알 수 있는 것이 아닌.
- Vinous(바이너스): 뚜렷한 개성이 없는 보통 와인 냄새.

부케(Bouquet)

- Cask-aged(캐스크 에이지드): 일정기간 나무통에서 있던 와인의 냄새가 섞인. 오크니스

(Oakiness)라고도 함.

- Bottle-aged(보틀 에이지드): 병에서 계속 숙성시켜 잘 조화된 냄새를 풍기는(실제 묘사는 불가능).

황

- Hydrogen sulfide(하이드로진 설파이드): 황화수소. 삶은 계란 껍질 벗길 때 나는 냄새.
- Sulfur dioxide(설퍼 다이옥사이드): 톡 쏘는 냄새로서 자극적이다.
- Mercaptan(멀캡탠): 마늘 냄새나 부패한 양배추 냄새.

젖산 발효

- Mousy(마우시): 자극적이고 톡 쏘는 냄새로서 바람직하지 않은 젖산균의 작용 때문에 일어난다.
- Butyric(뷰티릭): 고약한 버터 냄새 비슷하다.
- Acetic(어시틱): 식초 냄새.
- Lactic(랙틱): 사우어크라우트 냄새.

기타

- Moldy(몰디): 곰팡이 낀 과일이나 나무 냄새.
- Raisiny(레이즈니): 건포도나 과숙한 포도 냄새.
- Woody(우디): 젖은 나무 냄새라고 할 수 있는데, 레드와인에 약간 있을 때는 바람직하지만 너무 많으면 좋지 않다.
- Corky(코르키): 곰팡이 낀 코르크 냄새. TCA 성분이 원인.

신맛

- Flat(플랫): 겨우 감지할 만큼 산도가 약한.
- Tart(탈트): 상쾌한 양의 산도를 지닌 것으로 과하지 않으면 생동감을 준다.
- Acidy(애시드): 산 함량이 너무 많은.

단맛

단맛은 와인의 포도당과 과당 그리고 글리세린에서 느낄 수 있다. 신맛과 떫고 쓴맛은 단맛과 반응하여 그 맛이 조화를 이루어야 한다.

- Dry(드라이): 감지할 만큼 단맛이 없는.
- Low sugar(로우 슈거): 겨우 감지할 만한 단맛인.
- Medium sugar(미디엄 슈거): 단맛이 분명히 있지만 지배적인 것이 아닌.
- High sugar(하이 슈거): 완전히 단.

바디(Body)

바디는 맛이 아니지만 입안에서 느껴지는 것이다. 바디는 입에서 스쳐 지나가는 와인의 느낌이라고 할 수 있다. 묘사하기는 거의 불가능하고 경험으로 인식한다.

- Light(라이트), Thin bodied(틴 바디드): 점도가 부족하여 물 같은.
- Medium-bodied(미디엄 바디드): 입안에서 감지할만한 점착성이 있는.
- Heavy-bodied(헤비 바디드): 입안에서 가득 느껴지는 점성이 있는.

쓴맛(Bitterness)과 떫은맛(Astringency)

와인은 단맛과 같은 여러 가지 요소의 영향을 받아 맛이 변하기는 하지만 타닌의 양과 종류에 따라 그 맛이 부드럽거나, 거칠거나 쓴맛을 낼 수 있다. 숙성됨에 따라 떫은맛은 감소하지만, 쓴맛은 거의 사라지지 않는다. 여기서 쓴맛이란 카페인이나 퀴닌과 같은 맛을 가진 것으로 좋은 와인에서 나오는 맛은 아니다.

- Smooth(스무스), Soft(소프트): 떫은맛이 거의 없는.
- Slightly Rough(슬라이틀리 러프), Very Rough(베리 러프): 떫은맛이 많은.

숙성(Age)

와인의 숙성도는 조심스럽게 맛을 보면 알 수 있다. 적당한 숙성기간이란 레드냐 화이트냐, 그리고 포도 품종에 따라 달라진다.

- Young(영): Fresh, Sprightly, Fruity라고도 한다.
- Mature(머취어): 숙성으로 인한 여러 가지 성분의 복합성을 지닌.
- Aged(에이지드): 적절한 오크통과 병 숙성으로 균형을 이룬 것으로 특히 레드와인에 중요하다.

맛과 향

- Fruity(푸르티): 신선한 신맛을 지니고 있어서 과일 자체가 주는 인상을 풍기는 것으로 혀와 코에서 동시에 느낄 수 있다.

- Stemmy(스테미): 포도 가지까지 발효시켜 여기서 나오는 쓴맛의 일종.

- Gassy(개씨): 약간 탄산가스가 녹아 있어서 혀에서 자극적인 맛을 느끼게 하는.

- Metallic(미탈릭): 구리나 아연 같은 금속의 인상을 주는 느낌.

- Spoiled(스포일드): 오염이나 산화의 결과 풍기는 좋지 않은 맛으로 "맛이 갔다"는 표현이 적합하다.

- Fresh(프레쉬): = Fruity

- Clean(클린): 오염이나 양조과정 중 결점이 없는.

- Tired(타이어드): 신선함이나 아로마가 부족한 것으로 전성기가 지난.

- Well balanced(웰 밸런스드): 각 각의 성분이 조화를 이루어 전체적으로 좋은 인상을 주는.

- Unbalanced(언밸런스드): 어느 한 쪽 성분이 너무 많아 균형이 깨진 맛을 주는.

- Coarse(콜스), Harsh(하쉬): 너무 신맛이나 떫은맛이 강한 경우.

- Foxy(팍시): 콩코드 포도 등 비티스 라브루스카(*Vitis labrusca*) 포도에서 나오는 향. 아주 적으면 숙성된 와인에서는 바람직한 향이 된다.

와인 아로마 휠(Wine Aroma Wheel)

캘리포니아 데이비스의 주립대학(U.C. Davis) 와인 양조학과에서는 와인산업에 종사하는 사람들의 향미에 관한 용어를 통일하고 체계화하기 위하여 1980년대 초부터 향미를 표현하는 용어를 정리하여 1987년 이를 발표하였다. 향미를 1차, 2차, 3차로 분류하여 대분류, 중분류, 소분류로 나누어 그 시료를 조제하는 방법까지 정한 것으로, 와인의 향미를 묘사하거나 향미를 묘사한 책을 번역할 경우 사용할 수 있다.

와인을 가르치는 사람이나 배우는 사람 모두 와인 향에 대해서 이해하고 의사소통이 되려면 근원을 아는 여러 가지 향을 연습하고, 느낀 점을 이야기하고, 장래를 위해 공통 언어를 사용하도록 용어를 통일해야 한다. 와인 아로마 휠은 그것을 이해하기 위해서 그 유래와 구성성분을 아는 것으로 좋은 자료가 된다.

Licorice, Anise
Black Pepper
Cloves
Geranium
Violet
Rose
Linalool
Orange Blossom
Mousey
Horsey
Lactic Acid
Sweaty
Butyric Acid
Sauerkraut
Leesy
Flor-yeast
Acetaldehyde
Menthol
Alcohol
Fusel Alcohol
Sorbate
Soapy
Fishy
Sulfur Dioxide
Ethanol
Acetic Acid
Ethyl Acetate
Wet Cardboard
Filter Pad
Wet Wool, Wet Dog
Sulfur Dioxide
Burnt Match
Cabbage
Skunk
Garlic
Mercaptan
Hydrogen Sulfide
Rubbery
Diesel
Kerosene
Plastic
Tar
Moldy Cork
Mussy (Mildew)
Mushroom
Dusty
Coffee
Burnt Toast/Charred
Smoky
Oak
Cedar
Vanilla
Phenolic
Molasses
Chocolate
Soy Sauce
Diacetyl (Butter)
Butterscotch
Honey
Almond
Hazelnut
Walnut
Tobacco
Tea
Hay/Straw
Artichoke
Black Olive
Green Olive
Asparagus
Green Beans
Mint
Eucalyptus
Bell Pepper
Grass, Cut Green
Stemmy
Methyl Anthranilate
Artificial Fruit
Fig
Prune
Raisin
Strawberry Jam
Banana
Melon
Pineapple
Apple
Peach
Apricot
Cherry
Black Currant (Cassis)
Strawberry
Raspberry
Blackberry
Lemon
Grapefruit

FLORAL
SPICY
Floral
Spicy
MICROBIOLOGICAL
Other
Lactic
Yeasty
Oxidized
Cool
Hot
OXIDIZED
PUNGENT
Other
Pungent
Papery
CHEMICAL
Sulfur
Petroleum
EARTHY
Moldy
Earthy
WOODY
Burned
Resinous
CARAMELIZED
Phenolic
Caramelized
NUTTY
Nutty
Dried
VEGETATIVE
Fresh
Canned, Cooked
Other
FRUITY
Citrus
Berry
(Tree) Fruit
(Tropical) Fruit
(Dried) Fruit

[그림 17-2] 와인 아로마 휠

와인 아로마 휠(The Wine Aroma Wheel) 해석

과실류(Fruity)

감귤류(Citrus)

- **자몽(Grapefruit)**: 말레이시아 원산으로 감귤류 열매 중 가장 크고 적절한 신맛과 쓴맛을 가지고 있다. 알자스의 '게뷔르츠트라미너', '리슬링', '소비뇽 블랑' 등에서 많이 나오는 향이다.

- **레몬(Lemon)**: 영 화이트와인의 기본을 이루는 향이지만, 너무 흔해서 와인 향 묘사에서 무시되기도 한다. 산도가 적당하고 신선도와 잘 조화된 향을 가진 화이트와인은 주병된 후에도 나타난다.

베리류(Berries)

- **블랙베리(Blackberry)**: 래스베리와 사촌 격으로 레드와인의 대표적인 향이다. 론 지방의 '코티로티'와 오스트레일리아의 '쉬라즈', 남서부 지방의 '타나' 등에서 많이 풍기며, 새 오크통의 아로마와 조화가 잘 된다.

- **래스베리(Raspberry)**: 제비꽃 향과 비슷하며, 머스캇 포도에서 많이 나온다. 샴페인과 드라이 리슬링에서는 래스베리 젤리 향으로 나온다. 향이 직선적이고 강해서 쉽게 알아 볼 수 있다. 대부분의 영 레드와인에서 나오지만 피노 누아르의 대표적인 향으로 경쾌하고 부드러운 인상을 준다.

- **블랙커런트(Black Currant)/카시스(Cassis)**: 블랙커런트는 열매 향과 새싹 향을 구분할 수 있어야 한다. 새싹은 '소비뇽 블랑'으로 만든 화이트와인에서 나오며, 레드와인의 전형적인 과일 향은 이 열매의 향이다. 백악질 토양에서 자란 피노 누아르의 대표적인 향이며, 보르도 지방의 최고급 메독 와인에서는 으깬 블랙커런트의 향으로 생동감을 준다. 레드와인에서 기품 있는 향이지만 그렇게 지배적인 향은 아니다. 그리고 매우 안정된 향으로 와인이 산화되지 않는 한 수년간 이 향이 지속된다. 기타 '메를로', '시라(병 숙성)' 등 와인에서도 나온다.

- **딸기(Strawberry)**: 딸기 냄새는 둘로 나누어 구분할 수 있어야 한다. 갓 딴 딸기에서 나는 냄새는 로제나 영 와인 특히 론 지방의 '타벨'과 '리락'에서 발견된다. 과숙된 딸기나 딸기 잼의 냄새는 흔한 것으로 우리나라 포도 특히 '셰리단'으로 만든 와인에서도 많이 풍긴다. 딸기 냄새는 고전적인 '피노 누아르', '진펜델' 등 와인에서 많이 나오는 향이다.

인과류 및 핵과류(Tree Fruits)

- **체리(Cherry)**: 고급 레드와인의 대표적인 향이다. 금방 알 수 있는 향으로 잘 저장하여 색깔이 진하고 타닌이 잘 조화된 맛 좋은 레드와인에서는 블랙 체리의 향이 나온다. 단독으로 나오기는 어렵고 다른 향과 섞여 있다.

- **살구(Apricot)**: 비오니에로 만든 화이트와인의 대표적인 향으로, 드물지만 아주 좋은 향이다. 보트리티스 곰팡이 낀 포도나 오크통에서 숙성시킨 와인에서 나온다.

- **복숭아(Peach)**: 영 화이트와인에서 드물게 발견되는 향으로 우아하고 부드러운 느낌을 주며, 소비뇽 블랑으로 만든 '페삭 레오냥'의 고급 와인에서 나온다.

- **사과(Apple)**: 대부분의 화이트와인에 있는 향이기 때문에 중요하지만 지배적인 향은 아니다. 이 사과 향은 영 화이트와인에서 쉽게 인지할 수 있으며, 발효 중에도 알 수 있다.

열대 과일류(Tropical fruits)

- **파인애플(Pineapple)**: 영 와인에서 주로 발견되며 숙성될수록 그 향이 사라지지만, 스위트 화이트와인의 대표적인 아로마를 형성한다. 과숙된 샤르도네, 슈냉 블랑, 세미용 등에서 주로 나오며, 보트리티스 곰팡이 낀 포도로 만든 대부분의 와인에서 많이 풍긴다.

- **멜론(Melon)**: 신세계 특히 오스트레일리아에서 저온 발효시킨 샤르도네에서 많이 나오며, 일부 리슬링, 소비뇽 블랑에서 나온다.

- **바나나(Banana)**: 익은 바나나 냄새는 잘 숙성된 와인에, 설익은 바나나 냄새는 낮은 온도에서 양조할 때 생성되며, 탄산가스 침지법의 대표적인 향이라고 할 수 있다.

말린 과일류(Dried fruits)

- **딸기잼(Strawberry jam)**: 대부분의 레드와인에 있지만, 특히 숙성된 피노 누아르 와인의 지배적인 향이다. 더운 지방에서 자란 포도에 이 향이 많다.

- **건포도(Raisin)**: '진펀델'에 많으며, 머스캇으로 만든 강화와인에도 나온다. 더운 지방에서 자란 포도에 이 향이 많다.

- **말린 자두(Prune)**: 레드와인의 고전적인 향으로 캘리포니아, 오스트레일리아의 더운 지방에서 자란 포도 즉 '시라', '그르나슈', '카리냥' 등으로 만든 와인이나 과숙된 포도로 만든 와인에서 발견된다.

- **말린 무화과(Dried fig)**: 더운 지방에서 자란 포도에 이 향이 많다.

기타 과일(Others)

- **과일 캔디(Candied fruit)**: 상품으로 나오는 쿨에이드(Koolaid) 분말 냄새로서 보졸레 누보 등에서 나온다.
- **콩코드 포도(Concord grape)**: 미국종 포도로 만든 와인에서 풍기는 향으로 잘못 전달되어 여우 냄새(Foxy flavor)라고도 한다.

채소류(Vegetative)

생 채소류(Fresh vegetables)

- **자른 풀(Cut green grass)**: 거친 감을 주지만 신선미도 풍긴다. 일찍 수확한 소비뇽 블랑이나 세미용에서는 긍정적인 향미를 준다.
- **피망(Bell pepper)**: '카베르네 소비뇽'과 '소비뇽 블랑'에서 복합성을 주지만, 루아르의 '카베르네 프랑'이나 웃자란 '카베르네 소비뇽'에서는 풋내로 발전한다. 보르도 지방 특히 '페삭 레오냥'과 루아르 지방의 영 레드와인, 신세계의 '카베르네 소비뇽'에서 많이 풍긴다.
- **유칼립투스(Eucalyptus)**: 오스트레일리아의 '카베르네 소비뇽'과 '쉬라즈'에서 많이 풍긴다.
- **민트(Mint)**: 보르도 와인에서 발견되지만, 캘리포니아의 나파에서 나오는 '카베르네 소비뇽', 오스트레일리아의 '쿠나와라'에서 나오는 '쉬라즈' 등은 더 좋은 향을 풍긴다. 극히 적은 양으로도 고급 화이트와 레드와인의 향에 기여하는데 그 뉘앙스는 레드와 화이트와인이 다르다.

익힌 채소류(Cooked/Canned vegetables)

- **깍지콩(Green beans)/아스파라거스(Asparagus)**: 과숙된 '소비뇽 블랑'으로 만든 와인이나 병에 너무 오래 둔 와인에서 풍긴다.
- **그린 올리브(Green olive)**: 짠맛으로 인식되지만, 카베르네 포도에서 인식할 수 있다.
- **아티초크(Artichoke)**: 더운 지방의 소비뇽 블랑에서 발견된다.

말린 채소류(Dried vegetables)

- **건초(Hay)/밀짚(Straw)**: 자른 풀을 햇볕에 건조시킬 때 나는 냄새나 가을에 준비한 건초더미에

서 나는 냄새로 레드와인의 과일 향이 사라지면서 숙성이 시작될 때 나타난다. 보르도 지방의 '메독'보다는 '생테밀리옹', '포므롤' 등의 고급 와인에서 잘 풍기며, 약간 오래 된 샴페인에서도 발견할 수 있다.

- **차(Tea)**: 숙성된 레드와인에서 발견된다.

- **담배(Tobacco)**: 오크통에서 숙성시킨 보르도 와인에서 발견된다.

견과류(Nutty)

견과류(Nuts)

- **호두(Walnut)**: 호두 향은 쥐라 지방의 샤토 샬롱의 대표적인 향이다. 특수한 환경에서 자란 '사바내앵'으로 만든 쥐라 지방의 '뱅 존(Vin Jaune)'의 뛰어난 향이다.

- **헤이즐넛(Hazelnut)**: 샤르도네로 만든 와인, 부르고뉴 지방의 '뫼르소', 캘리포니아 고급 샤르도네에서 많이 풍긴다. 쥐라 지방의 '샤토 샬롱', '아몬티야도' 셰리 등의 주요 향이 된다. 헤이즐넛을 우리말로 개암나무(*Corylus heterophylla*)라고 하는데, 자작나무과의 낙엽활엽관목으로 이 열매를 개암, 영어로는 '헤이즐넛'이라고 한다.

- **아몬드(Almond)**: 카베르네 소비뇽과 카베르네 프랑으로 만든 영 레드와인 특히 루아르 지방의 '쉬농'에서 잘 발견되지만, 셰리의 대표적인 향으로 잘 알려져 있다.

캐러멜류(Caramelized)

캐러멜(Caramel)

- **꿀(Honey)**: 이 향은 아카시아와 같은 꽃 향이 있으며, 잘 익은 과일 특히 말린 살구 향도 풍긴다. 고급 화이트와인이 숙성되면서 풍기는 향으로 부르고뉴, 독일 리슬링 등의 보트리티스 와인에서 많이 나온다.

- **버터스카치(Butterscotch)**: 과숙된 포도로서 열대과일 향이 풍기는 화이트와인을 새 오크통에서 숙성시키면 이 향이 난다. 신세계 와인에서 많이 발견된다.

- **디아세틸(Diacethyl)**: 젖산균이 생성하며, 버터 냄새와 비슷하다. 낮은 농도에서는 견과류 혹은 캐러멜 냄새가 나지만 5 ppm 이상이 되면 버터 냄새나 버터스카치 냄새가 난다.

- **간장(Soy sauce)**: 일본의 기꼬만 간장의 향

- **초콜릿(Chocolate)**: 고급으로서 오래된 카베르네 소비뇽과 피노 누아르의 대표적인 향으로 주로 오크통에서 나온다.

- **당밀(Molasses)**: 캐러멜 향의 대표로서 더운 지방의 와인이나 과숙한 포도로 만든 와인에서 나온다.

나무류(Woody)

페놀류(Phenolic)

- **페놀(Phenol)**: 톱밥, 반창고 냄새 등.

- **바닐라(Vanilla)**: 오크를 태웠을 때 나오는 향으로 새 오크통에서 숙성시킨 와인에 많다. 적은 양으로도 감지되지만 양이 많다고 그 향이 강해지지는 않는다. 고급 와인의 부케를 형성하는 중요한 성분이지만 경험이 없는 사람들은 이 향을 느끼면서도 표현에 서툴다.

수지류(Resins)

- **삼나무(Cedar)**: 공원에 많이 심는 키 큰 나무로서 50m까지 자란다. 독특한 향으로 연필을 깎을 때 나오는 냄새와 비슷하다. '카베르네 소비뇽', '시라'로 만든 고급 레드와인의 향으로 나무통에서 숙성시킨 와인을 병에서 숙성시킬 때 나오는 향이다.

- **오크(Oak)**: 크게 프랑스산과 미국 산으로 구분하는데, 프랑스의 것은 나이테 간격이 좁아서 향이 느리고 은근하게 추출되기 때문에 피노 누아르나 화이트와인에 사용되며, 미국 것은 나이테 간격이 넓어서 향이 빨리 추출되므로 카베르네 소비뇽이나 진펜델 등에 사용된다.

타는 나무 향(Burned wood)

- **커피(Coffee)**: 아주 오래된 샴페인이나 많이 태운 오크통에서 숙성시킨 레드와인에서 나온다. 부르고뉴 지방의 '코트 드 뉘', 보르도 지방의 '포므롤', '생테밀리용'에서 많이 풍기며, 고급 샤르도네와 샴페인에서도 나온다.

- **토스트(Burnt toast)**: 고급 샤르도네와 숙성된 샴페인에서 발견되는데, 병 숙성이나 새 오크통에서 숙성시킨 와인에 나온다.

- **스모키(Smokey)**: 나무를 태울 때 나오는 향으로 쉽게 감지할 수 있는 훈제 식품의 냄새를 말한다. 시라의 복합성에 기여하며, 나무통에서 찌꺼기 위에서 발효시킨 화이트와인에서 발견된다.

흙(Earthy) 등

흙냄새(Earth)

- **먼지(Dusty)**: 추운 지방의 레드와인에서 나는 냄새로 답답함을 준다.

- **버섯(Mushroom)**: 여러 가지 버섯 중 양송이를 말한다. '카베르네'로 만든 와인에서 많이 풍기며, 특히 병 안에서 숙성되면서 나타난다. 오래된 샴페인이나 통이나 코르크에서 오염된 와인에서 풍기는 향과 비슷하지만 훨씬 은근하며 복합적인 향이다.

곰팡이(Mold)

- **곰팡이 낀 코르크(Moldy cork)**: TCA가 주성분으로 이 성분은 코르크나무나 오크 나무를 살균할 때 사용하는 염소제를 곰팡이가 변형시킨 것으로 퀴퀴한 곰팡이 냄새를 풍기면서 와인의 신선한 아로마를 덮어버린다. 나쁜 코르크 냄새는 부케로서 느껴지지만 입에서 더 강하게 느껴진다. 화학적인 성분은 2-4-6 trichloranisol(TCA)라고 한다.

- **곰팡이(Moldy)**: 곰팡이 낀 포도로 만든 와인에서 나온다.

화학약품(Chemical)

석유류(Petroleum)

리슬링에서 약간 매끈한 기름 냄새를 풍기기도 하는데, 이 석유 냄새는 카로티노이드의 가수분해로 생긴 것으로 늦게 수확하거나 햇볕은 잘 받고 물이 부족하면 더 생긴다. 가끔은 양조과정 중 와이너리에서 윤활유 등이 들어가서 생기는 수도 있다.

황 화합물(Sulfur)

- **고무(Rubbery)**: 아황산의 과다 사용으로 나온다.

- **황화수소(Hydrogen sulfide)**: 알코올 발효의 부산물로 생성되는데, 최소감응농도(40-50 ppb)가 아주 낮다. 계란 썩은 내가 나며, 와인의 다른 성분과 반응하여 멀캡텐 등을 생성하기도 한다.

- **멀캡탄(Mercaptan)**: 황화수소와 와인의 다른 성분인 에탄올이나 유황 아미노산(메치오닌 등)이 반응하여 생성되는 물질로서 이스트 찌꺼기와 장기간 접촉했을 때도 생성된다. 최소감응농도는 1.5 ppb로서 이보다 많으면 양파, 고무, 스컹크 냄새가 난다. 천연가스(Natural gas)향과 비슷하다.

- **마늘(Garlic)**: 에탄올과 황화수소의 반응으로 생성되는 좋지 않은 향이다.

- **스컹크(Skunk)**

- **양배추(Cabbage)**: 이 향은 대부분의 와인에 존재하며, 유황아미노산의 분해로 생성된다. 또 오크통 숙성 중 멀캡탄의 산화로도 생성된다. 최소감응농도(화이트와인 30 ppb, 레드와인 50 ppb) 이하에서는 신선함과 복합성에 기여하지만, 그 이상이면 삶은 양배추 냄새가 된다.

- **타는 성냥(Burnt match)**: 아황산의 과다 사용으로 나온다.

- **아황산(Sulfur dioxide)**: 와인 양조과정에 필수적이지만 너무 많은 양이 와인에 있으면 성냥, 고무 타는 냄새 등이 난다.

- **젖은 털(Wet wool)**: 샴페인 등이 빛에 노출되었을 때 이 냄새를 풍긴다.

종이(Papery)

- **여과 패드**
- **젖은 종이상자**: 서늘한 지방의 카베르네 와인.

자극적인 향(Pungent)

- **에틸아세테이트(Ethyl acetate)**: 에탄올과 초산의 에스테르 반응으로 생성되지만, 초산보다는 최소감응농도(150-200 ppm)가 낮아서 초산균 오염을 쉽게 알아차릴 수 있다. 최소감응농도 이하에서는 풍부함과 달콤함을 주지만, 그 이상 되면 매니큐어 지우개 냄새가 난다.

- **초산(Acetic acid)**: 휘발산(Volatile acidity)의 대부분은 이 산이며, 식초냄새가 난다. 알코올 발효의 부산물로도 생성되지만, 대부분은 완성된 와인의 초산균 오염으로 생성된다.

- **에탄올(Ethanol)**

기타(Others)

- **비린내(Fishy)**: 과도한 오크 향.
- **비누(Soapy)**: 아이보리 비누 냄새.
- **퓨젤 알코올(Fusel Alcohl)**: 아밀알코올 등.

산화 향(Oxidized)

- **아세트알데히드(Acetaldehyde)**: 알코올 발효의 중간생성물로서 에탄올의 산화로 생성된다. 100-125 ppm이 최소감응농도이며, 이보다 적은 양에서는 셰리와 같은 느낌을 주며, 풋사과, 금

속성 느낌을 준다. 악취의 원인물질이기도 하다.

미생물(Microbiological)

이스트(Yeast)

- **이스트 찌꺼기(Lees)**: 발효가 끝난 다음에 탱크 밑바닥에 가라앉은 이스트 찌꺼기는 바로 제거되지만, 고급 화이트와인에서는 중요한 역할을 한다. 이 찌꺼기는 분해되면서 화이트와인 특히 샤르도네에 복합적인 향을 부여하고 산화를 방지하는 역할도 한다. '뮈스카데 술 리'는 찌꺼기 위에서 그대로 두면서 수개월 숙성시키고, 고급 화이트와인은 찌꺼기를 섞어주면서 숙성시킨다. 고급 샤르도네, 뮈스카데, 샴페인에서 풍기는 향이다.
- **산막 효모(Flor yeast)**: 셰리 향.

젖산 발효 향(Lactic fermentation)

- **사우어크라우트(Sauerkraut)**: 과도한 젖산 발효(MLF)로 생성된다.
- **낙산(Butyric acid)**: MLF 부반응으로 생성.
- **땀내(Sweaty)**
- **요구르트(Yoghurt)**

기타(Others)

- **말 냄새(Horsey)**
- **쥐 냄새(Mousey)**: 쥐 냄새는 브레타노마이세스의 작용으로 생성되지만, 젖산균인 락토바실러스 브레비스(*Lactobacillus brevis*), 락토바실러스 퍼멘툼(*Lactobacillus fermentum*) 등이 라이신(Lysine)을 변형시켜 생성한다. 와인의 pH에서는 휘발하지 않아 냄새가 없지만, 입에 들어가 침과 섞이면서 pH가 변하여 느낄 수 있다.

꽃(Floral)

꽃 향(Flower)

- **장미(Rose)**: 여러 가지 와인에서 나오지만, 보르도 지방의 고급 레드와인에서 많이 나오며, 특히 '포이약'이나 '마르고'의 오래된 그랑 크뤼에서는 성숙된 장미향이 지배적이다. 화이트와인은

'머스캇'과 '게뷔르츠트라미너' 와인에서 많이 나온다.

- **바이올렛(Violet):** 우리나라의 '제비꽃(*Viola mandshurica*)'이라고 할 수 있지만, 프랑스의 것(*Viola adorata*)은 향이 훨씬 강하여 향수나 과자의 원료에 사용된다. 레드와인에 기본적인 향으로 꽃 향이지만 다른 향과 쉽게 구분될 수 있는 특이한 냄새를 가지고 있다. 이 향은 '로마네 콩티'와 '뮈지니'의 특성으로 나타나며, 보르도 지방의 '포이약', '생줄리앙', '생테스테프', '마르고' 등 최고급 와인에도 존재한다.

- **제라늄(Geranium):** 젖산균이 솔빈산(Sorbic acid)을 대사하여 생기는 물질로서 제라늄 잎에서 나오는 향을 풍긴다. 솔빈산은 스위트 와인에 이스트의 활성을 없애고자 첨가하는데, 이 솔빈산이 에탄올과 반응하여 생성되므로 주로 스위트와인이 잘못될 경우에 생성된다.

스파이시(Spicy)

■ 스파이시(Spicy)

- **정향(Clove):** 이 향은 옛날 치통 치료제로 사용되었기 때문에 치과 냄새라고도 인식이 되어 있으며, 클로브 나무의 피지 않은 꽃 봉우리에서 추출한다. 숙성이 잘 된 레드와인에서 넛맥, 계피와 함께 발견된다. 론 지방의 '에르미타주', '샤토뇌프 뒤 파프', 랑그독 루시용 지방, 스페인 와인에서 스파이시한 향으로 발견된다.

- **후추(Black pepper):** 대부분의 고급 레드와인에 있지만, 우리가 익숙한 자극적인 맛을 주지 않기 때문에 처음에는 쉽게 발견하지 못한다. 블랙커런트, 래스베리 등 붉은 과일 향과 합쳐지면 더욱 매력적인 향이 될 수 있다.

- **감초(Licorice):** 레드, 화이트, 강화 와인의 복합성에 기여하는 향이다. 주로 오크통에서 숙성시킨 와인에서 이 향이 나오는데, 이는 오크통을 불로 그을릴 때 생성되기 때문이다.

테이스팅 포인트

탄산가스가 있는 와인(Sparkling wine)

- **샴페인(Champagne, Sekt, Spumante, Cava 등)**: 병에서 발효시킨 샴페인은 약한 노란색이다. 색깔은 포도에 따라 달라지지만 청포도가 원료인 것, 적포도가 원료인 것, 블렌딩한 것에 따라 차이가 있다. 병 속에서 이스트와 접촉하면서 부케가 형성된다. 기본 와인은 블렌딩되므로 여러 가지 성질을 가진 와인으로 복합성과 개성을 창조할 수 있다. 가끔 잘 익지 않은 포도를 사용하여 산도가 높거나 품종별 특성이 너무 강하게 나타나는 수도 있다. 포도 향의 다양성이 샴페인의 기대되는 점이다. 탱크에서 발효시킨 것은 이스트 위에서 숙성이 덜 되거나 옮기는 과정이나 여과과정에서 산화 우려가 있다.

  '브뤼트(Brut)'를 드라이라고 하지만 생산자에 따라 다르다. 샴페인에서 중요한 것은 압력이 부족한 문제, 거품이 빨리 사라지는 것, 산도 부족, 이스트 냄새나 황화수소 냄새(이스트를 너무 많이 사용하거나 높은 온도에서 발효시킬 때 난다)가 날 수 있다.

- **핑크 샴페인(Pink Champagne)**: 핑크 색에 오렌지색이나 보라색이 나타나서는 안 된다. 물론 최종 제품은 윤이 날 정도로 깨끗해야 한다. 가장 좋은 샴페인은 약간 시고 과일 향이 있어야 하며, 당 함량이 2% 이하가 좋다. 그러나 시중에는 신맛이 약하고 단맛이 강한 것이 많다.

- **스파클링 머스캣(Sparkling Muscat)**: 머스캣 냄새가 진하고 대개 스위트하다. 단맛이 없으면 심심하고 쓴맛이 난다. 사람에 따라 기호의 차이가 심하다.

- **기타 발포성 와인(탄산가스를 넣은 것)**: 탱크발효 제품으로 1-2기압이며 스위트하다. 또 알코올 함량이 낮고 당 함량이 높은 것도 있다.

탄산가스 없는 와인(Still wine) - 알코올 14% 이하(Table wine)

화이트와인

- **품종별 특성이 있는 것**: 품종별 특성이 있으면서 기후, 수확시기, 블렌딩 등에 의해서 개성이 나타난다. 일반적으로 현대인은 신선한 영 와인을 좋아한다. 그렇지만 알코올이 높은 샤르도네는 나무통에서 숙성시키며 병 숙성도 한다.

  이 와인의 공통된 결점은 과도한 아황산 처리, 산화된 냄새, 혼탁(박테리아, 이스트, 금속 등)이 일어나거나 나무통에서 너무 오래 둔 것도 많다. 나무통 냄새가 화이트의 향을 지배해서는 안 된다. 또 알코올이 너무 높으면(14% 이상) 알코올이 향을 커버한다. 당도가 높고 산도가 낮은 포도로 화이트로 만든 것 중 곰팡이 냄새가 나는 것도 있다. 보트리티스(Botrytis) 곰팡이 낀 포도로 만든 스위트 와인은 변질되지 않고 알코올도 높다. 스위트하면서 알코올 함량이 높지 않은 것은 독일의 아우스레제(Auslese) 정도의 것이 좋다.

● **품종 구분이 없는 것**: 유럽의 유명한 지역 명칭을 따서 상표를 만들고 사용하는 것은 블렌딩한 것이다. 블렌딩한 것이라도 좋은 품종으로 적기에 수확하여 잘 만들면 좋은 와인이 된다. 다만 타입별 기준이 없다.

레드와인

● **품종별 특성이 있는 것**: 화이트와인과 같이 품종별 특성이 나타나야 한다. 너무 덥거나 추운 곳, 과숙 혹은 빨리 수확한 것, 블렌딩이 잘못되면 안 된다. 피노 누아의 경우 너무 따뜻한 지방에서 자라거나 너무 늦게 수확하면 건포도 냄새가 나며 디저트 와인의 특성이 나온다. 레드와인의 가장 큰 문제는 숙성을 얼마나 오래 할 것인가이다. 최고급 레드와인은 어느 정도 병 숙성을 거쳐야 하는데 너무 빨리 소비되는 경향이 있다. 그러나 소비자에게는 적당한 온도에서 보관할 만한 공간이 없다.

● **품종 구분이 없는 것**: 클라렛(Claret), 버건디(Burgundy) 등의 이름으로 팔린다. 좋은 와인을 만들 수는 있지만 좋은 것을 찾아보기 힘들다.

● **핑크와인(로제)**: 프랑스의 앙주, 타벨, 프로방스, 이탈리아, 포르투갈 산이 유명하다. 로제는 핑크 빛이어야 하며 호박색이나 오렌지, 보랏빛을 띠어서는 안 된다. 과일 향이 살아있어야 하며, 산도도 적절해야 한다. 오래 숙성시켜서는 안 된다. 알코올도 11-12% 가 적당하다.

알코올 14% 이상(Dessert wine)

이런 와인은 대부분 강화와인이다. 자연적으로 알코올 14%까지 되는 것이 있지만 드물다.

드라이 셰리(Dry sherry)

● **베이크드 프로세스(Baked process)**: 인공적인 방법이긴 해도 오래 숙성시키면 복합적인 향이 난다.

● **이스트 프로세스(Yeast process)**: 효모 막에 의해서 독특한 알데히드 냄새가 난다. 이 효모 막에

오래 있을수록 부케가 복합적인 향을 갖게 된다. 숙성과정에서 효모 막은 가라앉아 자가분해 (Autolysis)되어 또 향을 부여한다. 그리고 솔레라 시스템은 품질의 균일화도 되지만 복합적인 향을 준다.

스위트 셰리(Sweet sherry)

어떤 타입이든 캐러멜 냄새나 건포도 냄새가 너무 나면 결점이 된다.

마데이라(Madeira)

마데이라는 약간 달거나 스위트가 된다. 호박색을 띠며, 휘발산이 높을 때가 있다.

머스캣, 뮈스카(Muscat)

머스캣 오브 알렉산드리아(Muscat of Alexandria), 뮈스카 블랑(Muscat Blanc) 등으로 만든다. 산도가 낮기 때문에 달게 만들어 심심한 맛을 커버한다. 너무 일찍 수확하면 머스캣 냄새가 약하고 너무 늦게 수확하면 건포도 냄새가 난다. 포도를 늦게 수확하지 않고 숙성은 2-3년 이하로 하는 것이 좋다. 그렇지만 오래된 것을 찾는 사람이 많다.

포트(Port)

포르투갈 도우로(Douro) 계곡에서 생산된 것이 원조이며, 타입에 따라 향미의 차이가 심하지만, 단맛의 균형과 숙성된 향미가 중요하다.

토카이(Tokay)

헝가리에서 보트리트스(Botrytis) 곰팡이 낀 포도로 만든 것으로 작은 통에서 오래 숙성시켜 특유의 향이 있다. 유사품이 많다.

주요 품종의 관능적인 특성

화이트와인

- **샤르도네(Chardonnay)**: 가볍고 오크통에서 숙성시키지 않은 샤블리(Chablis) 등은 신 사과, 레몬 가끔은 배 맛이 난다. 오크통에서 살짝 숙성시킨 것은 륄리(Rully), 생베랑(Saint-Veran) 등으로 버터, 사과, 넛맥(Nutmeg) 향이 난다. 오크통에서 오래 숙성시킨 것은 뫼르소(Meursault), 고급 오스트레일리아의 샤르도네 등으로 바닐라, 우드 스모크(Wood smoke) 향이 난다.

- **소비뇽 블랑(Sauvignon Blanc)**: 신 과일, 채소류 향이 많다. 즉 사과, 구스베리, 배, 아스파라거스, 익은 피망 등, 추운 지방의 것은 노린내가 날 수 있다. 그러나 그 향이 미약하면 바람직하다.
- **리슬링(Riesling)**: 복숭아, 살구 등 냄새와 일반적인 꽃 향, 약간의 기름 냄새도 난다.

레드와인

- **피노 누아(Pinot Noir)**: 영 와인 때는 래스베리나 딸기 향, 원두커피 향, 송로버섯 향, 너무 오래 되면 헛간 냄새가 난다.
- **카베르네 소비뇽(Cabernet Sauvignon)**: 블랙 커런트, 잘 익은 자두, 산딸기. 약한 박하 향이 날 수도 있다. 추운 지방에서는 쓴맛이 강하고 피망 냄새가 난다. 오크통에서 잘 숙성시킨 것은 담배상자, 삼나무 냄새, 향나무 향이 난다. 병에 오래 두면 가죽 냄새, 토마토, 쓴 초콜릿 냄새도 난다.
- **메를로(Merlot)**: 블랙베리, 잘 익은 자두, 추운 지방에서는 채소류 냄새, 완두나 아스파라거스 냄새가 난다. 잘 익으면 건포도 냄새가 난다.

와인의 특성과 품질 평가

관능검사를 완벽하게 하기 위해서는 동원할 수 있는 시각, 후각, 미각, 촉각과는 별도로 전반적인 인상에 대해서 주의를 기울여야 한다. 한 걸음 물러서서 각 요소가 관련되어 조화를 이루는지, 와인이 어느 정도로 좋은 것인지, 그리고 타입, 지역, 생산자, 빈티지 등 특성을 판단한다.

특성

경험 있는 감정가는 특성 즉, 지역, 품종, 빈티지, 생산자, 가격 등의 전반적인 특성으로 평가한다. 그리고 'Private Reserve', 'Special Selection' 등 상표에 있는 용어를 보고 표시된 독특한 점이 있는지 체크하여 확신을 갖는다. 와인 감정가는 포도, 그 지역의 와인 양조기술을 알아야 하고, 많은 테이스팅 경험과 수많은 와인을 기억해야 한다.

품질

- **아로마(Aroma), 향미(Flavor), 맛(Taste) & 입속 감촉(Mouth feel)**: 조화가 잘 되었으며, 기분이 좋은가?
- **균형(Balance)**: 단맛, 신맛, 쓴맛과 떫은맛의 균형을 살핀다. 화이트와인은 단맛, 신맛, 과일 향

의 세 가지 요소를, 레드와인은 단맛, 신맛, 과일 향 그리고 타닌 네 가지 요소의 균형을 살핀다.

- **복합성(Complexity):** 양파 껍질과 같이 계속 벗겨지면서 새로운 향이 나오는지 살핀다. 이 복합성은 고급 와인에서 나온다.

- **뒷맛(Finish, After taste):** 와인을 마시고 난 후에 향미가 입 안에 남아있는 시간. 좋은 와인일수록 뒷맛이 길다.

- **숙성력(Ability to mature):** 아주 좋은 와인에서만 느낄 수 있는 것으로 각 성분의 균형이 맞아야 가능하다. 대부분의 와인은 주병할 때가 가장 좋다.

- **특성(Typicity):** 품종, 재배지역의 특성이 나타나야 한다.

- **결점(Flaws):** 위대한 고급 와인은 결점이 없다. 즉 싫은 점이 없는 와인이다.

나의 사랑하는 자야 우리가 함께 들로 나가서 동네에서 유숙하자.

우리가 일찌기 일어나서 포도원으로 가서

포도움이 돋았는지, 꽃술이 퍼졌는지,

석류꽃이 피었는지 보자.

거기서 내가 나의 사랑을 네게 주리라.

- W. Wycherley -

18장 치즈

치즈의 역사와 종류
치즈의 제조법과 소비
국가별 치즈

치즈의 역사와 종류

우유를 비롯한 포유동물의 젖은 영양성분이 골고루 들어있는 완벽한 식품이다. 이 우유를 가만히 두면 가벼운 지방성분이 떠올라 크림(Cream)이 되는데, 이것을 따로 모아 가공한 것이 버터, 그리고 우유를 소화시키는 효소를 넣어 주거나, 오래 두어 젖산균이 자라 우유가 시큼해지면 우유가 응고되기 시작하는데, 이 응고된 것을 커드(Curd)라고 하는데 이것을 따로 분리하여 적절한 처리를 한 것이 치즈이다. 그리고 나머지 맑은 액을 유장(Whey)이라고 하는데, 이것을 이용하여 치즈를 만들기도 한다. 치즈란 전유, 탈지유, 크림, 버터밀크 또는 이들의 혼합물을 젖산균으로 발효시키고 레닛 등 응유효소로 응고시킨 후 응고된 커드를 말하거나, 또는 이것을 숙성시킨 것을 말한다.

치즈의 역사

치즈는 우유를 그대로 두면 응고되는 물질 즉 커드를 이용한 것이기 때문에, 인류가 우유를 마시면서 만들기 시작했다고 볼 수 있다. 이 커드를 보존하기 위해 단순한 가열이나 건조, 가염 등의 조치를 했을 것으로 추측할 수 있다. 역사적으로 기원전 3500년 무렵 메소포타미아 지방의 점토판 문서에 있는 기록을 비롯하여, 같은 시대 오리엔트 일대의 유적에서 치즈 제조용 기구로 보이는 토기가 출토되고 있으며, 기원전 4000-2000년 이집트, 인도, 중앙아시아에서도 치즈를 만들었다고 한다. 이것이 그리스에 전달되어 『오디세이』에도 치즈가 나오며, 이어서 로마시대 때 유럽 각 국으로 퍼진 것으로 보인다. 또 기원전 3000년경 스위스의 호상주거(湖上住居) 유적에서도 이와 같은 유물이 출토되고 있는 것으로 보아 치즈는 옛날부터 여러 지역에서 제조되고 있었다고 볼 수 있다.

치즈 발견의 전설을 보면 고대 아라비아의 행상이 먼 길을 떠나면서 우유를 양의 위로 만든 주머니에 채웠는데, 우유를 먹으려고 열어보니 여행을 하는 동안 태양열로 따뜻해진 우유가 흰 덩어리와 맑은 액으로 분리되어 변해 있는 것을 발견, 즉 양의 위에 있는 응유효소가 작용하여 우유를 응고시킨 것인데 못 먹게 되었다고 바위 위에 버리고 돌아오는 길에 보니까 하얀 덩어리가 꼬들꼬들하게 건조되어 있어서, 이를 먹어보니까 씹을수록 감칠맛이 있어서 다음부터 일부러 그렇게 했다는 이야기가 있다.

> **응유효소**
>
> 어린 소나 양의 위에는 우유를 소화시키는 효소가 들어 있는데, 그 중에 하나가 우유를 응고시키는 성질을 가지고 있다. 그래서 어린 초식동물의 위에 우유를 넣으면 우유가 응고되며, 이 효소를 레닌(Rennin)이라고 하는데 우유를 먹는 어린 송아지의 네 번째 위에 있는 것을 치즈제조에 이용한다. 요즈음은 동물보호 등을 이유로 대장균 등의 미생물에서 만든 '키모신(Chymosin)'이라는 효소를 많이 사용하고 있다.

그리스, 로마시대

고대 그리스에서는 치즈의 좋은 맛을 하늘로부터 받은 것이라고 생각하였고, 호모의 오디세이 그리고 히포크라테스도 치즈에 대해 언급하였고, 성경에도 다윗 왕에게 진상된 "꿀과 뻐더와 양과 치스를 가져다가"(사무엘 하 17 : 29)라는 구절에 치즈에 대해서 언급되어 있다. 로마시대의 농업학자인 콜루멜라(Columella)는 양의 네 번째 위에서 추출한 레닛(Rennet, 효소 이름은 레닌)으로 우유를 응고시켜 치즈를 만드는 방법을 자세하게 기술하고 있으며, 시저도 블루치즈를 먹었다는 기록이 있을 정도로 로마시대에는 보편적인 식품이었다. 또 로마사람들은 사치품의 하나로 고급 치즈를 스위스에서 연회용으로 수입하기도 했다. 당시는 게르만족도 치즈를 만들었으며, 영국에는 로마인들이 전하였다고 한다.

이 치즈란 단어도 라틴어인 '카세우스(Caseus 혹은 Cāseus)'에서 유래하여, 우유 단백질 카세인, 치즈의 독일어의 '케제(Käse)', '네덜란드어의 카스(Kaas)', 고대 영어에서는 '세스(Cēse)'가 되고, 다시 중세 영어인 '체스(Chese)'를 거쳐 현대의 '치즈(Cheese)'로 변화된 것이다. 한편 프랑스어의 '프로마주(Fromage)'와 이탈리아의 '포르마지오(Formaggio)'는 라틴어의 틀을 만들어 '카세우스 포르마투스(Caseus formatus)'에서 유래된 것이다.

수도승의 역할과 오늘날의 치즈

로마제국이 붕괴된 이후, 유럽은 노르만, 몽고, 사라센 등 주변 민족의 침범과 페스트 등 전염병으로 대륙 전체가 혼란에 싸이게 된다. 그래서 수천 년 동안 내려오던 치즈제조기술도 점차 잊혀지고, 산 속이나 멀리 떨어진 수도원에서 겨우 명맥을 유지하게 되는데, 이렇게 해서 전통적인 치즈제조기술이 오늘날까지 전해 내려오게 된다.

중세에는 와인이나 맥주 양조와 함께 교회나 수도원 특히 시토 수도회는 치즈 제조기술을 잘 전수하였을 뿐 아니라, 더욱 발전시켜 과학적으로 그 기술을 정립하고 치즈를 팔아서 수도원의 중요한 수입원을 구성하기도 했다. 한 때 그 제조기술은 엄격한 비밀로 유지된 적이 있지만, 이들은 치즈 제조기술을 연구하여 인근 농민들에게 그 기술을 전수하여 오늘날 치즈의 뿌리를 이루게 된다. 우리나라에서도 1964년 전북 임실에서 벨기에 출신의 지정환 신부(본명 디디에 세르스테반스)가 국내 최초로 치즈 공장을 세웠다.

치즈의 공업적인 생산은 1851년 미국의 뉴욕 주에서 소규모 체다 치즈 공장을 설립하면서 시작되었고, 1870년경 덴마크의 한샘이 정제 레닛(응유효소)을 시판하면서 공장생산이 보급되었다. 가공 치즈는 1904년 미국의 크라프트가 제조를 시작하였고, 1916년에는 치즈를 가열, 용해하여 성형하는 제법이 특허를 얻었다.

치즈의 종류

▨ 치즈의 분류와 명칭

치즈는 크게 자연 치즈(Natural cheese)와 가공 치즈(Processed cheese)로 나눌 수 있는데, 자연 치즈는 커드를 신선한 상태 그대로 식용으로 할 수 있는 것과 장기간 숙성을 요하는 것 등 그 종류가 다양하며, 제조공정에서 일반적으로 가열처리를 하지 않아 치즈 속에 젖산균과 효소가 그대로 남아있는 경우가 많다. 가공 치즈는 여러 가지 자연 치즈를 배합하여 가열, 용해하여 성형한 것으로 보존성이 높고 품질이 균일하여 공업적으로 생산이 가능하기 때문에 미국 등지에서 발달하였다.

미국 농무부 보고에 따르면, 세계 치즈의 종류는 800여 종이 된다고 한다. 그래서 이 수많은 종류의 치즈를 분류하는 방법도 여러 가지가 있는데, 우유를 응고시키는 방법에 따라서(효소법, 산응고, 가열응고), 원료유의 종류에 따라서(우유, 산양유), 숙성방법에 따라서(비숙성, 세균 숙성, 곰팡이 숙성), 원료의 지방 함량에 따라(크림, 전지유, 탈지유), 치즈의 경도에 따라(연질, 경질) 여러 가지로 나눌 수 있다.

그래서 치즈의 명칭은 지방 이름을 가진 것으로는, 에멘탈(스위스), 묑스테(프랑스), 카망베르(프랑스), 고다(네델란드), 파르메잔(이탈리아), 체더(영국) 등이 있으며, 원료 이름에서 비롯된 것으로는 페코리노 로마노(양젖: 이탈리아), 생긴 모양에 따라서는 블루치즈(여러 나라 공통), 그라나(가는 입자 모양, 이탈리아), 브릭(벽돌모양, 미국) 등이 있으며, 심지어는 포르 뒤 살뤼(프랑스), 트라피스트(폴란드) 등과 같이 수도원의 이름에서 유래된 것도 있다. 보편적으로 치즈의 분류는 단단한 정도 즉 경도에 따라서 분류한다.

▨ 연질 치즈(Soft cheese, 수분 55-80%):

- **비숙성 치즈**: 코티지(Cottage, 네델란드), 모차렐라(Mozzarella, 이탈리아) 등.

- **숙성 치즈**
  - 젖산균 숙성: 벨파제(Belpase, 벨기에), 콜뤼치(Colwich, 영국), 락틱(Lactic, 영국)
  - 흰곰팡이 숙성: 카망베르(Camembert, 프랑스), 브리(Brie, 프랑스), 뇌샤텔(Neufchâtel, 프랑스) 등.
- **유장 치즈(Whey cheese)**: 리코타(Ricotta, 이탈리아), 미소스트(Mysost, 노르웨이) 등.

■ **반경질 치즈(Semi-hard cheese, 수분 45-55%)**

● **젖산균 숙성**: 브릭(Brick, 미국), 묑스테(Munster, 프랑스), 림버거(Limburger, 벨기에), 포르 뒤 살뤼(Port du Salut, 프랑스), 틸지트(Tilsit, 독일), 페타(Feta, 그리스), 트라피스트(Trappiste, 폴란드)

● **푸른곰팡이 숙성**: 로크포르(Roquefort, 프랑스), 고르곤졸라(Gorgonzola, 이탈리아), 블루(Blue, 각국 공통), 스틸톤(Stilton, 영국)

■ **경질 치즈(Hard cheese, 수분 34-45%)**

● **젖산균 숙성**: 체다(Cheddar, 영국), 고다(Gouda, 네덜란드), 에담(Edam, 네덜란드)

● **프로피온산 숙성(가스 구멍이 있음)**: 에멘탈(Emmental, 스위스), 그뤼에르(Gruyére, 스위스)

■ **초경질 치즈(Very hard cheese, 수분 13-34%)**

● **젖산균 숙성**: 파르메잔(Parmesan, 이탈리아), 페코리노 로마노(Pecorino Romano, 이탈리아)

■ **일반적으로 알려진 치즈의 명칭**

● **블루(Blue) 치즈**: 반경질의 곰팡이 숙성 치즈로서 양유를 원료로 하는 프랑스의 로크포르(Roquefort)가 대표적인 것이며, 이탈리아의 고르곤졸라(Gorgonzola), 영국의 스틸톤(Stilton) 등도 같은 계통이다. 이 블루치즈의 특징은 곰팡이가 자라 치즈 내부에 대리석 모양을 만들고 지방을 분해하여 특유의 자극적인 풍미를 풍긴다. 로크포르는 프랑스 로크포르 지방이 원산지로서 양유를 사용한 것을 말하고, 우유를 원료로 하여 유사한 푸른곰팡이를 이용해서 만든 것으로 미국, 캐나다 등지의 것은 그냥 블루 치즈라고 한다.

　　젖산발효를 시킨 후 레닛으로 응고하여 유청을 배출시킨 다음, 커드 각 층에 곰팡이 분말을 넣고 치즈 내부의 곰팡이 발육을 잘 시키기 위해 바늘로 구멍을 뚫어 놓기 때문에, 백색 커드 내에 청록색 곰팡이가 푸른 힘줄 모양으로 퍼져 절단면에 특유의 무늬가 생긴다. 온도 5-8℃, 습도 90-95% 환경에서 뒤집어 주면서 2-5개월 숙성시킨다.

● **브릭(Brick) 치즈**: 반경질 젖산균 숙성 치즈로 미국에서 주로 만들며, 너비 13㎝, 길이 8㎝, 높이 25㎝, 무게 약 2kg의 벽돌 모양으로 약간 자극적인 맛을 풍긴다. 숙성은 16℃ 전후의 온도와 높은 습도에서 약 2주일 동안 시키는데, 이때 치즈 표면에 특수한 미생물이 생육하여 적갈색을 띤다. 이 표면을 깨끗이 닦아서 포장을 한 후 5-10℃에서 2~3개월 간 숙성시킨다.

● **체다(Cheddar) 치즈**: 영국의 체다가 원산지로서 미국, 캐나다, 오스트레일리아, 뉴질랜드 등지

에서도 만들고 있다. 고다 치즈와 같이 경질치즈로 젖산균으로 숙성시킨다. 현재 세계 각지에서 대량으로 생산되고 있으며, 미국, 캐나다, 오스트레일리아에서는 그 나라 이름을 'Cheddar' 앞에 붙여 원산지를 구별한다. 온화한 신맛이 나며 독특한 단맛과 방향을 지니고 있다. 젖산발효를 시킨 후 레닛으로 응고시키며, 온도 10-15℃, 습도 80%의 숙성실에서 치즈 표면을 건조시키고 파라핀으로 피복하여 보통 5~6개월, 길게는 1년 이상 숙성시킨다.

- **코티즈(Cottage) 치즈**: 네덜란드가 원산지인 비숙성 연질 치즈로서, 비숙성 치즈 중에서 세계에서 가장 널리 제조되고 있으며, 특히 미국에서 많이 만들고 있다. 처음에는 전유를 사용하였으나 점차 탈지유에 크림을 섞어서 많이 사용하고 있다. 이 치즈는 샌드위치나 각종 요리에 많이 이용되며, 유백색으로 신맛이 섞인 상쾌한 맛을 지니고 있지만, 보존성은 거의 없다. 지방 함량이 적어 저칼로리 고단백질 식품으로 미국에서 많이 소비되고 있다.

- **크림(Cream) 치즈**: 크림이나 크림을 첨가한 우유로 만든 숙성시키지 않은 치즈로 버터처럼 매끄럽고 진한 맛이 난다. 미국에서 가장 많이 보급된 치즈 가운데 하나이다.

치즈의 제조법과 소비

치즈의 제조

치즈의 종류가 많은 만큼 그 제법 또한 다양하여 간단히 설명하기는 곤란하지만, 일반적인 치즈의 제조과정은 다음과 같이 네 단계로 나눌 수 있다.

① 우유의 처리
② 원료 우유의 응고(커드 생성)
③ 커드와 유장의 분리
④ 숙성

우유의 처리

바로 나온 신선한 우유는 착유 과정이나 운반 중에 아무래도 여러 가지 미생물이 침투할 수 있으며, 그 성질 또한 불안정하여 몇 가지 처리를 해야 한다. 우선 해로운 미생물을 없애기 위해 저온살균을 하는데, 72℃에서 15분, 또는 63℃에서 30분 정도 처리하면 잡균들이 감소하여, 다음 제

조과정에서 품질이 안정될 뿐 아니라 제품의 저장성도 좋아지지만, 살균과정에서 치즈의 향기에 도움을 줄 수 있는 미생물까지 살균해 버리기 때문에, 경우에 따라서 보다 낮은 온도에서 살균하거나 살균하지 않은 것도 있다.

또 균질과정(Homogenization)을 표면적이 증가하므로, 크림치즈나 블루치즈에서는 지방 분해나 향기생성을 촉진하는 효과도 있다. 그리고 여과나 청징작업을 거치면 우유 중의 백혈구나 기타 협잡물을 제거할 수 있는데, 이런 협잡물을 제거하면 스위스치즈는 더욱 고른 눈이 형성된다.

▓ 우유의 응고

우유에 들어 있는 미생물에 의해 젖당(Lactose)에서 충분한 젖산이 생성될 때, 또는 젖당이 레닌(Rennin)에 의해 활성화될 때, 우유의 주단백질인 카세인이 응고되어 부드러운 겔이 형성된다. 레닌은 보통 어린 송아지의 위에서 얻어지는 효소로, 레닛(Rennet)이라 불리는 간수 추출액 안에 들어 있으며, 응고가 일어날 때에는 대부분의 지방, 카세인, 기타 불용성 물질을 포함하는 모든 우유 성분이 응고된 우유 안에 들어간다. 유장을 제거하기 위해 응유를 자르거나 부수는데, 항상 소량의 유장이 응유 안에 남는다.

어떤 종류의 치즈든 우선 원료유의 단백질을 응고시켜 고형물인 커드를 만드는 일부터 시작한다. 이 커드에는 지방이나 수분 및 여기에 녹아 있는 다른 물질들이 우유의 단백질인 카세인과 함께 섞여 있다. 이 단백질을 응고시키는 방법으로는 식초 등 산을 첨가하는 방법도 있지만, 대부분은 젖산균으로 우유를 산성으로 만든 다음에 응유효소를 첨가하여 응고시킨다.

▓ 커드와 유장의 분리

우유가 응고하면 고형물인 커드와 액체인 유장으로 분리되면, 커드를 절단하여 커드 내부의 유장도 배출시켜야 한다. 이 절단시기를 판단하는 데는 많은 경험이 필요하다. 일반적으로 수분함량이 높은 연질치즈는 크게 절단하고, 경질일수록 작게 절단한다. 절단이 끝나면 유장을 분리하는데, 이때 커드 입자가 수축되어 얇은 막을 형성하여 내부의 지방 유출을 막아준다.

절단된 커드는 그대로 두면 다시 엉기게 되므로, 저어 주면서 온도를 약간씩 높여 커드가 엉기지 않고 균일하게 수축되도록 만들어 내부의 유장이 배출되면 더욱 굳어지고, 이 커드를 일정한 치즈 틀에 넣고 압착하여 나머지 유장을 제거하면, 커드는 일정한 크기와 모양을 갖추게 된다.

다음 소금을 첨가하는데, 이 소금은 치즈의 풍미를 좋게 하고 수분함량을 조절하며 과도한 젖산발효와 잡균에 의한 이상발효를 억제하는 효과가 있다. 소금 첨가는 소금을 표면에 바르는 방법(Cheddar, Blue, Camembert 등)과 20% 소금물에 1-3일 담그는 방법(Gouda, Edam 등)이 있으며, 이 두 가지 방법을 병용하는 것(Swiss, Brick)도 있다. 이렇게 한 뒤 수분증발과 잡균의 번식을 막기 위해 표면을 파라핀이나 플라스틱 필름으로 덮어 씌워 일정한 온도와 습도를 유지하는 장소에서 숙성시킨다.

숙성

일부 연질치즈를 제외한 모든 치즈는 일정기간의 숙성이 필요하다. 막 압착이 끝난 생 치즈(Green cheese)는 거의 무맛이지만, 숙성을 시키면 우유 중에 있던 미생물과 효소 그리고 첨가한 젖산균의 작용으로 치즈는 그 조건에 따라 고유의 풍미를 갖추고 부드러운 조직으로 변하면서, 다양한 맛과 향이 어우러진 전형적인 발효식품이 된다. 이 숙성과정은 온도, 습도 그리고 치즈에서 자라는 미생물의 종류나 생육 정도에 따라서 치즈의 맛과 향 그리고 조직감에 많은 영향을 주게 되는데, 치즈의 숙성은 원래 그 지방의 기후에 맞추거나 동굴 등의 천연 숙성실을 이용했으나, 요즈음은 일정한 온도와 습도를 유지할 수 있는 숙성실을 이용하고 있는 곳이 많다.

가공 치즈(Processed cheese)

가공 치즈는 1908년경 스위스에서 발명되었는데, 남아도는 치즈를 어떻게 처리할까 고민하다가 만든 것이다. 바로 1911년 스위스 거버(Gerber)사에서 에멘탈 치즈를 이용하여 상업적인 용도로 만들기 시작하였으며, 동시에 미국에서 이를 발전시켜 대량으로 생산하기 시작하였다. 유럽에서 공장체제를 갖추고 생산한 것은 1917년 프랑스 쥐라에서 그라프가 처음이며, 이어서 1921년 레옹 벨 등이 공장을 설립하고, 1953년 프랑스 정부는 가공 치즈에 대한 규정을 만들어 성분 등에 대한 규격을 설정하였다.

가공 치즈는 한 종류 혹은 여러 가지 자연 치즈를 이용하는데 우선 치즈를 가열 용해한 다음, 다른 낙농제품 즉 분유나 우유, 버터, 크림, 유장 등과 향신료를 넣고 130-140℃로 살균한다. 가공 치즈는 가공과정에서 원래의 향이 다른 향으로 바뀌지만, 살균 포장하므로 오랫동안 저장할 수 있는 이점이 있다. 가공 치즈도 원래의 숙성된 치즈 맛을 그대로 살려 비슷한 타입으로 만드는 수도 있으며, 여러 가지 다른 것을 사용하여 전혀 다른 맛을 내기도 한다. 가공 치즈에는 체다, 에멘탈이 주로 사용되며, 가끔 맛에 특징을 살리기 위해 블루 치즈 계통도 사용되며, 사용하는 향신료도 후추, 허브, 햄, 양파, 버섯, 해산물까지 다양하다. 우리나라에서 소비되는 치즈의 대부분은 이러한 가공 치즈이다.

치즈의 영양과 소비

치즈의 성분과 영양

치즈는 우유 중의 단백질과 지방이 거의 그대로 옮겨 간 것이라고 할 수 있다. 커드가 형성될 때 단백질에 지방입자가 싸여서 같이 가라앉는다. 따라서 치즈는 우유 중의 단백질과 지방이 약 1/10로 농축된 것이라고 볼 수 있다. 일반적으로 치즈에는 단백질과 지방이 20-30%씩 들어 있으며, 코티지나 크림치즈는 단백질과 지방 함량이 더 많다. 숙성된 치즈는 그 성분이 젖산균 등의 효소의 영향으로 소화나 흡수가 되기 쉬운 형태로 변해 있는 것이다. 콩은 소화가 잘 안되지만 그 것을 발효시켜 만든 된장은 소화흡수가 잘 되는 이치나 마찬가지이다. 그밖에 칼슘, 인, 황 등 무기질과 비타민 A, B 등의 함유량도 많아 보건, 미용에도 좋으며, 성장하는 어린이는 물론, 소화기관이 약한 환자나 노인들의 영양식품으로 적극 추천할만한 발효식품이다.

치즈와 건강

치즈의 아미노산 중 메치오닌은 간장활동을 돕고 알코올 분해를 촉진시키는 등 숙취해소에 도움이 되며, 특히 우유 대신 치즈를 먹으면 골다공증을 예방하고, 레드와인은 치즈 특유의 맛과 냄새를 줄이는 효과도 있다. 치즈는 칼슘을 공급하고, 비타민 B군이 많으며, 피부를 젊게 해주고, 호르몬 분비를 촉진하고, 나쁜 콜레스테롤을 제거한다. 우유 소비량이 많은 나라가 위암 발생률이 적은 이유도 우유에는 칼슘과 마그네슘이 같은 비율로 되어 흡수가 잘되기 때문이다.

1일 칼슘 권장량은 600mg으로 우유 600㎖, 치즈 60g에 해당된다. 치즈 100g에는 1,300mg의 칼슘이 들어 있다. 칼슘이 부족하면 골다공증, 스트레스 내성이 약해져 신경질환이 많아지고 히스테리가 된다. 우리 몸에 있는 칼슘의 99%는 뼈와 치아가 되며, 1%의 칼슘은 혈액과 세포에 존재하는데, 혈액에서 일정 농도를 유지하면서 심장, 뇌, 호르몬 분비, 근육작용에 영향을 끼친다. 이 1%의 활동하는 칼슘이 부족하면 뼈에 있는 칼슘이 동원되어 골다공증에 걸리게 된다. 나이가 들어가면서 에스트로겐 부족, 칼슘 부족, 운동 부족 등으로 칼슘이 소변으로 배출되므로 나이가 들면 운동과 치즈섭취를 병행하는 것이 좋다. 그리고 뼈를 구성하는 데는 단백질이 필요하다. 그래서 치즈가 좋은 것이다. 폐경기 이후 하루 600mg의 칼슘이 배출되므로 1,000mg의 보충이 필요한데, 칼슘과 비타민 D, 단백질을 한꺼번에 섭취할 수 있는 것은 치즈뿐이다.

유제품의 칼슘 소화 흡수율은 60-70%, 멸치의 칼슘 소화흡수율은 10-20%로 유제품의 소화율이 훨씬 더 높다. 어른은 우유를 마시면 바로 십이지장으로 가지만, 어린이는 위의 산도가 강해서 우유가 위에서 요구르트처럼 되어 위장에 오래 머물면서 그 성분이 서서히 흡수된다. 그래서 어른은 우유보다는 치즈를 먹는 것이 효과적이다. 또 치즈에는 비타민 B군도 많아 지방섭취가 많더라도 바로 소비되기 때문에 살이 찌지 않는다. 그리고 비타민 A는 피부미용에 좋다. 게다가 와인과 함께 하면, 와인의 폴리페놀이 혈관에서 청소부 역할을 하기 때문에 동맥경화 방지, 즉 활성산소로 인해 LDL의 산화를 방지함으로써 혈관 내 흡착을 막는다.

치즈의 구입

치즈는 그 숙성도에 따라 그에 맞는 관리를 해야 조직감이나 향미에 손상이 가지 않는다. 요즈음 슈퍼마켓은 시골 구석구석까지 침투하여 생활의 편이성을 제공하고 제품을 값싸게 대량 구매할 수 있는 역할을 해주지만, 슈퍼마켓의 치즈는 획일적인 관리에 그 개성을 잃고 있다. 치즈는 치즈 전문점에서 구입해야 한다. 전문지식과 성의를 가지고 그 고유의 성질을 잃지 않도록 조심스럽게 다뤄야 한다. 좋은 와인을 심혈을 기울려 선택하는 사람이 있듯이, 치즈도 그에 대한 정보와 열정을 가지고 선택하는 사람이 있다. 이들은 공장에서 만든 것보다는 전통적인 방법으로 만든 치즈가 더 좋다고 생각는데, 전통적으로 작은 농장에서 만든 치즈가 품질을 보증하거나 더 인기 있는 것은 아니지만 치즈 마니아는 이만큼 치즈를 고르는 데 까다롭다는 이야기가 된다.

치즈는 전통과 명성이 있고 치즈를 위생적으로 잘 관리하면서 치즈에 대해 조언을 받을 수 있는 곳을 선택해야 하며, 더 중요한 것은 치즈의 종류가 많고 적음을 떠나서 현재 진열되어 있는 치즈의 상태와 품질을 보는 눈을 길러야 한다. 먼저 맛으로 선택하는 요령보다는 눈으로 선택하는 요령을 배워야 한다. 그리고 눈과 입을 함께 사용해야 한다. 또 한꺼번에 너무 많은 양을 구입하지 않아야 한다. 큰 포장으로 압축된 것은 그 상태로 보관하는 것이 가장 좋지만, 한번 자른 치즈는 바로 품질이 떨어지기 시작한다는 점을 알고 있어야 한다.

치즈의 보관

치즈는 살아있는 생명체를 함유하고 있기 때문에 보관 요령도 와인과 비슷하다. 즉 싱싱하게 보관해야 된다. 치즈는 또 영양가가 높은 만큼 미생물이 침투할 소지도 높고, 또 지방 함량이 많아 높은 온도에서 보관하면 지방이 쉽게 분리되고 공기 중에 오래 방치하면 쉽게 산화 분해 되므로, 온도가 낮고 어두운 곳으로 통풍이 잘 되는 곳이 좋다. 그래서 3-5℃ 냉장고에 보관하는 것이 가장 좋지만, 냉장고는 통풍이 안 되는 문제가 있다. 지나치게 온도가 낮아 0.5℃ 이하가 되면 얼어서 조직이 파괴된다. 자연 치즈는 발효 미생물 특히 젖산균이 그대로 살아 있으므로 오래 보관하면 숙성이 더욱 진행되어 나빠지므로 빨리 먹는 것이 좋다.

가공 치즈는 가열 살균하였으므로 보관조건이 좋으면 매우 오래 동안 보존할 수 있어 포장을 뜯지 않은 상태에서 6개월 정도는 문제없지만, 일단 포장을 뜯은 치즈는 표면이 건조하여 단단해지거나 곰팡이가 발생할 수 있으므로, 남은 치즈는 밀폐된 용기에 넣거나 종이로 포장하여 냉장고에 보관하는 것이 좋다. 그러나 치즈는 약간의 공기 유통이 필요하므로 랩이나 은박지로 너무 밀착하여 포장하지 말고 왁스칠한 종이 등으로 느슨하게 싸는 것이 좋다. 냉장고에 넣어 둘 때 유의 할 것은 냄새가 많이 나는 식품과 함께 두면 그 냄새가 배어서 치즈의 맛과 향이 손상되는 수가 있다. 혹시 곰팡이가 발생한 것이라 하더라도 표면의 일부만인 경우는 그 부분을 떼어내고 먹어도 된다.

냉장고 등 찬 곳에 있던 치즈는 꺼낸 다음 향미가 나올 수 있도록 한 시간 정도 실온에서 온도를 높여주어야 한다. 실내가 너무 건조하면 축축한 치즈포로 덮어둔다. 치즈를 껍질과 안쪽 중심부가 같은 비율이 되도록 자르고, 맛보는데 방해가 된다면 겉껍질을 제거하는 것이 좋다.

▨ 치즈 자르는 요령

치즈를 자를 때는 껍질부터 중심부까지 전부 볼 수 있도록 해야 한다. 즉, 한 번 자를 때 중심부를 관통해야 한다. 치즈의 모양이나 크기에 따라 자르는 요령이 다르지만 몇 가지 대표적인 사례를 다음 그림에 설명하였다.

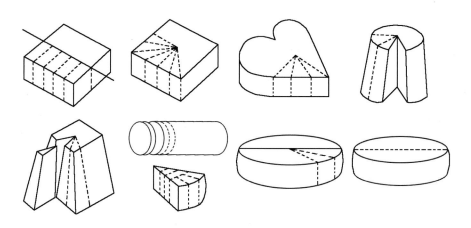

[그림 18-1] 치즈 자르는 요령

▨ 치즈의 소비

치즈제조는 프랑스, 이탈리아, 스위스에서 수백 년 동안 으뜸가는 경제적 중요성을 차지하고 있기 때문에 치즈는 유럽의 여러 나라에서 생산되고 있으며 유럽이 전 세계 생산량의 반을 차지하고 있다. 세계적으로 생산량이 증가하는 추세이고 무역도 왕성하게 이루어지고 있다. 가장 생산량이 많은 나라는 미국으로 연간 500만 톤, 독일 및 프랑스 200만 톤, 이탈리아 110만 톤 순이다. 치즈의 1인당 연간 소비량은 프랑스가 26.3kg, 아이슬란드 24. 1kg, 그리스 23.4kg, 독일 22.9kg, 핀란드 22.5kg, 이탈리아 21.8kg, 스위스 20.8kg 순이며, 우리나라는 0.2kg 수준이지만 우유 생산량 및 식생활의 변화에 따라 늘어나고 있다.

치즈와 와인

▨ 식탁의 성스러운 삼위일체

치즈와 와인이 환상의 조화를 이룬다는 사실은 잘 알려져 있다. 그러나 서양 사람에게 중요한 한 가지, 빵의 존재를 잊어서는 안 된다. 빵은 치즈와 와인을 묶어주는 끈이기 때문에 이들 생활에서 잘 익은 소박한 치즈와 와인 그리고 갓 구운 빵이 있으면 인생이 행복하다고 한다. 치즈, 와인, 빵 이 세 가지 음식은 요리를 하지 않아도 언제, 어디서든지 쉽게 들 수 있는 소박하면서 가장 기본적인 식품이다. 그래서 치즈와 와인, 빵 이 세 가지를 식탁의 성스러운 삼위일체라고 말한다.

빵, 치즈, 와인은 각각 다른 원료를 사용하여 만든다. 빵은 밀로, 치즈는 우유에서, 와인은 포도를 발효시켜 만들지만, 이 세 가지 모두 이스트나 박테리아의 힘으로 완성된다는 점은 같다. 즉, 발효라는 과정을 거치지 않으면 빵은 밀가루 반죽이 부풀어 오르지 못하며, 와인은 알코올이 없을 것이며, 치즈는 그 감칠맛을 내지 못할 것이다. 이 세 가지 식품은 발효라는 과정 때문에 가능한 것이다. 와인에 향미와 바디 그리고 부케가 포도의 종류, 만드는 방법, 숙성기간에 따라 달라지듯이, 치즈 역시 그 질감과 향미, 아로마 등도 우유의 종류, 만드는 방법, 그리고 숙성하는 요령에 따라 달라진다.

음식과 조화라는 것은 외관, 질감, 온도, 향미 등 모든 것이 주관적인 판단에 좌우된다. 우선 빵과 치즈로 예를 든다면, 희고 짜지 않은 치즈는 이에 맞는 빵과 어울리고, 양념이 가미된 빵으로 신 우유나 다른 낙농 제품의 향이 들어가 있다면 강한 냄새가 나는 블루치즈와 어울릴 것이다. 와인과 치즈도 이와 마찬가지이다.

▨ 어떤 와인을 고를 것인가?

어떤 와인에 어떤 음식이 잘 어울린다는 말은 많지만, 사실 거기에 뚜렷한 법칙이 정해져 있는 것은 아니다. 이러한 선택에서 가장 기본이 되는 것은 개인의 취향이다. 이 조화는 일반적으로 향보다는 질감과 맛의 조화를 더 중요시 여기는데, 특히 와인은 치즈와 서로 비슷한 점을 가진 것이 선택될 수도 있고, 아니면 서로 대비되는 것, 아니면 서로 특성을 보완할 수 있는 것을 선택할 수도 있다.

부드럽고 기름진 치즈에는 이런 성질과 유사한 부드럽고 미끈한 와인이 어울리며, 시큼한 맛이 강한 치즈에는 반대로 달고 알코올 농도가 높은 와인이 좋고, 소금기가 많은 치즈에는 이를 보완할 수 있도록 신맛이 적절한 와인이 어울린다. 어쨌든 일반적으로 통용되는 법칙으로서 치즈와 와인을 선택할 때 꼭 염두에 둘 것은, 오래 숙성시킨 치즈일수록 와인의 향미를 손상시켜 치즈 맛이 와인 맛을 지배해버린다는 점이다.

보통 잘못 알고 있는 상식 중 치즈에는 레드와인이 어울린다고 알려져 있는데, 화이트와인이

오히려 더 치즈와 잘 어울린다는 것이 전문가들의 의견이다. 가장 무난한 선택은 그 치즈가 생산되는 지방의 와인이 가장 잘 어울린다는 것이다. 그렇다고 꼭 와인만이 치즈와 어울리는 것은 아니다. 와인이 나오지 않는 지역에서 나오는 치즈는 그 지방의 맥주나 사과주 아니면 독한 증류주나 커피와도 좋은 조화를 이룰 수도 있다. 보르도 지방에는 와인에 맞는 치즈가 없어서 잘 숙성된 네덜란드 치즈와 함께 잘 나온다. 대체적으로 오랜 세월 동안 여러 사람이 와인과 치즈의 맛을 보고, 보편적으로 어떤 치즈에 어떤 와인이 어울린다는 전통적인 법칙이 있다. 그래도 이러한 선택은 어디까지나 개인의 맛과 취향을 벗어날 수는 없다.

국가별 치즈

프랑스 치즈

치즈의 AOC(Appellation d'Origine Contrôlée)/AOP 제도

프랑스 와인에 AOC 제도가 있듯이, 프랑스의 치즈와 버터에도 AOC가 있다. AOC는 법적으로 규정되어 있으며, 이 제도는 1919년 5월 6일 처음으로 도입하여 현재까지 INAO(Institut National Appellation d'Origine)에서 관리하고 있다. INAO는 농무부 산하 기구로서 제조업자, 소비자, 정부 세 군데를 묶어서 대표한다고 할 수 있다. INAO는 치즈 자체의 규격, 즉 사용하는 우유, 지역, 생산 방법, 숙성기간 등에 대한 세부사항을 규정하고, 이를 위반할 경우 구류, 벌금 등 벌칙사항까지 정해 놓고 있다. 현재 40여 종의 AOC 치즈가 있으며 앞으로도 계속 늘어날 전망이다.

프랑스 치즈의 분류

프랑스 치즈는 현재 AOC 법에서 다음과 같이 네 가지로 나누고 있다.

- **페르미에(Fermier)**: '농부'라는 뜻으로, 소규모 농가나 산 속의 오두막에서 자신의 농장에서 기른 소, 양, 염소의 젖으로 전통적인 방법으로 만든 치즈이며, 주변 농장에서 우유를 가져와서는 안 된다. 페르미에 치즈가 반드시 품질을 보증하는 것은 아니고 단지 전통적인 방법으로 치즈를 만든다는 뜻이다.

- **아르티자날(Artisanal)**: '수공업적'이라는 뜻으로, 개인이 자신의 농장에서 나온 우유를 사용하여 만들거나 주변에서 우유를 구입하여 만든 치즈이지만, 생산자는 반드시 농장을 가지고 있어야

한다.

- **코페라티브(Coopérative)**: 일정 단위의 조합에서 나오는 우유로 만든 치즈로서 대체로 규모가 크고 프랑스 전역에서 판매된다.

- **앵데스트리엘(Industriel)**: 공업적인 규모를 갖춘 형태로 우유는 여러 곳에서 가져와 치즈를 만든다.

페르미에 치즈

알프스에서는 소를 방목하는데, 알프스 정상에 눈이 사라지기 시작하면 풀을 따라 소 떼를 몰고 알프스 산을 올라간다. 새로 돋아난 풀을 따라 천천히 정상을 향해서 올라가면서 군데군데 있는 오두막에서 우유를 짜서 치즈를 만든다. 8월 중순이 되면 거의 해발 3,000m까지 올라오고, 이어 첫눈이 내리기 시작하면 이제는 다시 돋은 풀을 따라 내려가, 9월 말이 되면 마을로 완전히 내려와서 겨울 치즈를 만든다. 피레네 산맥에서도 이와 같은 방법으로 방목을 하는데 이곳에는 양이나 염소들이 많다.

AOC 치즈의 종류

- **우유로 만든 치즈**
  - 아봉당스(Abondance, 1990 AOC)
  - 보포르(Beaufort, 1976 AOC)
  - 블뢰 도베르뉴(Bleu d'Auvergne, 1975)
  - 블뢰 데 코스(Bleu des Causses, 1979)
  - 블뢰 드 게/블뢰 뒤 오 쥐라(Bleu de Gex/Bleu du Haut Jura, 1977)
  - 블뢰 뒤 베르코르-사스나쥐(Bleu du Vercors-Sassenage, 1998)
  - 브리 드 모(Brie de Meaux, 1980)
  - 브리 드 믈랭(Brie de Melun, 1990)
  - 카망베르(Camembert, 1983)
  - 캉탈/프룸 드 캉탈(Cantal/Fourme de Cantal, 1956)
  - 샤우르스(Chaource, 1970)
  - 콩테(Comté, 1952)
  - 에푸아스 드 부르고뉴(Epoisses de Bourgogne, 1991)
  - 푸름 당베르(Fourme d'Ambert, 1972)
  - 푸름 드 몽브리송(Fourme de Montbrison, 1972)
  - 라귀욜르(Laguiole, 1961)
  - 랑그르(Langres, 1991)
  - 리바로(Livarot, 1972)
  - 마루알르(Maroilles, 1976)
  - 몽 도르/바쉬랭 두 오두(Mont d'Or/Vacherin du Haut-Doubs, 1981)
  - 모르비에(Morbier, 2000)
  - 묑스테/묑스테 제로메(Munster/Munster-Géromé, 1969)
  - 뇌샤텔(Neufchâtel, 1969)
  - 퐁레베크(Pont l'Eveque, 1976)

- 르블로숑 드 사부아/르블로숑(Reblochon de Savoie/Reblochon, 1958)
- 루 드 브리(Roue de Brie, 1980)
- 생넥테르(Saint-Nectaire, 1955)
- 살레르(Salers, 1979)
- 톰 데 보주(Tome des Bouges, 2002)

● **염소유로 만든 치즈**

- 바농(Banon, 2003)
- 카베쿠(Cabecou)
- 샤비슈 뒤 푸아투(Chabichou du Poitou, 1988)
- 슈브로탱 데 사라비스(Chevrotin des Aravis)
- 크로탱 드 샤비뇰(Crottin de Chavignol, 1976)
- 마코네(Mâconnais, 2006)
- 펠라르동 데 스벤(Pélardon des Cevennes, 2000)
- 피코동(Picodon, 1983)
- 풀리니 생피에르(Pouligny-Saint-Pierre, 1972)
- 리고트 드 콩드리외(Rigotte de Condrieu, 2008)
- 로카마두(Rocamadour, 1996)
- 생트 모 드 투랜(Sainte-Maure de Touraine, 1990)
- 셀르 쉬르 셰르(Selles-sur-Cher, 1975)
- 발랑세(Valençay, 1998)

● **양유로 만든 치즈**

- 브로시우(Brocciu/Broccio, 1983)
- 오소 이라티 브레비 피레네(Ossau-Iraty-Brebis Pyrenees, 1980)
- 로크포르(Roquefort, 1979. 1925년 입법에 기초)

▨ 대표적인 프랑스 치즈

● **블뢰 데 코스(Bleu des Causses, 1979)**: 코페라티브, 엥데스트리엘 치즈로서 상업적으로 생산되는 것은 우유로 만든 로크포르(로크포르는 양젖으로 만듦)라고 할 수 있다. 숙성은 70일 이상 시키는데 보통 3개월에서 6개월 동안 이 코스 지방에 있는 석회석 동굴에서 시키므로 이 치즈의 향은 이때 형성된다. 여름 치즈는 아이보리 색깔로 촉촉하고, 겨울 치즈는 흰색으로 맛이 강하다. 이 치즈는 산도가 적당한 스위트 화이트와인과 잘 어울린다고 정평이 나있으며, 특히 정찬의 마지막 코스에 나오는 것이 좋다. 바르삭(Barsac), 바뉠스 그랑 크뤼(Banyuls Grand Cru) 등이 좋다. 미디 피레네와 랑그도크 루시옹에서 생산한다.

● **브리 드 모(Brie de Meaux, 1980)**: 파리에서 동쪽으로 50㎞ 떨어진 브리는 오랜 치즈 역사를 가지고 있는데, 이곳의 치즈는 치즈를 가장 많이 소비하는 파리와 가깝게 있어서 그 중요성이 더욱 부각됐다고 할 수 있다. 이 치즈는 전통적으로 제조와 숙성이 각 각 다른 장소에서 이루어

진다. 껍질은 하얀 벨벳처럼 생겼으며 아주 잘 숙성되면 위와 옆 부분이 붉은 색을 띤다. 속살은 단단하고 질길 수도 있으며 밀짚 색깔이며, 약한 곰팡이 냄새, 스모키 향 등이 어우러져 농축된 향을 느낄 수 있다.

브리 드 모는 아르티자날, 엥데스트리엘 치즈로 생산되며, 일 드 프랑스, 부르고뉴에 AOC 지역이 있다. 이 치즈는 커드를 거의 자르지 않고 자연스럽게 따라내기를 하면서 건조시킨다. 너무 빨리 따라내기를 하면 치즈가 갈라질 수 있으며 숙성은 보통 8주 정도 한다. 와인은 본 로마네(Vosne-Romanée), 에르미타주(Hermitage) 등이 좋다.

- **카망베르**(Camembert, 1983): 노르망디는 프랑스 북서부 지방으로 온화한 지역으로 강우량이 많고, 적당한 햇볕과 높은 습도 때문에 목초가 무성하게 잘 자라며, 여기서 나온 우유로 유명한 노르망디 버터, 크림, 그리고 카망베르를 비롯한 고급 치즈를 만든다. 1981년부터 파리 출신 프랑수아 뒤랑(François Durand)이 노르망디의 카망베르에서 페르미에 치즈를 만들어서 우수한 품질을 인정받았지만, 아직 AOC 치즈가 되지는 못했다. 카망베르의 AOC 치즈는 카망베르 드 노르망디(Camembert de Normandie) 하나뿐이다.

많은 사람들이 카망베르하면 프랑스 치즈로 알고 있을 정도로, 카망베르는 프랑스를 대표하는 치즈로 알려져 있으며, 1983년 AOC 치즈가 되기 이전부터 세계 여러 나라에서 이 카망베르를 모방하여 치즈를 만들 정도로 유명한 것이다. 카망베르는 불그레한 줄무늬가 있는 흰색 곰팡이가 표면을 덮고 있으며, 속살은 부드럽고 물렁물렁하며, 약간의 곰팡이 냄새가 나고 짠맛이 있다. AOC 지역에서 생산되는 코페라티브, 엥데스트리엘 치즈는 21일 이상 숙성을 시키도록 되어 있다. 앞에서 이야기한 페르미에 카망베르는 품질은 뛰어나지만, AOC 치즈는 아니다. 와인은 생테밀리용(Saint-Émilion), 생테스테프(Saint-Estéphe)가 좋다.

참고로 카망베르 치즈의 AOC 규정을 보면,
  ① 연유, 분유, 유단백 및 발색제 등의 첨가는 할 수 없다.
  ② 우유는 37℃ 이상 가열해서는 안 된다.
  ③ 커드는 반드시 수직으로 자른다.
  ④ 커드를 뜨는 국자의 지름은 성형하는 몰드의 것과 동일해야 한다. 커드를 몰드에 옮길 때는 단계별로 네 번 이상으로 나누어 연속적으로 채운다.
  ⑤ 가염할 때는 건조염만을 사용한다.
  ⑥ 소금을 뿌린 뒤 치즈는 나무박스에 넣어 10-14℃의 건조실로 옮긴다. 판에다 둘 경우는 8-9℃의 저장실에 둔다.
  ⑦ AOC 치즈의 라벨에는 'Fabrication traditionnelle au lait cru avec moulage à louche'라는 문구를 사용할 수 있으며, 'Fabriqué en Normandie'는 라벨에 생산지명을 표시한 것이지 AOC의 승인은 아니다.

- **콩테(Comté, 1952):** 콩테는 맛이 진하고, 프랑스에서 가장 인기 있는 치즈이다. 이 치즈는 쥐라의 산악지방에서 전통적인 방법으로 제조되는데, 산에서 얻은 우유를 마을 단위의 조합에서 운영하는 치즈공장(Fruitiéres)으로 가져와서 만든다. 이 치즈는 납작한 원반 모양으로 껍질은 누런 황토 빛이며, 속살은 촉촉하고 회색빛을 띤 노란 색으로 입안에서 사르르 녹으면서 단맛이 남는 것이 특징이다. 짠맛이 강하지만 조화가 잘 된 편이며 구수한 특유의 맛을 풍긴다. 이 치즈는 식전주(Apéritif)와 어울리며 그 외 가벼운 레드, 화이트와인도 좋으며, 샐러드, 과일, 샌드위치 등과도 좋다.

  프랑스인의 40%가 콩테를 소비하고 있을 만큼 프랑스에서 가장 생산량이 많다. 콩테를 생산하는 AOC 지역은 프랑슈 콩테, 부르고뉴 동쪽, 로렝 일부, 샹파뉴, 론 알프스 등이다. 품질 관리는 엄격하여 매년 5%의 치즈가 AOC 검사에 불합격할 정도이며, 숙성은 AOC에 정한 지역에서만 하며 온도 19℃ 이하, 습도 92% 이상의 조건에서 90일 이상 한다. 와인은 뱅 존(Vin Jaune), 뱅 드 파이으(Vin de Paille)가 좋다.

- **뮝스테/뮝스테 제로메(Munster/Munster-Gérome, 1969):** 이 치즈의 명칭은 보주 산맥을 사이에 두고 양쪽에서 부르는 명칭이 서로 달라, 동쪽에 있는 알자스에서는 뮝스테(Munster), 서쪽에 있는 로렌은 제로메(Gérome)라고 부르기 때문에 1978년 AOC에서 뮝스테 제로메(Munster-Gérome)라고 두 가지 명칭을 통합하여 이렇게 된 것이다. 생산지는 알자스, 로렌, 프랑슈 콩테 등이다.

  이 치즈의 특성은 먼저 자극적인 냄새가 나고, 두 번째로 부드럽고 매끈한 감촉을 가진 속살이 나온다는 점이다. 껍질은 엷은 벽돌색깔이며 속살은 조직감이 있는 황금색으로 끈적거리며 달콤한 우유 맛을 가지고 있다. 숙성이 안 된 것은 껍질이 노란 색이며 속살은 연한 크림빛으로 바삭거린다. 뮝스테 치즈를 만드는 우유는 보주 산 젖소에서 나온 것으로서 18세기에 스칸디나비아에서 수입한 품종으로 강건하고 단백질 함량이 높은 품질 좋은 우유를 만드는 것으로 유명하다. 제품은 페르미에, 엥데스트리엘, 코페라티브 세 가지가 나오며 농축유나 농축유를 환원시킨 우유는 사용하지 못한다. 숙성은 AOC 지정 장소에서 3주 이상(Petit-Munster는 2주 이상)해야 하지만 보통은 2-3개월 시킨다. 와인은 게뷔르츠트라미너, 토카이, 피노 그리 달자스 등이 좋다.

- **뇌샤텔(Neufchâtel, 1969):** 이 치즈는 노르망디 북쪽에 있는 페이 드 브레(Pays de Bray)에 있는 뇌샤텔(Neufchâtel)이라는 곳에서 나오는데, 역사적으로 수도원에서 만들기 시작하여 1800년대 초에 파리에 알려졌다. 파리에서 132㎞ 밖에 안 떨어진 가까운 곳에 있기 때문에 더욱 유명한 치즈가 될 수 있었다. 껍질은 부드러운 하얀 벨벳 같고 손가락으로 누르면 바스락거릴 정도로 딱딱하지만, 속살은 부드러워 손가락으로 누르면 쑥 들어갈 정도이다. 10일 정도면 숙성되지만 보통 3주 정도 숙성시키며, 이때 치즈 겉면에 하얀 곰팡이가 자라게 된다. 그래서 이 치즈는 곰팡이

냄새가 강하며, 이 치즈와 딱딱한 빵은 가장 어울리는 것으로 알려져 있다. 와인은 포므롤, 생테 밀리용 등이 좋다.

- **생넥테르(Saint-Nectaire, 1955):** 생넥테르는 캉탈, 살레르와 함께 오베르뉴 지방의 대표적인 치즈로서 루이 14세의 식탁에 오른 것이라고 한다. 표면의 색깔은 회색과 보라색이 섞여 있는데 흰색, 노란 색, 붉은 색 반점이 같이 있어서 지저분하게 보이지만, 속살은 비단같이 부드럽고 약간 신맛을 내면서 자극적인 맛을 나타낸다. 이 치즈의 미묘한 맛은 특유의 토양에서 자란 야생 목초와 살레르(Salers)라는 젖소의 특성에서 나온 것이다. 와인은 생테스테프가 잘 어울린다.

- **로크포르(Roquefort, 1979. 1925년 입법에 기초):** 로크포르 치즈는 멀리 로마시대 플리니우스 가 쓴 책에서 언급했을 정도로 그 역사가 오래되었다. 이렇게 전통이 이어오면서 1411년 샤를 6세는 로크포르를 만드는 사람에게 치즈의 숙성에 대한 독점권을 부여하여 수백 년 동안 생산을 하게 된 것이다. AOC도 1925년 프랑스 최초로 얻었고, 일찍 알려진 만큼 모조품도 많다. 1961년 에는 대법원에서 "이 치즈는 프랑스 남부지방 여러 곳에서 만들 수는 있지만, 로크포르 쉬르 술종(Roquefort sur Soulzon)지역의 콩발로 산에 있는 천연 동굴에서 숙성시킨 것만을 '로크포르'라 고 한다."라는 법령을 선포하여, 모조품을 몰아내고 다시 독점권을 행사하게 되었다.

    로크포르는 스틸톤(Stilton), 고르곤졸라(Gorgonzola)와 함께 세계 3대 블루치즈이다. 로크포 르는 깨끗하고 강한 향에 짠맛이 강하며, 입안에서 스르르 녹으면서 강한 곰팡이 냄새를 풍기며, 이 향은 숙성이 진행될수록 더 강해진다. 속살은 축축하고 부스러지기 쉬운 상태라서 칼을 미리 가열하여 따뜻하게 한 다음 잘라야 한다. 로크포르는 파스타나 샐러드와 잘 어울리는데, 맛이 워낙 자극적이고 강하기 때문에 식사가 끝난 후 소테른 와인과 같이 하면 좋다. 숙성이 덜 된 것은 방돌(Bandol)이나 뮈스카 드 리브잘트(Muscat de Rivesaltes) 와인에 건포도 있는 빵과 어울리 며, 숙성이 잘 된 푸른 치즈는 랑그도크 루시용에서 나오는 바뉠스(Banyuls)가 좋다.

    로크포르는 콩테(Comté)에 이어 프랑스에서 두 번째로 많이 소비되는 치즈이며, 60%가 하 나의 회사(Société des Caves et des Producteurs Réunis)에서 생산된다. 그래서 로크포르는 아르티자날 과 엥데스트리엘이 있으며 페르미에가 없다. 로크포르라고 이름이 붙은 모든 치즈는 AOC 지정 자연 동굴에서 최소 3개월은 숙성을 시켜야 한다. 보통, 숙성은 4개월 동안하며 경우에 따라 9개월 동안 하는 것도 있다. 숙성이 얼마 안 된 치즈는 옅은 녹색이지만 점점 청색과 회색이 강해지면서 청회색의 작은 구멍이 생기며, 아주 오래 두면 거의 곰팡이로 뒤덮이게 된다.

참고로 AOC 규정을 보면,

① 출산 후 20일 이내 나온 양유로 치즈를 만들 수 없다.
② 레닛은 48시간 이내에 첨가한다.

③ 이 치즈에 사용되는 푸른곰팡이(*Penicillum roqueforti*)는 이 지역의 정해진 천연 동굴의 자연 환경에서 전통적인 방법으로 배양한 것이라야 한다.

④ 가염은 건조염으로 한다.

⑤ 생산자는 운반되는 우유의 양을 관리하고 생산된 치즈의 무게와 수량을 기록하는 장부를 비치하고 매일 기재한다.

⑥ 로크포르 치즈가 동굴에 입고된 후부터 판매될 때까지 검사와 포장에 관한 모든 과정은 오로지 로크포르 지역에서만 전담한다.

원유의 종류와 특성

치즈는 젖소, 염소, 양 등의 젖으로 만든다. 이 중에서 가장 진한 맛을 가진 것이 양유로서 구수하고 향이 진하며 뒷맛이 오래 간다. 동물 별로 연간 생산량을 보면 소는 305일 동안 6,065㎏, 염소는 240일 동안 644㎏, 양은 180일 동안 200㎏의 젖을 생산한다.

치즈에 사용하는 우유는 살균하거나 살균하지 않을 수도 있는데, 살균하지 않을 경우는 착유한 즉시 혹은 12시간 이내에 사용해야 한다. 즉시 4℃로 냉각시키면 24시간 보관도 가능하다. 바로 짜낸 젖은 박테리아가 살아 있고 이것으로 만든 치즈는 향이 훨씬 복잡하고 강하다. 모든 페르미에(Fermier) 치즈는 살균하지 않은 것이며 AOC 규제를 받는다. 살균은 72℃에서 15분 동안 하고 즉시 4℃로 냉각시켜 박테리아를 제거함으로써 비교적 장기간 보관할 수 있도록 만들고, 공장에서 대량생산하는 치즈는 거의 살균 우유를 사용하기 때문에 맛이 단순한 것으로 알려져 있다.

이탈리아 치즈

와인과 마찬가지로 치즈 역시 로마가 원조이다. 이미 언급하였듯이 로마시대의 농업학자인 콜루멜라(Columella)는 양의 네 번째 위에서 추출한 레넛으로 우유를 응고시켜 치즈를 만드는 방법을 기록하였고, 시저도 블루치즈를 먹었다는 기록이 있을 정도로 치즈는 로마시대에는 인기 있는 식품이었다. 그러면서 지금의 프랑스, 독일, 영국 등 나라에 치즈를 전파하였다.

DOP 치즈

이탈리아 치즈에는 DOP(Denominazione di Origine Protetta)라는 원산지 명칭제도가 있는데, 프랑스와는 달리 독자적인 관리기관으로서 원산지 명칭제도는 각각의 보호협회에서 관리한다. 여기서는 원료유의 처리, 제조방법, 숙성기간 등을 정하고 각각 인증상표를 가지고 있다. 현재 이탈리아에는 30여 종의 DOP 치즈가 있다.

DOP 치즈의 종류

우유	염소유	양유
Asiago(아지아고)	Bitto	Canestrato Pugliese(카네스트라토 풀리에제)
Bra(브라)	(비토)	Casciotta D'urbino(+우유)(카시오타 두르비노)
Caciocavallo Silano(카치오발로 실라노)		Fiore Sardo(피오레 사르도)
Castelmagno(카스텔마뇨)		Murazzano(무라차노)
Fontina(폰티나)		Pecorino Romano(페코리노 로마노)
Formai De Mut(포르마이 데 무트)		Pecorino Sardo(페코리노 사르도)
Gorgonzola(고르곤졸라)		Pecorino Siciliano(페코리노 시칠리아노)
Grana Padano(그라나 파다노)		Pecorino Toscano(페코리노 토스카노)
Montasio(몬타지오)		
Monte Veronese(몬테 베로네제)		
Mozzarrella Di Buffala Campana(물소유)		
(모차렐라 디 부팔라 캄파냐)		
Parmigiano Reggiano(파르미지아노 레지아노)		
Provolone Valpadana(프로볼로네 발파다나)		
Quartirolo Lombardo(쿠아르티롤로 롬바르도)		
Ragusano(라구사노)		
Raschera(라스케라)		
Ricotta Romana(리코타 로마나)		
Robiola Di Roccaverano(+염소유)		
(로비올라 디 로카베라노)		
Spressa delle Giudicarie(스프레사 델레 주디카리에)		
Taleggio(탈레지오)		
Toma Piemontese(토마 피에몬테세)		
Valle d'Aosta Fromadzo(발레 다오스타 프로마초)		
Valtellina Casera(발텔리나 카제라)		

대표적인 이탈리아 치즈

• **파르미지아노-레지아노(Parmigiano-Reggiano)**: 이탈리아 치즈 중 가장 유명한 것으로 보통 파르메산(Parmesan)이라고 한다. 이 치즈는 800년 동안 변함없는 방법으로 만들고 있는데, 12, 13세기에 만든 기록이 그대로 오늘날까지 전해오고 있다. 파르미지아노 레지아노라는 이름은 이 치즈를 생산하는 지역이 북부 이탈리아 파르마(Parma)와 레지오 에밀리아(Reggio Emilia)이기 때문에 이렇게 부른다. 이탈리아에서는 포강의 오른편에 있는 파르마(Parma), 레지오 에밀리아(Reggio Emilia), 모데나(Modena), 만투아(Mantua) 그리고 레노 강 왼편에 있는 볼로냐(Bologna)를 이 치즈의 생산지로 지정해 놓고 있다.

　　그리고 고급 품질을 유지하기 위해 소를 방목해야 하며, 알팔파를 제외하고 사일로에 저장한 사료는 먹이지 않는다. 우유도 저녁에 짠 것은 그대로 하룻밤을 묵힌 뒤에, 다음날 아침 크림을 제거하고 아침에 짠 우유와 혼합하여, 전통적으로 사용되는 종 모양의 구리로 된 용기에 붓는다. 여기에 발효 촉진제로 그 전에 만들던 치즈에서 나온 유장(Whey)을 첨가하여, 천천히 저어주면서 온도를 33℃로 올린 다음, 송아지 위에서 나온 레닛을 첨가한다. 그러면 10여분 뒤에 커드

가 생긴다. 생성된 커드(이탈리아어로 Cagliata)를 스피노(Spino)라는 기구로 잘게 잘라준다.

이 커드를 천천히 온도를 올려 55℃가 되면 불을 끄고, 바닥에 가라앉은 커드를 치즈포에 넣고 유청을 제거한다. 그리고 이 치즈를 나무나 금속으로 만든 몰드(Fasceri)에 넣어 압착시켜 나머지 유청을 제거하면서 성형한다. 몇 시간 후에 유장이 제거되어 모양이 갖추어진 치즈에 'Parmigiano-Reggiano'라는 각인 도장을 찍고 생산지와 생산일자를 표시한다. 이 치즈를 몰드에 며칠 더 두면 단단해지면서 우리나라 북 모양이 된다. 이것을 소금물에 20-25일 담그고 햇볕에서 잠깐 건조시킨 다음 숙성실(Cascina)로 옮겨, 나무 선반에 치즈를 두면 서서히 숙성이 되가는데, 이때는 정기적으로 뒤집어 주면서 브러시로 겉면을 닦아준다. 전통적인 이탈리아 와인인 바롤로, 바르바레스코 등과 잘 어울리는 치즈다.

대부분 치즈업자들은 연말이 되면 1년 동안 만든 치즈를 특별한 저장고로 옮기는데, 이 저장고는 자본을 지원해 주는 은행이나 조합의 소유이다. 매년 9만 톤이라는 엄청난 양의 파르미지아노 레지아노가 생산되는데, 이 치즈는 지방질이 중간 정도인 경질 치즈에 속한다. 매년 4월 1일부터 11월 11일까지 생산하며, 생산한 다음 해 여름까지 숙성시키고 경우에 따라서는 더 길게 숙성시키기도 한다. 무게가 24-44㎏ 나가는 대형 치즈로서 향이 그렇게 강하지 않고 온화한 것이 특징이다. 숙성기간에 따라 프레스코(Fresco, 18개월 이하), 베키오(Vecchio, 18-24개월), 스트라베키오(Stravecchio, 24-36개월)로 나눈다.

- **페코리노(Pecorino)**: 이탈리아 전역에서 페코리노라고 부르는 이 치즈는 어떤 우유를 어떻게 사용하여 만든다는 정해진 것이 없이 수많은 종류가 나오고 있다. 숙성을 시킨 것이 있는가 하면 숙성을 시키지 않은 것도 있고, 맛도 온화한 것부터 숙성된 맛까지 다양하지만, 한 가지 분명한 것은 양젖으로 만든 경질 치즈란 점이다. 주로 생산하는 곳은 중남부 지방과 시칠리아, 사르데냐 등 양을 많이 기르는 곳이다. 이탈리아 남부에서 나오는 와인이나 프랑스의 카오르, 샤토네프 뒤 파프 등과 잘 어울린다.

양젖에 레닛을 넣어 응고를 촉진시키고, 형성된 커드를 잘게 부셔서 50℃로 온도를 올린 다음 유청을 제거하고 성형하여 8개월 동안 숙성시키며, 이 기간 중에도 정기적으로 소금물로 씻고 가끔 뒤집어 주면서 숙성시킨다. 숙성이 안 된 것은 판으로 잘라서 사용하고 숙성된 것은 분말로 만들어 파르메산 대용으로 사용한다. 숙성이 덜 된 것은 맛이 온화하지만 숙성을 오래 시킨 것은 자극적인 맛이 난다. 가장 유명한 타입은 사르데냐와 로마 근처에서 나오는 페코리노 로마노(Pecorino Romano), 토스카나의 페코리노 토스카노(Pecorino Toscano), 시칠리아 섬에서 나오는 페코리노 시칠리아노(Pecorino Siciliano)를 들 수 있다.

- **고르곤졸라(Gorgonzola)**: 원래 이 치즈는 밀라노 근처에서 이 치즈를 만들고 있는 고르곤졸라라는 작은 마을 이름에서 유래된 것이지만, 요즈음은 롬바르디아, 피에몬테 지방에서도 만들고

있다. 우유를 28-32℃로 온도를 높인 다음 레닛과 함께 곰팡이(*Penicillium glaucum*) 포자를 넣는다. 유장을 분리한 다음 성형시키고, 소금을 가하여 2주 동안 그대로 두면서, 푸른곰팡이가 골고루 자랄 수 있도록 긴바늘로 수많은 구멍을 양쪽에 번갈아 가면서 만든다. 그리고 숙성도 이 지방의 천연동굴과 동일한 온도와 습도를 지닌 창고에 3개월 이상 한다. 비안코(Bianco)는 영 치즈로서 곰팡이가 자라기 시작한 것이고, 돌체(Dolce)는 중간 상태, 피칸테(Piccante)는 푸른곰팡이가 깊숙이 침투하여 강한 맛이 나는 것을 말한다.

- **모차렐라 디 부팔라(Mozzarella di Bufala):** 이 치즈는 이탈리아 남부 지방에서 물소 젖과 우유를 혼합하여 만든 연질 치즈이다. 작고 하얀 찹쌀떡과 같이 물컹거리며 물기가 많기 때문에 소금을 넣은 유청에 보관한다. 방울토마토를 엷게 썰어서 바질(Basil), 올리브유, 기타 향신료를 곁들여 먹는다.

  모차렐라는 원래 나폴리 근처에서 물소의 젖으로 만든 것으로 살균하지 않은 우유를 사용하고 치즈의 수명이 짧기 때문에 이탈리아 남부지방에서만 애용되었으나, 요즈음은 냉장기술과 운송수단의 발달로 다른 곳에서도 그 명성이 알려지게 된 것이다. 그렇지만 여전히 나폴리 근처에서 전통적인 방법으로 만들고 있다. 보통 치즈와 같이 젖산발효나 레닛을 사용하여 응고시켜 커드를 만든 다음에 뜨거운 물과 혼합하여 긴 로프 모양으로 만든다. 그리고 적당한 탄력성이 갖춰지면 기계나 손으로 작은 공 모양으로 만들어 찬물에 넣으면 식으면서 제 모양을 갖추게 된다. 여기에 소금을 넣고 포장하는데 보통 우유에서 치즈가 완성되는데 걸리는 시간은 여덟 시간이 채 안 된다. 가장 중요한 것은 반죽 상태에서 언제 성형을 하느냐에 따라서, 잘못하면 죽과 같은 상태가 될 수도 있고 너무 딱딱한 치즈가 될 수도 있다.

  모차렐라는 맛이 신선하고 우유의 맛이 남아 있어야 한다. 그러면서 부드럽고 우아한 맛과 약간 신맛을 풍겨야 좋다. 맛이 너무 신 것은 최고의 상태를 넘긴 것으로 볼 수 있다. 그리고 색깔은 백색이라야 하지만 사료의 영향을 받아 약간 노란 색을 나타낼 때도 있다. 처음에는 딱딱하지만 시간이 지날수록 더 부드러워진다. 포장방법에 따라 수명이 달라지는데, 진공포장을 하면 그 수명이 상당히 연장된다. 단순히 모차렐라(Mozzarella)라고 되어 있으면 대부분 우유로 만든 것이다.

- **프로볼로네(Provolone):** 약간 스모키하면서 온화한 맛에 부드러우면서 단단한 형태의 반경질 치즈이다. 보통 2-3개월 숙성시키지만 6개월 이상 숙성시킨 것도 있다. 숙성이 오래될수록 색깔이 진해지고 맛도 더 강해진다. 보통 요리할 때 많이 사용되며 분말로 만들어 사용하기도 하며, 샌드위치용으로도 유명하다.

- **리코타(Ricotta):** 인기가 좋은 치즈로서 이 치즈는 다른 치즈를 만들 때 나오는 유장(Whey)으로 만든다. 이 유장을 다시 가열하여 응고시키면 백색의 부드러운 치즈가 된다. 주로 라사냐

(Lasagna) 요리에 많이 쓰인다. 이것을 숙성시키면 강한 맛을 가진 경질치즈로서 리코타 살라타 (Ricotta Salata)가 된다.

- **탈레지오(Taleggio)**: 롬바르디아 지방에서 나오는 반경질 치즈로 지방 함량이 많아 촉감이 부드럽다. 숙성이 되갈수록 자극적인 맛이 나며 색깔이 깊어진다. 디저트 치즈로 많이 사용되며 진한 와인과 잘 어울린다.

- **마스카르포네(Mascarpone)**: DOP 치즈가 아니지만, 우리나라에서 인기가 좋다. 옅은 크림색으로 고급품은 단맛이 풍기는 유명한 크림치즈이다.

스위스 치즈

스위스 치즈는 로마시대 이전에 켈트족이 만들기 시작하여 그 역사가 2000년이 넘는다. 가장 대표적인 스위스 치즈는 에멘탈(Emmental)로서 보통 스위스 치즈라고 부르고, 그 다음은 아펜젤러 (Appenzeller)로서 말끔한 아이보리 색깔을 가지고 있으며, 이 치즈가 나오는 주(Canton)명칭과 똑같다. 그뤼에르(Gruyére) 치즈는 프랑스와 맞댄 알프스에서 나오는 것으로 세계에서 가장 오래된(1115년에 이미 생산) 경질 치즈이다. 스위스 역시 1997년부터 AOC 제도를 도입하여, 현재 AOC 치즈는 에티바(Etiva), 그뤼에르(Gruyére Swizerland), 테트 드 무안(Tête de Moine) 세 가지이다.

- **에멘탈(Emmental)**: 스위스의 대표적인 경질 치즈이며 스위스 에메 강 계곡에서 만들기 시작했다. 보통 스위스 치즈라면 이것을 말한다. 경질의 탄력 있는 조직을 가지고 있으며 호두 맛이 난다. 지름 1m, 무게 100kg의 큰 원반형으로 세계 최대의 치즈다. 숙성 중 프로피온산 균에 의한 탄산가스발효 때문에 치즈 내부에 조그만 가스공이 형성되는 것이 특징이다. 이 에멘탈 치즈는 여러 나라에서 만들고 있지만 스위스의 에멘탈이 원조이다.

  우유 1,000ℓ로 이 치즈 80kg을 만드는데, 신선한 우유를 30-32℃로 온도를 올린 다음 천천히 저어 주면서 레닌이나 펩신과 같은 응고제를 첨가한다. 우유가 요구르트와 같이 응고되면 '치즈 하프'라고 부르는 도구를 이용하여 커드를 콩알만 하게 자른다. 따라내기를 한 다음 이 커드를 52℃로 온도를 올려 약 한 시간가량 저어주고, 다시 따라내기를 하고 압착하여 덩어리로 만든다.

  이 치즈를 시원한 곳으로 옮겨 3일 동안 소금물에 담그고, 약 10일 동안 둥그런 나무판에 둔다. 가스가 차오르면서 치즈에 작은 구멍이 생기며 이 구멍이 생길수록 제품이 부드러워진다. 8-12주가 되면 마지막 단계인 숙성에 들어가는데, 시원한 곳에서 넉 달 정도 두면 에멘탈은 부드러운 맛을 갖게 된다. 숙성기간이 길수록 맛은 더욱 진해진다.

- **아펜젤러(Appenzeller)**: 스위스 동부 아펜젤러 주에서 나오는 반경질 치즈로서 에멘탈과 비슷하

며, 속살에 있는 구멍이 더 작고 그 숫자가 많지 않다. 화이트와인과 잘 어울리며 독특한 매운 맛이 특징이다.

- **그뤼에르(Gruyére):** 스위스 퐁듀에 사용하는 치즈로 유명하며 에멘탈과 비슷하지만 구멍이 더 작다. 숙성이 덜 된 것은 조직이 찰지지만 숙성될수록 바삭거리게 된다. 퐁듀 이외 샌드위치 치즈로도 좋다. 와인은 신선한 화이트와인이나 보졸레, 진펀델 등 가벼운 것이 좋다.

- **라클레테(Raclette):** 경질 치즈로서 부드러운 맛과 좋은 뒷맛을 가지고 있다. 얇은 조각을 녹여서 스위스 요리에 많이 사용한다.

- **삽사고(Sapsago):** 작은 녹색치즈로서 분말로 만들어서 사용할 수 있는 경질 치즈다. 제조과정 중에 정향(Clove) 잎 가루를 넣기 때문에 이 치즈는 톡 쏘는 향과 매운 맛을 가지고 있다. 그래서 삽사고는 먹는 치즈가 아니고 요리에 뿌려서 맛을 내는 치즈라고 할 수 있다. 일명 샤브지거 (Schabziger)로 알려져 있다.

- **테트 드 무안(Tête de Moine):** 반경질 치즈로서 신선한 과일 혹은 견과류와 잘 어울린다.

- **틸지트(Tilsit):** 틸지트란 과거 프러시아의 지명(지금은 리시아, 폴란드)으로 네덜란드에서 이민 온 사람들이 고다 치즈를 만들려다 만든 것이다. 보불전쟁 때 프러시아에서 전해온 것으로 지방 함량이 많은 반경질 치즈이다. 2-4개월 숙성시키며 숙성이 될수록 아이보리 색깔에서 황갈색으로 진해진다.

퐁듀_Fondue

퐁듀는 치즈가 아닌 치즈를 이용한 요리 중 가장 유명한 것으로 뇌샤텔 주(州)의 특산. 각 주에 따라 만드는 방법이 약간씩 다르지만, 대표적인 뇌샤텔 퐁듀는 에멘탈과 그뤼에르 치즈로 만든다. 우선 프라이팬에 화이트와인과 레몬 즙을 넣고 마늘 즙을 약간 넣고, 부드러운 에멘탈과 자극성이 강한 그뤼에르 치즈를 얇게 잘라 여기에 넣고 가열. 따로 키어쉬(Kirsch)라는 체리브랜디와 녹말가루를 잘 섞은 다음, 와인과 치즈가 끓고 있는 프라이팬에 저어주면서 붓고, 여기에 향신료로 후추와 넛맥을 넣고 죽이 될 때까지 끓였다가 식탁에 알코올램프와 함께 놓는다. 식사 중에도 가끔 저어주면서, 긴 포크에 빵 조각을 끼워 완성된 퐁듀에 적셔서 먹는다. 퐁듀가 너무 옅으면 치즈를 더 넣고 너무 진하면 와인을 더 넣는다.

> 누구든 포크에 꽂은 빵을 퐁듀에 빠뜨리면 다음 화이트 와인을 다른 사람에게 접대를 해야 한다.

영국 치즈

영국의 치즈는 1066년 노르만족의 침입으로 시토회 수도승들이 요크셔로 이동하면서 본격적으로 만들기 시작했다. 물론 그 전에도 농가에서 치즈를 조금씩 만들었지만, 수도승처럼 제법을 확립하여 일정한 규격의 치즈를 만들어, 자가 수요를 충당하고 남은 것을 판매할 정도의 규모를 갖추지는 못했다. 수도승은 풍부한 노동력과 넓은 토지를 확보하고 있었고, 치즈를 과학적이고 체계적으로 연구하여 그 제법을 주변 농가에 보급하여 오늘날 영국 치즈의 기반을 형성하였다. 영국을 비롯한 EU 국가들은 치즈 원산지명칭제도를 EU에서 정한 **PDO**(Protective Denomination of Origine)라는 것으로 한다. 현재 영국에는 아홉 종의 **PDO** 치즈 즉, 웨스트 컨츄리 팜하우스 체다(West Country Farmhouse Cheddar), 싱글 글로스터(Single Gloucester), 화이트 스틸톤 & 블루 스틸톤(White Stilton & Blue Stilton), 스왈데일(Swaledale), 스왈러데일 유스(Swaledale ewe's), 비콘 펠 트레디쇼날 랭카셔(Beacon Fell Traditional Lancashire), 벅스톤 블루(Buxton Blue), 돌셋 블루(Dorset Blue), 도버데일(Dovedale), 본 체스터(Bonchester), 엑스무어 블루(Exmoor blue), 등이 있다.

- **스틸톤(Stilton):** 영국의 치즈는 프랑스와는 달리 스틸톤을 제외하고는 세계적으로 알려지지 못했다. 이 스틸톤은 레스터(Leicester), 노팅엄(Nottingham), 더비(Derby) 세 개 주에서 생산되는데, 블루 스틸톤은 원통형으로 페니실린(*Penicillium roqueforti*)이라는 푸른곰팡이로 숙성시켜 대리석처럼 푸른 무늬가 있는 것이 특징이다. 반면 화이트 스틸톤은 조직이 연하고 청색 무늬가 없으며 독특한 냄새를 가지고 있다. 일곱 개 스틸톤 제조업자 중 하나인 콜스톤 바세트(Colston Bassett)는 지금도 살균하지 않은 우유를 사용하여 치즈를 만들고 있다.

  이 스틸톤은 프랑스의 로크포르(Roquefort), 이탈리아의 고르곤졸라(Gorgonzola)와 함께 세계 3대 블루 치즈를 이루고 있지만, 로크포르나 고르곤졸라에 비해 맛이 순한 편이다. 스틸톤은 미황색에 푸른 무늬가 있으며 껍질은 진한 색깔이며 주름이 있고 약간 자극적인 맛을 가지고 있으며, 이 스틸톤은 포트와인이 잘 어울린다고 정평이 나있다. 그리고 스틸톤을 먹을 때 스푼으로 구멍을 내어 와인을 그 구멍에 부어서 마시기도 하지만, 이렇게 하면 치즈가 젖고 풍미나 색깔이 변하기 때문에 좋지 않은 방법이다.

- **체다(Cheddar):** 체다는 영국에서 가장 많이 그리고 널리 생산되는 치즈로서 길게는 1년 이상 장기간 숙성시키는 영국 고유의 치즈다. 요즈음은 다른 나라에서도 체다를 많이 만들고 있지만, 이 체다란 이름은 서머싯(Somerset) 주의 체다 골쥐(Cheddar Gorge)라는 곳에서 나온 것이다. 이 치즈는 오래 숙성시킬수록 색깔이 진해지고 향이 강해지는 특성을 가지고 있다. 껍질은 보통 왁스로 싸여 있으나, 왁스의 색깔이 품질을 나타내는 것은 아니다. 체다를 선택할 때는 숙성기간을 보고 선택하는 것이 좋다. 오래될수록 향미가 강하고 값이 비싸진다. 어울리는 와인은 가벼운

레드와인을 비롯해서 루비포트, 셰리 등 다양하다.

영국은 이외에도 다양한 종류의 치즈를 만들고 있다. 압착시키지 않은 소프트 치즈(Crowdie)부터 반경질 치즈(Wensleydale, Welsh), 경질 치즈(Cheddar, Cheshire, Leicester, Double Gloucester 등) 수많은 종류가 있다. 대부분의 치즈는 우유로 만들지만 가끔은 염소유나 양유로도 만들며, 살균하지 않은 우유로도 만든다. 대부분 공업적인 형태를 갖추고 생산하지만, 아직 24개의 농장에서 전통적인 방법으로 체다를 만들고 있으며, 시토 수도회가 해체된 다음에는 농부들이 이들 고유의 방법을 이어받아 치즈(Swaledale, Danbydale)를 만들고 있다.

네덜란드 치즈

2000년 전 치즈 담는 돌그릇이 발견되는 것을 보더라도 네덜란드의 치즈는 오랜 역사를 가지고 있다. 중세 때부터 에담(Edam) 치즈는 네덜란드 주요 수출 품목이었으며, 에담은 그 때 이 치즈를 독일, 프랑스, 이탈리아 등지로 수출하던 항구 이름. 그러나 매립작업으로 한 때 치즈로 이름을 날리던 이 도시의 이름은 점차 잊혀지고, 오늘날은 고다(Gouda)가 가장 중요한 치즈가 되었다.

- **고다(Gouda) PDO**: 네덜란드 원산의 경질치즈로 젖산균 숙성 치즈 중에서 대표적인 것이다. 미국, 영국, 독일, 덴마크 등지에서도 생산하고 있으며, 전유 혹은 반 탈지유를 사용하여 직경 30㎝, 두께 8-12㎝의 원판으로 만들며 담황색 또는 버터 빛깔을 띠며 온화한 풍미가 특징이다.
   우유의 응고는 젖산발효나 레닛을 이용하는데, 유명한 네덜란드 치즈는 주로 젖산발효를 시킨다. 이렇게 얻은 커드를 잘게 부셔서 유장을 제거하고 성형하여 도장을 찍고, 소금물에 넣어두면 단단해지면서 특유의 맛을 갖게 된다. 그리고 일정한 온도와 습도를 갖춘 숙성실로 옮겨 오랜 기간 숙성을 시키는데 그 기간은 4-6주부터 4개월, 그리고 10개월 이상 하는 것도 있다. 숙성기간 중에는 곰팡이가 슬지 않도록 자주 뒤집어 주면서 브러시로 닦아주어야 한다. 고다는 식사 때 먹기도 하지만 디저트로서 과일과 함께 와인을 곁들여 먹으면 좋다.

- **에담(Edam) PDO**: 네덜란드 북부 에담이 원산지인 경질 치즈로 젖산균으로 숙성시키며, 고다 치즈와 함께 네덜란드 대표적인 치즈이다. 에담은 고다와 그 향미는 비슷하지만, 좀 더 건조하며 딱딱한 감이 있다. 1-2kg 정도의 공 모양으로 적색, 황색, 흑색의 왁스로 코팅이 되어 있어서, 식탁을 장식하는 바스켓에 넣어 두는 것으로 많이 사용된다. 피노 누아로 만든 와인과 잘 어울리는 치즈이다.

가을날

주여, 때가 왔습니다.
여름엔 정말 위대했습니다.
해시계 위에 당신의 그림자를 얹어 주십시오.
들에다 맑은 바람을 모아 주십시오.

마지막 열매들을 익게 하시고,
남국의 햇볕을 이틀만 더 주시어,
그것들을 성숙시켜 마지막 단맛이
짙은 포도주 속에 스미게 하십시오.

집이 없는 사람은 이제 집을 짓지는 않습니다.
지금 고독한 사람은 이후에도 오래 고독하게 살아
잠자지 않고 그리고 기나긴 편지를 쓸 것입니다.
바람에 불려 나뭇잎이 날릴 때 불안스러이
이리저리 가로수 길을 헤매게 될 것입니다

- 릴케 -

19장 와인과 요리

와인과 요리

와인과 요리

와인과 요리의 조화

와인을 배우는 목적은 좋은 와인과 그에 어울리는 요리를 찾기 위한 것인지도 모른다. 특히 유럽인에게 와인은 요리의 맛을 돋우기 위한 소스라고 할 수 있을 정도로 와인과 음식은 밀접한 관계에 있다. 좋은 와인과 그에 어울리는 요리를 맛볼 수 있다는 것은 인생의 가장 큰 즐거움이라고 할 수 있다. 와인과 요리의 조화는 뚜렷한 법칙이 있는 것이 아니고 장소와 시간에 따라서 그리고 문화, 식생활 습관에 따라 달라진다.

그러나 대체적으로 통용되는 것에는 그에 따른 이유가 있으며, 이러한 기본 원리를 알고 와인과 그에 어울리는 요리를 선택하는 것이 좋다. 생선요리에는 화이트와인이 어울리는 이유는 화이트와인의 산미가 생선의 맛과 조화되기 때문이고, 레드와인과 육류가 잘 어울리는 것은 레드와인의 타닌이 육류의 기름기와 짙은맛을 잘 조절해 주기 때문이다. 그러나 모든 생선에 화이트와인이 다 맞는 것은 아니다. 그리고 사용하는 소스에 따라서도 와인의 선택이 달라진다. 와인이 산지나 품종, 숙성도에 따라 그 질이 각양각색이듯이 요리도 조리하는 사람에 따라 재료나 소스가 다양하므로 모든 것이 꼭 정해진 것은 아니다.

정해진 법칙은 없다

바로 시작을 해본다. 어울리지 않는다 생각되면 다시 해보고 그것을 즐길 줄 알아야 한다. 그리고 모든 것은 입맛이 말해준다. 잘 아는 음식부터 시작하여 적어도 반은 괜찮다고 생각하면 된다. 즐겁게 생각하고 여러 가지를 시도해 보고, "된다, 안 된다"를 스스로 판단한다. 만약 입맛에 맞지 않는다면 정해진 법칙에 구애받을 필요는 없는 것이다. 어떤 것이 좋을까 결정은 직감에 따라서 한다. 전문가들이 좋지 않다고 했더라도, 환상의 조화라고 발견할 수가 있는 것이다.

즉 와인과 음식의 조화는 개인의 취향에 따라 해 보고 선택하는 것이 최고다. 와인과 음식의 조화에서 그 목적은 즐기는데 있으며, 계속 실험하고 관찰하고 기억하는 것이다. 음식을 먹으면서 액체를 마시는 이유는 씹으면서 목이 마르고, 음식과 입 사이에 수분을 보충하여 삼키기 쉽게 해주며, 씹는 사이에 입안을 씻어주기 때문이다. 우리는 날마다 물을 마시는데 음식 1칼로리당 물 1

㎖ 정도 필요하다(우리는 음식에서 필요한 물의 양 1/2을 섭취하고 나머지는 물로 마신다). 그리고 우리는 특별한 맛이나 감촉을 느낀 뒤에 이 맛을 씻어내기 위해서 생리적으로 물을 요구할 수 있다. 고기나 치즈를 먹을 때 좀 시고 떫은 와인을 마시면 깨끗해지는 느낌을 받는 것과 같은 원리이다. 거기다 이 와인이 주는 맛과 향이 음식의 조직감이나 향미와 맞는다면 더 만족감을 느낀다. 와인이 특히 시고 떫을 경우는 대부분의 음식과 잘 맞는다. 와인과 음식은 갈증의 해소보다는 향미와 조직감의 조화가 목적이다.

어떻든 와인과 음식의 조화는 모든 사람의 입맛이 다르기 때문에 여러 번 시도를 해보고 사람마다 다른 독특한 맛과 기호도에 따라 수정해 나가야 한다. 이렇게 함으로써 성공적인 와인과 음식의 조화에 대한 원리를 알 수 있는 것이다. 단조로운 생선요리일수록 드라이 와인과 잘 맞고, 특히 굴 요리는 샤르도네나 소비뇽 블랑이 적격이라 할 수 있다. 약간 감미로운 독일이나 알자스 와인은 생선튀김에 잘 어울린다. 붉은 육류요리에 레드와인이라고 했지만, 붉은 고기가 아니더라도 닭고기나 오리고기 등의 요리도 가벼운 레드와인과 어울린다. 비프스테이크와 같은 붉은 육류요리나 우리나라의 불고기나 갈비 같은 요리도 묵직한 레드와인 즉, 카베르네 소비뇽 등이 좋다.

그렇지만 이와 같은 등식은 어디까지나 오랜 세월동안 다수의 사람들의 입맛에 의해서 결정된 것이므로, 특수한 사람에게 해당이 안 될 수도 있다. 생선이든 육류든 누가 뭐래도 화이트와인이 좋다면서 마시는 사람도 많다. 와인의 맛을 잘 아는 사람은 와인과 요리를 자기의 입맛에 의해서 자신이 선택하는 것이 정상적인 것이다.

그리고 식사 중 와인을 마실 때는 고기를 씹으면서 적당량의 와인을 마시는 것이 보통이다. 씹던 것을 삼키고 나서 와인을 마시는 것이 안 된다고 할 수는 없지만, 일반적인 것은 못된다. 그래야 요리와 와인이 서로 어울려 더 이상적인 맛을 낼 수 있다. 어떻든 와인과 요리의 관계는 주관적인 판단이 우선이므로, 자신이 좋다고 생각하는 것이 최고이다. 이 세상에서 가장 좋은 와인은 자기 자신이 맛있다고 느끼는 와인이다.

프랑스 식사코스에 따른 와인

본격적인 서양요리는 가벼운 전채부터 시작하여 스프, 생선요리, 그리고 닭고기나 오리고기 요리 등 가벼운 육류에서 비프스테이크 등 본격적인 육류요리 순서로 진행되며, 대개 감미로운 디저트로 끝을 맺게 된다. 와인도 이에 따라 아페리티프, 화이트와인, 레드와인 순서대로 진행되며, 마지막으로 감미로운 디저트 와인이 나온다. 이와 같이 식사코스를 중심으로 와인을 분류하면 다음과 같이 나눌 수 있다.

- **아페리티프**(*Apéritif*): 식전에 식욕을 돋우기 위해 이야기하면서 마시는 술로 스페인의 셰리, 이탈리아의 베르뭇을 차게 해서 마신다. 신맛이 있는 알자스나 독일의 화이트와인도 좋다. 특별한

경우는 달지 않은 샴페인도 쓰인다.

- **오르되브르**(*Hor-d'oeuvre*): 식전의 날 요리로서 훈제 연어, 삶은 야채, 거위 간(Foie gras) 샐러드, 그리고 훈제 돼지고기(햄, 베이컨, 소시지 등)도 나온다. 이런 요리에는 가벼운 화이트나 레드와인을 마신다.

- **콩소메**(*Consommé*, **맑은 스프**), **포타주**(*Potage*, **진한 스프**): 스프와 와인 마시는 일은 드물다.

- **앙트레**(*Entrée*): 굴(*Huître*, 위트르), 연어(*Saumon*, 소몽), 거위 간(*Foie gras*, 푸아그라), 달팽이(*Escargot*, 에스카르고) 등이 나오는데, 드라이한 화이트와인인 앙트르 되 메르(보르도), 뮈스카데, 성세르(루아르), 샤블리, 리슬링, 푸이 퓌메, 카시스 등이 어울린다.

- **푸아송**(*Poisson*): 구운 생선에는 위에 나온 드라이 화이트와인, 소스를 뿌린 것에는 소스를 만드는데 들어간 와인을 선택하는 것이 좋다. 화이트와인의 향이 강하게 나는 소스에는 샤블리, 뫼르소, 리슬링, 푸이 퓌메 등이 잘 어울리고, 생선 스튜, 대구요리, 양념을 많이 한 갑각류에는 코트 뒤 론, 보졸레, 보르도 등의 레드와인도 좋다. 훈제한 것은 드라이 화이트와인 중에서도 알자스 리슬링, 소비뇽 블랑, 또는 로제도 좋다.

  일반적으로, 화이트 테이블 와인에서 가볍고 신선한 것으로는 보르도의 그라브, 부르고뉴의 샤블리, 그리고 독일의 모젤, 이탈리아의 소아베 등이 좋고, 묵직한 것은 부르고뉴의 푸이 퓌이세, 코트 드 본, 스페인의 리오하 등이 있다.

- **비앙드**(*Viande*): 육류에는 레드 테이블 와인으로 가벼운 것으로는 보졸레, 보르도의 그라브, 이탈리아의 바베라 등이 있고, 묵직하고 텁텁한 것은 보르도의 포므롤, 부르고뉴의 코트 드 뉘 등이 좋다.

  흰 살코기는 풍미 있고 타닌이 그리 강하지 않은 레드와인인 그라브, 볼네, 플뢰리, 숙성되지 않은 쉬농 또는 보졸레 등이 좋고, 부르고뉴의 화이트와인이나 로제도 괜찮다. 붉은 살코기에는 향이 아주 강한 레드와인 에르미타주, 샤토뇌프 뒤 파프, 생테밀리용, 포므롤 등이 좋고, 소스가 들어간 요리는 소스에 사용된 와인과 같은 것이 좋다. 사냥으로 잡은 야생동물 요리에는 그 맛을 살아나게 하는 부르고뉴의 잘 숙성된 레드와인이 좋다.

- **풀레**(*Poulet*): 닭고기 등 가금류 요리로서 향이 너무 강하지 않은 레드와인인 보졸레, 그라브 레드, 메도크 등이 어울리고, 오리고기는 이보다 향이 더 강한 포므롤, 생테밀리용, 코트 드 본, 코트 뒤 론과 같은 레드와인이 좋다.

- **소르베**(*Sorbet*): 영어로 '샤베트'라고 하며, 우유가 들어가지 않은 아이스크림이다.

- **로티**(*Roti*): 채소나 감자를 구어서 잘라서 나온다.

- **살라드**(*Salad*)

- **프로마주**(*Fromage*): 치즈의 종류에 따라 선택한다. 보통은 그 때까지 남아있는 와인에 곁들인다.

- **데세르**(*Déssert*): 파이(*Tarte*, 타르트), 케이크(*Gâteaux*, 가토) 등이 나오는데, 이때는 달콤한 와인이 좋다. 스위트 디저트 와인은 포르투갈의 포트가 가장 대표적이며 그 외 헝가리의 토카이(Tokaji) 등도 있다.

- **푸루이**(*Fruit*): 과일

- **카페**(*Café*): 커피

- **코냑**(*Cognac*): 식사코스의 마지막을 장식한다.

- **스파클링와인**(Sparkling Wine): 샴페인이나 기타, 다른 곳의 스파클링와인, 식전이나 식후, 그리고 특별한 행사나 축하연에서 사용한다.

가볍다 묵직하다는 것은 주로 포도품종에 의해서 좌우되는데, 이는 포도의 타닌함량, 그리고 산도 등에 의해서 결정된다. 화이트와인의 경우 리슬링, 슈냉 블랑 등은 가볍고 소비뇽 블랑은 중간, 샤르도네는 묵직한 것에 해당된다. 레드와인은 보졸레가 가볍고 피노 누아, 메를로, 카베르네 소비뇽 순으로 무거워진다. 로제는 어느 요리와도 잘 어울린다고 하지만, 식사 중에 마시는 일이 별로 없으며, 가벼운 간식이나 피크닉 때 주로 이용한다.

아페리티프_*Apéritif*

라틴어 'Aperire'에서 나온 말로 영어로 'Open'이란 뜻이다. 전통적으로 식사 전에 마시는 산뜻하고 약간의 쓴맛이 있는 음료로서, 와인 아페리티프는 원래 프랑스 군인들의 말라리아 예방책으로 키니네(Quinine)를 첨가한 것이다. 요즈음 유명한 아페리티프는 '릴레(Lillet)'로서 1887년부터 보르도 화이트와인과 과일 추출물 그리고 약간의 키니네를 첨가하여 만들었다. 현재 오렌지 껍질과 키니네를 포함하여 열 가지 과일을 브랜디로 추출하여 와인과 혼합하여 숙성시킨다. 빈티지를 표시하는 것, 레드 와인과 혼합하는 것도 있다.

와인의 스타일에 따른 분류

- **라이트 바디 화이트와인**: 알자스 피노 블랑과 리슬링, 샤블리, 뮈스카데, 독일의 카비네트와 슈페트레제, 소비뇽 블랑, 오르비에토, 소아베, 베르디키오, 프라스카티, 피노 그리조 등으로 가자미, 넙치 류, 대합조개, 굴 등의 요리가 좋다.

- **미디엄 바디 화이트와인**: 푸이 퓌메, 성세르, 그라브, 샤블리 프르미에르 크뤼, 마콩 빌라주, 생베랑, 몽타뉘, 소비뇽 블랑, 샤르도네, 가비, 게뷔르츠트라미너 등으로 돔, 농어, 새우, 가리비 등 요리와 좋다.

- **풀 바디 화이트와인**: 샤르도네, 샤블리 그랑 크뤼, 뫼르소, 샤사뉴 몽라셰, 퓔리니 몽라셰, 비오니에 등으로 연어, 다랑어(참치), 황새치, 바다가재, 오리, 로스트 치킨 등과 어울린다.

- **라이트 바디 레드와인**: 바르돌리노, 발폴리첼라, 키안티, 리오하 크리안사, 보졸레, 보졸레 빌라주, 부르고뉴 빌라주, 바르베라, 보르도, 피노 누아 등으로 연어, 다랑어(참치), 황새치, 오리, 로스트 치킨 등과 어울린다.

- **미디엄 바디 레드와인**: 크뤼 보졸레, 코트 뒤 론, 크로즈 에르미타주, 부르고뉴 프르미에르 혹은 그랑 크뤼, 보르도 크뤼 부르주아, 카베르네 소비뇽, 메를로, 진펀델, 키안티 클라시코 리제르바, 돌체토, 리오하 레세르바 혹은 그랑 레세르바, 시라, 피노 누아 등이 있으며, 야생 조류, 송아지 고기, 돼지고기 등 요리와 좋다.

- **풀 바디 레드와인**: 바르바레스코, 바롤로, 보르도 고급 샤토 와인, 샤토뇌프 뒤 파프, 에르미타주, 카베르네 소비뇽, 메를로, 진펀델, 시라 등이 있으며, 양고기, 비프스테이크, 야생동물 고기류 등과 어울린다.

각 요리에 어울리는 와인

와인과 요리의 선택요령

- **고급 요리에 고급 와인**: 맛있고 비싼 요리라면 와인도 좋아야 한다. 반대로 가벼운 샌드위치라면 고급 와인을 선택할 필요는 없다.

- **섬세한 요리에는 섬세한 와인**: 약간 스파이시하면서 우아한 요리에는 부르고뉴의 피노 누아가 어울리며, 자극성이 강하고 묵직한 요리에는 그에 맞는 묵직하고 강한 와인이 좋다.

- **비슷한 것과 다른 것의 조화**: 샤르도네와 크림소스가 있는 바다가재는 둘 다 풍부하고 진하며 부드럽기 때문에 어울리고, 반대로 상쾌하고 톡 쏘는 샴페인과 크림소스가 있는 바다가재는 서로를 보완하기 때문에 어울린다.

- **고정관념 탈피**: 샤르도네와 바다가재가 어울린다는 것은 대략적인 원칙이다. 캘리포니아 샤르도네와 같이 알코올 농도가 높고 오크통에서 숙성시킨 것은 사실 어울리지 않는다. 차라리 소비뇽 블랑이나 드라이 리슬링이 담백하고 깨끗한 신맛으로 어울릴 수 있다. 산도가 높은 와인은 마시고 난 다음에 무언가를 먹고 싶게 되고, 먹은 다음에는 다시 와인을 마시고 싶게 된다.

- **레드와인 선택**: 레드와인도 선입관을 벗어나 특성에 따라 요리를 선택한다. 산도가 높거나 과일 향이 진하며 타닌이 약한 키안티, 부르고뉴와 오리건의 피노 누아, 또 평범한 이탈리아 레드와인

이나 진펜델이나 론의 샤토뇌프 뒤 파프 등은 요리 선택의 폭이 넓다. 구운 닭 요리, 파스타 등과도 잘 어울린다.

- **육류와 어울리는 화이트와인**: 과일과 함께 조리된 육류 요리 즉 돼지고기와 사과, 살구와 함께 구운 닭고기, 무화과를 넣은 오리고기 등은 의외로 게뷔르츠트라미너, 머스캣, 비오니에, 리슬링과도 잘 어울린다.

- **짠 음식과 와인**: 소금기가 있는 요리에는 신맛이나 단맛이 있는 와인이 좋다. 훈제 연어와 샴페인, 파르미지아노 레지아노 치즈와 키안티, 간장이 들어간 아시아 요리와 리슬링 등은 조화를 이룬다. 영국의 스틸톤 치즈와 단맛이 강한 포트와인은 옛날부터 잘 어울리는 것으로 알려져 있는 이유도 여기에 있다.

- **기름진 음식과 와인**: 기름진 육류나 버터, 크림 등이 많은 요리는 풍부하고 타닌이 많은 진한 와인 즉 고급 카베르네 소비뇽이나 메를로가 어울린다. 메도크의 레드와인과 고운 양고기, 캘리포니아 카베르네 소비뇽과 스테이크 식으로 진한 요리에는 진한 와인이 좋다. 소테른 와인과 푸아 그라 역시 좋은 예가 될 수 있다.

- **디저트 와인**: 디저트가 와인보다 달면 와인의 맛을 무덤덤하게 만든다. 단맛의 정도가 맞아야 한다.

붉은 고기 요리

- **스테이크(Steak)/*스테이크(Steak)***: 카베르네 소비뇽, 시라 등
- **햄버거(Hamburger)**: 비싸지 않은 레드와인
- **로스트 비프(Roast beef)**: 피노 누아, 메를로
- **텐더로인(Tenderloin)**: 피노 누아, 메를로
- **서로인(Sirloin)**: 포이약, 샹베르탱

다른 육류

- **구운 닭고기(Roast chicken)/*Coq(코크, 수탉)*, *Poule(풀르, 암탉)***: 어느 것이나 좋다.
- **양념이 강한 닭고기**: 슈냉 블랑, 리슬링.
- **코쿠뱅(*Coq au Vin*)**: 조리에 사용한 와인으로 부르고뉴 레드와인.
- **오리(Duck)**: 거위(Goose), 야생조류(Game bird) 등: 피노 블랑, 피노 누아, 메를로.
- **햄(Ham)/*Jambon(장봉)***: 로제, 부브레, 게뷔르츠트라미너.
- **양고기(Lamb, 양념이 약한)/*Mouton(무통)***: 메독의 고급 와인, 리오하.

- **양고기(양념이 강한)**: 강한 양념은 와인의 맛을 마비시키므로 강한 론의 레드와인.
- **돼지고기(Pork)/*Porc(포르)***: 이탈리아, 스페인의 가벼운 레드와인이나 화이트와인.
- **소시지(Sausage)/*Saucisse(소시스)***: 게뷔르츠트라미너, 평범한 레드와인.
- **칠면조(Turkey)/*Dinde(댕드*, 암칠면조), *Dindon(댕동*, 수칠면조)**: 로제나 가벼운 레드와인.
- **송아지 고기(Veal)/*Veau(보)***: 샤르도네(캘리포니아).
- **사슴 고기(Vension)/*Cerf(세르)***: 무거운 레드와인으로 카베르네 소비뇽, 네비올로, 시라.

어패류

- **크림소스가 들어간 것**: 신선한 샤르도네(부르고뉴)
- **바다가재(Lobster)/*Homard(오마르)***: 샴페인, 드라이 리슬링, 부루고뉴 화이트와인.
- **굴(Oyster)/*Huitre(위트르)***: 뮈스카데, 샤블리. 날것은 샤블리, 뮈스카데, 앙트르 되 메르 등 드라이 화이트와인, 요리한 것은 과일 향이 살아있는 프르미에르 크뤼급 샤블리가 좋다.
- **연어(Salmon)/*Saumon(소몽)***: 소비뇽 블랑. 훈제 연어는 푸이 퓌메.
- **새우(Shrimp)/*Crevette(크레베트)***: 가벼운 드라이 화이트와인.
- **왕새우(Crayfish)/*Langouste(랑구스트)***: 최고급 부르고뉴 화이트와인, 몽라세.
- **다랑어(Tuna)/*Thon(통)*, 일명 참치**: 어느 것이나 좋다.
- **가자미(Sole)/*Sole(솔)* 등 흰 살 생선**: 소비뇽 블랑, 가벼운 샤르도네.
- **달팽이(Snail)/*Escargot(에스카르고)***: 스위트 와인 혹은 부르고뉴의 뫼르소 등도 좋다.

파스타, 피차

- **레드 소스 파스타(Pasta)**: 키안티
- **화이트 소스 파스타**: 피노 그리조
- **피차**: 이탈리아의 가벼운 레드와인

기타

- **푸아그라(Foie gras, 거위 간)**: 찬 것은 스위트 화이트와인으로 소테른, 알자스 방당주 타르티브, 고급 화이트와인 코르통 샤를마뉴 등이 좋고, 더운 것은 스위트 화이트와인과도 어울리고 부드러운 고급 레드와인 생테밀리용, 메도크, 코트 도오르도 좋다.
- **퐁듀(Fondue)**: 화이트와인
- **캐비아(Caviar, 철갑상어 알)**: 스파클링와인(Brut)이나 드라이 로제, 고급 화이트와인, 냉각시킨

보드카도 좋다.

- **아스파라거스(Asparagus)**: 부르고뉴 화이트와인, 로제.

- **과일류(Fruit)**: 와인과 어울리지 않는다.

- **소금기 있는 스낵류**: 와인과 어울리지 않는다.

각 치즈에 어울리는 와인

- **블뢰 데 코스(Bleu des Causses)**: 바르사크(Barsac), 바뉠스 그랑 크뤼(Banyuls Grand Cru) 등이 좋다.

- **브리(Brie)**: 숙성이 약한 것은 샴페인, 잘 숙성된 것은 신선한 레드와인이나 화이트와인, 보졸레 빌라주, 코트 드 본, 생테밀리용, 본 로마네, 에르미타주 등이 좋다.

- **카망베르(Camembert)**: 영 레드와인, 코트 뒤 론, 생테밀리용, 생테스테프가 좋다.

- **콩테(Comté)**: 식전주(Apéritif)와 어울리며 그 외 가벼운 레드, 화이트와인 그리고 뱅 존(Vin Jaune), 뱅 드 파이으(Vin de Paille)도 좋다.

- **뮝스테르(Munster)**: 게뷔르츠트라미너, 토카이, 피노 그리 달자스 등이 좋다.

- **뇌샤텔(Neuchâtel)**: 포므롤, 생테밀리옹 등이 좋다.

- **생넥테르(Saint-Nectaire)**: 생테스테프가 잘 어울린다.

- **로크포르(Roquefort)**: 소테른 와인과 같이 하면 좋다. 숙성이 덜 된 것은 방돌(Bandol)이나 뮈스카 드 리브잘트(Muscat de Rivesaltes) 와인에 건포도 있는 빵과 어울리며, 숙성이 잘 된 푸른 치즈는 바뉠스(Banyuls)가 좋다.

- **파르미지아노-레지아노(Parmigiano-Reggiano)**: 바롤로, 바르바레스코 등과 잘 어울린다.

- **페코리노(Pecorino)**: 이탈리아 남부에서 나오는 와인이나 프랑스 카오르, 샤토네프 뒤 파프 등과 잘 어울린다.

- **고르곤졸라(Gorgonzola)**: 바르베라, 돌체토, 네비올로, 발폴리첼라, 아마로네 등 이탈리아 와인과 샤토뇌프 뒤 파프, 진펀델, 소테른 그 외 셰리, 마데이라 등도 좋다.

- **모차렐라 디 부팔라(Mozzarella di Bufala)**: 보졸레 등 가벼운 레드나 화이트와인.

- **에멘탈(Emmental)**: 미디엄 바디 화이트, 레드와인.

- **아펜젤러(Appenzeller)**: 화이트와인과 잘 어울린다.

- **그뤼에르(Gruyére)**: 신선한 화이트와인이나 보졸레, 진펀델 등 가벼운 것이 좋다. 숙성이 약한

것은 가볍고 신선한 스위스의 화이트와인, 보졸레, 진펀델 등이 좋고, 숙성이 잘 된 것은 묵직한 드라이 화이트와인, 알자스 피노 그리, 숙성된 레드와인, 셰리 등도 괜찮다.

- **스틸톤**(Stilton): 스틸톤은 포트와인이 잘 어울린다고 정평이 나있다.
- **체다**(Cheddar): 가벼운 레드와인을 비롯해서 루비포트, 셰리 등 다양하다.
- **고다**(Gouda): 미디엄 바디 라이트, 레드와인.
- **에담**(Edam): 피노 누아로 만든 와인과 잘 어울리는 치즈다.
- **가향 치즈**(Herbed cheese): 푸이 퓌메

디저트 와인과 요리

- **포트**: 진한 초콜릿, 호두, 스틸톤 치즈.
- **마데이라**: 초콜릿, 견과류 파이, 커피나 모카 향이 있는 디저트
- **셰리(페드로 히메네스)**: 바닐라 아이스크림에 셰리 첨가, 건포도, 호두가 들어있는 케익, 무화과 등 말린 과일.
- **베렌아우스레세**: 과일 파이, 아몬드 쿠키,
- **소테른**: 과일 파이, 헤이즐넛 향이 있는 디저트, 로크포르 치즈.
- **뮈스카 봄 드 브니스**: 과일, 샤베트, 레몬 파이.
- **아스티 스푸만테**: 과일, 비스킷.
- **부브레**: 과일, 과일 파이.
- **비노 산토**: 비스킷.

한국 음식과 와인

한국 전통의 요리와 와인의 조화에 대해서 요즈음 많이 추천하지만, 한식은 코스로 나오지 않고, 온갖 요리를 한 번에 차려놓고 먹기 때문에 한식과 어울리는 와인이란 모든 요리와 잘 어울리는 와인을 찾는 셈이 된다. 결국 한식과 어울릴 수 있는 와인은 없다고 봐야 한다. 우리 음식에는 우리 술이 제격이다. 그리고 우리는 전통적으로 반상과 주안상이 분류되어 있어서 우리는 식사와 관계없이 따로 술을 드는 습관이 있다.

그러나 전문가들이 한식에 어울리는 와인을 선택한 것을 보면, 갈비찜에는 보르도의 포이약, 론 지방의 묵직한 와인이 좋고, 안심구이에는 가벼운 보졸레나 루아르 지방의 레드와인, 불고기는 보

르도의 포므롤, 생테밀리용, 삽겹살은 샤르도네나 가벼운 레드와인, 생선회는 뮈스카, 샤블리 등을 들 수 있다. 요즈음은 코스별로 한식을 즐기는 경우도 많아지기 때문에 즐거운 마음으로 시도해 보는 것도 괜찮다.

20장 와인 서비스

와인 서비스

와인 서비스

레스토랑의 와인

레스토랑에서는 손님의 선호도, 가격조건, 그리고 수급능력에 따라 다양한 와인을 준비해 두어야 한다. 준비된 와인은 종류별로 분류하고, 일정조건을 갖춘 장소에 보관하고, 전부 맛을 봐서(Tasting) 와인의 특성을 파악하고 있어야 한다. 그리고 와인의 생산지, 빈티지, 포도품종, 어울리는 음식 등 와인의 배경에 대해서도 다양한 정보를 수집하고, 이를 손님에게 알려줄 수 있는 것이 좋다.

그러나 무엇보다도 중요한 것은 손님에게 즐거운 분위기에서 식사를 할 수 있도록 도와주는 일이다. 와인을 주문하는 간단한 일을 까다롭게 만들어, 복잡한 상황을 연출하는 격식이나 절차는 손님에게 부담을 줄 뿐이다. 좋은 레스토랑이란 훈련된 웨이터의 도움으로, 모든 사람이 즐거운 마음으로 와인과 요리를 주문하고, 그 맛을 분위기와 함께 즐길 수 있는 곳이라야 한다.

좋은 레스토랑이란 와인 리스트가 잘 짜여 있고 각 와인의 빈티지, 생산자 등에 대한 올바른 정보가 들어 있어야 한다. 그리고 모든 직원이 풍부한 와인지식을 가지고 있어야 손님과 대화가 가능하며, 곤란한 상황에서 임기응변으로 대처할 수 있다. 어설픈 와인지식에 부실한 코르크스크루나, 부적당한 와인글라스에 너무 찬 화이트와인이나 너무 더운 레드와인을 접대하는 레스토랑이 많은 것도 이런 이유 때문이다.

와인글라스

와인글라스는 튤립 꽃 모양의 것에 비교적 긴 손잡이가 달린 것이 보편적이다. 그리고 위로 올라갈수록 좁아지는 이유는 와인의 향기가 밖으로 나가지 않고 글라스 안에서 돌도록 배려한 것이다. 그리고 와인의 색깔을 즐기기 위해서는 글라스가 무색투명해야 하며 그 두께는 얇을수록 좋다. 예쁜 색깔을 넣은 글라스나 아름다운 무늬를 넣은 것이 이와 같은 이유로 바람직한 것은 못된다.

글라스 모양을 엄격하게 따지는 사람은 같은 레드와인이라도 보르도와 부르고뉴의 것을 구분하여 글라스를 선택하고, 독일와인을 마실 때는 독일 고유의 손잡이가 굵은 글라스를 사용하는 등 그 와인 생산지의 전통적인 글라스를 사용하려고 한다. 일반와인이 아닌 샴페인이나 꼬냑 등은 그 목적에 맞는 특수한 형태의 글라스를 사용하는 것이 옳지만, 식사 때 사용하는 테이블 와인은 유리로 된 보통 글라스면 충분하다. 값비싼 명품 글라스가 와인의 맛을 더 맛있게 만드는 것은 아니다.

글라스의 형태 다음으로 중요한 것은 그 크기이다. 보통 테이블 와인은 200~250㎖(약국에서 파는 드링크 류가 100㎖) 정도이며, 아페리티프나 디저트용은 더 작은 100~150㎖ 정도의 크기가 좋다 그러나 이 수치는 정해진 것은 아니므로, 개인의 취향에 따라 다르게 선택할 수 있다. 무엇보다도 중요한 것은 와인글라스의 청결상태이며, 특히 샴페인의 경우는 더욱 깨끗해야 한다.

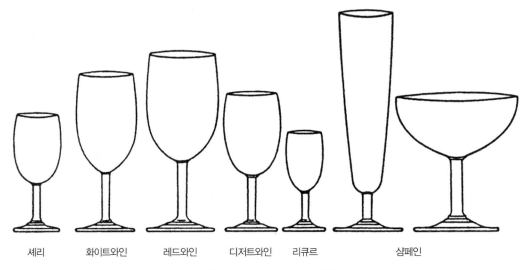

| 셰리 | 화이트와인 | 레드와인 | 디저트와인 | 리큐르 | 샴페인 |

[그림 20-1] 와인글라스의 종류

와인의 온도

선택된 와인은 와인의 종류에 따라 적절한 온도를 유지하도록 준비해야 한다. 와인을 비롯한 모든 음료는 온도에 따라 맛의 차이가 심하기 때문에 적절한 온도의 와인을 서빙한다는 것은 대단히 중요한 일이다. 특히 고급와인은 마실 때의 온도의 영향을 현저하게 받는다. 화이트와인의 온도가 너무 높으면 생동감이 없어지고 밋밋하고 무덤덤하게 느껴지고, 레드와인이 너무 차면 거칠고 전체적으로 부케나 부드러운 맛이 없어진다. 일반적으로 와인은 온도가 낮으면 신선하고 생동감 있는 맛이 생기며, 신맛이 예민하게 느껴지고, 쓴맛, 떫은맛이 강해지지만, 온도가 높으면 향을 보다 더 느낄 수 있으며 숙성감이나 복합성, 단맛이 강해지고, 신맛은 부드럽게, 쓴맛, 떫은맛은 상쾌하게 느껴지지만, 섬세한 맛이 사라진다. 그러므로 와인의 온도는 에티켓에 관한 사항이 아니고 실질적인 것이라는 점을 명심해야 한다.

보통 화이트와인은 7-15℃, 레드와인은 15-20℃, 그리고 샴페인은 10℃ 이하의 온도로 마신다고 이야기 하지만 정해진 법칙은 아니다. 경우에 따라 보졸레나 루아르 같은 가벼운 레드와인을 차게 마실 수 있으며, 더운 여름에는 화이트, 레드 모두 차게 마실 수도 있다. 와인을 감정하기 위한 테이스팅(Tasting)을 할 때는 온도가 너무 낮으면 향을 느끼지 못하므로, 화이트와인도 차게 해서 맛을 보지는 않는다. 화이트와인은 온도가 낮을수록 신선하고 섬세한 맛을 느낄 수 있지만, 아로마나 부케는 덜 느껴지므로, 화이트와인을 차게 해서 마시지 않는 사람도 많아지고 있다.

　요즈음은 난방장치가 잘 되어 실내온도가 20-25℃이므로 실온의 레드와인은 온도가 너무 높아서 맥 빠진 느낌을 줄 뿐 아니라 자극적인 알코올 맛을 느끼게 만든다. 마땅히 레드와인을 식힐만한 곳이 없다면 식사하기 한두 시간 전에 그냥 냉수에 넣어두는 것도 좋다. 또 레드와인의 온도가 낮으면 쓴맛이 더 강하게 나타나므로 타닌이 많은 고급 레드와인을 너무 차게 마시면 거친 맛이나기 마련이다. 화이트와인과 로제는 차게 서빙하는데, 이때는 두세 시간 전에 냉장고에 넣거나 20분전에 물이 있는 얼음 통에 넣어두면 된다. 얼음 통은 기온이 높을 때나 식사시간 내내 온도를 유지하는 데는 좋다.

　보통 얼음 통에서는 2분에 1℃ 정도 온도가 떨어지며, 공기 중에서 1℃ 상승하는데 15분이 걸린다. 가벼운 레드 즉 보졸레나 발폴리첼라 등은 시원하면 더 맛이 좋은데 보통 15℃ 정도로 냉장고에 1시간, 혹은 얼음보다는 물이 더 많은 얼음 통에 넣어두면 된다. 냉장고에 둘 경우는 냉장고에서 1시간 있으면 5-6℃ 정도 떨어지므로 계절이나 실내 온도를 고려하여 그 시간을 정한다. 그러나 서비스 되고 있는 와인의 온도를 온도계로 측정할 수는 없기 때문에 경험으로 온도를 감지할 수 있는 경지에 이르러야 한다.

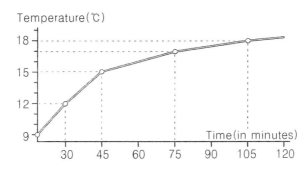

[그림 20-2] 시간에 따른 온도변화

와인 리스트

　와인 리스트는 그 레스토랑이나 바의 와인 수준을 알아 볼 수 있는 거울로서 여러 가지 정보가 들어 있어야 한다. 즉 와인의 명칭, 타입, 빈티지, 생산지, 가격, 가능하면 메이커의 명칭이 들어있으면 더욱 좋다. 예를 들면, '샹볼 뮈지니(Chambolle-Musigny)'라고 되어 있으면 불완전한 것이다. '샹볼 뮈지니 도멘 그로피어(Chambolle-Musigny, Domaine Groffier, 1999)' 정도는 되어야 한다. 도멘 그로피어(Domaine Groffier)는 메이커로서 중간 양조업자가 아니고 직접 포도를 재배하고 와인을 양조하는 메이커이다. 만일 이러한 정보가 없다면 웨이터에게 물어보고, 모르면 병을 가져오게 한다.

　그리고 무엇보다 중요한 것은 적절한 가격으로 웬만한 사람에게 부담이 없도록 해야 한다는 점이다. 특히 우리나라와 같이 아직 와인이 특수한 계층의 음료로 인식되어 있는 상황에서는 아직

와인을 모르는 사람들이 와인과 친해질 수 있도록 적절한 가격대로 유도해야 한다. 모든 사람들이 와인 리스트를 보면서 가격에 가장 민감하다는 평범한 사실에 주의를 기울여야 한다.

소믈리에(Sommelier)

소믈리에는 프랑스어이며, 영어로는 '와인 웨이터'이다. 르네상스 시대에 왕과 귀족들의 시종으로서 이 명칭이 사용되었는데, 소믈리에는 여행 중 식품과 와인을 준비하여 운반하는 '베트 드 솜 (Bête de somme)'이라는 '짐 나르는 짐승'에서 유래된 말이다. 이들은 식품을 단순히 준비만 하지 않고, 그 상태를 확인하고 주인이 먹기 전에 맛을 보면서 독물이 있는지 확인하였다. 독이 있으면 소믈리에가 먼저 알 수 있었다. 여기에서 출발하여 와인 서비스를 전담하는 직업으로 발전한 것이다.

소믈리에는 와인 저장실(Cellar)과 레스토랑 일을 맡아보고, 모든 음료수에 대해서 책임을 지고 있는 사람이다. 화려한 제복을 입고 목에 은빛 장식품을 걸치고, 손님에게 예의바른 사람으로만 인식되어서는 안 된다. 식사주문이 끝나자마자 주문한 음식을 알고, 바로 와인을 추천하거나 와인 리스트를 보일 수 있어야 한다. 그는 레스토랑의 모든 와인에 대해서 알고 있어야 하며, 나아가서는 와인의 세일즈맨이 되어야 한다. 단골손님의 취향을 파악하고, 주인과 와인에 대해서 의견을 교환할 수 있어야 한다. 그리고 손님의 즐거운 식사를 위해서, 돕는 일이 우선이라는 점을 항상 인식하고 있어야 한다.

그러기 위해서는 와인 리스트의 작성, 와인의 구입, 셀라의 관리 및 기타 비품을 관리해야 한다. 더 나아가 서비스맨으로서 인격을 갖추고, 기획, 경영능력이 있어야 하며, 종업원의 와인 및 서비스 교육도 시킬 수 있어야 한다.

와인의 주문

와인을 주문할 때는 먼저 와인 리스트를 완전히 살펴봐야 한다. 만약 소믈리에나 웨이터의 제안을 원한다면 그렇게 하고, 특별한 지방의 와인이 있으면 이야기를 한다. 또 좋아하는 스타일을 이야기하거나, 가격위주로 "얼마짜리 이하로 주세요." 해도 잘못될 것은 없다. 만약 주문한 와인의 재고가 없으면 웨이터나 소믈리에는 바로 대체품을 추천할 수 있어야 한다.

와인을 한 병 더 주문할 때는 와인이 서비스되고 있을 때 이야기를 해야 한다. 가장 중요한 것은 주문을 하면 바로 가져올 수 있어야 한다는 점이다. 웨이터가 바쁘다고 걱정할 필요는 없다. 항상 원하는 때 일을 시킬 수 있어야 한다.

코르크의 개봉과 와인 따르기

코르크스크루

보통 와인의 코르크마개의 지름은 24㎜인데, 병 입구의 지름은 18㎜가 보통이다(샴페인 코르크는 31㎜, 병구는 17.5㎜). 이렇게 코르크는 강하게 압축된 채 병 입구를 막고 있으므로 코르크마개를 개봉하는 데는 특별한 가구와 상당한 힘이 필요하다.

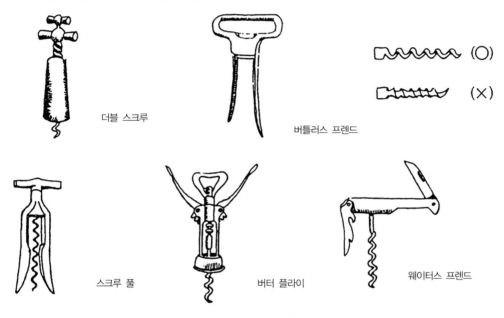

[그림 20-3] 코르크스크루

와인 서비스 요령

① 먼저 캡슐을 제거한다. 그리고 캡슐에 싸여 있던 코르크의 상태를 살펴보고 더럽거나 곰팡이가 끼어있으면 깨끗이 닦아낸다.

② 코르크스크루의 끝을 코르크 중앙에 대고 조심스럽게 돌린다. 이때 스크루가 너무 깊이 들어가서, 코르크마개를 관통하면 코르크 조각이 와인에 떨어질 수 있다. 물론 코르크 조각이 몸에 해로운 것은 아니지만 보기 좋은 장면은 아니다.

③ 코르크를 조심스럽게 잡아당긴다. 잘 만들어진 코르크스크루는 계속 돌리기만 해도 코르크마개가 빠지도록 되어 있으며, 웬만한 것은 지렛대를 이용하여 별로 힘들이지 않고 코르크마개를 빼낼 수 있다.

④ 빼낸 코르크마개는 조심스럽게 빼서 내려놓는다. 이때 코르크마개 냄새를 맡아보기도 하는데, 코르크 냄새와 와인 냄새가 섞여 혼동만 일어날 뿐이다. 다만 코르크마개가 충분히 젖어

있는지 확인만 하면 된다. 젖어있지 않은 것은 병을 세워서 보관했다는 증거가 된다.

⑤ 먼저 와인을 주문한 사람 혹은 그 날의 주빈에게 먼저 와인을 약간 따른다. 이 사람은 글라스를 들고 색깔과 향, 그리고 맛이 만족스러운지 살핀 다음, 다른 손님의 글라스에 와인을 따르도록 허락한다. 만약, 와인이 상했거나 코르크 냄새가 너무 나면 다른 것으로 대체시키도록 이야기한다.

⑥ 따르는 순서를 정한다면, 주빈의 오른쪽 사람부터 즉, 시계 반대방향으로 와인을 따르는데 여자 손님은 글라스를 먼저 채우고, 다시 반대방향으로 돌면서 남자 손님의 글라스에 따른다.

⑦ 이때는 글라스를 완전히 채우지 않고 1/3 정도 여유를 두고 따르는 것이 좋다. 그리고 따르고 난 후 병을 들어올릴 때는 약간 비틀어서 와인이 식탁에 떨어지지 않도록 해야 한다.

와인 접대의 순서

- Dry before sweet: 달콤한 와인보다는 드라이 와인을 먼저 접대
- White before red: 묵직한 레드와인보다 가벼운 화이트와인을 먼저 접대
- Young before old: 오래된 와인보다 영 와인을 먼저 접대

디캔팅(Decanting)

오래된 레드와인은 침전물이 가라앉아 있을 수 있다. 특히 보르도 와인이나 빈티지 포트에 자주 생기므로, 이러한 와인을 접대할 때는 침전물을 제거할 수 있는 디캔터(Decanter)를 미리 준비해야 한다. 침전물이 가라앉은 와인은 침전물을 제외한 맑은 와인을 디캔터로 옮긴 후에 글라스에 따라 마신다. 또 숙성이 덜 된 거친 와인의 경우 공기와 접촉하면서 맛이 부드러워진다는 통념에 따라 디캔팅을 하기도 한다. 그러나 아주 오래 된 와인은 공기를 접촉하면 금방 변질될 수 있으므로 조심해야 한다.

① 옆으로 눕혀서 보관한 와인은 하루 전에 세워서 침전물이 바닥에 가라앉도록 한다.

② 서빙하기 한 시간 전에 캡슐을 전부 벗겨내고 코르크를 제거해 둔다. 단순히 공기를 불어넣기 위한 디캔팅이라면 서비스 직전에 한다.

③ 대부분의 레드와인은 녹색 병에 들어있기 때문에 와인을 디캔터에 따를 때, 침전물이 딸려오는지 살피기 어려우므로 촛불을 켠다. 촛불이 아니라도 상관없지만 촛불이 가장 간단하고, 또 분위기를 살린다.

④ 왼손으로 디캔터를 잡고 오른손으로 와인 병을 잡으면서 천천히 최초로 찌꺼기가 나올 때까지 붓는다.

와인의 숨쉬기(Breathing)

레드와인의 경우 맛을 개선하기 위해 서빙하기 전 30분 내지 한 시간 전에 코르크를 따 놓으면 좋다고 이야기하면서 이를 와인의 숨쉬기라는 것으로 알고 있는 사람이 많다. 실제로 와인의 공기 접촉에 대해서 이야기해 본다면, 코르크를 따서 둔다고 했을 때 공기와 접촉하는 표면적은 병구의 직경만한 면적인데, 한 시간 혹은 그 이상 둔다고 해서 공기와 접촉이 이루어질 수 있는지 상식적으로 생각해 볼 문제이다. 가장 효과적인 공기접촉의 방법은 디캔팅이나 다른 용기에 옮기는 것이다. 디캔팅이 여의치 않다면 차라리 글라스에 따라 놓고 음식이 나올 때까지 기다리는 것이 더 낫다.

그리고 공기접촉이 실제로 와인의 맛을 개선하는지 알아볼 필요가 있다. 디캔팅은 영 와인에 있는 타닌의 거친 맛을 부드럽게 개선할 수 있지만, 신선한 풍미가 사라지게 된다. 오래된 와인인 경우는 침전물을 제거할 수 있지만, 서빙하기 직전에 하는 것이 좋다. 왜냐면 15-20년 된 것은 디캔터에서 오래 있으면 약해지기 때문이다. 결론적으로 개인의 경험과 취향에 따른 문제이다.

와인을 서비스하기 전에 개봉해두면 맛이 좋아진다는 말은 부분적으로는 맞는 말이다. 이 이론에는 다음 몇 가지 이유를 가정해 볼 수 있다. 스틸와인이면서 탄산가스가 가득 차 있을 때는 이 가스를 없앨 수 있다. 또 와인에 좋지 않은 발효취가 남아 있을 경우 특히 역치 근처일 경우 탄산가스와 같이 날아간다. 숙성 중에 미생물에 의한 변화 때문에 나쁜 냄새가 나는 경우도 개선될 수 있다. 와인에 아황산이 너무 많을 경우도 이 가스가 날아가므로 개선될 수 있다.

그러나 와인을 미리 개봉하거나 디캔팅하여 바람직한 향이 증가한다는 것은 실질적으로 있을 수 없는 일이다. 30분이나 한 시간가량의 짧은 시간에 무슨 화학반응이 일어나 우리가 인식할만한 좋은 향이 나올 수 있겠는가? 오히려 디캔팅한다면 바람직한 향이 유실될 우려가 있다. 물론 바람직한 변화도 있을 수 있다. 그러나 어떤 반응이 일어날지 아무도 모른다. 공기 중에 오래 방치하면 오래된 레드와인은 오히려 급격하게 그 질이 떨어질 수 있다. 차라리 디캔팅은 오래된 와인보다는 영 와인에 적합하다. 디캔팅은 침전물 제거에는 필요하다. 그러므로 개봉과 디캔팅은 서빙 직전에 하는 것이 더 낫다.

와인의 보관과 숙성

와인의 보관

와인은 살아있는 생명체와 같이 태어나서 성숙한 경지에 이르는 기간이 있고, 다시 성숙한 기간이 유지되는 기간, 그리고 쇠퇴하여 부패되면서 와인으로서 가치를 잃게 된다. 그리고 이러한 각 단계별 기간은 와인의 타입에 따라 틀려진다. 대체적으로 알코올 농도가 높고, 타닌함량이 많

을수록 숙성기간이 길고 보관도 오래할 수 있다.

같은 타입의 와인이라면 보관 상태에 따라 그 수명이 달라질 수 있다. 대부분의 와인은 만든 지 1~2년 내에 소모되지만, 값비싼 좋은 와인은 10년, 20년 보관해 두면서 숙성된 맛을 즐길 수 있다. 그러므로 와인을 보관한다는 것은 와인의 선택 못지않게 중요한 일이다. 원칙적으로 와인이 들어있는 병은 눕혀서 보관한다. 그 이유는 세워서 오래두면 코르크마개가 건조해져서 외부의 공기가 침입하여 와인을 산화시키기 때문이다.

와인이 산화된다는 것은 공기와 접촉하여 식초로 변하는 과정이라고 봐야 한다. 눕혀서 보관하면 와인이 코르크마개로 스며들어 코르크가 팽창하므로, 외부로부터 공기가 들어올 수 없다. 또 와인의 산화를 촉진시키는 것은 햇빛을 포함한 강한 광선, 높은 온도 그리고 심한 진동이다. 우수한 품질의 레드와인을 몇 년이고 보관하여 숙성된 맛을 즐기려면 위와 같은 점에 세심한 대책을 세우고 저장해야 한다. 일반적으로 화학반응은 온도가 10℃ 올라가면 그 반응속도는 두 배가 된다. 25℃에서 보관하면 15℃에서 보관할 때보다 변화속도가 두 배 빠르다는 말이다.

햇빛이 없고 진동이 없는 장소의 선택은 어렵지 않지만, 이상적인 온도로 저장한다는 것이 어려운 점이다. 이상적인 온도는 10℃ 정도인데, 이온도는 특별한 장치가 되어 있지 않으면 지속시킬 수가 없다. 그러나 전문가의 의견에 의하면 20℃ 온도에서 보관해도 그 온도의 변화가 심하지만 않다면 몇 년 정도는 문제없다고 한다. 일반적으로 식품의 저장에서, 온도의 높고 낮음보다 심한 온도의 변화가 훨씬 식품의 수명을 단축시킨다. 이런 정도라면 보통 가정에서는 지하실이나, 에어컨이 잘 된 집이라면 별로 문제가 없다. 그렇지만 호텔 레스토랑이나 일류 레스토랑은 와인을 보관하는데 냉장창고를 갖추고 있어야 한다. 프랑스의 전통 있는 포도원은 지하실을 보유하고 있는데, 와인 병 표면에 두터운 먼지가 쌓이고 곰팡이가 낄 정도로 어둡고 서늘한, 안정된 곳에서 와인을 보관하고 있다.

우리나라에서는 아직까지 일어날 수 없는 일이지만, 외국의 이름 있는 와인은 출고 당시의 가격과 3-4년 후의 와인가격이 엄청나게 차이가 나는 수가 있다. 즉 이 와인을 마셔본 사람들의 평가에 의해서 와인의 평판이 소문으로 돌면서 수요가 늘어나자 값이 오르게 된 것이다. 다시 팔면 5-10배의 장사가 될 수 있겠지만, 어느 나라든지 일반인의 와인거래는 금지되어 있다. 이런 경우 와인을 적절한 환경에서 보관하는 일은 매우 중요하다.

가끔 식사를 하면서 와인을 마시는 경우면, 한두 병 여유를 갖고 있으면 되니까 보관에 신경을 쓸 필요가 없지만, 평소 와인에 대해서 깊은 관심이 있고, 식사에 따라 와인을 고를 정도가 된다면 여러 병 구입해서 보관해야 하고, 취미로 와인을 수집하는 경우는, 와인의 저장법에 관심을 갖고 있어야 한다. 스크루 갭으로 밀봉한 와인이든 코르크마개로 밀봉한 와인이든 모든 와인은 눕혀서 보관하는 것이 좋다.

병 숙성(Bottle aging)

이 용어는 와인이 병에 들어간 다음에 일어나는 와인의 변화를 이르는 말이다. 일반적인 생각과는 달리 주병된 와인에서 일어나는 여러 가지의 변화는 지속적인 산소의 흡수 없이 일어나는 반응이다. 코르크와 와인 사이에 있는 헤드 스페이스에 갇힌 공기는 한 달 내 와인에 흡수될 수 있지만, 대부분의 와이너리에서는 와인을 주입하기 전에 빈 병에 들어있는 공기를 탄산가스나 질소가스로 치환하여 헤드 스페이스의 산소를 제거한다. 또 코르크가 건조되거나 느슨해지면 공기가 들어가 와인과 접촉할 수 있는데, 이때는 와인이 산화 혹은 부패될 수밖에 없다. 대부분의 화이트, 로제, 가벼운 레드, 그리고 피노 셰리까지는 주병할 때가 가장 좋은 상태이다. 극히 적은 양의 세계적인 고급와인은 주병 후 2년 정도 지나면 좋아진다(이 와인은 나무통에서 이미 숙성된 것임을 명심할 것).

값싼 와인은 될 수 있으면 최근 빈티지의 것을 구입하는 것이 좋다. 특히 화이트와인으로 2-3년 정도 지난 것은 대체로 그 맛이 변질된 것들이 많다. 그러나 고급 레드와인 즉 빈티지 포트, 고급 보르도, 캘리포니아 카베르네 소비뇽, 이탈리아의 바롤로, 브루넬로 디 몬탈치노 등은 몇 년 동안 병에서 숙성시키면 타닌의 거친 맛이 부드러워지고, 맛이 다양해진다. 그리고 고급 화이트 즉 부르고뉴, 캘리포니아 샤르도네 등도 병 숙성으로 맛이 풍부해지고 복합적인 맛을 갖게 된다. 소테른이나 늦게 수확하는 독일의 리슬링 등도 마찬가지이다. 보통 병 숙성을 오래하면 맛이 최고일 때가 있다고 하지만 오랜 시간 보관한 와인은 천천히 그 질이 저하되고 있는 것이다.

와인 서비스 용어

- Bouteille(부테이유): 와인 병
- Bouchon(부숑): 코르크마개
- Panier(파니에): 와인 바스켓
- Décanteur(데캉퇴르): 디켄터
- Dégustation(데귀스타시옹): 테이스팅
- Carte de Vin(카르트 드 뱅): 와인 리스트
- Etiquette(에티케트): 상표
- Millésime(밀레짐): 빈티지
- Liteau(리토): 서비스용 하얀 천
- Verre(베르): 글라스
- Tire-bouchon(티르 부숑): 코르크스크루

- Chandelle(샹델): 디켄팅용 초
- Tastevin(타스트뱅): 테이스팅용 은제 그릇
- Tablier(타블리에): 소믈리에가 사용하는 앞치마
- Capsule(캅슐): 캡슐
- Cave(캬브): 와인전용 냉장고
- Sèdimant(세디망): 와인 침전물

21장 와인과 건강

와인과 건강

와인과 건강

프렌치 패러독스

어떤 식품이 몸에 좋다, 나쁘다는 것은 시대와 상황에 따라 변한다. 어느 성분을 강조하여 어떻게 나타내느냐에 따라서 다르게 해석될 수 있다. 건강이란 먹는 식품으로만 유지되는 것이 아니고 섭생, 운동, 마음의 삼 요소가 맞아야 유지된다. 식품으로는 병을 예방할 수 있을지 모르지만, 치료는 불가능하다. 대개의 건강식품은 한 때 유행하다 사라지는 것이 대부분이며, 일시적인 플라시보 효과(위약 효과)를 보이면서 치료효과에 대한 정확한 자료는 제시하지 못한다. 와인 역시 개인에 따라서 이로울 수도 있고 해로울 수도 있으며, 뛰어난 건강식품이나 보약은 아니다.

와인은 일시적으로 유행하는 건강식품과 다르다

와인이 건강에 좋다는 것은 수천 년 동안 민간요법으로, 수십 년 간 과학적이고 객관적으로 밝혀진 사실이다. 그리고 역학조사도 수십 년 동안 수많은 사람을 대상으로 통계적으로 처리한 결과이다. 요즈음 신문이나 방송에서 "적당량의 알코올은 오히려 건강에 좋다.", "레드와인은 심장병에 좋다."는 기사가 종종 나오고 있으며, 이에 따라 세계적으로 레드와인의 소비가 늘어나고 있다. 사실, 술 그 중에서도 와인이 건강에 좋다는 사실은 수십 년 전부터 여러 연구기관에서 과학적으로 밝힌 이론이다. 요즈음 들어 사회적으로 건강에 대한 관심도가 높아져 언론이 이를 취급하기 시작한 것뿐이고, 뜻있는 의사들은 알코올의 부작용을 염려하면서 오히려 더 나쁜 영향을 끼칠까 걱정하기 때문에 와인의 효과를 알리는 데 소극적일 수밖에 없었다.

- **히포크라테스**: 적당량의 와인으로 질병을 치료할 수 있다.
- **플라톤**: 와인을 노인에게 처방하라
- **사도 바울**: 이제부터는 물만 마시지 말고 네 비위와 자주 나는 병을 위해 포도주를 조금씩 쓰라
  (디모데전서 5 : 23)
- **파스퇴르**: 와인은 최고의 건강음료이며 가장 위생적인 음료이다.
- **플레밍**: 페니실린이 환자를 구한다면 와인은 죽음을 생명으로 되돌릴 수 있다.

프렌치 패러독스(French paradox)

1979년 몇 사람의 학자들이 허혈성 심장병에 대한 흥미로운 역학조사를 발표하였다. 18개 선진 국을 골라 55세에서 64세의 사람들을 표본으로 조사를 해 보니까, 심장병 사망률과 국민소득, 의사와 간호사의 비율, 지방 섭취량 등은 별 관계가 없고, 알코올 소비량 특히 와인 소비량이 많은 나라일수록 심장병에 의한 사망률이 낮다는 점이 구체적인 통계자료를 통해 밝혀졌다.

그 뒤에도 심장병과 알코올 또는 와인의 관계를 설명하는 발표가 이어졌지만, 일반에게 널리 알려진 것은 1991년 이른바 프렌치 패러독스라는 것이 미국의 텔레비전에 소개된 다음부터이다. 프랑스 사람의 지방 섭취량은 미국 사람보다 많으면 많았지 적지는 않고, 콜레스테롤 수치도 비슷 한데, 심장병 사망률은 미국의 경우 인구 10,000명 당 182명인데 비해 프랑스는 102-105명 정도로 낮게 나타난 것이다. 특히 와인이 많이 생산되는 프랑스 남쪽 도시 툴루즈는 다른 프랑스 지방에 비해 더 낮은 78명이었다. 미국 사람들은 프랑스 사람보다 술도 적게 마시고 운동도 더 많이 하는 데 사망률이 더 높다고 하니 미국사람들로서는 놀랄 수밖에 없었다. 즉 상식적으로 상반된 결과가 나왔기 때문에 이 현상을 프렌치 패러독스라고 한 것이다.

이 프렌치 패러독스라는 말이 퍼지면서 와인의 심장병에 대한 효과를 증명하는 여러 가지 연구 도 활발하게 진행되었다. 또 샌디에이고의 캘리포니아 주립대학에서도 이와 비슷한 조사를 한 바 있는데, 1965년부터 1988년까지 21개국의 1인당 지방, 과일, 채소, 술 그리고 와인 섭취량과 관상 동맥 심장질환의 사망률에 대한 상관관계를 발표하였다. 이들은 결론적으로 와인은 관상동맥질환 의 사망률을 감소시키는 식품이며, 아울러 과일이나 채소 소비량도 관상동맥질환의 사망률을 감 소시킨다고 밝혔다.

적당량의 알코올은 좋은 콜레스테롤인 HDL의 양을 증가시키기 때문에 술을 적당히 마시는 사 람이라면 동맥경화증의 위험이 줄어들지만, 와인은 일반 알코올보다 그 효과가 2배정도 뛰어난 것으로 밝혀진 것이다. 또 유명한 클라츠키 박사도 와인을 마시는 사람은 다른 술을 마시는 사람 에 비해 관상동맥질환에 의한 사망률이 낮게 나타난다고 했다.

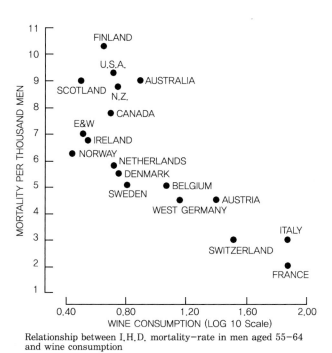

Relationship between I.H.D. mortality-rate in men aged 55-64 and wine consumption

[그림 21-1] 와인 소비량과 심장병 사망률

네덜란드에서도 이 관계를 밝히는 연구를 하였는데, 이들은 1960년 40세에서 59세의 남자 878명을 대상으로 1985년까지 식품 중 플라보노이드 즉 페놀 화합물의 양을 조절하여 섭취하도록 하고 그렇지 않은 1,266명의 남자와 비교, 조사하여, 노인의 관상동맥 질환에 의한 사망률은 페놀 화합물의 섭취로 감소된다고 밝혔다. 이 항산화제의 LDL(나쁜 콜레스테롤)의 산화방지 능력은 비타민 E(토코페롤)와 비타민 C, 카로틴(비타민 A로 변함) 등 항산화제보다 약 2배 이상의 항산화 효과를 가지고 있어서, 이 정도의 항산화 효과라면 항암효과도 있다는 것이 최근 역학조사를 비롯하여 그 가능성이 조심스럽게 증명되고 있다.

와인의 페놀 화합물(Polyphenol)

와인에서 항산화 작용을 하는 물질은 주로 페놀 화합물로서, 페놀을 기본구조로 한 플라보노이드, 논플라보노이드 등 여러 가지 성분을 복합적으로 이르는 말이다. 페놀 화합물에는 여러 가지가 있지만 가장 활동력이 좋은 것은 카테킨, 케르세틴, 에피카테킨, 레스베라트롤, 타닌 등이 있는데, 이 중 우리에게 가장 잘 알려진 물질은 떫은맛을 주는 타닌이다. 이러한 물질들은 와인에서 붉은 색깔과 쓰쓸하고 텁텁한 맛을 주면서, 와인을 맑게 만드는 아주 중요한 성분이다.

이 페놀 화합물은 포도의 껍질과 씨에 많이 들어있고, 또 오크통에서 숙성할 때 오크통에서도 우러나오므로 껍질과 씨를 함께 발효시키고, 오크통에서 숙성시킨 레드 와인에 많이 들어 있다. 화이트와인은 페놀 화합물 함량이 적은 청포도를 원료로 하기도 하지만, 포도 주스만 발효시키기 때문에 껍질과 씨에서 우러나오는 페놀 화합물에 의한 쓰고 떫은맛이 적고 부드럽고 상쾌한 것이 특징이다. 레드 와인을 화이트와인에 비해 오랜 기간 보관할 수 있는 까닭도 바로 이 페놀 화합물 이라는 성분에 있다.

이 페놀 화합물이 혈소판의 응집을 방해하고 항산화제로서 작용한다는 새로운 작용을 가지고 있다는 것이 확인되면서 새로운 시각으로 이를 취급하기 시작하였다. 이제 이 페놀 화합물은 관상 동맥과 뇌동맥경화증을 감소시키고, 좁아진 동맥에서 혈소판 응집에 의한 혈전을 감소시키며, 각 종 퇴행성 성인병에 효과가 있다는 발표가 잇달아 나오면서 상당한 관심거리가 되고 있다.

▨ 와인의 항산화제는 다르다

이 페놀 화합물이 반드시 와인에만 들어 있는 것은 아니다. 대체로 색깔이 진하고 쓴맛과 떫은 맛을 지닌 과일이나 채소에 많이 들어 있다. 포도주스에도 페놀 화합물이 존재하지만 그 함량이 낮다. 주스는 만드는 과정에서 페놀 화합물이 많이 들어 있는 껍질과 씨의 접촉시간이 짧고, 공기 와 접촉시간이 많아 이 성분이 파괴되기 때문이다. 그러나 와인은 발효기간 중 공기 접촉이 거의 없고, 발효 중에 생성되는 알코올이 씨와 껍질에 있는 많은 양의 페놀 화합물을 추출하기 때문에 그 양이 훨씬 더 많고 고스란히 보존되어 있는 것이다.

와인은 알코올과 항산화제를 둘 다 가지고 있는 독특한 음료이다. 이렇게 두 가지 성분이 함께 존재함으로써 와인이 건강과 깊은 관련이 있는 것이다. 왜냐면 알코올은 간에서 분해되면서 NADH란 물질을 만드는데, 이 물질은 상대를 환원시키는 작용이 있기 때문에 한 번 사용된 항산 화제가 다시 그 기능을 회복할 수 있도록 도와주고, 자신은 다시 알코올 분해에 관여할 수 있는 형태로 변하게 된다. 만약 이 두 가지 물질 중 하나만 있다면 한 번의 작용으로 끝나지만, 두 가지 물질이 공존하기 때문에 반복하여 각 각의 역할을 지속적으로 수행할 수 있는 것이다.

이러한 특성은 와인만이 가지고 있는 것으로, 다른 알코올음료나 과일 채소류와는 비교할 수 없 는 가치를 가지고 있는 것이다. 그래서 다른 술보다는 와인이 건강에 좋고, 또 항산화제가 많으면 서 알코올이 없는 포도 주스나 녹차 같은 식품보다 와인이 더 건강에 좋다고 말할 수 있는 것이다.

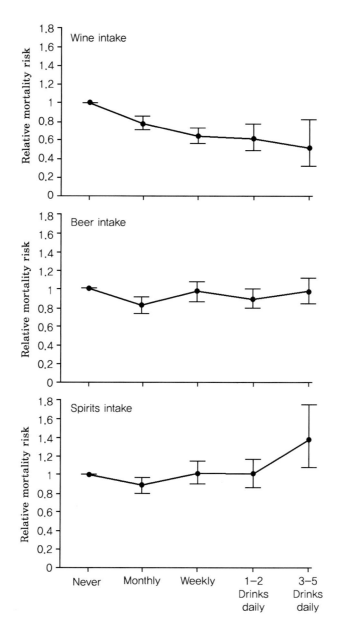

[그림 21-2] 섭취하는 술의 종류와 사망률

▒ 섭취하는 술의 종류와 사망률 비교

1995년 덴마크에서 6,051명의 남자와 7,234명의 여자를 대상으로 1976년부터 1988년까지 심장병 사망률과 와인, 맥주, 증류주(위스키 등)의 소비관계를 각 각 비교, 분석한 결과를 발표하였다. 이 조사에 의하면, 맥주는 적게 마시나 많이 마시나 큰 차이를 보이지 않았고, 증류주는 한 달에

한 번 정도 마시면 모를까 그보다 더 많이 자주 마시면 사망률이 높아지고, 와인은 하루 3-5잔 정도 마시는 것이 가장 사망률이 낮은 것으로 나타났다.

그러나 아직까지 와인의 이러한 성분이 우리 몸에서 어떻게 흡수되고 다른 물질과 어떤 작용을 하며, 어떻게 처리되는지에 대한 연구는 아직 진행 중에 있다. 이와 같이 와인의 심장질환 효과에 대한 연구는 초기 단계로서 확실한 과정이 밝혀져야 하겠지만, 이미 역학적인 조사에서 긍정적인 결과가 뒷받침해 주고 있으므로 앞으로 연구결과도 좋은 방향으로 나올 것으로 보인다. 생체 실험의 하나로서, 70년 대 심장질환에 아스피린 처방을 권유했던 것으로 유명한 위스콘신 대학의 존 폴츠 박사는 개를 모델로 한 실험을 보면, 알코올은 높은 혈중 알코올 농도에서 혈소판 작용을 억제하지만, 레드와인은 열 배 정도 더 낮은 농도에서 같은 효과를 나타낸다는 것을 보여 주었다. 또 지원자를 대상으로 실험한 결과를 보더라도, 레드와인을 반병 정도 마신 지원자의 혈소판 응집 작용이 그렇지 않은 경우에 비하여 39% 줄어든다는 사실을 보여주고 있다.

알코올의 특성

▒ 알코올 대사

목을 통해서 들어간 알코올은 바로 위에 도달한다. 여기서 섭취한 알코올의 10-20%는 흡수되고, 나머지 80% 이상이 소장에서 흡수된다. 흡수된 알코올은 혈류를 따라 이동하면서 간에서 처리되지만, 간의 알코올 처리속도는 매우 느려서 나머지 알코올은 뇌나 폐, 신장 등으로 이동하면서 온몸을 무상으로 출입하기 때문에, 섭취한 알코올 중 10%는 폐에서 내쉬는 숨이나 오줌 그리고 땀으로 배출되고 심지어는 모유까지 알코올이 섞여 나온다. 나머지는 간에서 처리되지 않는 한, 혈액 중에 남아 있게 되며, 이것을 혈중알코올농도로 표시하기도 한다. 알코올 농도가 높을수록 흡수가 빠르고 체내 산화속도도 빨라지며, 빈속일 때 최고의 흡수속도를 갖는다. 그러나 위에 음식물 특히 단백질이나 지방이 많을수록 흡수가 늘어진다. 그리고 같은 양의 알코올이라도 알코올 농도가 높을수록 혈중알코올농도가 빨리 높아진다.

말술을 마시고도 끄떡없는 사람이 있는가 하면, 한 잔의 술로 얼굴은 물론 온몸이 빨개지면서 술기운을 못 이겨 괴로워하는 사람이 있다. 이는 유전적으로 술을 분해하는 효소의 능력에 차이가 있기 때문이다. 이 점은 술이 분해되는 과정을 자세히 살펴보면 이해가 될 것이다. 알코올은 '알코올 디하이드로게나아제(ADH)'라는 효소에 의해 아세트알데히드로 변하고, 이 아세트알데히드는 '알데히드 디하이드로게나아제(ALDH)'라는 효소에 의해 초산으로 변한 다음, 물과 탄산가스로 변하여 몸 밖으로 빠져나간다.

알코올 → 아세트알데히드 → 초산(Acetyl Co A) → 물, 탄산가스

①알코올 디하이드로게나아제(ADH) ②알데히드 디하이드로게나아제(ALDH)

여기서 긴 효소 이름을 부를 것이 아니라 편의상 ①, ②를 각 각 1차 효소, 2차 효소라고 부르기로 하자. 이 두 가지 효소는 복합분자의 형태로서 그 종류가 여러 가지인데, 사람마다 어떤 종류를 어떻게 가지고 있느냐에 따라 알코올을 분해하는 능력이 달라진다는 것이 유전자 연구결과 밝혀졌다. 우선, 동양인의 85%는 1차 효소 능력이 다른 것에 비해 6배나 강한 종류를 가지고 있다. 그러니까 술을 마시면 단시간 내에 알코올이 아세트알데히드로 변하여, 체내 아세트알데히드 농도가 높아져 얼굴이 빨개진다. 서양사람 중 이 효소를 가진 사람의 비율을 보면, 영국인은 5-10%, 독일인이 14%, 스위스인은 20% 정도이다.

반면, 2차 효소 중에서 아세트알데히드를 잘 분해하는 종류가 있는데, 유럽인과 흑인은 모두 이 효소를 가지고 있지만, 동양사람 중 8-40%는 이 효소가 결핍되어 있다. 그러니까 동양 사람은 1차 효소의 능력이 빠르고 2차 효소의 능력이 느린 사람이 많다는 말이며, 독성 있는 아세트알데히드가 체내에서 머무르는 시간이 길어져 얼굴이 빨개지고 심장박동이 빨라지면서 가슴이 두근거리고 무력해진다. 음주 후 기분이 좋은 사람과 불쾌감을 느끼는 사람이 있는 것도 바로 이런 이유 때문이다. 그리고 이 현상은 유전자에 의해서 밝혀진 것이므로, 개인별로 알코올 분해율이 2-3배의 차이를 보인다는 것이 대체적으로 인정되고 있다. 즉, 술 체질은 타고난다는 말은 맞는 말이다.

알코올이 간에서 처리될 수 있는 범위를 넘어서면 세포 내 여러 가지 단백질과 결합하여 그 기능을 변조시키고 저하시키며, 생체조직을 파괴한다. 이 알코올의 중간 대사물질인 아세트알데히드는 독성을 가지고 있기 때문에 세포기능 저하, 간 조직 섬유화와 간경변, 뇌에 악영향 등을 유발한다. NAD. NADH의 불균형으로 조직 내 젖산이 축적되어 피로를 촉진하고 운동효율을 감소시킨다. 즉 포도당 생성능력을 저하시켜 저혈당을 초래한다. 또 트리글리세라이드의 증가로 성기능 저하, 체형변화, 비타민 영양소 결핍 등 문제를 일으킨다.

▓ 자극작용

애주가에게는 위염이 많다. 알코올이 세포의 원형질을 침전시키고, 탈수를 일으키기 때문이다. 이 작용은 농도가 높을수록 더욱 뚜렷이 나타나는데, 피부에 바르면 증발에 의해서 서늘한 감을 주면서, 피부는 빨갛게 되고, 조직을 치밀하게 만드는 수렴작용(Astringent)을 나타낸다. 양이 많아지면 상쾌한 자극에서 통증으로 발전하며, 곧 피부의 파괴가 일어난다. 이 작용은 특히 점막 면에

서 강하게 나타나는데, 강한 술을 마신 후 목구멍이 따갑고 갈증을 느끼게 되는 이유도 바로 알코올의 이러한 작용 때문이다.

애주가에게 많이 나타나는 위염증상도 알코올이 위 점막에 이러한 작용을 하기 때문이다. 특히 강한 술을 빈속에 마셨을 때는 알코올의 위 점막에 대한 작용은 더욱 커지게 된다. 또 알코올은 지방질을 녹이는 성질을 갖고 있기 때문에, 쉽게 세포벽을 뚫고 들어가서 추출작용도 한다. 인삼을 알코올에 넣으면 인삼의 성분이 추출되고, 뱀을 알코올에 넣으면 뱀의 성분이 추출된다. 이러한 작용을 하는 알코올이 위 점막에 대해 어떤 영향을 끼치는지 쉽게 짐작할 수 있을 것이다.

그렇지만 위는 계속 활동을 하면서 끊임없이 세포가 생성되는, 살아있는 생명체의 일부이기 때문에 급작스런 자극에는 충격을 받지만, 시간이 지나면 회복하는 능력을 가지고 있으며, 또 알코올의 수렴작용으로 위 점막이 수축되어 어느 정도의 자극에서 보호를 받을 수도 있다. 그러나 위의 활동이 정상화되기 전에 계속 알코올이 들어오면, 위의 자체 보호능력은 잃게 되고 심각한 상태로 발전할 수 있다.

▨ 살균작용

알코올의 자극작용과 깊은 관계를 가진 것에 살균작용이 있다. 알코올은 일차적으로 표면장력을 떨어뜨리고, 지방 등 여러 가지 유기물질을 용해하기 때문에 피부를 깨끗이 할 수 있다. 60-90%의 고농도 알코올은 단백질을 침전시키거나 탈수작용을 하기 때문에, 세균에 대해서는 살균작용을 나타낸다. 옛날부터 상처부위의 소독에 독한 소주가 많이 사용된 것도 이 때문이다.

알코올은 70% 정도 농도에서 가장 강한 살균력을 나타내고, 미생물의 세포 속으로 침투하여 세포의 단백질을 변화시킨다. 그러나 결핵균에 대해서는 95% 농도의 알코올이 살균력이 더 강한 것으로 알려져 있다. 알코올은 각종 세균, 곰팡이 외 일부 바이러스에도 작용하지만, 소아마비, 유행성 간염의 바이러스에는 작용하지 않는 것으로 알려져 있다. 알코올의 살균작용은 단백질의 변성과 탈수작용에 관계가 있다. 희석된 알코올은 이런 살균작용이 없어서 세균을 죽이지 못하지만, 발육이나 증식은 억제한다. 이것을 정균작용(靜菌作用)이라 한다. 예를 들면 대장균은 20% 알코올 농도(소주 정도의 농도)에서 증식능력을 잃고, 겉으로 보기에는 사멸한 것 같이 보이는데, 영양분을 많이 가해주면 다시 증식한다. 이 정균작용은 농도가 낮은 알코올이 세균의 분열에 필요한 영양분의 이용을 방해하기 때문이라고 생각된다.

▨ 중추신경 억제작용

술을 마시면 겉보기에는 기분이 좋아지고, 주관적으로도 외부와 싫은 관계가 점차로 약해지고 평안하고 느긋한 기분이 된다. 뇌는 고차원적인 정신기능에 관계하는 신피질과, 원시적인 감정을 나타내는 구피질로 구분되어 있는데, 알코올은 먼저 신피질에 작용하여 그 동작을 둔하게 만든다.

그러므로 고차원적인 정신활동이 둔해지고 저차원의 구피질이 본래의 기능을 표면에 나타낸다.

술을 적당히 마시면 정신이 흥분되어 언어, 동작이 활발해지고 기분이 좋아져서 웃기를 잘하고 말이 많아진다. 이러한 현상은 평상시 침울하고 소심한 사람에게 더 뚜렷이 나타난다. 그리고 치밀한 사고력, 이해력, 주의력, 판단력 등이 얼마간 저하되고, 평안하고 느긋한 기분이 된다. 이쯤 되었을 때가 혈중 알코올 농도 0.03-0.05%로서, 빈속에 위스키 한두 잔 정도 마셨을 때이며, 긴장감이 풀려서 안팎의 자극에 둔감하게 도어 가벼운 졸음이 오고, 마음의 우울기가 없어지면서 쾌활하게 된다.

이 정도를 지나서 술을 더 마시면 지적활동은 점차로 감퇴하게 되고 도덕을 무시하고, 자신에 넘치는 태도가 되고 평소에는 말할 수 없었던 말도 함부로 지껄이게 된다. 세밀한 주의력을 필요로 하는 동작은 거의 불가능하게 된다. 이쯤 되었을 때의 혈중 알코올 농도는 0.05-0.10%로서 자동차 운전은 절대 금물이다. 그러나 자신이 넘치는 행동을 나타낼 때이므로, 운전으로 말미암아 교통사고는 끊임없이 일어나고 있다. 또 성(性)에 대해서도 대담하게 되지만, 행동은 졸렬해 진다. 즉, 욕정은 일어나지만 그 능력은 감퇴되고 있는 시점이다.

혈중 알코올 농도가 0.2%를 넘어가면 술에 못 이겨 몹시 비틀거리고, 다른 사람의 어깨에 기대게 되고 언어가 곤란해진다. 점차 피로해져서 졸거나 혼잣말을 하게 된다. 운동이나 평형에 관계하는 뇌의 동작이 둔하게 되었기 때문이다. 거의 무의식적으로 골목을 더듬어 집을 찾게 된다.

이때부터는 술이 술을 마시는 상태가 되는데 혈중 알코올 농도가 0.4-0.5%가 되면 만취상태가 되어 죽은 것 같이 자고, 단순한 자극으로는 깨지 않으며, 통증도 느끼지 못하게 된다. 보통 술꾼들은 이쯤에서 자제하거나 사람에 따라서 더 마시고 싶어도 마시는 동작 자체가 불가능하게 된다. 혈중 알코올 농도가 0.6-0.7% 이상이 되면 호흡이 정지되고 심장이 멎어서 죽게 된다. 그러나 술을 마셔서 죽음에 이르는 경우는 드물다. 왜냐하면 최후의 치명적인 한잔은 마시는 일이 없기 때문이다.

가끔 술을 너무 많이 마셔서 죽게 되는 경우가 신문에 나오는데 이때는 술내기를 해서 한꺼번에 많은 양의 술을 마셨거나, 술을 마시고 의식불명이 되어 추운 겨울에 길거리에서 드러눕는 경우, 또는 취한 상태에서 교통사고 등 안전사고 때문에 죽는 경우가 대부분이다. 술을 마시면 체온이 상승한 것 같이 느껴지지만, 신체내부의 변화는 그렇지 않다. 오히려 피부혈관의 확장이나 땀 등에 의해서 체온의 발산이 격심하게 되어, 추운 겨울에 바깥에서 취하여 드러눕는 경우는 거의 치명적이라고 할 수 있다.

▒ 에너지 공급

알코올이 산화되어 나오는 열량은 그램(g)당 7칼로리가 된다. 탄수화물과 단백질은 그램 당 4칼로리, 그리고 지방은 9칼로리의 열량을 내 놓는다. 그러므로 웬만한 음식물에 비하여 상당히 칼로리가 높은 편이다. 500㎖의 맥주 한 병이면 약 200칼로리, 와인 한 병(750㎖)이면 약 600칼로리의 열량을 가지고 있으며, 작은 위스키 한 병(375㎖)이면 850칼로리가 넘는 열량을 가지고 있다. 그러므로 하루에 독한 술 한 병을 마시고 식사를 적게 해도 어느 정도는 살아갈 수는 있다.

그러나 음식물의 영양소는 인체의 요구에 따라 조금씩 산화되어, 에너지가 되기도 하고 체내에서 이용할 수 있는 물질이 되지만, 알코올은 인체의 요구와 관계없이 계속 산화되는 문제가 있다.

탄수화물은 글리코겐으로 변하여 간장이나 근육에 축적되어 필요할 때 사용할 수 있고, 단백질은 아미노산 형태로 저장되었다가 필요시 에너지로 전환된다. 그러나 알코올은 계속 산화되므로, 오히려 인체 내에 존재하는 효소(비타민)나 무기질 등이 강제로 동원되어 소모되기 때문에, 이러한 물질의 부족현상이 나타나게 된다. 그래서 알코올의 에너지를 실속 없는 칼로리(Empty Calory)라고 한다. 술을 마시고 난 다음 허탈상태가 되는 것도 바로 이런 현상에서 비롯된 것이다.

생체 내 작용

- **소화기 계통**: 소량의 알코올을 마시면 침이 많아지고, 위산분비가 많아져서 식욕이 좋아진다. 그러나 위장운동에는 그다지 영향이 없다. 아페리티프(Apéritif)는 알코올 농도가 20%를 넘지 않고 신맛과 쓴맛이 있으면 더 효과적이다. 그렇지만 이 효과도 20분 정도 지속되고, 계속 마시면 식욕증진 효과는 없어진다. 알코올 농도가 너무 높으면 위장운동이 억제되고, 때로는 위 점막의 염증을 초래할 수도 있다. 그 이상의 농도에서는 위 점막은 심히 자극되어 급성염증을 일으키고, 계속 마시면 만성염증으로 전환된다. 그러므로 식욕을 돋우는 정도의 술은 간단히 하고, 바로 식사코스로 들어가는 것이 좋다. 빈속에 술을 마시는 것은 염증과 밀접한 관계가 있으므로 주의해야 한다.

- **호흡기 계통**: 알코올은 일반적으로 호흡중추에 대해 마비적으로 작용하지만, 혼수상태에 빠진 환자에게는, 위장을 자극하여 반사적으로 호흡중추를 흥분하게 하므로 곧 의식을 회복하게 된다. 이럴 때는 위스키나 브랜디가 좋으며, 일반적으로 브랜디가 다른 주류에 비하여 자극성이 강하다고 알려져 있다.

- **순환기 계통**: 알코올의 순환기 계통에 대한 작용은 대단히 빠르고 뚜렷해서, 소량으로 피부혈관이 확장되어 따뜻한 감을 느끼게 되고, 얼굴이 빨개진다. 그리고 맥박이 커지고 심박출량이 증가하므로 혈압이 상승된다. 그러나 바로 이어서 혈관이 확장되어 혈압은 낮아지게 된다. 아직 완전히 해명되어 있지는 않지만 알코올이 관상동맥이나 심장혈관의 병을 막는 기능을 한다는 것은 알려져 있다.

- **이뇨작용**: 알코올에는 강하지 않지만 이뇨작용이 있는데, 이것은 신장에 직접 작용하는 것이 아니고, 항이뇨 호르몬의 유리를 억제하므로 이뇨작용이 나타난다. 그러므로 술을 마신 후에는 충

분한 수분과 무기질로 보충해 주어야 한다.

- **간에 대한 작용**: 간은 인체의 화학공장과 창고 역할을 겸하고 있다. 3대 영양소를 비롯한 모든 영양물질이 일단은 간을 통과하여 조절되고, 몸 밖에서 들어오는 독소와 체내에서 생긴 모든 독소를 해독하는 작용을 한다. 술을 마셨을 때도 알코올은 간으로 집중되어, 이 알코올이 직접 간을 손상시키는 경우는 드물지만, 다량의 술을 마시면 영양의 불균형, 알코올의 응고성 때문에 간 기능이 약해질 수밖에 없다. 간 기능이 약해지면 독물에 대한 간의 해독능력이 약해지고, 간 장병이 생기게 된다.

  이와 같이 간에 대한 알코올의 작용은 간접적이지만, 술을 많이 마시면 간이 나빠지는 것은 의심할 여지가 없다. 그러나 간접적인 작용인만큼 간을 보호하여, 저항력을 강하게 할 수 있는 여유가 있다는 점은 유리하다. 그리고 간은 인체의 중요기관인 만큼 재생능력도 그만큼 크다. 술을 마시지 않고 적절한 영양소를 공급하면 바로 회복될 수 있지만, 계속 술이 들어가면 지방간, 간 경화증, 간염 등 질병으로 연결된다.

  그러므로 술을 마시더라도 간이 나빠지지 않게 하려면, 영양소를 보충해 주기 위하여 안주를 충분히 들고, 필요하면 간장약을 드는 것보다, 적게 마시고 간이 회복할 수 있는 충분한 기간 동안 술을 마시지 않는 것이 가장 좋은 방법이다. 술이 간 장해를 일으키는 데는 주량, 기간, 소질 등의 세 가지 인자가 두루 관계되므로 얼마까지는 괜찮고 얼마 이상은 안 된다고 수치를 말할 수는 없다.

  이 밖에도 다량의 알코올은 구강암, 식도암 등의 원인이 될 수 있으며, 십이지장, 췌장 등에도 염증을 일으킬 수 있다. 다량의 알코올이 인체의 여러 기관에 긍정적으로 작용하는 것은 거의 없다고 봐야 한다. 알코올이 인체 내에서 긍정적인 효과를 나타내는 것은 어디까지나 소량의 경우일 때며 다량의 알코올은 일종의 독약으로 작용한다는 점을 알아야 한다.

와인의 건강에 대한 효과와 부작용

와인의 진정 및 항우울 작용

와인은 긴장과 걱정에 대한 온화한 진정작용을 하며, 인간관계를 개선하고 대화하는 능력을 향상시킨다. 이 작용은 낮은 혈중알코올농도에서도 상당기간 유지된다는 점은 많은 실험에 의해서 확립된 이론이다. 물론 이 작용은 와인의 알코올에서도 나오지만, 와인은 같은 농도의 알코올에 비해 작용이 느리고 오래 지속된다. 특히 피노 누아(Pinot Noir)라는 포도로 만든 와인 즉 부르고뉴 와인의 진정작용이 보르도 것보다 훨씬 더 강력하다고 한다. 실험에 의하면 한 잔의 와인은 긴장도를 35% 감소시키는 것으로 밝혀졌다.

일반적으로 근심을 완화시키는 양은 와인 140-280㎖이며, 디저트와인은 70-140㎖ 정도가 적당하다. 식사하기 20분전에 혹은 식사와 함께 마시면 혈중알코올농도가 안전한 상태로 유지되면서 진정작용이 계속된다. 그리고 잠자리 전에 디저트용 와인을 들면 온화하고 안전한 진정작용이 최고의 효과를 나타낸다.

와인의 위장에 대한 효과

와인의 산도는 위산과 비슷하고, 적은 양으로 타액분비를 촉진하고 위장운동을 자극하며 변비에 효과가 있다. 그리고 과량이나 고농도의 알코올은 위 점막을 자극하여 위의 운동성을 떨어뜨리는 역작용을 하지만 와인은 이러한 역작용이 없다. 정상적인 사람은 적당량의 와인을 마시면 위액분비가 증가하므로, 감정적인 긴장에 의해 위액분비가 안 되는 환자에게는 식전의 와인이 효과적이다. 거기다 와인의 페놀 화합물은 살균작용이 있어서 경련성 변비, 대장염, 설사 등 위장관의 감염을 예방하는 효과가 있는 것으로 밝혀졌다. 특히 변비에 대해서는 소량의 알코올이 위, 대장 반사를 강화함으로서 와인의 효과가 더 커진다고 한다.

위장병의 원인을 지금까지는 과다한 소화액 분비, 혹은 소화액 부족, 그리고 자극적인 외부 물질에 의한 궤양 등으로 생각했지만, 1983년 헬리코박터(*Helicobacter pylori*)라는 위장균이 발견되면서 이에 대한 면밀한 조사가 이루어졌는데, 이것이 만성 위염, 십이지장 궤양, 비타민 B_{12} 흡수장애로 인한 위염, 위암 등의 원인을 제공하는 것으로 밝혀졌다. 이 헬리코박터의 감염은 위생상태가 좋지 않은 가난한 나라에 많고, 우리나라의 경우 55세 이상의 성인 90% 이상이 이 균에 감염되어 있으며, 14-15세 아동은 31%가 감염되어 있는 것으로 조사된 적이 있다. 레드 와인의 페놀 화합물이 헬리코박터에 상당한 살균력을 가진 것으로 나타났다. 즉 레드 와인의 섭취는 건강에 좋은 영향을 미치며, 레드 와인을 마시는 사람은 위암에 걸릴 확률도 낮다고 할 수 있다. 대신 화이트와인은 위절제 수술이나 기타 위장관 수술 후 흡수장애를 개선하는 효과가 있는 것으로 유명하다.

와인의 간에 대한 영향

술이 간을 나쁘게 하는 것은 분명하지만, 술은 간을 망치는 데 공범은 될 수 있어도 주범은 아니다. 특히 간경변은 알코올이 단독 범인으로 지목되어 있지만, 술을 전혀 안 마시는 사람에게도 간경변이 많고, 알코올 중독자라도 간경변이 없는 사람도 있다. 보통 간경변은 장기간 알코올을 과용한 사람에게 많고, 학자들도 상당기간 동안 매일 알코올을 섭취하면 간경변이 된다는 이론에 반대하지는 않는다. 그러나 그 양이 문제다. 학계에서는 매일 순수 알코올로 80g 이하면 비교적 안전하고, 80-160g이면 위험성이 급격히 증가하며, 160g 이상일 경우 간경변 위험도가 가장 크다고 한다. 그러니까 하루 소주 한 병 정도는 간경변에 문제가 없다는 말이다.

많은 양의 알코올은 간세포에 손상을 주고 알코올 분해효소를 감소시키지만, 적당량의 알코올은 오히려 간 기능을 정상적으로 유지시킨다. 그리고 병원에서도 간 질환 환자에게 레드와인을 소량 처방하여 간 기능이 신속하게 회복되었다는 보고도 나오고 있다. 와인의 어떤 성분이 간에 대해 유리하게 작용하는지는 알 수 없지만, 와인은 식사와 함께 소량 섭취할 수 있는 술이기 때문에 간에 대해서도 유리하게 작용하는 것 같다.

철분 흡수율 증가

와인의 페놀 화합물은 철과 같은 금속과 착염을 형성하는데 이때 철은 환원이 되어 흡수되기 쉬운 형태로 변하게 된다. 원래 철은 산소가 있는 곳에서는 항상 산화형태로 있기 때문에 이 산화형태의 철은 아무리 많이 섭취해도 우리 몸에 도움이 되지 않는다. 그러나 와인을 마시면 페놀 화합물이 철과 결합하여 흡수되기 쉬운 형태로 되므로 철 결핍성 빈혈이나 여성들의 임신기간 중 철 요구량이 많을 때 도움이 된다. 이 효과 때문에 레드 와인, 화이트와인 모두 식품의 철 흡수량을 증가시키는데, 장에서 철의 흡수도 간단한 페놀 화합물에 의해서 이루어진다.

와인의 피부미용에 대한 효과

피부를 각종 산화작용에서 보호하려면 외부 요인에 노출되는 것을 차단해야 하며, 체내 방어기구를 활성화시키거나, 방어에 필요한 물질들을 외부에서 공급받아야 한다. 피부는 내부의 장기를 외부 자극에서 보호하는 최 일선의 방어막이기 때문에, 외부의 산화적 스트레스를 가장 직접적으로 크게 받는다. 물론 건강한 피부는 이에 대한 방어 작용이 있지만, 몸이 약하거나 계속되는 노출에는 한계가 있다. 특히 광선이나, 공해물질 등에 의해 생성된 프리라디칼은 피부세포를 공격하여 노화를 촉진하는데, 여기서 항산화제는 프리라디칼을 무력화시킨다.

그래서 요즈음에는 항산화제를 주체로 하는 화장품이 많이 나오고 있다. 비타민 E(토코페롤), 비타민 C, 비타민 A(레티놀), 포도 씨 추출물, 기타 여러 가지 물질이 사용되고 있지만, 화장품의 효력으로서 가장 중요한 피부 투과성이 확실하게 증명된 것은 아니다. 정기적으로 와인을 마시는 것이 보다 더 확실한 방법이다. 더군다나 와인의 폴리페놀은 알코올과 상승작용을 하며, 비타민 C나 E에 비해 항산화력이 월등하게 높은 것으로 증명되었다. 그리고 와인의 폴리페놀은 멜라닌 형성을 방해하여 기미, 주근깨 등 형성방지에도 효과가 있는 것으로 밝혀졌다.

● 프리라디칼의 산화적 스트레스

① **지방의 산화:** 지방 및 단백질의 변성으로 세포막의 정상적 기능 방해

② **단백질 산화:** 효소활성의 손상, 세포막 및 세포기능의 변질

③ **DNA 산화:** 돌연변이, 암 유발

④ **결합조직의 손상:** 피부의 모양과 기능의 상실 - 주름 증가, 피부노화

⑤ **기타:** 멜라닌 색소 촉진으로 기미, 주근깨 생성, 반대로 멜라닌 세포를 파괴하여 백반증 유발, 피부 면역계에 작용하여 염증 유발

● 항산화제를 이용한 화장품의 문제

① **항산화제의 안정성:** 화장품 내에서 불안정하다.
② **피부 투과성:** 최외각 각질층(죽은 세포)을 통과해야 효과가 있다.
③ **부작용:** 외부에서 공급된 물질이 과연 원하는 작용을 하는지

▒ 와인의 다이어트 효과

"날씬해지고 싶으면 맥주보다는 포도주를 마셔라." 1996년 미국의 건강전문지 『헬스』에 소개된 내용이다. 노스캐롤라이나 대학 브루스 던컨 박사 팀이 12,145명의 남녀 음주자를 조사한 결과 맥주를 마신 사람은 허리/히프 비율이 0.9보다 높아지지만, 와인 애호가는 0.9 이하로 나왔다고 한다. 그렇게 뛰어난 효과는 아니지만, 와인은 과식증 특히 감정적인 긴장상태에서 오는 과식에 대해 이를 억제하는 효과가 큰 것으로 밝혀져 있고, 자신이 작성한 다이어트 식단을 실천하는데 와인 한잔이 양념으로 곁들여지면 그 식단을 실천하는 데 도움을 줄 수 있다는 이야기이다. 그리고 와인을 섭취하면 자연히 탄수화물 섭취량이 줄기 마련이며, 온 몸의 신진대사를 왕성하게 해주기 때문에 섭취한 음식물의 산화가 촉진되는 효과를 얻을 수 있다.

최근 미국의 영양학 잡지에 나온 것을 보면, 콜로라도 주립대학의 코르데인 박사는 14명의 남자에게 6주 동안 두 잔의 와인을 저녁식사 때 마시도록 하고 다시 6주 동안은 동일한 식단에 금주를 하게 했으나, 이 두 기간 중 체중, 체지방 비율 등, 비만에 관계되는 지수에 아무런 변화가 없었고, 따로 통제하지 않은 대상자에게 와인 두 잔을 6주 동안 마시게 해도 체중 등 변화에 아무런 영향을 끼치지 못했다면서 와인의 칼로리는 체중 증가에 영향을 끼치지 않는다고 발표하였다. 이와 같이 와인은 다이어트 식품으로서 효과도 있다.

▒ 와인의 퇴행성 질환에 대한 효과

최근 보고에 의하면, 파킨슨씨병, 치매(알츠하이머), 통풍, 류머티즘, 백내장 등 노년의 퇴행성 질환의 원인이 프리 라디칼의 공격 때문이라고 한다. 이런 질병은 오랜 세월 동안 산화적 손상이 축적된 결과 나타나는 것으로, 초기부터 계속해서 적당량의 항산화제인 와인을 섭취하면, 항산화제가 프리 라디칼을 흡착하기 때문에 효과를 얻을 수 있다. 또 와인에는 칼슘이 많아 주석산과 결합하여 침전을 형성할 정도인데, 이 칼슘은 우리 몸에서 뼈를 만드는 중요한 성분이기도 하지만, 더 중요한 것은 세포분열, 세포내 효소의 활성화, 세포막의 투과성 조절 등 우리 몸의 모든 작용에 관여하지 않은 곳이 없을 정도로 생체 내 작용에 관여하는 곳이 많다. 나이가 들면서 골다공증이 생기는 것도 이렇게 세포활동에 필요한 칼슘이 부족해지면서 뼈에 있는 칼슘이 동원되어 생체활

동에 사용되기 때문이다. 특히 와인은 칼슘을 비롯한 무기질이 풍부하고, 음식에 있는 무기질의 흡수를 돕기 때문에, 식사와 함께 하는 와인의 효과는 칼슘의 가장 좋은 공급원이며 보조제라 할 수 있다.

와인의 이뇨작용

모든 알코올음료는 이뇨작용을 가지고 있는데, 이는 알코올이 뇌하수체의 항이뇨호르몬에 대한 방해 작용을 하기 때문이다. 보통 이뇨작용이 최고일 때는 혈중알코올농도가 급격히 상승할 때이다. 와인 역시 이뇨작용이 뛰어나는 것으로 알려져 있는데, 특히 레드 와인보다 화이트와인이 이뇨작용을 신속하게 나타낸다. 화이트와인은 이뇨작용이 있는 칼륨과 주석산의 농도가 레드 와인보다 높고, 또 레드 와인의 타닌이 항이뇨작용을 하기 때문이다. 그리고 샴페인은 탄산 때문에 보통 와인보다 이뇨작용이 더 강하다. 이뇨작용이 여러 가지로 좋긴 하지만, 자칫하면 수분 부족을 초래할 수 있으므로 술을 마실 때는 충분한 수분을 보충해야 한다.

또 하버드 대학에서 연구한 결과를 보면, 여러 가지 음료 중에서 와인이 신장결석을 감소시키는데 가장 효과적인 것으로 밝혀졌다. 이들은 커피, 차, 맥주, 와인은 신장결석을 감소시키지만 사과주스와 자몽주스는 위험도를 증가시키며, 와인은 가장 강력한 방어효과를 가지고 있으며 신장결석의 형성을 39% 감소시킨다고 발표하였다.

와인은 알칼리성 식품

흔히 "산성체질을 알칼리성으로 바꿔야 한다."고 하지만 의학적인 근거가 희박한 속설이다. 여기서 말하는 산도란 pH로서 7보다 낮으면 산성, 높으면 알칼리성이라고 하는데, 우리 몸은 예외 없이 pH 7.4로서 약알칼리성이다. 이 pH가 0.3만 변해도 의식을 잃는 등 큰 위험에 처하게 된다. 따라서 우리 몸은 체액의 산도를 일정하게 유지하는 장치를 가지고 있는데 콩팥과 폐가 핵심이다. 콜라의 pH가 3-4임에도 불구하고 많이 마셔도 몸에 큰 탈이 생기지 않는 것은 우리 몸의 pH가 엄격하게 유지되기 때문이다. 대표적인 알칼리성 식품은 과일이나 채소이며 육류는 산성식품이다. 고기를 많이 먹었다고 체액의 산도가 높아지는 일은 없다. 오줌의 산도가 조금 높아질 뿐이다. 오히려 알칼리성 식품만을 먹다가는 영양의 균형이 깨어질 수 있다. 그러니까 산성체질, 알칼리성 체질을 따지는 것은 이치에 맞지 않는 말이다.

물론 체액이 약알칼리성이니까 알칼리성 식품이 더 좋다는 말에 일리는 있지만, 우리 몸은 두 가지 종류 모두 필요하다. 먹는 음식을 좋다 나쁘다 흑백논리로 가를 수는 없다. 와인은 알칼리성 식품이 분명하다. 대부분의 술들이 우리 몸에서 산성으로 작용하는데 비해 와인만이 알칼리성을 나타내는 것은 칼륨, 칼슘, 나트륨 등 무기질이 풍부하기 때문이다. 그러니까 와인은 알칼리성 식품이라서 좋다는 것보다는 무기질이 많이 들어있기 때문에 좋다고 해야 한다.

와인은 노인의 간호사

서양에서는 일반 의사들이 '와인은 노인의 간호사'라고 말하듯이, 와인은 노인들에게 가장 효과가 크다. 사실 노인들은 자식들의 배은망덕을 비롯하여 주변의 소외감, 인생에 대한 허무감 등으로 상당히 불안하고, 심지어는 공포감까지 갖고 있다. 생각보다 심한 것이 노인들의 스트레스이다. 그래서 노인들은 이러한 스트레스와 늙어 가는 과정에서 생기는 불면증에 시달리는 경우가 많고, 이 증상은 대부분 장기간 지속되는 것이 보통이다. 여기에 와인 한잔은 온화한 진정작용을 함으로써 수면제의 표면적인 수면효과와 비교되지 않는 효과를 발휘한다.

회복기 환자에게 최고

와인은 장기간 질병에서 회복되고 있는 환자나 수술 후 회복기 환자에게 다른 사람에 대한 관심을 갖게 만들며, 좋지 못한 자신의 처지를 돌아보면서 생길 수 있는 우울한 감정을 환기시키는데 도움이 된다. 특히 이런 때는 식탁용 와인보다는 달고 알코올 농도가 높은 디저트용 와인의 효과가 더 크다. 와인은 위액과 산도가 비슷하고 소화과정도 필요 없는 식품이라서 회복기 환자에게는 가장 좋은 강장제라고 할 수 있다. 이들은 정상인의 식사 방식으로 돌아가야 하는데, 메스꺼움이나 불쾌감으로 시달리고 있다. 이럴 때 와인은 정상적인 식사를 하는 데 도움이 된다.

와인 알레르기

와인에는 알레르기를 일으킬 수 있는 물질이 어느 정도 들어 있고, 이로 인해 개인의 체질에 따라 알레르기를 일으킬 수 있다.

와인과 두통

두통은 여러 가지 원인에서 일어나지만, 식품섭취와 관련해서는 알코올음료가 두통을 일으키는 가장 흔한 식품이라 할 수 있다. 알코올은 뇌혈관을 팽창시켜 뇌에 압박을 주거나, 뇌를 둘러싸고 있는 액체를 건조시켜 쿠션작용을 약하게 만들기 때문이다. 와인 특히 레드와인에 두통을 잘 일으키는 사람이 많은데, 레드와인에는 알코올을 비롯하여 아민, 페놀 화합물 등이 두통의 원인물질이기 때문이다.

와인과 암

알코올이 암을 일으킨다고 확실하게 정립되어 있지는 않지만, 알코올은 보조 발암성분으로 작용하여 다른 물질의 발암 가능성을 증가시킨다는 증거는 많다. 그러나 와인을 마시는 사람은 다른 술을 마시는 사람보다 암에 대한 위험도가 더 낮으며, 와인에 건강을 지키는 성분이 있다는 연구

결과가 계속 나오고 있다. 또 여러 가지 발효식품에서 발견되는 자연발생적인 발암제인 에틸 카바 메이트도 와인의 페놀 화합물에 의해서 해독되므로, 와인의 페놀 화합물은 발암 가능성을 감소시 키는 역할도 한다고 볼 수 있다.

여자가 술에 약한 이유

일반적으로 여성은 남성보다 술에 약하다 것이 정설이다. 그 근거로 여성은 체구가 적으므로 같은 양의 알코올을 마셨을 때, 체중이 무거운 사람보다 혈중알코올농도가 높다. 또 여성은 체내 지방분이 높아서 체중에서 수분이 차지하는 비율이 50%로서 남성보다 10% 정도 적기 때문에 같 은 체중의 남성과 동일한 양의 술을 마셔도 혈중 알코올 농도가 남자보다 높을 수밖에 없다. 게다 가 동일한 양의 알코올을 남녀 모두에게 투여할 경우, 여자는 조직의 손상, 간경변 같은 질병에 남자보다 더 약하며, 피임약을 복용하는 경우나 주부들이 항우울제를 복용하는 경우는 알코올과 이런 약물이 상승작용을 하여 또 다른 부작용을 가져온다.

장수

1926년 펄 박사는 형제 중 음주자와 금주자를 선정하여 조사를 했는데 음주자가 더 오래 산다 는 결론을 얻었다. 1970년 클라츠키 박사는 적당량의 술을 마시는 사람이 오래 살며, 음주량과 사 망률의 관계는 U자형으로 나타난다고 했다. 적당량의 알코올은 심장질환 25-45%를 경감시킨다는 것이 현재의 학설이다. 그래서 완전 금주는 심장질환의 위험요소이며, 적당량의 음주는 수명을 연 장시키며, 와인은 그 효과가 더 크다고 하는 것이다.

알코올은 HDL 함량을 높여주므로 심장병을 예방하기 때문에 나이 들수록 규칙적으로 소량을 마시는 것이 좋다. 미국의 한 양로원에 매일 맥주를 공급했더니 걷지 못했던 사람이 걷게 되고 진 정제를 복용했던 사람의 숫자도 줄었다고 한다. 러시아에 살던 장 드브 여사는 1975년 5월 2일 140세로 사망하였는데 하루 여섯 잔의 레드와인을 마시고 닭고기, 생선, 돼지고기, 쇠고기 등 육 류를 섭취하였다고 한다.

결론

와인이 건강과 미용에 좋다는 말이 와인을 마시는 사람이 건강하기 때문인지, 식사와 함께 하 는 와인이 좋은 것인지, 와인의 항산화작용 때문인지, 아니면 이 모든 것이 작용하는지 모르지만, 와인이 건강식품인 것은 확실하다. 요약하면, 젊었을 때부터 와인을 마신 사람은 날마다 식사와 함께 와인을 들면서 인생을 즐기고 건강하게 오래 살 수 있는, 우리도 모르게 혜택을 받는 축복을 누릴 수 있다는 점이다.

와인이 자연의 산물인지, 인간의 작품인지를 놓고 벌이
는 논쟁을 보면 와인의 역사는 모순의 역사이다. 가난한 사람
도 부자도 와인을 마신다. 와인에는 몇 푼 안 되는 싼 것도
있고 웬만한 사람이면 꿈도 꾸지 못할 비싼 것도 있다. 와인
은 신이 내린 선물인 동시에 사탄의 유혹이다. 예절과 교양의
상징인가 하면 사회질서를 위협하는 병폐이기도 하다. 건강
에 도움이 되기도 하지만 해로울 때도 있다. 이처럼 복잡 미
묘하기 때문에 와인의 역사는 매력적인 것이다.

　　　　　　　　　　　　- 로드 필립스의 '와인의 역사' -

22장 부록

자료 #1. 용어 해설

A-horizon(호라이전): 표층토. 경운을 받는 부분. A-층.

Abboccato(아보카토): 이탈리아어. 약간 달콤한.

Abfüllung(압필렁): [독일] 주병.

Abocado(아보카도): [스페인] 약간 달콤한.

Acetaldehyde(아세트알데히드): 발효 때 생성되는
물질로서 자극적인 냄새가 있으며, 와인이 산화될
때 많이 생성되어 셰리 냄새를 풍김.

Acid(에시드): 산(酸). 신맛을 내며, 와인을 오래
보관하는데 기여함.

Acidification(에시디피케이션): 산도가 약한 머스트에
산을 첨가하는 일.

Adega(아데가): [포르투갈] 와인을 저장하는 곳으로
주로 지상에 있음.

Aeration(에어레이션): 와인을 공기와 접촉시키는 일.

Aeolian soil(이오울리언 소일): 풍적토. 모래나 미세한
입자가 바람에 의해 운반되어 퇴적된 토양으로
사구(砂丘, Sand dune), 풍적황토(Loess),
화산회토(Volcanic ash soil) 등이 있음.

Aerobic(에어로빅): 호기성. 생육하는데 공기가
필요한(미생물).

After taste(에프터 테이스트): 와인을 마시고 난
다음에도 입 안에 남아있는 향미.

Aguardente(아과르덴테): [포르투갈] 와인을 증류하여
얻은 알코올로 강화와인에 사용됨.

Agrafe(아그라프): [프랑스] 샴페인 발효 시 임시로
사용하는 마개. 주로 왕관 마개가 쓰임.

Air capacity(에어 커패서티): 용기량(容氣量). 토양
100cc 중 공기의 용적.

Air permeability(에어 퍼미어빌리티): 통기성(通氣性).

Albariza(알바리사): [스페인] 규조토가 퇴적된 백색
토양으로 스페인 남부 셰리가 나오는 지역에 분포.

Algae(엘지): 조류(藻類).

Alluvial deposit(얼루비얼 디파짓): 하성 충적토(河成
沖積土). 암석의 풍화물이 중력, 수력, 빙하력 등에
의해 다른 곳에 이동하여 퇴적된 운적토(Transported
soil) 중에서 하수(河水)에 의해서 퇴적된 토양. = Fluvial
deposit

Alluvial horizon(얼루비얼 호라이전): 층리의 집합체로
된 토층, 혹은 第4紀新層. = Alluvium(沖積土)

Alluvial soil(얼루비얼 소일): 충적토. 모든 기후
조건에서 생성될 수 있으며, 토양 단면은 층상을
이루고 있으나 거의 발달되지 못하고 있음.
우리나라 논토양의 대부분.

Amabile(아마빌레): [이탈리아] '아보카토'보다 더 달콤할
때 쓰는 표현.

Amaro(아마로): [이탈리아] 쓴맛을 표현하는 용어로
이탈리아에서는 긍정적인 의미로 쓰임.

Amelioration(어밀리어레이션): 포도즙의 당도와 산도를
조절하기 위하여 설탕이나 물 등을 첨가하는 일.

Amino Ammonification acid(아미노 에시드): 아미노산.
단백질이 분해하여 생기는 물질.

Ammonification(엄모니피케이션): 암모니아화작용.

Ampelography(앰펠로그라피): 포도의 분류를 연구하는
학문.

Amphora(앰퍼러): 고대 그리스, 로마에서 와인이나
기름을 넣던 토기로 두 개의 손잡이가 있음.

Anaerobic(언에어로빅): 혐기성. 생육하는데 공기가
필요하지 않은(미생물).

Andesite(앤디자이트): 안산암(安山巖).

Añejo(아네호): [스페인] 오래된. 공식적인 용어는 아님.

Angelica(앤젤리커): 요즈음은 보기 힘든 미국의 강화와인.

Annata(아나타): [이탈리아] 수확 혹은 빈티지.

Anthocyanin(안토시아닌): 붉은 색소의 일종. 적포도의
주요 색소.

Apéritif(아페리티프): [프랑스] 식전주.

Apatite(애퍼타이트): 인회석(燐灰石).

Apre(아프르): [프랑스] 타닌 함량이 많아서 거칠게
느껴지는.

Aqueous deposit(에이쿼어스 디파짓): 수적토(水積土). 물의 힘으로 형성된 토양.

Aqueous rock(에이쿼어스 록): 퇴적암. = Sedimentary rock.

Arena(아레나): [스페인] 모래. 셰리 나오는 지역의 '알바리사'보다 더 거친 토양.

Arenaceous soil(에러네이셔스 소일): 사토.

Argillaceous soil(아르질레이셔스 소일): 충적토를 총칭하여 이르는 말로 점토질을 뜻함.

Argillite(아르질라이트): 점판암.

Arome(아롬): [프랑스] 향.

Arrope(아로페): [스페인] 셰리의 색깔과 당도를 높이기 위해 첨가하는 농축 포도주스.

Asciutto(아쉬토): [이탈리아] 드라이.

Assemblage(아상블라주): [프랑스] 서로 다른 통에 들어있는 와인끼리 섞는 것, 즉 블렌딩. 주로 프랑스 보르도와 샹파뉴 지방에서 사용하는 용어.

Astringent(어스트린전트): 수렴성의. 와인 따위의 떫은.

Autoclave(오토클라베): [이탈리아] 아스티 등 스파클링와인 만드는 방식 = Charmat Process.

Autolysis(오톨리시스): 자가분해. 와인이 이스트 찌꺼기 위에 있을 때 이스트가 분해되어 특정한 향을 부여하는 현상.

Azienda Agricola(아치엔다 아그리콜라): [이탈리아] 포도밭에서 포도를 재배하고 와인을 만들었을 때 이렇게 표시한다. Az. Ag. 약자로 표시하기도 함.

Azienda Vinicola(아치엔다 비니콜라): [이탈리아] 와이너리.

Azienda Vitivinicola(아치엔다 비티비니콜라): [이탈리아] 포도를 재배하고 와인을 만드는 회사.

B-horizon(호라이전): 하층토((Sub soil). 표층토보다 점토 함량이 많고 빛깔이 선명한 층. B-층.

Bagaceira(바가세이하): [포르투갈] 포도 찌꺼기로 만든 브랜디.

Barrique(바리크): [프랑스] 보르도의 225ℓ 나무통.

Basalt(버솔트): 현무암.

Base exchange(베이스 익스체인지): 염기 치환 = Cation exchange(양이온 치환).

Bastard soil(베스터드 소일): 모래와 점토로 이루어진 토양의 보르도식 명칭.

Baumé(보메): [프랑스] 프랑스 당도 단위. 당분이 발효되어 생성되는 알코올 농도와 거의 비슷한 수치가 됨.

Bed rock(베드 록): 기암(基岩) 또는 기층이라 하고, D층이라고도 함. = Substratum

Bentonite(벤토나이트): 가벼운 점토의 일종으로 와인을 맑게 만드는데 쓰임.

Berg(베르크): [독일] 언덕, 산.

Bianco(비안코): [이탈리아] 흰색의.

Binning(비닝): 와인을 숙성시키기 위해 병을 눕혀서 보관하는 것.

Bird's-eye rot(버즈 아이 롯): 새눈무늬병. 포도의 잎에 나타나 퍼지면서 잎을 오그라들게 만듦.

Bishop(비숍): '멀드 와인(Mulled wine)'의 일종으로, 포트와인에 오렌지 조각, 향신료, 설탕 등을 넣어 가열시킨 것.

Blanco(블랑코): [스페인] 흰 = White.

Blau(블라우): [독일] 파란색이지만 포도를 묘사할 때는 붉은색.

Blocky(블록키): 괴상(塊狀).

Blush wine(블러쉬 와인): 캘리포니아의 달콤하고 신선한 핑크와인.

Bodega(보데가): [스페인] 와인을 저장하는 곳으로 주로 지상에 있음. 양조장의 뜻도 됨.

Bog lime(벅 라임): 이회암(泥灰巖).

Bog soil(벅 소일): 소택지토.

Bordeaux mixture(보르도 믹스처): 보르도액. 농약의 한 종류.

Botte(보테): [이탈리아] 나무통.

Bottiglia(보틸랴): [이탈리아] 병.

Bottle aging(보틀 에이징): 병 숙성. 고급 레드와인에 적용되는 개념.

Bottle sickness(보틀 시크니스): 잘못된 주병으로 와인에 공기가 들어가 와인의 생동감이 없어지는 현상. 공기가 들어가지 않아도 일시적으로 이런 현상이 일어날 수 있음.

Bottling(보틀링): 주병. 술이나 음료 등을 병에 넣는 작업.

Bouchon(부숑): [프랑스] 코르크.

Boulbènes(불벤): 아주 고운 규산질 토양으로 쉽게 다져지기 때문에 경작하기 불편한 토양의 보르도식 명칭. 이 다져진 토양은 주로 앙트르 되 메르(Entre-Deux- Mers) 고원의 일부를 형성함.

Boulder(보울더): 256㎜ 이상 되는 돌.

Bouteille(부테이유): [프랑스] 와인 병.

Branco(브랑쿠): [포르투갈] 흰색(의) = White.

Brix(브릭스): 미국, 일본, 한국에서 사용하는 당도 단위. 10% 설탕물이면 10 Brix.

Bruto(브루투): [포르투갈] 드라이 스파클링와인.

Burg(부르크): [독일] 성(城).

Bulk process(벌크 프로세스): = Charmat process.

Bulk wine(벌크 와인): 병에 들어있지 않은 와인이란 뜻으로 대용량의 용기로 거래되는 와인.

Butt(부트): [스페인] 스페인 셰리의 500ℓ 용량의 나무통.

C-horizon(호라이전): 화학적인 풍화는 받았으나 물리적인 풍화가 낮은 부분. C-층. 이 부분은 母巖(D층)과 연결되어 있음.

Calcareous clay(캘케어리어스 클레이): 석회질 점토. 점토 특유의 산도를 중화시키는 탄산칼슘으로 된 충적토. 이 토양은 온도가 낮으면 포도의 숙성이 늦어지며 산도가 높아짐.

Calcareous soil(캘케어리어스 소일): 석회질 토양. 탄산칼슘과 탄산마그네슘의 축적으로 이루어진 모든 토양을 말함. 석회질 토양은 차갑고 보수력이 좋음. 석회질 점토는 예외지만 이 토양은 뿌리를 깊게 뻗을 수 있도록 해주기 때문에 배수가 좋아짐.

Calcification(캘서피케이션): 석회화작용. 우량이 적은 건조, 반건조 기후에서 진행되는 토양 생성작용으로서 우기에 녹기 쉬운 염화물, 황산염의 대부분은 유실되고 칼슘, 마그네슘은 탄산염으로 집적되는 작용. 석회화 작용에 의해서 이루어진 토양은 석회로 포화된 부식과 무기질 토양이므로 매우 비옥함.

Cantina(칸티나): [이탈리아] 와인셀러 혹은 와이너리.

Cantina Sociale(칸티나 소시알레): [이탈리아] 와인 생산자 조합.

Canopy(캐노피): 포도나무에서 잎과 줄기가 차지하는 부분.

Cap(캡): 레드와인 발효 시 위로 떠오르는 껍질 층.

Capillary water(캐펄러리 워터): 모관수(毛管水). 표면장력에 의해 흡수 유지되는 물로서 흡습수(吸濕水) 윗부분에 있음. 식물에 이용되는 유효수분.

Capsule(캡슐): 포장된 와인 병의 윗부분 즉 코르크와 병구를 둘러싼 장식.

Carafe(커레프, 카라프): 와인 서빙용 유리병. 보통 값싼 와인 서빙에 사용.

Carbonaceous soil(카버네이셔스 소일): 탄소질 토양. 혐기적인 상태에서 식물체가 부식되어 이루어진 토양으로 이탄(Peat), 갈탄(Lignite), 무연탄(Anthracite) 등이 있음.

Carbonated(카보네이티드): 탄산가스가 들어있는.

Carte de Vin(카르트 드 뱅): [프랑스] 와인 리스트.

Casa Vinicola(카사 비니콜라): [이탈리아] 와인 회사. 주로 포도를 구입하여 와인을 만듦.

Cascina(카시나): [이탈리아] 농장 혹은 포도밭(북부 이탈리아).

Cask(캐스크): 나무통. 크기에 따라 여러 종류가 있음. 'Barrel'과 같은 뜻이지만, Cask는 이동성이 없는 나무통을 지칭하는 경우에 사용됨.

Casta(카스타): [포르투갈] 포도 품종.

Castello(카스텔로): [이탈리아] 성(城). 프랑스 샤토에 해당되는 말.

Cation exchange(캐타이온 익스체인지): 양이온 치환 = Base exchange(염기 치환).

Caudalie(코달리): [프랑스] 와인을 삼키거나 뱉은 다음에 입안에서 향이 남아있는 시간을 측정하는 단위로서 1코달리는 1초에 해당됨.

Cava(카바): [스페인] 와인을 저장하는 곳이지만, 샴페인 방식으로 만든 스파클링와인을 말함.

Cave(카브): [프랑스] 와인을 양조, 저장하는 곳. 보통 지하에 설치되어 있음.

Caves(카베스): [포르투갈] 셀러. 와인 양조장 혹은 회사.

Cellar(셀러): 와인을 저장하는 곳이란 뜻이지만, 요즈음은 와인 파는 곳, 와인 전용 냉장고 등도 이렇게 부름.

Cellar master(셀러 마스터): 와인양조 책임자.

Centrifuge(센트리퓌지): 원심분리. 원심력을 이용하여 중량이 큰 물질을 분리하는 조작.

Cepa(세파): [스페인] 포도품종, [포르투갈] 포도나무.

Cépage(세파주): [프랑스] 포도품종.

Chai(셰): [프랑스] 주병하기 전 와인을 저장하는 곳으로 주로 지상에 있어서 'Cave'와 구별된다. 주로 보르도 지방에서 사용하는 용어.

Chalk(초크): 백악질 토양. 석회암의 한 종류로서 백악질 토양은 부드럽고 시원하며 다공성 백색토로서 뿌리를 깊게 뻗도록 만들어 배수를 좋게 해주며 동시에 보수력도 갖추고 있음.

Chambrer(샹브레): [프랑스] 와인을 마시기 전에, 저장실에서 와인을 마시는 장소로 가져와서 실내온도와 동일한 온도를 유지하도록 실내에 방치시키는 일. 주로 레드와인에 적용되는 용어.

Chandelle(샹델): [프랑스] 디캔팅용 초.

Charnu(샤르뉘): [프랑스] 풀 바디드 (와인).

Charpenté(샤르팡테): [프랑스] 균형 잡힌 (와인).

Chernozem(체르노점): 흑토, 흑색 석회질 토양이라고도 함.

Chestnut soil(체스넛 소일): 율색토.

Chiaretto(키아레토): [이탈리아] 가벼운 레드나 로제와인.

cl(센티 리터): ℓ의 1/100. 1cl = 10㎖

Clairet(클레레): [프랑스] 영어의 'Claret'에서 나온 말로 보르도의 가벼운 레드와인을 뜻함.

Claret(클레릿): 프랑스 보르도 지방의 레드와인을 영어를 사용하는 나라에서 지칭하는 말.

Classico(클라시코): [이탈리아] DOC 지역의 중심으로 예전부터 있었던 명산지.

Clavelin(클라블랭): [프랑스] 쥐라 지방의 샤토 샬롱에서 사용하는 620㎖ 병.

Clay(클레이): 점토. 입자가 가는 충적토로서 유연하고 가소성을 가지고 있으며 특히 보수력이 좋지만 비교적 물성이 차고 산성이며 배수가 불량함. 점토가 많으면 포도 뿌리가 질식하지만, 소량 섞여 있으면 이점이 있음. 입자 크기는 1/256㎜ 이하.

Clayey-loam(클레이이 로옴): 점토질 부식토. 기름진 토양이긴 하지만 물이 많아져 경작이 어려움.

Clay mineral(클레이 미너럴): 점토광물. 2차 광물로서 입경이 0.002㎜ 이하인 작은 입자이므로 활성 표면적이 큼.

Clay weathering(클레이 웨더링): 점토풍화(粘土風化).

Climat(클리마): [프랑스] 기후, 풍토라는 뜻이지만, 부르고뉴에서는 특정 포도밭을 뜻함.

Clone(클론): 동일한 유전적 특성을 가진 집단으로 같은 품종에서 여러 가지 클론으로 나뉠 수 있음.

Clos(클로): [프랑스] 부르고뉴 지방의 '담으로 둘러싸인 포도밭에서 나온 말로 요즈음은 고급 포도원을 뜻함.

Coarse sand(콜스 샌드): 조사(粗沙). 2.0-0.2㎜.

Cobble(코블): 64-256㎜ 사이의 돌.

Colheita(콜라이타): [포르투갈] 빈티지(수확연도), 수확.

Collage(콜라주): [프랑스] 정제. 와인에 계란 흰자 등을 넣어 맑게 만드는 일. = Fining.

Colluvial deposit(콜루비얼 디파짓): 붕적토(崩積土). 풍화물이 경사를 따라 미끄러져 중력에 의해 생긴 토양. = Scree

Combined water(컴바인드 워터): 화합수(化合水).

Commune(코뮌): [프랑스] 시, 읍, 면 등을 뜻하지만, 원산지 명칭도 됨.

Complex(콤플렉스): 복합성, 고급 와인의 향을 묘사할 때 사용하는 용어.

Cooperage(쿠퍼리지): 와인을 담는 나무통 혹은 그것을 만드는 일.

Cooperativa(코페라티바): [이탈리아] 협동조합.

Coopérative(코어페라티브): [프랑스] 협동조합.

Corkage(코르키지): 레스토랑 등에서 손님이 가져온 와인을 마실 경우, 마개를 따주고 받는 요금.

Cosecha(코세차): [스페인] 수확 및 수확년도.

Côte(코트): [프랑스] 원래는 '언덕진 포도밭' 뜻이지만 와인 관련 포도원을 뜻함.

Coteau(코토): [프랑스] 작은 언덕. 포도밭.

Coulant(쿨랑): [프랑스] 알코올과 타닌 함량이 낮은 가벼운 와인.

Coupé(쿠페): [프랑스] 섞거나 희석시키는 (것).

Courtier(쿠르티에): [프랑스] 브로커로서 소규모 업자의 와인을 통 단위로 구입하여 네고시앙에게 중개하는 업자.

Cradle(크래들): 오래 숙성시킨 고급 와인을 담는 바구니.

Crasse de fer(크라스 드 페르): [프랑스] 프랑스

보르도의 리부네(Libournais) 지방에 있는 철분이 많은 반층(고결층). = Machefer

Criadera(크리아데라): [스페인] 셰리의 솔레라 시스템에서 쌓아놓은 나무통의 단을 뜻하는 용어.

Criado y embotellado por(크리아도 이 엠보테야도 포르): [스페인] 포도 재배한 곳에서 주병한.

Crianza(크리안사): [스페인] 숙성시킨.

Cross(크로스): 같은 종을 교잡시켜 만든 잡종.

Cru(크뤼): [프랑스] 특정 포도밭 혹은 거기서 생산되는 와인.

Crumb structure(크럼 스트럭쳐): 분상구조(粉狀構造). 입경이 0.5㎜ 이하로 된 구조.

Crush(크러쉬): 캘리포니아에서 사용하는 용어로서 포도의 파쇄를 말하지만, 포도 수확을 뜻하기도 함.

Crust(크러스트): 침전물, 특히 빈티지 포트의 병 속 침전물을 지칭함.

Cutting(커팅): 꺾꽂이 혹은 꺾꽂이나 접붙이기를 하기 위해 자른 순.

Cuvaison(퀴베종): [프랑스] 레드와인 발효 시 색깔과 타닌 등을 우려내기 위해 껍질과 주스를 함께 발효시키는 조작.

Cuvée(퀴베): [프랑스] 와인을 발효 혹은 블렌딩하는 탱크라는 뜻이지만, 일정한 질을 가진 한 단위의 와인을 말함.

Cuveé Close(퀴베 클로스): [프랑스] '샤르마 프로세스(Charmat process)'에서 발포성 와인을 2차 발효시키기 전에 블렌딩 해놓은 와인.

Débourbage(데부르바주): [프랑스] 화이트와인 양조 시, 압착하여 나온 주스를 정치시켜서 찌꺼기를 가라앉히는 작업.

Décanteur(데캉퇴르): [프랑스] 디캔터.

Decomposition(디컴퍼지션): 분해, 해체.

Degree-Days(디그리 데이스): 적산온도. = Heat summation.

Dégustation(데귀스타시옹): [프랑스] 테이스팅.

Demi, Demie(드미): [프랑스] 절반의(Half).

Denitrification(디나이트러피케이션): (박테리아에 의한) 탈 질소 작용.

Deposit(디파짓): 퇴적물.

Dépôt(데포): [프랑스] 와인의 침전물.

Destemmer(디스테머): 포도송이에서 가지를 제거하는 기계.

Developed soil(디벨럽프드 소일): 성숙토양. 모재가 토양으로 되어 처해있는 환경과 평형에 달한 토양. = Mature soil.

Disintegration(디스인티그레이션): 붕괴, 분열.

Doce(도세): [포르투갈] 단맛(의) = Sweet.

Dolce(돌체): [이탈리아] 아주 단.

Domaine(도맨): [프랑스] 소유지, 영지의 뜻. 주로 부르고뉴 지방의 와인 양조업체를 가리키는 용어.

Domäne(도메네): [독일] = Domaine.

Doux(두): [프랑스] 스위트.

Downy mildew(다우니 밀듀): 노균병. 주로 잎에서 발생하나 새 순이나 과실에도 나타나 잎을 낙엽으로 만들고, 포도 알은 갈변하거나 떨어짐.

Dry(드라이): 달지 않고 건조한.

Dulce(둘세): [스페인] 스위트.

Edelfäule(에델포일레): [독일] 보트리티스 곰팡이.

Edikett(에디케트): [독일] 상표.

Effervescent(에페르베성): [프랑스] 거품을 내는 (스파클링와인).

Égrappage(에그라파주): [프랑스] 포도송이에서 가지를 제거하는 일.

Elaborado por(엘라보라도 포르): [스페인] Produced by.

Élevage(엘르바주): [프랑스] 발효에서 주병까지 와인양조의 전반을 뜻하는 용어. 원래는 목축, 사육의 뜻.

Eleveur(엘르뵈르): [프랑스] 사육하는 사람이란 뜻이지만, 영 와인을 구입하여 숙성, 주병하는 사람을 말함.

Embotellado por(엠보테야도 포르): [스페인] Bottled by.

Engarrafado na origem(엥가라파도 나 오리헹): [포르투갈] 포도를 재배한 곳에서 주병한. = Estate bottled.

Enologist(이놀러지스트): 와인을 양조를 연구하는 사람. 프랑스어로는 Oenologiste.

Enology(이놀러지): 와인 양조학. 프랑스어로는 Oenologie.

Enoteca(에노테카): [이탈리아] 와인을 전시하고 구매할
수 있는 장소로서 유명산지에 화려하게 꾸며 놓은
곳이 많음.

Erzeugerabfüllung(에르초이거압퓔룽): [독일] 생산자가
주병한.

Eruptive rock(이럽티브 록): 분출암. = Volcanic
rock(화산암).

Espumante(에스푸만테): → Vinho Espumante.

Espumoso(에스푸모소): [스페인, 포르투갈]
스파클링와인. 샴페인 방식은 카바(Cava).

Estate-bottled(에스테이트 보틀드): 와인이 만들어진
곳에서 주병한.

Ester(에스터): 에스테르. 와인의 향을 형성하는 주성분.

Estufa(에스투파): [포르투갈] 스페인어 원래는 '난로'를
뜻하는 것이지만, 와인과 관련해서는 마데이라를
가열하는 곳을 뜻함.

Etichetta(에티케타): [이탈리아] 상표.

Etiquette(에티케트): [프랑스] 상표.

Fandetritus(팬드트라이터스): 선상퇴토(扇狀堆土): 비로
말미암아 경사가 심한 골짜기에서 평지나 하천으로
밀려 내려와 부채꼴로 형성된 토양.

Fas(파스): [독일] 나무통.

Fattoria(파토리아): [이탈리아] 토스카나 지방에서
사용하는 용어로 농장 혹은 포도밭.

Ferruginous clay(퍼루저너스 클레이): 철분이 풍부한 점토.

Fermentation(퍼멘테이션): 발효.

Fertility erosion(퍼틸러티 이로우전): 비옥도 침식.
유수에 의해 침식될 때 가용성 염류나 토양 유기물이
같이 씻겨 내려가는 현상.

Fiasco(피아스코): [이탈리아] 플라스크. 와인에서는
짚으로 둘러싼 키안티 병.

Fibrous peat(파이브러스 피트): 섬유질 이탄. 왕골류,
선태류, 갈대류, 부들류 등의 혼합물이 모체가 된
이탄.

Filtration(필트레이션)/Filtering(필터링): 여과.

Fine sand(파인 샌드): 세사(細沙). 0.2~0.02mm.

Fine soil(파인 소일): 세토(細土). 입경 2mm 이하의 입자.

Finesse(피네스): 균형 잡힌 와인을 표현하는 용어로
솜씨라는 뜻.

Fining(파이닝): 청징. 와인이나 주스에 첨가제 등을
넣어서 맑게 함.

Finish(피니쉬): = After taste.

Flasche(플라슈): [독일] 병.

Flint(플린트): 열을 흡수하여 반사하는 규산질 암석.

Flood plain(플러드 플레인): 홍함지(洪涵地). 홍수 때문에
하천이 거듭 범람되었을 때 퇴적하여 생성되는 토양.

Fluvial deposit(플루비얼 디파짓): = Alluvial deposit.

Fluvial erosion(플루비얼 이로우전): 하수침식(河水浸蝕).

Foulage(풀라주): [프랑스] 포도송이를 터뜨리는 작업.

Frizzante(프리찬테): [이탈리아] 약 발포성인.

Frost weathering(프로스트 웨더링): 빙결풍화작용.
암석의 틈새에 물이 들어가 빙결될 때 용적의 증가로
인한 압력으로 암석이 붕괴되는 작용.

Fructose(프럭토스): 과당. 과실의 당분을 형성하고 있는
당분의 일종.

Für Diabetiker Geeignet(퓌르 디아베티커
게아이흐네트): [독일] 당뇨병 환자용 와인.

Galestro(갈레스트로): [이탈리아] 토스카나의 암석
이름으로서 이 지방 최고의 포도밭에서 주로
발견되는 편암으로 된 토양.

Gallo Nero(갈로 네로): [이탈리아] 검은 수탉. 키안티
클라시코에 붙는 마크.

Garrafa(가하파): [포르투갈] 병.

Garrafeira(가하페이하): [포르투갈] 고급 와인이란
뜻으로 각 지역 사무소의 인증을 받은 것.

Generoso(헤네로스): [스페인] 특정지역(Condado de
Huelva, Jerez, Montilla-Moriles,
Manzanilla)에서 나오는 알코올 농도 15% 이상의
강화 와인.

Glacial deposit(글레이셜 디파짓): 빙하토(氷河土).
빙하에 의해 운반, 퇴적된 토양.

Glacial Moraine(글레이셜 모레인): 빙퇴석. 빙하작용에
의해 퇴적된 것.

Gleization(글레이제이션): 배수가 불량한 곳에서 머물고
있는 물로 말미암아 산소공급이 불충분하여 환원이
일어나 토층이 담청색-녹청색을 띠는 현상.

Glucose(글루코스): 포도당. 포도의 당분을 형성하고
있는 당분의 일종. 녹말이 분해되면 포도당이 됨.

Glycerol(글리세롤), Glycerine(글리세린): 와인의 중요성분. 무색의 끈적끈적한 단맛 있는 액체. 지방이 분해될 때 지방산과 함께 생성됨.

Goût(구): [프랑스] 맛.

Gradazione Alcoolica(그라다치오네 알콜리카): [이탈리아] 알코올 용량 %.

Grafting(그래프팅): 접붙이기.

Granite(그래닛): 화강암. 심성암 중 가장 분포가 넓고 우리나라의 암석의 2/3를 차지하고, 쉽게 더워지며 열을 간직함. 보졸레의 신맛이 강한 가메 포도에는 가장 좋은 토양임.

Granular(그래뉼러): 입상(粒狀). 과립. 둥근 형의 입단.

Gravel(그래벌): 자갈. 여러 가지 크기의 규산질 자갈을 일컫는 광범위한 용어. 이 토양은 푸석 푸석하며 입자로 구성되어 통기성이 좋고 배수가 잘 되며, 또 산성이면서 척박하여 뿌리가 영양분을 찾아 깊게 뻗기 때문에 석회질 하층토 위에 있는 자갈층에서 생산된 와인은 점층 하층토에 있는 것에 비해 산도가 높음. 학계에서는 크기가 2-4mm 사이인 것을 말함.

Gravitational water(그래버테이션 워터): 중력수. 토양의 모관수에 포화 이상의 수분이 가해지면 중력에 의해서 아래로 모이는 물로서 지하수 혹은 자유수라고도 함. = Ground water.

Greffage(그레파주): [프랑스] = Grafting.

Ground water(그라운드 워터): 지하수. = Gravitational water.

Gutsabfüllung(구츠압필룽): [독일] 포도재배한 곳에서 주병한.

Gypsiferous marl(집시퍼러스 마를): 이회토(Marl)로 된 토양이 케페(Keuper, 삼첩기 상층의 단층으로 알자스 지방)나 무셸카르크(Muschelkalk, 삼첩기 중간에 있는 단층으로 알자스 지방)의 석고토양에 퍼진 것으로 이것은 토양의 열보유력과 용수 순환능력을 개선함.

Gypsum(집섬): 석고. 흡수성이 강하고, 바닷물이 증발하여 형성된 수화된 황산칼슘($CaSO_4$).

Hard-pan(하드 팬): 반층 혹은 고결층. 적절한 깊이에 상층토보다 하층토에 점토가 많으면 점토 고결층이 형성됨. 고결층은 물이나 뿌리가 투과하지 못하기 때문에 지표면 가까이 있으면 좋지 않고, 깊은 곳에 있으면 지하 수층에 쉽게 도달할 수 있게 해줌. 보르도 일부에는 사질 아이언 팬(Iron-pan)이라는 것이 있음.

Head space(헤드 스페이스): 나무통이나 병에 술을 채우고 남는 공간 = Ullage.

Heat summation(히트 서메이션): = Degree-days.

Herdade(에르다데): [포르투갈] 포도밭, 농장.

Hock(호크): 독일의 라인와인을 영어를 사용하는 나라에서 지칭하는 말. 'Hochheim'에서 유래되었음.

Hogshead(혹스헤드): 나무통. 용량은 여러 가지가 있음.

Humus(휴머스): 부식(腐植). 박테리아 등 미생물이 들어있는 유기물로서 토양을 기름지게 만듦.

Hygroscopic water(하이그러스카픽 워터): 흡습수(吸濕水). 상대 습도에 따라 토양에 흡착되는 수분. 식물에 이용되지는 못함.

Imbottigliato(임보틸랴토): [이탈리아] 주병.

Iron-pan(아이언 팬): 사질로 된 철이 풍부한 반층.

Jahrgang(야어강): [독일] 빈티지.

Keller(켈러): [독일] 와인 저장실. = Cellar.

Keuper(케페): [프랑스] 알자스 와인을 말할 때 자주 쓰이는 용어로 케페는 삼첩기 상층의 단층 이름이며 마를(Marl, 색깔이 다양하고 소금기 있는 회백토나 석고 같은 회백토) 혹은 석회석을 말함.

Kimmeridgian soil(키머리지언 소일): 회색의 석회석. 영국 돌셋(Dorset)에 있는 키머리지(Kimmeridge) 마을의 이름. 석회질 점토를 가진 이 석회석을 키머리지언 클레이(Kimmeridgian clay)라고도 함.

Kosher wine(코셔 와인): 유태교 랍비의 감독으로 엄격하게 만드는 와인으로 동물성 첨가제를 넣을 수 없음. 여러 가지가 있지만, 스위트 레드와인이 많음.

Lactic acid(랙틱 에시드): 젖산, 유산, 포도 내에 있는 유기산의 일종.

Lagar(라가): [스페인] 포르투갈어. 포도를 발로 밟아서 으깰 때 쓰이는 돌로 만든 용기.

Lage(라게): [독일] 단일 포도밭.

Lágrima(라그리마): [스페인] 눈물. 프리 런 주스로 만든 와인.

642 와인_Wine

Landsliding(랜드슬라이딩): 산사태.

Larmes(라름): [프랑스] = Leg.

Leaf spot(리프 스폿): 갈색무늬병. 포도 잎에 갈색으로
퍼지면서 잎마름 증상을 나타냄.

Lees(리스): 와인 발효 시 생성되는 찌꺼기.
프랑스어로는 Lie(리).

Leg(레그): 글라스에서 와인을 흔들었을 때 글라스
내부에 눈물같이 흘러내리는 현상으로 알코올
농도가 높을수록 많이 형성됨. = Tear.

Léger(레제): [프랑스] 가볍고 상쾌한 와인이나 알코올
함량이 낮은 (와인).

Lese(레제): [독일] 수확.

Levures(르뷔르): [프랑스] 효모.

Licoroso(리코로소): [스페인, 포르투갈] 알코올 농도
15% 이상인 강화와인.

Lignite(리그나이트): 갈탄. 독일의 '갈색 석탄', 샹파뉴의
'검은 황금'이라고 하는 것으로 석탄과 이탄의 중간
형태. 성질이 따뜻하고 비옥하여 샹파뉴에서는 천연
비료로 사용됨.

Lie(리): [프랑스] = Lees.

Lime(라임): 석회, 특히 생석회(CaO).

Limestone(라임스톤): 석회석. 퇴적암의 일종으로
탄산염으로 된 것. 와인 산지에서 석회석은 백색,
회색, 담황색이 가장 많고, 강도와 보수력이
다양하고 알칼리성임.

Liquoreux(리코뢰): [프랑스] 아주 단, 보트리티스
포도에서 얻는 단맛.

Liquoroso(리쿼로소): → Vino Liquoroso.

Liteau(리토): [프랑스] 서비스용 하얀 천.

Loam(로움): 옥토. 성질이 따뜻하고 부스러지기 쉬운
것으로 점토, 모래, 미사(Silt)의 비율이 비슷하여
대량생산하는 평범한 와인에 완벽한 토양이며, 고급
와인에는 너무 기름지다고 할 수 있음.

Loess(뢰스, 레스, 러스): 풍적 황토. 미시시피 강 유역,
라인 강 유역, 중국 북부 등지가 유명함. 즉 점토가
바람에 날려 와서 쌓인 것. 주로 미사(Silt)로
이루어졌으며, 석회질이지만 풍화되면서 칼슘이
없어짐. 비교적 빨리 더워지며 보수력이 좋음.

Maceration(매서레이션): 침지.

Macération(마세라시옹): [프랑스] = Maceration.

Machefer(마셰퍼): = Crasse de fer.

Maderization(마데라이제이션): 화이트와인이 보관상
문제로 갈변되는 현상. 마데이라의 갈색와인에서
유래된 용어.

Maître de chai(메트르 드 쉐): [프랑스] 와인 양조 책임자.

Malic acid(맬릭 에시드): 사과산. 포도 내에 있는
유기산의 일종.

Marc(마르): [프랑스] 포도 등을 압착하여 주스나 와인을
얻어내고 남은 찌꺼기.

Marl(마를): 이회토. 점토와 탄화된 석회로 된 토양으로
알칼리성이며 인산과 염소를 함유한 것이 많음.
성질이 차고, 포도의 성숙을 늦추고 산도를 더해 줌.

Marlstone(마를스톤): 점토질 석회석으로 마를(Marl)과
동일한 효과를 나타냄.

Mature soil(머취어 소일): 성숙토양. = Developed soil

May wine(메이 와인): 독일에서 유래된 허브를 첨가한
달콤하고 신선한 화이트와인으로 차게 해서 와인에
딸기를 띄워서 마심.

Metaphoric rock(메터포릭 록): 변성암.

Metodo Classico(메토도 클라시코): [이탈리아] 샴페인
방식.

Método Tradicional(메토도 트라디시오날): [스페인]
샴페인 방식.

Metodo Tradizionale(메토도 트라디치오날레):
[이탈리아] 샴페인 방식.

Micas(마이커스): 운모류(雲母類). 화성암과 변성암의
주요 성분으로 가장 많은 것이 백운모와 흑운모이며,
최종 풍화생성물은 점토임. 이것의 칼륨과 마그네슘은
식물 양분의 중요한 급원이 됨.

Microfilter(마이크로 필터): 정밀여과기. 일반세균까지
여과되므로 무균여과기라고 함.

Mildew(밀드유): 포도의 노균병. = Downy mildew.

Millésime(밀레짐): [프랑스] 빈티지.

Mis en bouteille au château(미 정 부테이유 오 샤토):
[프랑스어] 샤토에서 주병한.

Mistella(미스텔라): [스페인, 포르투갈] 포트, 셰리
등에서 사용하는 용어로, 알코올을 넣어서 발효를
중지시킨 포도즙.

Mistelle(미스텔): [프랑스] 알코올을 넣어서 발효를 중지시킨 포도즙.

ml: 밀리리터. ℓ의 1/1,000. 1mℓ = 1cc = 1cm³

Moelleux(무알뢰): [프랑스] 온화하고 부드러운 (와인).

Moor(무어): 이탄지(泥炭地).

Moraine(모레인): 빙퇴석.

Mosto(모스토): [이태리, 스페인, 포르투갈] = Must.

Mother rock(마더 록): 모암(母巖).

Moût(무): [프랑스] = Must.

Mudstone(머드스톤): 이암. 점토와 유사한 퇴적암이지만 가소성이 없음.

Mulch(멀치): 토양 표면에 짚, 건초 등으로 직접 피복하는 것.

Mulled wine(멀드 와인): 레드와인에 설탕, 레몬 껍질, 향신료 등을 넣어 가열시킨 것.

Muschelkalk(무셸카크): 알자스 와인을 말할 때 자주 쓰이는 용어로 무셸카크는 삼첩기 중간에 있는 단층의 명칭. 사암(Sandstone)에서 이회토(Marl), 백운암(Dolomite), 석회석(Limestone)까지 이름.

Must(머스트): 발효시키기 전 청포도 주스나 으깬 적포도. 알코올 발효가 일어나기 전의 상태를 총칭하는 말.

Mutage(뮈타주): [프랑스] 발효를 중단시키는 조작으로 아황산을 첨가하거나 무균여과를 하거나 고농도 알코올을 첨가하는 방법 등을 사용.

Muté(뮈테): [프랑스] 발효시키지 않은 포도주스. 살균하여 낮은 온도에서 보관해두고 블렌딩 용도로 사용함.

Natural wine(내츄럴 와인): 강화와인에 반대되는 개념. 발효시켜서 그대로 만든 와인

Négociant(네고시앙): [프랑스] 와인상인이나 중간 양조업자. 와인을 구입하여 숙성, 블렌딩한 후 주병하여 자기 이름으로 판매함.

Negus(니거스): 영국 음료로서 포트와인에 레몬, 설탕, 향신료, 더운물 등을 넣어 따뜻하게 마시는 음료.

Nero(네로): [이탈리아] 검은색 혹은 검붉은 색.

Nitrification(나이트러피케이션): 질산화작용.

Novello(노벨로): → Vino Novello.

Nuevo(누에보): [스페인] 햇와인.

Öechsle(웩슬레): [독일] 당도 단위.

Oenologiste(외놀로지스트): = Enologist.

Oenology(외놀로지): = Enology.

Oenothèque(외노테크): [프랑스] 와인을 모아서 진열해 놓는 곳.

Oidium(오이디움): 흰가루병. 포도 잎과 과실에 곰팡이가 발생하여 잎을 낙엽으로 만들고, 포도알은 떨어지거나 돌포도가 됨.

Oolite(오어라이트): 어란상암(魚卵狀巖). 석회석의 일종으로 영국 쥐라계의 상층.

Ouillage(우이야주): [프랑스] = Topping.

Oxalic acid(옥살릭 에시드): 수산. 유기산의 일종.

Oxidation(옥시데이션): 산화. 와인의 경우는 공기와 과다접촉하면 변질되지만, 나무통에서는 서서히 산화되면서 숙성됨.

Oxydation(옥시다시옹): [프랑스] = Oxidation.

Palus(팔뤼): [프랑스] 아주 기름진 충적토로서 중급의 힘 좋고 색깔 좋은 와인을 만듦.

Panier(파니에): [프랑스] 와인 바스켓.

Paraffin(파라핀): 콜타르에서 얻어낸 백색투명의 결정체. 양초의 원료.

Parent material(패런트 머티리얼): 모재(母材).

Particle size(파티클 사이즈): 토양입자의 크기.

Pasada(파사다): [스페인] 잘 숙성된 셰리를 묘사할 때 사용하는 용어.

Passito(파시토): [이탈리아] 그늘에서 몇 주 동안 말린 포도로 만든 (스위트) 와인.

Pasteurization(파스퇴라이제이션): 저온살균. 파스퇴르가 고안한 살균방법.

Pastoso(파스토소): [이탈리아] 미디엄 드라이.

Peat soil(피트 소일): 이탄토(泥炭土).

Pebble(페블): 4-64mm 크기의 자갈.

Percolation(퍼컬레이션): 투수(透水). 토양 하부로 물이 침투하는 현상.

Perlite(펄라이트): 가늘고 가볍고 윤기 있는 화산토. 규조토와 비슷한 성질을 가지고 있음.

pH(페하): 용액 속에 녹아있는 수소이온 농도를 지수로 표현한 단위. 중성은 pH 7, pH 7보다 숫자가 크면 알칼리성, pH 7보다 숫자가 작으면 산성.

Pièce(피에스): [프랑스] 228ℓ 용량의 나무통. 부르고뉴 지방에서 사용되는 용어.

Pipe(파이프): 552.5ℓ의 큰 오크통으로 포르투갈에서 사용하는 용어.

Plastering(플라스터링): 산도가 낮은 머스트에 석고(황산칼슘) 등을 넣어 산도를 높이는 일.

Plutonic rock(플루토닉 록): 심성암(深成巖).

Podere(포데레): [이탈리아] 농장 혹은 포도밭.

Podzol(포드졸): 유기물이 많은 흑갈색 토양.

Poggio(포지오): [이탈리아] 작은 언덕.

Pomace(퍼미스): 포도 등을 압착하고 주스나 와인을 얻어내고 남은 찌꺼기.

Porto(포르토): 미국에서 포르투갈의 포트와인을 캘리포니아 것과 구별하기 위해서, 미국으로 수출되는 모든 포르투갈 포트에 붙이는 이름.

Powdery mildew(파우더리 밀듀): = Oidium.

Prädikat(프레디카트): [독일] 특별히 뛰어난.

Precipitated salt(프리시피테이티드 솔트): 퇴적염. 암석이 강한 압력에서 산성이나 알칼리성을 띤 물이 해저에서 여러 가지 암석을 용해하여 용액 상태로 가지고 있다가 깊지 않은 곳에 도달하거나, 물이 빠지거나, 증발할 경우 압력이 감소되어 암석이 더 이상 용액상태를 지니지 못하고 몇 센티미터나 몇 천 미터의 깊이에서 퇴적된 것.

Primary mineral(프라이머리 미너럴): 1차 광물 즉 마그마가 냉각되어 생성된 광물.

Produttore(프로두토레): [이탈리아] 생산자.

Pruning(프루닝): 전정. 가지치기.

Pudding stone(푸딩 스톤): 역암. 크고 열 보유성이 좋은 자갈류.

Punt(펀트): 와인 병 바닥의 움푹 들어 간 부분. = Push up.

Pupitre(퓌피트르): [프랑스] 샴페인 양조 시 2차 발효가 끝난 뒤 병을 거꾸로 세워서 돌리면 침전물이 병구로 갈 수 있게 만든 선반.

Quartz(쿼츠): 석영. 사암의 주성분으로 석영은 풍화작용에 저항이 강하기 때문에 다른 광물이 분해 된 후에도 그대로 남아있어 모래의 주성분이라고 할 수 있음. 페블(Pebble)보다 더 크면 열을 저장하고

반사시켜 와인의 알코올 함량이 높아짐.

Quartz-trachyte(쿼츠 트레카이트): 석영조면암.

Quinta(킨타): [포르투갈] 포도밭이란 뜻이지만, 양조시설을 갖춘 곳으로 샤토와 유사한 개념.

Racking(랙킹): 따라내기. 과즙이나 와인을 정치시켜 찌꺼기를 가라앉힌 다음 맑은 상등액만 따라내는 작업.

Rancio(랑시오): [프랑스] 산화 혹은 갈변시킨 와인. 색깔이 진하고 알코올 함량이 높은 스페인의 카탈로니아 지방의 와인도 뜻함. '오래 묵은', '케케묵은'의 뜻.

Recioto(레초토): [이탈리아] 그늘에서 말린 포도로 만든 스위트 와인을 베네토 지방에서 일컫는 말.

Récolte(레콜뜨): [프랑스] 수확 혹은 수확물의 뜻.

Red earth(레드 얼스): = Terra rossa.

Rendzina(렌드지나): 석회암에 의해서 이루어진 테라 로사(Terra rossa)나 연질의 석회암 또는 이회암 등이 냉온대 습윤 지방에서 풍화 분해 되어 석회로 포화된 부식이 많은 토양.

Residual sugar(레지듀얼 슈거): 잔당. 알코올 발효가 끝나고 남아있는 당분.

Reserva(레세르바, 헤세르바): [스페인, 포르투갈] 일정 숙성기간을 만족시킨 고급 와인.

Ripe rot(라이프 롯): 포도의 탄저병. 어린 과실에 반점으로 나타나 점점 커지면서 과실이 떨어짐.

Riserva(리제르바): [이탈리아] 최저숙성기간을 초과하는 규정을 만족시킨 와인.

River terrace(리버 테러스): 하안단구(河岸段丘).

Roble(로블레): [스페인] 오크

Römer(뢰머): [독일] 독일의 전통적인 와인글라스. 손잡이가 길고 녹색임.

Rootstock(루트스톡): 접붙이기에 쓰이는 대목.

Rosado(로사도, 호사도): [스페인, 포르투갈]. 로제

Rosato(로사토): [이탈리아] 로제.

Rosso(로소): [이탈리아] 붉은.

Rotwein(로트바인): [독일] 레드와인.

Rouge(루주): [프랑스] 붉은.

Run off(런 오프): 유실. 토양이 물기와 함께 흘러내리는 현상.

Saline soil(셀라인 소일): 염류토양.

Salinization(셀라니제이션): 염류화작용. 건조기후에서
  염류가 물과 섞여 있다가 표층에 올라와 물은
  증발하고 염류만 남아서 알칼리 토양을 이루는 작용.

Sand(샌드): 모래. 바위의 풍화작용 산물. 물기가 거의
  없고 따뜻하고 공기가 잘 통하고 배수가 좋아
  필록세라가 살 수 없음. 입자 크기는 1/16-2mm
  사이.

Sand dune(샌드 듄): 사구(砂丘). 모래로 된 곳에
  바람의 방향이 일정할 때 형성. 사구는 내륙으로
  점차 이동해서 이동사구를 형성하고 농경지를 휩쓸
  때도 있으므로 방풍림이 필요함.

Sandstone(샌드스톤): 사암(砂巖). 모래나 여러 가지
  광물이 압력에 의해 만들어진 퇴적암. 즉 모래가
  점토, 규산, 산화철, 석회 등의 응결제에 의해
  고결된 것.

Sandy loam(샌디 로움): 따뜻하고 배수가 잘 되는 모래가
  많은 옥토로 경운하기 좋고 조생종 포도에 적합함.

Sangria(상그리아): 스페인의 와인펀치로서 레드와인에
  레몬, 오렌지, 설탕, 소다수 등을 넣어서 여름에
  마시는 음료.

Schist(쉬스트): 편암.

Schloss(쉴로스): [독일] 성.

Scree(스크리): = Colluvial deposit(崩積土).

Sec(세크): [프랑스] 단맛이 없고 건조한.

Secco(세코): [이탈리아] 드라이.

Seco(세코): [스페인, 포르투갈] 드라이.

Secondary mineral(세컨더리 미너럴): 2차 광물 즉 1차
  광물이 변성이나 풍화작용으로 변질 또는 새로
  생성된 광물.

Sèdimant(세디망): [프랑스] 와인 침전물.

Sedentary deposits(세던터리 디파짓): 정적토(定積土).
  모재가 풍화된 그 자리에서 퇴적된 것으로 암석의
  조각이 많고 하층일수록 미분해 물질이 많음.

Sediment(세더먼트): 와인 침전물.

Sedimentary peat(세더멘터리 피트): 침적이탄. 수련,
  수초류, 금어조, 화분 등의 혼합물이 모체가 된 이탄.

Sedimentary rock(세더멘터리 록): 퇴적암. 성층암 또는
  침전암이라고도 하며 무게로는 암석권의 5%이지만,

면적으로는 지구 표면의 3/4를 차지함. = Aqueous
  rock.

Shale(셰일): 혈암.

Shingle(슁걸): 물의 작용에 의해서 이루어진 자갈로서
  페블(Pebble)과 그래벌(Gravel) 사이의 크기.

Silica(실리커): 규산, SiO_2.

Silicate mineral(실리케이트 미너럴): 규산염광물.

Silica sheet(실리커 쉬트): 규산판.

Siliceous soil(실리셔스 소일): 규산질 토양. 보르도
  토양의 절반은 규산질 토양. 열 보유력은 좋지만
  보수력은 약함.

Silt(실트): 미사(微砂). 보수력이 좋고 모래보다는
  기름지지만, 물성이 차고 배수가 나쁨.
  1/256-1/16mm

Slate(슬레이트): 점판암. 점토, 사암, 혈암 등이 강한
  압력에서 판상으로 형성된 것으로 빨리 더워지고
  열을 잘 간직하며 서늘한 지역에서 고급 와인이
  나오는 지역이 됨. 모젤이 유명함.

Soda(소우더): 소다, Na_2O.

Soil class(소일 클래스): 토성(土性), 기계적 조성(조사,
  세사, 미사, 점토)에 의한 토양의 분류.

Soil colloid(소일 콜로이드): 토양교질. 토양입자 중에서
  교질입자로 취급할 수 있는 입경의 미세입자들.

Soil conditioner(소일 컨디셔너): 토양 개량제.

Soil profile(소일 프로파일): 토양단면.

Soil texture(텍스쳐): 토성.

Spumante(스푸만테): [이탈리아] 스파클링와인.

Steige(스테이그): 편암의 한 종류로서 알자스
  앙들로(Andlau)의 북쪽에서 발견되는 토양.
  앙들로(Andlau)의 화강암이 변성된 것으로 단단하고
  판상임. 그랑 크뤼인 카스텔버그(Grand Cru
  Kastelberg)의 상층 화강암 모래가 혼합되어 검고
  돌 같은 토양이 됨.

Still wine(스틸 와인): 발포성 와인에 반대되는 개념.
  발포성이 없는 보통와인.

Stravecchio(스트라베키오): [이탈리아] 아주 오래된.

Stuck wine(스턱 와인): 발효 도중에 온도 상승 등으로
  발효가 멈춘 와인.

Sub soil(서브 소일): 하층토.

Substratum(서브스트레이텀): 기층(基層). 모암층. D층.
= Bed rock.

Superior(수페리오르): [포르투갈] 알코올 함량이
규정보다 1% 더 높은 고급 와인.

Superiore(수페리오레): [이탈리아] 법률에 정해진
알코올 농도를 초과하면서 각 규격에 맞는 것.
현재는 법적 구속력이 없음.

Sur lie(쉬르 리): [프랑스] 발효탱크에서 바로 주병되는
와인에 쓰이는 용어. 즉, 발효가 끝나고 가라앉은
찌꺼기 위에서 숙성시킨 와인으로 이들은 특수한
향을 얻게 됨. 뮈스카데(Muscadet)와 샴페인에서
많이 사용함.

Surface soil(서페이스 소일): 표층토.

Table wine(테이블 와인): 식탁용 와인 혹은 고급와인이
아닌 값싼 와인을 가리키는 말로도 사용됨.

Tablier(타블리에): [프랑스] 소믈리에가 사용하는 앞치마.

Tartrate(타르트레이트): 주석. 주석산과 칼슘이나 칼륨이
결합하여 생긴 결정체.

Tartaric acid(타르타릭 에시드): 주석산. 포도에만 있는
유기산의 일종.

Tastevin(타스트뱅): [프랑스] 소믈리에가 사용하는
은으로 만든 컵.

Tear(티어): = Leg.

Temperature weathering(템퍼러쳐 웨더링): 온열풍화.
표면과 내부의 온도 차이에 의해 암석이 붕괴되는
작용.

Tenuta(테누타): [이탈리아] 소유지 혹은 영지의 뜻으로
포도밭.

Terra rossa(테라 로사): 적색 점토와 같은 퇴적
토양으로 탄산이 석회석에서 추출된 후 가라앉은
퇴적암. = Red earth.

Tinto(틴토): [스페인, 포르투갈] 붉은(색).

Tire-bouchon(티르 부숑): [프랑스] 코르크스크루.

Topping(토핑): 나무통에서 숙성 중인 와인은 그 양이
조금씩 감소하기 때문에, 정기적으로 빈 공간을
동일한 와인으로 가득 채워주는 작업.

Transported soil(트랜스포티드 소일): 운적토(運積土).
붕적토, 선상퇴토, 수적토, 빙하토, 풍적토 등이
있음.

Traube(트라우베): [독일] 포도.

Treading(트리딩): 스페인이나 포르투갈에서 포도를
밟아서 으깨는 작업.

Trie(트리): [프랑스] 선별, 선택의 뜻으로 잘 익은 포도만
골라서 수확하는 일. 보트리티스 곰팡이가 낀
포도의 수확은 이렇게 함.

Trocken(트로켄): [독일] 드라이.

Tufa(튜퍼): 화산암이 바람으로 운반된 토양으로,
루아르의 쇼크튀파(Chalktufa)가 대표.

Ullage(얼리쥐): = Head space.

Uva(우바): [이탈리아] 포도.

Variety(버라이어티): 품종.

Vat(벳): 와인이나 일반주류의 발효 및 저장용 단위탱크.

Vecchio(베키오): [이탈리아] 오래 된.

Velho(벨료): [포르투갈] 오래 된. 레드와인은 3년,
화이트와인은 2년 이상 숙성시킨 오래된 것.

Vendange(방당주): [프랑스] 포도수확. 수확년도의 뜻은
아님.

Vendemmia(벤데미아): [이탈리아] 수확, 수확년도.

Vendimia(벤디미아): [스페인] 수확, 수확년도.

Véraison(베레종): [프랑스] 포도가 익어서 알맹이의
색깔이 변하는 것.

Verre(베르): [프랑스] 글라스.

Viejo(비에호): [스페인] 오래된.

Vieux(비유): [프랑스] 오래 된. 여성형은 Vieille(비에이유).

Vigna(비냐): [이탈리아] 포도밭. = Vigneto.

Vignaiolo(비냐욜로): [이탈리아] 포도재배자. = Viticoltore.

Vigne(비뉴): [프랑스] 포도나무.

Vigneron(비뉴롱): [프랑스] 포도를 재배하는 사람.

Vignoble(비뇨블): [프랑스] 포도밭.

Villa(빌라): [이탈리아] 장원, 영지.

Vin(뱅): [프랑스] 와인.

Vin Blanc(뱅 블랑): [프랑스] 화이트와인.

Vin de garde(뱅 드 가르드): [프랑스] 오래될수록
좋아지는 와인.

Vin de goutte(뱅 드 구트): [프랑스] 자연적으로 유출된
머스트(Must)로 만든 와인.

Vin de presse(뱅 드 프레스): [프랑스] 압착하여 나온
머스트(Must)로 만든 와인.

Vin Gris(뱅 그리): [프랑스] 적포도를 살짝 압착시켜서
　　나온 주스로 만든 약한 핑크빛 및 화이트와인.

Vin liquoreux(뱅 리코뢰): [프랑스] 보통 보트리티스
　　곰팡이 영향을 받은 포도로 만든 달콤하고 시럽과
　　같은 화이트와인.

Viña(비냐): [스페인] 포도밭.

Viné(비네): [프랑스] 와인이나 머스트에 알코올을 붓는
　　즉 강화의 뜻.

Vine(바인): 포도나무.

Vineyard(빈야드): 포도밭.

Vinha(비냐): [포르투갈] 포도밭.

Vinho(비뉴): [포르투갈] 와인.

Vinho de Consumo(비뉴 드 콩수모): [포르투갈] 테이블
　　와인.

Vinho Espumante(비뉴 에스푸만트): [포르투갈] 샴페인
　　방식의 스파클링와인.

Vinho Espumoso(비뉴 에스푸모소): [포르투갈]
　　인위적으로 만든 스파클링와인.

Viniculture(비니컬쳐, 비니킬티르): 포도재배. = Viticulture.

Vinification(비니피케이션, 비니피카시옹): 와인양조.

Vino(비노): [이탈리아, 스페인] 와인.

Vino Bianco(비노 비안코): [이탈리아] 화이트와인.

Vino Corriente(비노 코리엔테): [스페인] 테이블 와인.

Vino da Arrosto(비노 다 아로스토): [이탈리아] 가열한
　　와인이란 뜻이지만, 색깔이 진한 풀 바디 와인을 말함.

Vino da Pasto(비노 다 파스토): [이탈리아] 식탁용 와인.

Vino Liquoroso(비노 리쿼로소): [이탈리아] 강화 와인.

Vino Novello(비노 노벨로 = Vino Giovane): [이탈리아]
　　햇와인으로 보졸레 누보와 같은 개념의 와인. 11월
　　6일부터 판매. 산조베제, 네비올로, 바르베라,
　　돌체토로 만듦.

Vino Rosato(비노 로사토): [이탈리아] 로제.

Vino Rosso(비노 로소): [이탈리아] 레드와인.

Vin(o) Santo(비노 산토): [이탈리아] 영어로 'Holy
　　wine'이란 뜻으로 미사에 쓰던 것. 이 와인은
　　말바지아, 트레비아노를 사용해서 만드는데, 포도를
　　나무에 오래 매달아 놓거나 건조시켜서 건포도와
　　같이 쭈글쭈글해진 다음에 압착하여 통에 가득
　　채우지 않고 밀봉시켜서 발효, 숙성시킨 것. 보통

통에 넣어서 2년에서 6년 이상 두는데 만드는
　　사람에 따라서 다양한 타입이 나옴.

Vintage(빈티지): 포도수확, 수확년도.

Vite(비테): [이탈리아] 포도나무.

Viticulteur(비티킬퇴르): [프랑스] 포도재배자.

Viticulture(비티컬쳐): 포도재배 = Viniculture.

Vitigno(비티뇨): [이탈리아] 포도품종.

Volatile acidity(볼러타일 에시디티): 휘발산도. 주로
　　초산 맛이 나타나는 정도를 말함.

Volcanic ash soil(볼캐닉 애쉬 소일):
　　화산회토(火山灰土). 화산 폭발물이 퇴적한 것이며
　　분상(粉狀)이고 규산질이 많음.

Volcanic rock(볼캐닉 록): 화산암. 지표면에서 마그마가
　　냉각된 암석으로 공포(空胞)가 많음. = Eruptive
　　rock.

Volcanic soil(볼캐닉 소일): 화산토. 용암으로 이루어진
　　암석과 토양의 90%는 현무암. 바람에 운반된
　　화산토는 용용된 방울 형태로 나와 공기 중에서
　　냉각되어 땅으로 떨어져 입자가 되거나(Pumice),
　　폭발력에 의해 고체상이나 분쇄상으로 날리면서 됨.

Volcanogenous deposit(볼캐이노제노스 디파짓):
　　화산성토(火山成土). 화산의 폭발물이 퇴적된 것.
　　분상(粉狀)이고 규산질이 많음. 우리나라 제주도
　　토양에 많음.

Water erosion(워터 이로우전): 수식(水蝕).

Weathering(웨더링): 풍화작용.

Wein(바인): [독일] 와인.

Weinberg(바인베르크): [독일] 포도밭.

Weingut(바인구트): [독일] 포도밭 혹은 양조회사.

Weinkellerei(바인켈러라이): [독일] 와인 만드는 곳.

Weisswein(바이스바인): [독일] 화이트와인.

Winzer(빈처): [독일] 포도재배자.

Wild yeast(와일드 이스트): 야생효모. 포도껍질에
　　묻어있거나 흙, 공기 중에 분포되어 있음.

Wind erosion(윈드 이로우전): 풍식(風蝕). 바람의
　　힘으로 암석이 깎이는 현상.

Wine maker(와인 메이커): 와인을 양조하는 사람.

Winery(와이너리): 와인을 양조하는 곳.

자료 #2. 세계 와인 생산량 및 소비량

WORLD WINE PRODUCTION BY COUNTRY

2011-2014 AND % CHANGE 2014/2011 (LITERS 000)

COUNTRY	2011	2012	2013	2014	% OF WORLD TOTAL 2014	% CHANGE 2014/2011
WORLD TOTAL	26,543,800	27,629,000	27,885,400	28,230,400	100%	6.4%
FRANCE	4,432,200	5,075,700	4,107,500	4,670,100	16.54%	5.4%
ITALY	4,673,000	4,270,500	5,402,900	4,473,900	15.85%	(4.3%)
SPAIN	3,535,300	3,370,900	3,123,300	3,820,400	13.53%	8.1%
UNITED STATES (2)	2,692,400	2,981,100	3,114,600	3,021,400	10.70%	12.2%
ARGENTINA	1,547,000	1,177,800	1,498,400	1,519,700	5.38%	(1.8%)
AUSTRALIA	1,109,000	1,187,000	1,250,000	1,200,000	4.25%	8.2%
SOUTH AFRICA	1,046,300	1,055,000	1,097,200	1,131,600	4.01%	8.2%
CHINA (3)	1,156,900	1,381,600	1,170,000	1,117,800	3.96%	(3.4%)
CHILE	966,500	1,254,000	1,282,000	1,050,000	3.72%	8.6%
GERMANY	697,300	922,300	910,200	849,300	3.01%	21.8%
RUSSIA	635,000	640,000	680,000	720,000	2.55%	13.4%
PORTUGAL	561,000	630,800	630,800	623,800	2.21%	11.2%
ROMANIA	405,800	331,100	331,000	511,300	1.81%	26.0%
GREECE	275,000	311,500	311,500	334,300	1.18%	21.6%
NEW ZEALAND	281,400	269,000	248,400	320,400	1.13%	13.9%
HUNGARY	176,200	282,200	224,300	294,400	1.04%	67.1%
BRAZIL	235,000	194,000	271,000	273,200	0.97%	16.3%
MOLDOVA	265,000	270,000	260,000	242,000	0.86%	(8.7%)
AUSTRIA	173,700	262,000	212,400	234,500	0.83%	35.0%
UKRAINE	225,000	215,000	208,000	200,000	0.71%	(11.1%)
BULGARIA	122,400	144,200	144,100	191,300	0.68%	56.3%
CROATIA	140,000	129,300	147,900	168,000	0.60%	20.0%
URUGUAY	110,000	110,900	113,000	116,000	0.41%	5.5%
MEXICO	100,000	102,000	110,000	114,000	0.40%	14.0%
GEORGIA	90,000	95,000	105,000	98,000	0.35%	8.9%
SWITZERLAND	112,100	110,500	110,000	98,000	0.35%	(12.6%)
MACEDONIA	75,000	82,000	85,000	87,000	0.31%	16.0%
JAPAN (4)	83,000	80,000	80,900	82,000	0.29%	(1.2%)
SLOVENIA	76,000	85,000	64,000	75,000	0.27%	(1.3%)
ALGERIA	78,000	75,000	75,000	74,000	0.26%	(5.1%)
PERU	60,000	66,000	74,000	71,000	0.25%	18.3%
CANADA	56,000	65,500	67,000	69,000	0.24%	23.2%
CZECH REPUBLIC	38,500	65,000	45,000	45,000	0.16%	16.9%
SLOVAKIA	20,700	36,900	32,500	37,300	0.13%	80.2%
ISRAEL	26,000	27,000	32,000	31,000	0.11%	19.2%
MOROCCO	34,000	37,000	33,000	31,000	0.11%	(8.8%)
UZBEKISTAN	25,000	25,000	25,000	28,000	0.10%	12.0%
TUNISIA	26,000	28,000	28,000	26,000	0.09%	0.0%
KAZAKHSTAN	20,000	20,000	20,000	20,000	0.07%	0.0%
TURKMENISTAN	18,000	18,000	18,000	18,000	0.06%	0.0%
ALBANIA	17,000	17,000	16,500	16,400	0.06%	(3.5%)
LEBANON	15,000	15,000	16,000	15,400	0.05%	2.7%
TURKEY	14,000	14,000	14,000	14,000	0.05%	0.0%
BELARUS	12,000	13,000	13,000	13,000	0.05%	8.3%
KOREA SOUTH (5)	11,400	12,500	11,400	11,000	0.04%	(3.5%)
CYPRUS	11,700	8,500	11,200	10,800	0.04%	(7.7%)
LUXEMBOURG	11,000	13,200	8,500	10,100	0.04%	(8.2%)
MADAGASCAR	9,000	9,000	9,000	9,000	0.03%	0.0%
BOLIVIA	7,000	7,000	7,000	7,000	0.02%	0.0%
ARMENIA	5,000	5,000	6,000	6,000	0.02%	20.0%
PARAGUAY	6,000	6,000	6,000	6,000	0.02%	0.0%
TAJIKISTAN	6,000	6,000	6,000	6,000	0.02%	0.0%

REVISED NOVEMBER 2015
PER CAPITA WINE CONSUMPTION BY COUNTRY
COUNTRIES RANKED BY PER CAPITA CONSUMPTION AND
COUNTRIES LISTED ALPHABETICALLY 2014 (1)

COUNTRY	POPULATION	TOTAL (LITERS 000)	PER CAPITA
Vatican City State	836	45	54.26
Andorra	85,082	3,936	46.26
CROATIA	4,480,043	198,000	44.20
SLOVENIA	1,996,617	88,000	44.07
Norfolk Island	2,182	93	42.66
FRANCE	65,630,692	2,790,000	42.51
PORTUGAL	10,781,459	450,000	41.74
SWITZERLAND	7,655,628	310,000	40.49
MACEDONIA	2,082,370	84,146	40.41
Falkland Islands	3,140	112	35.73
St. Pierre & Miquelon	5,831	206	35.25
MOLDOVA	3,656,843	125,000	34.18
ITALY	61,261,254	2,040,000	33.30
AUSTRIA	8,219,743	252,000	30.66
URUGUAY	3,316,328	96,800	29.19
GREECE	10,767,827	300,000	27.86
Gibraltar	29,034	799	27.51
Sweden	9,747,000	253,618	26.00
GERMANY	81,305,856	2,020,000	24.84
AUSTRALIA	22,015,576	540,000	24.53
ROMANIA	21,848,504	530,000	24.26
HUNGARY	9,958,453	240,000	24.10
ARGENTINA	42,192,494	990,000	23.46
New Caledonia	260,166	6,099	23.44
MALTA	409,836	9,500	23.18
BELGIUM	10,438,353	240,800	23.07
Bermuda	69,080	1,590	23.02
Namibia	2,165,828	49,808	23.00
Cayman Islands	52,560	1,169	22.25
UNITED KINGDOM	63,047,162	1,386,700	21.99
NEW ZEALAND	4,327,944	93,000	21.49
Sao Tome & Principe	183,176	3,927	21.44
SPAIN	47,042,984	1,000,000	21.26
Aruba	107,635	2,259	20.98
BULGARIA	7,037,935	145,000	20.60
CZECH REPUBLIC	10,177,300	200,000	19.65
Christmas Island	1,496	28	18.60
NETHERLANDS	16,730,632	306,600	18.33
Norway	4,707,270	86,110	18.29
Sint Marten	37,429	678	18.11
CHILE	17,067,369	298,000	17.46
GEORGIA	4,570,934	78,000	17.06
Cook Islands	10,777	174	16.14
SLOVAKIA	5,483,088	85,000	15.50
St. Helena	7,728	117	15.17
Virgin Islands (British)	27,000	409	15.15
CYPRUS	1,138,071	17,000	14.94
CANADA	34,300,083	506,000	14.75
Iceland	313,183	4,594	14.67
SERBIA	7,276,604	105,000	14.43
Seychelles	90,024	1,277	14.18
DENMARK	5,543,453	77,900	14.05
Greenland	57,695	745	12.92
Ceuta	78,674	991	12.60
Turks & Caicos	46,335	551	11.90
Antigua & Barbuda	89,018	1,035	11.62
Melilla	73,500	820	11.15
Equatorial Guinea	685,991	7,648	11.15
BOSNIA/HERZEGOVINA	4,622,292	50,000	10.82
Bahamas	316,182	3,330	10.53
Macau	578,025	6,020	10.42
UNITED STATES	313,847,465	3,217,500	10.25
AZERBAIJAN	9,493,600	95,000	10.01
LUXEMBOURG	509,074	5,000	9.82
Faroe Islands	49,483	472	9.55
French Polynesia	274,512	2,557	9.31
St. Lucia	162,178	1,510	9.31
Cape Verde	523,568	4,855	9.27
Niue	1,269	12	9.13
Curacao	142,180	1,297	9.13

참고문헌

김준철: 국제화시대의 양주상식. 노문사.(2001)

김준철: 와인과 건강. 유림문화사.(2001)

양철영, 고명수: 축산식품이용학. 형설출판사(1989)

이광연, 고광출, 이재창, 유영산, 김선규: 앞으로의 포도재배. 대한교과서주식회사.(1986)

李盛雨: 韓國食品社會史. 敎文社.(1995)

이철호, 채수규, 이지근, 고경희, 손혜숙: 식품평가 및 품질관리론. 유림문화사.(1999)

趙伯顯: 新制 土壤學. 鄕文社.(1972)

타임 라이프 북스 편집부: 라이프 세계의 국가(프랑스 편). (주)한국일보타임 라이프.(1991)

파스칼 세계대백과사전. 동서문화.(1999)

한국쏘펙사: 프랑스 포도주와 오드비 세계로의 여행(1996)

田邊由美: ワインブック. 飛鳥出版.(2000)

社團法人 日本ソムリエ協會: ソムリエ·ワインアドバイザ·ワインエキスパート敎本本編. 飛鳥出版.(2014)

チーズプロフェショナル 協會: チーズプロフェショナル敎本 2002. 飛鳥出版.(2002)

Alexis Bespaloff: Encyclopedia of Wine. Morrow.(1988)

Alice King: Fabulous Fizz. Ryland Peter & Small.(1999)

André Dominé: Culinaria France. Könemann.(1998)

Anthony Hanson, M.W.: Burgundy. Faber and Faber.(1995)

Antoine Lebègue: L'Esprit du Bordaux. Hachette.(1999)

Armin Diel, Joel Payne: German Wine Guide. Abbeville Press.(1999)

Association with Wines of Argentina: Argentina 2001 Contents

Australian Wine Export Council, Australian Wine and Brandy Corporation: Wine of Australia(Japanese Edition). Lane Print Group.

Bureau Inteprofessionnel des Vins de Bourgogne: 祝福された地ブルゴーニュのワイン.

Christopher Foulkes: Larousse Encyclopedia of Wine. Larousse.(1994)

Clive Coates M.W.: Côte d'Or. University of California Press.(1997)

Conseil Interprofessionnel du Vin de Bordeaux: Bordeaux.

Emile Peynaud: Knowing and Making Wine. Wiley Interscience Publication.(1984)

Enology Institute of the University of Bordeaux: The Barrel and The Wine II. Seguin Moreau.(1995)

Enoteca Italiana: The list of DOC and DOCG wines.(2004)

Eric Glatre: Champagne Guide. Abbeville Press.(1999)

Godfrey Spence: The Port Companion A Connoisseur's Guide. Apple.(1997)

Henry NcNulty: Champagne. Chartwell Books. Inc.(1988)

Hugh Johnson: World Atlas of Wine. Simon & Schuster.(1994)

Jacques Orhon: Le Nouveau Guide des Vins de France. Les Edition de l'Homme.(2001)

Jean-Marc Guiraud (Collection 2002-2003): Union des Grands Crus de Bordeaux. Union des Grands Crus de Bordeaux.

Joachim Römer, Michael Ditter: Culinaria European Specialties. Könemann.(2000)

The John Platter SA Wine Guide (Pty) Ltd: South African Wines 2006

Joseph Jobé: The Great Book of Wine. Galahad Books.(1982)

Karen MacNell: Wine Bible. Workman Publishing New York.(2001)

Kazuko Masui and Tomoko Yamada: French Cheese. Dorling Kindersley.(1996)

Kevin Zraly: Complete Wine Course. Sterling Publishing Company, Inc.(2000)

Leon D. Adams: The Commonsense Book of Wine. McGraw-Hill Book Company.(1986)

Marian W. Baldt, Ph.D: The University Wine Course. The Wine Appreciation Guide.(1997)

Mattew DeBord: Hall of Fame. Nov.15, 2001. Wine Spectator.

Maynard A. Amerine, Edward B. Roessler: Wines their Sensory Evaluation. Freeman.(1976)

Morten Grønbæk, Allan Deis, Thorkild I A Sørensen, Ulrik Becker, Peter Schnohr, Peter Schnohr, Gorm Jensen: Mortality associated with moderate intakes of wine, beer, or spirits. British Medical Journal. 310. 1995: 1165-1169

Osvaldo Colagrande: Il Tappo di Sughero. Chiriotti Editori.(1996)

Per-Henrik Mansson: The Rothschild Dynasty. Wine Spectator. Dec. 15, 2000

Peter Adams: The Wine Lover's Quiz Book. HPBooks.(1987)

Productschap Voor Gedistilleerde: World Drink Trends 2000. NTC Publications.

Remington Norman: Rhone Renaissance. Wine Appreciation Guild.(1996)

Robert M. Paker, Jr.: Burgundy. Simon & Schuster(1990)

Robert M. Paker, Jr.: Bordeaux. Simon & Schuster(1998)

Ron S. Jackson: Wine Science. Academic Press.(1994)

St. Leger, A.S. Cochrane, A.L. and Moor, F.: Factors associated with cardiac mortality in developed countries with particular reference to the consumption of wine. The Lancet, May. 12. 1979: 1017-1020.

Tom Stevenson: Sotheby's Wine Encyclopedia. DK Publishing, INC.(1997)

찾아보기

1. 관사(Le, La, Les 등), 전치사(de, du 등)는 단어 뒤로 처리하였습니다.
   예) Les Angles → Angles, Les
2. 샤토 명칭에서 Chateau라는 약자 Ch.로 표시하고 단어 뒤로 처리하여 배열하였습니다.
   예) Château L'Evangile → Evangile, Ch. L', 그러나 지명으로 된 샤토는 그대로 표기하였습니다.
   　 Domaine, Bodega, Domino, Weingut 등도 단어 뒤로 처리하였습니다.
3. Saint, Sainte는 약자 St. Ste로 표시하고, 동일한 단어로 취급하여 배열하였습니다.

E

I

N

저자약력

김준철

고려대학교 농화학과 졸업
고려대학교 자연자원대학원 식품공학과 졸업. 농학석사
캘리포니아주립대학(California State University, Fresno) 와인양조학(Enology)과 수료
동아제약 효소과, 연구소 근무
수석농산 와인 메이커
서울와인스쿨 원장
현재, 한국와인아카데미 원장, 한국와인협회 회장

저서: 국제화시대의 양주상식(1994, 노문사)
　　　와인과 건강(2001, 유림문화사)
　　　와인(2003, 백산출판사)
　　　와인 핸드북(2003, 백산출판사)
　　　양주이야기(2004, 살림출판사)
　　　웰빙와인상식50(2004, 그랑뱅코리아)
　　　와인의 발견(2005, 명상)
　　　와인, 어떻게 즐길까(2006, 살림출판사)
　　　와인양조학(2009, 백산출판사)
　　　와인종합문제집(2013, 도서출판 한수)
　　　한국와인 & 양조과학(2014, 퍼블리싱킹콘텐츠)

논문: 발효 동안 Phenol류 증진을 위한 적포도 MBA의 처리방법
　　　한국 전통 장류의 문헌적 고찰

저자와의
합의하에
인지첩부
생략

와 인

2003년 2월 15일 초 판 1쇄 발행
2019년 7월 30일 개정5판 1쇄 발행

지은이 김준철
펴낸이 진욱상
펴낸곳 백산출판사
교 정 편집부
본문디자인 오행복
표지디자인 오정은

등 록 1974년 1월 9일 제406-1974-000001호
주 소 경기도 파주시 회동길 370(백산빌딩 3층)
전 화 02-914-1621(代)
팩 스 031-955-9911
이메일 edit@ibaeksan.kr
홈페이지 www.ibaeksan.kr

ISBN 979-11-5763-777-5 93570
값 33,000원